"十四五"时期国家重点出版物出版专项规划项目

京津冀水资源安全保障丛书

海河流域水资源衰减机理与演变预测

赵 勇 翟家齐 王庆明 等 著

科学出版社

北 京

内 容 简 介

本书是"十三五"国家重点研发计划项目"京津冀水资源安全保障技术研发集成与示范应用"的代表性成果，凝聚了作者近年来围绕海河水资源演变研究的最新进展。本书系统探讨了 1956～2016 年海河流域水资源衰减现象与变化规律，定量解析了降水、蒸散发、水域面积、植被变化、农田耕作、城镇化、地下水位等要素对水资源衰减的影响及贡献值，系统揭示了平原区深厚包气带和地面沉降影响下的水资源衰减机理与规律，提出了山区岩土二元介质与下垫面变化对水资源衰减的影响机制与规律，模拟预测了气候、植被、土地利用、地下水未来演变趋势，集合预测了海河流域未来 30 年水资源演变趋势。本书对于深入认识流域水资源演变与衰减归因、平原区深厚包气带水分运动与地下水补给、山区土壤斥水性及其产流机制、山区岩土二元介质产流机理、山区植被耗水机制、流域水资源量模拟评估等具有一定的理论和实践指导意义。

本书可供从事水文水资源、水文地质、农业水管理、生态水文等相关专业的科研和管理人员参考使用，也可供大专院校相关专业师生参考阅读。

审图号：GS 京 (2023) 2061 号

图书在版编目 (CIP) 数据

海河流域水资源衰减机理与演变预测 / 赵勇等著. —北京：科学出版社，2023.10

（京津冀水资源安全保障丛书）

"十四五"时期国家重点出版物出版专项规划项目

ISBN 978-7-03-068232-1

Ⅰ. ①海… Ⅱ. ①赵… Ⅲ. ①海河–流域–水资源短缺–研究 Ⅳ. ①TV211.1

中国版本图书馆 CIP 数据核字（2021）第 039929 号

责任编辑：王 倩 / 责任校对：樊雅琼
责任印制：徐晓晨 / 封面设计：黄华斌

科学出版社 出版

北京东黄城根北街 16 号
邮政编码：100717
http://www.sciencep.com

北京中科印刷有限公司 印刷

科学出版社发行 各地新华书店经销

*

2023 年 10 月第 一 版 开本：787×1092 1/16
2023 年 10 月第一次印刷 印张：36 1/2
字数：880 000

定价：488.00 元

（如有印装质量问题，我社负责调换）

总　　序

京津冀地区是我国政治、经济、文化、科技中心和重大国家发展战略区，是我国北方地区经济最具活力、开放程度最高、创新能力最强、吸纳人口最多的城市群。同时，京津冀也是我国最缺水的地区，年均降水量为 538 mm，是全国平均水平的 83%；人均水资源量为 258 m³，仅为全国平均水平的 1/9；南水北调中线工程通水前，水资源开发利用率超过 100%，地下水累积超采 1300 亿 m³，河湖长时期、大面积断流。可以看出，京津冀地区是我国乃至全世界人类活动对水循环扰动强度最大、水资源承载压力最大、水资源安全保障难度最大的地区。因此，京津冀水资源安全解决方案具有全国甚至全球示范意义。

为应对京津冀地区水循环显著变异、人水关系严重失衡等问题，提升水资源安全保障技术短板，2016 年，以中国水利水电科学研究院赵勇为首席科学家的"十三五"国家重点研发计划项目"京津冀水资源安全保障技术研发集成与示范应用"（2016YFC0401400）（以下简称京津冀项目）正式启动。项目紧扣京津冀协同发展新形势和重大治水实践，瞄准"强人类活动影响区水循环演变机理与健康水循环模式"，以及"强烈竞争条件下水资源多目标协同调控理论"两大科学问题，集中攻关 4 项关键技术，即水资源显著衰减与水循环全过程解析技术、需水管理与耗水控制技术、多水源安全高效利用技术、复杂水资源系统精细化协同调控技术。预期通过项目技术成果的广泛应用及示范带动，支撑京津冀地区水资源利用效率提升 20%，地下水超采治理率超过 80%，再生水等非常规水源利用量提升到 20 亿 m³ 以上，推动建立健康的自然-社会水循环系统，缓解水资源短缺压力，提升京津冀地区水资源安全保障能力。

在实施过程中，项目广泛组织京津冀水资源安全保障考察与调研，先后开展 20 余次项目和课题考察，走遍京津冀地区 200 个县（市、区）。积极推动学术交流，先后召开了 4 期"京津冀水资源安全保障论坛"、3 期中国水利学会京津冀分论坛和中国水论坛京津冀分论坛，并围绕平原区水循环模拟、水资源高效利用、地下水超采治理、非常规水利用等多个议题组织学术研讨会，推动了京津冀水资源安全保障科学研究。项目还注重基础试验与工程示范相结合，围绕用水最强烈的北京市和地下水超采最严重的海河南系两大集中示范区，系统开展水循环全过程监测、水资源高效利用以及雨洪水、微咸水、地下水保护与安全利用等示范。

经过近 5 年的研究攻关，项目取得了多项突破性进展。在水资源衰减机理与应对方面，系统揭示了京津冀自然–社会水循环演变规律，解析了水资源衰减定量归因，预测了未来水资源变化趋势，提出了京津冀健康水循环修复目标和实现路径；在需水管理理论与方法方面，阐明了京津冀经济社会用水驱动机制和耗水机理，提出了京津冀用水适应性增长规律与层次化调控理论方法；在多水源高效利用技术方面，针对本地地表水、地下水、非常规水、外调水分别提出优化利用技术体系，形成了京津冀水网系统优化布局方案；在水资源配置方面，提出了水–粮–能–生协同配置理论方法，研发了京津冀水资源多目标协同调控模型，形成了京津冀水资源安全保障系统方案；在管理制度与平台建设方面，综合应用云计算、互联网+、大数据、综合集成等技术，研发了京津冀水资源协调管理制度与平台。项目还积极推动理论技术成果紧密服务于京津冀重大治水实践，制定国家、地方、行业和团体标准，支撑编制了《京津冀工业节水行动计划》等一系列政策文件，研究提出的京津冀协同发展水安全保障、实施国家污水资源化、南水北调工程运行管理和后续规划等成果建议多次获得国家领导人批示，被国家决策采纳，直接推动了国家重大政策实施和工程规划管理优化完善，为保障京津冀地区水资源安全做出了突出贡献。

作为首批重点研发计划获批项目，京津冀项目探索出了一套能够集成、示范、实施推广的水资源安全保障技术体系及管理模式，并形成了一支致力于京津冀水循环、水资源、水生态、水管理方面的研究队伍。该丛书是在项目研究成果的基础上，进一步集成、凝练、提升形成的，是一整套涵盖机理规律、技术方法、示范应用的学术著作。相信该丛书的出版，将推动水资源及其相关学科的发展进步，有助于探索经济社会与资源生态环境和谐统一发展路径，支撑生态文明建设实践与可持续发展战略。

2021 年 1 月

前　　言

　　近 60 年（1956~2016 年）来，海河流域水资源急剧衰减，第三次评价期（2001~2016 年）与第一次评价期（1956~1979 年）相比，流域地表水资源量减少了 166 亿 m³，减幅高达 58%，远超全国其他一级流域，超过南水北调中线一期工程规划调水规模的 3 倍，相当于京津冀地区经济社会用水总量的 2/3，成为海河流域及京津冀地区水资源极度紧缺和一系列重大水生态环境问题产生的重要原因。海河流域从 20 世纪 50~60 年代洪涝灾害频发到水资源极度短缺，仅仅经历了三十多年时间，水去哪儿了？变化的原因是什么？未来如何进一步演变？这些问题深刻影响流域地下水超采综合治理、河湖生态复苏和经济社会水资源安全保障，直接决定南水北调东中线等重大工程规模与布局，影响京津冀协同发展质量，急需系统科学回答。

　　水资源是在水的循环转化过程中产生的，近几十年来，海河流域水循环发生了显著变化，突出表现在平原区地下水超采形成土壤深厚包气带和大规模地面沉降，山区岩土二元介质条件下植被大规模修复改变了产汇流条件。围绕海河水循环演变导致的水资源衰减这一世界难题，通过原位观测、调查试验和模拟分析，本书系统揭示了海河流域平原区深厚包气带与地面沉降、山区岩土二元介质与植被大规模修复导致的水资源衰减机理与规律，提出了气候变化背景下降水、蒸散发、植被变化、水域面积、农田耕作、城镇化、地下水位等要素对过去 60 年海河水资源衰减的定量归因，集合预测了未来 30 年（2020~2050 年）水资源演变趋势与衰减极限。成果实现了基础理论、模拟技术和科学认知的系统突破，系统支撑了海河流域水安全保障实践，直接推动了重大政策实施和重大工程规划管理完善。

　　本书分为四部分，共计 20 章：第 1 章绪论，详细阐述了本书的研究背景及意义，总结分析了平原区、山区水循环及水资源相关研究领域的研究进展及存在的问题，明确了本书研究的目标、范围及基本框架。第一部分，近 60 年来海河流域水资源演变及其定量归因，包括第 2~第 9 章。该部分系统解析了降水、蒸散发、水域面积、植被变化、农田耕作、城镇化、地下水位等要素时空变化，揭示了各要素对过去 60 年海河流域水资源衰减的影响机制和定量贡献。其中，第 2 章解析了 1956~2016 年海河全流域、山区和平原区的地表水资源、地下水资源、水资源总量演变规律；第 3 章分析了海河流域降水时空变化特征，总结了年际、年内降水总量、降水强度及降水日数等变化特征，回答了降水量变化对海河流域地表水资源量的影响；第 4 章分析了海河流域潜在蒸发量及实际蒸发量的时空演变规律，并从气候和土地利用变化等因素方面分析了潜在蒸发变化的原因；第 5 章基于遥感数据解译分析了海河流域水体时空变化，提出由水面变化导致的蒸散发及地表水资源量变化；第 6 章研究了植被变化对冠层截留和植株蒸腾的影响规律，分析了降水量及雨型与冠层截留的响应关系，定量评估了植被变化对坡面耗水的影响；第 7 章从降水总量、降水历时和降水强度三个维度分析了海河流域场次降水规律，构建了农田积水产流模型，模拟了不同田埂高度下的农田降水-产流规律；第 8 章分析了海河流域城镇发展及土地利用特征，模拟评估了城镇化对地表水资源量的影响；第 9 章针对海河流域水资源衰减问题，综合解析提出了各影响因素对流域地表水资源衰减的定量贡献。第二部分，海河流域山区植被-土壤水分运移机理与规律，包括第 10 章和第 11 章。该部分揭示了海河流域山区植被-土壤水分运移机理与规律，在山区岩土二元介质渗流形成机制与关键参数、植被修复后土壤斥水性特征与降水产流入渗模型研究方面取得新的突破。其中，第 10 章基于原型观测试验，研究揭示了岩土二元介质 "暂时饱和区" 和 "裂隙优先流" 的形成机制，明晰了海河山区岩土二元介质水分运移机理和通量规律；第 11 章开展了山区土壤斥水性试验研究，提出亲水性和斥水性土壤相统一的降水入渗模型，揭示了斥水性土壤产流机制。第三部分，海河流域平原区土壤水与地下水演变机理与规律，包括第 12 ~ 第 15 章。该部分围绕海河平原地下水超采导致的深厚包气带和大面积地面沉降两大世界级问题，揭示了平原区深厚包气带和地面沉降影响下水资源衰减机理与规律。其中，第 12 章基于原型观测试验，分析了海河平原典型大埋深区农田土壤层零通量面位置、根系层土壤水分利用规律及根系层以下厚包气带的土壤水分分布特征；第 13 章构建了根系层和深厚包气带一体化模拟的土壤水动力学模型，模拟揭示了不同降水和灌溉水分条件下入渗补给规律；第 14 章模拟了地下水位动态变化条件下非饱和带水和地下水之间的动态转变过程，分析了地下水位下降引起的非饱和带增厚对地下水补给的影响；第 15 章构建了深层地下水含水层系统释水系数变化的非线性压缩释水模型，系统揭示了大规模地面沉降导致的地下水给水和储水能力永久性损失，拓展了弱透水层压密释水研究。第四部分，海河流域水循环模拟与水资源演变预测，包括第 16 ~ 第 20 章。该部分基于自主研发的适应强人类活动影响的分布式水循环模型 (WACM)，提出了水资源模拟评价新方法，集合预测了海河流域水资源演变趋势与衰减极限。其中，第 16 章基于分布式水循环模型，构建了海河流域水循环模型，并进行了率定和验证；第 17 章提出了基于 "物理机制-数值模拟" 的水资源动态评价方法，并采用该方法模拟评价了海河流域 1956 ~ 2016 年水资源量，与第三次水资源评价成果进行对比，结果满足精度需求；第 18 章针对影响较为显著的农业灌溉节水、地下水埋深、土地利用变化及植被覆盖度变化因素，基于分布式水循环模型，模拟分析了不同要素对流域地表和地下水资源量的影响；第 19 章围绕影响海河流域水资源演变最为密切的气候、土地利用、植被、地下埋深四大要素，模拟预测了各要素演变趋势与关键阈值；第 20 章构建了不同要素组合方案集，集合预测了 2050 年海河流域水资源演变规律和极限衰减情景。

本书的研究工作得到了国家重点研发计划项目（2016YFC0401400）、国家自然科学基金项目（52025093，51979284）的共同资助。本书的撰稿分工如下：第 1 章由赵勇、翟家齐、王庆明、刘蓉、马梦阳、刘宽执笔；第 2 章由王庆明、赵勇、刘淼执笔；第 3 章由王庆明、马梦阳、张万清执笔；第 4 章由赵勇、韩静艳、杨文静、王琼执笔；第 5 章由赵勇、王庆明、李恩冲执笔；第 6 章由王庆明、韩淑颖、郑理峰执笔；第 7 章由王庆明、颜文珠执笔；第 8 章由王庆明、马梦阳、王兴国执笔；第 9 章由赵勇、王庆明、翟家齐执笔；第 10 章由赵勇、曹建生、王庆明、赵春红执笔；第 11 章由赵勇、任长江、李志平执笔；第 12 章由翟家齐、赵勇、李旭东、刘宽执笔；第 13 章由翟家齐、李旭东、刘宽、汪勇执笔；第 14 章由赵勇、曹国亮、王庆明、刘蓉执笔；第 15 章由赵勇、刘蓉、杨姗姗执笔；第 16 章由赵勇、翟家齐、刘宽执笔；第 17 章由翟家齐、赵勇、刀维杰、刘淼执笔；第 18 章由翟家齐、刘宽、杜涛执笔；第 19 章由赵勇、翟家齐、桂云鹏、刘蓉、常奂宇、邓皓东执笔；第 20 章由翟家齐、赵勇、程锐执笔。全书由赵勇、翟家齐、王庆明统稿。

在本书研究和写作过程中，得到了王浩院士、张建云院士、裴源生教授等专家的大力支持和帮助，在此表示衷心的感谢。流域水资源衰减机理与演变预测研究仍在不断探索和拓展，本书仅起到抛砖引玉的作用，研究内容还需要不断充实完善。由于作者水平有限，书中难免存在不当之处，恳请读者批评指正。

作　者

2023 年 6 月于北京

目　　录

第二部分   海河流域山区植被–土壤水分运移机理与规律

第 1 章 绪　　论

1.1　研究背景与意义

1.1.1　研究背景

海河流域是我国十大一级流域之一，包含北京、天津、河北、山西、山东、河南、内蒙古和辽宁八省（自治区、直辖市）的全部或部分地区，总面积 32.06 万 km²，总人口约 1.5 亿人。京津冀地区作为海河流域的核心，既是我国的政治文化中心，也是重要的经济中心和粮食生产基地。"十三五"期间，京津冀协同发展被确定为国家三大战略之一，实现京津冀协同发展、创新驱动，推进区域发展体制机制创新，是面向未来打造新型首都经济圈、实现国家发展战略的需要。然而，近 60 年（1956～2016 年）来，京津冀地区所在的海河流域水资源急剧衰减，远超全国其他一级流域，成为水资源极度紧缺和一系列重大水生态环境问题产生的重要原因。

1）近 60 年来海河流域水资源急剧衰减

受气候变化和人类活动双重影响，海河流域水资源急剧衰减。根据全国水资源评价成果，第三次评价期（2001～2016 年）与第一次评价期（1956～1979 年）相比，海河流域水资源总量从 421 亿 m³ 减少到 272 亿 m³，减少了 149 亿 m³，减幅为 35%；地表水资源量从 288 亿 m³ 减少到 122 亿 m³，减少了 166 亿 m³，减幅高达 58%；地下水资源量由 265 亿 m³ 减少到 224 亿 m³，减幅也达到 15%。从空间分布来看，山区水资源减幅远大于平原区，山区水资源量由 348 亿 m³ 减少到 193 亿 m³，减少了 45%；而平原区由 127 亿 m³ 减少到 117 亿 m³，减少了 8%。从全国尺度来看，海河流域水资源衰减幅度远超全国其他一级流域，第三次评价期与第一次评价期相比，同期黄河流域水资源总量从 744 亿 m³ 减少到 599 亿 m³，减少了 19%，明显低于海河流域减幅。

2）水资源衰减深刻影响流域供水安全保障

由于水资源衰减和经济社会规模扩大，海河流域已经成为我国水资源最为紧缺的地区，2000 年以来人均水资源量只有 190m³，不足全国平均水平 1/10，成为经济社会发展主要瓶颈。近几十年来，为了适应水资源短缺的形势，京津冀开展了大规模节水型社会建设，1980 年以来，区域用水总量呈现稳定减少的趋势，但是由于可直接利用的地表和地下水资源急剧减少，仍然导致了严重的水资源保障危机。为了保障经济社会正常发展，不得不修建世界上最大规模的跨流域调水工程，已经通水的南水北调中线一期工程累计投资超过 2500 亿元，每年可为京津冀调水 49.5 亿 m^3，但是仍然扭转不了水资源短缺的基本形势。2001 ~ 2016 年系列与 1956 ~ 1979 年系列相比，海河流域地表水资源衰减量相当于南水北调中线一期工程补水量的 2.5 倍，超过京津冀用水总量的 50%。

3）水资源衰减直接引发重大生态环境问题

在水资源衰减和经济社会刚性需求双重作用下，海河流域水资源长期过度开发利用，开发利用率超过 90%，引发了一系列生态环境问题。海河流域已经成为世界最大的地下水超采区和沉降漏斗区，1970 ~ 2015 年全流域地下水平均年超采量达 30.4 亿 m^3，其中浅层地下水超采 16.3 亿 m^3，深层地下水超采 14.1 亿 m^3。由于地下水超采，地下水位持续下降，形成大面积降落漏斗，平原区浅层地下水超采面积 6 万 km^2，出现了 11 个较大漏斗；平原区深层地下水超采面积 5.6 万 km^2，出现了 7 个较大漏斗。河湖生态水量严重亏缺，据统计，1980 ~ 2016 年流域平原河流主要河段年均干涸（断流）217 天，70% 的河段干涸（断流）天数超过 300 天。湖泊湿地水面面积逐年减少，白洋淀、衡水湖、七里海、北大港和南大港五湖面积已萎缩至 282 km^2，较 20 世纪 50 年代减少了 75%。

1.1.2 研究意义

海河流域从 20 世纪 50 ~ 60 年代洪涝灾害频发到水资源极度短缺，仅仅经历了 30 年，水去哪儿了？变化的原因是什么？未来如何进一步演变？这些问题深刻影响流域水资源安全保障格局，直接决定京津冀协同发展战略实施，影响南水北调等重大工程规划布局，长远制约流域水生态系统恢复质量，急需系统科学回答海河流域水资源衰减机理与未来演变趋势，其重大意义表现在以下三个方面。

1）是破解京津冀水资源短缺难题的关键

海河流域水资源剧烈衰减是京津冀水资源短缺的主要原因之一，其中既有气候变化导致天然降水减少的原因，也有人为因素改变下垫面的原因。既有人类无法控制水资源变化的不可逆因素，也有通过调整人类生产生活方式可以恢复水资源的可逆因素。未来在气候变化的影响下，流域水资源是否会进一步减少，人类活动对水资源量的影响是否稳定，未来将如何发展？只有明晰流域水资源演变规律及其影响机制，定量辨识水资源衰减机理及其归因，才能指导合理的开发利用方式，这也是破解京津冀水资源短缺难题的关键。

2）是流域制定合理生态修复的必要条件

海河流域是全国范围内生态环境退化最显著的区域，流域内地下水超采、河道断流、湖泊萎缩等问题十分严重。背后的原因就是流域水循环（water cycle）演变规律发生变异，导致流域水资源衰减，加剧了社会经济用水和生态环境的用水竞争。流域的生态恢复则需要建立在科学认知水循环过程的基础上，如地下水超采恢复问题，需要了解大埋深土壤水分的运移规律，才能合理地规划地下水恢复路径、恢复规模等问题。河道断流的恢复则需要了解山区来水与平原区河道的水力联系，尤其是要分析山区来水量减少的原因，才能因地制策，更好地开展流域生态恢复措施。

3）是预测流域未来演变形势的科学基础

对流域未来水资源量演变趋势进行合理的评估，是制定流域水资源利用规划的基础。科学地预测流域未来水资源演变形势一方面需要明晰历史上水资源量演变的规律及各因素的作用机理及影响机制，另一方面需要构建大尺度的分布式水循环模型（water cycle and allocation model，WACM），对未来可能的情景进行合理预判及假设，包括未来区域气候变化的趋势及分布、下垫面条件的演化、人工水土保持工程的覆盖范围及质量、地下水保护的程度及目标、经济社会发展趋势等，在此基础上才能进行有针对性的模拟分析，为研究海河流域水资源未来可能发展趋势提供坚实的基础。

1.2　国内外研究进展

1.2.1　平原区水循环运移机理研究进展

水循环也称作水文循环（hydrological cycle），最早用于描述自然界的水文现象。人类很早就对水文循环现象有了感性认识。我国古籍《吕氏春秋》中有"云气西行，云云然，冬夏不辍；水泉东流，日夜不休。上不竭，下不满，小为大，重为轻，圜道也"这一描述。1674 年，法国工程师佩劳特（Perreault）得出法国塞纳河流域的年径流量为该流域降水量 1/6 的结论，成为有记录的水文规律的第一次定量研究，也因此被视为近代水文科学的开端。

水循环研究的内涵在不断拓宽。一是在描述的过程上，从最早的自然水文现象等向人工-自然复合（二元）水循环过程拓展；二是在研究内容上，从着眼于地表层的降水、蒸发、河川径流过程计算，逐渐拓展至涵盖地表水动力学、土壤入渗数学物理模型、地下水动力学模拟等层面，从整个水循环过程开展水分运动物理机制的描述和研究；三是在空间尺度上，从小的区域或流域尺度拓展到洲际尺度甚至全球尺度的模拟分析计算。

水循环研究的主要手段包括试验观测统计和数学模拟分析。其中，试验研究依然是开展水循环研究不可或缺的基本手段。这些试验及观测可以从点尺度、田间尺度、流域尺度及国家区域尺度分别进行，在不同环境及不同空间尺度下开展的试验均可为我们增进对特定水循环过程及通量的认识。室内试验可较好地控制相关条件，通过控制不同因素变量，探究不同因素对水循环通量及特征的影响。大田试验、野外试验及部分田间试验则尽可能减少人为干预，能更好地反映自然界真实的水循环过程，但大田试验不可控因素较多，因此试验的布设及试验数据的分析往往难度更大。通过试验研究既有助于加深理解蒸散发、产流、入渗等水循环过程的运动机理及关键参数，同时也是进一步进行水循环模拟研究的理论基础，为数学模型的参数率定和模型验证提供数据支撑。随着信息处理能力的提升及大数据技术的不断成熟，数学模拟分析在水循环研究中发挥着日益重要的角色，是未来发展的趋势之一。由于试验研究受观测的空间范围、时间尺度、观测环境等多方面因素影响，通常观测周期长，试验成本高，且受到多种不确定性因素的影响，很难开展长时间序列、不同空间尺度及变化环境下的水循环运动机理观测，难以直接获取水循环运动规律及响应的直接观测结果，而数学模拟则能克服试验观测手段的不足，发挥其高效率、多情景模拟预测等优势，与试验研究手段形成互补。

针对海河流域平原区水循环研究中的两大关键问题——地下水大埋深条件下水分运动机理及水循环过程数值模拟，本研究将从地下水大埋深地区水循环研究（含试验及模拟研究）和水循环模拟研究两大方面总结概述其国内外研究进展，总结分析大埋深平原区水循环模拟研究的有利基础及当前研究存在的不足。

1. 地下水大埋深地区水循环研究

所谓地下水大埋深条件，也简称大埋深，是指地下水埋深达到某一程度后，土壤水分的毛管作用上升高度有限，难以影响到植被（作物）根系层的地下水埋藏条件，国外一般称之为厚包气带（deep vadose zone）。由于一般的土壤水分监测仪器难以安装到数米以下的深度，厚包气带的试验研究开展较为困难。当前，针对地下水大埋深地区的试验研究及模拟研究已开展了部分工作（如华北平原、黄土高原等），主要集中在水文地质研究领域。

1）华北平原相关研究

华北平原因其重要的政治经济地位、巨大的粮食产出及严重的水资源短缺局势备受关注。学者们在华北平原（或海河流域）水资源安全问题、水循环演变机理、地下水开采影响、农业水文过程、气候变化对区域水循环的潜在影响等方面做了大量卓有成效的研究，增加了对华北平原水循环的科学认识。但是，因地下水超采形成的大埋深条件对水循环过程及其特征带来了哪些影响却有待深入研究。

目前，在华北平原山前平原区地下水大埋深对入渗补给系数等水文地质重要参数的影响方面，Kendy 等（2003，2004）基于栾城 210cm 深度土层的实测数据，假设单位水势梯度的下边界，通过 210cm 的土层数值模拟（1998~2001 年），确认了太行山区平原区面上入渗补给（areal recharge）的存在，其年内分布与降水有关；入渗系数不是常量，认为入渗补给系数随降水量的增加而增加，并提出减少渗漏的节水方式无益于控制地下水位下降，需要减少蒸散发。孙仕军等（2003）基于北京市东南郊水资源试验区 0~3m 土层土壤水分监测资料，认为 0~3m 土层对降水有很强的调蓄能力，雨季有 85% 的降水滞蓄其中。张石春等（2003）在河北冉庄采用基于 8m 地中蒸渗仪观测数据的土壤水平衡方法分析了大埋深条件下降水入渗补给系数及河道渗漏系数，认为降水量较少时，系数随降水量增加而增加，到 750mm 时达到最大，之后随降水量增加而变小。张光辉等（2007）采用野外试验和室内试验的方法研究了不同包气带厚度对降水入渗补给过程的影响，认为包气带增厚到大于潜水埋深极限深度后，随着包气带厚度增大，入渗速率趋于稳定，无限时间内总入渗补给量不受包气带厚度影响，但有限时间内地下水获取入渗补给会减小。周春华（2007）根据包气带岩性，采用美国农业部推荐参数，使用 SWAP（soil water atmosphere plant）模型模拟了栾城地下水大埋深条件下降水入渗补给过程（但仅采用了 140cm 以上的实测数据验证），认为 2~5m 为非稳定入渗带，降水入渗影响深度一般在 10m 以内，难以判断其何时补给到地下水及入渗补给量大小。卢小慧等（2007）利用 EARTH 模型计算了栾城地下水垂向补给量（该模型通过一个线性水库模块这一概念模型来反映厚包气带对深层渗漏的迟滞），结果表明，2003 年 1 月~2005 年 8 月入渗补给量为 487.2mm，占降水和灌溉总量的 19.9%，且地下水入渗峰值较降水峰值滞后 18~35 天；次降水量过小，降水间隔时间长和暴雨均不利于地下水入渗补给。宋博（2012）根据包气带岩性，在 HYDRUS 推荐参数基础上，分别将渗透系数扩大一倍和缩小一半，对虚拟 30m 埋深条件下厚包气带系统建立数值模型进行模拟。结果表明，渗漏集中在 3~4 月和 7~8 月，入渗通量随深度增加趋于平缓，对上边界响应滞后；根区土壤渗透系数扩大一倍，补给量增加 20%；并认为埋深大于 5m 后，埋深增加对地下水潜在补给影响很小，可将 5m 作为腾发作用最大影响深度。林丹等（2014）通过压力膜仪对河北正定大埋深地区深层包气带（8~21m）的原状土样进行了土壤水分特征曲线测试，认识到潜水位波动下降过程中深包气带土层因排水压密作用使得土壤水力特性发生变化，影响入渗过程。景冰丹等（2015）基于中国水科院水资源研究所和中国科学院栾城农业生态系统试验站（简称栾城站）合作开展的栾城站大田试验，利用 HYDRUS 模型模拟了 1976~2013 年华北厚包气带典型灌溉农田区地下水补给过程。结果表明，入渗通量随深度增加趋于平缓，峰值出现时间滞后，2m 处入渗量在 59~635mm/a，多年平均入渗补给量约为 200mm/a。曹国亮（2013）构建了"根系层（50cm）水均衡+一维非饱和带模拟+三维地下水数值模拟"耦合模型，根据包气带岩性采用美国农业部推荐参数，模拟了地下水位持续下降情景下，包气带变厚过程对华北平原地下水补给的影响，认为逐步变厚的包气带削弱了补给的时间变异性，延长了补给的滞后时长，蓄积了一定的入渗量（约14mm/a），使真正补给到潜水面的水量减少，华北平原平均补给系数为17%（1993~2008年），其中山前区高于中部平原区和滨海区。

2）其他大埋深地区研究

陈洪松等（2005）在黄土高原区开展了人工和天然降水试验，通过中子管测得了4m深的土壤体积含水率，研究了沟壑区荒草地和裸地的土壤水分循环特征，并探讨了深层土壤干燥化的成因，认为黄土高原区的气候变暖和降水减少直接导致了深层土壤干层的形成。Scanlon等（2006）通过探头监测厚包气带（4.0~9.2m）的氯剖面分布，分析了美国高平原（High Plains）南部土地利用变化对水资源的影响，发现自然植被区没有入渗补给，雨养农业区则存在入渗补给，并认为某些深度的氯聚集现象是自然生态系统向雨养农业生态系统转变带来的入渗补给增加造成的。王春峰等（2007）在新疆天山北麓三工河流域地下水大埋深区采用中子管和负压计监测0~5.5m深的土壤水分，并采用零通量面（zero flux plane，ZFP）法估算了干旱区农田在不同灌溉定额条件下的灌溉水入渗补给系数。结果表明，零通量面在80~120cm，入渗补给系数在0.204~0.594，随灌水量增加而增大。刘志鹏和邵明安（2010）监测了黄土高原小流域在5种不同植被下0~8m深度的土壤水分变化情况，得出不同作物类型下的土壤含水率垂直分布存在差异，土壤含水率在垂直方向上呈干湿交替的层状分布，并认为其与土壤物理性质有关。Botros等（2012）基于田间施肥试验和三维数值模型研究了加利福尼亚州某处厚包气带（地下水埋深16m）的水分及氮素的运移，结果表明，地表的降水灌溉及蒸发等不仅影响根系层，还会引起16m厚的包气带及潜水面的水流通量及氮浓度的响应，模拟表明，在灌溉季开始的几个月后16m处出现深层入渗量的峰值（3.6~15mm/d）。

Turkeltaub等（2014，2015a，2015b，2016）利用可深入包气带近20m的包气带监测系统（vadose-zone monitoring system，VMS）先后在以色列不同土地利用类型的大埋深地区进行了一系列研究。从以色列南部平原（地中海气候）厚包气带区0~11m深度土层取样，再利用化学质量平衡（chemical mass balance，CMB）及Richard数值模拟，分析了灌溉农田和自然植被条件下厚包气带的入渗补给量，表明灌溉农田入渗补给量（90~230mm/a）远高于自然植被覆盖下的入渗补给量（1~3mm/a）；基于大田试验和数值模拟研究了灌溉农田及果园的地下水入渗量，并估算了其在气候变化引起降水减少条件下入渗量的减少幅度，表明果园入渗较农田少；气候变化条件下，降水减少19%，入渗补给将减少44%；基于温室大棚下20m的包气带水分动态5年监测数据，研究了改变作物类型对包气带水盐通量的影响，表明生菜的种植因高强度灌溉较种植土豆会有更大的深层渗漏；通过长期观测和数值模拟研究了地下水大埋深区沙丘的入渗补给情况，表明入渗系数达0.72，说明蒸散发和地表径流较小；农田区厚包气带的氮素迁移十分缓慢，可能在数年甚至几十年以后由根系层底部到达潜水层。

总之，虽然当前包括华北平原山前平原区在内的地下水大埋深地区的水循环相关问题引起了一些学者的关注，但现有研究多从水文地质研究的需求出发通过试验或者数值模拟分析其年尺度的潜在入渗量，对大埋深地区土壤水文过程的特征认识还存在诸多不足。由于地下水大埋深地区厚包气带的土壤水分监测的野外试验开展较为困难，且基于大田试验的数值模拟参数较难率定，基于大田试验的模拟研究较少。

2. 水循环模拟研究

水文模型，也称水循环模型，是水循环模拟研究的重要工具。早期的水循环模拟研究多采用集总式水文模型。美国斯坦福大学水文学者 1966 年研发的斯坦福流域水文模型（Stanford watershed model，SWM）被学界认为是第一个真正意义上的水文模型。之后，在全世界各地流域水文模型大量兴起，典型的如 SCS 洪水预报模型、HBV 模型、TANK 模型以及中国的新安江模型等。集总式模型将流域作为一个整体来研究，不具备考虑流域内降水等水文要素及下垫面条件的空间变异性问题，这使得集总式模型因其简便而得到广泛利用的同时也难以精细模拟流域的真实水文过程。随着计算机技术的快速发展，分布式水文模型应运而生，并逐渐发展起来成为水文模型的主流。

1）分布式水文模型

分布式水（文）循环数学模型是水循环研究的重要工具，也是当前水文科学的研究前沿。1969 年，Freeze 和 Harlan 提出了分布式水文模拟的基本框架。目前水文学界公认的早期最具代表性的具有分布式特征的水文模型（也称为半分布式水文模型）是著名水文学家 Beven 和 Kirkby（1979）提出的 TOPMODEL，该模型几经改进，至今依然被广泛使用。Abbott 等（1986）提出欧洲水文模拟系统，即著名的 SHE（Systeme Hydrologique Europeen），该模型是丹麦、英国、法国等水文学者在欧盟资助下共同完成的，是分布式水文模型的重要代表作，其物理基础明确，且在网格单元划分、降水空间变异性、土壤水垂向运动方面等均有较好的处理；该模型后来被发展成 MIKE SHE 系列，除用于水文模拟外，广泛应用于水质模拟、泥沙输移、非饱和带溶质运移等研究。美国农业部专家 Arnold 等（1995）开发了 SWAT 模型，最初用于模拟农田面源污染，后来被拓展运用到流域尺度，并提出了水文响应单元的概念，该模型也被广泛应用于土地利用变化的水文响应等研究领域。Wigmosta 等（2002）提出 DHSVM 模型，模拟当地气象、地形、土壤类型及植被等对流域水文过程的影响，该模型是高分辨率水文模型的代表性作品之一。以 Liang 等（1994）提出的 VIC（variable infiltration capacity）为代表的大尺度陆面水文模型在陆面模式中得到成功应用，成为分布式水文模型发展的又一重要里程碑。

自 20 世纪 90 年代以来，我国学者也相继开发了一批分布式水文模型。例如，黄平和赵吉国（1997）在评述了当时国际上较为知名的分布式水文模型的优缺点之后，提出了一个流域三维动态水文模型，以期用于面源污染、径流预报等领域。贾仰文（2003）开发了WEP模型，并先后在日本和韩国的一些流域得到验证，此后又进一步改造完善形成了适用于大流域的WEP-L模型，在我国黄河、海河等流域得到成功应用。杨大文等（2004）提出适用于大尺度流域的模型——GBHM，并在黄河流域和长江流域成功应用。李兰等（1999）建立了分布式水文数学物理耦合模型，并将其成功应用于丰满发电厂的径流预报。任立良和刘新仁（2000）基于数字高程模型（digital elevation model，DEM）对子流域进行集水单元划分，并在单个集水单元上应用新安江模型，形成分布式水文模型。郭生练等（2000）建立了基于DEM的分布式流域水文物理模型，用于小流域降水径流预报。唐莉华（2001）建立了分布式小流域产汇流及产沙输沙模型。俞鑫颖和刘新仁（2002）建立了分布式冰雪融水雨水混合水文模型。夏军等（2003）将单元时变增益水文非线性模型（time variant gain model，TVGM）拓展到由DEM划分的流域单元网格上，建立分布式时变增益流域水循环模型（DTVGM）。姚成（2007）建立了基于栅格的分布式新安江模型。刘昌明等（2008）主导研发了多功能的水文水资源综合模拟系统（hydroInformatic modeling system，HIMS），在黄河流域及澳大利亚331个流域得到验证。随着3S①技术的快速发展，各种模型也在不断吸纳信息技术发展的最新成果，提高其信息获取及处理能力。

随着水文学科与其他相关学科交叉融合日益紧密，其他学科的涉水研究也开始将分布式水文过程模拟与其他过程模拟进行嵌套耦合。最典型的是生态水文模型的发展，如SWIM、RHESSys、TOPOG、LASCAM等，以及我国的植被界面过程（vegetation interface processes，VIP）模型及ECOHAT模型等，这些模型往往针对不同地理及气象条件，将水文过程和能量及物质循环相耦合。此外，区域气候模式与大尺度水文模型的耦合研究，以及陆面模式中水文过程的耦合模拟也比较常见。

综上，分布式水文模型的发展为考虑流域/区域各要素的空间变异性，客观模拟流域/区域水循环过程提供了有力工具。尤其是3S等信息技术的进步，为更精细的分布式水循环模拟提供了技术和数据支撑。与此同时，传统的分布式水文模型多以山区产汇流为核心，对平原区的水循环过程，尤其是人类水资源开发利用活动对水循环的各种影响处理较为简单；另外，模拟过程通常比较重视地表水运动，对地下水运动刻画较为粗略，地表水与地下水的耦合作用过程考虑不足。

2）地表水-地下水耦合模型

随着分布式水文模型和地下水数值模拟模型发展日渐成熟，地表水-地下水耦合

---

① 3S指地理信息系统（geographic information system，GIS）、遥感（remote sensing，RS）、全球定位系统（global positioning system，GPS）。

（coupling surface water and groundwater）模拟成为国内外研究热点之一。典型的地表水-地下水耦合研究是将较为成熟的水文模型和地下水运动模型进行耦合，以实现地表水、地下水全过程耦合模拟。按照地表水与地下水的耦合程度可分为松散耦合、半松散耦合及紧密耦合三类。

松散耦合即集总式耦合，不考虑空间变异性。我国一些较为初始的"四水"转化模型即为此类。郝振纯（1992）提出将确定性的流域水文模型与地下水动力学模型的有机结合，组成完整的陆地水文循环模型，最大限度地利用水文气象、水文地质资料，对区域水资源进行合理评价，该模型在不闭合山区流域应用取得满意的效果。邵景力等（2003）建立了包头市地下水-地表水联合调度模型，以优化包头市供水决策。岳卫峰等（2009，2011）建立了干旱灌区地表水-地下水耦合利用模型，并将地下水数值模拟与水资源配置模型耦合，模拟了黄河流域某灌区在不同配水条件下地下水位动态。王中根等（2011）通过 SWAT 模型和 MODFLOW 的松散耦合对海河流域进行了地表水-地下水耦合模拟，取得了较为理想的效果。

半松散耦合即用地下水数值模型取代传统的分布式水文模型中的地下水模块，借助一些公共变量（通量）的传输反馈进行耦合。Perkins 和 Sophocleous（1999）将 SWAT 和 MODFLOW 耦合，用于研究美国堪萨斯（Kansas）州的 Lower Republican 流域在干旱条件下不同灌溉取水量的河道流量及地下水位等的响应。叶爱中等（2010）提出地表水采用子流域、地下水模型采用高分辨率网格，通过子流域与网格嵌套形式解决模型嵌套及尺度转化问题，实现了分布式水文模型中地表水-地下水耦合模拟。刘路广和崔远来（2012）改造了 SWAT 模型中的稻田等作物水循环模块，并将改造后的 SWAT 模型与 MODFLOW 模型耦合，构建了灌区地表水-地下水分布式模拟模型，定量描述了灌区水平衡要素及其转化关系。如今，SWAT- MODFLOW 已经成为 SWAT 模型系列的重要产品。此外，MODBRANCH 模型集成了一维明渠不稳定地表水模型 BRANCH 和 MODFLOW 模型，该模型假设平面上地表水模拟的单元尺寸不超过地下水模拟的单元尺寸，以完成地表水-地下水的水量交互。

紧密耦合则以动力学方程描述地表水与地下水水流，应用数值方程组建立相邻网格之间的水流通量关系，不同界面的水量交换作为源汇项处理。国际上典型的紧密耦合型模型有丹麦水利研究所（Danish Hydraulic Institure，DHI）在欧洲水文模型 SHE 的基础上开发的综合性分布式水文系统 MIKE SHE 模型。此外，Panday 和 Huyakorn（2004）开发的 MODHMS 模型是一个基于物理基础设计的水文系统模型，包含了基于运动波原理的二维坡面流和一维河道流以及三维有限差分的变饱和地下水水流水质模拟模型。李兰和钟名军（2003）、李艳平等（2006）开发的 LL-Ⅱ分布式降雨径流模型也通过在传统子流域划分网格的基础上再基于等流时线划分矩形坡面，基本实现了地表水-地下水紧密耦合。卢小慧

(2009) 通过 MIKE SHE 软件建立了地表水–地下水耦合的斯凯恩 (Skjern) 流域分布式水文模型。德国亥姆霍兹环境研究中心 (The Helmholtz-Centre for Environmental Research) 研发的 MHM (The Mesoscale Hydrologic Model) 也采用矩形网格划分水文单元，实现了地表水与地下水的源汇项对接。

由于传统水文模型多以子流域或水文响应单元等不规则单元作为计算单元，而地下水数值模型则以规则网格为计算单元。两者在单元划分上的明显差异，使得当前的地表水地下水耦合研究以半松散耦合居多，仅少数分布式水文模型实现了地表水–地下水紧密耦合。

3) 平原区水循环模拟

平原区常常位于流域中下游，是人类活动最集中的区域，也是下垫面条件变化最大、水资源开发利用最强烈的地区。在人类各种水土资源开发利用活动的剧烈扰动下，水循环系统表现出显著的自然–人工复合 (二元) 特征，如平原区的自然水系与人工渠系、运河等交叉并存，形成自然–人工复合水系统，水分通量循环也分别通过自然和人工两条路径进行循环转化。此外，平原区由于地势平坦、水力坡降较缓，径流过程与山区产汇流存在较大差异，地表水地下水交互过程也更加复杂多变，在干旱半干旱平原区，水平向的径流通量不断减弱，而垂向的蒸发蒸腾及入渗过程成为主导；在湿润半湿润平原区，河流水网密布，地表水运动过程复杂多变，受闸坝、水库等人工影响突出。传统的分布式水文模型多基于 DEM 划分子单元，以山区产汇流为重点，对平原区水循环过程刻画不足。因此，不同学科背景的学者基于各自研究需要，从不同角度开发了各类数学模型，以研究平原区水循环过程及相关物质或能量循环过程。

在平原区水循环模型研究方面，现有模型主要针对某一特定区域或特定问题而开发的，存在通用性、适用性方面的问题。例如，"六五""七五"科技攻关项目为了满足区域水资源评价及开发利用的需要，在"华北地区水资源利用研究地表水与地下水相互转化关系研究"等项目中，进行了大气水、地表水、土壤水与地下水相互转化关系研究，建立了山区和平原区的"四水"转化模型。刘新仁和杨海舰 (1989)、刘新仁和费永法 (1993) 提出了淮北平原坡水区汾泉河流域的概念性水文模型，随后在此基础上将土壤水动力学应用到平原水文模型中，模拟垂向水流及地下水动态，并指出平原水文模型与一般流域水文模型的突出差别在于模型包括了地下水位涨落过程的模拟。山东省邓集试验站和南京水文水资源研究中心 (1988) 提出黄淮海平原地区"三水"转换水文模型，并对周寨站和邓集站进行了实例研究。方崇惠等 (1995) 针对平原水网湖区，结合 QUALHYMO 水文模型和 NETWORK 河网汇流模型，针对四湖流域特点有效处理灌溉等客水，开发了 SPUMP 二级泵站调度模型，建立了集总式组合流域模型。雷志栋等 (1999) 提出以土壤水为核心的农区–非农区水均衡模型，给出了叶尔羌河平原绿洲 1993~1996 年农区、非农区的潜水蒸发量，农区向非农区地下水迁移量等的初步分析结果。王发信和宋家常

（2001）提出五道沟水文模型，该模型是一个平原区四水转化模型，含降水入渗补给地下水模型、地表水径流模型、田间蒸散发模型、地下水开采模型、土壤水模型、潜水蒸发模型6个子模型构成。胡和平等（2004）建立了以农区土壤水为中心的干旱区平原绿洲散耗型水文模型，将研究区分为河段、泉井、水库湖泊、农区和非农区五类水均衡模块，并考虑了引水灌溉和地下水开采等对水平衡的影响，并应用于西北内陆的阿克苏河平原绿洲等地区。叶丽华（2004）基于LSM-MM5耦合模型构建了平原区"四水"转化模型。赵勇（2006）在西部开发重大攻关项目"宁夏经济生态系统水资源合理配置研究"中针对宁夏平原引黄灌区建立了WACM，该模型针对平原区自然–人工复合型地表水系统、土壤水系统和地下水系统进行模拟，充分考虑平原灌区人类水资源配置活动对水循环的影响；此后，又将平原区水循环的河道汇流和地下水模拟与山区的河道汇流及山前地下水排泄对接起来，将研究区拓展到流域尺度，增加土壤风蚀模拟模块，形成WACM2.0版，并在徒骇马颊河流域得到应用。赵长森等（2010）提出了和田绿洲散耗型水文模型（DHMHO），包括河道模块、水库模块、灌溉地模块、非灌溉地模块、地下水模块等。刘浏和徐宗学（2012）建立了太湖流域洪水过程水文–水力学耦合模拟，采用山区水文VIC模型和下游平原区ISIS水力学模型耦合，基本满足了平原河网地区的洪水模拟要求。陆垂裕等（2012）提出面向对象模块化的分布式水文模型MODCYCLE，该模型基于C++语言以完全面向对象的方式模块化开发，具有较好的功能可拓展性，对每个子流域概化一个渠系系统，以模拟平原区农业灌溉对水循环的影响。翟家齐（2012）以水循环模型为核心，耦合了流域碳、氮循环过程，建立了WACM3.0版，用于区域水循环模拟及污染物迁移转化过程模拟，并在海河北系得到验证。刘文琨等（2013）、刘文琨（2014）基于WACM模型基本原理，采用Fortran和VB混合编程，并将地表水运动、土壤水运动、地下水运动等自然水循环过程和灌区引水、灌水、排水、工业生活用水、湖库闸坝调度等人工过程深度耦合，建立了通用的水资源开发利用条件下的流域水循环模型WACM4.0，并成功应用于渭河流域及河套灌区等地区。

得益于分布式水文模型的发展，平原区水循环模型由早期应用于干旱半干旱地区的"三水""四水"转化概念性模型向物理机制明确的分布式水循环模型发展，并将灌溉等人类水资源开发利用活动有机结合到模型中。此外，应用于南方湿润地区的平原区水循环模拟则主要考虑平原区河网的水力联系。这些模型的研发和应用有力地促进了平原区水循环研究。国外学者鲜有开发针对平原区的水循环模型，其平原区域相关水文过程研究往往采用MIKE系列等较强水力学特色的水文模型进行模拟，但在灌溉、水库调蓄等人类水资源配置活动对水循环的影响方面的刻画较为欠缺。

除以上区域/流域尺度的平原区水循环模型外，还有一些学者从农田水利、城市雨洪及地下水等学科方向的研究需要出发进行了大量的研究工作，这有利于揭示平原区灌区农田、城镇居工地等土地利用类型的水循环规律，推动平原区水循环研究的发展。典型成果包括灌区农业水文模型、生态水文模型、城市雨洪模型及地下水地表水耦合模型等的开发及应用。

农业水文模型的发展往往从农田水利研究需要出发，从点尺度扩展到区域尺度，农业水文过程的研究也因此对以农田为主要土地利用类型的平原区具有重要价值。较为典型的农业水文模型如荷兰瓦格宁根大学（Wageningen University）开发的 SWAP 模型，该模型由一维土体的水分运动模拟拓展到半分布式的区域模型。国内外学者往往将该模型与作物产量模型 WOFOST 或者地下水运动模型 MODFLOW 等耦合应用于相关研究，如 Singh 等（2006）利用 SWAP-WOFOST 耦合模型，对印度某地区的农田的水分生产率进行了模拟分析。刘路广等（2009，2010）分别结合 SWAP 和 SWAT，以及 SWAP 和 MODFLOW 模型进行了柳园口引黄灌区不同灌溉制度下地下水开采量及埋深变化研究，提出了该灌区用水管理策略。徐旭等（2011）结合一维农田水文模型 SWAP 和 ArcInfo，提出 GSWAP 模型，以考虑区域尺度土壤和水文气象的空间变异性对农田区的水分及盐分运动进行模拟。任理和薛静（2017）应用分布式 SWAP-WOFOST 模型对内蒙古河套灌区的主要作物在不同灌溉管理方式下的农田水文响应进行模拟，分析其水分生产率。除 SWAP 耦合模型研究外，也有学者独立研发农业生态水文模型或基于 SWAT 等开源模型进行二次开发以解决不同的问题。莫兴国（1998）建立植被界面过程模型，模拟土壤–植被–大气系统界面物质及能量交换过程，研究了无定河流域、华北平原等区域的蒸散和土壤水分的时空变异及交互关系，为区域农业节水提供了科学依据。雷慧闽（2011）基于农田生态水文过程观测，耦合作物生长模型和田间尺度水文强化陆面过程模型 HELP，建立田间尺度生态水文模型 HELP-C，再与分布式水文模型耦合，得到灌区尺度的生态水文模型，并应用于位山引黄灌区的水分和碳循环研究。潘登等（2012）用分布式水文模型 SWAT 等模拟徒骇马颊河平原、黑龙港及运东平原等区域不同灌溉模式下的农业水文过程，应用于灌溉水资源管理。

在城市地区，由于大范围的居工地建设完全改变了原有的下垫面条件，传统的水文模型往往难以反映城市水文过程（如暴雨洪水）的规律，一些典型的城镇化对流域水文过程影响的研究也通常是反映城镇化过程对流域中的蒸散发或出口处的河道流量的影响，难以完整刻画居工地下垫面的水文过程。因此，一批模拟城市雨洪过程的城市雨洪模型也应运而生，国际上比较常用的城市雨洪模型，如 SWMM（storm water management model）及 HSPF（hydrological simulation program-fortran）模型等被广泛应用于城市雨洪模拟研究。国内也有一些学者自主开发相关模型对城市雨洪进行分布式模拟研究。

上述研究多以灌区或城市/区等较小的区域尺度进行，聚焦人类活动集中的农田及城市居工地等下垫面条件，针对这些人类活动直接影响的下垫面的水文过程进行模拟研究，有力地促进了我们对平原区自然–人工复合水循环过程的认识。但也应注意到常见的农业水文模型与地下水模型耦合研究依然存在一些不足，如 SWAP 与 MODFLOW 的耦合，其在单元划分方面的差异使得其难以实现紧密耦合。

3. 存在的主要问题

综上所述，国内外学者在分布式水循环模拟方面取得了长足发展。平原区水循环模型、地表水–地下水耦合模拟模型、农业水文模型、城市水文模型等研发和应用为研究人类活动影响下的平原区水循环过程奠定了良好基础。然而，由于对大埋深地区的土壤水文过程特点认识不清，对大埋深地区的水循环模拟研究依然存在较大空白，具体表现在以下三方面：

一是对大埋深地区水循环特征及机理的研究有待加强，且现有研究或基于试验或基于数值模拟，多关注现状条件下年尺度的潜在入渗量问题，对大埋深地区的水循环动力学机理认识不足。基于大田试验的数值模拟研究极少，对不同情景下蒸散发、入渗等水循环通量的潜在变化认识不足。

二是考虑强人类活动影响的地表水–地下水耦合模拟研究较少。目前常见的地表水–地下水耦合模拟多为松散式或半松散式耦合。通过动力学方程实现源汇项对接，耦合地表水和地下水文过程的研究依然较少，尤其是进一步准确刻画灌溉、水库调蓄等人类水资源开发利用活动影响的耦合模拟研究更为缺乏。

三是地下水大埋深平原区的水循环模拟研究还有较大改进空间。现有平原区分布式水循环模拟研究多在浅埋深地区进行，在地表水及地下水的耦合方面对包气带水文过程的动力学机制反映不足，难以精细化描述地下水大埋深条件下的水循环特征。

1.2.2　山区水循环运移机理研究进展

探讨岩土饱和/非饱和渗流运动规律及其调控机制是现代水文学、水文地质学的重要研究内容。渗流按介质可以划分为多孔介质渗流、裂隙介质渗流及岩溶介质渗流，对于多孔介质渗流理论的定量研究可以追溯到 1856 年法国工程师达西（Darcy）基于多孔均匀介质提出的达西定律。在此基础上，Richards（1931）以达西定律和连续方程为基础导出了描述非饱和土壤水分运动的基本偏微分方程，从而为非饱和渗流研究奠定了理论基础。

1. 土壤水分运动研究进展

多年来国内外学者对农田和坡地土壤水分运动与转化规律进行了大量研究，并取得了丰富的研究成果（Green and Ampt, 1911; Philip and Vries, 1957; 雷志栋等, 1988; 刘昌明, 1997; 康绍忠等, 1997）。

1）SPAC 系统理论

土壤–植物–大气连续体（soil-plant-atmo-sphere continuum，SPAC）系统的研究，标志着土壤水分运动研究从单一学科走向多学科的交叉。SPAC 理论把土壤–植物–大气看作连续体，用统一的能量指标（水势）将不同介质之间相互作用关系看作整体内部关系，使土壤水和作物及生态环境协调研究成为可能，为水循环研究开辟了一片广阔的天地，我国学者在 SPAC 研究方面也进行了大量工作，如刘昌明和窦清晨（1992）关于 SPAC 系统的蒸散发计算，康绍忠等（1992）关于 SPAC 水分传输的计算机模拟等。

2）土壤优先流研究

土壤优先流是田间与坡地普遍存在的自然现象，是指岩土水分和溶质通过优先通道快速运移到岩土深部或地下水中。优先流往往会改变水分与溶质的运移路径，造成田间与坡地岩土水分、养分流失以及地下水污染。因此优先流不仅是水文水资源领域，而且是环境、农业、工程地质、水文地质等领域关注的热点问题之一。

优先流的产生是由于土壤中存在大量的根系孔、虫孔等大孔隙以及裂隙等。根据其形成原因，又被称为大孔隙流、绕流、漏斗流、指状流、沟槽流等（Beven and Germann，1982；Czapar et al.，1989；Brusseau and Rao，1990；Bouma，1991）。目前用于描述土壤中优先流的模型主要有基于可动–不可动的二流域模型、双重孔隙模型、双重渗透性模型、运动波模型、两阶段模型等（Kung，1990a，1990b；Kluitenberg and Horton，1990）。刘亚平和陈川（1996）对土壤非饱和带中的优先流问题进行了研究，标志着国内土壤水分运动机理研究由均质走向非均质。进入 21 世纪以来，国内学者就优先流的影响因子，与地表径流及地下径流的关系等进行了大量研究。何凡等（2005）在长江三峡花岗岩地区选择人为活动影响较小的天然次生马尾松林地作为试验场地，研究了降雨对优先流的影响，以及优先流与地表径流的关系。程金花等（2006，2007）以长江三峡地区曲溪小流域作为试验用地，研究了长江三峡花岗岩地区林地优先流的影响因子，以及优先流对渗流和地表径流的影响，同时以 Macro 模型为基础，以长江三峡花岗岩地区岩土特征及观测数据为依据，对模型驱动变量、土壤物理特性参数进行了适当修正，得到了试验地区优先流运动模型，并模拟了长江三峡库区优先流运动。牛健植等（2006，2007）以长江上游贡嘎山暗针叶林生态系统的降雨过程、地被物层、根系层及土壤层的生长发育特点和水分运动状况为基础，研究了区域土壤包气带根系层中水分快速运动的优先流形成的内外影响因子，并基于 KDW 运动–弥散波模型，对贡嘎山暗针叶林生态系统的优先流进行了模拟研究。郭会荣等（2009）通过室内土柱实验获取穿透曲线，分析土壤溶质优先运移的一般规律，并用时间矩方法定量评价穿透曲线的形状，进一步结合解析法模拟软件 CXTFIT 计算定量评价优先流的指标。但是，目前有关优先流的研究大多集中在孔隙介质方面，裂隙介质优先流的研究还较少；同时有关孔隙介质优先流的研究大多停留在定性描述或点上的观测研究，缺乏系统的量化判定指标；虽然有一些优先流模型的定量研究尝试，但在优先流模型研究中，缺乏足够的实验数据来验证模型的实用性。因此进行大量综合性实验，以获取充足数据资料来确切刻画与判定优先流，成为今后优先流研究的发展趋势。

3）土壤特性空间变异性

土壤特性空间变异性作为土壤水分运动机理研究的重要组成部分，20 世纪 70 年代开始受到国际学术界普遍重视（Carvollo，1976），并于 80 年代初在国内受到了关注，同时对土壤物理特性、养分与微量元素、土壤水分、土壤水力特性及水分运动参数的空间变异性开展了相关研究。雷志栋等（1985）、吕军和俞劲炎（1990）、陈洪松（2004）对农田及黄土丘陵区土壤物理特性的空间变异性进行了研究；Webster（1985）、Bonmati 等（1991）、胡克林等（1999）研究了农田土壤养分及微量元素的空间变异；龚元石等（1998）、王军等（2000）、潘成忠和上官周平（2003）对农田及黄土丘陵区土壤水分的空间变异特征进行了研究。黄冠华（1999）应用随机场理论与地质统计理论对饱和水力传导度和孔隙大小分布参数 OL 的空间变异特征及空间估值进行了研究，同时根据分析结果对取样点数目的合理性进行了评价。刘建国和聂永丰（2001）考虑了土壤孔隙大小及孔隙通道曲折程度等对土壤水力特性的影响，通过分形模型对土壤水分运动参数进行了预测，为土壤水力参数的选取和确定开辟了新的途径。王盛萍等（2003）分析了土壤水分运动参数的理论、取样方法及影响因素；杨永辉等（2004）从实验与模型模拟两方面探讨了气候变化对太行山土壤水分及植被的影响；贾宏伟等（2004）对土壤水力学特征参数空间变异性的研究方法进行了分析，指出多种方法相结合是研究土壤水力学特征参数空间变异性的有效途径。朱奎等（2007）以河北易县崇陵丘陵山区为研究对象，在试验的基础上，针对主要土壤质地、坡度和植被，研究不同下垫面条件下土壤水分变化规律，得到典型土壤质地的物理参数，并对土壤水分的动态变化规律进行了研究，结果表明，土壤质地对土壤物理参数和土壤水分变化影响非常大，明显强于植被和坡度。宋孝玉等（2008）对非饱和土壤水分运动参数空间变异性研究进行了总结，指出土壤水分运动参数空间变异性研究存在的问题主要集中在土壤水分运动参数的空间变异性结果的标准化和不同尺度土壤水分运动参数的相互转化等。张法升等（2010）采用 10m×10m 高密度网格采样的地统计学方法，进行了长期耕作条件下小尺度土壤耕层有机质的空间分布特征的量化研究。但是这些研究成果主要还是集中在农田及多孔介质方面，而有关岩土二元介质条件下的岩土特性及岩土水分时空变异性方面的研究相对还比较薄弱。

2. 岩体水分运动研究进展

有关岩体水分运动的研究，起步较土壤多孔介质水分运动领域更晚一些，始于 20 世纪中叶，由苏联学者首次提出，但直到 20 世纪 60 年代，由于法国与意大利两座大坝的先后失事，裂隙岩体渗流问题才开始被工程界所重视；由于裂隙岩体介质本身的形成过程、几何特性的复杂性、非均质性和各向异性，直到 20 世纪 70 年代还一直沿用土壤渗流力学的方法解决岩体内的渗流问题。我国开展岩体渗流的研究始于 20 世纪 80 年代。

岩体水分运动规律研究主要包括三方面的问题：一是裂隙岩体介质，二是饱和水、非饱和水，三是介质与水的相互作用关系。其中，裂隙岩体主要由结构体与结构面构成，结构面是指岩体经受各种地质作用，形成具有不同特性的地质界面；结构体是指结构面将岩体分割成形态不一、大小不等的岩块。岩体与土壤等一般物体的差别在于，受结构面纵横切割影响形成了具有一定结构的裂隙体。结构面并非几何学上的面，而是充填有一定厚度不同物质的缝、层、带，只是在作为研究对象处理时，抽象为几何上的面。结构面和结构体的不同组合形式与连接特性是研究裂隙岩体渗流的基本科学问题。岩体结构一般分为整体块状结构、层状结构、碎裂结构及散体结构。裂隙岩体结构面的空间展布（裂隙网络）及自然特性可由其几何特征（方位、形态、规模、间距、密度、隙宽、粗糙度和填充性等）来表征。20 世纪 80 年代以来，随着计算机技术的飞速发展，网络模拟技术被广泛应用在结构面几何参数的统计研究中。裂隙岩体的透水性，不仅与结构面宏观空间展布几何参数有关，同时还与结构面的微观几何尺寸（粗糙度、开度、填充情况）密切相关。裂隙岩体结构面表面是粗糙起伏、凹凸不平的，其变化特征复杂多样，很难用简单的数学关系表达。随着法国数学家曼德尔勃罗特（Mandelbrot）所创立的分形几何学理论的不断成熟与发展，20 世纪 80 年代末至 90 年代初，国内外的专家开始利用分形几何对裂隙岩体结构面的几何特征（规模、隙宽、密度及粗糙度等）进行分形分析与研究。总体上看，有关裂隙岩体结构面几何参数的统计模拟研究，还基本处于理论探索阶段，许多问题有待进一步探讨。

裂隙岩体水分运动规律的研究，起初源于能源、水利、环保、地质等工程建设应用领域的需要，并在水力参数（毛细压力-饱和度和相对渗透系数-饱和度关系）、渗流特性与机理、计算模型及渗流与应力的关系等方面对裂隙岩体渗流进行了大量的试验与理论研究。单裂隙非饱和渗流是裂隙岩体非饱和渗流的基本问题和理论基础，对单裂隙非饱和渗流的研究主要包括非饱和水力参数的确定和非饱和渗流机理的研究（胡云进等，2000a，2000b）。

在裂隙岩体渗流特性与机理方面，国内外的学者主要通过室内概化模型实验、数值模拟和现场中小规模试验等途径进行研究，20 世纪 40 年代，苏联学者在室内进行了裂隙岩体渗流试验，用试验方法证明了单裂隙岩体中渗流运动的立方定律。随后，国内外的众多学者针对单裂隙岩体渗流问题，从室内实验的角度探讨了裂隙表面粗糙度、裂隙闭合度的变形对单裂隙导水系数的影响，分析了单裂隙岩体导水系数与外加压力梯度、平均裂隙开度的关系（Louis，1974；Iwai，1976；Schrauf，1986；田开铭，1986；刘继山，1987；王媛和速宝玉，2002；詹美礼等，2002）。Nicholl 和 Wheatcraff（1994）利用粗糙裂隙模型，进行了非水平放置条件下的非饱和渗流试验，结果发现在非水平裂隙中会产生重力驱动指流，这说明降雨入渗时，在非水平裂隙中将形成优先流路径。Wan 等（1996）利用"裂隙-岩块"微观概化模型，进行了裂隙-多孔介质的流动模式和驱替过程试验，结果发现，在非饱和渗流条件下，裂隙与岩块间存在剧烈的水交换。Pruess（1998）利用天然裂隙，进行了不同入渗条件与不同分布参数条件下的非饱和渗流模拟试验，结果表明裂隙岩体渗流存在明显的优先流和指流现象。韩冰等（1999，2000）认为裂隙尺度上的非饱和渗流实际上是由许多局部开度尺度上的饱和渗流构成的。宋晓晨和徐卫亚（2004）指出非饱和带裂隙岩体中的渗流具有毛细管流、薄膜流、优先流和裂隙-基质相互作用等不同的特点，这些特点导致非饱和带裂隙岩体中的渗流具有相当的非均质性。何杨等（2007）研究表明，岩体的裂隙网络具有较强的储水性，主干裂隙具有较强的导水性。

　　由于裂隙岩体的表征单元体（representative elementary volume，REV）一般较大，因此室内小裂隙样本的试验结果很难全面反映现场条件下裂隙岩体非饱和渗流特性，对此，Nativ 等（1995）用示踪剂在裂隙发育的石灰岩现场进行了多次试验，结果发现，大部分水流均通过裂隙下渗，只有一小部分水流通过岩块下渗，这说明在裂隙岩体入渗过程中裂隙具有重要贡献。Dahan 等（1998，1999）自行设计了一套用于现场测定裂隙岩体渗流与溶质运移的试验装置，并在野外进行了定水头渗透试验和示踪剂试验，试验结果表明，即使在出入口水头保持不变的条件下，裂隙内水流也始终未达到稳定流状态，并且大部分水流只在少数通道内进行。国内的众多学者分别利用神经网络专家系统（束龙仓等，1998）、环境同位素示踪法（陈建生和杜国平，1994，2000；陈建生等，1995；陈建生和许慧义，1996）、复合单元法（冯学敏和陈胜宏，2006）、图像数字化技术和数值方法（盛金昌等，2006）、蒙特卡洛（Monte Carlo）方法（方涛等，2007），对复杂裂隙岩体渗流进行了数值模拟分析。由于各研究者所采用的方法与裂隙模型的不同，所揭示的单裂隙及中小规模裂隙岩体渗流机理也不尽相同，不同观点主要集中在裂隙岩体中是否存在优先流，以及裂隙与岩块间是否存在水交换。

　　在裂隙岩体非饱和渗流的数学模型研究方面，目前已有的数学模型可划分为四种：①等效连续介质模型。实际上是从孔隙介质沿用过来的，不考虑岩块与裂隙透水性的差异性，把岩块-裂隙系统等效成连续介质，模型中的渗透性需用渗透张量表示。运用该模型求解裂隙岩体非饱和渗流的主要代表有 Dykhuizen（1987）、Peters 和 Klavetter（1988）、Pruess 等（1990）、张有天等（1991）、胡云进等（2000a，2000b）、Liu 等（2003）、戴会超等（2006）。在将裂隙中的渗透水流均化到岩体空间并以张量表示时，要考虑 REV 的大小。只有 REV 体积相对于所研究的对象尺寸足够小（一般有 20～50 倍）时，方可使用连续介质模型。②离散裂隙网络模型。该模型中岩块被认为是不透水的，水流都在裂隙网络中流动。因此，网络模型就是对裂隙网络求解水力学问题。大多数情况下，网络模型在理论上能更真实地揭示岩体渗流的规律。当 REV 很大且连续介质模型不适用时，也应使用网络模型。运用该模型求解裂隙岩体非饱和渗流的主要代表有 Kwicklis 和 Healy（1993）、张有天和刘中（1997）、周庆科等（2003）、宋晓晨等（2004）、Hoteit 和 Firroozabadi（2008）。但是，岩体裂隙的空间分布特征及其几何形态十分复杂，以致网络模型的应用难度很大。③双重介质模型。如若考虑岩块透水，那么岩体渗流则一方面在裂隙网络中流动；另一方面同时在岩块的孔隙中流动，即在双重介质中运动，运用该模型求解裂隙岩体非饱和渗流的主要代表有 Gerke 和 Van Genuchten（1993）、Zimmerman 等（1996）、Lagendijk 等（1998）、Banddurraga 和 Bodvarsson（1998）、刘新荣等（2000）、Wu 等（2004a，2004b）、Illman 和 Hughson（2005）。双重介质模型把裂隙岩体看作具有不同水力参数的两种连续介质的叠加体，因此能在一定程度上刻画优先流，同时考虑了裂隙与岩块之间的水交换，所以具有较好的仿真性。但是，由于水交换项较难准确测定，而且其精度又直接影响着该模型的仿真性，众多学者对裂隙岩体饱和非饱和渗流状态下的裂隙–岩块间水交换进行了大量的研究（Reis and Cil，2000；Rangel-German，2002；Sarma and Aziz，2004；Rangel-German and Kovscek，2006；Reimus et al.，2007；Sakaki，2004；Wu et al.，2004a，2004b；Gallego et al.，2007）。④离散介质–连续介质耦合模型。在裂隙岩体多场耦合方面，目前，有关渗流场与应力场之间的耦合研究比较多，有关它们之间的耦合机理也已基本成熟，并在工程实践中得到了广泛的应用；有关裂隙岩体渗流场、温度场、应力场三场之间的耦合作用研究开始于 20 世纪 80 年代中期，Barton 等（1985）针对工程岩体地下水渗流场、应力场和温度场之间的耦合作用进行了初步探讨，随之瑞典学者 Jing 等（1995）以及国内学者仵彦卿和张卓元（1995）、黄涛和杨立中（1999）、黄涛（2002）、杨立中和黄涛（2000）、李宁等（2000）相继对裂隙岩体渗流–应力–温度耦合作用进行了深入的探索和研究，并取得了一定的成果；关于裂隙岩体渗流场与温度场的耦合作用研究，国内学者赖远明等（2001）、黄涛和杨立中（1999）、贺玉龙等（2002）进行了积极的探索和研究，但相对还比较缺乏。总之，从目前国内外的研究现状来看，对于有关裂隙岩体地质环境各因素之间耦合作用的研究还很不全面。

有关裂隙岩体透水性的机理目前尚未研究透彻，特别是复杂裂隙岩体渗流的机理，仍需要加强裂隙岩体渗流理论研究；同时，在非达西、非牛顿、非等温、非线性及多尺度、多场多相耦合渗流理论与应用等研究领域中面临许多新的挑战。另外，由于风化裂隙介质自身的复杂性、多变性等多方面的原因，从环境演变和生态效应的角度来研究陆地表层复杂裂隙岩体非饱和渗流运动特性及机理，无论是在室内概化模型实验、数值模拟还是现场中小规模试验方面，都还处于比较薄弱的环节。

3. 界面水分转化过程研究进展

界面是指两个或多个不同物相间的分界面（interface），水文循环界面过程研究近年来受到国际水文科学界广泛关注，是一个研究前沿和热点。我国水文界在这方面的研究也比较活跃并取得新的成果。刘昌明（1993）结合自身和他人多年的研究成果，对自然地理系统中的界面、界面过程及水文界面过程，从概念、特性、重要性及科学性等方面进行了详尽的分析，在水量转化分析的基础上，以大气水、地表水、土壤水、地下水及植物水为相互独立系统为例，提出了它们之间相互耦合作用关系，并结合国内外的研究进展，强调指出，开展界面过程这一新领域的研究具有前沿性和战略性。界面即两相间的接触表面，或系统集合之交，界面基本上可以分为二维和多维界面两类，其中，二维界面有固-固、液-液、固-气、固-液和液-气界面等多种类型，如大气下垫面、坡面、水面、冰面、河床与海洋地面、植物冠层表面等；多维界面往往是一个界层或中间体，如雨水与地下水的联系，往往要通过岩土层，岩土层上接大气底层下联地下水层。水文系统作为自然地理系统的子系统，也是一个多层次多界面的复杂系统，在这种复杂的过程中，从大气到地表，从地表到地下，不同层次中水分的交换运动，必然要通过一系列系统界面和发生水在界面上流通过程，这些界面水分转化过程将作为现代水文学的基础。刘昌明（1997）以农田土壤-植物-大气系统中的水分传输作为研究基础，对土-根界面、植-气界面、土-气界面及土壤水与地下水界面的水分过程进行了细致的实验研究，提出了农业节水界面调控的基本措施；黄明斌和康绍忠（1997）研究了土-根界面行为对单根吸水的影响；吴擎龙等（1996）研究了 SPAC 系统中水热输移的耦合迭代计算方法；莫兴国和刘苏峡（1997）对麦田能量转化和水分传输特征进行了研究；杨建锋（1999）在地下水-土壤水-大气水界面水分转化研究进展时指出，目前的研究多偏重均匀下垫面、均一介质条件下的水分交换研究，对于非均匀下垫面、非均一介质条件下的水分交换问题未能很好地解决；杨鑫光等（2008）对植物根-土界面水分再分配的研究方法与影响因素进行了总结分析。地质学与岩土工程学中的地层界面是一种非连续面，主要包括各种物质分异面、结构面和滑移面。其中物质分异面包括土层、风化层、岩性分界面等；结构面是地质历史发展过程中，在岩体内形成的具有一定延展方向和长度，厚度相对较小的地质界面或带，主要包括物质分异面和不连续面，如层面、不整合面、节理面、断层、节理面等，结构面对岩体的完整性、渗透性等都有显著影响，是造成岩体非均质、非连续、各向异性和非线性的原因之一。但是有关岩-土界面、岩块-裂隙界面、岩-根界面的水分转化过程的研究目前还较为薄弱。

4. 地下水与植被的相互作用关系研究进展

在地下水与植被的相互作用关系研究方面，近年来，国内外一些学者研究了地下水与植被的相互作用关系。在干旱半干旱区，地表植被的组成、分布及长势与地下水有着密切的关系，植被分布及演替规律表现出与地下水密切的相关性。基于大量观测数据，Maitre 等（1999）较为细致地研究了植被变化对地下水补给的影响。在总结大量研究成果的基础上，Newman 等（2006）明确地指出，从大尺度上研究植被发育与地下水补给之间的关系是目前生态水文学所面临的六大科学挑战之一。在大部分土石山区，植被的蒸散吸水与裂隙岩体渗流有着直接的关系，Arkley（1981）通过对加利福尼亚南部山区的土壤剖面植物水分利用状况分析发现，干旱气候条件下植物所吸收的水分主要来源于深层风化岩体。Zwieniecki 和 Newton（1996）、Jones 和 Graham（1993）也发现下部风化岩体比上部土壤层能为植物生长提供更多的有效水分。Hubbert 等（2001）在对美国内华达州林区岩土二元结构体上的植被水分利用状况进行的研究中发现，下部风化岩体提供了植物可利用水量的70%以上。Hellmers（1955）、Stone 和 Kalisz（1991）、Zwieniecki 和 Newton（1996）在各自的研究中也发现，植被的根系并非只在上部土壤层中发育，一些植物的根系能够延伸到下部风化岩体中吸收水分。

　　针对西北干旱地区水资源开发对植被的影响，国内众多学者也从地下水位埋深、水位变化的角度研究了地下水与植被生长的关系。王根绪等（2002）采用绿洲生态斑块动态模拟、植被与水盐状态相关分析、生态需水量估算等方法，研究额济纳地区上游水资源不同供给情况下，下游绿洲生态演变趋势和可能的保存规模。钟华平等（2002）根据额济纳绿洲地下水埋深和水位变化，结合植物的长势和地面景观调查，采用对比分析的方法得出额济纳绿洲不同植物生长的地下水埋深阈值、适宜区间及其相应的水位变幅。刘恒等（2001）以石羊河流域下游民勤盆地为例探讨了西北干旱内陆河区水资源利用与绿洲演变规律。陈亚宁等（2003）对塔里木河下游断流河道2000~2002年9个地下水监测断面和18个植被样地的实地监测资料分析表明，地下水埋深对天然植被的组成、分布及长势有直接关系，地下水位的不断下降和土壤含水率大大丧失是塔里木河下游植被退化的主导因子。陈亚宁等（2008）结合对干旱区生态安全和生态需水量关键科学问题的探讨，提出干旱内陆河流域生态脆弱区的生态安全分析是以水过程研究为核心的，水文过程控制着生态过程，对流域生态系统的稳定性有着直接影响，而水资源开发利用和水循环对生态系统功能有重要影响，天然植物恢复和生长的合理地下水位的研究是确立生态需水量的基础。郝兴明等（2009）采用热比率法（HRM）茎流仪对3株胡杨主根和侧根的液流速率分别进行了为期4天的连续监测，研究分析了胡杨根系水力提升作用，结果证明胡杨根系具有水力提升的效应。

5. 存在问题与发展趋势

陆地表层系统岩土介质的复杂性和非均质性已经成为21世纪地学中众多学科的研究

热点，岩土水分运动将在非达西、非牛顿、非等温、非线性及多尺度、多场多相耦合渗流理论与应用等研究领域中面临众多新的挑战。同时，随着地下水–土壤–植物–大气连续体（GSPAC），即饱水带水、包气带水及土壤水、植物水、近地表大气层水垂向循环理论的提出与发展，以及《生态水文地质学》专著的出版（万力等，2005），山地表层风化作用带的环境演变与生态效应已经成为"水–岩土相互作用"的重要学术方向之一；另外，开展界面水分转化过程研究已经成为现代水文学、水文地质学等学科具有前沿性和战略性的重要领域。这给岩土二元介质水分运移转化机制，以及岩土界面水分转化过程的研究带来了机遇与挑战。以"上覆土壤、下伏岩石"为结构特征的岩土二元介质在中国北方土石山区普遍存在，然而由于风化裂隙岩体介质的复杂性、多样性、非完整性，人们在山区流域水文过程分析中，一般只考虑上部土壤层对降水入渗及再分布的影响，而对下部风化裂隙岩体层考虑较少，或者也按多孔介质与上部土壤层统一来对待，这样不仅掩盖了下部风化裂隙岩体层对流域降水入渗及再分布的影响，同时也抹杀了下部风化裂隙岩体层强大的储、透水功能，难以反映岩土二元介质水分运动及转化的真实情况。同时由于水文地质工程地质研究的服务对象主要是能源开发和工程建设，其研究内容主要集中在深部岩体饱和渗流水力特性、渗流与应力的耦合作用关系等方面，而对浅部陆地表层风化作用带的非饱和渗流特性、渗流与生态的耦合作用关系考虑不够。综上所述，如何通过陆地表层系统岩土二元介质水分运动与转化特征及其水分的有效性来量化水文变化和气候变化，将成为土石山区流域水文学、水土保持、生态水文学、水文地质学等众多学科共同关注的焦点与热点。

1.2.3 水资源演变归因研究进展

近几十年来，由于气候变化和人类活动的加剧，全球气候变暖、下垫面条件发生改变、人类取用水持续增加等，地球上的水循环和水资源状况发生了巨大的变化，水资源变化规律发生了根本性的变化，引发了一系列严重的水问题和水危机，制约了很多国家和地区的社会经济发展。开展人类活动扰动下的流域水循环与水资源演变规律以及其内在机理研究已成为当前水文水资源与地球科学研究的核心命题和前沿领域。国际水文计划（International Hydrological Programme，IHP）、世界气候研究计划（World Climate Research Programme，WCRP）、国际地圈生物圈计划（International Geosphere-Biosphere Programme，IGBP）的"水文循环的生物圈方面"（Biospheric Aspects of Hydrological，BAHC）、地球系统科学联盟（Earth System Science Pathfinders，ESSP）以及全球环境变化的人文因素计划（International Human Dimension Programme on Global Environmental Change，IHDP）开展了大量的工作。从国际整体研究现状来看，天然状态下的水循环过程的研究比较成熟，而人类活动对水循环和水资源形成和演变过程的干扰尽管引起了广泛的重视，如 2013 年国际水文科学协会（International Association of Hydrological Sciences，IAHS）正式发布并启动了2013~2022年十年科学计划——Panta-Rhei，主题是"处于变化中的水文科学与社会系统"，但其作用机制和人类活动作用下的水资源演变规律研究仍然处于攻坚阶段，并未真正探索出水资源演变背后驱动机理，基础理论和模型方法体系并未完全形成。

1）水资源评价发展回顾

水资源评价是保证水资源可持续发展的前提，是水资源开发利用的基础。无论是生活、生产、生态用水，还是实际水资源管理工作，合理评价水资源始终都起着至关重要的作用。近几十年来，随着人口增长和经济发展，水资源供需矛盾日益突出，众多地区都开始针对水资源规划方面进行深入研究，水资源评价工作作为指导水资源开发利用的根本，备受关注。

早在1840年，美国就开始统计密西西比河水量情况，并相应的编制了水资源公报，对区域的水资源状况进行了简单描述；1884年美国地质调查局（United States Geological Survey，USGS）成立水资源处，开始对地表径流、地下水位等进行监测；1965年成立水资源理事会，全面统筹水资源评价工作，并于1968进行了全国第一次水资源评价工作，系统分析了水资源量、供需情况等；随后又于1978年开展了第二次评价工作，除了评价水资源量外，还将洪水灾害、地下水超采等一系列环境问题纳入评价范围，并初步提出了水资源可利用量的估算方法；分析其水资源评价发展历程，可以概括为从评价有多少水—需要多少水—供水需水平衡计算—提出解决水问题的措施四个过程。

我国的水资源评价工作起步于1973年，并于1976年印发了我国最早的水资源评价成果——《海、滦河流域年径流分析报告》，该报告初步对水资源数量进行了评价。1979年，我国开展了第一次水资源评价工作，由水利电力部门负责，通过1956~1979年水文气象、地质等数据，对全国范围内的降水、蒸发、水资源量、水质、可利用量等进行了系统分析，第一次评价结果对于当时全国范围内的水资源开发利用起到了重要的指导作用。《中国水资源初步评价》于1981年底出版，1985年提出的成果性工作报告《中国水资源评价》，研究区域内降水、径流的相互转化及其变化规律，确定总水资源、地表水、地下水的水质、水量、时空分布特征，评估当前人类社会中水资源供需矛盾，为人类合理开发、利用水资源提供科学依据。第一次水资源评价成果全面地对国内水资源的时空分布特征进行了描述，为国民经济的发展以及水资源的合理开发利用提供了科学支撑。同时为了满足经济发展的要求，国家又于1985年起陆续展开了华北地区水资源开发利用研究、全国水资源中长期供求计划编制、地下水开发利用规划等专题性工作。第一次水资源评价成果指导了当时的水资源开发利用，但随着时间延续，我国的水资源内外条件已经发生了明显变化，主要体现在以下两个方面：①气候变化和人类活动的加剧变化；②经济社会发展的结构发生变化。由于人类活动影响的加剧，水资源形成与转化过程发生了改变，同时考虑到气候变化、下垫面变化以及地下水超采等方面的影响，导致水资源数量、质量在时空分布上发生了改变。此外经济结构的变化也导致用水结构以及水资源开发利用中供水、用水、耗水、排水的过程发生变化，随着用水量的增长以及用水结构的不断变化，原有的水资源评价成果已经不能反映国家真实情况，同时，为解决新问题和适应水利发展需要，我国于 2002 年又开展了第二次全国范围内的水资源评价工作，对我国水资源数量及时空分布特征进行了全面评价分析，作为水资源开发利用和管理的准则与依据，在分析水资源承载力的基础上，又提出了水资源高效开发利用、优化配置和科学管理布局方法作为今后的指导方案。此后的 2017 年，由水利部牵头全面启动和部署第三次全国水资源调查评价工作，以揭示我国水资源现状和演变规律，以及在人类活动和气候变化等因素的共同作用下产生的变化及特征。

2）水资源量评价方法研究进展

水资源评价的常规技术是基于水文观测及水资源利用的统计方法，指通过流量资料对历史水文过程的最大、最小以及平均流量进行确定，并且通过历时曲线对河流水位超过或低于某一水位时的频率进行估算，该方法可以评价人类活动影响小的流域或区域人工引水的影响。但统计方法不同也会导致计算的水资源量有较大差异，一般情况下，一个地区水资源量指的是当地的产水量，对于区域外的外调水量则不纳入评价范围。美国的第一次水资源评价（1968 年）以及我国的第一次水资源评价（1986 年）、第二次水资源评价（2002 年）都是采用这种原则，但不同的是，在评价范围方面，我国把地下水资源也纳入评价体系中。随后美国在第二次水资源评价（1980 年）工作中，将从加拿大流入本国河流中的水量也纳入了评价范围中，而之后的联合国粮食及农业组织（Food and Agriculture Organization of the United Nations，FAO）以及法国地质矿产调查局（BRGM）使用的也是这种方法，并且将地下水的入境水量也纳入到评价范围中。基于“监测统计—还原—还现”思路的水资源评价方法详见第 17 章，此处不再进行叙述。基于此方法，陈民等（2006）对海河流域进行了分析，1956 ~ 1979 年地表水资源量为 288 亿 m^3，地下水资源量为 268 亿 m^3，1980 ~ 2000 年地表水资源量为 216 亿 m^3，地下水资源量为 235 亿 m^3，衰减幅度分别为 25% 和 12%。但随着气候条件以及人类活动的不断变化，传统方法在评价过程中的不确定性也逐渐增加。

随着变化环境下常规方法的适用性逐渐变窄，此时水量管理平衡法作为常规技术后的一种新兴方法，在评价工作中得到了广泛应用。该方法通过对流域引入改进后的水量平衡方程：初始蓄水量+入流量−出流量−用水量＝末期蓄水量，同时结合流域特征，对平衡方程进行进一步细化。当统计好流域内的初始蓄水量、入流量、出流量以及用水量时，通过水量平衡公式即可求得末期蓄水量，考虑到研究时段通常是水文年，但随着科技的进步，时间尺度可能缩短到月甚至是天，当时间尺度缩短时，水量平衡方程就会变得复杂，因为要考虑季节变化等因素，如河岸、河道调蓄等。

此后，FAO 为保证各国水资源评价成果的一致性，提高水文资料在全球范围内的可比性，又提出了基于 GIS 的水均衡模型。通过 GIS 可以将降水、土地利用、土壤特性等数据进行空间展布，生成具有数字高程的水文模型，包括垂直平衡模型和水平平衡模型两种类型。其中，垂直平衡模型是指按照规则剖分网格，以月作为时间尺度，对于未能通过蒸发作用进入大气的那部分降水进行计算，而水平平衡模型则是指对河流的实测径流数据进行验证。

随着 GIS 等信息技术的快速发展，分布式水文模型方法也迅速发展起来。水文模型是通过建立流域模型来实现对流域特征的刻画，模拟该流域在不同情况下的水文过程响应，如 SWAT、SHE、VIC 等分布式水文模型得到了较好的发展和应用。20 世纪 80 年代开始，我国水资源评价模型才逐渐发展起来，如赵人俊开发的新安江模型，通过对流域进行多单元的划分，可以实现对每一个单元的产汇流过程进行计算，求得流域出口断面的流量过程（Lin et al.，2014）。赵勇等（2007a，2007b，2007c，2007d）开发的 WACM 模型，围绕平原区强人类活动影响，基于广义水资源理论对平原区水的分配、循环转化过程及其伴生的物质（C、N）、能量变化过程进行全过程精细化模拟仿真，可为水资源配置、自然−人工复合水循环模拟、物质循环模拟、气候变化与人类活动影响等提供模拟分析的手段。贾仰文（2003）选取正方形或长方形等规则网格当作计算单元，通过与 RS、GIS 数据相结合，开发了具有物理机制的、精算精度高的 WEP 水文模型。曾思栋等（2016）基于降雨与径流的非线性关系以及数值模拟方法，提出了 DTVGM 分布式水文模型。梁桂星（2019）结合 SWAT 模型，将漓江流域划分成 138 个子流域单元，并进行逐日的径流过程模拟，结果表明研究区地表水资源总量为 115 亿 m^3，地下水资源量为 42 亿 m^3。赵琳琳和王海刚（2019）借助 MIKE SHE 模型进行辽阳县地下水资源量的评价，结果显示辽阳县平原区地下水资源量为 3.76 亿 m^3，可开采量为 3.39 亿 m^3。郭绪磊（2019）基于改进后的 SAC 模型，实现对泗溪流域水循环过程的模拟，求得河川径流量为 5417 万 m^3，地下水径流量为 4454 万 m^3，水量均衡为−8 万 m^3，研究区长期处于负均衡状态。杨伟等（2018）结合垂向混合产流模型，计算求得沁水河流域天然河川径流量为 4178 万 m^3，模型结果略小于公报，考虑是近年来受雨情和人类活动不断变化影响。冯夏清和章光新（2015）通过 SWAT 模型在乌裕尔河流域展开水资源评价工作，发现 1985 ~ 2006 年平均蓝水绿水资源量是径流性资源量的 11 倍，并且水资源量呈现逐年递减的趋势，以绿水为主。为避免在水资源评价工作中受到主观因素的过大影响，郑德凤等（2014）通过分析突变模型的灵敏度，提出了一套改进后的基于熵权理论和熵值法的突变模型，并在辽宁省得到了较好的应用。赵国擎和王晓勇（2011）以主成分分析（principal component analysis，PCA）法为基础，结合水资源开发利用过程中的主要指标，根据累计贡献率提出了区域水资源评价模型。刘宗平等（2009）通过 WEAP 模型，从水资源供需角度出发，对石羊河流域不同空间单元上的水资源量进行了综合评价。

3）强人类活动对水资源量的影响研究进展

近些年来，伴随着社会水平的发展，强人类活动对自然水循环系统的影响不断增强，使得原有的一元自然水循环系统呈现出明显的"自然–社会"二元属性。当然，考虑到不同学科对于人类活动的定义不同的，从水文学领域出发，人类活动指的是人类从事取用水活动、改变下垫面条件以及从事经营性活动而影响气候条件的行为。对水资源的影响方式主要可以分为以下三类：①为了满足生活、生产用水，人类通过开采地表、地下水以及跨流域调水等取用水行为改变水资源的时空分布。②城镇化进程以及人口增长的速度加快，诸如水利工程建设以及山区水土保持措施的实施使得流域的下垫面条件发生改变，致使流域的入渗、产流、蒸发等水循环过程发生改变，进而导致产汇流机制和水文情势发生变化。③人类通过排放温室气体以及污染物，导致城市热岛效应的出现，间接地改变了气候条件，从而引起各水循环要素发生变化。因此，研究强人类活动影响下的流域水资源量变化规律，不仅能为常规水资源评价成果进行补充，更能为现代环境条件下水资源综合管理和规划提供科学依据。

早期此方面的研究仅局限在讨论人类活动会如何影响区域气象条件，如大型水利工程的建设对气候的影响。直到 1965 年联合国教育、科学及文化组织（United Nations Educational Scientific and Cultural Organization，UNESCO）提出国际水文发展十年计划（International Hydrologic Decade，IHD）（1965～1974 年）以及 1975 年国际水文计划（1975～1980 年）以来，国际上才开始重视人类活动对水资源的影响。第一个计划是进行水量平衡和水资源量估算的研究，主要涉及水循环过程和水量平衡以及水循环过程中各要素（降水、蒸发、径流、入渗等）时空变化规律的研究；另一个是研究人类活动对水环境及水文因素的影响，主要涉及人类活动如何引起水文水资源的变化，包括城镇化、工业化发展，土地利用的变化以及河流湖泊、地下水中污染物的稀释、扩散、自净过程以及废热方面的研究。21 世纪以来，国际上实施的全球水系统计划（GWSP）和召开的国际水文科学大会，对变化环境下人类活动对水循环及水资源演变的影响进行了重点研究，包括人类工农业生产所产生的各种用水和调水行为以及城镇化进程、植树造林等下垫面变化行为。相比于国际社会，我国在这方面的研究起步较晚，直至 1988 年在武汉召开了"人类活动对水文要素影响的研究"学术交流会，才推动了变化环境对水资源影响领域的相关工作。例如，科学技术部在"七五"期间立项的"中国气候与海面变化及其趋势和影响研究"项目，利用水箱模型进行水量平衡，对我国西北高寒山区的月流量过程进行了模拟，并利用蓄满产流模型研究了变化环境对地区径流的影响；"八五"期间的"气候变化对水文水资源的影响及适应对策研究"项目，通过采用月水量平衡模型和非线性统计模型相结合的方法研究了气候变化对水循环过程及资源量的影响;"九五"和"十五"期间的"气候异常对我国水资源及水分循环评估模型研究"和"气候变化对我国淡水资源的影响阈值及综合评估"专题,在流域尺度上建立分布式月水文模型,在网格化区域气候模式中,可模拟不同气候变化模式下各流域或区域的水资源量产生的响应机制。

目前针对定量评判人类活动对流域水资源影响的方法方面,常见的有以下5种,分别是基于长时间序列的数据对比分析法、基于实验结果的对比分析法、基于水量还原的分项组合法、基于Budyko假定的水量平衡法以及基于水文模型的模拟评价法。下面具体介绍。

(1)基于长时间序列的数据对比分析法。是指当流域整体除人类活动外,其他因素如降水、气温等气象条件变化不大时,此时的资源量变化即认为是受到人类活动变化的影响所造成的,如芮孝芳(1991)初步探讨了水库兴建、农业灌溉等人类活动对水资源量的影响;吴俊铭和杨炯湘(2000)分析了企业排污、砍伐森林等人类活动对水资源量的影响;但近些年来气象条件变化剧烈,该方法只能近似得出定性的结论,因此该方法的实用性也相对偏窄。

(2)基于实验结果的对比分析法。一般是选取两个气候相似位置相近的小流域,其中一个作为控制流域不进行任何处理,另一个作为处理流域模拟不同的人类活动,通过对比处理流域和控制流域的水文结果,来研究人类活动对水资源量的影响。例如,彭焕华(2013)在黑河上游两个小流域针对不同草地类型进行对比研究,结果表明,只有降水量大于穿透雨点时才会出现草地冠层截留,禁牧草地出现穿透雨时的降水量需大于1.8mm,而放牧草地出现穿透雨时的降水量仅需1.1mm。Iroumé等(2005)在智利4个小流域开展实验研究,对比不同植被覆盖率下的径流量,分析得出径流量与植被覆盖率有较好的相关性,且植被覆盖率的增加会导致径流量减少。该方法原理简单,但实验区域通常都是较小的流域,且实验投入较大,实验结果的拓展性还存在疑问,导致该方法在应用层面存在局限。

(3)基于水量还原的分项组合法。一般是指根据水量平衡和天然径流量还原公式,对于各项人工用水量进行逐一计算并与实测径流数据相加,最终求得人类活动对资源量的影响,如蒋憬(2019)通过渭河流域秦安水文站,求得人类活动对该小流域地表水资源量的影响是0.37亿m^3。吴英超等(2014)通过抚河下游李家渡水文站对灌区引水后天然径流量进行计算发现,多年平均流量从389m^3/s提高到489m^3/s,平均流量增加了25.7%。黄莎等(2019)发现长江流域1998~2016年总用水量增加了16%,导致区域水资源总量减少了38%。

(4)基于Budyko假定的水量平衡法。是指在利用Budyko公式分析降水和潜在蒸散发(ET_0)对径流的敏感性的基础上,求得由气候变化引起的径流变化量,再通过水量平衡方程求得人类活动引起的径流变化量。该方法可以同时考虑气候变化和人类活动的双重影响，因此该方法也作为评价变化环境影响径流量的一种理想方法，该方法精度的准确性取决于数据系列的长度，数据系列越长，结果的精度也就相应的越高。张建云等（2019）发现气温升高之后发生的冰川积雪融化现象是青藏高原径流量增加以及地下水资源量增加的主要原因。王颖等（2018）通过主成分分析法和驱动力–压力–状态–影响–响应（DPSIR）概念框架模型对京津冀地区水资源演变归因进行解析，结果表明城镇化进程、人类取用水和水利工程建设是 3 个最主要因素。Patterson 等（2013）利用 Budyko 假设对 1970～2005 年气候变化和人类活动对美国南大西洋径流量的影响进行了分析，结果表明气候变化引起径流量增加 14%，而人类活动引起径流量减少 27%。Xu 等（2014）基于 Budyko 的水量平衡方程对变化环境下海河流域 1956～2005 年 33 个山区典型流域径流量的变化进行了分析，发现 33 个流域径流量平均减少了 43mm，其中气候变化和下垫面变化的贡献分别为 26.9% 和 73.1%。Wang 等（2013）利用 Budyko 公式分析了海河流域 4 个典型流域 1957～2000 年气候和人类活动对径流的影响，4 个流域平均年径流衰减在 0.85 亿～1.99 亿 m^3，人类活动是漳河流域、潮白河流域、滦河流域径流衰减的主因素，气候变化则是滹沱河流域径流衰减的主因素。周金玉等（2020）建立了 Budyko 水热耦合方程，对 1966～2015 年滦河上游径流量变化趋势进行了解析，结果表明，与 1966～1979 年相比，1980～1997 年和 1998～2015 年下垫面变化是径流减少的主要影响因素，土地利用变化对径流量的贡献率分别为 52.68%、88.12%。陈玫君（2019）基于 Budyko 假设对皇甫川流域、无定河流域及延河流域径流变化进行了分析，三个流域下垫面变化对径流量的影响分别为 88%、61%、37%，三个流域的相对误差分别为 13.52%、1.74% 和 0.44%。

（5）基于水文模型的模拟评价法。是指通过水文模型的手段，将流域研究期划分为天然时期和人类活动影响时期，首先选取天然时期的实测数据作为基准数值，通过水文模型进行天然水文参数的率定，再结合人类活动影响时期的水文气象数据求得此时的模拟值，通过对人类活动影响时期的天然值、模拟值以及实测值之间的差值进行分离，就可以得到人类活动对水资源量变化的影响，该方法机理清晰、准确率高，是目前分析各因素对水资源贡献程度应用最普遍的方法，如王丽雪（2017）通过 Visual MODFLOW 模型在松花江流域研究傍河取水对水资源量的影响，发现在丰水年，傍河开采对各河段地表水径流量的影响程度较小，在枯水年，傍河开采对各河段地表水径流量的影响程度明显增大。尚星星（2019）借助 SWAT 水文模型对黑河上游径流进行研究发现，当温度降低时，地表径流会增加，而当温度升高时，上游融雪径流和蒸发导致地表径流的变化变得不确定；当温度降低且降水增加时，河道径流会增加，当降水减少且温度升高时，河道径流会减少。侯蕾（2019）通过 SWAT 模型发现，1996～2005 年引河水灌溉、修建水库以及开采地下水等人类活动是永定河流域地表水资源减少的主要原因，约占总贡献的 60.29%。崔豪等（2019）借助 SWAT 模型发现，人类活动是影响大清河流域地表水资源量的主要因素，其贡献率占 53.4% ~ 60.8%，气候变化较人类活动而言影响稍小，其贡献率占 39.2% ~ 46.6%。王国庆等（2020）利用 RCCC-WBM 模型对中国七大江河径流变化进行了归因分析，发现在中国北方地区，人类活动对径流的影响更大，而在南方地区，气候变化则是径流发生变化的主要原因。经过长时间的应用探索，基于水文模型的模拟评价法已经在分析人类活动对水资源量的影响方面获得了广泛应用。

1.3 研究目标与范围

1.3.1 研究目标

海河流域多年平均降水量为 535mm（1956 ~ 2000 年系列），最新时段评估结果显示，降水量衰减为 508mm（2001 ~ 2016 年系列）。与此同时，流域水资源量衰减则更为显著，1956 ~ 1979 年流域多年平均水资源量为 421 亿 m^3，1980 ~ 2000 年水资源量衰减到 317 亿 m^3，2001 ~ 2016 年水资源量进一步衰减到 272 亿 m^3。

在过去 60 年，海河流域的水资源衰减剧烈，水循环过程发生了显著变化，突出表现在山区大规模水土保持改变下垫面植被和土壤条件，平原区地下水位大幅度下降形成土壤深厚包气带，深层地下水开采导致大面积地面沉降，进而影响地下水给水和储水能力。在这一变化过程中，土壤层是直接影响降水产流机制、蒸发入渗机理的关键带，是揭示流域水循环演变规律，辨识影响水资源衰减因素的重点目标。本研究聚焦海河流域水资源衰减归因与水循环关键带演变机理这一关键科学问题，通过原型观测、定点试验、遥感分析和数学模拟等多种手段，系统解析 1956 年以来海河流域水资源演变规律及其定量归因，突破山区和平原区土壤关键带水分运移机理和关键参数体系，研发适应强人类影响的分布式水循环模型，模拟揭示流域水资源演变历史规律，系统预测海河流域水资源演变趋势，为海河流域水治理提供基础支撑。

1.3.2 研究范围

海河流域按水资源三级区划分可分为 14 个分区，分别为滦河山区、滦河平原及冀东沿海平原、永定河山区、北三河山区、北四河下游平原、大清河山区、大清河淀西平原、大清河淀东平原、子牙河山区、子牙河平原、黑龙港及运东平原、漳卫河山区、漳卫河平原、徒骇马颊河平原。其中山区 6 个，面积 18.94 万 km^2，约占总面积的 60%，平原区 8 个，面积 12.84 万 km^2，约占总面积的 40%。京津冀绝大部分区域在海河流域内，为方便分析京津冀水资源演变特点，本研究以海河流域范围为基础，叠加了京津冀行政区边界，如图1-1所示。

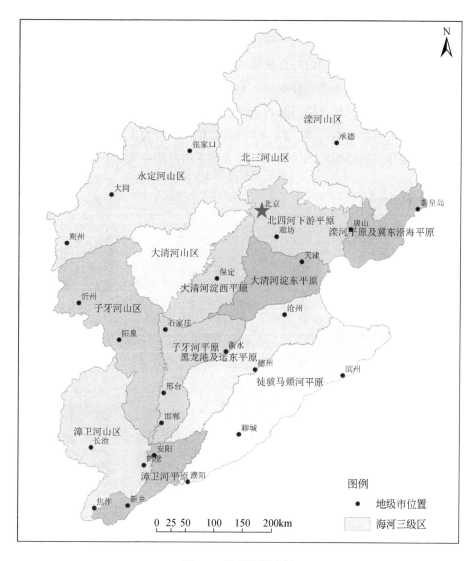

图1-1　海河流域边界

1.4　研究思路与框架

研究围绕海河流域水资源衰减归因与未来演变预测重大实践需求，聚焦水循环关键带水分运移机理，采用试验观测—机理分析—归因解析—模拟预测的研究思路，揭示平原区和山区水循环关键带水分运移机理，逐项解析影响水资源变化的主要因素及其定量贡献，自主研发流域分布式水循环模拟模型，在考虑未来气候变化以及植被修复、地下水位恢复、下垫面变化、农田耕作等人类活动影响基础上，集合预测未来海河流域水资源变化趋势。

在试验观测方面，布置了平原区深厚包气带土壤水分运移监测试验，依托中国科学院栾城农业生态系统试验站，在国内外首次实现48m超厚包气带土壤水分运移的监测，可以完整地观测深厚包气带蒸发入渗交替变动、非稳定入渗和相对稳定入渗三层变化规律。布置了山区斥水性土壤入渗机理试验以及岩土二元介质降雨入渗试验，研究斥水性土壤入渗机理及其对坡面产汇流的影响规律，进一步通过原位试验研究土石山区气–土界面和土–石界面土壤水运移规律，完整揭示山区岩土二元介质下的降雨—入渗—产流机理（图1-2）。

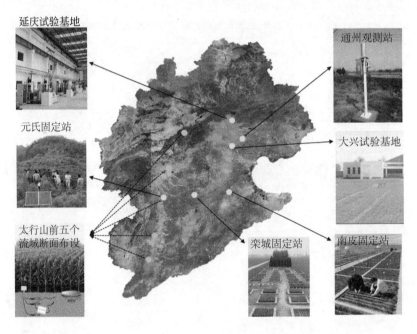

图 1-2　原型观测与试验研究基地分布

在机理分析方面，围绕平原区深厚包气带和山区岩土二元介质影响下，以土壤水过程为核心的水循环演变和水资源衰减机理，开展系统理论基础研究，包括深厚包气带水分运动特征与变化规律、湿润峰运动速率与平均孔隙流速定量关系、地下水补给通量和滞后效应以及不同下垫面影响，地面沉降影响下深层地下水释水系数和储量衰减过程与机理，大规模植被修复的土壤斥水特性及其数值模拟方法，山区岩土二元介质产流机制与裂隙岩体渗流动态等，揭示强烈人类活动影响下水资源衰减的系统机理。

在归因解析方面，基于水循环过程，将影响水资源量的因素分解为降水、蒸散发、水域面积、水保工程、植被变化、土壤变化、农田耕作、地面硬化、包气带、地下水位等方面，基于遥感、统计等数据分时段研究各影响因素变化规律，同时基于各因素影响物理机制定量分析其对海河流域水资源衰减的贡献，系统回答1956~2016年海河流域水资源衰减原因。

在模拟预测方面，研发适用于强人类活动影响的分布式水循环模型，耦合水循环与伴生植被生长、能量多过程，实现对主要人类活动过程模拟及多项水循环要素动态转化关系，形成具有自主知识产权的模型平台，全面解析海河流域人类活动对水资源量的影响及未来流域水资源量演变趋势。

本书研究整体思路框架如图1-3所示。

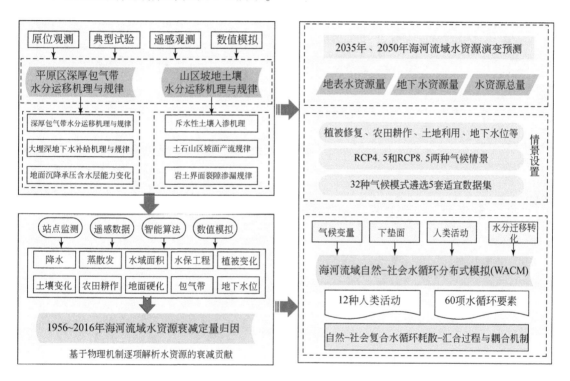

图1-3　研究整体思路框架

第一部分

近 60 年来海河流域水资源演变及其定量归因

第 2 章 海河流域水资源演变规律

基于统计数据，从三个时段、地表和地下、山区和平原区等不同时空尺度分析海河流域 1956～2016 年水资源演变规律，同时利用典型水文站点实测数据分析流域径流变化规律。

2.1 水资源总量演变规律

20 世纪 50 年代以来，海河流域水资源量呈持续衰减状态，如图 2-1 所示，根据三次水资源评价的时段划分，1956～1979 年海河流域水资源量为 421 亿 m³，1980～2000 年海河流域水资源量为 317 亿 m³，比上一时段衰减了 25%；2001～2016 年海河流域水资源量为 272 亿 m³，与第一时段相比衰减了 35%，与第二时段相比衰减了 14%。可以明显地看出最近一个时段区域水资源情势十分严峻，除个别丰水年外，水资源量几乎都处于历史最低水平。

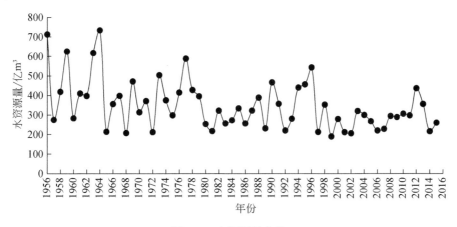

图 2-1　水资源量变化

2.2 地表和地下水资源量演变规律

地表水资源和地下水资源均呈持续下降趋势，但衰减速率不同。如图 2-2 所示，1956～

1979 年地表水资源量为 288 亿 m³，1980~2000 年地表水资源量衰减为 171 亿 m³，相比上一时段衰减了 41%，2001~2016 年进一步衰减到 122 亿 m³，相比前两个时段分别衰减了 58% 和 29%。如图 2-3 所示，1956~1979 年地下水资源量为 265 亿 m³，1980~2000 年地下水资源量衰减为 214 亿 m³，比上一时段衰减了 19%，2001~2016 年地下水资源量为 224 亿 m³，比 1956~1979 年衰减了 15%，比 1980~2000 年增加了 5%。地表水资源衰减速率明显大于地下水资源衰减速率，相较 1956~1979 年，1980~2000 年和 2001~2016 年的地表水资源持续减少，而地下水资源在 1980~2000 年减少幅度较大，2001~2016 年则比 1980~2000 年增加了 5%。

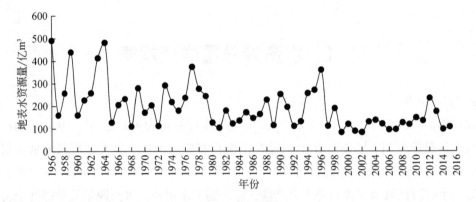

图 2-2　地表水资源量变化

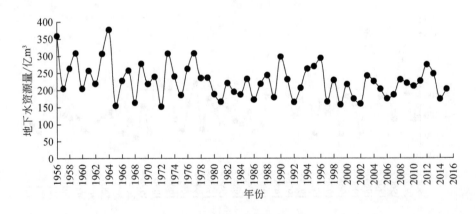

图 2-3　地下水资源量变化

2.3　山区和平原区水资源量演变规律

山区水资源量衰减幅度大于平原区，如图 2-4 所示，1956~1979 年山区水资源量为

348 亿 m³，1980~2000 年山区水资源量为 241 亿 m³，比上一时段少了31%，2001~2016 年山区水资源量为 193 亿 m³，分别比前两个时段少了45% 和20%。如图 2-5 所示，1956~1979 年平原区水资源量为 127 亿 m³，1980~2000 年平原区水资源量为 99 亿 m³，比上一时段少了22%，2001~2016 年平原区水资源量为 117 亿 m³，较上一时段增加了 18%。

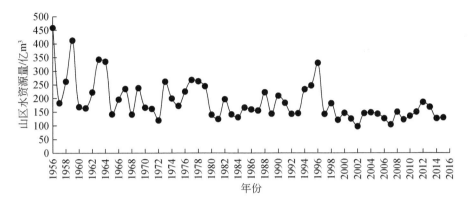

图 2-4　山区水资源量变化

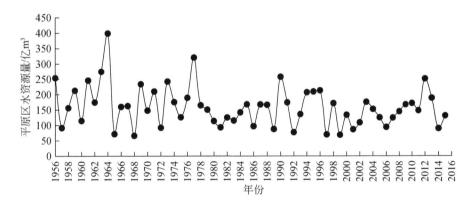

图 2-5　平原区水资源量变化

　　山区地表水衰减剧烈是山区水资源量减少的主要原因，山区地表水从 1956~1979 年的 210 亿 m³ 衰减到 1980~2000 年的 126 亿 m³，进一步衰减到 2001~2016 年的86 亿 m³。山区地下水资源量三个时段分别为 138 亿 m³、115 亿 m³ 和 107 亿 m³，总体来说地下水衰减的幅度要远小于地表水衰减的幅度。

　　同期相比平原区的地表水资源量衰减幅度小于山区的衰减幅度，第一时段多年平均地表水资源量为 78 亿 m³，第二时段为 45 亿 m³，第三时段为 36 亿 m³。平原区地下水资源量分别为 127 亿 m³、99 亿 m³ 和 117 亿 m³。平原区第二时段和第三时段相对第一时段地表和地下水资源量变化幅度均小于山区地表水资源量变化和地下水资源量变化。

2.4 径流系数演变规律

径流系数能够直观反映降水和产流的关系，从区域尺度看，如图 2-6 所示，1956～1979 年径流系数为 0.13，1980～2000 年径流系数衰减到 0.1，2001～2016 年径流系数进一步衰减到 0.08；平原区三个时段的径流系数分别为 0.08、0.06 和 0.07，变化差异不是很明显，而山区三个时段的径流系数分别为 0.17、0.14 和 0.09，衰减幅度远大于平原区。平原区径流系数衰减不明显的原因可能是：①虽然从 20 世纪 50 年代以来地下水位持续下降，降水直接入渗地下部分增加，但同时区域城镇化面积增加，城区集中排水进入河道的水量增加，这部分水既来自降水也来自城市供水系统，抵消了入渗地下的部分；②区域的农田格局在 20 世纪五六十年代已经形成，农田拦蓄降水的作用远大于降水变化的波动，平原区的径流系数未发生明显的变化。而山区受水土保持工程的作用，地表径流量衰减明显，在降水未发生显著变化的情况下，径流系数随径流量的减少而大幅衰减。对比三个时段不同降水量下的径流系数，如图 2-7 所示，在不同等级降水量下，径流系数在三个时段均越来越小，说明在不同等级降水量下，流域的产流能力变差。

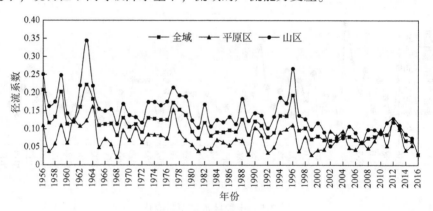

图 2-6 径流系数变化

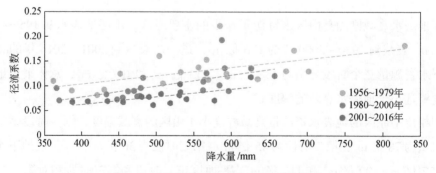

图 2-7 不同时段降水量与径流系数关系

1956~2016 年，海河流域山区径流系数均发生了明显的改变。如图 2-8 和表 2-1 所示，滦河山区呈下降趋势，下降速率为 -0.023/10a，下降趋势显著（统计量 $Z = -4.02$）；北三河山区整体上呈下降趋势，下降速率为 -0.021/10a，下降趋势显著（统计量 $Z = -4.46$）；永定河山区呈下降趋势，下降速率为 -0.010/10a，下降趋势显著（统计量 $Z = -6.58$）；大清河山区呈下降趋势，下降速率为 -0.037/10a，下降趋势显著（统计量 $Z = -4.85$）；子牙河山区呈下降趋势，下降速率为 -0.018/10a，下降趋势显著（统计量 $Z = -5.30$）；漳卫河山区呈下降趋势，下降速率为 -0.018/10a，下降趋势显著（统计量 $Z = -4.41$）。

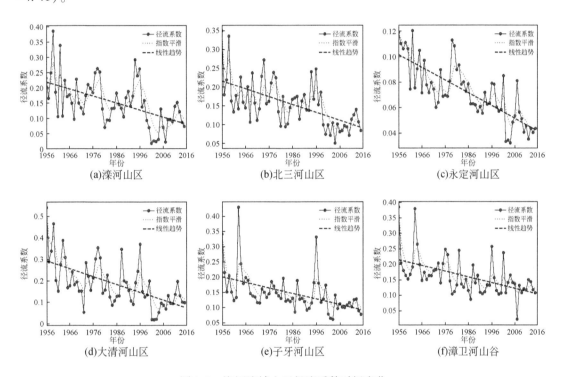

图 2-8 海河流域山区径流系数时间变化

表 2-1 海河流域三级区径流系数变化趋势

三级区	均值	斜率/10a	Z
滦河山区	0.151	-0.023	-4.02**
北三河山区	0.154	-0.021	-4.46**
永定河山区	0.072	-0.010	-6.58**
大清河山区	0.185	-0.037	-4.85**
子牙河山区	0.147	-0.018	-5.30**

续表

三级区	均值	斜率/10a	Z
漳卫河山区	0.160	−0.018	−4.41**
滦河平原及冀东沿海平原	0.132	−0.005	−1.38
北四河下游平原	0.111	−0.007	−1.83
大清河淀西平原	0.020	−0.004	−2.66**
大清河淀东平原	0.078	−0.004	−1.03
子牙河平原	0.012	−0.001	−1.73
漳卫河平原	0.082	−0.009	−1.92
黑龙港及运东平原	0.042	−0.004	−1.10
徒骇马颊河平原	0.068	0.004	1.63

＊＊表示显著性水平达到 0.01。

1956～2016 年，海河流域平原区径流系数变化不明显。如图 2-9 和表 2-1 所示，除大清河淀西平原呈显著的下降趋势外（统计量 $Z=-2.66$），海河流域平原区变化均不显著，其中滦河平原及冀东沿海平原、北四河下游平原、大清河淀东平原、子牙河平原、漳卫河平原和黑龙港及运东平原呈不显著的下降趋势，徒骇马颊河平原呈现不显著的上升趋势。

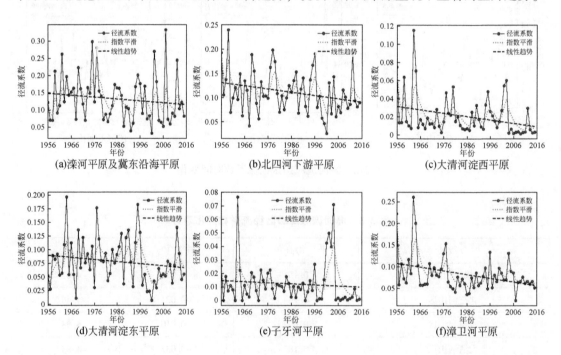

(a)滦河平原及冀东沿海平原　　(b)北四河下游平原　　(c)大清河淀西平原

(d)大清河淀东平原　　(e)子牙河平原　　(f)漳卫河平原

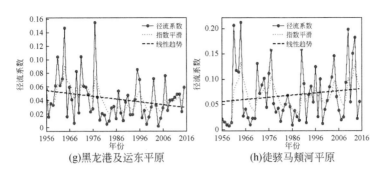

图 2-9　海河流域平原区径流系数时间变化

以 P1（1956～1979 年）、P2（1980～2000 年）、P3（2001～2015 年）三个时段为基础利用 t 检验对 P2-P1 和 P3-P2 径流系数变化进行检验。如表 2-2 所示，P2-P1 时段，海河流域山区径流系数均有所下降，而平原区只有漳卫河平原和黑龙港及运东平原下降显著；P3-P2 时段，除了漳卫河山区，其他山区径流系数均呈显著的下降，而平原区变化均不显著。

表 2-2　海河流域三级区径流系数各时段对比分析

三级区	均值（P1）	均值（P2）	均值（P3）	P2-P1			P3-P2		
				均值变化	t 统计量	p 值	均值变化	t 统计量	p 值
滦河山区	0.198	0.150	0.078	−0.048	−2.49	0.02*	−0.072	−4.08	0**
北三河山区	0.195	0.150	0.095	−0.045	−2.75	0.01**	−0.055	−4.84	0**
永定河山区	0.088	0.071	0.048	−0.017	−3.34	0**	−0.023	−4.44	0**
大清河山区	0.256	0.172	0.090	−0.084	−2.98	0**	−0.082	−3.95	0**
子牙河山区	0.179	0.144	0.099	−0.035	−1.88	0.07	−0.045	−3.39	0**
漳卫河山区	0.197	0.140	0.130	−0.057	−3.39	0**	−0.010	−0.67	0.51
滦河平原及冀东沿海平原	0.153	0.114	0.124	−0.039	−2.30	0.03*	0.010	0.38	0.70
北四河下游平原	0.126	0.106	0.094	−0.020	−1.50	0.14	−0.012	−0.90	0.37
大清河淀西平原	0.026	0.019	0.014	−0.007	−1.16	0.25	−0.005	−0.82	0.42
大清河淀东平原	0.086	0.083	0.060	−0.003	−0.23	0.82	−0.023	−1.85	0.07
子牙河平原	0.014	0.009	0.015	−0.005	−1.34	0.19	0.006	0.94	0.36
漳卫河平原	0.103	0.067	0.071	−0.036	−2.84	0.01**	0.004	0.44	0.66
黑龙港及运东平原	0.056	0.028	0.039	−0.028	−3.02	0**	0.011	1.56	0.13
徒骇马颊河平原	0.069	0.054	0.087	−0.015	−1.00	0.32	0.033	1.88	0.07

* 和 ** 分别表示显著性水平达到 0.05 和 0.01。

2.5 三级区水资源量演变规律

分区地表水资源量变化和地下水资源量变化如图 2-10 和图 2-11 所示，14 个三级区中大部分区域地表和地下水资源呈现出下降的趋势，山区三级区的地表水资源量多于平原三级区，山区地表水资源量衰减也更加剧烈，如滦河山区、大清河山区、北三河山区三个时段内都有明显的衰减。平原区各三级区地表水资源量 P2 时段较 P1 时段均有所减少，P3 时段较 P2 时段则大部分平原区未见明显减少，如滦河平原及冀东沿海平原、子牙河平原、漳卫河平原几乎持平，黑龙港平原和徒骇马颊河平原 P3 时段地表水资源量较 P2 时段甚至有所增加。地下水资源量中 P2 时段较 P1 时段均有所减少，子牙河山区、徒骇马颊河平原等三级区衰减的水量较多，P3 时段较 P2 时段地下水资源量衰减并不显著，各三级区地下水资源量有增有减，如滦河平原及冀东沿海平原、大清河淀西平原、漳卫河山区、漳卫河

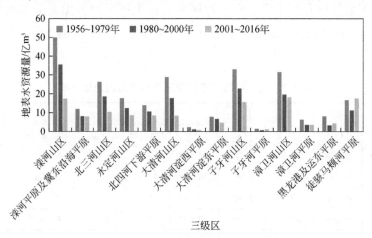

图 2-10　三级区地表水资源量变化

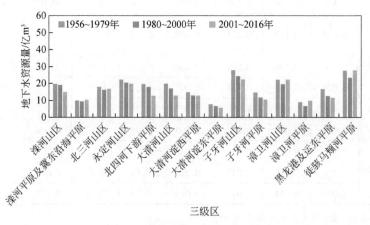

图 2-11　三级区地下水资源量变化

平原和徒骇马颊河平原等三级区地下水资源量较 P2 时段有所增加（表 2-3）。

表 2-3　海河流域三级区水资源量　　　　　　（单位：亿 m³）

序号	分区	P1		P2		P3	
		地表水	地下水	地表水	地下水	地表水	地下水
1	滦河山区	49.9	19.6	35.6	19.1	21.1	17.4
2	滦河平原及冀东沿海平原	12.0	10.0	8.2	9.4	5.7	10.5
3	北三河山区	26.3	17.9	18.6	16.2	8.7	11.6
4	永定河山区	17.7	22.4	12.4	20.4	8.5	19.3
5	北四河下游平原	14.0	19.7	10.6	17.9	8.5	19.8
6	大清河山区	28.9	19.8	17.7	17.1	10.2	11.6
7	大清河淀西平原	2.3	14.7	1.2	12.9	0.2	15.0
8	大清河淀东平原	7.8	7.6	6.8	6.7	3.9	6.1
9	子牙河山区	33.1	28.0	22.9	24.4	18.5	24.4
10	子牙河平原	1.5	14.6	0.7	11.7	0.1	12.7
11	漳卫河山区	31.6	22.3	19.7	19.6	18.7	21.8
12	漳卫河平原	6.3	8.9	3.6	6.7	3.8	8.8
13	黑龙港及运东平原	8.0	16.6	3.4	12.6	1.7	11.2
14	徒骇马颊河平原	16.7	27.6	11.2	23.5	13.6	33.3

2.6　典型站实测径流演变规律

根据数据系列的代表性、一致性及完整性原则，在海河流域内选取典型水文径流监测站，本研究选取了滦河滦县和三道河子、桑干河册田水库、沙河王快水库、唐河西大洋水库等 9 个水文站 1956 ~ 2016 年实测径流数据进行分析，如图 2-12 所示。

总体上看，9 个水文站实测径流都呈现减少趋势，其中 P1 时段到 P2 时段实测径流相对 P2 时段到 P3 时段减少幅度更大。滦河的滦县水文站实测径流减少最大，P1 时段平均为 47.8 亿 m³，到 P2 时段减少为 22.8 亿 m³，再到 P3 时段减少到 8.1 亿 m³。P1 到 P2 时段，滦县、册田水库、黄壁庄水库、元村集及密云水库 5 个水文站实测径流都减少超过一半，分别减少 52%、75%、61%、69% 及 54%，三道河子、王快水库、西大洋水库与刘家庄 4 个水文站径流分别减少 29%、29%、46% 与 45%。P2 到 P3 时段，除元村集水文站径流增加 7%，滦县、册田水库、西大洋水库 3 个水文站实测径流减少超过 50%，分别减少 64%、68%、51%，三道河子、王快水库、黄壁庄水库、刘家庄及密云水库分别减少 47%、36%、41%、4%、49%。

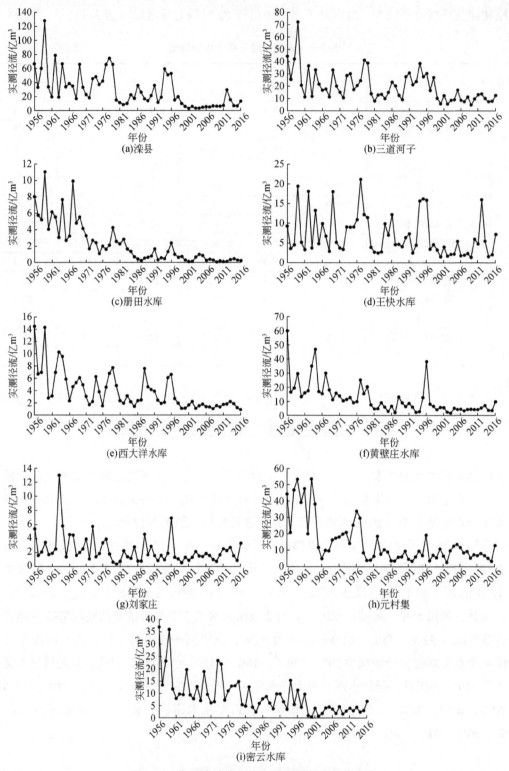

图2-12　海河流域典型水文站实测径流年际变化

2.7 本章小结

海河流域是我国水资源紧缺情势最严峻的地区之一，区域人均水资源量仅有 218m³，是全国人均的 10%，不足全球平均的 3%。近几十年来，海河流域水资源整体呈现出进一步衰减的趋势，但是在不同时段、不同区域其变化规律又不尽相同，通过分析总结出以下几方面规律：

（1）三次水资源评价区域水资源总量持续衰减。按 1956~1979 年（P1 时段）、1980~2000 年（P2 时段）、2001~2016 年（P3 时段）三个时段划分，三个时段的水资源依次递减，P3 时段水资源总量为 272 亿 m³，与 P1 时段相比衰减了 35%，与 P2 时段相比衰减了 14%。

（2）地表水衰减幅度高于地下水衰减幅度。相对于 P1 时段，P2 时段和 P3 时段地表水资源量分别减少了 117 亿 m³ 和 166 亿 m³，衰减幅度为 41% 和 58%；地下水资源量分别减少了 51 亿 m³ 和 41 亿 m³，衰减幅度为 19% 和 15%。尤其是在 P3 时段，地下水资源量较 P2 时段没有显著减少，而地表水资源量则持续减少。

（3）山区水资源量衰减幅度高于平原区衰减幅度。相对于 P1 时段，P2 时段和 P3 时段山区水资源量分别减少 107 亿 m³ 和 155 亿 m³，衰减幅度为 31% 和 45%；平原区水资源量 P2 时段比 P1 时段减少了 28 亿 m³，衰减幅度为 22%，而 P3 时段相对 P2 时段平原区的年均水资源量有所增加。

（4）P3 时段山区地表水资源量衰减是区域水资源量减少的主要原因。山区地表水资源量从 P1 时段的 210 亿 m³ 衰减到 P2 时段的 126 亿 m³，进一步衰减到 P3 时段的 86 亿 m³，而山区地下水资源量在 P3 时段较 P2 时段减少 8 亿 m³，平原区地表水资源量在 P2 时段较 P1 时段减少 33 亿 m³，P3 时段进一步减少 9 亿 m³，而地下水资源量在 P2 时段较 P1 时段减少 28 亿 m³，P3 时段较 P2 时段增加 18m³。滦河山区、永定河山区、北三河山区、大清河山区、子牙河山区、漳卫河山区的地表水资源量均在 P3 时段有大幅减少，这也是最近一个时段水资源量衰减的最主要原因。

第3章 降水变化及其对海河流域水资源量影响

海河流域地处东亚季风气候区，在气候变化和人类活动的影响下，海河流域降水发生着明显的改变。作为水循环系统的关键输入，降水是地表水和地下水资源的直接补给来源，解析降水变化规律对研究水资源演变影响十分重要。本章采用海河流域及其周围的289个站点（海河流域259个站点）逐日降水数据，分析海河流域降水总量、雨强和集中程度时空变化规律，研究近几十年来人工灌溉对降水量的影响，并基于多元线性回归评价了降水变化对三次水资源评价时期地表水资源量的影响。

3.1 研究数据和方法

3.1.1 研究数据

本研究采用海河流域及其周围的289个站点（海河流域259个站点）逐日降水数据分析降水特性，站点分布情况如图3-1所示。各站点并不是每一年都具有完整的数据，部分站点数据在某些年份可能缺测或者无测。具有数据站点个数随时间变化，如289个站点在1956年只有50个站点有数据，之后有测数据的站点不断增加，在1974年之后达到稳定。289个站点的缺测数据以及早年无测数据利用距离平方反比插值法进行插补。

3.1.2 研究方法

1）线性回归

本研究采用线性回归的方法对时间序列的变化趋势进行分析，即对时间序列进行线性回归：

$$y(t) = at + b \tag{3-1}$$

式中，y 为研究对象；t 为时间；a 为线性斜率；b 为截距。若 $a>0$，则表明序列呈上升趋势；若 $a<0$，则表明序列呈下降趋势；a 的大小表示序列的变化程度。

2）M-K 趋势检验

M-K（Mann-Kendall）趋势检验是一种非参数检验法，常用于对降水、径流等时间序列进行趋势检验。

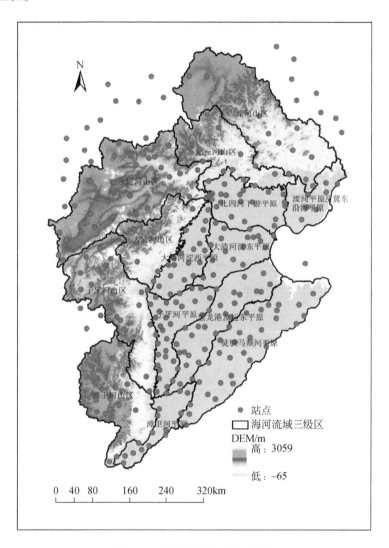

图 3-1 海河流域站点分布情况

对于时间序列 $X = \{x_1, x_2, \cdots, x_n\}$，计算统计量 S：

$$S = \sum_{i=1}^{n-1} \sum_{j=i+1}^{n} \mathrm{sgn}(x_j - x_i) \tag{3-2}$$

其中，$\mathrm{sgn}(x_i - x_j) = \begin{cases} 1, & x_i > x_j \\ -1, & x_i < x_j \\ 0, & x_i = x_j \end{cases}$。

统计量 S 期望 $E(S)$，方差 $\mathrm{Var}(S)$ 如下：

$$E(S) = 0$$

$$\mathrm{Var}(S) = \frac{n(n-1)(2n+5)}{18} \qquad (3\text{-}3)$$

构建标准统计量 Z：

$$Z = \begin{cases} \dfrac{S-1}{\sqrt{\mathrm{Var}(S)}}, & S > 0 \\[2mm] 0, & S = 0 \\[2mm] \dfrac{S+1}{\sqrt{\mathrm{Var}(S)}}, & S < 0 \end{cases} \qquad (3\text{-}4)$$

在给定的显著性水平 α 下，若 $|Z| \geqslant Z_{\alpha/2}$，则序列变化趋势明显，若 $|Z| < Z_{\alpha/2}$，则序列变化趋势不明显。显著性水平 0.1、0.05、0.01 对应的统计量 Z 分别为 1.64、1.96、2.58。

3）降水集中度和集中期

本书利用降水集中度（PCD）和降水集中期（PCP）的概念来研究降水年内月分配。将一个月的降水量数值看作向量长度，对应的月份看作向量方向，由此得到降水集中度和降水集中期。

$$\mathrm{PCD} = \sqrt{R_{xi}^2 + R_{yi}^2} / R_i \qquad (3\text{-}5)$$

$$\mathrm{PCP} = \arctan\left(\frac{R_{xi}}{R_{yi}}\right) \qquad (3\text{-}6)$$

式中，$R_{xi} = \sum\limits_{j=1}^{n} r_{ij} \times \sin\theta_j$，$R_{yi} = \sum\limits_{j=1}^{n} r_{ij} \times \cos\theta_j$；$R_i$ 为第 i 年的降水量；r_{ij} 为第 i 年第 j 月降水量。θ_j 为研究时段内各月对应的方位角（整个研究时段的方位角设为 360°，每月中间日所对应的方位角作为该月的方位角）。

降水集中度在 0~1 变化，降水集中度越大，表明降水越集中，年内分配越不均匀；降水集中度越小，表明降水越不集中，年内分配越均匀。本研究在应用降水集中期时，将式（3-5）得到的方位角转化为月份（整数月份对应于每月中间日），降水集中期的数值表明降水量在年内的集中时间。

4）日降水集中度

本研究利用日降水集中度（CI）来研究降水年内日降水的集中程度。

对于水文循环，不同强度降水的输入，会导致不同的水资源产出。为了确定降水日数与降水量之间的关系以及评估不同强度日降水尤其是高强度日降水对降水总量的影响，累计降水日数百分比（X）与累计日降水量百分比（Y）可以通过如式（3-7）所示的指数型函数关系确定：

$$Y = aXe^{bX} \tag{3-7}$$

式中，a 和 b 为常数。这种曲线也称为洛伦兹曲线（图3-2）。

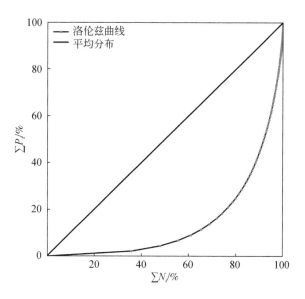

图3-2 北京站累计降水日数百分比与累计降水量百分比关系曲线（洛伦兹曲线）

具体计算步骤如下：

（1）将日降水量进行分类，本研究只统计日降水量大于等于0.1mm的降水，并以1mm为间隔归类。

（2）分别统计各降水区间内的降水日数（N_i）和降水总量（P_i）。

（3）根据（2）计算累计降水日数（$\sum N_i$）和累计降水量（$\sum P_i$）。

（4）根据（3）计算累计降水日数百分比（$\sum N_i(\%)$）和累计降水量百分比（$\sum P_i(\%)$）。

（5）将（4）中的累计降水日数百分比（$\sum N_i(\%)$）作为 X，累计降水量百分比（$\sum P_i(\%)$）作为 Y，拟合曲线，获得常数 a 和 b（本研究采用 python 程序语言中 scipy 软件包中的最优化函数库 scipy. optimization 来拟合曲线）。

5）面指数计算

本研究利用泰森多边形的方法来计算各面指数，如面雨量、面日数等，反映了海河流域降水各指数的平均情况。泰森多边形分割如图3-3所示，根据分割情况，确定各雨量站控制区域的面积，然后根据面积确定各站权重，据此计算出各面指数。

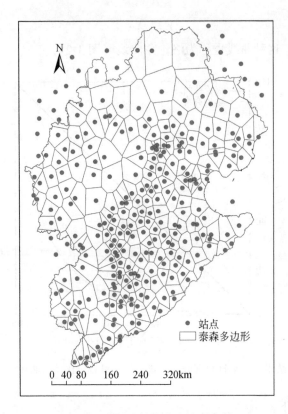

图 3-3　海河流域泰森多边形分割

3.2　降水总量时空变化

3.2.1　年降水量和年降水日数空间分布与时空变化

　　如图 3-4 所示，海河流域和京津冀地区年降水量整体上呈自东南向西北减少的分布规律，最枯的海河流域西北地区年降水量只有 373.9mm，而较丰的海河流域东北部地区（唐山、承德、秦皇岛一带）年降水量达到 680mm 以上，除此之外，海河流域西部地区的五台山站降水较为异常，多年平均年降水量达到 776.8mm；海河流域和京津冀地区年降水日数空间分布上与年降水量相反，整体上呈自东南向西北增加的分布规律，最少的多年平均年降水日数只有 65 天，而海河流域北部的崇礼站可达到 108 天，西部的五台山站可达到125 天。

　　图 3-5 为海河流域在 1956～2016 年面平均年降水量和面平均年降水日数的时间变化。

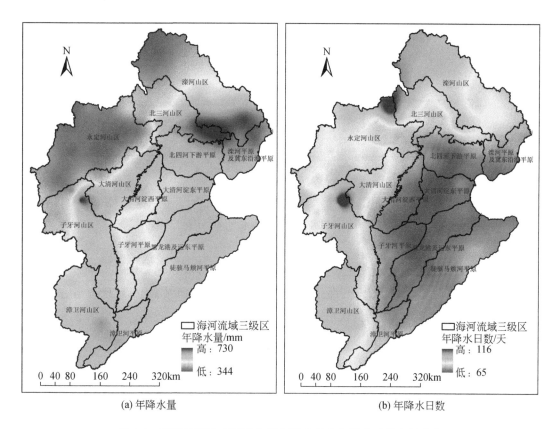

(a) 年降水量　　　　　　　　　　　　(b) 年降水日数

图 3-4　海河流域和京津冀地区年降水量和年降水日数空间分布

海河流域年降水量［图 3-5（a）］整体上在波动中呈下降趋势，线性斜率约为 -10.9mm/10a，但是下降趋势不显著（M-K 趋势检验统计量 Z 为 -1.21，未达到 0.05 显著性水平），最大一年出现在 1964 年，为 792.5mm，最小一年出现在 1965 年，为 350.3mm；根据 5 年滑动平均值，在 1977 年之前，海河流域年降水量年际变化剧烈，降水量上升与下降过程交替发生。进入 1977 年之后，海河流域年降水量经历了四个明显的变化阶段，1977~1984 年，年降水量为减少趋势，1984~1998 年，年降水量在波动中呈上升趋势，1998~2001，年降水量出现了剧烈的下滑，2001 年之后，年降水量又出现了上升趋势；海河流域年降水日数［图 3-5（b）］在波动中呈显著的下降趋势（M-K 趋势检验统计量 Z 为 -3.03，达到 0.01 显著性水平），线性斜率约为 -2.2d/10a，最大一年出现在 1964 年，为 113.8 天，最小一年出现在 1997 年，为 60.5 天；根据 5 年滑动平均值，1956~1979 年，年降水日数变化剧烈，无明显趋势。之后年降水日数经历了数个阶段，1979~1984 年，年降水日数为下降趋势，1984~1991 年，年降水日数为上升趋势，1991~2001 年，年降水日数又出现了下降趋势，2001~2004 年，年降水日数处于上升趋势，2004~2009 年，年降水日数处于下降趋势，2009 年后，年降水日数又有所上升。

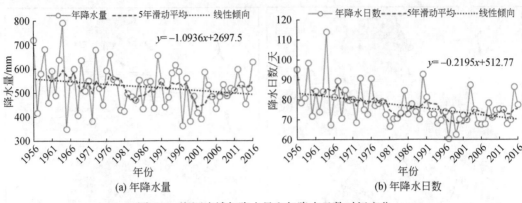

(a) 年降水量   (b) 年降水日数

图 3-5　海河流域年降水量和年降水日数时间变化

　　分别计算各站点年降水量线性斜率，并在空间上进行展布，如图 3-6 所示。1956～2016 年，海河流域年降水量基本都呈下降趋势，只有个别站点呈上升趋势，斜率在 −61.08～8.06mm/10a，其中海河流域西北和东南地区下降幅度较小，东北和西南地区下降幅度较大，在北京、天津和唐山一带，年降水量下降幅度最为明显；海河流域年降水日数全域也基本为下降趋势，只有个别站点呈上升趋势，斜率在 −11～0.31d/10a，其中环渤海地区和西南地区下降幅度较大，海河流域中部地带下降幅度较小。

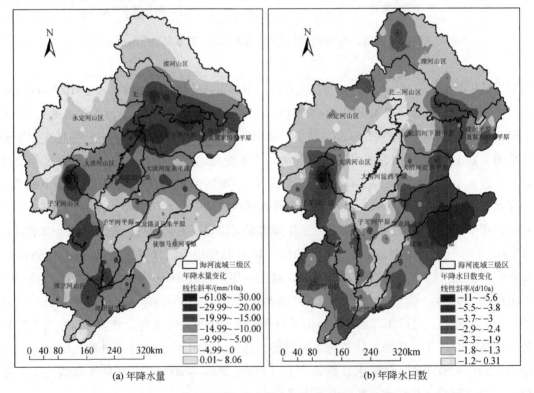

(a) 年降水量   (b) 年降水日数

图 3-6　海河流域年降水量和年降水日数空间变化

各站点年降水量时段变化如图 3-7 所示。P1 到 P2 时段，海河流域年降水量基本都为下降趋势，只有个别站点呈上升趋势，在 -144 ~ -3mm；P2 到 P3 时段，海河流域年降水量在浅山区有所下降，其他地区有所上升，在 -119 ~ 82mm。

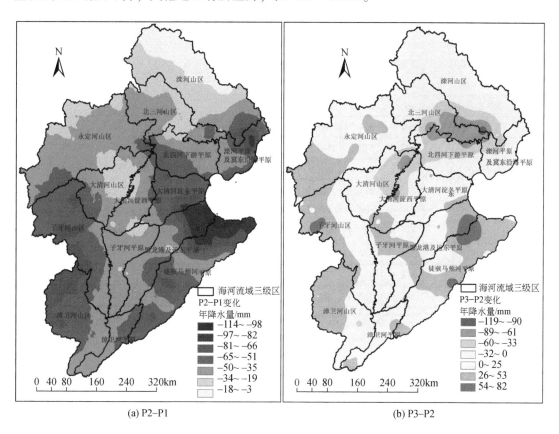

(a) P2-P1

(b) P3-P2

图 3-7 海河流域年降水量时段变化

由表 3-1 可知，P1 到 P2 时段，海河流域各三级区年降水量均有下降，下降最少的是滦河山区，只有 -26.1mm，下降最多的是徒骇马颊河平原，有 -63.3mm；P1 到 P2 时段，海河流域各三级区年降水日数均有下降，北三河山区下降最少，只有 -4.2 天，徒骇马颊河平原下降最多，有 -13.9 天；P2 到 P3 时段，大清河淀东平原、子牙河平原、黑龙港及运东平原、漳卫河平原、永定河山区、徒骇马颊河平原、子牙河山区、漳卫河山区年降水量由下降转为上升，其他地区仍然下降；P2 到 P3 时段，除了滦河平原及冀东沿海平原、大清河淀东平原、北四河下游平原、滦河山区、北三河山区年降水日数仍然下降外，其他地区转为上升。

表 3-1　海河流域三级区降水量变化

三级区	年降水量/mm					年降水日数/天				
	P1	P2	P3	P2-P1	P3-P2	P1	P2	P3	P2-P1	P3-P2
滦河平原及冀东沿海平原	671.6	614.1	591.6	-57.5	-22.5	76.0	69.6	66.5	-6.4	-3.1
大清河淀西平原	546.0	506.3	492.6	-39.7	-13.7	71.5	66.4	67.6	-5.1	1.2
大清河淀东平原	573.6	514.1	515.2	-59.5	1.1	72.8	63.6	63.4	-9.2	-0.2
子牙河平原	527.7	487.9	498.4	-39.8	10.5	74.4	64.5	67.8	-9.9	3.3
黑龙港及运东平原	566.1	507.9	529.0	-58.2	21.1	73.7	62.7	65.9	-11.0	3.2
漳卫河平原	602.8	554.7	563.9	-48.1	9.2	78.9	68.4	72.3	-10.5	3.9
北四河下游平原	627.7	578.9	544.9	-48.8	-34.0	73.9	67.8	66.3	-6.1	-1.5
滦河山区	542.1	516.0	498.1	-26.1	-17.9	86.0	80.6	77.8	-5.4	-2.8
永定河山区	437.2	397.3	414.7	-39.9	17.4	84.4	77.9	78.6	-6.5	0.7
大清河山区	546.9	508.4	492.5	-38.5	-15.9	80.5	73.8	76.6	-6.7	2.8
北三河山区	583.6	543.9	507.2	-39.7	-36.7	82.0	77.8	74.7	-4.2	-3.1
徒骇马颊河平原	593.2	529.9	560.1	-63.3	30.2	77.9	64.0	67.0	-13.9	3.0
子牙河山区	548.8	487.4	508.4	-61.4	21.0	88.6	75.8	79.7	-12.8	3.9
漳卫河山区	592.6	533.3	555.9	-59.3	22.6	89.7	78.7	82.5	-11.0	3.8

3.2.2　汛期降水量和非汛期降水量空间分布与时空变化

将海河流域和京津冀地区的汛期（6～9 月）和非汛期降水量多年平均值进行空间展布（图 3-8）。海河流域和京津冀地区多年平均汛期降水量在 280～598mm，空间分布上与年降水量的分布较为相似，整体上呈自东南向西北减少的分布规律；多年平均非汛期降水量在 82～227mm，空间上呈现出自南向北减少的规律。

图 3-9 为海河流域汛期和非汛期降水量多年变化情况。1956～2016 年，汛期降水量变化过程与年降水量较为相似，整体上呈显著的下降趋势（M-K 趋势检验统计量 Z 为 -2.16，达到 0.05 显著性水平），线性斜率约为 -15.1mm/10a。非汛期降水量整体上呈上升趋势，但是上升趋势不显著（M-K 趋势检验统计量 Z 为 1.31，未达到 0.05 显著性水平），线性斜率约为 2.4mm/10a。

如图 3-10 所示，对汛期降水量和非汛期降水量线性斜率同样进行空间展布。海河流域汛期降水量全域基本呈下降趋势，其中北京一带下降幅度最大，并且下降幅度向周围递减；海河流域非汛期降水量在北部呈上升趋势，在南部呈下降趋势，上升幅度自北向南递减，并转为下降趋势。

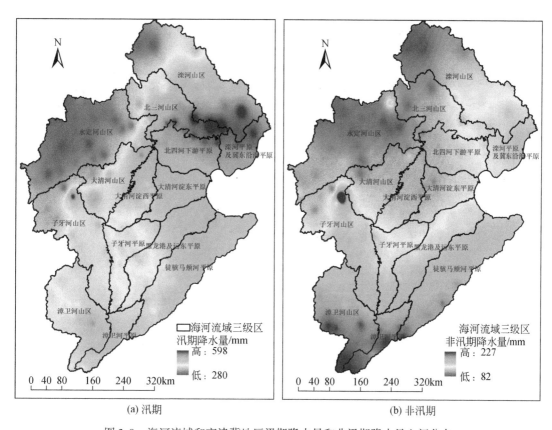

(a) 汛期　　　　　　　　　　　　　(b) 非汛期

图 3-8　海河流域和京津冀地区汛期降水量和非汛期降水量空间分布

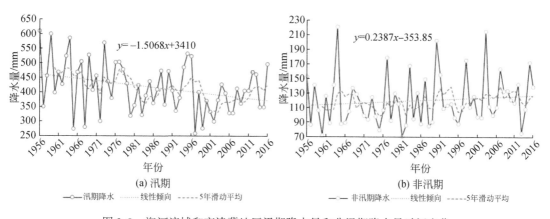

(a) 汛期　　　　　　　　　　　　　(b) 非汛期

图 3-9　海河流域和京津冀地区汛期降水量和非汛期降水量时间变化

　　分别统计海河流域各三级区年降水量、汛期降水量和非汛期降水量的均值以及线性斜率，如表 3-2 所示。年降水量与汛期降水量情况相似，年降水量和汛期降水量多年平均值最高的三级区均为滦河平原及冀东沿海平原，分别为 632.4mm 和 505.1mm，多年平均值最低的三级区均为永定河山区，分别为 418.7mm 和 321.7mm。年降水量和汛期降水量各

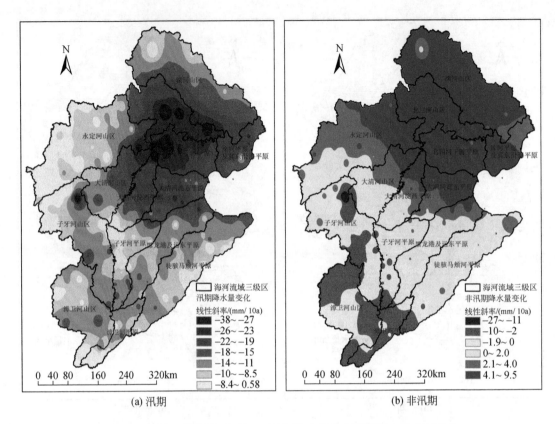

(a) 汛期   (b) 非汛期

图 3-10　海河流域和京津冀地区汛期降水量和非汛期降水量时间变化

三级区均为下降趋势，其中北四河下游平原和北三河山区下降趋势最为剧烈；非汛期降水量多年平均值最高的为漳卫河平原，为 158.5mm，最低的为永定河山区，为 97.0mm。非汛期降水量大多数三级区为上升趋势，只有海河流域南部的子牙河平原、子牙河山区、漳卫河平原和漳卫河山区为下降趋势。

表 3-2　海河流域三级区汛期和非汛期降水量变化

海河流域三级区	汛期降水		非汛期降水	
	均值/mm	线性斜率/（mm/10a）	均值/mm	线性斜率/（mm/10a）
滦河平原及冀东沿海平原	505.1	−19.5	127.3	4.5
北四河下游平原	479.7	−24.9	111.2	6.1
大清河淀西平原	413.2	−17.5	108.2	2.7
大清河淀东平原	431.1	−18.6	109.7	4.8
子牙河平原	386.8	−10.5	122.4	−0.7
黑龙港及运东平原	414.4	−13.2	126.1	0.7
漳卫河平原	419.7	−10.0	158.5	−2.4
徒骇马颊河平原	425.9	−10.9	140.9	0.1

续表

海河流域三级区	汛期降水		非汛期降水	
	均值/mm	线性斜率/(mm/10a)	均值/mm	线性斜率/(mm/10a)
滦河山区	415.3	−14.9	107.7	5.9
北三河山区	444.4	−23.6	106.6	6.4
永定河山区	321.7	−9.9	97.0	3.3
大清河山区	412.0	−16.6	109.3	1.6
子牙河山区	392.0	−11.8	127.2	−2.0
漳卫河山区	411.7	−11.2	153.1	−2.2

如图 3-11、图 3-12 和表 3-3 所示，对汛期降水量和非汛期降水量分时段进行对比。P1 到 P2 时段，海河流域汛期降水量全域基本呈下降趋势，其中环渤海地区下降幅度最大，并且下降幅度向周围递减；P1 到 P2 时段，海河流域非汛期降水量在东北部呈上升趋势，在西南部呈下降趋势，上升幅度自东北向西南递减，并转为下降趋势；P2 到 P3 时段，海河流域汛期降水量在北部有所下降，在南部有所上升；P2 到 P3 时段，海河流域非汛期降水量全域基本都有所上升，只有海河流域南部部分地区有所下降。

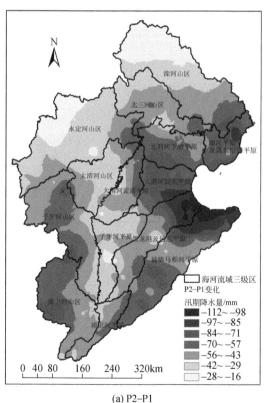

(a) P2–P1

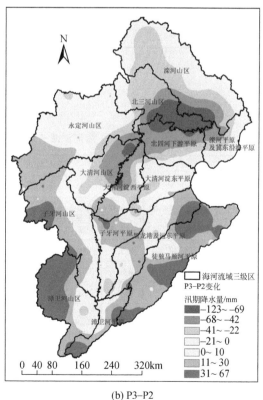

(b) P3–P2

图 3-11　海河流域汛期降水量时段对比

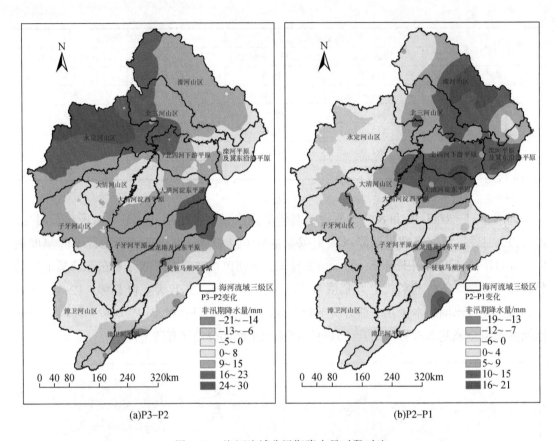

(a)P3-P2

(b)P2-P1

图 3-12　海河流域非汛期降水量时段对比

表 3-3　海河流域三级区汛期和非汛期降水量时段对比　　　（单位：mm）

三级区	汛期降水量					非汛期降水量				
	P1	P2	P3	P2-P1	P3-P2	P1	P2	P3	P2-P1	P3-P2
滦河平原及冀东沿海平原	553.0	483.3	457.4	-69.7	-25.9	120.0	130.7	134.2	10.7	3.5
大清河淀西平原	447.8	399.0	377.0	-48.8	-22.0	104.1	107.3	115.7	3.2	8.4
大清河淀东平原	475.9	404.8	394.0	-71.1	-10.8	101.4	110.9	121.2	9.5	10.3
子牙河平原	408.6	370.5	373.0	-38.1	2.5	124.4	117.4	125.4	-7.0	8.0
黑龙港及运东平原	448.3	386.8	396.1	-61.5	9.3	125.7	121.1	132.9	-4.6	11.8
漳卫河平原	445.5	393.7	411.9	-51.8	18.2	160.8	161.0	152.0	0.2	-9.0
北四河下游平原	527.9	467.0	420.5	-60.9	-46.5	101.7	112.4	124.3	10.7	11.9
滦河山区	445.4	407.7	377.5	-37.7	-30.2	99.0	108.2	120.6	9.2	12.4
永定河山区	344.1	307.4	304.7	-36.7	-2.7	94.3	90.0	110.0	-4.3	20.0
大清河山区	443.3	401.3	376.3	-42.0	-25.0	106.7	107.2	116.2	0.5	9.0
北三河山区	486.8	438.0	386.2	-48.8	-51.8	98.1	105.9	121.0	7.8	15.1

续表

三级区	汛期降水量					非汛期降水量				
	P1	P2	P3	P2-P1	P3-P2	P1	P2	P3	P2-P1	P3-P2
徒骇马颊河	459.7	391.1	416.7	-68.6	25.6	140.9	138.8	143.4	-2.1	4.6
子牙河山区	420.7	365.7	380.2	-55.0	14.5	131.0	121.6	128.2	-9.4	6.6
漳卫河山区	439.9	380.6	406.4	-59.3	25.8	155.7	152.7	149.5	-3.0	-3.2

3.2.3 海河流域不同地貌降水变化

根据100m等高线和900m等高线将海河流域划分为浅山区、深山区和平原区三个地貌分区（图3-13）。

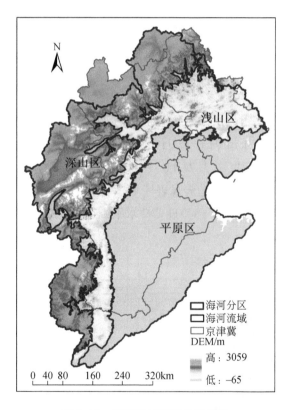

图3-13 海河流域不同地貌分区

根据表3-4，1956～2016年，海河流域浅山区与平原区降水量较为接近，均大于深山区；浅山区年降水量、汛期降水量下降速率大于深山区和平原区，而浅山区非汛期降水量上升速率同样大于深山区和平原区。

表 3-4　海河流域不同地貌降水量变化

地貌	年降水量		汛期降水量		非汛期降水量	
	均值/mm	线性斜率/（mm/10a）	均值/mm	线性斜率/（mm/10a）	均值/mm	线性斜率/（mm/10a）
深山区	463.9	−8.6	354.8	−11.3	109.8	2.0
浅山区	555.8	−13.0	436.7	−17.0	120.2	3.2
平原区	556.9	−11.6	432.9	−15.2	126.2	1.8

3.3　降水年内过程变化

3.3.1　逐月降水年内分配与变化

分别统计海河流域各月降水量多年平均值，并对 1956~2016 年各月降水量进行 M-K 趋势检验，如图 3-14 所示。可以发现降水量在年内分配极为不均匀，降水量主要集中在汛期（6~9 月），汛期降水量分别占全年降水量的 77%，7 月、8 月是降水量最多的两个月份，占全年降水的 53%，而 1 月和 12 月是降水量最少的两个月份；各月降水变化趋势也并不相同，1 月、3 月、7 月、8 月及 11 月呈下降趋势，2 月、4 月、5 月、6 月和 9 月呈上升趋势，其中 5 月降水的上升趋势显著性水平达到 0.01，7 月降水的下降趋势显著性水平达到 0.05，而 8 月降水的下降趋势显著性水平则达到了 0.01。

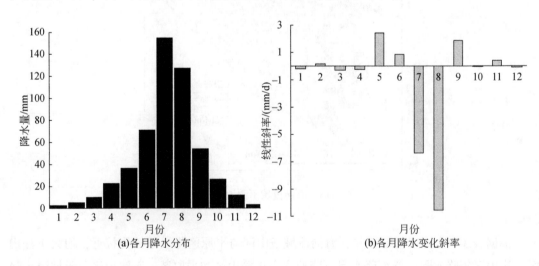

(a)各月降水分布　　　　　　　　　　(b)各月降水变化斜率

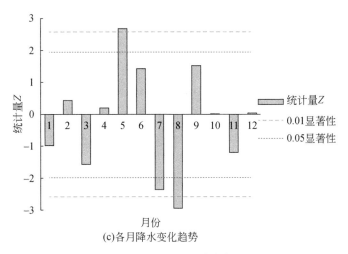

(c)各月降水变化趋势

图 3-14　海河流域各月降水年内分配

3.3.2　降水集中度和降水集中期时空变化

本书采用降水集中度和降水集中期来研究海河流域降水年内各月的分配情况。

海河流域降水集中度和降水集中期随时间变化情况如图 3-15 所示。海河流域降水集中度在 0.54 ~ 0.78，最小值出现在 2015 年，最大值出现在 1988 年；1956 ~ 2016 年，降水集中度以 -0.01/10a 的速率下降，下降趋势显著（M-K 趋势检验统计量 Z 为 -2.26，达到 0.05 显著性水平），说明降水量年内分配越来越均匀；海河流域降水集中期在 6.65 ~ 7.94，最小值出现在 1991 年，最大值出现在 1968 年，均值为 7.25，海河流域降水主要集中在 7 月下半

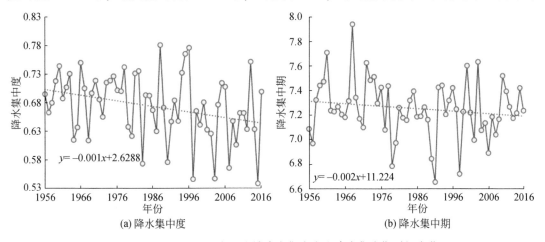

图 3-15　1956 ~ 2016 海河流域降水集中度和降水集中期时间变化

月；海河流域降水集中期呈下降趋势，下降速率为–0.02/10a，说明降水越来越提前，但是趋势不显著（M-K 趋势检验统计量 Z 为–1.10，未达到 0.05 显著性水平）。

从空间上来看，海河流域降水集中度多年平均值［图 3-16（a）］在 0.56 ~ 0.73，空间上呈自东北向西南减少的分布规律，海河流域东北地区较西南地区降水量年内各月分布更不均匀，北部的海河流域山前地带以及浅山区降水集中度最高，降水年内分配最不均匀，而南部的漳卫河流域降水集中度最低，降水年内分配最均匀；海河流域降水集中期多年平均值［图 3-16（b）］在 7.1 ~ 7.37，各区域差别不大，降水主要集中在 7 月下半个月，空间上自西南向东北减少，降水集中期越来越提前；在大清河淀西平原、大清河山区、子牙河山区和子牙河平原交界地带降水集中期最高，而海河流域东北部的滦河山区降水集中度最低。

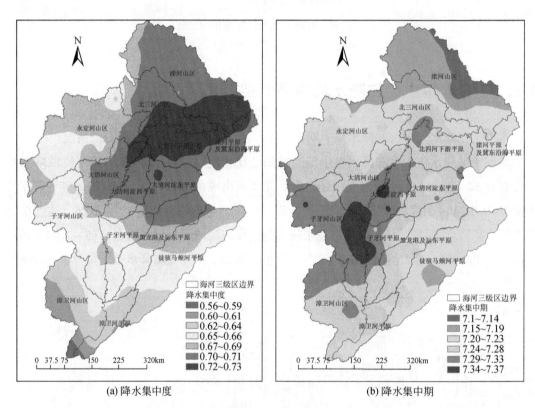

(a) 降水集中度　　　　　　　　(b) 降水集中期

图 3-16　海河流域降水集中度和降水集中期多年平均值空间分布

空间展布降水集中度和降水集中期多年来线性斜率，以及各站点趋势的显著性，如图 3-17所示。降水集中度［图 3-17（a）］变化率在–0.0023 ~ 0.0013/10a，整体上自东北向西南递减直到转变为上升趋势；降水集中度除了海河流域南部部分站点为上升趋势外，全域基本上呈下降趋势，其中海河流域北部地区大部分站点下降趋势显著，而海河流域南部大部分站点下降趋势不显著；降水集中期［图 3-17（b）］变化率在 -0.0065 ~ 0.0022m/10a，除了在西部山区和黑龙港及运东平原部分地区为上升趋势（上升趋势不显著）外，大部分站点均为下降趋势，但是大部分站点的下降趋势不显著。

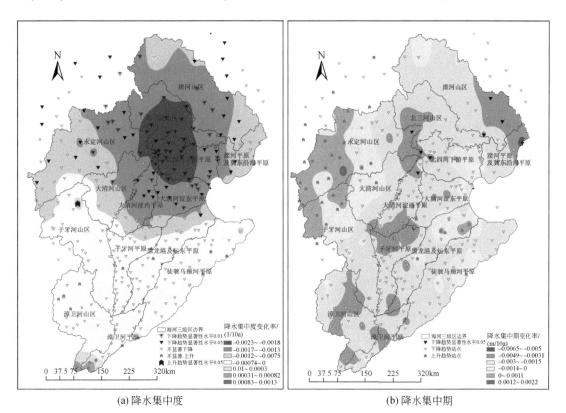

(a) 降水集中度   (b) 降水集中期

图 3-17　海河流域降水集中度和降水集中期空间变化

3.3.3　灌溉对降水影响

1）研究方法

区域本地蒸发的水汽有一部分会又降回到该地，称为再循环降水，再循环降水与总降水的比率为降水再循环率。

降水再循环率：

$$\rho = \frac{P_w}{P_w + P_0} \tag{3-8}$$

式中，ρ 为降水再循环率；P_w 为某一格区的来自研究区域内的水汽所形成的降水；P_0 为某一格区的来自研究区域外的水汽所形成的降水。边界层实验数据显示，水汽分子从地表蒸发后，在 15min 内能混合到 1km 的高度。据此可以假定水汽分子在边界层内是充分混合的。这是该模式的假设。由此，降水再循环率又可以定义为

$$\rho = \frac{P_w}{P_w + P_0} = \frac{P_w + O_w}{P_w + O_w + O_0} \tag{3-9}$$

式中，O_w 为流出来自区域内蒸发的水汽量；O_0 为流出来自区域外的水汽量。

水汽平衡方程：

$$\frac{\partial S}{\partial t} = I - O - P + E \tag{3-10}$$

实验数据显示，空气中水汽含量的变化率要比水汽通量小三个量级，比蒸发小两个量级。因此可以假定空气中水汽含量的变化率是小量，这样一来水汽守恒方程可以简化为

$$E = O_w + P_w \tag{3-11}$$

$$I_0 = O_0 + P_0 \tag{3-12}$$

式中，I_0 为区域外流入的水汽量；E 为区域内蒸发的水汽量。

最终可以得出如下形式的降水再循环率评估公式：

$$\rho = \frac{E}{E + I_0} \tag{3-13}$$

本地蒸发中：

$$E = E_p + E_{irri} \tag{3-14}$$

式中，E 为本地蒸发量；E_p 为降水产生的蒸发；E_{irri} 为灌溉产生的蒸发。

本地蒸发中灌溉产生的占比：

$$\varphi = \frac{E_{irri}}{E_p + E_{irri}} \tag{3-15}$$

假定灌溉水与研究时段内降水充分混合，则其产生对应的蒸发混合比例相同，即灌溉水产生的蒸发占本地蒸发中的比例等于灌溉占灌溉水与降水总和的比例。

$$\varphi = \frac{E_{irri}}{E_p + E_{irri}} = \frac{W_{irri}}{W_{irri} + P} \tag{3-16}$$

式中，W_{irri} 为灌溉水量；P 为灌溉水量。

灌溉对降水的贡献率：

$$\eta_{irri} = \rho \cdot \varphi \tag{3-17}$$

式中，η_{irri} 为灌溉对降水的贡献率；ρ 为降水再循环率；φ 为本地蒸发中灌溉产生的蒸发占比。

灌溉对降水的贡献量：

$$P_{irri} = P \cdot \eta_{irri} \tag{3-18}$$

式中，P_{irri} 为灌溉对降水的贡献量；P 为降水量；η_{irri} 为灌溉对降水的贡献率。

2）数据来源

本次研究采用 JRA-55 数据，该数据是来源于日本的再分析数据，空间分辨率为 1.25°×1.25°，时间分辨率有 6h、日、月数据，时间序列为 1958 年 1 月～2018 年 10 月。本次研究使用月尺度的水汽通量和蒸发量数据。

3）灌溉对降水的贡献

海河平原区 1961～2016 年 4 月的平均降水再循环率为 8.32%，5 月的平均降水再循环率为 9.74%，6 月的平均降水再循环率为 10.36%（图 3-18）。海河平原区 1961～2016 年 4 月的平均灌溉对降水的贡献率为 3.76%，5 月的平均灌溉对降水的贡献率为 5.12%，6 月的平均灌溉对降水的贡献率为 2.29%（图 3-19）。海河平原区 1961～2016 年 4 月的平均灌溉对降水的贡献量为 0.72mm，5 月的平均灌溉对降水的贡献量为 1.70mm，6 月的平均灌溉对降水的贡献量为 1.35mm（图 3-20、表 3-5 和表 3-6）。

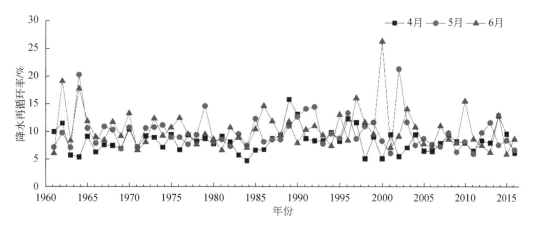

图 3-18　海河平原区 1961～2016 年 4～6 月降水再循环率的变化

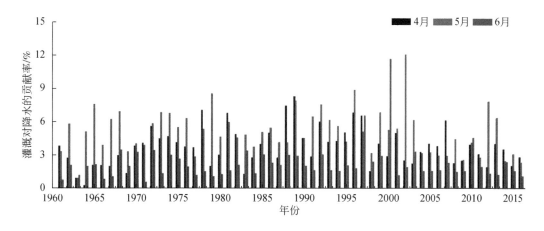

图 3-19　海河平原区 1961～2016 年 4～6 月灌溉对降水的贡献率变化

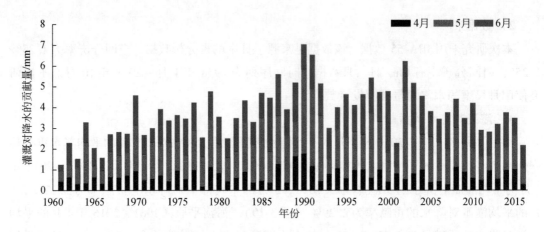

图 3-20 海河平原区 1961～2016 年 4～6 月灌溉对降水的贡献量变化

表 3-5 海河平原区 1961～2016 年 4～6 月水汽流入量、蒸发、

降水再循环率、降水量、再循环降水量平均值

月份	时期	水汽流入量/ （mm/d）	蒸发/ （mm/d）	降水再循环 率/%	降水量/mm	再循环降 水量/mm
4	1961～1980 年	17.82	1.53	8.15	0.94	0.07
	1981～2000 年	16.72	1.50	8.72	0.74	0.06
	2001～2016 年	16.21	1.36	8.05	0.83	0.07
	1961～2016 年	16.96	1.47	8.32	0.84	0.07
5	1961～1980 年	19.52	2.02	9.96	0.96	0.09
	1981～2000 年	19.34	2.10	10.09	1.37	0.14
	2001～2016 年	20.49	1.84	9.04	1.30	0.11
	1961～2016 年	19.65	1.99	9.74	1.21	0.12
6	1961～1980 年	23.67	2.55	10.48	2.24	0.23
	1981～2000 年	23.60	2.63	11.10	2.17	0.23
	2001～2016 年	25.30	2.39	9.30	2.57	0.23
	1961～2016 年	23.97	2.53	10.36	2.31	0.23

表 3-6 海河平原区 1961～2016 年 4～6 月灌溉占降水和灌溉总和的比例、

灌溉对降水的贡献率、灌溉对降水的贡献量平均值

月份	时期	灌溉占降水和灌溉 总和的比例/%	灌溉对降水的贡献率/%	灌溉对降水的贡献量/mm
4	1961～1980 年	0.39	3.25	0.63
	1981～2000 年	0.53	4.62	0.81

月份	时期	灌溉占降水和灌溉 总和的比例/%	灌溉对降水的贡献率/%	灌溉对降水的贡献量/mm
4	2001~2016 年	0.43	3.34	0.71
	1961~2016 年	0.45	3.76	0.72
5	1961~1980 年	0.53	5.21	1.33
	1981~2000 年	0.55	5.50	2.16
	2001~2016 年	0.49	4.52	1.61
	1961~2016 年	0.53	5.12	1.70
6	1961~1980 年	0.18	1.87	1.04
	1981~2000 年	0.25	2.99	1.60
	2001~2016 年	0.21	1.95	1.41
	1961~2016 年	0.21	2.29	1.35

3.4 海河流域雨强时空变化

3.4.1 不同雨强降水划分

为分析年降水量年内过程,将降水按不同雨强进行划分,划分标准如表3-7所示。

表 3-7 海河流域年降水量年代际变化

降水量等级	标准
小雨量	日降水量在0.1~9.9mm
中雨量	日降水量在10~24.9mm
大雨量	日降水量在25~49.9mm
暴雨量	日降水量大于等于50mm

3.4.2 不同雨强降水量时空变化

1) 海河流域不同雨强降水量空间分布

如图3-21所示,海河流域和京津冀地区不同等级降水量空间分布差异明显。小雨量在114~246mm,呈现出自东南向西北增加的分布规律;中雨量在123~248mm,呈现出自东北和西南向河北南部递减的分布规律;大雨量和暴雨量的分布规律相似,呈现出自东南向西北减少的分布规律，变化范围分别为 54~176mm 和 11~217mm。

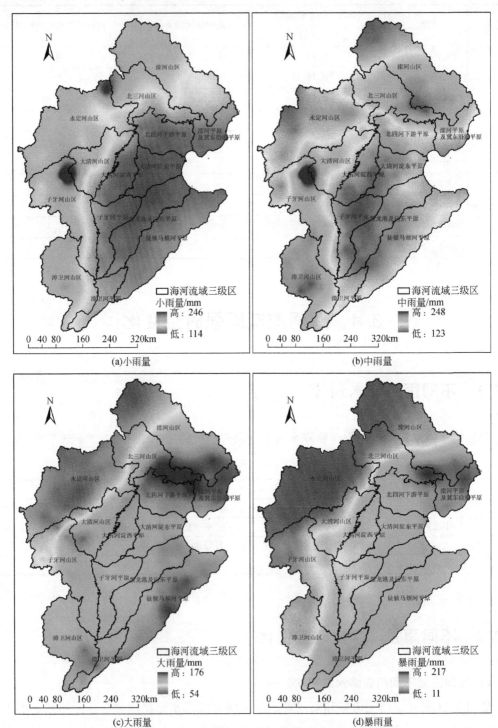

图 3-21　海河流域不同等级降水量空间分布

2）海河流域不同雨强降水量时间变化

海河流域和京津冀地区不同雨强降水量随时间变化及线性斜率如图 3-22 和表 3-8 所示。各雨强降水量在 1956~2016 年均呈不同程度的下降趋势，暴雨量和大雨量下降幅度较大，线性斜率分别为 -6.1mm/10a 和 -3.4mm/10a，小雨量和中雨量下降幅度较小，线性斜率分别为 -1.6mm/10a 和 -0.6mm/10a。由于年降水总量也为下降趋势，各等级降水量占年降水量的比例呈现出不同的变化趋势，小雨量和中雨量占年降水量的比例呈现出上升趋势，大雨量占年降水量的比例几乎无变化，暴雨量占年降水量的比例呈现下降趋势。

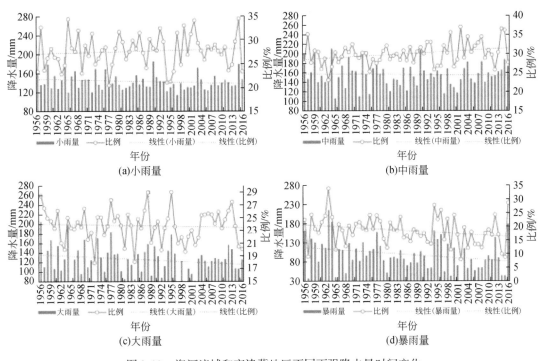

图 3-22　海河流域和京津冀地区不同雨强降水量时间变化

表 3-8　海河流域和京津冀地区不同雨强降水量时间变化

降水量等级	降水量		占年降水量的比例	
	均值/mm	线性斜率/（mm/10a）	均值/%	线性斜率/（%/10a）
小雨量	143.1	-1.6	27.7	0.02
中雨量	156.7	-0.6	30.0	0.05
大雨量	126.2	-3.4	23.8	0
暴雨量	100.6	-6.1	18.7	-0.07

进一步分析海河流域和京津冀地区各雨强降水量年代际变化，如表 3-9 所示。小雨量在 1956~1980 年持续下降，在 20 世纪 90 年代后开始增加；中雨量经历了上升下降交替进行的过程；大雨量在 1956~1980 年不断下降，在 20 世纪 90 年代有所上升，进入 21 世

纪初有所下降，在 2010 年之后又有所上升；暴雨量年代际变化较为剧烈，在 1956～1970 年有微弱下降，之后出现了剧烈的增减交替过程。可以发现各雨强降水量在 2010 年之后均有幅度较大的增长。

表3-9　不同雨强降水年代际变化

年代	小雨量		中雨量		大雨量		暴雨量	
	均值/mm	变化幅度/%	均值/mm	变化幅度/%	均值/mm	变化幅度/%	均值/mm	变化幅度/%
1960 年前	155.8	—	179.9	—	157.8	—	119.1	—
20 世纪 60 年代	147.4	−5	155.0	−14	131.4	−17	118.6	0
20 世纪 70 年代	144.7	−2	159.9	3	131.2	0	111.3	−6
20 世纪 80 年代	137.3	−5	143.8	−10	115.1	−12	86.8	−22
20 世纪 90 年代	139.7	2	157.4	9	123.0	7	102.5	18
21 世纪初	139.2	0	151.9	−3	116.6	−5	77.0	−25
2010 年后	145.9	5	165.4	9	127.7	10	99.6	29

3）海河流域不同雨强降水量空间变化

对海河流域和京津冀地区各雨强降水量线性斜率进行空间展布（图3-23）。除少数地

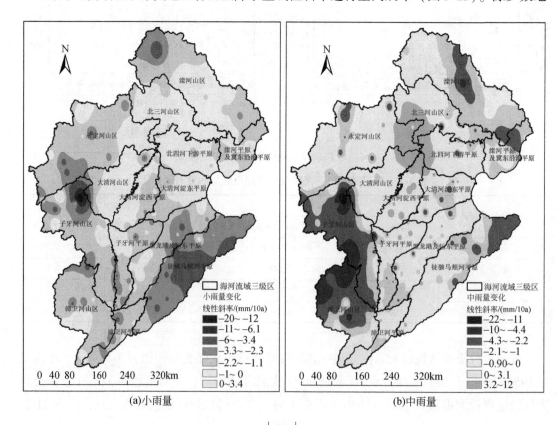

(a)小雨量　　　　　　　　　　　　　　(b)中雨量

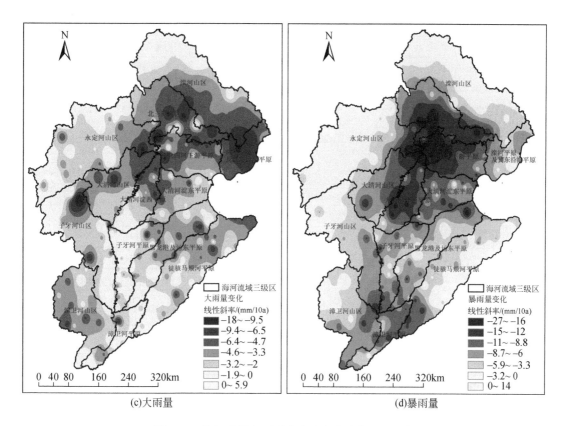

(c)大雨量   (d)暴雨量

图 3-23 海河流域各雨强降水量变化趋势空间分布

区外，海河流域大部分地区小雨量呈下降趋势，河北西部、北京、天津以及河北东北部一带下降幅度较小，下降幅度向外递增；中雨量在海河流域中北部呈上升趋势，其中北京西部地区中雨量上升幅度最为明显，并向外围不断递减，最后转为下降趋势；大雨量整个海河流域基本处于下降趋势，北京地区下降幅度最为剧烈，并且向周围递减，海河流域边缘地区部分站点大雨量呈上升趋势；暴雨量与大雨量类似，北京与河北东北部一带下降幅度较为明显，下降幅度向周围递减。

    统计海河流域各三级区不同雨强降水均值与线性斜率（表 3-10）。小雨量各三级区均为下降趋势，其中徒骇马颊河平原下降幅度最为明显；中雨量有 7 个三级区为上升趋势，另外 7 个三级区为下降趋势；大雨量各三级区均为下降趋势，其中滦河平原及冀东沿海平原和北三河山区下降幅度最大，线性斜率分别为 -6.89mm/10a 和 -5.50mm/10a；暴雨量同样各三级区均为下降趋势，其中北四河下游平原和北三河山区下降幅度最大，线性斜率分别为 -14.55mm/10a 和 -12.41mm/10a。

表 3-10   海河流域三级区不同雨强降水变化

三级区	小雨量		中雨量		大雨量		暴雨量	
	均值/mm	斜率/ (mm/10a)	均值/mm	斜率/ (mm/10a)	均值/mm	斜率/ (mm/10a)	均值/mm	斜率/ (mm/10a)
滦河平原及冀东沿海平原	127.2	-1.15	160.0	-1.37	160.5	-6.89	184.5	-5.50
北四河下游平原	124.6	-0.67	154.6	1.16	155.1	-4.72	156.4	-14.55
大清河淀西平原	123.9	-0.88	142.1	2.69	134.4	-3.36	119.6	-12.24
大清河淀东平原	119.0	-0.99	144.8	-0.30	138.3	-3.27	137.7	-8.79
子牙河平原	125.8	-1.60	140.4	0.04	126.6	-1.63	115.0	-6.90
黑龙港及运东平原	121.7	-1.75	143.8	-0.41	136.2	-2.72	137.2	-6.29
漳卫河平原	135.8	-1.95	153.8	0.32	140.6	-2.14	147.7	-8.33
徒骇马颊河平原	126.7	-3.37	148.7	-0.74	148.6	-2.93	142.3	-3.32
滦河山区	152.4	-1.48	164.9	-1.68	120.0	-3.13	85.3	-2.37
北三河山区	146.9	-0.57	168.6	1.35	132.7	-5.50	102.8	-12.41
永定河山区	160.5	-1.56	150.3	0.36	81.4	-2.36	26.1	-2.78
大清河山区	146.3	-0.51	157.5	0.80	127.5	-4.77	89.0	-9.74
子牙河山区	159.3	-2.58	165.5	-3.64	121.0	-2.89	73.3	-4.58
漳卫河山区	162.8	-1.60	177.9	-3.10	132.2	-3.48	91.8	-5.16

由图 3-24 ~ 图 3-27 和表 3-11 可知, P2 相对于 P1 时段, 海河流域各三级区的小雨量、中雨量、大雨量和暴雨量均有不同程度的减少, 整个海河流域小雨量减少 9.0mm, 中雨量减少 10.1mm, 大雨量减少 15.1mm, 暴雨量减少 15.2mm。P3 相对于 P2 时段, 海河流域各三级区的小雨量、中雨量和大雨量除个别地区有所下降外, 基本都有所回升, 而暴雨量各三级区持续减少, 整个海河流域小雨量增加 4.1mm, 中雨量增加 8.1mm, 大雨量增加 2.4mm, 暴雨量减少 -20.1mm。

表 3-11   海河流域三级区各雨强降水量变化   （单位：mm）

三级区	P2-P1				P3-P2			
	小雨量	中雨量	大雨量	暴雨量	小雨量	中雨量	大雨量	暴雨量
滦河平原及冀东沿海平原	-3.3	-9.9	-19.1	-26.4	-3.0	3.2	-18.4	-13.4
大清河淀西平原	-9.2	-0.9	-8.1	-24.1	7.4	17.8	-3.0	-41.5
大清河淀东平原	-4.6	-12.5	-27.0	-17.1	0.7	13.5	16.7	-36.5
子牙河平原	-14.2	-14.0	-13.3	-0.5	10.6	15.8	15.0	-40.0
黑龙港及运东平原	-11.5	-19.1	-21.2	-10.6	7.9	17.4	13.1	-23.8
漳卫河平原	-14.0	-13.6	-19.8	-3.3	10.0	14.5	22.0	-51.0

续表

三级区	P2-P1				P3-P2			
	小雨量	中雨量	大雨量	暴雨量	小雨量	中雨量	大雨量	暴雨量
北四河下游平原	-1.8	1.7	-18.6	-31.6	-0.7	5.5	-2.7	-43.0
滦河山区	-2.1	-4.4	-9.2	-11.6	-5.1	-4.3	-6.9	-9.7
永定河山区	-8.6	-5.0	-14.5	-12.1	4.5	4.6	3.4	-3.9
大清河山区	-5.6	-5.4	-5.5	-22.4	6.0	12.6	-12.8	-28.1
北三河山区	-0.1	3.8	-16.6	-27.9	0.0	-0.4	-9.6	-34.3
徒骇马颊河平原	-17.9	-18.9	-22.3	-10.4	7.1	18.3	13.9	-13.9
子牙河山区	-18.0	-18.6	-12.5	-14.8	9.0	4.8	8.2	-12.0
漳卫河山区	-12.7	-23.5	-13.2	-12.9	9.9	12.6	0.1	-10.1
海河流域	-9.0	-10.1	-15.1	-15.2	4.1	8.1	2.4	-20.1

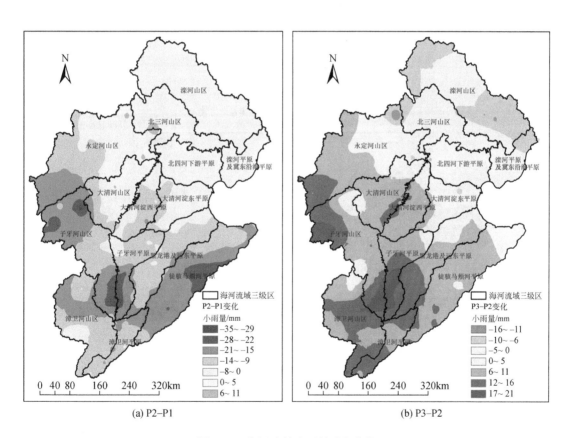

(a) P2-P1 (b) P3-P2

图 3-24 海河流域小雨量时段变化

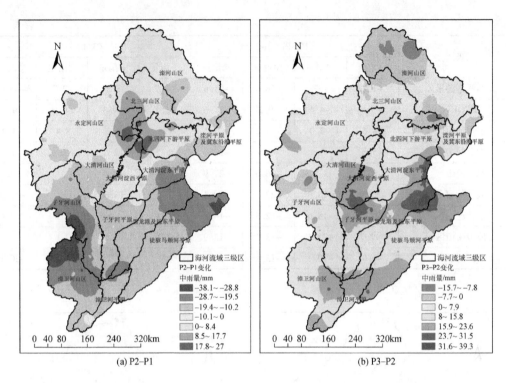

(a) P2-P1

(b) P3-P2

图 3-25　海河流域中雨量时段变化

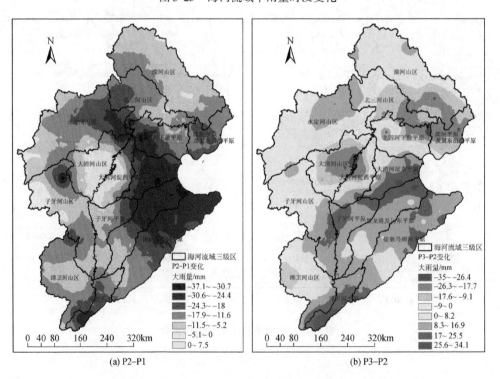

(a) P2-P1

(b) P3-P2

图 3-26　海河流域大雨量时段变化

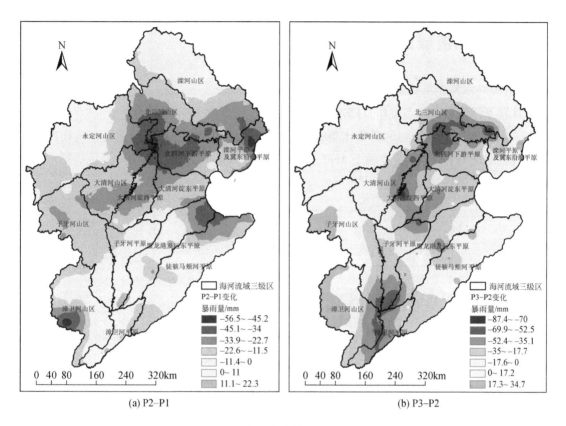

(a) P2–P1 （b) P3–P2

图 3-27　海河流域暴雨量时段变化

4）海河流域不同地貌不同等级降水量变化

如表 3-12 所示，1956～2016 年，小雨量深山区>浅山区>平原区，深山区小雨量下降幅度最大，浅山区最小；中雨量浅山区>深山区>平原区，深山区下降幅度大于浅山区，平原区线性斜率几乎为 0；大雨量和暴雨量平原区>浅山区>深山区，下降幅度从大到小依次为浅山区、平原区和深山区。

表 3-12　海河流域三级区各雨强降水量变化

地貌	小雨量		中雨量		大雨量		暴雨量	
	均值/mm	线性斜率/（mm/10a）	均值/mm	线性斜率/（mm/10a）	均值/mm	线性斜率/（mm/10a）	均值/mm	线性斜率/（mm/10a）
深山区	164.2	−1.93	160.5	−1.46	97.7	−2.75	42.1	−2.98
浅山区	144.7	−0.93	165.5	−0.57	136.1	−4.15	110.0	−7.79
平原区	125.2	−1.79	148.3	0.01	143.1	−3.37	141.7	−7.63

3.4.3 海河流域日降水集中指数时空变化

1）日降水集中指数空间分布

计算海河流域各站点逐年日降水集中指数，并计算 1956～2016 年均值在空间上进行展布，如图 3-28 所示。海河日降水集中指数在 0.645～0.723，在空间上自东南向西北减少，具有明显的地域特征，平原区日降水集中指数明显高于山区，表明平原区高强度降水占比高于山区。

图 3-28　海河流域 1956～2016 日降水集中指数空间分布

2）日降水集中指数时空变化

海河流域平均日降水集中指数随时间变化如图 3-29 所示，1956～2016 年海河流域集中指数呈显著的下降趋势（M-K 检验统计量 Z 为 -4.08，达到 0.01 显著性水平）。从年代际变化上来看，日降水集中指数 20 世纪 60 年代较 20 世纪 50 年代有所增加，之后持续下降，但是进入 2010 年之后有所上升。

分别计算各站点日降水集中指数 1956～2016 年线性斜率，以及对各站点日降水集中指数进行 M-K 检验趋势，并在空间上进行展布，如图 3-30 所示。海河流域 1956～2016 年

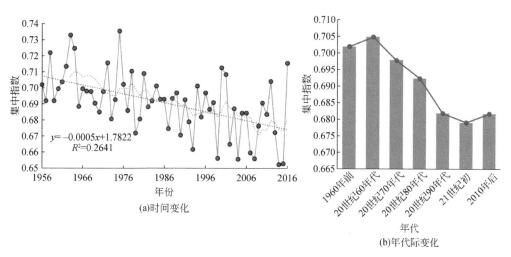

(a)时间变化

(b)年代际变化

图 3-29 海河流域 1956～2016 日降水集中指数时间变化

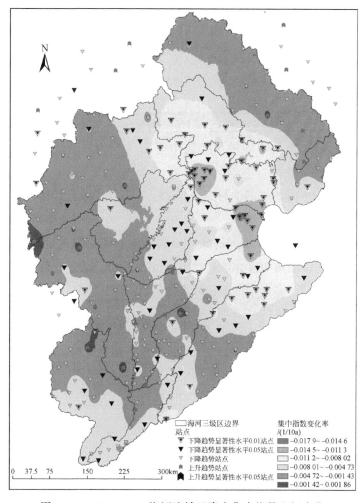

图 3-30 1956～2016 海河流域日降水集中指数空间变化

日降水集中指数大多数雨量站呈下降趋势，只有少数站点有上升趋势，线性斜率在 $-0.0179 \sim 0.00186/10a$，北京和天津地区为两个明显的下降中心，下降幅度最大，线性斜率由这两个地区向外递减；海河流域日降水集中指数下降趋势显著性水平达到 0.05 未达到 0.01 的站点有 60 个，下降趋势显著性水平达到 0.01 的站点有 49 个，主要集中在北京、天津及其周围地区。由空间变化情况可知，日降水集中指数的变化很可能受到雨岛效应的影响。

3.5 降水变化对地表水资源量影响分析

3.5.1 定性分析

随机森林是一种包含多个决策树的集成机器学习方法，对多变量的非线性回归有很好的效果，且对噪声和异常值有很高的容忍度，不容易出现过拟合现象。本研究以小雨量、中雨量、大雨量、暴雨量为特征值，水资源量为目标，使用随机森林建立不同雨强降水量和水资源总量的关系。

$$W = f(P_x + P_z + P_d + P_b) \tag{3-19}$$

式中，W 为水资源总量；P_x 为小雨量；P_z 为中雨量；P_d 为大雨量；P_b 为暴雨量；f 为随机森林。

本研究使用 python 语言的机器学习库 scikit-learn 来构建随机森林模型，随机森林模型可以计算出不同特征对目标的重要度。

训练各三级区 1956~2016 年不同等级降水量和水资源总量的随机森林模型，计算不同等级降水对水资源总量的重要度并进行排序，见表 3-13。从定性角度来看，大雨量和暴雨量对水资源总量的贡献明显大于中雨量和小雨量。

表 3-13 海河流域三级区各雨强降水量变化

三级区	排序			
	1	2	3	4
滦河平原	暴雨	大雨	中雨	小雨
大清河淀西平原	暴雨	大雨	中雨	小雨
大清河淀东平原	大雨	暴雨	小雨	中雨
子牙河平原	暴雨	大雨	中雨	小雨
黑龙港及运东平原	大雨	暴雨	小雨	中雨
漳卫河平原	暴雨	大雨	中雨	小雨

续表

三级区	排序			
	1	2	3	4
北四河下游平原	大雨	暴雨	小雨	中雨
滦河山区	暴雨	大雨	中雨	小雨
永定河山区	大雨	小雨	暴雨	中雨
大清河山区	暴雨	大雨	中雨	小雨
北三河山区	暴雨	大雨	小雨	中雨
徒骇马颊河	暴雨	大雨	中雨	小雨
子牙河山区	暴雨	大雨	中雨	小雨
漳卫河山区	暴雨	大雨	中雨	小雨
海河流域	暴雨	大雨	中雨	小雨

3.5.2 定量分析方法

为了定量分析不同等级降水量对水资源总量的贡献，本研究分别建立 1980～2000 年和 2001～2016 年不同等级降水量和水资源总量的多元线性回归模型，并利用控制变量法计算各等级降水量对水资源量的贡献。

P2 时段相较于 P1 时段：

$$\begin{cases} \Delta W_{x(P2-P1)} = f_{P2}(\overline{P}_{xP2} + \overline{P}_{zP2} + \overline{P}_{dP2} + \overline{P}_{bP2}) - f_{P2}(\overline{P}_{xP1} + \overline{P}_{zP2} + \overline{P}_{dP2} + \overline{P}_{bP2}) \\ \Delta W_{z(P2-P1)} = f_{P2}(\overline{P}_{xP2} + \overline{P}_{zP2} + \overline{P}_{dP2} + \overline{P}_{bP2}) - f_{P2}(\overline{P}_{xP2} + \overline{P}_{zP1} + \overline{P}_{dP2} + \overline{P}_{bP2}) \\ \Delta W_{d(P2-P1)} = f_{P2}(\overline{P}_{xP2} + \overline{P}_{zP2} + \overline{P}_{dP2} + \overline{P}_{bP2}) - f_{P2}(\overline{P}_{xP2} + \overline{P}_{zP2} + \overline{P}_{dP1} + \overline{P}_{bP2}) \\ \Delta W_{b(P2-P1)} = f_{P2}(\overline{P}_{xP2} + \overline{P}_{zP2} + \overline{P}_{dP2} + \overline{P}_{bP2}) - f_{P2}(\overline{P}_{xP2} + \overline{P}_{zP2} + \overline{P}_{dP2} + \overline{P}_{bP1}) \end{cases} \quad (3\text{-}20)$$

式中，$\Delta W_{x(P2-P1)}$、$\Delta W_{z(P2-P1)}$、$\Delta W_{d(P2-P1)}$、$\Delta W_{b(P2-P1)}$ 分别表示 P2 时段相较于 P1 时段因小雨量、中雨量、大雨量和暴雨量改变引起的水资源总量改变的变化量；f_{P2} 表示 P2 时段不同等级降水量和水资源总量之间的多元线性回归模型；$\overline{P}_{xP1}$、$\overline{P}_{zP1}$、$\overline{P}_{dP1}$、$\overline{P}_{bP1}$ 分别表示 P1 时段的平均小雨量、平均中雨量、平均大雨量和平均暴雨量；$\overline{P}_{xP2}$、$\overline{P}_{zP2}$、$\overline{P}_{dP2}$、$\overline{P}_{bP2}$ 分别表示 P2 时段的平均小雨量、平均中雨量、平均大雨量和平均暴雨量。

P3 时段相较于 P2 时段：

$$\begin{cases} \Delta W_{\mathrm{x}(\mathrm{P3-P2})} = f_{\mathrm{P3}}(\overline{P}_{\mathrm{xP3}} + \overline{P}_{\mathrm{zP3}} + \overline{P}_{\mathrm{dP3}} + \overline{P}_{\mathrm{bP3}}) - f_{\mathrm{P3}}(\overline{P}_{\mathrm{xP2}} + \overline{P}_{\mathrm{zP3}} + \overline{P}_{\mathrm{dP3}} + \overline{P}_{\mathrm{bP3}}) \\ \Delta W_{\mathrm{z}(\mathrm{P3-P2})} = f_{\mathrm{P3}}(\overline{P}_{\mathrm{xP3}} + \overline{P}_{\mathrm{zP3}} + \overline{P}_{\mathrm{dP3}} + \overline{P}_{\mathrm{bP3}}) - f_{\mathrm{P3}}(\overline{P}_{\mathrm{xP3}} + \overline{P}_{\mathrm{zP2}} + \overline{P}_{\mathrm{dP3}} + \overline{P}_{\mathrm{bP3}}) \\ \Delta W_{\mathrm{d}(\mathrm{P3-P2})} = f_{\mathrm{P3}}(\overline{P}_{\mathrm{xP3}} + \overline{P}_{\mathrm{zP3}} + \overline{P}_{\mathrm{dP3}} + \overline{P}_{\mathrm{bP3}}) - f_{\mathrm{P3}}(\overline{P}_{\mathrm{xP3}} + \overline{P}_{\mathrm{zP3}} + \overline{P}_{\mathrm{dP2}} + \overline{P}_{\mathrm{bP3}}) \\ \Delta W_{\mathrm{b}(\mathrm{P3-P2})} = f_{\mathrm{P3}}(\overline{P}_{\mathrm{xP3}} + \overline{P}_{\mathrm{zP3}} + \overline{P}_{\mathrm{dP3}} + \overline{P}_{\mathrm{bP3}}) - f_{\mathrm{P3}}(\overline{P}_{\mathrm{xP3}} + \overline{P}_{\mathrm{zP3}} + \overline{P}_{\mathrm{dP3}} + \overline{P}_{\mathrm{bP2}}) \end{cases} \tag{3-21}$$

式中，$\Delta W_{\mathrm{x}(\mathrm{P3-P2})}$、$\Delta W_{\mathrm{z}(\mathrm{P3-P2})}$、$\Delta W_{\mathrm{d}(\mathrm{P3-P2})}$、$\Delta W_{\mathrm{b}(\mathrm{P3-P2})}$ 分别表示 P3 时段相较于 P2 时段因小雨量、中雨量、大雨量和暴雨量改变引起的水资源总量改变的变化量；f_{P3} 表示 P3 时段不同等级降水量和水资源总量之间的多元回归模型；$\overline{P}_{\mathrm{xP2}}$、$\overline{P}_{\mathrm{zP2}}$、$\overline{P}_{\mathrm{dP2}}$、$\overline{P}_{\mathrm{bP2}}$ 分别表示 P2 时段的平均小雨量、平均中雨量、平均大雨量和平均暴雨量；$\overline{P}_{\mathrm{xP3}}$、$\overline{P}_{\mathrm{zP3}}$、$\overline{P}_{\mathrm{dP3}}$、$\overline{P}_{\mathrm{bP3}}$ 分别表示 P3 时段的平均小雨量、平均中雨量、平均大雨量和平均暴雨量。

3.5.3 不同雨强降水量变化对地表水资源量的影响

由图 3-31 和表 3-14 可知，P2 相对于 P1 时段，降水变化使得地表水资源量减少 70.00 亿 m³，小雨量、中雨量、大雨量和暴雨量对地表水资源量的减少均有贡献，分别使地表水资源量减少 9.46 亿 m³、5.59 亿 m³、17.61 亿 m³ 和 37.34 亿 m³，大雨量和暴雨量的减少是地表水资源量减少的主要原因。P3 相对于 P2 时段，降水变化使得地表水资源量减少 12.50 亿 m³，小雨量、中雨量有所回升，使得地表水资源量分别增加 3.20 亿 m³ 和 1.82 亿 m³，大雨量变化使地表水资源量减少 1.39 亿 m³，暴雨量持续减少，使得地表水资源量减少 16.13 亿 m³，暴雨量的减少是地表水资源量减少的主要原因。

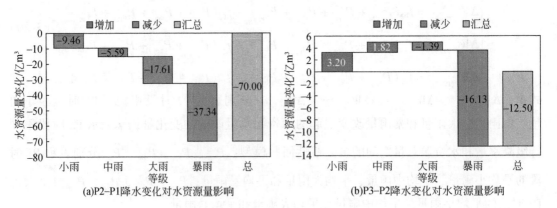

(a)P2-P1降水变化对水资源量影响　　　　　(b)P3-P2降水变化对水资源量影响

图 3-31　不同雨强降水对水资源量的影响

表 3-14　不同等级降水变化对水资源量的影响量　　　（单位：亿 m³）

三级区	P2-P1					P3-P2				
	小雨	中雨	大雨	暴雨	小计	小雨	中雨	大雨	暴雨	小计
滦河平原及冀东沿海平原	-0.17	-0.35	-1.57	-1.67	-3.76	0.07	0.47	0.22	-0.8	-0.04
大清河淀西平原	-0.18	0.02	-0.18	-0.28	-0.62	0.01	0.05	-0.01	-0.01	0.04
大清河淀东平原	-0.06	-0.42	-0.35	-0.3	-1.13	0.27	1.96	-1.8	-7.78	-7.35
子牙河平原	-0.15	0.37	-0.09	0.01	0.14	0.76	-0.17	0.11	-0.75	-0.05
黑龙港及运东平原	0.45	-3.32	-1.17	-0.34	-4.38	0.43	-0.79	-0.21	0.34	-0.23
漳卫河平原	-0.25	-0.69	-0.32	-0.08	-1.34	-0.24	-0.11	0.05	0.46	0.16
北四河下游平原	-0.1	0.12	-1.24	-1.8	-3.02	-0.01	0.25	0.01	-0.8	-0.55
滦河山区	-1.5	0.02	-3.59	-7.66	-12.73	-0.44	0.09	0.11	-2.08	-2.32
永定河山区	-0.72	0.21	-1.03	-0.15	-1.69	-0.13	0.16	0.11	-0.45	-0.31
大清河山区	-0.14	-0.37	-0.63	-8.19	-9.33	0.93	-0.64	0.4	-0.84	-0.15
北三河山区	0	1.29	-1.61	-5.67	-5.99	0	0.03	-0.02	-1.73	-1.72
徒骇马颊河平原	-2.31	-4.57	-1.38	-0.84	-9.10	0.09	-0.66	-0.11	1.48	0.80
子牙河山区	-0.62	-3.69	-1.28	-5.27	-10.86	0.61	0.21	-0.25	-2.31	-1.74
漳卫河山区	-3.71	5.79	-3.17	-5.1	-6.19	0.85	0.97	0	-0.86	0.96
海河流域	-9.46	-5.59	-17.61	-37.34	-70.00	3.20	1.82	-1.39	-16.13	-12.50

3.6　本 章 小 结

（1）海河流域年降水量呈下降趋势，其中汛期降水量呈显著下降趋势，非汛期降水量呈上升趋势。年降水量多年平均下降速率为 10.94mm/10a，汛期降水量多年平均下降速率为 15.1mm/10a，非汛期降水量多年平均上升速率为 2.4mm/10a。

（2）大雨量和暴雨量的变化幅度大于小雨量和中雨量。各雨强降水量在 1956～2016年均为不同程度的下降趋势，暴雨量和大雨量下降幅度较大，下降速率分别为 6.1mm/10a和 3.4mm/10a，小雨量和中雨量下降幅度较小，下降速率分别为 1.6mm/10a 和 0.6mm/10a。P2 相对于 P1 时段，整个海河流域小雨量减少 9.0mm，中雨量减少 10.1mm，大雨量减少15.1mm，暴雨量减少 15.2mm。P3 相对于 P2 时段，整个海河流域小雨量增加 4.1mm，中雨量增加 8.1mm，大雨量增加 2.4mm，暴雨量减少 20.1mm。

（3）灌溉对降水影响。①各月降水变化不同步，降水年内分布更加均衡坦化；②各雨强降水均有下降，大雨量和暴雨量下降幅度更明显；③利用降水再循环率分析灌溉对降水贡献，4～6 月灌溉对降水的贡献量分别为 0.7mm、1.7mm、1.4mm，灌溉对降水的贡献率分别为 3.8%、5.1%、2.3%。

（4）大雨量和暴雨量的减少是地表水资源减少的主导因素。P1 时段到 P2 时段，降水变化对地表水资源量的影响量为 -70.00 亿 m^3，其中小雨量影响量为 -9.46 亿 m^3，中雨量影响量为 -5.59 亿 m^3，大雨量影响量为 -17.61 亿 m^3，暴雨量影响量为 -37.34 亿 m^3，大雨量和暴雨量下降是 P2 相对于 P1 时段地表水资源量的主导因素，分别占 25% 和 53%。P2 时段到 P3 时段，降水变化对地表水资源量的影响量为 -12.50 亿 m^3，因小雨量、中雨量增加，地表水资源量分别增加 3.20 亿 m^3、1.82 亿 m^3，大雨量变化使得地表水资源量下降了 1.39 亿 m^3，暴雨量变化使得地表水资源量下降了 16.13 亿 m^3，暴雨量的下降是 P3 相对于 P2 时段地表水资源量下降的主导因素。

第4章 蒸散发变化及其对海河流域水资源量影响

蒸散发是影响水文循环和水资源演变的重要环节。在全球水文循环中，陆地表面的降水，一部分通过蒸散发进入大气，一部分通过径流汇入海洋，并且海洋表面的降水与陆地汇入的径流，最终也通过蒸散发进入大气。总的来看，受人类活动、植被、气候等因子直接或间接的影响，在陆地水文循环中约有60%的降水消耗于蒸发和散发。本章将利用理论分析、遥感监测等手段估算海河流域潜在蒸散发和实际蒸散发，并对其时空演变规律进行分析。

4.1 1961~2016年潜在蒸散发时空演变

4.1.1 计算方法与数据来源

潜在蒸散发（ET_0）主要受温度、湿度、太阳辐射、风速等气候因素影响。1998年FAO提出潜在蒸散发是指在一定的气象条件下，水分充分供应时，陆面可能达到的最大蒸散发量。FAO推荐Penman-Monteith公式作为计算参考作物蒸散发量的标准方法：

$$ET_0 = \frac{0.408\Delta(R_n - G) + \gamma\left[900/(T + 273)\right]U_2(e_s - e_a)}{\Delta + \gamma(1 + 0.34\,U_2)} \tag{4-1}$$

式中，ET_0表示作物的潜在蒸散发量（mm）；Δ表示饱和水汽压斜率（kPa/℃）；R_n和G分别表示地表净辐射和土壤热通量［MJ/（$m^2 \cdot$ d）］；γ表示汽化潜热系数（kPa/℃）；T表示日平均气温（℃）；U_2表示2m高度处的日平均风速；e_s和e_a分别表示饱和水汽压和实际水汽压（kPa）。

为分析海河流域蒸散发能力变化对降水再分配及水资源量变化的影响，本章基于Penman-Monteith公式，采用流域内38个国家气象站1961~2016年的逐日气象资料（包括最高气温、最低气温、平均气温、相对湿度、风速和日照时数），对海河流域潜在蒸散发能力进行估算。根据海河流域各站点海拔特点，将气象站点划分成深山区（海拔>900m）、浅山区（海拔100~900m）、平原区（海拔<100m）3个区域，其中平原区有21个气象站，浅山区有9个气象站，深山区有8个气象站，如图4-1所示。

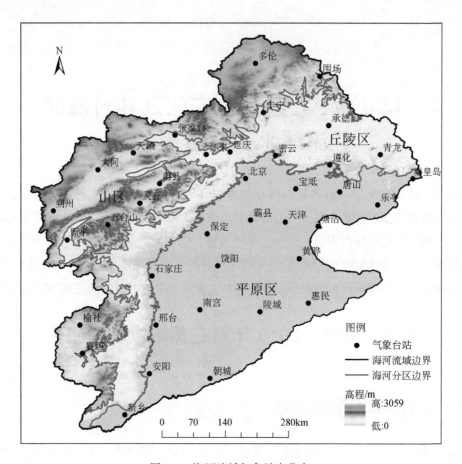

图 4-1 海河流域气象站点分布

4.1.2 潜在蒸散发时空变化

如图 4-2（a）所示，从 1961～2016 年来看，1991 年是 ET_0 变化的突变点，ET_0 在 1991 年之前呈下降趋势，1991 年之后呈上升趋势。从三次水资源评价来看，P1 时段 ET_0 平均值为 1026mm，P1 时段内 ET_0 呈下降趋势，变化率为 -23.6mm/10a。P2 时段 ET_0 平均值为 988mm，P2 时段内 ET_0 先以 51.4mm/10a 的速率下降，1990 年之后又以 32.09mm/10a 的速率上升。而 P3 时段 ET_0 平均值为 993mm，相较于 P2 时段略有增加，但 P3 时段内也呈下降趋势，变化率为 -13.4mm/10a。

如图 4-2（b）～图 4-4 所示，从深山区、浅山区和平原区三个不同分区来看，平原区潜在蒸散发最大，浅山区次之，深山区最小；1961～2016 年，平原区潜在蒸散发平均值为 1042mm，浅山区为 970mm，深山区为 934mm。深山区和浅山区的 ET_0 呈先下降后上升的趋势，平原区呈先下降再上升而后又下降的趋势。相比于 P1 时段，P2 时段和 P3 时段京

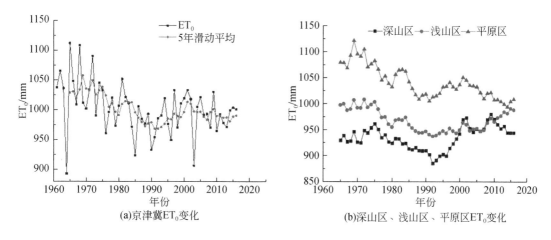

(a)京津冀ET₀变化   (b)深山区、浅山区、平原区ET₀变化

图 4-2　1960~2016 年京津冀 ET₀ 整体与分区变化

津冀大部分地区 ET_0 呈下降趋势，下降较大的地区多分布在平原区，而在部分山区呈现略微上升的趋势。但相比于 P2 时段，P3 时段平原区 ET_0 略微下降，西部太行山、北部燕山山区和浅山区 ET_0 上升的范围和幅度明显增大。

从图 4-5 可以看出，在 1961~2016 年，位于深山区的 8 个站点中，4 个站点 ET_0 上升，4 个站点 ET_0 下降，其中 1 个（五台山）站点显著上升，1 个（朔州）站点显著下降。位于浅山区的 9 个站点，7 个站点 ET_0 下降（其中延庆站显著下降），2 个站点 ET_0 非显著上升。位于平原区的 21 个站点中，20 个站点 ET_0 下降，1 个站点（北京）非显著上升。在 20 个下降的站点中有 8 个站点显著下降。

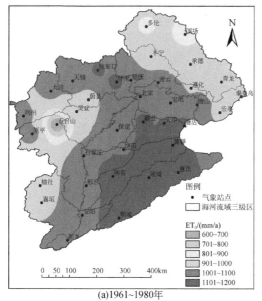

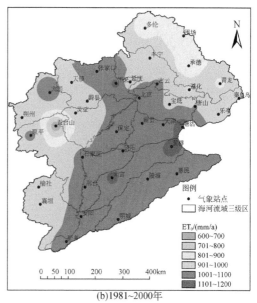

(a)1961~1980年   (b)1981~2000年

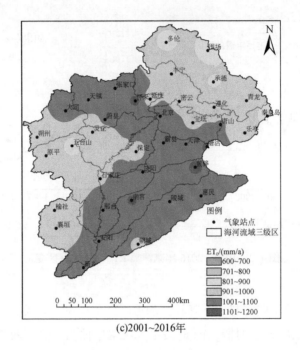

(c)2001~2016年

图 4-3 1960～2016 年不同时段 ET_0 平均值

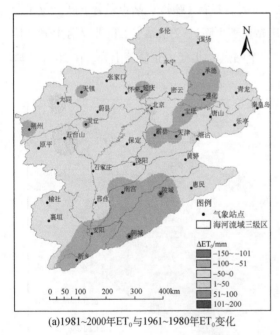

(a)1981~2000年ET_0与1961~1980年ET_0变化　　　　(b)2001~2016年ET_0与1961~1980年ET_0变化

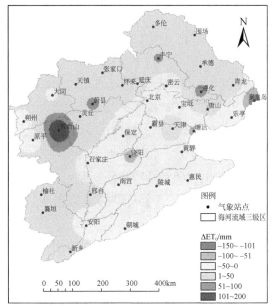

(c)2001~2016年ET₀与1981~2000年ET₀变化

图 4-4 1960～2016 年不同时段 ET₀ 变化

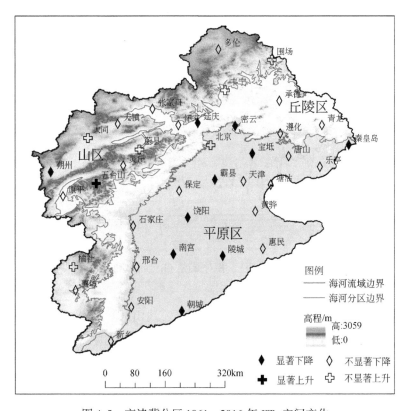

图 4-5 京津冀分区 1961～2016 年 ET₀ 空间变化

4.2 蒸散发能力变化多要素归因识别

如图 4-6 所示，1961～2016 年，平均气温（T_{mean}）、最高气温（T_{max}）和最低气温（T_{min}）分别以 0.20°C/10a、0.15°C/10a 和 0.39°C/10a 的速率显著增加。对应 P1、P2、P3 时段的年平均气温分别为 10°C、10.6°C、11.2°C，升温显著。相对湿度（RH）和日照时数（SD）在持续下降，P1、P2、P3 三个时段年平均相对湿度分别为 59.6%、58.5%、57.2%；年日照时数分别为 2777h、2658h 和 2455h。而风速（U_2）在 P1、P2 时段显著下降，在 P3 时段又呈现上升趋势。对应三个时段的平均风速分别为 1.99m/s、1.63m/s、1.60m/s。

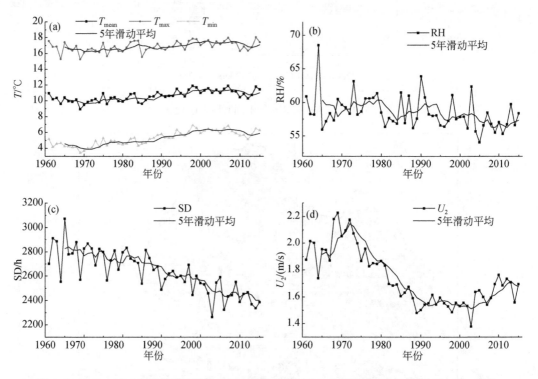

图 4-6 1961～2016 年京津冀气温（a）、相对湿度（b）、日照时数（c）和风速（d）变化

通过分析各分区的气候要素变化可知，深山区、浅山区、平原区的平均气温均呈同步上升趋势，而风速、日照时数、相对湿度呈波动下降趋势。平原区的平均气温、相对湿度和日照时数均大于浅山区和深山区。深山区风速最大，浅山区风速最小，平原区风速介于两者之间，且在 P3 时段，浅山区风速呈明显上升趋势（图 4-7）。

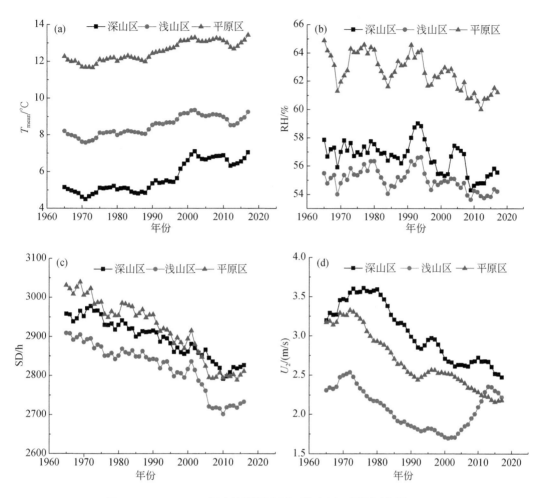

图 4-7　1961～2016 年京津冀深山区、浅山区、平原区气温（a）、
相对湿度（b）、日照时数（c）和风速（d）变化

在 1961～2016 年整个时间段，ET_0 在 1991 年发生变化趋势的突变，因此将时间划分为 1961～1991 年和 1992～2016 年两个时段，分析各气象要素与 ET_0 关系，以及气象要素变化对 ET_0 变化的相对贡献率，进行 ET_0 变化的归因分析。各气象因素与 ET_0 的关系如表 4-1 所示，从表 4-1 可以看出，ET_0 与平均气温、日照时数和风速呈正相关，与相对湿度呈负相关，即平均气温、风速和日照时数的上升将导致 ET_0 增加，但是相对湿度的增加将导致 ET_0 减少。在 1961～1991 年，风速与 ET_0 的相关性最高。ET_0 与风速、相对湿度、平均气温和日照时数的相关程度依次递减，偏相关系数分别为 0.964、-0.935、0.854 和 0.767。1991 年以后，仅在 ET_0 和平均气温之间发现了强相关性，偏相关系数为 0.622，而与其他气象因素之间的相关关系不显著。

表 4-1　各气象要素与 ET_0 的偏相关系数

时段	平均气温（T_{mean}）	相对湿度（RH）	日照时数（SD）	风速（U_2）
1961～1991 年	0.854**	-0.935**	0.767**	0.964**
1992～2016 年	0.622**	-0.267	0.263	0.289

＊＊代表显著性水平为 0.01（$p<0.01$）。

通过不同因素与 ET_0 的相关性分析可知（表 4-2），在 1961～1991 年，U_2 是影响 ET_0 的主导因素，RH 次之，然后是 T_{mean} 和 SD。T_{mean} 的上升和 RH 的下降导致 ET_0 上升，T_{mean} 和 RH 对 ET_0 变化的相对贡献率分别为 18.3% 和 18.9%，但是 U_2 和 SD 的下降导致 ET_0 下降，U_2 和 SD 对 ET_0 变化的相对贡献率分别为 52.5% 和 10.2%。综合四种要素的影响，U_2 和 SD 的减少抵消了 T_{mean} 上升和 RH 下降对 ET_0 的影响，并最终导致 ET_0 下降。

表 4-2　各气象要素对 ET_0 的相对贡献率

时段	气象要素	标准化相关系数	相对贡献率/%	影响程度排序（从大到小）
1961～1991 年	相对湿度（RH）	-0.443	18.9	U_2、RH、T_{mean}、SD
	平均气温（T_{mean}）	0.429	18.3	
	风速（U_2）	1.228	52.5	
	日照时数（SD）	0.239	10.2	
1992～2016 年	相对湿度（RH）	-0.289	16.6	T_{mean}、U_2、RH、SD
	平均气温（T_{mean}）	0.826	47.4	
	风速（U_2）	0.387	22.2	
	日照时数（SD）	0.241	13.8	

而在 1992～2016 年，T_{mean} 的上升是导致 ET_0 上升的最主要因素，相对贡献率为 47.4%。此外，U_2 的上升和 RH 的下降也在一定程度上加剧了 ET_0 上升，相对贡献率分别为 22.2% 和 16.6%。只有 SD 的下降导致 ET_0 下降，相对贡献率为 13.8%，因此在 1991 年之后，ET_0 在四种要素综合影响作用下呈现上升趋势。

4.3　不同土地利用对蒸散发能力影响

在 20 世纪 90 年代以后，京津冀地区经济社会发展迅速，剧烈的人类活动对整个区域水文循环过程有着较大的影响。基于京津冀地区 1991～2016 年 22 个气象站的气象要素数值计算各站点潜在蒸散发，根据不同土地利用类型将研究站点进行分类，分析不同类别站点潜在蒸散变化规律，可为不同下垫面条件下的水资源量变化分析提供一定基础。

根据研究站点周边 5km 范围内土地利用类型面积比例，将研究站点分为三类：城镇站点，即超过 50% 为城镇用地；农业站点，即超过 50% 为耕地；自然站点，即城镇和耕地低于 50%。具体站点分类见表 4-3。

表 4-3　研究站点及站点分类

站点代码	站点名称	简称	站点分类
54436	青龙	QL	自然站点
54423	承德	CD	
54308	丰宁	FN	
54311	围场	WC	
54624	黄骅	HH	农业站点
54518	廊坊	LF	
54539	乐亭	LT	
54606	饶阳	RY	
54705	南宫	NG	
54405	怀来	HL	
53593	蔚县	YX	
53399	张北	ZB	
54449	秦皇岛	QHD	城镇站点
54527	天津	TJ	
54623	塘沽	TG	
54602	保定	BD	
54534	唐山	TS	
54511	北京	BJ	
54429	遵化	ZH	
53798	邢台	XT	
53698	石家庄	SJZ	
54401	张家口	ZJK	

按照站点类型划分方法，共有 10 个城市站点、8 个农业站点和 4 个自然站点。其中青龙、承德、丰宁和围场这四个自然站点位于京津冀北部的燕山山区，各站点的自然面积比例分别为 76.16%、73.27%、61.96% 和 68.30%。在京津冀地区的协调发展下，京津冀西部和北部山区被视为生态保护区。

大多数城镇站点都位于平原地区。其中 6 个城镇站点的城镇用地面积比例大于 75%，4 个城镇站点的城镇用地面积在 50%～75%。北京站点是城镇化程度最高的站点，站点周围城镇用地面积为 100%，遵化和秦皇岛站点周围的城镇用地面积比例分别为 50.15% 和 50.51%。城镇化站点区位分布在北京—秦皇岛、北京—塘沽、北京—石家庄以及北京—张家口四个方向（图 4-8）。

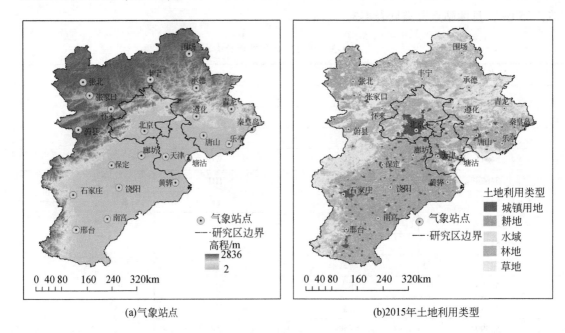

(a)气象站点　　　　　　　　　　　(b)2015年土地利用类型

图 4-8　研究站点地理位置和 2015 年土地利用类型分布

农业站点的农业面积比例在 55%～75%。河北平原的西北部有 3 个农业站点（张北、怀来和蔚县），南部有 4 个农业站点（廊坊、饶阳、黄骅和南宫）。乐亭位于河北的东北部，站点周围耕地面积占 70.53%。

不同土地利用类型的 ET_0 变化存在差异。在图 4-9 中，自然、农业和城镇站点名称分别以绿色、黄色和黑色字体显示。在京津冀北部地区，大多数站点的 ET_0 上升，而在京津冀南部地区 ET_0 下降。燕山北部山区 4 个自然站点 ET_0 呈上升趋势。M-K 趋势检验 Z 值介于 2.58～3.373，表明 ET_0 显著增加。位于东部和南部平原地区的 6 个农业站点 ET_0 呈下降趋势，但除饶阳站外，其他站点下降趋势不显著，而位于西部山区的张北站和蔚县站 ET_0 增加。在城镇站点中，除张家口、遵化和天津站外，其他城镇面积比例超过 80% 的站点 ET_0 均呈下降趋势。在 ET_0 呈下降趋势的所有站点中，城镇站点比农业站点下降更为显著，城镇站点的 Z 值介于 -4.663～-1.439，而农业站点的 Z 值介于 -2.927～-0.248。

如图 4-10 所示，通过归因分析，京津冀大多数站点影响 ET_0 的主要气象要素可排序为风速>日照时数>平均气温>相对湿度，但每种类型站点各参数对 ET_0 的贡献是不同的。风速是影响 4 个自然站点 ET_0 上升的最主要因素，相对贡献率在 44%～55%。影响围场站

和丰宁站 ET_0 的第二个主要气象要素是平均气温，而承德站和青龙站的第二个主要气象因素是日照时数。

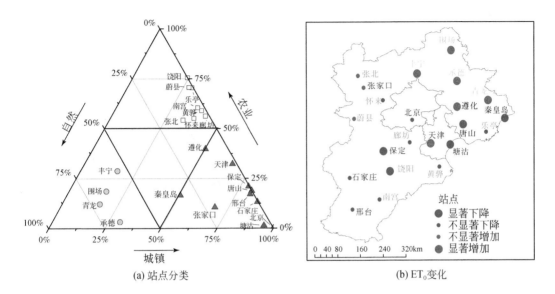

(a) 站点分类

(b) ET_0 变化

图 4-9　站点分类和 ET_0 变化

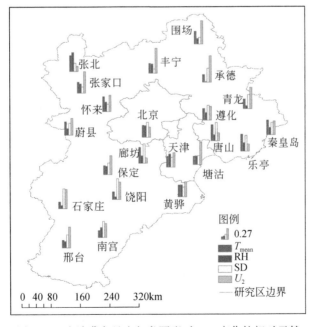

图 4-10　京津冀各站点气象要素对 ET_0 变化的相对贡献

不同农业站点 ET_0 变化的影响要素是不同的。黄骅、蔚县和怀来站的主导要素是风速和气温。廊坊和乐亭站日照时数和平均气温对 ET_0 变化的相对贡献率在 65% 以上。而影响

饶阳和南宫站 $\mathrm{ET_0}$ 变化的主导要素是日照时数和风速，影响张北站 $\mathrm{ET_0}$ 变化的主导要素是相对湿度和平均气温。

大多数城镇站点 $\mathrm{ET_0}$ 变化的主导要素是风速和日照时数。风速的上升对天津、遵化和张家口站 $\mathrm{ET_0}$ 上升趋势发挥了重要作用。北京和唐山站 $\mathrm{ET_0}$ 下降的主导要素是日照时数，而秦皇岛站 $\mathrm{ET_0}$ 下降主要是由平均气温、风速和日照时数下降共同作用的。

4.4 实际蒸散发时空演变

4.4.1 基于 Choudhury-Yang 公式的实际蒸散发时空演变

实际蒸散发是在一定气候条件下区域实际被蒸发的水分，研究实际蒸散发对理解气候变化起着至关重要的作用，同时实际蒸散发的准确测定和估算也有助于我们更好地认识水循环过程的物理机制和相互作用关系，对不同区域的水资源规划和管理以及水土资源的配置有重要的指导意义和价值。根据流域水热耦合方程 Choudhury-Yang 公式，在一定的气候和植被条件下，流域实际蒸散发特征服从水分和能量平衡原理。其表达式如下：

$$ \mathrm{ET} = \frac{P \times \mathrm{ET_0}}{(P^n + \mathrm{ET_0^n})^{\frac{1}{n}}} \tag{4-2} $$

式中，ET 为多年平均实际蒸散发量（mm）；P 为多年平均降水量（mm）；$\mathrm{ET_0}$ 为多年平均潜在蒸散发量（mm）；n 为反映流域下垫面特征的参数，它由地形、土壤、植被等共同决定。n 在 Choudhury-Yang 公式中的计算尤为重要。海河流域下垫面 n 值计算公式由杨大文等在 2009 年提出（Yang et al., 2009）：

$$ n = 2.721 \left(\frac{K_s}{i_r}\right)^{-0.393} M^{-0.301} \exp(4.351\tan\beta) \tag{4-3} $$

式中，K_s 为土壤饱和导水率（mm/h）；i_r 为年降水强度；M 为年植被覆盖度；$\tan\beta$ 为流域平均坡度。

$\mathrm{ET_0}$ 的计算公式和参数选择参考式（4-1）。

如图 4-11 所示，从空间上来看，海河流域实际蒸散发变化显著，整体呈现由东南向西北方向减少趋势。总体来看，海河流域多年平均实际蒸散发量为 440mm，平原区实际蒸散发量略高于山区，两者分别为 444mm 和 436mm。其中高值区位于漳河山区和滦河平原及冀东沿海平原，多年平均蒸散发量可分别达到 464mm 和 479mm。低值区位于永定河山区，多年平均蒸散发量为 382mm。

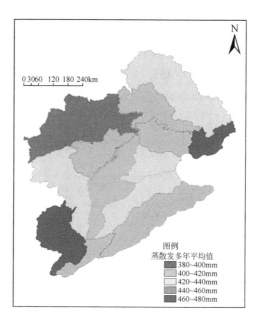

图4-11 1982～2016年实际蒸散发平均值

如图4-12所示,从时间上来看,海河流域实际蒸散发整体呈增长态势(除漳河山区和滦河平原及冀东沿海平原外),增幅由西部向东部递增。平原区和山区蒸散发变化趋势相同,但两者增幅不同,平原区增幅高于山区,平原区增幅可达13.5mm/10a,山区增幅则为9.3mm/10a。

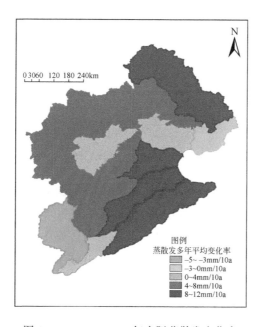

图4-12 1982～2016年实际蒸散发变化率

如图4-13所示，伴随着气候条件和下垫面条件的变化，海河流域山区1982～2016年蒸散发整体表现为上升趋势，增幅为0.92mm/a。其中1990年蒸散发达到最大值，为537.9mm，1997年蒸散发值最小，为365.7mm。从分段变化趋势来看，1982～2000年海河流域蒸散发呈现下降趋势，降幅为1.42mm/a，2001～2016年，海河流域蒸散发呈现出增长趋势，增幅为0.50mm/a。

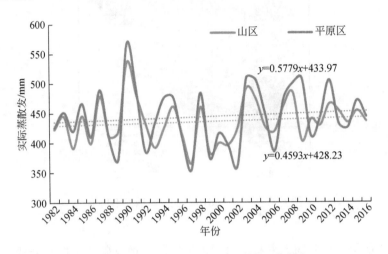

图4-13　1982～2016年海河流域实际蒸散发

如图4-13所示，海河流域平原区1982～2016年蒸散发整体上呈现增长态势，变化趋势与山区一致。其中1990年蒸散发达到最大值，为568.5mm，最小值为1997年的354.7mm。分时段来看，1982～2000年海河流域蒸散发呈现下降趋势，但2001～2016年海河流域蒸散发则呈现上升趋势，增幅为1.6mm/a。

4.4.2　基于卫星遥感数据的实际蒸散发时空演变

遥感技术是估算大尺度蒸散发最为认可的方法之一，具有较高的时效性，为区域地表蒸散发研究提供了新途径。GLEAM（global land-surface evaporation: the Amsterdam methodology）产品依靠Priestley-Taylor方程从观测到的地面净辐射和近地表气温推导出每日的潜在蒸发量，然后根据根区土壤水分的估计值和观测的植被光学深度对潜在蒸发量进行约束调节，进而得到实际蒸散发量。利用卫星观测估算0.25°分辨率、覆盖全球1980～2018年日尺度的蒸腾量、截留量、裸土蒸发量、雪升华量、水面蒸发量。利用涡动相关仪观测数据对GLEAM产品在全球范围内进行验证，结果表明，GLEAM模型反演的蒸散发产品能较好地描述不同生态系统的蒸散发，被认为是迄今为止时间序列最长、空间分辨率较高、模拟效果最佳的遥感蒸散发产品。

$$E_{\mathrm{po}} = \alpha \frac{\Delta(R_{\mathrm{n}} - G)}{\Delta + \gamma} \qquad (4\text{-}4)$$

式中，E_{po} 为潜在蒸散发；α 为 Priestley-Taylor 系数，默认值是 1.26；Δ 为气温 T_{a} 下的饱和水汽压曲线斜率（kPa/°C）；γ 为湿度计常数（kPa/°C）；$(R_{\mathrm{n}}-G)$ 表示可用能量（mm/d），R_{n} 为净辐射（mm/d），G 为土壤热通量（mm/d）。

在京津冀–海河流域基于 GLEAM 遥感蒸散发产品，分析该区域在第二时段（1980 ~ 2000 年）、第三时段（2001 ~ 2016 年）内实际蒸散发的时空变化特征，以期提高对陆地表面蒸散发在水能循环中关键作用的理解，为进一步研究京津冀–海河流域水文循环过程变化以及制定水资源管理计划制度提供科学依据。

京津冀–海河流域 1980 ~ 2000 年的多年平均蒸散发最小值为 259.38mm/a，最大值为 873.41mm/a，全区域平均值为（419.20±74.73）mm/a。2001 ~ 2016 年的多年平均蒸散发最小值为 270.58mm/a，最大值为 876.19mm/a，全区域平均值为（439.26±77.56）mm/a（图 4-14）。两时段的实际蒸散发空间分布呈现相似的空间分布，西北部较低，中部和南部较高。相比第一时段，第二时段蒸散发增加了约 20mm/a。两时段各三级区的多年蒸散发统计值分别见表 4-4 和表 4-5。

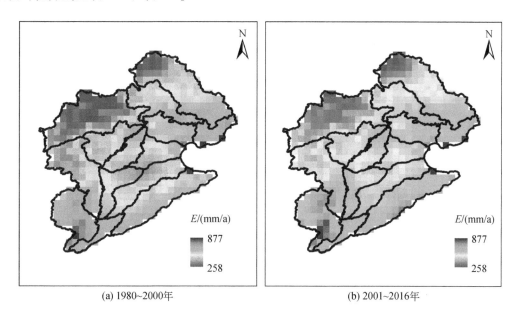

(a) 1980~2000年　　　　　　　　　　(b) 2001~2016年

图 4-14　1980 ~ 2000 年与 2001 ~ 2016 年的多年平均蒸散发（E）的空间分布

表 4-4　1980 ~ 2000 年各三级区的多年蒸散发统计值　　　　（单位：mm/a）

地区	最小值	最大值	范围	平均值	标准差
北京	416.02	485.96	69.94	449.50	17.05

地区	最小值	最大值	范围	平均值	标准差
河北	259.38	848.59	589.21	407.77	58.12
天津	403.84	852.08	448.24	479.40	89.23
滦河平原及冀东沿海平原	460.38	848.59	388.21	523.10	93.90
大清河淀西平原	380.89	468.87	87.98	417.25	28.28
大清河淀东平原	363.51	852.08	488.57	435.49	94.75
子牙河平原	356.04	491.07	135.03	404.85	32.74
黑龙港及运东平原	347.27	465.91	118.64	399.15	24.39
漳卫河平原	451.33	500.09	48.76	473.57	12.40
北四河下游平原	419.45	511.33	91.88	451.15	16.47
滦河山区	296.34	496.76	200.42	401.88	55.72
永定河山区	285.67	468.41	182.74	342.65	43.27
大清河山区	371.01	485.96	114.95	418.19	32.14
北三河山区	360.00	484.45	124.45	428.22	32.54
徒骇马颊河平原	403.44	873.41	469.97	483.06	99.87
子牙河山区	345.29	510.68	165.39	403.81	41.43
漳卫河山区	446.18	603.70	157.52	501.54	33.06

表4-5　2001~2016年各三级区的多年蒸散发统计值　　　（单位：mm/a）

地区	最小值	最大值	范围	平均值	标准差
北京	412.94	491.18	78.24	449.08	18.58
河北	270.58	857.59	587.01	427.09	59.31
天津	436.02	858.44	422.42	494.32	85.55
滦河平原及冀东沿海平原	466.32	857.59	391.27	525.29	95.40
大清河淀西平原	395.44	490.21	94.77	436.63	28.63
大清河淀东平原	381.91	858.44	476.53	455.95	89.14
子牙河平原	382.54	491.07	108.53	440.77	35.74
黑龙港及运东平原	381.06	502.47	121.41	440.82	22.04
漳卫河平原	479.52	522.50	42.98	499.26	11.35
北四河下游平原	412.94	527.16	114.22	461.43	22.31
滦河山区	289.95	501.53	211.58	407.49	58.97
永定河山区	287.16	459.62	172.46	357.87	42.01
大清河山区	381.23	491.18	109.95	425.98	30.48
北三河山区	377.43	497.82	120.39	434.13	31.14
徒骇马颊河平原	446.50	876.19	429.69	522.08	91.22

续表

地区	最小值	最大值	范围	平均值	标准差
子牙河山区	363.02	550.96	187.94	434.18	49.43
漳卫河山区	478.67	612.55	133.88	530.34	31.08

在京津冀–海河流域各三级区内对比两时段的多年平均蒸散发量（图4-15），北京、河北、天津、平原区以及山区均有不同程度的增加。山区平均增加15.62mm/a，平原区平均增加24.33mm/a。黑龙港及运东平原的增加幅度最大，达到10.44%。

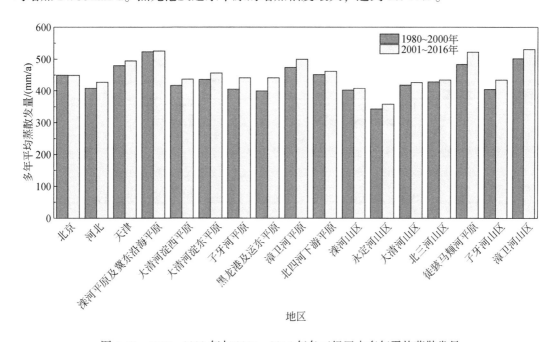

图4-15　1980~2000年与2001~2016年各三级区内多年平均蒸散发量

图4-16为逐年蒸散发变化趋势的空间分布，用M-K检验探索京津冀–海河流域两个时段内的平均蒸散发的变化趋势，发现第一时段有7.17%的地区显著增加（$Z \geqslant 1.96$），增加的地区主要集中在北部地区，另外，有1.43%的地区显著降低（$Z \leqslant -1.96$），降低的地区主要集中在西部。其余地区没有表现出明显的增加或降低的趋势。第二时段有36.89%的地区显著增加（$Z \geqslant 1.96$），增加的地区主要集中在中北部地区，没有地区呈显著降低的趋势（$Z \leqslant -1.96$）。

京津冀–海河流域的全区域年蒸散发的线性趋势表明（图4-17），1980~2016年，实际蒸散发的线性斜率为1.39mm/a（$p<0.05$）。第一时段的增加趋势并不显著（$p>0.05$），第二时段内的线性斜率为5.40mm/a（$p<0.05$）。对比可以看出，第二时段受气候变化和

植被恢复的共同影响，蒸散发速率会呈现明显的增加，暗示该时段内耗水量增加和水文循环加快。

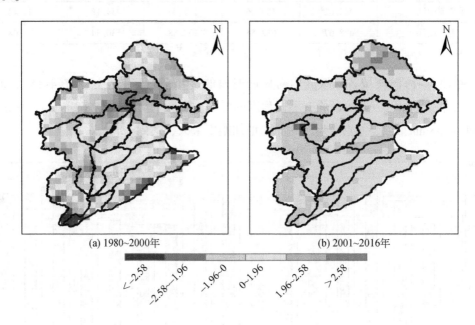

(a) 1980~2000年　　　　　　　　　(b) 2001~2016年

图 4-16　1980～2000 年与 2001～2016 年 M-K 检验的实际蒸散发变化趋势

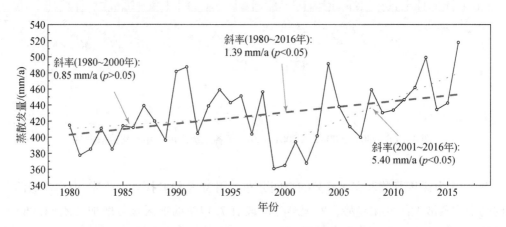

图 4-17　1980～2016 年全区域年蒸散发的线性斜率

4.5　本章小结

　　本章分析了海河流域潜在蒸散发量及实际蒸散发量的时空演变规律，并从气候和土地利用变化等因素方面分析了潜在蒸散发变化的原因，主要结论如下：

（1）过去 60 年海河流域潜在蒸散发量（ET_0）呈现出先减少后增加的趋势，P1 时段 ET_0 平均值为 1026mm，P1 时段内 ET_0 呈减小趋势，变化率为 -23.6mm/10a。P2 时段 ET_0 平均值为 988mm，P2 时段内 ET_0 先以 51.4mm/10a 的速率下降，1990 年之后又以 32.09mm/10a 的速率上升。而 P3 时段 ET_0 平均值为 993mm，相较于 P2 时段略有增加，但 P3 时段内也呈减小趋势，变化率为 -13.4mm/10a。

（2）潜在蒸散发量突变点在 1991 年，1961～1991 年，风速（U_2）是导致 ET_0 变化的主要因素，平均气温（T_{mean}）上升和相对湿度（RH）下降导致 ET_0 上升，相对贡献分别为 18.3% 和 18.9%，但风速（U_2）和日照时数（SD）下降导致 ET_0 下降，U_2 和 SD 对 ET_0 变化的相对贡献分别为 52.5% 和 10.2%。1992～2016 年，T_{mean} 的上升是导致 ET_0 上升的最主要因素，相对贡献率为 47.4%。此外，U_2 的上升和 RH 的下降也在一定程度上加剧了 ET_0 的上升，相对贡献分别为 22.2% 和 16.6%。

（3）基于 GLEAM 产品分析了海河流域实际蒸散发的演变规律，海河流域 1980～2000 年的多年平均蒸散发最小值为 259.38mm/a，最大值为 873.41mm/a，全区域平均值为（419.20±74.73）mm/a。2001～2016 年的多年平均蒸散发最小值为 270.58mm/a，最大值为 876.19mm/a，全区域平均值为（439.26±77.56）mm/a。1980～2016 年，实际蒸散发的线性斜率为 1.39mm/a（$p<0.05$）。

第 5 章　水域面积变化及其对海河流域水资源量影响

地表水体是水文循环中的重要组成部分，它既可以在生态系统中发挥作用，又直接影响社会经济。目前，人为因素对海河流域地表水体的影响占主导位置，水库大坝的建设增加了流域内地表水资源量，但同时也增加了水面蒸发的损失量，同时蓄水量的增加又导致河道内的水资源量减小，出现大河少水、小河断流的现象，有些河道一年中大部分时间段处于断流状态。而在以往的水资源评价中，除水库、河流、湖泊等大型水体外，面积较小的、不与河系相连通的农村坑塘中的水资源量往往被忽略掉，这部分水资源量的补给主要来自降水，但它们产而不汇，主要的消耗来自蒸发。随着京津冀地区水资源量的减少，许多坑塘都处于干涸状态，分析这部分水体的变化可以更好地评价水资源量的变化。

5.1　数据收集与处理

GEE (Google Earth Engine) 平台，又称谷歌地球引擎，是一个可以批量处理卫星影像数据的云端运算平台。GEE 平台免费给用户提供拍字节数量级的可公开下载的地球观测数据和用于分析数据的算法。尤其是在 GEE 平台中进行的计算和分析是基于谷歌基础架构的自动并行处理，大大提高了数据的计算能力。GEE 平台中提供了大量的 JavaScript 和 Python 语言的应用程序接口 (application programming interface, API)，通过 GEE 平台，可以进行复杂的地理空间分析，包括图像叠加、裁剪、拼接、分类，以及基于矢量的图像提取等。通过 API，用户可以自由地编写更复杂的分析算法。相比于 ENVI 等传统处理遥感影像工具，该平台能够利用存取的卫星影像和地球观测数据库中的资料快速、批量处理大量数据，不受空间和时间限制。

基于 GEE 平台，选取 Landsat-TM/ETM 卫星遥感影像共 280 幅，包括 Landsat 5、7、8 三个系列的数据，分辨率为 30m，包括 1986 年、1990 年、1996 年、2000 年、2005 年、2010 年、2016 年共七个时期。所有的遥感影像选取的时间是 8~11 月，云量小于 5%，单景影像若不能获得规定时间数据，则推至相邻月份进行获取，最后结果利用 GEE 进行验证。具体选取 Landsat 影像的行列号如图 5-1 所示。

水面蒸发数据选取 40 个气象站点的蒸发皿数据。选取蒸发数据依据研究区各区县监测的水面蒸发资料（1986 年、1990 年、1996 年、2000 年、2005 年、2010 年、2016 年），共 40 个气象站点（图 5-2）。利用各站点实测的水面蒸发量，插值成 30m×30m 的栅格数据，求得每个栅格点的水面蒸发量，最后结合水体斑块面积，求得各类水体的总蒸发量。

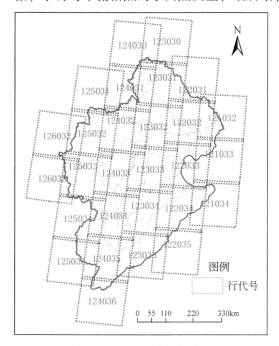

图 5-1　Landsat 影像行列号

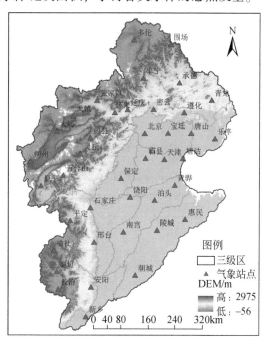

图 5-2　气象站点分布

5.2　地表水体提取及其分类

5.2.1　多指数组合水体提取算法

水体提取方法选取多指数组合水体提取法，如改进的归一化水体指数（MNDWI）和地表水体指数（LSWI）。传统的归一化差异水体指数（NDWI）主要利用绿光波段和近红外波段进行计算，水体对近红外波段的吸收强、植被则反射率强，通过突出水体抑制植被来提取影像中水体信息。但 NDWI 提取的地物信息经常与建筑物和土壤混合，导致水体面积值偏高。MNDWI 利用短波红外波段替代近红外波段，该指数显著改善了开阔水域特征，快速、准确地区分水体和非水体特征，很大程度上降低或者消除建筑物的影响。MNDWI 是划分开阔水域特征最广泛、最有效的方法之一。在此基础上利用 LSWI 对提取结果进行叠加合并。

$$MNDWI = \frac{\rho_G - \rho_{SWIR}}{\rho_G + \rho_{SWIR}} \tag{5-1}$$

$$LSWI = \frac{\rho_{NIR} - \rho_{SWIR}}{\rho_{NIR} + \rho_{SWIR}} \tag{5-2}$$

式中，ρ_G 代表绿光波段；ρ_{NIR} 代表近红外波段；ρ_{SWIR} 代表短波红外波段。

提取过程中，利用 $AWEI_{nsh}$ 和 $AWEI_{sh}$ 两个指标，进一步提高水体精度。

$$AWEI_{nsh} = 4 \times (\rho_{band3} - \rho_{band6}) - (0.25 \times \rho_{band5} + 2.75 \times \rho_{band7}) \tag{5-3}$$

$$AWEI_{sh} = AWEI_{nsh} = \rho_{band2} + 2.5 \times \rho_{band3} - 1.5 \times (\rho_{band5} + \rho_{band6}) - 0.25 \times \rho_{band7} \tag{5-4}$$

式中，ρ 是光谱谱段，包括 band2（蓝色）、band3（绿色）、band5（NIR）、band6（短波热红外）、band7（短波中红外）；$AWEI_{nsh}$ 主要是用来去除容易与水体混淆的黑色建筑地表，而 $AWEI_{sh}$ 主要是用来去除 $AWEI_{nsh}$ 中阴影。

基于 GEE 平台进行编程提取历年水体面积，具体过程包括 4 个主要步骤（图 5-3）。

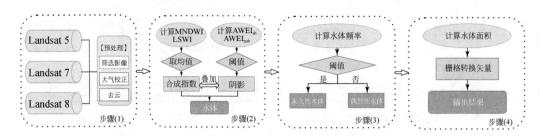

图 5-3　基于 GEE 平台和 Landsat 影像计算水体面积流程

（1）筛选影像数据并做去云处理。本研究主要选取 Landsat 5、7、8 三个系列的数据，分辨率为 30m。利用过滤器（Filter）命令筛选出原始影像数据，并进行大气校正。对影像进行掩膜（Mask）处理，去除阴影、云和雪等，保留云量小于 10 的像素点。

（2）计算水体指数 MNDI、LSWI，并在此基础上利用 $AWEI_{nsh}$ 和 $AWEI_{sh}$ 对结果进行校正。

（3）计算水体频率和提取水体。水体频率，指针对某一像元，在某个时间段内，水体占所有有效观测数据的概率，范围介于 0～1。大津算法（Otsu）常用于计算机视觉和图像处理，通过返回单个强度的阈值将像素分为前景和背景两类。本研究使用大津算法自动提取水体和非水体的分割阈值。当水体频率大于分割阈值时，将像素点划分为有效水体；当水体频率小于分割阈值时，将像素点划分为非水体。

（4）导出结果。在 GEE 中标记水体位置，将水体转换成矢量数据并通过空间计算提取研究湖泊边界。

5.2.2　地表水体细分类

地表水体类型主要包括水库、湖泊、河流、坑塘等典型形态（图 5-4）。河流形态蜿蜒曲折，边界明显，一般情况下，河流上游河道比降大，河道较窄，下游河道比降小，河道较宽。水库多为人工干预建设的湖泊，一般与河流相连，多建在山区和浅山区。湖泊分为天然湖泊和人工湖泊，多为独立的大型水面，人工湖泊多出现在城镇地区，用作景观用水。坑塘多出现在农村和平原地区，面积较小，呈现规则的形状。

   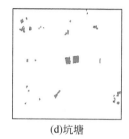

(a)水库　　　　　　(b)湖泊　　　　　　(c)河流　　　　　　(d)坑塘

图 5-4　不同类型水体斑块形状

1. 缓冲区分析

缓冲区是地理空间目标的一种影响范围或者服务范围在尺度上的表现。从数学的方法来看，缓冲区是指在指定集合或者空间对象后获取的邻域，而邻域的尺寸大小由缓冲区设立的限制或者邻域的半径来确定，因此对于一个设定的对象 A，其缓冲区可以解释为

$$P = \{x \mid d(x,A) \leqslant R\} \tag{5-5}$$

式中，d 一般指欧氏几何距离；R 为邻域半径或缓冲区建立的条件。

2. 邻近分析

基于国家自然水系网数据将结果中的河流数据提取出来，根据先验知识，我们知道河流蜿蜒曲折，尤其是部分细小河流经常出现断流，导致影像提取时不够完整，因此多呈现散落的线性形状。因此对提取的水体信息单独的线状数据进行缓冲区分析，将河流周边的斑块数据剔除。在此基础上，基于相邻关系将河道附近两个单元内的斑块判定为河道。最后基于水库站点数据将河道上的水库剔除，得到完整的河道信息。

3. 水体形状

分形几何学诞生于 20 世纪 70 年代末 80 年代初，它的建立是由于传统欧氏几何学在许多方面的不足，由此衍生出的一门研究不规则几何形态的新兴学科，由 Mandelbrot 最先提出。分形是分数的、不规则的、不完整的意思，它可以是一种具有自相似性的图形、现象或物理过程等。

从形状特征来看，将水体数据分为河流和湖泊，主要有以下两个难点：河流汇入湖泊时与湖泊连为一体，从形态学的角度难以将二者区分开，即不好界定这种情况下的水体数据是河流还是湖泊。

河流提取不连续，导致水体数据零星分布，使得部分类湖泊特征的独立河流数据在分类时误分为湖泊。因此，对于以上两种情况的出现，很有必要提出一种合理有效的分类方法来解决此类问题。传统的基于形状进行分类的方法仅仅是提供某种形状量测因子，依据因子的变化范围设定阈值进行分类。然而这种方法没有考虑到形状相近但又分属不同种类的多边形、河湖相连的复杂多边形和河流断流造成的琐碎多边形等情况。

对于不同类型的水体，其空间特征不同，水库、湖泊、坑塘及大的河流呈面状，小的河流只能为一条线。自然湖泊和水库的边界一般比较平滑，而坑塘和人工湖泊的边界一般比较规则。每种水体类型的形状都不同，因此水体斑块的形状指数也有明显的差异（表5-1）。计算斑块的形状指数，设置阈值可将水体进行细分类。基于此方法可以大致对不同水面斑块进行分类。

表 5-1　各类型水体特点和形状指数

类型	特点	形状指数
水库	普查坐标，多与河道连接	0.492
河流	窄而长的线性形状	0.093
湖泊	多呈独立的斑块状，面积小于 0.1km^2	0.719
坑塘	面积小于 0.1km^2 的独立斑块	0.87

通过计算推导出分形曲线的长度 p 与它所包围的面积 s 之间的数学关系：

$$形状指数\ K = \frac{\sqrt{s}}{p} \tag{5-6}$$

计算水域面积变化对流域水资源量影响的具体流程如图 5-5 所示。

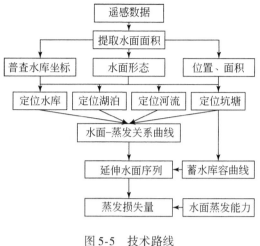

图 5-5　技术路线

5.3　各类型地表水体面积年际变化

5.3.1　海河流域地表水体面积年际变化

1986 年海河流域水体面积 3976km²。1996 年水体面积最大，达到了 4808km²。到 2000 年水体面积大幅降低，只有 3422km²。而到 2010 年这一现状有所改善，水体面积较 2000 年有所增大，有 4340km²。到 2016 年水体面积又有所降低，只有 4002km²。在过去的 30 年里，水体面积呈现一个先增大后减小的趋势，整体呈现一个衰减的趋势（图 5-6）。

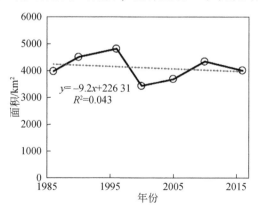

图 5-6　海河流域水体面积年际变化

图 5-7 是各年份海河流域地表水体的空间分布情况。从图 5-7 上看，1986 年北部地区

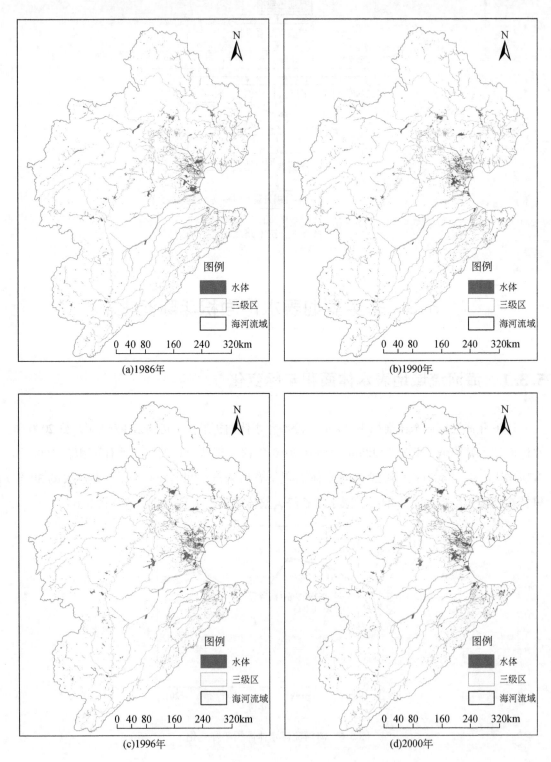

(a)1986年

(b)1990年

(c)1996年

(d)2000年

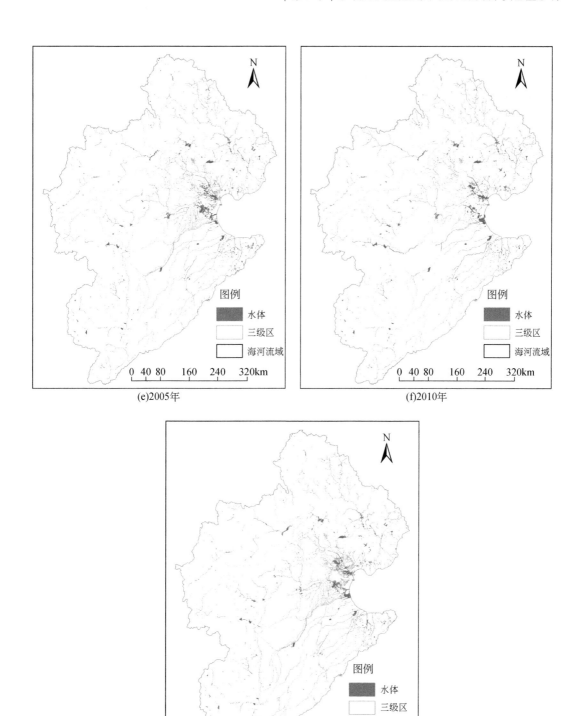

(e)2005年

(f)2010年

(g)2016年

图 5-7 河海流域地表水体空间分布

的水体面积分布密集，西部山区的水体面积分布较少。而 1996 年北京、天津、廊坊等地区的水体面积增加明显；但承德、唐山、秦皇岛等地区的水体面积明显减少。2000 年相较于 1996 年，天津沿海地区的水体面积明显减少，邯郸、邢台、衡水、石家庄等地区的水体面积有所增多，但保定和沧州地区的水体面积有所减少。2010 年京津冀地区的水体面积分布较 2000 年有所增加，尤其是保定和沧州等地区的水体面积变化比较明显，但北部山区的水体面积有所减少，且到 2016 年进一步减少。2016 年北京、天津、廊坊、保定、沧州等几个地区的水体面积和斑块数量相对于 2010 年有明显的减小。

5.3.2 三级区地表水体面积年际变化

地表水体的分布在空间上是不均匀的，且不同地区的年际变化也有所不同。各三级区水体面积占比如图 5-8 所示。1986～2016 年，单位土地的平均水体面积最小的是漳卫河平原的 0.53hm²/km²，最大的是大清河淀东平原的 4.21hm²/km²，其次是北四河下游平原。各三级区流域的地表水体分布很不均匀，整体平原区的单位土地水体面积大于山区，但最南部的漳卫河平原的单位土地水体面积却是所有三级区中最小的。主要原因是大清河淀东平原和北四河下游平原区域属于河流入海口，河网较多，且河流较宽，尤其是近几年，随着河道治理，人为生态补水，这部分流域的水体面积逐渐增大。而山区的水体面积变化主要来自水库蓄水，山区的河流变化较小。

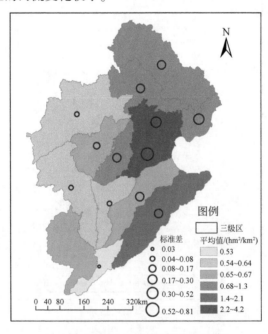

图 5-8　三级区单位土地水体面积变化

基于 1986～2016 年单位土地水体面积变化，从标准差可以看出各三级区的年际变化幅度。各三级区的变化幅度从漳卫河平原的 0.03 到大清河淀东平原的 0.81。虽然漳卫河平原单位土地水体面积是最小的，但在过去的 30 年中整体水体面积变化幅度很小。而大清河淀东平原和北四河下游平原虽然单位土地水体面积较大，但是在过去的 30 年中年际变化很大。整体平原区的水体面积变化较大，而西部山区流域的变化幅度较小。

在过去的 30 年中，海河流域的 14 个三级区的水体面积年际变化趋势明显不同（图 5-9）。根据线性回归模型的斜率，漳卫河山区、子牙河山区、大清河山区、北三河山区、滦河山区和徒骇马颊河平原 6 个三级区的单位土地水体面积的年际变化呈现增加趋势；漳卫河平原、子牙河平原、大清河淀西平原、大清河淀东平原、黑龙港及运东平原、北四河下游平原、滦河平原及冀东沿海平原和永定河山区 8 个三级区呈现减少趋势。可以看出，除永定河山区水体面积略有减小之外，其他山区的单位土地水体面积均有增加趋势。而对于平原区，除徒骇马颊河平原水体面积增加之外，其他平原区的单位土地水体面积均呈现减少趋势，其中黑龙港及运东平原的减幅最大，达到 5.27km^2/a。整体上平原区的地表水体面积衰减的幅度更大。

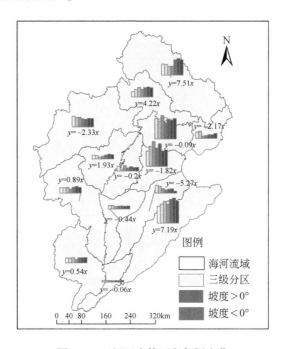

图 5-9 三级区水体面积年际变化

5.3.3 不同类型水体面积年际变化

1）水库

海河流域人为修建的水库是影响河流水资源量的重要因素，大量的水资源被蓄积在水库中，导致其他类型的地表水体的水资源量明显减少。海河流域大中小型水库的地理分布如图 5-10 所示。海河流域山区中的大中小型水库超过 1900 座，总库容达 264 亿 m³，其中大中型水库 127 座，总库容超过 250 亿 m³，控制了山区流域面积 81% 的区域；小型水库超过 1800 座，总库容约为 13 亿 m³。平原区大中型水库有 22 座，总库容超过 13 亿 m³，其中北大港和团泊洼两座大型水库的库容就超过 6 亿 m³。山区和平原区过渡带的水库最多，主要水库均集中在这一带的浅山区。海河流域大中型水库的平均蓄水量为 68 亿 m³，占据了整个海河流域近一半的地表水资源量。

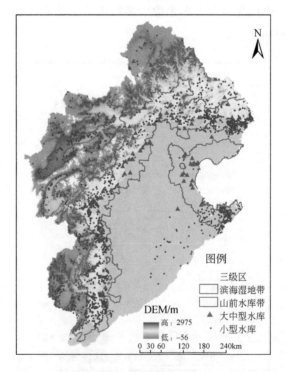

图 5-10　海河流域水库分布

海河流域的水库主要兴建于 19 世纪 70 年代，在 80 年代末期基本建成，尤其是大中型水库，均是在 80 年代以前建设完成（图 5-11）。1990 年以后的变化主要来源于平原区小型水库的建设。水库年均面积 1633km²，1986～1996 年呈现显著增加的状态，而 2000 年和 2005 年，水库面积明显减少，这也和降水量的变化趋势相吻合（图 5-12）。

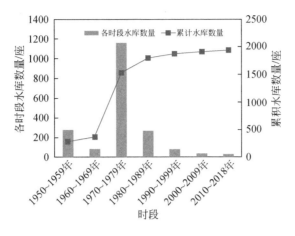

图 5-11　水库数量变化

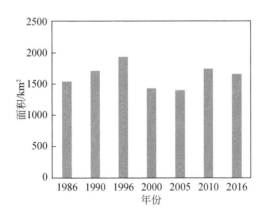

图 5-12　水库面积变化

水库面积在丰水年和枯水年有明显的差异，1996 年水库面积最大，而 2005 年水库面积下降非常明显。2016 年水库面积基本处于多年平均水平。图 5-13 是海河流域三个典型的大型水库不同年份水体面积，其中密云水库和官厅水库水体面积变化最大，2016 年水体面积相较于 1996 年减少了 41%。

密云、于桥和官厅三个水库在京津冀地区的水资源调配过程中起着至关重要的作用。在过去的 30 年中，密云水库的水体面积变化较为稳定，平均水体面积 82km²，于桥水库的水体面积有明显的增大，而官厅水库的水体面积则有明显的减小，尤其是 2005 年，水体面积只有 39km²，不足最大时期的 1/2（图 5-14）。

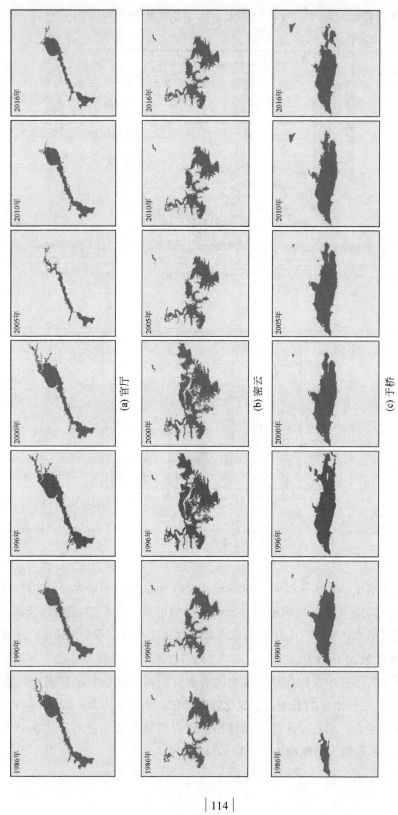

图5-13　典型水库不同年份的水体面积

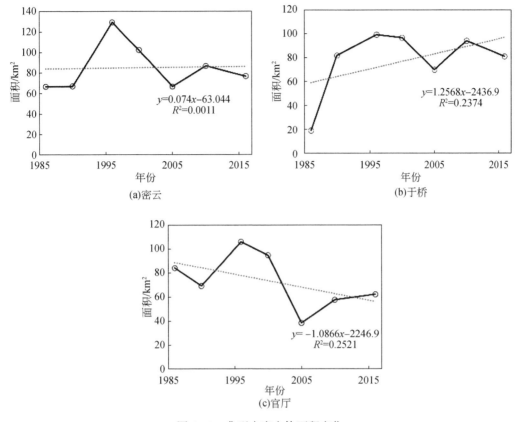

图 5-14 典型水库水体面积变化

2）河流

海河水系类型复杂，上游山区的水系较为紧密，下游近海段的河流较宽，河道较为稀疏。整体水系呈现扇形，河网复杂，支流多，河道窄。除滦河、海河和徒骇马颊河三个自然水系之外，在平原区和下游滨海区修建了大量的人工河，从图 5-7 上可以看出，2016 年大清河淀东平原和北四河下游平原的河流相较于 1986 年明显增多。

由于水库的拦蓄，加上近些年平原区和下游滨海区水闸的大量建设，整个海河流域的闸坝数量已经超过了 2250 座，尤其是滦河流域、永定河流域和子牙河流域内闸坝数量众多（表 5-2），再加上小型河流和人工河流上建设的橡胶坝等原因，平原区河流水动力和水资源缺失，部分河道水量大量减少甚至断流，河道连续性受阻。这一情况在 2000 年尤为明显。

表 5-2　各子流域闸坝建设数据

二级分区	滦河流域	北三河流域	永定河流域	大清河流域	子牙河流域	漳卫河流域	黑龙港及运东流域	徒骇马颊河流域
闸坝数量/座	449	257	589	172	438	223	70	52

从图 5-7 上看,1986~1996 年北部和西部山区的河流有明显的减少,到 2005 年这两个区域的河流面积进一步减少,而到 2010 年、2016 年这一现象有所改善。河流面积的变化正好和水库面积相反,1996 年河流面积降低,河流断流明显,尤其是平原区,多条支流处于全段无水的状态。1986 年河流面积 1064km^2,到 1996 年降低到 821km^2,2000 年进一步减少。2005 年河流面积明显增大,达到 1142km^2,2010 年和 2016 年又进一步减小(图 5-15)。

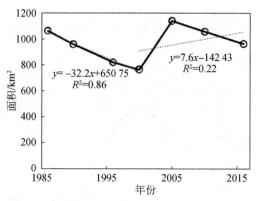

图 5-15　河流面积年际变化

3) 湖泊

湖泊的空间分布变化较大。1986~1996 年,北京、天津、廊坊等地区的湖泊面积有明显的增加,北部山区的湖泊面积也有所增加。到 2005 年虽然整体面积和数量较 1996 年减少,但北京地区的湖泊面积是增加的,减少的区域主要是唐山、秦皇岛、保定等。1996 年湖泊面积有明显的增加,面积达到 1824.95km^2,数量有 1349 个,是所有年份中最高的一年。但到 2005 年面积下降明显,尤其是北京和天津地区最为显著(图 5-16)。

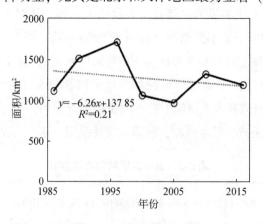

图 5-16　湖泊面积年际变化

4）坑塘

降水是坑塘水体的主要来源，坑塘水面的变化和降水有密切的关系，同时又可以对地下水的补给产生影响，在旱季，坑塘水主要来源于浅层地下水，而在雨季，坑塘水主要来源于降水补给，同时坑塘又可以补给周边的浅层地下水。北京、天津和沧州等地区的坑塘最多，面积较大，分布也较为密集。整体上看，平原区的坑塘面积和数量大于山区，滨海区大于中部平原区。

在过去的 30 年中，坑塘数量和面积均有明显下降趋势。1996 年坑塘面积 330.6km^2，而到 2000 年和 2005 年坑塘面积减少为 161.3km^2 和 169km^2。到 2010 年坑塘面积有所上升。坑塘面积整体以 5.35km^2/a 的速度下降。而数量也从 1996 年的 116 031 个减少到 2016 年的 57 628 个，减少了近一半（图 5-17）。

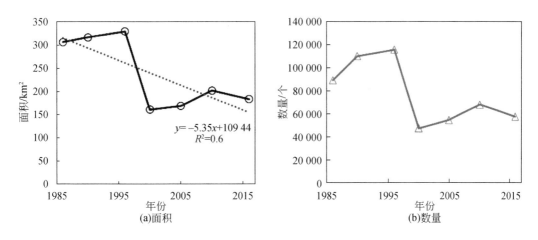

图 5-17　各时期坑塘的面积和数量变化

5.4　地表水体面积变化对水资源量的影响

地表水体蒸发是水资源量损失的重要一部分，蒸发受降水、温度、相对湿度等多种因素的影响。估算不同类似水体每年的蒸发损失量对水资源的评价有重要意义。选取海河流域内 40 个气象站点的蒸发皿监测的水面蒸发资料（1986 年、1990 年、1996 年、2000 年、2005 年、2010 年、2016 年），利用各站点实测的水面蒸发量和折算系数，得到具体的年水面蒸发量，然后将站点数据进行插值，最后结合水体斑块的面积，求得各类型水体的年总蒸发量。

5.4.1 地表水体年蒸发损失量

影响流域总体蒸发损失量的是水体面积，可以看出蒸发损失量的变化趋势和水体面积的变化趋势基本相同。因此考虑的水库堤坝大部分都是在 1980 年以前建成的，此后因为新型水库的影响作用不大，将 1986 年前后的水面蒸发损失量作为第一次水资源评价（P1时段）的年均蒸发损失量，将 2000 年前后的水面蒸发损失量作为第二次水资源评价（P2时段）的年均蒸发损失量，将 2016 年前后的水面蒸发损失量作为第三次水资源评价（P3时段）的年均蒸发损失量。并对各三级区在三个时段内的年均蒸发损失量变化进行统计对比。相对于 P1 时段，P2 时段的蒸发损失量减少了 5.5 亿 m^3，占总蒸发损失量的 12%。P3 时段相对于 P2 时段蒸发损失量增加了 6.6 亿 m^3，占总蒸发损失量的 17%（图 5-18）。

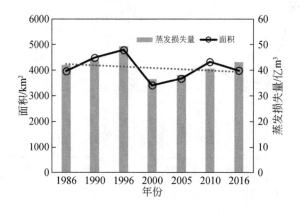

图 5-18　地表水体蒸发损失年际变化

5.4.2 不同类型水体年蒸发损失量变化

水库年均蒸发损失量为 17.8 亿 m^3，1986～2016 年整体变化不大。其中 1996 年蒸发损失量最大，为 21.4 亿 m^3，2005 年的蒸发损失量最小，为 15.3 亿 m^3。河流年均蒸发损失量为 10.6 亿 m^3，整体呈现先减小后增大的趋势，主要原因是 2000 年以前河流面积下降明显，此后河流面积有所增长。2005 年的蒸发损失量最大，为 12.4 亿 m^3，2000 年的蒸发损失量最小，为 8.6 亿 m^3。湖泊的蒸发损失量变化最大，整体呈现先增大后减小的趋势。1996 年的蒸发损失量最大，为 19 亿 m^3，2005 年的蒸发损失量最小，为 10.6 亿 m^3，年均蒸发损失量为 13.8 亿 m^3（图 5-19）。

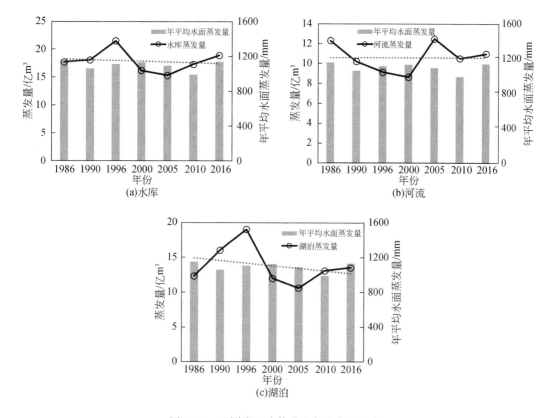

图 5-19 不同类型水体蒸发损失年际变化

根据各三级区在三个时段蒸发损失量的统计，大清河淀东平原的年均蒸发损失量最大，漳卫河平原的年均蒸发损失量最小。P2 时段相较于 P1 时段，大清河淀东平原、北三河山区和徒骇马颊河平原的年均蒸发损失量是增加的，分别为 1.04 亿 m³、0.90 亿 m³ 和 0.87 亿 m³。其他三级区的蒸发损失量均是减少的，其中蒸发损失量减少最明显的是黑龙港及运东平原，P2 时段的蒸发损失量相较于 P1 时段减少了一半以上。P3 时段相较于 P2 时段，大清河淀东平原和黑龙港及运东平原的年均蒸发损失量是减少的，分别减少 0.71 亿 m³ 和 0.44 亿 m³。其他三级区的蒸发损失量均是增加的，其中蒸发损失量增加最明显的是滦河山区，P3 时段的蒸发损失量相较于 P2 时段增加了 2.29 亿 m³（表 5-3）。

表 5-3 各三级区水面蒸发损失量 （单位：亿 m³）

三级区	P1	P2	P3	P2−P1	P3−P2
滦河平原及冀东沿海平原	2.15	0.95	1.66	−1.20	0.71
大清河淀西平原	1.65	1.04	1.24	−0.61	0.20
大清河淀东平原	5.32	6.36	5.65	1.04	−0.71

三级区	P1	P2	P3	P2-P1	P3-P2
子牙河平原	1.17	0.99	1.00	-0.18	0.01
黑龙港及运东平原	2.72	1.09	0.65	-1.63	-0.44
漳卫河平原	0.56	0.46	0.56	-0.10	0.10
北四河下游平原	6.97	5.56	6.81	-1.41	1.25
滦河山区	4.23	3.41	5.70	-0.82	2.29
永定河山区	3.68	2.79	2.84	-0.89	0.05
大清河山区	1.49	1.10	1.59	-0.39	0.49
北三河山区	1.98	2.88	3.41	0.90	0.53
徒骇马颊河平原	6.39	7.26	8.15	0.87	0.89
子牙河山区	2.05	1.53	2.07	-0.52	0.54
漳卫河山区	1.83	1.29	1.97	-0.54	0.68
总计	42.19	36.71	43.30	-5.48	6.59

5.4.3 坑塘蓄水量的变化

建立坑塘蓄水库容曲线。以河北省南皮县为例，通过地方水利部门，随机选取了200个坑塘，获取了坑塘的具体水面面积和蓄水量的数据，并据此得到了坑塘蓄水能力的库容曲线（图5-20）：

$$y = 4.03x + 0.18 \tag{5-7}$$

式中，x 为坑塘水面面积（hm^2）；y 为坑塘蓄水量（万 m^3）。

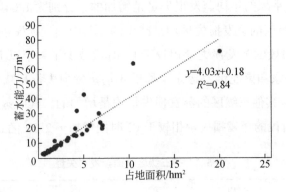

图5-20 坑塘蓄水库容曲线

坑塘蓄水量1986～1996年变化幅度较小，平均年蓄水量为12.7亿 m^3。1996年以后随着坑塘水面面积和数量的减小，以及地下水下降等，坑塘蓄水量出现断崖式降低，到 2000 年和 2005 年坑塘蓄水量只有 6.5 亿 m³ 和 6.8 亿 m³。此后随着生态补水等，坑塘的数量、面积和蓄水量均有所提升（图 5-21）。

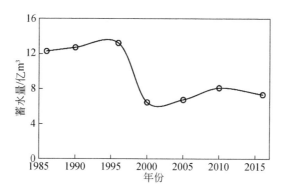

图 5-21 坑塘蓄水量的变化

因为 1996 年以前坑塘蓄水量的变化很小，将 1986 年的坑塘蓄水量作为第一次水资源评价（P1 时段）的蓄水量，将 2000 年前后的坑塘蓄水量作为第二次水资源评价（P2 时段）的蓄水量，将 2016 年前后的坑塘蓄水量作为第三次水资源评价（P3 时段）的蓄水量，并对各三级区在三个时段内的坑塘蓄水量的变化进行统计对比。

对各三级区在三个时段坑塘蓄水量的统计。其中大清河淀东平原和北四河下游平原的坑塘蓄水量最大，漳卫河平原的坑塘蓄水量最小。P2 时段相较于 P1 时段，各三级区的坑塘蓄水量均是减小的，其中滦河平原及冀东沿海平原、北四河下游平原、永定河山区下降最为明显。P3 时段相对于 P2 时段，大清河淀东平原和黑龙港及运东平原的坑塘蓄水量是减少的，分别减少了 0.16 亿 m³ 和 0.08 亿 m³，其他三级区的坑塘蓄水量均是略有增加的。其中滦河平原及冀东沿海平原、北四河下游平原、滦河山区的坑塘蓄水量增加较为明显，分别为 0.11 亿 m³、0.18 亿 m³、0.37 亿 m³。其他子流域的变化较为微弱（表 5-4）。

表 5-4 各三级区坑塘蓄水量的变化　　　　　　　　　　　　（单位：亿 m³）

三级区	P1	P2	P3	P2-P1	P3-P2
滦河平原及冀东沿海平原	0.63	0.17	0.28	-0.46	0.11
大清河淀西平原	0.48	0.18	0.21	-0.30	0.03
大清河淀东平原	1.55	1.12	0.96	-0.43	-0.16
子牙河平原	0.34	0.17	0.17	-0.17	0
黑龙港及运东平原	0.79	0.19	0.11	-0.60	-0.08
漳卫河平原	0.16	0.08	0.09	-0.08	0.01

三级区	P1	P2	P3	P2-P1	P3-P2
北四河下游平原	2.03	0.98	1.16	-1.05	0.18
滦河山区	1.23	0.60	0.97	-0.63	0.37
永定河山区	1.07	0.49	0.48	-0.58	-0.01
大清河山区	0.43	0.19	0.27	-0.24	0.08
北三河山区	0.58	0.51	0.58	-0.07	0.07
徒骇马颊河平原	1.86	1.28	1.38	-0.58	0.10
子牙河山区	0.60	0.27	0.35	-0.33	0.08
漳卫河山区	0.53	0.23	0.33	-0.30	0.10
总计	12.28	6.46	7.34	-5.82	0.88

5.5 本章小结

水资源量的变化往往伴随着地表水体面积的变化，而不同类型的水体面积变化对取用水、蒸发损失等有着明显影响。近30年来，京津冀地区水资源整体呈现出进一步衰减的趋势，利用 Landsat 数据对海河流域非汛期的水体面积进行提取，并将水体细分类，得到如下结论：

（1）自1986年以来，海河流域地表水体面积以 $9.2km^2/a$ 的速度呈现减少趋势。地表水体面积 1986～1996 年整体增大，达到 $4808km^2$，此后呈现一个明显的减弱趋势，到 2016 年海河流域地表水体面积为 $4002km^2$。

（2）不同类型水体面积变化规律也不同。水库水面年均面积 $1634km^2$，除 1996 年水库面积较大之外，其他年份水库面积变化幅度较小。河流水面面积变化波动较大，湖泊面积呈现下降趋势，但对于面积较小的坑塘来说，面积和数量有明显的减弱趋势，坑塘面积从 1986 年的 $307km^2$ 下降到 2016 年的 $184km^2$，下降幅度为 $5.35km^2/a$；而数量从 89 437 个下降到 57 628 个。

（3）水体面积的变化必然会影响区域的蒸散发量。海河流域水面年均蒸发损失量为 42.1 亿 m^3，整体呈现下降趋势。其中水库年均蒸发损失量为 17.8 亿 m^3，没有明显的变化，河流年均蒸发损失量为 10.6 亿 m^3，呈现先减小后增大的趋势，湖泊年均蒸发损失量为 13.8 亿 m^3，有明显的下降趋势。水体面积的变化导致 P2 时段较 P1 时段蒸发损失量减少 5.48 亿 m^3，P3 时段较 P2 时段增加 6.59 亿 m^3，坑塘变化最为剧烈，坑塘水体面积 1986～2000 年减少了 50%，数量也减少了近一半。

第6章 山区植被变化及其对海河流域水资源量影响

6.1 小流域植被冠层截留规律试验研究

6.1.1 研究区概况

研究区域位于河北省元氏县境内的太行山中段东部的丘陵区，区域内拥有始建于1986年的中国科学院太行山山地生态试验站（简称太行山站）（114°14′56.35″N，37°54′14.09″E），观测设施齐全。目前研究区总面积为9km²左右，属于典型的山地-平原过渡带。平均海拔为350m，多年平均气温为13.0℃，最高气温为42℃，最低气温为-25.3℃，≥10℃以上年积温为4319℃，无霜期为150~210天，日照时数为2600~2800h，多年平均降水量为531mm，年蒸发量高达1100mm。降水分布不均，其中雨季（7~9月）降水量占全年降水量的67.8%，春季降水量仅占7.69%。植被主要有乔木群落、灌丛和草丛3种类型，其中乔木群落主要为人工林，灌丛和草丛为天然植被。草丛主要有白莲蒿、白羊草、狗尾草等；灌丛主要有荆条、酸枣、薄皮木等；乔木群落分布较少，主要有刺槐和油松等人工植被。

6.1.2 数据及方法

1）数据来源

植被数据主要来自中国科学院太行山山地生态试验站提供的1986年和2008年的植被调查结果，以及2018年的自主植被调查结果，调查内容主要包括植被类型、数量、植被高度、胸径、叶面积指数等参数。

气象数据采用中国科学院太行山山地生态试验站的气象监测数据，时间序列为1990~2018年，包括降水、蒸发、气温、风速等相关参数。其中1990~2007年的气象数据为逐日数据，2008~2018年的气象数据为逐小时数据。

2）计算方法

本研究选择 Gash 等（1995）改进后的模型对降雨截留量进行计算，该模型既保留了经验模型中的有效方法，又保留了理论模型的推导基础，是目前模拟林冠截留过程较为成功的模型之一。Gash 模型描述的每个降水事件都包含林冠加湿、林冠饱和以及降水停止后林冠干燥的过程，且假定每次降水事件之间有足够的时间让林冠完全恢复到降水前的干燥程度。模型采用分项求和的形式，将林冠在整个降水过程中各个阶段的截留损失相加得到总的林冠截留量。Gash 模型的基本形式为

$$\sum_{j=1}^{n+m} I_j = n(1 - p - p_t)P_G' + (\overline{E}/\overline{R}) \sum_{j=1}^{n}(P_{Gj} - P_G')$$

$$+ (1 - p - p_t) \sum_{j=1}^{m} P_{Gj} + q S_t + p_t \sum_{j=1}^{m+n-q} P_{Gj} \qquad (6-1)$$

式中，I_j 为林冠截留量（mm）；n 为林冠达到饱和的降水次数；m 为林冠未达到饱和的降水次数；p 为自由穿透降水系数，即不接触林冠直接降落到林地的降水比率；p_t 为树干茎流系数；$\overline{E}$ 为饱和林冠的平均蒸发速率（mm/h）；$\overline{R}$ 为平均降水强度（mm/h）；P_{Gj} 为单次降水事件的降水量（mm）；P_G' 为使林冠达到饱和的降水量（mm）；q 为树干达到饱和产生树干茎流的降水次数；S_t 为树干持水能力（mm）。

使林冠达到饱和所必需的降水量 P_G' 由式（6-2）来确定：

$$P_G' = (-\overline{R}S/\overline{E})\ln[1 - (\overline{E}/\overline{R})(1 - p - p_t)^{-1}] \qquad (6-2)$$

式中，S 为林冠枝叶部分的持水能力（mm）；饱和林冠的平均蒸发速率 $\overline{E}$（mm/h）由 Penman-Monteith 公式来计算和验证。

6.1.3　分析结果

1）研究区分区

研究区在试验站建站初期即开始封山育林，通过比较封山育林初期（1986 年）和 22 年以后（2008 年）植物多样性的调查结果，如表 6-1 所示，研究自然演替过程中植物物种组成、多样性的变化规律，发现研究区域内的植被经过 22 年的自然恢复，物种组成发生显著变化，总体上物种数量减少，草本植物占绝对优势，但所占比例明显下降；乔木物种数有所增加，灌木物种数基本保持不变。封山育林后群落生产力水平的恢复使荆条等乔灌丛大量生长，减少雨水到达地表的同时也减缓了土壤侵蚀。在 2008 年调查的基础上，研究组在 2018 年开展新一期的小流域植被类型调查，结合 1986 年、2008 年以及 2018 年的相同样地植被调查结果，汇总相关信息见表 6-1。

表 6-1   太行山站研究区历年植被调查结果

样地	海拔/m	坡度/(°)	坡向	1986 年群种	2008 年群种	2018 年群种
1	512	27	阳	黄背草	铁杆蒿	刺槐
2	490	33	阳	白羊草	荆条	酸枣
3	450	25	阳	黄背草	荆条	柿子树
4	405	35	阳	笓子梢	荆条	荆条
5	565	37	阳	荩草	荆条	槲栎
6	525	41	阳	白羊草	荆条	荆条
7	510	27	阳	白羊草	荆条	刺槐
8	485	36	阳	白羊草	荆条	臭椿
9	498	33	半阳	笓子梢	荆条	荆条
10	700	39	半阳	白草	荆条	油松
11	460	25	半阳	黄背草	白莲蒿	核桃
12	440	30	半阳	黄背草	白莲蒿	荆条
13	410	36	半阳	隐子草	酸枣	酸枣
14	650	32	阴	黄背草	皂荚	槲栎
15	630	24	阴	黄背草	皂荚	槲栎
16	370	33	阴	白草	刺槐	刺槐
17	445	30	半阴	黄背草	荆条	荆条
18	420	35	半阴	黄背草	铁杆蒿	杏树
19	490	27	半阴	笓子梢	皂荚	臭椿
20	500	35	半阴	黄背草	荆条	荆条
21	525	42	半阴	薹草	荆条	酸枣
22	540	17	半阴	白草	山杏树	油松
23	420	34	半阴	隐子草	荆条	柳树
24	450	41	半阴	笓子梢	笓子梢	刺槐

由表 6-1 可以看出，到 2018 年，区域内的乔木种类逐渐增加，而灌木则逐渐演变为以荆条和槲栎为主。统计研究区现状主要植被种类的生长状态见表 6-2，从表 6-2 中可以看出，研究区的主要乔木包括刺槐、油松、臭椿、枣树等，其中刺槐和油松存在成片的林子，但是臭椿和枣树分布较为分散。

表 6-2　2018 太行山站研究区主要物种生长状态调查结果

物种	树高/m	胸径/cm	叶面积指数
刺槐	5 ~ 8.5	20 ~ 66.5	3.29 ~ 6.05
油松	4 ~ 6.0	40 ~ 67	3.26 ~ 3.57
臭椿	4 ~ 8.5	2.0 ~ 6.7	1.12 ~ 3.22
枣树	1.9 ~ 8.0	5 ~ 60	1.29 ~ 2.49
槲栎	1.3 ~ 4.5	5 ~ 11	1.22 ~ 2.23
荆条	1.3 ~ 4.0	5 ~ 18.5	1.06 ~ 6.67

　　太行山站建站初期对整个研究区进行地类及植被的调查后，将研究区划分为 15 个区，共计 10 种地类。在保持分区边界不变的情况下，结合 2018 年的实地考察，对各分区的现状进行分析后发现，分区内的植被类型、生长状态均发生了较大的变化，具体分布及变化情况如图 6-1 所示。从图 6-1 中可以看出，太行山站研究区在 1986 年及 2018 年的植被主要变化为荒山草灌区、刺槐人工疏林地、油松幼林以及过渡开垦分区，其中不仅涉及植被类型、密度的变化，还涉及树木龄组的变化，如油松幼林向油松成熟林的转变。

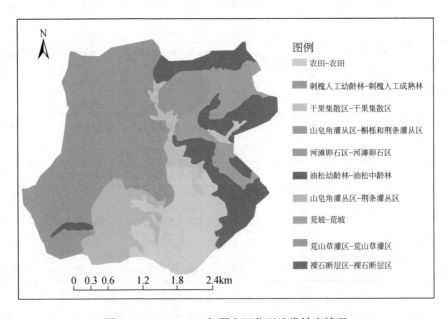

图 6-1　1986 ~ 2018 年研究区分区地类转变情况

2）雨量等级及龄组划分

　　为进一步探讨雨量等级和乔木龄组对降水截留量的影响，按相关标准进行雨量等级和龄组划分。雨量等级按照单日累计降水量进行划分，其中大暴雨和特大暴雨较少，统一划分到暴雨类,因此一共可分为四个等级,具体划分标准见表 6-3。图 6-2 给出了太行山站 1990～2018 年多年系列的年降水量,从图 6-2 中可以看出,多年来的降水有微减少的趋势,年平均降水量达到 531mm。图 6-3 和图 6-4 分别给出了 1990～2018 年不同雨型的降水量和降水场次的变化情况,从图 6-3 和图 6-4 中可以看出,中雨和小雨的占比一直较大,而且均表现出增长的趋势。

表 6-3　雨量等级划分标准　　　　　　　　　（单位：mm/d）

雨量等级	小雨	中雨	大雨	暴雨
划分标准	小于 10	10～25	25～50	大于 50

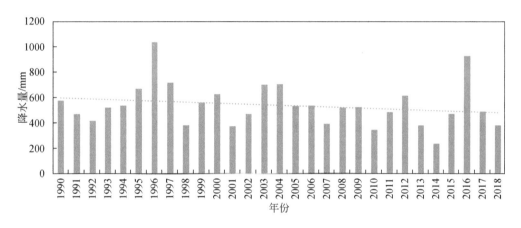

图 6-2 太行山站 1990～2018 年降水系列

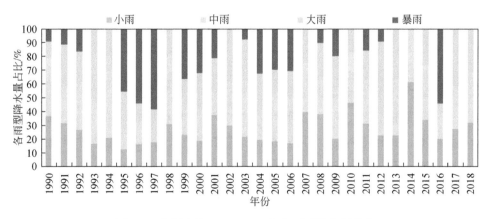

图 6-3　太行山站 1990～2018 年各雨型降水量分布

对于龄组的划分,我国的《主要树种龄级与龄组划分》（LY/T 2908−2017）将林分划

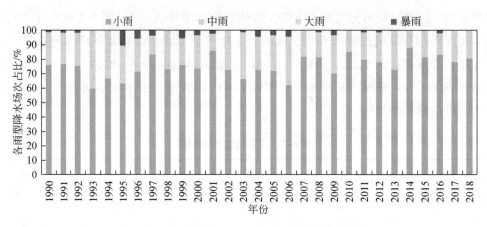

图 6-4　太行山站 1990～2018 年各雨型频率分布

分为五个龄组，即幼龄林、中龄林、近熟林、成熟林、过熟林，以反映林分的发育和可利用的阶段。在森林判读中，一般是根据树冠影像的形状、大小、林木影像高度将同一树种的林龄划分为幼龄、中龄或成熟龄。当林分达到成熟林之后，树木状态生长缓慢，郁闭度等指数变化不大，本次研究将林分划分为幼龄林、中龄林、成熟林（包括近熟林、成熟林、过熟林）进行考虑。根据《主要树种龄级与龄组划分》（LY/T 2908-2017）中主要树种龄级及龄组划分，得到研究区主要树种龄组划分标准，见表 6-4。

表 6-4　我国北方主要树种龄组划分标准　　　　　　　（单位：年）

树种	地区	起源	龄组划分				
			幼龄林	中龄林	近熟林	成熟林	过熟林
油松	北部	天然	≤30	31～50	51～60	61～80	≥81
		人工	≤20	21～30	31～40	41～60	≥61
刺槐	北部	不分	≤10	11～15	16～20	21～30	≥31

3）典型植被的降水截留变化

研究区内乔灌木种类众多，本次研究通过比较三次植被调查结果，选定刺槐、油松和荆条为典型树木。由于缺少实地的降水截留监测数据，采用 Gash 模型对刺槐进行林冠截留量计算时会缺少相应的参数验证和计算，本次计算集合文献中的相关参数对刺槐的自由穿透降水系数、树干径流系数、树干持水能力等参数进行估算。选取 2008 年和 2018 年的降水数据对不同龄组的刺槐林的林冠截留率进行了计算，探讨了雨量等级和龄组对于截留率的影响，具体数值见表 6-5。从表 6-5 中可以发现，截留率随雨量等级的增大逐渐减小，从幼龄林到成熟林，截留率逐渐增大。其中，2008 年的降水情况与 1990 年类似，1990 年的油松林截留率以 2008 年计算的幼龄林的结果为计算依据。

表 6-5   太行山站刺槐林不同林分及雨量等级情况下的冠层截留率   （单位:%）

雨型	2008 年降水截留率			2018 年降水截留率		
	成熟林	中龄林	幼龄林	成熟林	中龄林	幼龄林
小雨	25. 98	20. 72	20. 05	29. 67	25. 61	22. 99
中雨	4. 9	3. 75	3. 06	12. 59	8. 68	6. 47
大雨	5. 43	4. 07	3. 03	5. 13	3. 83	2. 72
暴雨	2. 72	2. 06	1. 62	—	—	—
全雨型	13. 60	10. 49	9. 40	15. 44	12. 49	10. 51

目前对于荆条等灌木的截留计算研究较少，李德生（2007）在经过 3 年的封山形成的灌丛植被区监测了 6 场降雨，区域内荆条最高达 78cm，平均为 47cm，盖度约为 25%，这与 1986 年太行山区的荆条生长状态相似。该研究按照单日累计降雨的概念，得到小雨、中雨、大雨、暴雨平均截留率为 20.78%、7.60%、6.71%、2.32%。同时得到 2018 年的荆条高度平均达到 200cm，盖度也有所增加。从生长条件考虑，油松截留率参照刺槐的研究结果进行计算。基于以上算法，探讨 1990 年及 2018 年典型植被条件下多年降雨系列求得的截留量变化（图 6-5）。

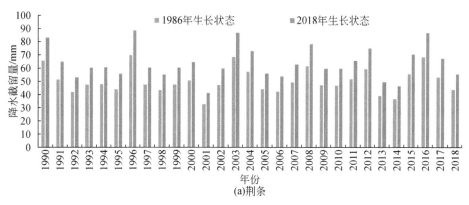

(a)荆条

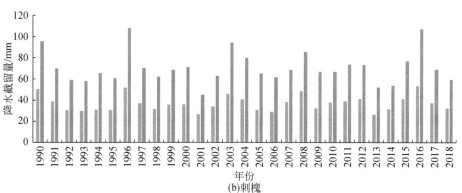

(b)刺槐

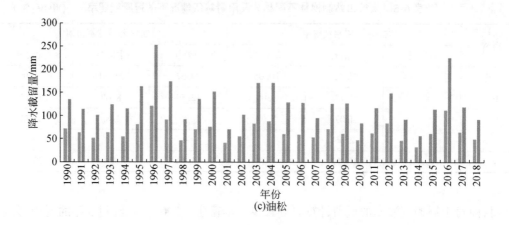

图 6-5　研究区典型植被多年降水截留变化

在 1990~2018 年的降水条件下，1986 年、2018 年生长的荆条年平均截留量分别为 50.46mm、64.09mm，增长截留量为 13.63mm；1986 年、2018 年生长的刺槐年平均截留量分别为 36.95mm、70.90mm，增长截留量为 33.95mm；1986 年、2018 年生长的油松年平均截留量分别为 66.73mm、128.98mm，增长截留量为 62.25mm。

4）小流域降水截留变化

由图 6-6 可知，研究区在 1986 年及 2018 年的植被主要变化为荒山草灌区、刺槐人工疏林地区、油松幼林区等，其中在荒山草灌区的变化主要是荆条等灌木由稀疏变得茂密，植被盖度和叶面积指数均增加；刺槐人工疏林地区则经历由幼龄林向过熟林的转变；油松幼林区经历由幼龄林向中龄林的转变。其他分区，如干果集散区、裸岩断层区、农田等土地类型变化不大，以下计算截留暂不考虑此区域带来的影响。考虑到荒山草灌区主要变化物种为荆条，在地区范围内以荆条概化估算整个分区植被的统一截留量；刺槐人工疏林地区以及油松幼林区均按单一植被类型进行考虑。

在 1990 年植被条件下，1990~2018 年多年降水系列求得的荒山草灌区、刺槐人工疏林地区、油松幼林区以及过渡开垦区共计 5.12km² 的土地截留总量在 13.24 万~28.43 万 m³ 范围变化，平均截留总量为 20.15 万 m³；在 2018 年植被条件下，1990~2018 年多年降水系列求得的荒山草灌区、刺槐人工疏林地区、油松成熟林区以及草灌区共计 5.12km² 的土地截留总量在 22.02 万~49.72 万 m³ 范围变化，平均截留总量为 34.41 万 m³；由于植被的变化平均截留总量增加 14.26 万 m³，通过结合 1990~2018 年多年降水均值为 530.79mm，在整个太行山站研究区由植被下垫面变化引起的截留量与大气降水的比值从 3.80% 增加到 6.48%，增加幅度达到 70.53%。

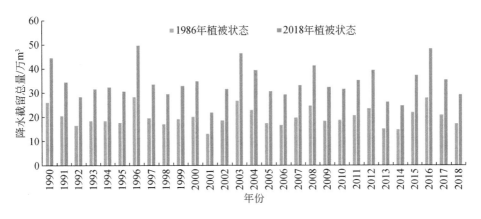

图 6-6   研究区不同年份降水截留总量

6.1.4   龄组与降水截留的关系

1）龄组对降水截留的影响

通过表 6-5 确定的不同龄组刺槐林的 Gash 模型计算的相关参数，对 2008～2018 年多年降水系列下的截留率进行计算，最终得到不同龄组刺槐林在 2008～2018 年的截留量和截留率，结果如表 6-6 所示。从表 6-6 中可以发现，在不同的降水条件下，随着龄组的增大，总截留量和总降水量均表现出增加的趋势，主要是因为随着树木的生长演替，自身的冠层幅度、郁闭度均发生较大的改变，直接给降水的重分配带来影响。

表 6-6   2008～2018 年降水条件下刺槐林截留变化

| 年份 | 龄组 | 林冠截留损失组成部分/mm | | | | | 总截留量/mm | 总降水量/mm | 截留率/% |
		林冠未饱和 m 次降水	林冠达到饱和 n 次降水林冠加湿过程	降水停止前饱和林冠蒸发	降水停止后林冠蒸发	树干蒸发			
2008	成熟林	7.45	6.60	16.88	23.65	12.18	66.76	521.22	12.81
	中龄林	6.14	6.54	12.78	17.57	8.49	51.52	521.22	9.88
	幼龄林	5.92	7.51	6.49	15.73	7.70	43.35	521.22	8.32
2009	成熟林	5.00	7.83	22.52	28.05	8.13	71.53	525.03	13.62
	中龄林	4.33	7.75	16.64	20.84	6.12	55.68	525.03	10.61
	幼龄林	4.17	9.26	8.45	19.38	5.58	46.84	525.03	8.92
2010	成熟林	5.71	9.21	17.59	33.00	9.16	74.67	346.97	21.52
	中龄林	5.03	9.12	13.19	24.51	7.11	58.96	346.97	16.99
	幼龄林	4.85	10.48	6.70	21.94	6.14	50.11	346.97	14.44

年份	龄组	林冠截留损失组成部分/mm					总截留量/mm	总降水量/mm	截留率/%
		林冠未饱和 m 次降水	林冠达到饱和 n 次降水林冠加湿过程	降水停止前饱和林冠蒸发	降水停止后饱和林冠蒸发	树干蒸发			
2011	成熟林	5.41	9.98	20.61	35.75	10.15	81.90	485.40	16.87
	中龄林	4.13	9.88	15.61	26.56	7.36	63.54	485.40	13.09
	幼龄林	3.98	11.36	7.93	23.77	6.82	53.86	485.40	11.10
2012	成熟林	8.99	11.05	25.40	39.60	8.51	93.55	616.45	15.18
	中龄林	7.04	10.95	18.60	29.42	7.45	73.46	616.45	11.92
	幼龄林	6.79	12.58	9.44	26.33	6.98	62.12	616.45	10.08
2013	成熟林	4.19	6.91	20.37	24.75	6.02	62.24	382.01	16.29
	中龄林	3.52	6.84	14.87	18.38	4.45	48.06	382.01	12.58
	幼龄林	3.40	7.86	7.55	16.46	4.20	39.47	382.01	10.33
2014	成熟林	4.39	7.06	15.06	25.30	7.65	59.46	234.71	25.33
	中龄林	3.72	6.99	11.50	18.79	6.26	47.26	234.71	20.14
	幼龄林	3.59	8.04	5.84	16.82	5.90	40.19	234.71	17.12
2015	成熟林	9.39	11.05	29.83	39.60	9.37	99.24	469.38	21.14
	中龄林	6.84	10.95	17.68	29.42	8.04	72.93	469.38	15.54
	幼龄林	6.60	12.58	8.98	26.33	7.86	62.35	469.38	13.28
2016	成熟林	9.70	11.05	23.78	39.60	10.54	94.67	929.16	10.19
	中龄林	7.14	10.95	13.19	29.42	7.11	67.81	929.16	7.30
	幼龄林	4.85	10.48	6.70	21.94	6.14	50.11	929.16	5.39
2017	成熟林	7.15	9.36	21.49	33.55	9.10	80.65	492.02	16.39
	中龄林	4.03	9.28	15.98	24.92	7.23	61.44	492.02	12.49
	幼龄林	3.88	10.66	8.11	22.31	6.97	51.93	492.02	10.55
2018	成熟林	6.13	6.14	15.53	22.00	9.24	59.04	381.51	15.48
	中龄林	4.83	6.39	11.94	17.16	7.44	47.76	381.51	12.52
	幼龄林	4.66	7.34	6.06	15.36	6.75	40.17	381.51	10.53

2）雨型对降水截留的影响

不同雨量等级条件下，植被冠层截留也不相同。图6-7给出了2008～2018年刺槐降水截留率与中小雨占比变化，可以发现中小雨占比的变化范围为39%～100%，中小雨量占到大气总降水量的绝大多数，且与截留率的变化保持了较好的一致性。为进一步探讨截留率和中小雨占比的变化关系，将2008～2018年求得的不同龄组刺槐林的计算结果点绘于图6-8，可以发现截留率与中小雨占比存在较好的线性函数关系，决定系数达到0.76以上。

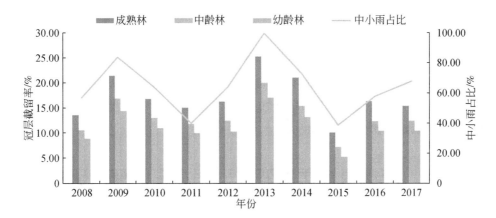

图 6-7   2008～2018 年刺槐降水截留率与中小雨占比变化

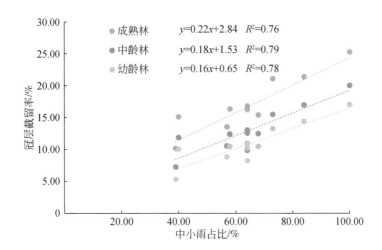

图 6-8   刺槐降水截留率和中小雨占比关系

6.1.5　主要结论

（1）通过结合历史调查资料和实地调查结果发现，研究区在经过几十年的植被恢复后，区域内乔木种类逐渐增加，并开始进入成熟林阶段，灌木种类以荆条为主。

（2）在对刺槐林进行场次降水截留分析时发现，刺槐树龄和雨型对林冠截留率的影响明显，林冠截留率随雨量等级增大而减小，随树龄的增大而增大。进一步分析发现，刺槐的林冠截留率和中小雨占比具有良好的线性关系，决定系数达到了 0.76 以上。

（3）结合其他典型植被分析后发现，在 1990～2018 年的降水条件下，2018 年生长条件下的荆条、刺槐、油松的年平均截留量相比 1990 年分别增加了 13.63mm、33.95mm、

62.25mm，由此说明，在同样的降水条件下，植被本身结构的变化对截留量就有极大的影响。

（4）从整个小流域尺度计算后得到，由于植被的变化，研究区年平均截留总量增加14.26 万 m³，截留量与大气降水的比值从 3.80% 增大到 6.48%，增加幅度达到 70.53%。对于京津冀山区而言，近几十年来的植被恢复也必将导致林冠截留量的增加，这在同等降水条件下也会导致地表水资源量的减少。

6.2　流域植被质量变化对耗水影响模拟研究

6.2.1　山区林草植被覆盖演变规律

20 世纪 80 年代以来，海河流域山区开始实施规模化和系统化的山区植被修复工作，实施封山育林、植树造林等水保措施。20 世纪 80 年代以来，遥感影像技术的发展和应用为定量评价植被生长质量提供了工具，研究通过分析遥感影像提取整理 1981~2015 年海河流域山区及其各个三级区 NDVI 数据，如图 6-9 和图 6-10 所示。海河流域山区植被 NDVI 呈现逐步增加的态势，年均增长率为 0.0014，P2 时段 NDVI 平均值为 0.64，P3 时段增加到 0.66。六个山区子流域中，北三河山区的植被覆盖程度最好，NDVI 平均值为 0.72，永定河山区的植被覆盖程度最差，NDVI 平均值为 0.52；P2 时段内流域 NDVI 增长的平均斜率为 0.0014，永定河山区 NDVI 增长的斜率最大，为 0.0022，北三河山区 NDVI 增长的斜率最小，为 0.006，P3 时段内流域 NDVI 增长的平均斜率为 0.0032，同样是永定河山区 NDVI 增长的斜率最高，为 0.0045，最小的是滦河山区，为 0.0013；P3 时段较 P2 时段，增长最快的是大清河山区，NDVI 增长了 0.04，增长最慢的是滦河山区，NDVI 增

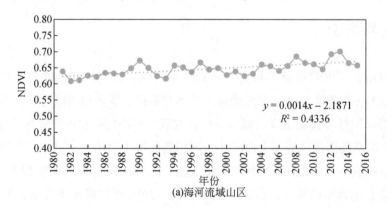

(a)海河流域山区

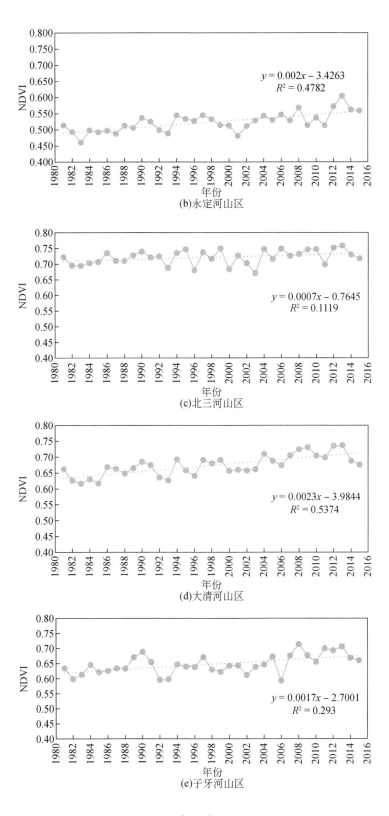

(b)永定河山区

(c)北三河山区

(d)大清河山区

(e)子牙河山区

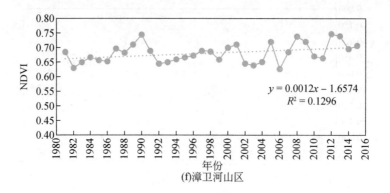

(f)漳卫河山区

图 6-9　海河流域及各三级区植被变化

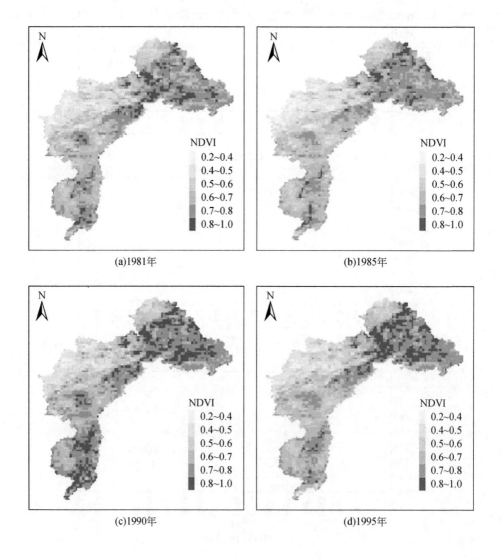

(a)1981年

(b)1985年

(c)1990年

(d)1995年

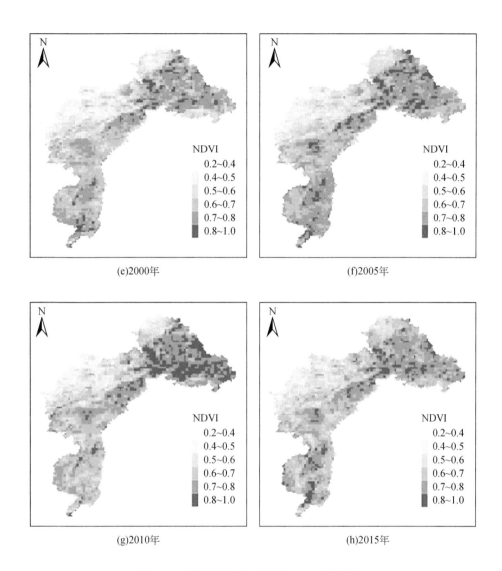

图 6-10　海河流域山区植被 NDVI 空间分布

长了 0.01。总的来说，植被条件较差的子流域 NDVI 增量略微高于植被条件较好的区域，并且 P3 时段 NDVI 增长的速率高于 P2 时段，说明区域在重点治理植被条件差的流域。

　　LAI 是反映植被变化趋势的另一关键指标，LAI 的多年平均值为 $0.76m^2/m^2$（2001 ~ 2015 年），数值在 0.006 ~ 2.69 范围变化。基于季节分解（Seasonal and Trend decomposition using Loess，STL）方法将海河流域植被 LAI 时间序列分为三个部分：季节项、趋势项和随机项，如图 6-11（a）所示，海河流域山区植被 LAI 存在显著的增加趋势，对趋势项进行线性回归分析，结果显示 LAI 平均每年增加 $0.0139m^2/m^2$（$p<0.01$），总增加量 $0.27m^2/m^2$，增加 29.86%。从年内季节分布上看，LAI 在年内整体呈现单峰分布，最大值出现在夏季 7

月 27 日（2. 26m²/m²），且夏季的波动较大。冬季 12 月、1 月、2 月的数值较低，普遍低于 0. 25m²/m²，且随着时间的推移，LAI 的数值整体升高（颜色由浅及深），说明植被质量有明显提升。将 2001～2015 年 8 天间隔的 LAI 数据在年际间求均值得到多年平均值的年内变化［图 6-11（b）］。

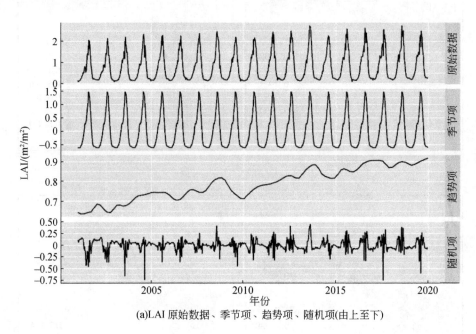

(a)LAI 原始数据、季节项、趋势项、随机项(由上至下)

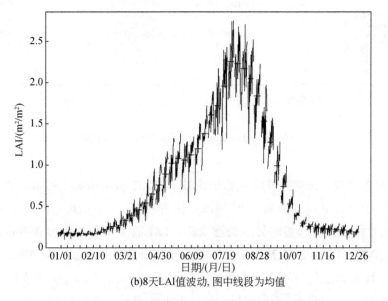

(b)8天LAI值波动, 图中线段为均值

图 6-11　海河流域山区植被 LAI 年际与年内变化

6.2.2 流域植被质量提高对山区产水影响模拟分析

1）基于统计分析的植被质量与流域产水量关系

植被质量和流域产水量的关系涉及三个变量：NDVI、降水量（P）和实际蒸发量（ET），三个变量数据中 NDVI 数据来源于 MODIS_ NDVI 数据，分辨率为 500m×500m，时间为 2001～2015 年；降水量数据来源于 TRMM，分辨率为 0.25°×0.25°，时间为 1998 年至今；蒸发数据来源于 MODIS_ ET 数据，分辨率为 500m×500m，时间为 2001 年至今。为方便分析，对 NDVI 和 ET 数据进行重分类，统一到 0.25°×0.25°，时间统一到 2001～2015 年。

降水、蒸发和 NDVI 随时间变化如图 6-12 所示，海河流域山区年均降水量为 532mm，其中永定河山区年均降水量最小，约为 480mm，子牙河山区年均降水量最大，为 557mm。海河流域山区年降水量呈现略微增加趋势，年增加量在 3.8mm，但各个子流域规律表现不同，其中北三河山区和子牙河山区年降水量呈现减少趋势，其他 4 个子流域年降水量均呈现增加趋势，大清河山区年降水量增加最多，增幅达 10mm/a，子牙河山区年降水量减少幅度较大，减幅为 5.6mm/a。海河流域山区年均蒸发量为 328mm，其中子牙河山区年均蒸发量最大，约为 373mm，永定河山区年均蒸发量最小，约为 272mm，符合降水多的了流域蒸发也相对较多，降水少的子流域蒸发也相对较少的趋势。从变化趋势上看，海河流域山区蒸发呈现增加趋势，年均增加量约为 4.4mm，其中滦河山区蒸发量增加幅度最大，约为 8mm/a，北三河山区蒸发量增加幅度较小，约为 0.4mm/a。蒸发量的变化除受降水影响

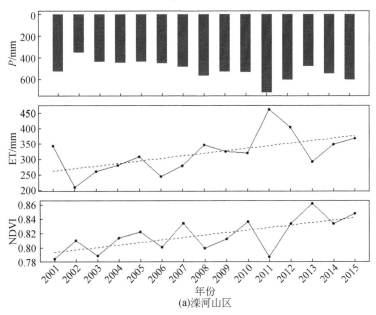

(a)滦河山区

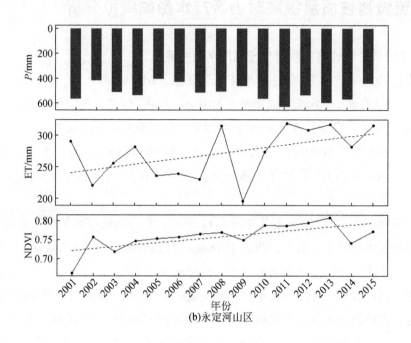

(b)永定河山区

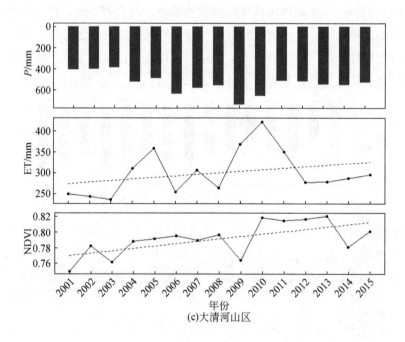

(c)大清河山区

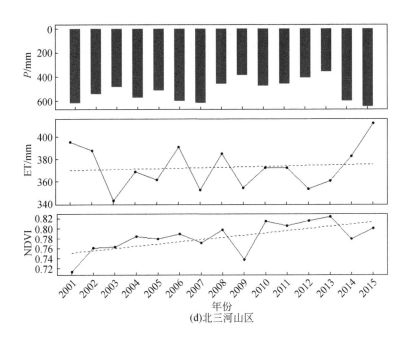

(d)北三河山区

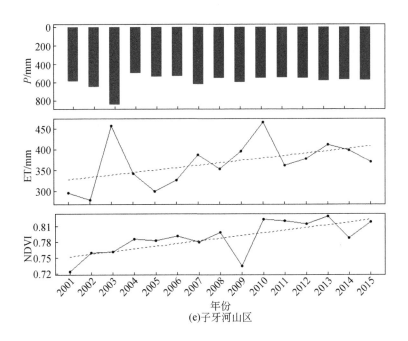

(e)子牙河山区

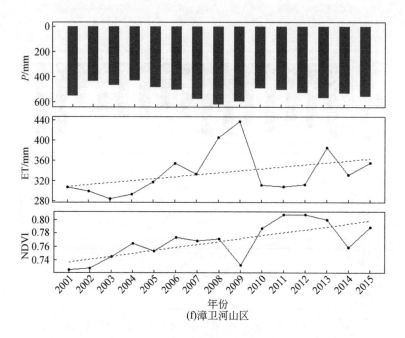

(f)漳卫河山区

图 6-12　三级区（山区部分）降水、蒸发及 NDVI 变化规律

外，也与区域的植被质量变化有关，在区域植树造林和生态保护的影响下，海河流域山区 NDVI 呈现不断增加的趋势，从 2001 年的 0.726 增加到 2013 年的最高值 0.824，NDVI 年均增长 0.0043，其中子牙河山区 NDVI 增加最多，年均增幅为 0.0051，大清河山区 NDVI 增加最少，年均增幅为 0.0035。

图 6-13 为 2001 ～ 2015 年年均降水量和降水量变化率的空间分布，图 6-13 中大框为年尺度 TRMM 遥感降水数据，小框为气象站点年均降水量数据，总体上看，TRMM 数据和站点数据分布趋势一致，从图 6-13（a）中也可看出，TRMM 数据和站点数据具有较好的一致性，能反映区域的降水特征。从年均降水量上看，海河流域山区年降水量呈现由西南向东北递减的规律，随海拔增高降水量逐渐减少，滦河下游和漳卫河下游是海河流域山区降水最多的区域，年均降水量超过 650mm，而滦河上游和永定河上游是降水最少的区域，年均降水量不足 400mm。从降水变化趋势上看，如图 6-13（b）所示，北三河山区、永定河山区下游降水增加最多，随着高程增加，流域上游降水呈现减少趋势。

区域实际蒸发量数据来源于 MODIS 产品，如图 6-14 所示，2001 ～ 2015 年区域年均蒸发量为 346mm，其中北三河山区实际蒸发量最高为 407mm，永定河山区实际蒸发量最少约为 294mm，滦河山区和北三河山区下游是实际蒸发量最大的区域，与降水量分布一致。从年蒸发量上看，与降水的空间分布相似，滦河山区下游为年蒸发量最高的区域，滦河山区上游和永定河山区上游为蒸发较低的区域。山区与平原区交界处蒸发量较小，这一点与降

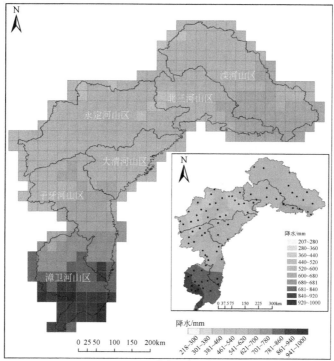

(a) 降水分布

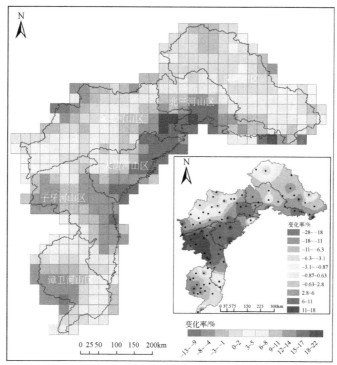

(b) 降水变化率分布

图 6-13　降水及降水变化率空间分布关系

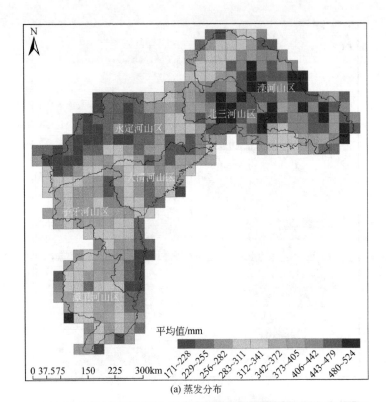

(a) 蒸发分布

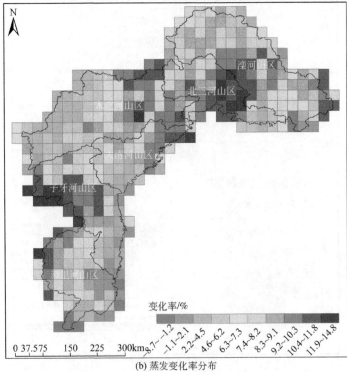

(b) 蒸发变化率分布

图 6-14　蒸发及蒸发变化率空间分布

水分布有差异，可能是因为出山口位置分布较多水库，而 MODIS 蒸发并不能监测到水面蒸发，导致测得的值偏小。从蒸发变化上看，北三河山区下游和子牙河山区上游区域为年蒸发量增加最多，大清河山区上游及子牙河山区下游年蒸发量略微减少。如图 6-15 所示，海河流域山区 NDVI 分布由东南向西北递减，海拔低的区域植被质量优于海拔高的区域，永定河山区和滦河山区上游植被质量最差，平均为 0.53，滦河山区下游和北三河山区下游植被质量最好，NDVI 平均为 0.82，但从 NDVI 变化上看，植被质量低的区域 NDVI 增长最快，说明这些区域植被本底条件差，是生态修复的重点区域。

根据水量平衡，在年尺度上近似认为降水扣除蒸发后为区域产水量，根据各子流域不同网格单元的降水、蒸发和 NDVI，分析 P–ET 与 NDVI 的规律，扣除掉少量 ET 大于 P 的网格点后，其分布规律如图 6-16 所示，在不同子流域中都呈现出随着 NDVI 增加，产流量减少的规律。图 6-16 中点分布散乱的原因可能是：①子流域面积比较大，即便在同一子流域不同的网格点分布比较远，在同样的 NDVI 条件（可能是不同的植被类型）下降水和蒸发的差值相差也很大。②图 6-16 中将不同年份的点放在一起分析，不同年份下 NDVI 和降水与蒸发的差值也有区别。海河流域山区平均 NDVI 每增加 0.01，P–ET 减少 2.48mm，其中漳卫河山区 P–ET 对 NDVI 最为敏感，平均 NDVI 每增加 0.01，P–ET 减少 3.45mm，子牙河山区 P–ET 对 NDVI 变化最不敏感，平均 NDVI 每增加 0.01，P–ET 减少 0.7mm。

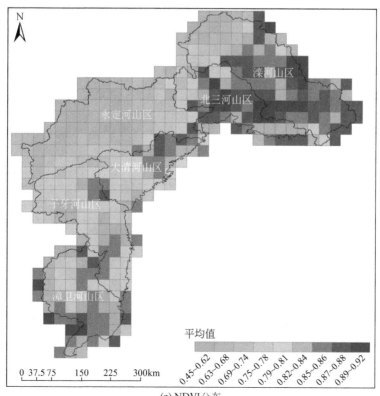

(a) NDVI 分布

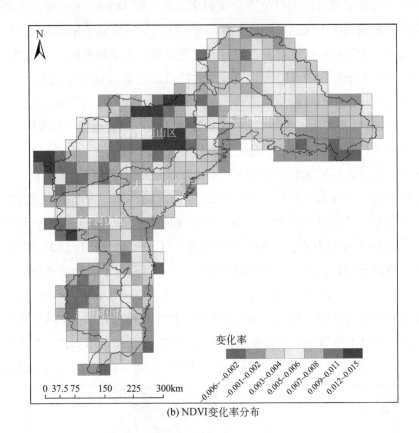

(b) NDVI变化率分布

图 6-15　NDVI 及 NDVI 变化率空间分布

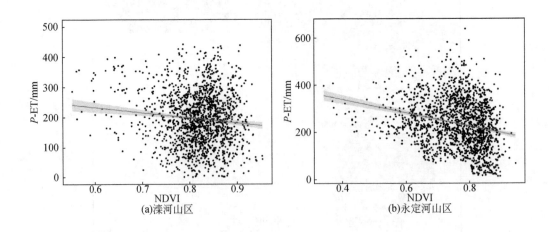

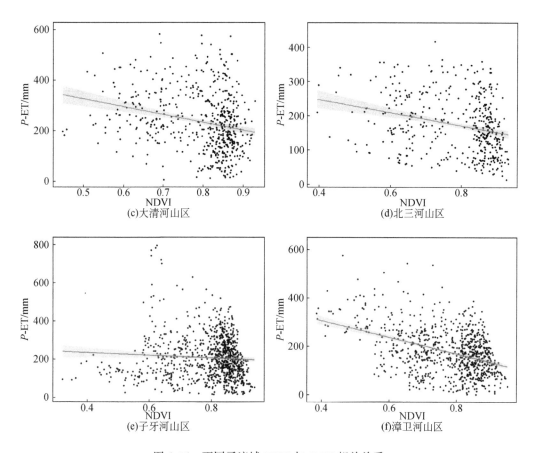

图 6-16　不同子流域 NDVI 与 P-ET 相关关系

为进一步分析产流量和 NDVI 的关系，将 2001～2015 年分为 2001～2008 年和 2009～2015 年前后两个时段，对比前后两个时段在不同降水区间下蒸发占降水的比例，如图 6-17 所示，从图 6-17 中可以看出，在 200～400mm，前一时段和后一时段的中位数值分别为 0.6 和 0.67，在 400～600mm，前一时段和后一时段的中位数值分别为 0.58 和 0.62，在 600～800mm，前一时段和后一时段的中位数值分别为 0.55 和 0.59，在 800～1000mm，前一时段和后一时段的中位数值分别为 0.45 和 0.60。从以上数据分析可知，在不同降水等级下，2009～2015 年蒸发占降水的比例均大于 2001～2008 年，说明在植被改善的条件下，蒸发消耗明显增加，并且降水越少，蒸发占降水的比例越大。

2）基于植被蒸发模型的植被质量与产水量研究

采用基于 NOAA/AVHRR 遥感叶面积指数的 Penman-Monteith 蒸散发模型计算不同植被质量下的蒸发损失量。Penman-Monteith 蒸散发模式是在 Penman 基础上引入了叶面积气孔张开度和植物膜对水汽扩散阻力的概念，采用以空气动力学阻力描述湍流扩散、冠层气

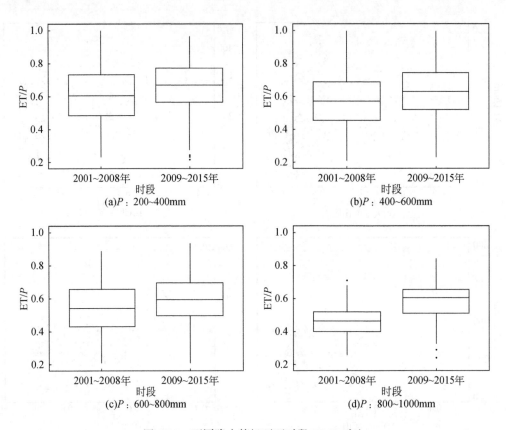

图 6-17　不同降水等级下两时段 ET/P 对比

孔阻抗描述分子扩散得到，其表达式为

$$E = \frac{1}{\lambda} \frac{\Delta A + \rho_a c_p D_a G_a}{\Delta + \gamma(1 + G_a/G_s)} \tag{6-3}$$

式中，E 为蒸散发；λ 为汽化潜热；Δ 为温度–饱和水汽压曲线斜率；$D_a = e^*(T_a) - e_a$ 为饱和水汽压差，$e^*(T_a)$ 为温度为 T_a 时的饱和水汽压，e_a 为实际水汽压；ρ_a 为空气密度；c_p 为空气定压比热；A 为可用能量，$A = R_n - G$，R_n 为净辐射，G 为土壤热通量；γ 为干湿球常数；G_s 为地表导度。

Leuning 等（1995）提出基于冠层上方叶面最大气孔导度 g_{sx} 和 LAI 的方法计算地表导度 G_s，计算公式如下：

$$G_s = G_c \left[\frac{1 + \dfrac{\tau G_a}{(1+\varepsilon)G_c}\left[f - \dfrac{(\varepsilon+1)(1-f)G_c}{G_a}\right] + \dfrac{G_a}{\varepsilon G_i}}{1 - \tau\left[f - \dfrac{(\varepsilon+1)(1-f)G_c}{G_a}\right] + \dfrac{G_a}{\varepsilon G_i}} \right] \tag{6-4}$$

$$G_c = \frac{g_{sx}}{k_Q}\ln\left[\frac{Q_h + Q_{50}}{Q_h \exp(-k_Q\mathrm{LAI}) + Q_{50}}\right]\left[\frac{1}{1 + D_a/D_{50}}\right] \tag{6-5}$$

$$G_i = \frac{\gamma A}{\rho_a c_p D_a} \tag{6-6}$$

式中，G_c 为冠层导度；$\tau = \exp(-k_A\mathrm{LAI})$，$k_A$ 为可用辐射的衰减系数；$\varepsilon = \Delta/\gamma$；$k_Q$ 为短波辐射的衰减系数；Q_h 为冠层上方的可见光辐射通量；Q_{50} 和 D_{50} 分别为当气孔导度 $g_s = g_{sx}/2$ 时的可见光辐射通量和水汽压差；f 为土壤表面平衡蒸发的分数。该蒸发模型中 k_A、k_Q、Q_{50}、D_{50}、f、g_{sx} 6 个参数中前 4 个参数对结果不敏感，参考相关文献取值分别为 0.6、0.6、2.6MJ/（$\mathrm{m}^2 \cdot \mathrm{d}$）、0.8kPa。参数 f 可由 W/W_M 估算，其中 W 为土壤含水量，W_M 为土壤蓄水容量。g_{sx} 由参数率定获取。

为进一步区分蒸散发中的冠层截留量和植物生长蒸腾量，构建了基于 LAI 的冠层截留计算模型，从蒸散发量中扣除冠层截留量得到植物生长蒸腾量。冠层截留量按下述计算。

Aston（1979）分析了林冠截留和植被盖度之间的关系，构建了林冠截留计算公式，即

$$S_v = c_v \times S_{max} \times \left(1 - \mathrm{e}^{-\eta\frac{P_{cum}}{S_{max}}}\right) \tag{6-7}$$

式中，S_v 为累计截留量（mm）；c_v 为植被盖度（%），由遥感数据获取；P_{cum} 为累计降水量（mm）；S_{max} 为树冠蓄水能力，即林冠最大截留量；η 为校正系数。

张仁华（1996）提出了植被盖度 C_v 与植被指数 NDVI 的关系模型

$$C_v = (\mathrm{NDVI}-\mathrm{NDVI}_s)/(\mathrm{NDVI}_v-\mathrm{NDVI}_s) \tag{6-8}$$

式中，NDVI_s 和 NDVI_v 分别为纯土壤和纯植被的植被指数；NDVI 为被求像元点的植被指数。

LAI 和 NDVI 之间有密切的联系，研究常采用三次多项式模型，即

$$\mathrm{LAI} = 14.544 \times \mathrm{NDVI}^3 + 1.935 \times \mathrm{NDVI}^2 - 3.877 \times \mathrm{NDVI} + 1.798 \tag{6-9}$$

林冠对降水的劫持作用与植被的叶面积特征以及叶面积有关。von Hoyningen-Huene（1981）建立了直接基于 LAI 估算最大截留量的公式。

$$S_{max} = 0.935 + 0.498 \times \mathrm{LAI} - 0.00575 \times \mathrm{LAI}^2 \tag{6-10}$$

校正系数 η 的计算公式为

$$\eta = 0.046 \times \mathrm{LAI} \tag{6-11}$$

植被截留的水分最终以蒸发的形式返回到大气中，因此，其大小取决于植被截留量和潜在蒸散发能力，取两者中的低值，公式如下：

$$E_{can} = \min(S_v, \mathrm{ET}_p) \tag{6-12}$$

按植被截留和植被蒸腾两项单独计算的区域植被蒸发量和 MODIS 监测的实际蒸发量对比，两者的变化趋势基本一致，相关系数达到 0.83，说明计算结果比较可靠。海河流域

山区多年平均植被冠层截留量约为41mm，占全部植被蒸发量的13%，植被生长蒸腾量为261mm，占全部植被蒸腾量的87%。对于植被冠层截留，2001~2015年年均增长率为0.77mm，其中永定河山区和子牙河山区植被截留增长率最大，为0.83mm/a，大清河山区植被截留增长率最小，为0.66mm/a；对于植被生长蒸腾，年均增长率为3.69mm，其中永定河山区生长蒸腾增长率最大，为4.42mm/a，大清河山区生长蒸腾增长率最小，为3.1mm/a。根据各个子流域的控制面积可计算出2001~2015年植被消耗平均每年增加的水量，如图6-18所示。

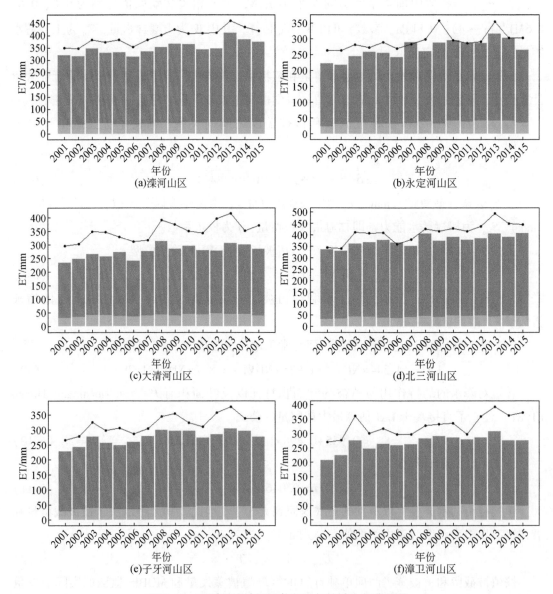

图6-18　不同子流域冠层截留量与植被生长蒸腾量

在此基础上，和三次水资源评价对应，将 1980 年、2000 年和 2016 年三期山区植被 LAI 数据输入模型，分别计算了 P1、P2 和 P3 时段植被生长耗水量的变化，三个时段山区植被蒸散量分别为 297mm、324mm 和 359mm，P2 时段较 P1 时段增加了 27mm，相当于多消耗 21 亿 m³ 降水，P3 时段较 P2 时段增加了 35mm，相当于多消耗 27.7 亿 m³ 降水。

3）不同情景下植被变化对耗水的影响

设置了两种情景对比分析 NDVI 提升对径流减少的贡献，情景一假设将 2001~2005 年各子流域 NDVI 平均值作为植被未改善时的情景，并且此后植被未修复，计算该情景下各子流域的冠层截留和植被生长蒸腾。情景二假设植被恢复到流域水分条件所能支撑的最优水平（通过 Eagleson 生态最优理论计算得出），计算该情景下的冠层基流和植被生长蒸腾。情景一与实际情况对比可说明区域植被修复后蒸发增加量即径流减少量。情景二与实际情况对比可说明如果区域植被继续修复到较高水平，区域径流会进一步减少到何种状态。

在实际降水条件下，情景一（S1）、情景二（S2）和实际情景（Actual）下植被截留量如图 6-19 所示，S1 和 Actual 对比，S1 的 NDVI 没有变化，冠层截留只与降水有关，实际情景下，NDVI 增加，也导致冠层截留增加，两者的差值即为 NDVI 增加的贡献，从表 6-7 中可知，海河流域山区因 NDVI 增加，冠层截留增加了 4.22mm，折合到全流域，冠层截留增加了 1.47 亿 m³。其中永定河山区冠层截留增加的也多，为 0.32 亿 m³，子牙河山区植被初始条件好，NDVI 变化较小，冠层截留增加的也最少，为 0.18 亿 m³。S2 和 Actual 相比，S2 的植被都恢复到本流域目前的最高水平，这也是未来继续植树造林可能达到的情景，与实际情景对比，能够反映出未来流域径流生成量会减少多少。从表 6-8 中可以看出，若流域植被质量恢复到较高水平，流域冠层截留将减少 6.55mm，相当于流域多消耗降水 2.53 亿 m³，其中永定河山区冠层截留增加最多，为 0.6 亿 m³，漳卫河山区冠层截留增加最少，为 0.23 亿 m³。

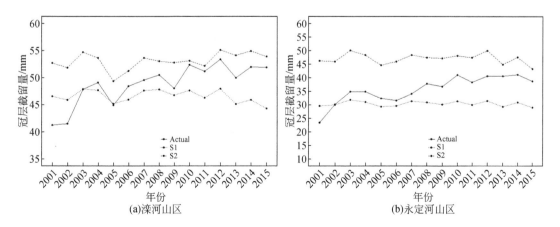

(a)滦河山区　　　　　　　　　　　　(b)永定河山区

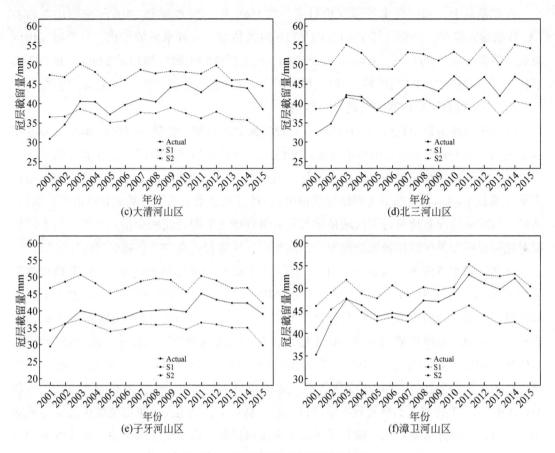

图 6-19 不同情景下冠层截留量变化

表 6-7 年均冠层截留变化量对比

山区	面积/km²	Actual−S1 /mm	Actual−S1 /亿 m³	S2−Actual /mm	S2−Actual /亿 m³
滦河山区	43 859	2.53	0.23	7.02	0.33
永定河山区	45 369	6.04	0.32	8.12	0.60
大清河山区	18 769	5.84	0.21	5.89	0.51
北三河山区	21 754	5.24	0.31	6.01	0.36
子牙河山区	31 371	2.58	0.18	7.21	0.50
漳卫河山区	25 596	3.07	0.22	5.06	0.23
全部	186 718	4.22	1.47	6.55	2.53

表6-8 不同情景年均植被生长蒸腾量对比

山区	面积/km²	Actual−S1 /mm	Actual−S1 /亿 m³	S2−Actual /mm	S2−Actual /亿 m³
滦河山区	43 859	12.8	1.14	31.1	1.78
永定河山区	45 369	35.7	1.30	45.6	2.66
大清河山区	18 769	30.7	1.09	36.1	1.58
北三河山区	21 754	12.2	0.73	25.4	1.21
子牙河山区	31 371	16.3	1.13	38.4	1.67
漳卫河山区	25 596	11.0	1.16	18.0	1.90
全部	186 718	19.8	6.55	32.4	10.80

在实际降水条件下，情景一（S1）、情景二（S2）和实际情景（Actual）下植被生长蒸腾量如图6-20所示。S1与Actual对比，海河流域山区因NDVI增加，植被生长蒸腾量增加了19.8mm，相当于消耗了6.55亿 m³ 水量。其中永定河山区植被蒸腾增加最多，为1.30亿 m³，北三河山区植被蒸腾增加最少，为0.73亿 m³。S2与Actual对比，海河流域山区植被若恢复到较高水平，则植被生长蒸腾量增加32.4mm，折算为10.80亿 m³ 水量。在S2下，永定河山区植被蒸腾增长最多，因为永定河上游植被较差，恢复的潜力较大，而北三河山区、漳卫河山区初始植被条件较好，增长的幅度也较低。

综上分析，2001～2015年海河流域山区因植被修复，植被冠层截留与植被生长蒸腾平均每年多消耗8亿 m³ 降水，而若植被质量持续提升，恢复到当前的最高水平，则每年将多消耗13亿 m³ 降水。

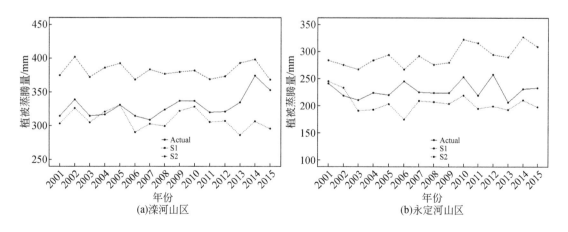

(a)滦河山区　　　　　　　　(b)永定河山区

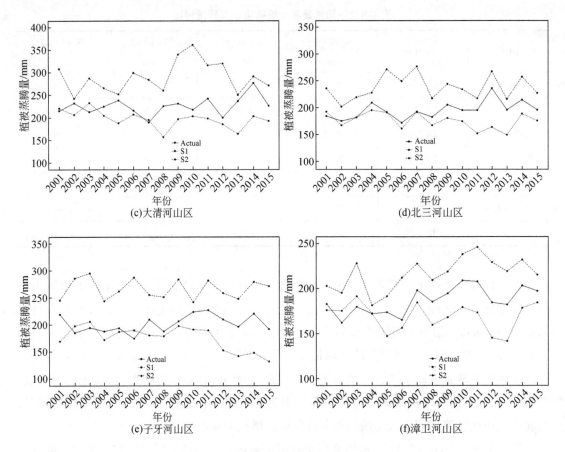

图 6-20　不同情景下植被生长蒸腾量变化

6.3　本 章 小 结

本节研究了植被变化对冠层截留和植株蒸腾的影响规律，分析了降水量及雨型与冠层截留的响应关系，以及植被变化对坡面耗水的定量影响，主要结论如下：

（1）植被冠层截留受降水和树龄影响明显，林冠截留率随雨量等级增大而减小，随树龄的增大而增大。刺槐的林冠截留率和中小雨占比具有良好的线性关系，决定系数达到了0.76以上。由于植被的变化，研究区年平均截留总量增加14.26万 m³，截留量与大气降水的比值从3.80%增大到6.48%，增加幅度达到70.53%。

（2）20世纪80年代以来，海河流域山区植被NDVI呈现逐步增加的态势，年均增长率为0.0014，P2时段NDVI平均值为0.64，P3时段增加到0.66。六个山区子流域中，北三河山区的植被覆盖程度最好，NDVI平均值为0.72，永定河山区的植被覆盖程度最差，

NDVI 平均值为 0.52。

（3）植被质量和流域产水量的关系涉及三个变量，NDVI、降水量（P）和实际蒸发量（ET），海河流域山区平均 NDVI 每增加 0.01，P–ET 减少 2.48mm，在不同降雨等级下，2009～2015 年蒸发占降水的比例均大于 2001～2008 年，说明在植被改善的条件下，蒸发消耗明显增加，并且降水越少，蒸发占降水的比例越大。

（4）和三次水资源评价对应，将 1980 年、2000 年和 2016 年三期山区植被 LAI 数据输入模型，分别计算了 P1、P2 和 P3 时段植被生长耗水量的变化，三个时段山区植被蒸散量分别为 297mm、324mm 和 359mm，P2 时段较 P1 时段增加了 27mm，相当于多消耗 21 亿 m^3 降水，P3 时段较 P2 时段增加了 35mm，相当于多消耗 27.7 亿 m^3 降水。

|第7章| 平原区农田耕作及其对海河流域水资源量影响

大规模农田耕作显著影响农田产流过程，是导致海河平原区地表水资源衰减的重要原因，20 世纪 70 年代以来，随着流域内有效灌溉面积的快速增加，大部分降雨拦蓄在农田内被作物蒸发消耗，导致平原区产流迅速减少，但目前还没有研究定量归因其影响。传统水文模型中以日降雨作为输入变量，坦化了产流过程。研究以 Smith 入渗模型为基础，构建了基于 CMOPRH 遥感场次降水数据并考虑田埂作用的农田产流模型，模拟了海河平原区农田拦蓄对地表水资源量的影响。发现雨强、降水历时和田埂高度是决定农田产流的主要因素，确定了农田拦蓄对海河平原区产流的影响。

7.1 平原区农田灌溉面积变化

海河流域耕地面积和有效灌溉面积变化如图 7-1 所示，20 世纪 50 年代以来，流域耕地面积不断减少，P1 时段（1956~1979 年）耕地面积为 11 936 万亩，P2 时段（1980~2000 年）耕地面积减少为 11 097 万亩，P3 时段（2001~2016 年）耕地面积进一步减少至

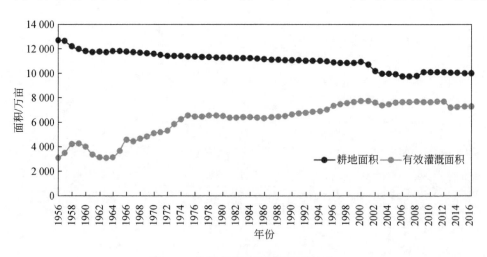

图 7-1　耕地面积和灌溉面积的变化

10 064 万亩。与此同时，随着农田水利工程的建设，有效灌溉面积增加迅速，P1、P2、P3 三个时段有效灌溉面积分别为 4679 万亩、6827 万亩、7543 万亩，占灌溉面积的比例如图 7-2 所示，分别为 0.39、0.61、0.75。20 世纪 90 年代至 21 世纪初是有效灌溉面积的高峰时期，但随着流域地下水超采的治理，灌溉面积开始减少，未来一段时间的变化趋势也将以小幅减少为主。

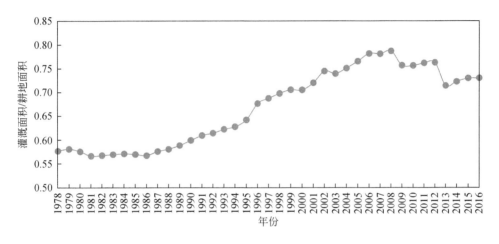

图 7-2　灌溉面积占耕地面积的比例

7.2　基于场次降水的农田产流过程模拟研究

7.2.1　研究区及计算网格划分

海河平原位于太行山以东、渤海以西、燕山以北、黄河以南，总面积约为 12.84 万 km²，占海河流域总面积的 40%。海河平原冬季干燥寒冷，夏季高温多雨，春季干旱少雨，蒸发强烈，多年平均（1980~2016 年）降水量为 535mm，多年平均蒸发量为 1096mm。如图 7-3（a）所示，海河平原按地表水流域三级区划分，可分为滦河平原及冀东沿海平原、北四河下游平原、大清河淀西平原、大清河淀东平原、子牙河平原、黑龙港及运东平原、漳卫河平原和徒骇马颊河平原。海河平原是华北平原主要组成部分，土地利用类型以耕地居多，如图 7-3（b）所示，占海河平原总面积的 70%。按 0.1°×0.1°空间分辨率划分计算网格，当网格内农田面积超过 1/2 时，设定为有效计算网格，可将海河平原划分为 1053 个有效计算网格，根据每个网格的降水特征模拟农田产流过程。

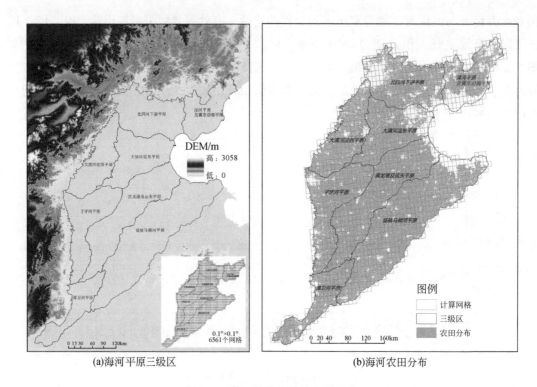

(a)海河平原三级区   (b)海河农田分布

图 7-3 　海河平原位置及农田分布

7.2.2　农田产流模型的构建

传统的水文模型在建模时只考虑土地利用变化因素，耕地作为一类土地利用，通常只考虑耕地的土壤入渗率等少量参数，并不能完整地刻画农田的产流过程，并且日尺度的降雨输入也不能真实地反映农田产流能力，也就无法评价农田拦蓄对水资源量的影响。本节通过构建基于场次降雨的农田产流模型，考虑田埂高度影响，更加细致地反映农田产流能力，为评价农田拦蓄对平原区水资源量的影响提供工具。

1）数据来源

场次降雨数据，来源于中国气象数据网提供的 CMOPRH 遥感降水数据产品，数据空间分辨率为 0.1°，时间分辨率为 1h，数据经过 4 万个地面自动气象站点降水数据校正，产品总体误差在 10% 以内，满足精度要求。在每个计算网格中统计 2008～2019 年逐小时的降水数据，编写程序将连续有降水信息的逐小时数据汇总为一次降水事件，统计每次降水事件的降水总量、降水历时，计算出每次降水事件的雨强，在 1053 个计算网格内共统计出 525 587 次降水事件，进一步分析不同等级降水总量、降水历时和降水强度的频次特征。

田埂高度数据，通过实地调研在不同区域选择 116 组田埂，田埂高度通常在 8 ~ 16cm，其中 10cm 左右田埂占比为 59%，为出现频率最高的田埂高度，模拟中设置了无田埂、10cm 田埂、12cm 田埂和 15cm 田埂四个情景。

土壤性质数据，来源于中国科学院南京土壤研究所提供的土壤性质数据以及中国土壤参数数据集（http：//globalchange. bnu. edu. cn），采用 SPAW（Soil- Plant- Air- Water）软件，结合区域土壤类型分布计算土壤饱和导水率。土壤水分扩散率由经验公式计算得出：

$$D(\theta) = a e^{-b\theta} \tag{7-1}$$

$$a = 2.3317b + 0.6676 \tag{7-2}$$

$$b = 106.45 + 2.95C_{CL} - 37.95C_{SA} - 0.135C_{CL}^2 + 2.79C_{SA}^2 + 2.9C_{OM}C_{CL} - 6.91C_{OM}C_{SA} \tag{7-3}$$

式中，C_{CL}、C_{SA}、C_{OM} 分别为黏粒含量、砂粒含量和有机质含量（%）；θ 为体积含水率（cm^3/cm^3）。

2）模拟方法

农田产流模型的核心是降水的入渗过程，Smith 和 Parlange（1978）根据土壤水分运动基本方程推导了任意雨强下的积水时间和入渗速率，假设土壤非饱和导水率在接近饱和的范围内变化缓慢，则推导出的降水积水开始时间 t_p 为

$$\int_0^t r dt = \int_{\theta_i}^{\theta_s} (\theta - \theta_t) \frac{D(\theta)}{r - K(\theta)} d\theta \tag{7-4}$$

$$令，S^2 = 2\int_{\theta_i}^{\theta_s} (\theta - \theta_i) D(\theta) d\theta \tag{7-5}$$

$$则 t_p = \frac{S^2}{2rK_s} \ln\left(\frac{r}{r - K_s}\right) \tag{7-6}$$

积水以后的入渗率 $i(t)$ 由式（7-7）表示

$$K_s(t - t_p) = I_p \left(\ln \frac{r_p}{r_p - K_s} \right)^{-1} \left[\ln \frac{(r_p - K_s) i}{(i - K_s) r_p} - \frac{K_s}{i} + \frac{K_s}{r_p} \right] \tag{7-7}$$

式中，r 为场次降水强度（mm/h）；t 为场次降水历时（h）；θ_i 和 θ_s 分别为土壤初始含水率和土壤饱和含水率；$K(\theta)$ 为瞬时土壤导水率（mm/h）；S 为计算方便设置的中间变量，无实际含义；r_p 为积水时降水强度（mm/h）；K_s 为土壤饱和导水率（mm/h）；t_p 为土壤开始积水时间；i 为土壤入渗率（mm/h）；$I_p = \int_o^{t_p} r(t) dt = r_p t_p$ 为积水时段降水量，假设时段内降水均匀。

将饱和导水率、降水历时、降水强度代入后即可求出积水后的入渗率。同时得到积水开始时间和积水后的入渗率，即可分析一场降水中有多少水量入渗到土壤里，剩下有多少

产流。

原始的 Smith 入渗公式可用于无田埂土壤入渗情形,因为有田埂情况下,积水并不会马上产流,而是蓄积在田埂中,由于积水的存在,入渗由无压入渗转化为有压入渗,入渗率会随积水深度的变化而变化。

那么在有田埂情况下,有试验研究表明,同一质地条件下,积水有压入渗速率和无压入渗速率有近似线性增加的规律,因此引入一个有压修正系数 α,则有田埂情况下,积水入渗速率为 $i(1 + \alpha h)$,h 为积水深度,积水深度推导如下:

$$\int_0^h \mathrm{d}h = \int_{t_p}^t (r - i) \mathrm{d}t \tag{7-8}$$

求解的

$$h = \frac{S^2/2}{K_s^2}\left\{(r - i)\ln\left(\frac{r - K_s}{r}\frac{i}{i - K_s}\right) - (r - i)\frac{K_s}{i}\right\} \tag{7-9}$$

将式 (7-9) 中 i 替换为 $i(1 + \alpha h)$,即为有田埂条件下积水深度变化,式中 α 可结合田间试验观测的积水深度反推求出,其他参数同无田埂条件下的推导。

根据以上求解的参数,可以计算农田产流量。

时段 t_{p1},未积水时段,降水全部入渗(积水量以深度计 mm,转化水量乘以面积即可):

$$W_1 = r \times t_{p1} \tag{7-10}$$

时段 t_{p2},田块积水至充满田埂,降水入渗加积水:

$$t_{p2} = \frac{h_f}{(r - i_{\text{埂}})} \tag{7-11}$$

积水量为 $$W_2 = h_f + i_{\text{埂}} \times t_{p2} \tag{7-12}$$

若场次降水历时超过 $t_{p1} + t_{p2}$,且降水强度超过土壤入渗率,则会发生农田产流,用降水总量扣除掉 W_1 和 W_2 即可,以式 (7-8) 中 i 为随时间变化项,可积分求解,或者近似为时段内的平均值计算。

3)结果的率定和验证

在流域尺度,平原各三级区年产流量(地表水资源量)均为复合土地利用类型下的产流量,并无单独的农田产流量验证数据。本研究在区域尺度折算农田产流量,作为率定和验证数据。海河平原区主要土地利用类型为农田、居工地和水体(三者之和占总面积的96%),根据相关文献,居工地的降水产流系数为 0.3 ~ 0.5,本研究城市居工地产流系数取 0.5,农村居工地产流系数取 0.3,水体产流系数取 1,根据不同土地利用类型占比折算农田产流量。其中 2008 ~ 2016 年为模型率定期,主要率定参数为水分扩散率和田埂高度,2017 ~ 2019 年为模型验证期。

$$W_f = W - P_u \times \alpha_u \times A_u - P_w \times \alpha_w \times A_w \tag{7-13}$$

式中,W_f 为农田产流量(亿 m³);W 为三级区产流量(亿 m³);P_u 为居工地面积上的降雨量（亿 m³）；α_u 为居工地产流系数，取值为 0.3～0.5；A_u 为居工地面积（km²）；P_w 为水体上的降雨量（亿 m³）；α_w 为水体产流系数，取值为 1；A_w 为水体面积（km²）。

7.3 不同田埂高度对农田产流的影响

7.3.1 海河平原降水特征分析

对研究区降水量、降水历时和降水强度进行统计，降水特征频率如图 7-4（a）所示，降水总量频率反映一场降水的规模，小于 10mm 场次降水频率占到场次降水总数的 80%，小于 25mm 场次降水频率占到场次降水总数的 95%，说明海河平原场次降水总量以小于 25mm 为主，场次降水超过 100mm 的频率仅为 0.4%。从降水历时上看，如图 7-4（b）所示，历时在 1h 以内的场次降水占到场次降水总数的 39%，3h 以内场次降水占到场次降水总数的 72%，5h 以内的场次降水占到场次降水总数的 85%，10h 以内的场次降水占到场次降水总数的 96%，超过 24h 的场次降水仅占到场次降水总数的 0.18%。根据气象降水等级划分，降水强度小于等于 2.5mm/h 为小雨、2.6～8mm/h 为中雨、8.1～15mm/h 为大雨，大于等于 16mm/h 为暴雨，按此等级划分，如图 7-4（c）所示，海河流域平原小雨等级的场次降水占到场次降水总量的 87%，中雨等级的场次降水占到场次降水总量的 11%，大雨等级的场次降水占到 1.9%，暴雨等级的场次降水仅占 0.1%。

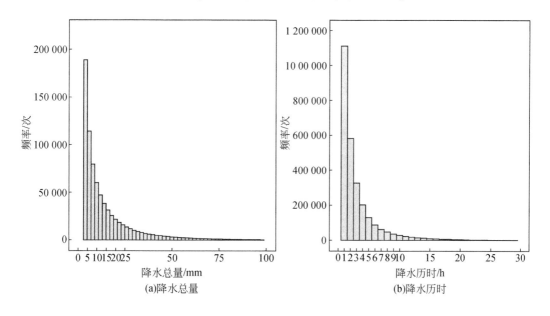

(a)降水总量　　　　　　　　(b)降水历时

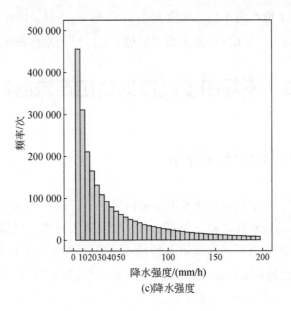

图 7-4　海河平原降水总量、历时和强度频率分布

7.3.2　场次降水特征空间分布

场次降水特征平均值空间分布如图 7-5 所示，场次降水总量如图 7-5（a）所示，海河平原平均每场降水的雨量从东北向西南递减，靠近渤海湾附近区域的场次降水平均雨量最大，其次是北四河下游平原和滦河平原及冀东沿海平原，场次降水量平均在 7~11mm，漳卫河平原场次降水的雨量较小，场次降水量平均在 1.7~4mm。从场次降水历时上看［图 7-5（b）］，海河平原每场降水的历时也是东北部高、西南部低，平均降水历时最高的地区在滦河平原及冀东沿海平原，说明滦河平原及冀东沿海平原场次降水平均历时较长，平均在 3~5h，漳卫河平原场次降水平均历时较短，在 2h 左右。场次降水强度如图 7-5（c）所示，场次降水强度和降水总量分布基本一致，大清河淀东平原靠近渤海的一侧平均场次降水强度最强，为 1.9~2.2mm/h，西南部分平均场次降水强度较弱，漳卫河平原场次降水强度为 0.5~0.8mm/h。

7.3.3　海河平原农田产流规律

2008~2019 年海河流域 8 个平原三级区产流量及根据式（7-13）折算出的农田产流量如图 7-6（a）~（h）所示，2008~2019 年海河流域平原区平均年产流量为 54.7 亿 m³，

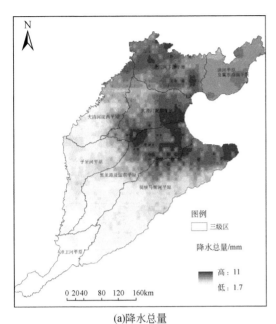

(a)降水总量

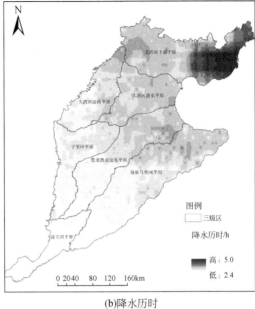

(b)降水历时

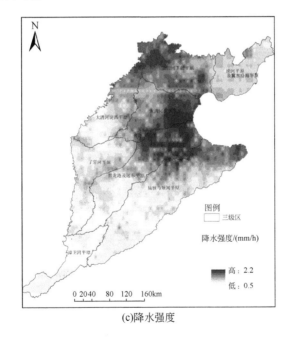

(c)降水强度

图 7-5　2008～2019 年场次降水特征平均值空间分布

其中农田产流为 21.8 亿 m³，约占平原区总产流量的 40%。徒骇马颊河平原产流量最高，多年平均为 19.5 亿 m³，子牙河平原产流量最低，多年平均为 1.0 亿 m³，北四河下游平原农田产流量占全部产流量的比例最大，为 47%，子牙河平原农田产流占全部产流的比例最

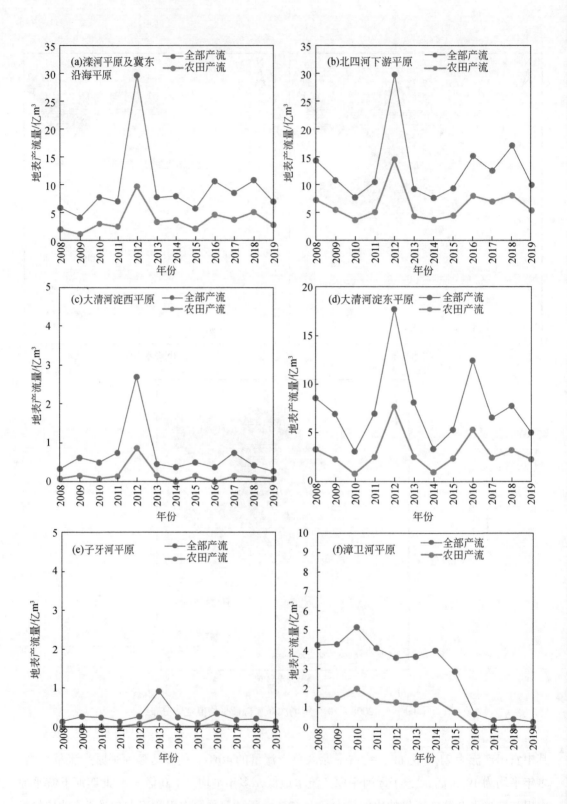

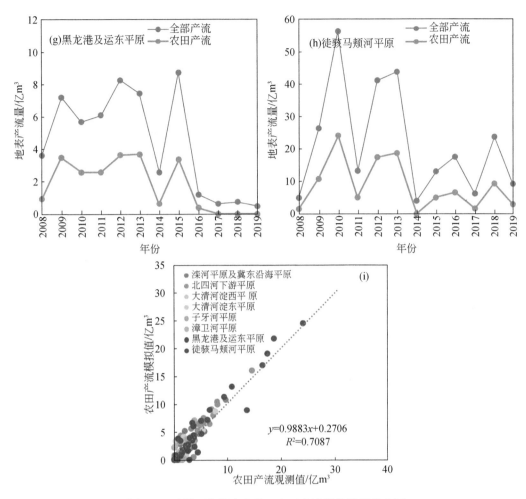

图 7-6 平原区全部产流量、农田产流量及模拟值验证

（a）~（h）各子流域平原区全部产流量及农田产流量，（i）农田产流量模拟值与观测值对比

小，为 29%。在降水偏少的干旱年份，农田几乎不产流，如子牙河平原、大清河淀西平原，除在个别偏丰水年份发生农田产流，大部分年份产流极少。农田产流模拟值和观测值对比如图 7-6（i）所示，两者均方根误差为 0.71 左右，总体上模拟值和观测值一致性较好，基本能反映出各三级区的产流变化规律。在 8 个平原三级区中，北四河下游平原区农田产流系数最高，为 0.063，其次为滦河平原及冀东沿海平原，农田产流系数为 0.052，子牙河平原和大清河淀西平原农田产流系数最低，分别为 0.015 和 0.014。

为研究田埂高度对农田产流的影响，设置了无田埂、10cm 田埂、12cm 田埂和 15cm 田埂四种情景模拟农田产流量，将 2008 ~ 2019 年逐网格场次降水代入模型，计算不同田埂高度下的累计农田产流量，空间分布如图 7-7 所示，在无田埂条件下海河平原几乎所有网格都会产流，北部的滦河平原及冀东沿海平原、大清河淀东平原、黑龙港及运东平原东北部等区域累计农田产流量较高，海河平原南部地区农田产流量较少，这与流域的降水总量和降水强度分布是一致的。在10cm田埂情景下，能够形成农田产流的单元迅速减少，仅有21%的网格单元形成产流，产流的单元主要分布在大清河淀东平原、徒骇马颊河平原东北部等区域，海河平原南部几乎无农田产流。在12cm田埂和15cm田埂情景下，产流单元占总计算单元的比例分别为14%和9%。各年份农田产流量如图7-8所示，海河平原在无田埂条件下多年平均产流量为62.4亿 m^3/a，在10cm田埂条件下多年平均产流为19.7亿 m^3/a，在12cm田埂条件下多年平均产流量为13.1亿 m^3/a，在15cm田埂条件下多年平均产流量为5亿 m^3/a。

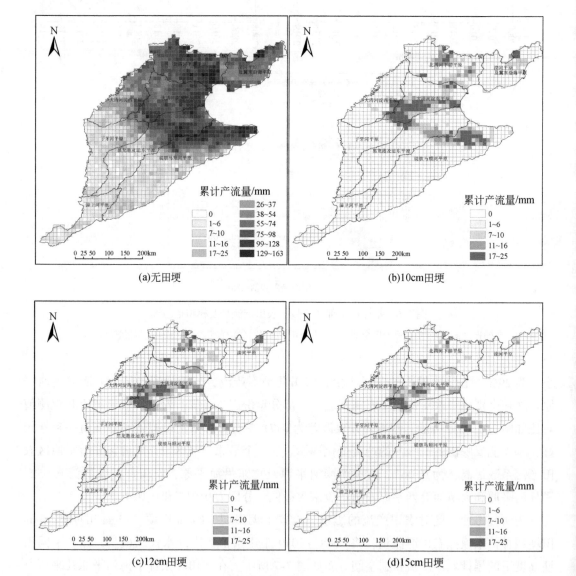

(a)无田埂

(b)10cm田埂

(c)12cm田埂

(d)15cm田埂

图 7-7   不同田埂高度下农田产流空间分布

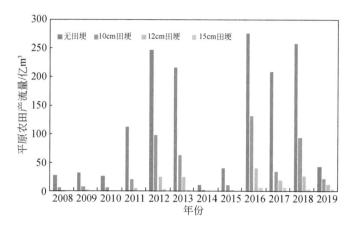

图 7-8   不同田埂高度下各年份农田产流对比

7.3.4   降水强度及历时对农田产流的影响

如果一场降水强度很高，但降水历时很短，田埂和表层土壤没有蓄满则不会形成农田地表产流，同样如果一场降水历时很长而雨强很弱，在厚包气带条件下，降水转化为土壤水，也不会形成农田地表产流。以降水历时为横坐标，以降水强度为纵坐标，产流的场次降水和不产流的场次降水可划分出一条分界线，该分界线大致可用反比例函数来拟合，根据该曲线可识别一场降水是否能形成产流。如图 7-9 所示，图中黑点为筛选出来形成产流的场次降水，在无田埂条件下有 67% 的场次降水形成地表产流，在 10cm 田埂条件下有 18% 的场次降水形成产流，在 12cm 田埂条件下有 10% 的场次降水形成产流，在 15cm 田埂条件下仅有 6% 的场次降水形成产流。根据拟合出的产流条件公式，不同田埂高度下农田降水产流条件如表 7-1 所示，在固定田埂高度下，若已知降水强度则降水历时需大于

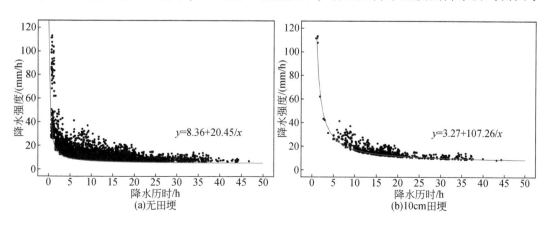

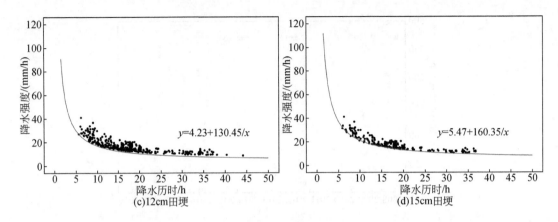

图 7-9　不同田埂高度产流的降水强度和历时关系

表 7-1 中数值时，才能形成产流。根据这条曲线，大致可以判断异常降水是否能够形成农田产流，如在 10cm 田埂高度下，若降水强度为 10mm/h，则降水历时需超过 15.9h 才能形成产流，若降水强度为 30mm/h，则降水历时达到 2.4h 就能够形成农田产流。

表 7-1　不同田埂高度下农田降水产流条件

降水强度/ （mm/h）	降水历时/h			
	无田埂	10cm 田埂	12cm 田埂	15cm 田埂
10	12.6	15.9	22.6	35.4
15	3.1	9.1	12.1	16.8
20	1.8	6.4	8.3	11.0
25	1.2	4.9	6.3	8.2
30	0.9	3.8	5.1	6.5
35	0.8	2.4	4.2	5.4

7.3.5　不同田埂高度下农田产流规律

以 1979 年、2000 年和 2016 年三期农田面积，2008～2019 年逐网格场次降水为输入，灌溉农田田埂高度按 10cm 计算，雨养农田按无田埂计算，代入积水产流模型，计算得出三期农田面积下的年均产流量如图 7-10 所示，分别为 38.3 亿 m³、28.1 亿 m³ 和 23 亿 m³。2000 年农田产流量相对 1979 年减少 10.2 亿 m³，主要原因是无田埂农田向有田埂农田转变，农田拦蓄水量增加，2016 年农田产流量相对 2000 年减少 5.1 亿 m³，主要原因是土地利用变化导致田埂农田面积减少。但 1956～1979 年农田产流量为 60.1 亿 m³，表明 1956～

1979 年产流减少 22 亿 m³。以往对流域水资源演变的研究常以土地利用变化作为影响因素，较少考虑农田本身耕作形式的变化，本研究以场次降水为驱动，分析了田埂对农田产流的影响，提高了平原区产流过程的刻画精度，有利于更加准确地揭示流域水资源演变规律。

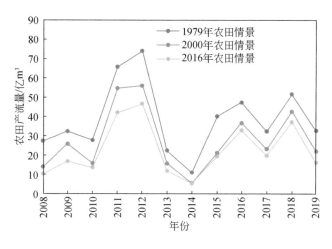

图 7-10　不同年份农田产流量

7.4　本章小结

本章基于 CMOPRH 遥感逐小时降水数据，从降水总量、降水历时和降水强度三个维度分析了海河流域场次降水规律，构建了以 Smith 和 Parlange 入渗模型为核心的农田积水产流模型，模拟了不同田埂高度下的农田降雨−产流规律。

（1）研究发现田埂高度是影响农田产流量的重要因素，以 2008～2019 年的场次降水为输入条件，无田埂、10cm 田埂、12cm 田埂、15cm 田埂高度下海河平原农田产流量分别为 62.4 亿 m³/a、19.7 亿 m³/a、13.1m³/a、5 亿 m³/a，产流面积分别占模拟网格总面积的 67%、18%、10% 和 6%。

（2）当降水强度和降水历时达到一定的阈值时，农田才能形成产流，研究发现以降水历时为横坐标、降水强度为纵坐标，可通过反比例函数曲线划分产流和不产流的场次降水，进一步识别出农田产流的降水特征阈值。

（3）田埂农田的面积变化是海河流域平原区地表水资源衰减的原因之一，对应三次水资源评价时段，2000 年农田产流量相对 1979 年减少 10.2 亿 m³，2016 年农田产流量相对 2000 年减少 5.1 亿 m³。

第8章 城镇扩张及其对海河流域水资源量影响

城镇化的迅速发展是海河流域下垫面最为显著的变化之一,其对地表水资源量的影响不容忽视。本章构建了基于网格的、适应于土地利用变化的分布式产流模型,揭示了海河流域城镇迅速扩张对地表水资源量的增加作用。

8.1 海河流域城镇化发展变化

8.1.1 海河流域城镇区域变化

1980~2018年海河流域城镇区域面积变化如图8-1所示。海河流域城镇面积处于上升趋势。城镇面积1980年为2.19万 km²,2000年为2.57万 km²,2016年增加到3.71万 km²。

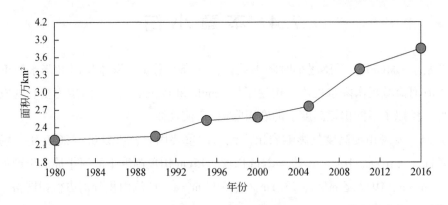

图 8-1　海河流域城镇区域面积变化

由表8-1和图8-2可知,各三级区城镇面积均有增加,2016年相对于2000年的增加速度均大于2000年相对于1980年的增加。2000年相对于1980年,北四河下游平原增加最多,达到859km²,滦河山区增加最少,只有27km²;2016年相对于2000年,大清河淀东平原增加最多,达到1422km²,漳卫河山区增加最少,只有208km²。

表8-1　海河流域三级区城镇面积变化　　　　　　　　（单位：km²）

区域	1980 年	2000 年	2016 年	1980~2000 年	2000~2016 年
滦河平原及冀东沿海山区	1082	1125	2055	43	930
大清河淀西平原	1682	2195	3040	513	845
大清河淀东平原	1579	1965	3387	386	1422
子牙河平原	1655	2217	3490	562	1273
黑龙港及运东平原	2209	2676	3495	467	819
漳卫河平原	1500	1594	1829	94	235
北四河下游平原	3083	3942	4962	859	1020
滦河山区	518	545	1416	27	871
永定河山区	1277	1494	2441	217	947
大清河山区	286	321	750	35	429
北三河山区	400	480	810	80	330
徒骇马颊河平原	4311	4663	5653	352	990
子牙河山区	837	1015	1852	178	837
漳卫河山区	1087	1141	1349	54	208
京津冀（非海河流域）	345	348	462	3	114

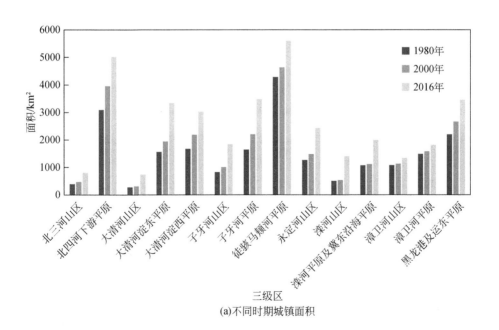

(a)不同时期城镇面积

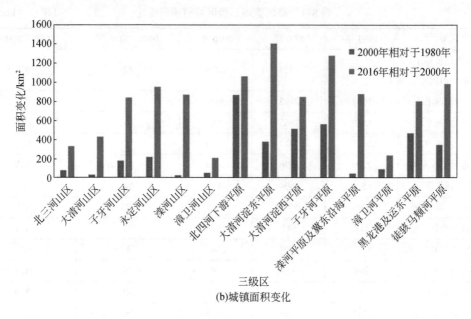

(b)城镇面积变化

图 8-2　海河流域三级区城镇面积变化

8.1.2　海河流域土地利用转化

1956～2016 年海河流域不同土地利用空间分布情况如图 8-3 所示，海河流域城镇区域经历了明显的扩张过程。由表 8-2～表 8-6 可知，1980～2016 年，海河流域城镇区域面积增加明显，耕地面积急剧减少，未利用土地同样减少明显，其他土地利用类型变化有波动，但不显著。

由表 8-5 和表 8-6 可知，城镇区域面积的增加主要由耕地转化而来。1980～2000 年，耕地净转化为城镇面积为 3668.18km²，占总转化面积的 95%，其次是草地 137.03km²，占总转化面积的 4%，林地 48.9km²，占总转化面积的 1%；2000～2016 年，耕地净转化为城镇面积为 8854.9km²，占总转化面积的 78%，草地 1027.1km²，占总转化面积的 9%，水域 716.7km²，占总转化面积的 6%，林地 461.1km²，占总转化面积的 4%，未利用土地 276.8km²，占总转化面积的 2%。

由表 8-5 可知，1980～2000 年，北四河下游平原由耕地转化为城镇区域最多，达 828.31km²，其次为子牙河平原，达 561.17km²，最少的是滦河山区，为 7.02km²；由表 8-6 可知，2000～2016 年，子牙河平原由耕地转化为城镇区域最多，达 1236.7km²，其次为大清河淀东平原，达 1117.4km²，最少的是漳卫河山区，为 197.2km²。

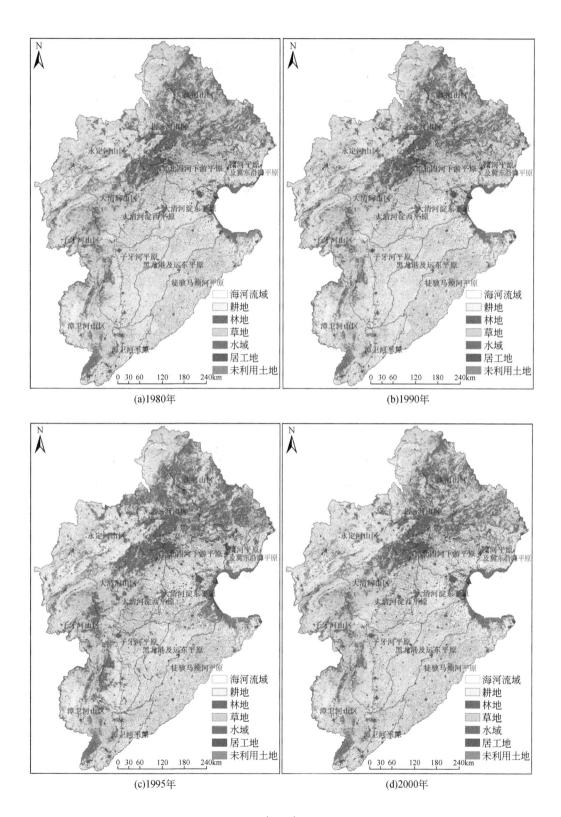

(a)1980年

(b)1990年

(c)1995年

(d)2000年

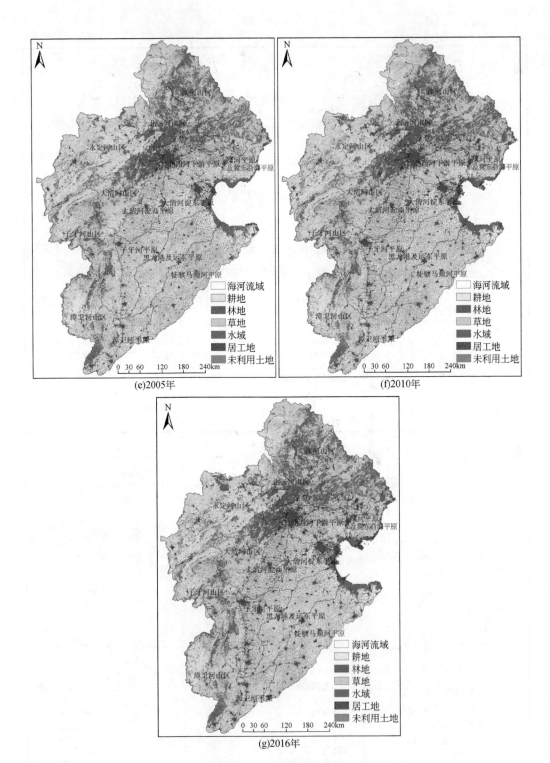

图 8-3　不同时期海河流域土地利用空间分布

表 8-2　海河流域土地利用变化　　　　　　　　　（单位：km²）

土地利用类型	1980 年	1990 年	1995 年	2000 年	2005 年	2010 年	2016 年
耕地	171 037	170 729	160 392	167 909	166 766	162 556	159 423
林地	63 335	62 679	77 226	62 425	62 437	63 259	63 797
草地	64 638	65 067	57 107	64 519	64 159	62 959	62 796
水域	10 076	10 005	10 751	10 745	10 603	10 730	10 060
城镇	21 871	22 499	25 196	25 741	27 626	33 998	37 078
未利用土地	5 022	5 000	5 307	4 640	4 388	2 477	2 825

表 8-3　海河流域 1980～2000 年土地利用转化矩阵　　　　　（单位：km²）

土地利用	耕地	林地	草地	水域	城镇	未利用土地	总计（1980 年）
耕地	165 402	314	172	930	4 096	123	171 037
林地	530	61 810	900	18	76	1	63 335
草地	606	242	63 222	262	150	156	64 638
水域	662	31	39	8 814	226	304	10 076
城镇	428	27	13	222	21 172	9	21 871
未利用土地	281	1	173	499	21	4 047	5 022
总计（2000 年）	167 909	62 425	64 519	10 745	25 741	4 640	335 979

表 8-4　海河流域 2000～2016 年土地利用转化矩阵　　　　　（单位：km²）

土地利用	耕地	林地	草地	水域	城镇	未利用土地	总计（2000 年）
耕地	151 679	1 456	1 144	1 105	12 432	93	167 909
林地	541	60 400	929	33	512	10	62 425
草地	1 231	1 716	59 815	377	1 113	267	64 519
水域	1 108	117	281	7 708	943	588	10 745
城镇	3 577	51	86	226	21 777	24	25 741
未利用土地	1 287	57	541	611	301	1 843	4 640
总计（2016 年）	159 423	63 797	62 796	10 060	37 078	2 825	335 979

表 8-5　海河流域 1980～2000 年城镇区域净转化面积　　　　　（单位：km²）

三级区	林地	水域	耕地	草地	未利用土地
北三河山区	6.06	0.44	62.94	9.66	0
北四河下游平原	11.95	15.80	828.31	9.75	−0.04
大清河山区	2.61	0.02	24.16	6.96	0

三级区	林地	水域	耕地	草地	未利用土地
大清河淀东平原	1.57	81.63	288.41	4.69	3.34
大清河淀西平原	1.97	1.12	507.91	3.82	0
子牙河山区	2.80	1.66	129.24	45.79	1.06
子牙河平原	0	0.52	561.17	0.68	0
徒骇马颊河平原	0.67	23.17	305.47	10.57	4.66
永定河山区	6.18	0.53	177.11	33.81	1.12
滦河山区	9.01	7.98	7.02	2.70	1.70
滦河平原及冀东沿海平原	5.94	-84.58	120.07	7.68	0.01
漳卫河山区	0.13	0.08	52.42	0.92	0
漳卫河平原	0	0	93.05	0	0
黑龙港及运东平原	0.01	-44.05	510.90	0	0
总计	48.90	4.32	3668.18	137.03	11.85

表 8-6   海河流域 2000～2016 年城镇区域净转化面积   （单位：km²）

三级区	林地	水域	耕地	草地	未利用土地
北三河山区	43.6	7.8	208.1	70.2	0.3
北四河下游平原	31.0	66.1	954.3	10.3	8.6
大清河山区	42.9	3.6	213.8	169.9	4.2
大清河淀东平原	33.1	193.8	1117.4	27.7	34.2
大清河淀西平原	7.8	36.9	842.4	8.7	3.2
子牙河山区	48.8	47.1	594.6	170.6	5.8
子牙河平原	-2.3	41.0	1236.7	23.8	-0.1
徒骇马颊河	24.3	-25.6	778.4	85.7	143.3
永定河山区	74.9	21.0	668.2	196.1	12.4
滦河山区	122.1	22.7	520.1	181.0	25.9
滦河平原及冀东沿海平原	28.3	159.1	606.9	50.6	31.3
漳卫河山区	5.7	1.6	197.2	32.4	0
漳卫河平原	0.1	-0.3	236.9	0	0
黑龙港及运东平原	0.8	141.9	679.9	0.1	7.7
总计	461.1	716.7	8854.9	1027.1	276.8

8.2 海河流域 SCS-CN 模型构建与验证

8.2.1 SCS-CN 模型原理

SCS 模型是美国农业部水土保持局在 20 世纪研制的估算降水径流深度的经验模型。该模型以径流形成和发展的水文下垫面为基础,综合考虑降水条件、水文土壤分组、土地利用情况以及前期土壤湿润度（AMC）来研究降水和径流的关系。模拟过程中所涉及的参数较少,对水文资料不齐全的小流域有较好的适用性。

该模型通过 CN 值和逐日降水量模拟流域的地表径流量。CN 值是一个无量纲的参数,基于土地利用类型、水文土壤分组和水文状况（前期土壤湿润度,AMC）综合反映下垫面状况。

$$
\begin{cases}
Q = \dfrac{(P - I_a)^2}{P + S - I_a}, & P \geqslant I_a \\
Q = 0, & P < I_a
\end{cases}
\tag{8-1}
$$

$$
I_a = 0.2S \tag{8-2}
$$

$$
S = \frac{25\,400}{CN} - 254 \tag{8-3}
$$

式中,Q 为直接地表径流量（mm）；P 为逐日降水量（mm）；I_a 为初损值（mm）；S 为最大田间持水量（mm）。

8.2.2 SCS-CN 模型构建

本研究利用海河流域境内 259 个雨量站和 40 个气象站点 1956～2016 年的逐日降水和气温数据、土壤数据以及 1980 年、2000 年、2016 年三期土地利用数据模拟计算海河流域多年平均地表径流量。模拟流程如下:首先,将研究区按照三级分区划分网格；其次,模型以气象站点位置、土壤水文分组及不同时期土地利用数据作为输入,分配到不同的网格上；再次,确定 CN 值,以逐日降水数据驱动模型,模型将降水数据按照泰森多边形分配到栅格,并以式（8-1）进行径流量计算；最后,对模型模拟结果进行统计,得到不同土地利用/覆被情景下的多年平均地表径流量。

1）研究区计算单元划分

以 2km×2km 为单元,将京津冀和海河流域划分为 84 744 个基本网格单元,并将各个网格单元按各个三级区进行划分,以此为基础进行产流计算。由表 8-7 可知,网格数最多

的为滦河山区和永定河山区，分别有 11 290 个和 11 821 个网格；而漳卫河平原最少，仅
有 2431 个网格。

表 8-7　海河流域三级区网格数量

区域	个数	面积/km²
北三河山区	5 100	20 400
北四河下游平原	4 055	16 220
大清河山区	4 495	17 980
大清河淀东平原	3 593	14 372
大清河淀西平原	3 416	13 664
子牙河山区	7 799	31 196
子牙河平原	4 014	16 056
徒骇马颊河平原	8 414	33 656
永定河山区	11 821	47 284
滦河山区	11 290	45 160
滦河平原及冀东沿海平原	2 704	10 816
漳卫河山区	6 386	25 544
漳卫河平原	2 431	9 724
黑龙港及运东平原	5 451	21 804
京津冀（非海河流域）	3 775	15 100

2）降水数据

降水数据采用海河流域范围内的 259 个站点，并利用泰森多边形将各个站点分配到对
应的网格上。

3）土地利用类型数据

海河流域土地利用类型划分为六大类，即耕地、林地、草地、水域、城镇、耕地、未
利用土地。六大土地利用的详细划分见表 8-8。土地利用数据采用由中国科学院地理科学
与资源研究所牵头制作的 30m×30m 精度的多时期土地利用/土地覆盖遥感监测数据库
（CNLUCC），数据在国家资源环境数据库基础上，以 Landsat 遥感卫星数据为主要信息源，
通过人工目视解译。

本研究通过 ArcGIS，利用重分类的六大土地利用栅格数据，将各土地利用面积分配到
每一个网格上。

表 8-8　海河流域土地利用类型划分

土地利用类型	小类
耕地	旱地、水田
林地	有林地、疏林地、灌木林地、其他林地
草地	低覆盖度草地、中覆盖度草地、高覆盖度草地
水域	水库、坑塘、滩地、河渠
城镇	农村居民点用地、工矿、交通和建设用地、城镇用地
未利用土地	裸土地、裸岩石砾地、沙地

4）水文土壤数据

土壤数据来自 FAO 和维也纳国际应用系统分析研究所（International Institute for Applied Systems，IIASA）所构建的世界和谐土壤数据库（Harmonized World Soil Database，HWSD）。根据土壤特性，利用 Soil Water Characteristis 软件计算土壤的最小下渗率，根据表 8-9 的规则，将海河流域土壤分为 A、B、C、D 四类。A 类土壤有 32 796 个网格，B 类土壤有 39 055 个网格，C 类土壤有 12 253 个网格，D 类土壤有 640 个网格。

表 8-9　海河流域土壤水文分组划分

土壤水文组	最小下渗率/（mm/h）	网格数量/个
A	7. 26 ~ 11. 43	32 796
B	3. 81 ~ 7. 26	39 055
C	1. 27 ~ 3. 81	12 253
D	0 ~ 1. 27	640

土壤水文分组的空间分布如图 8-4 所示，利用 ArcGIS 将各土壤水文分组分配到各个网格上。

5）前期土壤湿润度

前期土壤湿润度根据一场降水的前五日总降水量确定。前期土壤湿润度的划分见表 8-10。休眠季节和生长季节由多年日均温度确定，一般日均温度大于 5℃ 的日期为生长期，反之为休眠期。根据海河流域 1956 ~ 2016 年多年平均气温，海河流域一年内的生长期为 3 月 13 日 ~ 11 月 15 日，其他为休眠期。

8. 2. 3　模型模拟及验证

1）模型参数校正

SCS-CN 曲线是根据美国地区气象、土壤及土地利用数据测算得到的经验曲线。在实

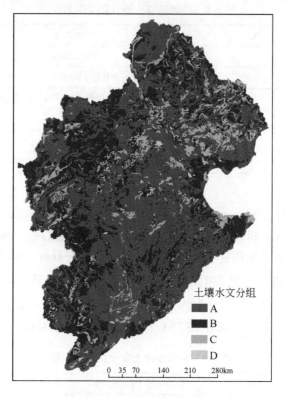

土壤水文分组
■ A
■ B
■ C
■ D

0 35 70   140   210   280km

图 8-4　海河流域土壤水文分组

际应用模型模拟径流量时，需要对模型用户手册查得的模型参数进行校正。一定降水条件下，CN 值越大，产流量越大。

表 8-10　海河流域前期土壤湿润度确定　　　　　　　　　　　（单位：mm）

前期土壤湿润度等级	前五日总降水量	
	休眠季节	生长季节
ACM I	<12.7	<35.56
ACM II	12.7 ~ 27.94	35.56 ~ 53.34
ACM III	>27.94	>53.34

本研究根据 SWAT 模型手册中的 CN_2 值查算表以及相关研究，根据海河流域土壤水文特性和土地利用情况，调算 CN_2 值，得到海河流域适用的中等土壤湿度情况下不同土壤水文分组的 CN_2 值，如表 8-11 所示。CN_1 和 CN_3 由式（8-4）和式（8-5）计算：

$$CN_1 = CN_2 - \frac{20(100 - CN_2)}{\{100 - CN_2 + \exp[2.533 - 0.0636(100 - CN_2)]\}} \tag{8-4}$$

$$CN_3 = CN_2 \exp\left[0.006\,73(100-CN_2)\right] \tag{8-5}$$

表 8-11　海河流域 CN 值

土地利用	土壤水文分组	CN_2	CN_1	CN_3
城镇	A	88	74.6	95.4
城镇	B	90	78.0	96.3
城镇	C	92	81.7	97.1
城镇	D	94	85.8	97.9
林地	A	25	5.0	41.4
林地	B	55	35.3	74.5
林地	C	70	51.2	85.7
林地	D	77	59.3	89.9
水域	A	98	94.9	99.3
水域	B	99	97.4	99.7
水域	C	100	100.0	100.0
水域	D	100	100.0	100.0
耕地	A	76	58.0	89.3
耕地	B	84	68.4	93.6
耕地	C	87	73.0	95.0
耕地	D	89	76.3	95.8
草地	A	73	54.5	87.5
草地	B	75	56.9	88.7
草地	C	82	65.6	92.6
草地	D	87	73.0	95.0
未利用土地	A	77	59.3	89.9
未利用土地	B	86	71.4	94.5
未利用土地	C	91	79.8	96.7
未利用土地	D	94	85.8	97.9

2）模型验证

分别以 1980 年土地利用数据和 1975～1985 年逐日降水数据、2000 年土地利用数据和 1995～2005 年逐日降水数据、2015 年土地利用数据和 2000～2015 年逐日降水数据为输入，模拟计算海河流域的地表水资源。模型结果和实际地表水资源量如图 8-5 所示。

将模拟结果与实际地表水资源量进行比较，SCS-CN 模型模拟值与实际地表水资源量的趋势基本一致，两者误差在 ±20% 之间。

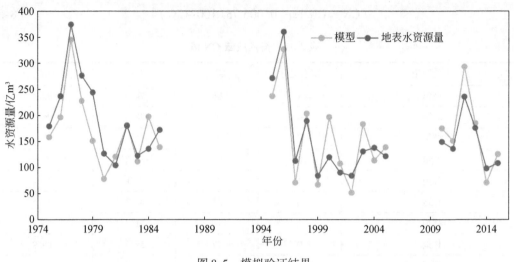

图 8-5 模拟验证结果

3）模型模拟

以海河流域 256 个雨量站点 1956～2016 年逐日降水作为输入，计算在 1980 年、2000 年和 2016 年三期土地利用情况下，各网格多年平均径流深，如图 8-6 所示。平原区的多年平均径流深明显大于山区，而产流深较大的地区多分布于环渤海地区，这一地区水域面积比例较高。

(a)1980年   (b)2000年

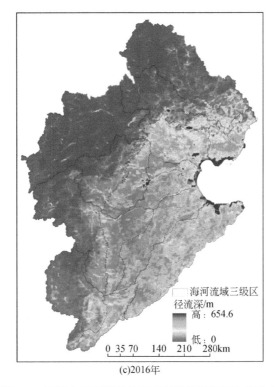

(c)2016年

图 8-6　不同土地利用条件下多年平均径流深空间分布

8.3　城镇化对地表水资源量影响定量解析

以 1980 年、2000 年和 2016 年三期土地利用数据和 1956～2016 年逐日降水数据作为模型输入，计算城镇区域变化对产流的影响，如图 8-7 和图 8-8 所示。1980～2000 年，海

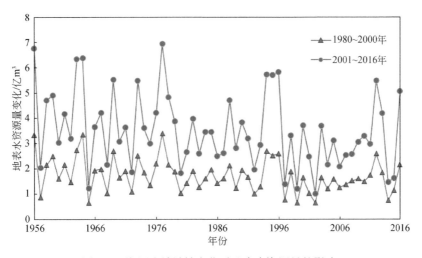

图 8-7　海河流域城镇变化对地表水资源量的影响

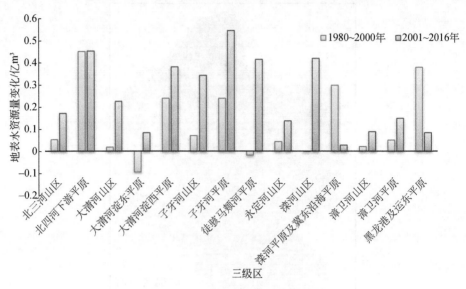

图 8-8　各三级区城镇变化对地表水资源量的影响

河流域和京津冀地区城镇面积增加使得产流量增加了 1.9 亿 m³，北四河下游平原增加最多。2000～2016 年，海河流域和京津冀地区城镇面积增加使得产流量增加了 3.53 亿 m³，徒骇马颊河平原增加最多，滦河平原及冀东沿海平原增加最少。

8.4　本章小结

利用 30m 精度的多个时期土地利用/土地覆盖遥感监测数据库，发现海河流域城镇面积自 1980 年后迅速扩张，1980 年为 2.19 万 km²，2000 年为 2.57 万 km²，到 2016 年增到了 3.71km²，城镇区域面积基本由耕地转化而来。

基于海河流域土地利用的变化，将海河流域划分为 84 744 个基本网格单元，结合土壤数据、降水数据和气温数据，构建 SCS-CN 产流模型，经过调整参数，模型满足要求。计算城镇面积增加对地表水资源量的影响，1980～2000 年，城镇面积增加导致产流量增加 1.9 亿 m³，2000～2016 年，城镇面积增加导致产流量增加 3.53 亿 m³。

第 9 章　近 60 年海河流域地表水资源演变综合归因

前几章逐一分析了降水、蒸散发、水域面积、植被变化、农田耕作、城镇化等因素对地表水资源量的影响。本章将汇总各个因素的影响贡献，综合分析海河流域过去 60 年地表水资源演变的原因、各个时段水资源演变的主导因素并对一些典型的区域水资源变化特点解释其原因。本章采用因素分离方法，该方法将水资源变化划分气候变化和人类活动影响，能够有效回答水资源消耗到哪个环节，更加明确地回答海河流域水去哪儿的问题，但同时也存在各因素影响叠加不闭合的问题。尽管各要素在分离之初已经尽力避免交叉影响，但毕竟水文过程各个因素内部存在千丝万缕的关系，有些甚至是人类尚未发现的关系，在本研究中并未深入考虑。本研究将各个因素的贡献叠加后与各时段水资源衰减量进行对比，将存在的差值归结为地下水位下降等其他因素，并通过构建的分布式水文模型模拟校正。

9.1　海河流域地表水资源演变归因分析

根据海河流域三次水资源评价成果，1956～1979 年（P1 时段）地表水资源量为288 亿 m³，1980～2000 年（P2 时段）地表水资源量衰减到 171 亿 m³，2001～2016 年（P3 时段）进一步衰减到 121 亿 m³。

9.1.1　三次评价水资源衰减原因分析

集合归因分析结果如图 9-1 所示，P2 时段较 P1 时段地表水资源衰减 116.9 亿 m³，其中降水变化贡献为 70 亿 m³，占地表水资源衰减总量的 60%，是首要影响因素。植被变化导致地表水资源衰减的贡献为 21.2 亿 m³，占地表水资源衰减总量的 18%。地下水位下降导致地表水衰减的贡献为 16.7m³，占地表水资源衰减总量的 14%。农田耕作的贡献为10.2 亿 m³，占地表水资源衰减总量的 8.7%。P2 较 P1 时段水域面积减少，意味着 P2 时段水面蒸发损失较 P1 时段更少，相当于增加了水资源量；与水域面积变化相似的是城镇化带来的硬化地面增加，同样是增加了水资源量，两者叠加对地表水资源衰减的贡献为

-3.8 亿 m³。除此之外，还有其他因素对地表水资源衰减的贡献，为 2.6 亿 m³，其他因素包括部分影响因素没有在全区域开展研究。植被变化主要发生在山区，本研究只分析了山区植被变化对地表水资源量的影响，实际情景中平原区也有少量植被恢复，如河道、路网两旁的植被变化没有在本研究中考虑；农田拦蓄仅考虑了平原区农田面积的变化，山区农田与平原区农田拦蓄规律不同，但数量变化较小，本研究没有单独分析山区农田变化对地表水资源量的影响。

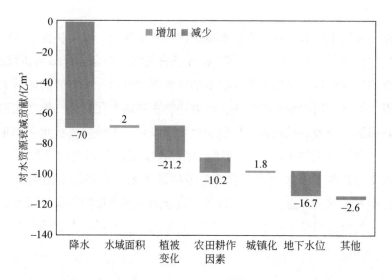

图 9-1　P2 较 P1 时段各因素对地表水资源衰减的贡献

P3 较 P2 时段对比如图 9-2 所示，地表水资源衰减了 49.9 亿 m³，该时段山区植被变化对地表水资源衰减的贡献最多，为 27.8 亿 m³，占 55.7%；其次是降水，贡献 10.8 亿 m³，占 21.6%；农田耕作贡献 5.1 亿 m³，占 10.2%；地下位下降贡献 2.8 亿 m³，占 5.6%；人工水面导致蒸发增加（即水域面积）对地表水资源衰减的影响为 2.8 亿 m³，占 5.6%；硬化地面（即城镇化）导致地表产流增加，对地表水资源衰减的贡献为 -3.5 亿 m³；其他因素对该时段地表水资源衰减的影响为 4.1 亿 m³。

9.1.2　水资源评价未反映的问题

P1 时段内地表水资源变化。由于三次水资源评价结果分别基于 1979 年、2000 年和 2016 年的下垫面条件进行校正，对时段内的变化不能充分反映，尤其在 P1 时段内是水库建设的高峰期，流域内大部分水库在 P1 时段建设完成，故在 1979 年和 2000 年地表水资源量的变化分析中并没有体现水库蒸发损失影响。在 P1 时段内，水库蒸发从 1956 年时段

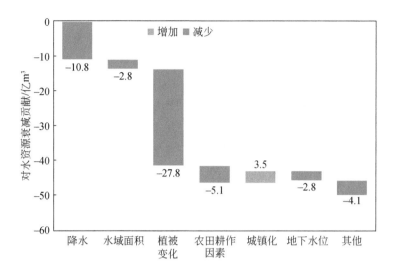

图 9-2　P3 较 P2 时段各因素对地表水资源衰减的贡献

初的 4.8 亿 m^3 增加到时段末的 17.7 亿 m^3，仅此一项就增加了蒸发损失 12.9 亿 m^3。与水库相似的是农田灌溉面积变化，20 世纪 70 年代中期灌溉面积迅速发展，农田产流从时段初的 60 亿 m^3 减少到时段末的 38.2 亿 m^3，减少了 21.8 亿 m^3。

未计入评价体系的水资源。在评价体系中，地表水资源根据河道监测的径流量评价得出，研究在河北平原区调查发现农村地区存在大量的人工坑塘，降水汇入坑塘后就地利用并没有形成河川径流量，脱离于水资源评价体系。本研究通过遥感数据提取了平原区的坑塘水面面积，并计算了坑塘水面蒸发损失量，P2 较 P1 时段坑塘拦蓄水量减少，蒸发损失量减少了 5.8 亿 m^3，P3 较 P2 时段坑塘拦蓄水量增加，蒸发损失量增加了 0.9 亿 m^3。除此之外，水库蒸发在水资源评价体系中考虑，但是河流湖泊蒸发没有在水资源评价体系中考虑，本次研究发现，P2 较 P1 时段河流湖泊面积减少，蒸发损失量减少了 3.5 亿 m^3，P3 较 P2 时段河流湖泊面积增加，蒸发损失量增加了 3.8 亿 m^3。

9.2　海河流域三级区水资源衰减归因

海河流域各三级区地表水资源衰减归因如表 9-1 和表 9-2 所示，P2 较 P1 时段地表水资源衰减了 116.9 亿 m^3，滦河山区衰减最为剧烈，地表水资源衰减了 20.0 亿 m^3，子牙河平原地表水资源衰减较小，为 1.2 亿 m^3，其中大清河山区和漳卫河山区降水减少是水资源衰减的主要因素，占水资源衰减总贡献的 70% 左右；滦河山区和子牙河山区植被变化影响较其他区域更大，对水资源衰减的贡献分别是 5.2 亿 m^3 和 4.6 亿 m^3；徒骇马颊河平原和北四河下游平原地下水位下降的影响较大，对地表水资源衰减的贡献分别为 4.5 亿 m^3

和 2.2 亿 m^3。P3 较 P2 时段地表水资源衰减了 49.9 亿 m^3，滦河山区和北三河山区地表水资源衰减最多，分别为 14.7 亿 m^3 和 10.2 亿 m^3，漳卫河平原和徒骇马颊河平原地表水资源量有所增加，地表水资源量分别增加了 0.2 亿 m^3 和 2.4 亿 m^3，植被耗水增加是该时段地表水资源衰减的主要原因，滦河山区和北三河山区植被变化对地表水资源衰减最为显著，其贡献分别为 10.3 亿 m^3 和 6.9 亿 m^3；滦河山区和大清河山区降水仍在减少，对地表水资源衰减的贡献分别为 3.8 亿 m^3 和 2.8 亿 m^3，但徒骇马颊河平原和黑龙港及运东平原等 5 个三级区 P3 时段降水较 P2 时段降水增加，徒骇马颊河平原降水增加最多，对水资源衰减的贡献为 -2.8 亿 m^3；城镇化在该时段发展迅速，P2 较 P1 时段城镇化对地表水资源增加的贡献为 1.8 亿 m^3，P3 较 P2 时段城镇化对地表水资源增加的贡献增加到 3.5 亿 m^3，但对水资源演变整体的贡献较低。P2 时段以后地下水位变化幅度较上一时段减少，地下水位下降对水资源的影响也减少，徒骇马颊河平原地下水位下降对水资源衰减的贡献最大为 1.0 亿 m^3，但在上一时段，徒骇马颊河平原地下水位下降对水资源衰减的贡献为 4.5 亿 m^3。

表 9-1　P2 较 P1 时段各三级区地表水资源衰减归因　（单位：亿 m^3）

三级区	水资源量	降水	水域面积	植被变化	农田耕作	城镇化	地下水位	其他
滦河山区	20.0	14.4	-0.3	5.2			0.5	0.2
滦河平原及冀东沿海平原	5.1	3.1	-0.2	—	1.2	-0.3	1.3	0
北三河山区	10.8	8.2	0.2	1.7		-0.1	0.3	0.5
永定河山区	7.4	3.5	-0.1	3.3		0	0.5	0.2
北四河下游平原	4.8	1.8	-0.4		1.7	-0.5	2.2	0
大清河山区	15.8	11.9	0	2.8		0	0.7	0.4
大清河淀西平原	1.5	0.3	-0.5	—	1.2	-0.2	0.7	0
大清河淀东平原	1.3	0.5	-0.3		0.4	0.1	0.5	0.1
子牙河山区	14.3	8.6	-0.2	4.6		-0.1	1.0	0.4
子牙河平原	1.2	0.1	-0.1		1.2	-0.2	0.1	0.1
漳卫河山区	16.9	11.7	0.3	3.6	—	0	1.0	0.3
漳卫河平原	3.8	1.0	0.1		1.0	-0.1	1.7	0.1
黑龙港平原	6.4	2.4	-0.2		2.8	-0.4	1.7	0.1
徒骇马颊河平原	7.6	2.5	-0.3	—	0.7	0	4.5	0.2
全流域	116.9	70	-2.0	21.2	10.2	-1.8	16.7	2.6

注：本研究考虑到山区农田占比较少，地下水储蓄能力小，故分析山区水资源衰减归因时，未分析农田耕作和地下水位下降的影响；植被变化主要受水土保持影响，在平原区变化较小，故在平原区未考虑植被变化的影响。

表 9-2　P3 较 P2 时段各三级区地表水资源量衰减归因

三级区	水资源量	降水	水域面积	植被变化	农田耕作	城镇化	地下水位	其他
滦河山区	14.7	3.8	0.4	10.3	—	-0.3	—	0.5
滦河平原及冀东沿海平原	2.6	1.4	0.1	—	0.6	0	0.1	0.4
北三河山区	10.2	2.5	0.7	6.9	—	-0.1	—	0.2
永定河山区	3.9	1.0	-0.1	2.5	—	-0.1	—	0.6
北四河下游平原	2.1	0.6	0.3	—	1.4	-0.5	0.2	0.1
大清河山区	7.6	2.8	0.7	3.7	—	-0.1	—	0.5
大清河淀西平原	0.8	-0.1	-0.2	—	0.3	-0.2	0.6	0.4
大清河淀东平原	2.9	1.2	0.6	—	0.8	-0.2	0.3	0.2
子牙河山区	4.5	1.5	-0.1	3.2	—	-0.3	—	0.2
子牙河平原	0.7	0.9	0.1	—	0.1	-0.5	0	0.1
漳卫河山区	0.8	-0.8	0	1.2	—	-0.1	0.2	0.3
漳卫河平原	-0.2	-0.6	0	—	0.1	-0.1	0.3	0.1
黑龙港及运东平原	1.7	-0.6	0.2	—	1.7	-0.1	0.1	0.4
徒骇马颊河平原	-2.4	-2.8	0.1	—	0.1	-0.9	1.0	0.1
全流域	49.9	10.8	2.8	27.8	5.1	-3.5	2.8	4.1

9.3　研究的不确定性及对未来可能影响

9.3.1　研究的不确定性

本研究采用"分项计算+整体归因"的思路解析历史水资源演变原因,各项要素单独计算对地表水资源衰减的影响,未考虑各因素之间的联系及共同作用对地表水资源的影响,不可避免地带来一定的误差,研究中将这些难以分离的影响归结为其他因素,在三个时段对比中其他因素在全部因素影响的占比分别为2.2%和8.2%,其准确性暂时还无法验证,但是通过对海河流域过去60年影响地表水资源量的主要事件过程的梳理,对主要的影响因素及其贡献都进行了分析,这些因素贡献占绝大部分,基本能够解释海河流域地表水资源衰减的原因,一些影响较小的因素以及因素之间的耦合关系确实也是当前研究的难点,目前还没有较好的分析方法,有待于未来理论和技术的进一步发展。另外,受数据获取和分析等原因,部分因素对水资源量影响的计算精度与实际情况存在误差,如水面变化蒸发的影响,提取的是10月的水面遥感影像,与全年水面面积有所差异,植被遥感采用的是逐月均一 NDVI 值，没有考虑 NDVI 的月内变化，计算结果与实际情况也存在一些差异。

9.3.2　地表水资源衰减中的可逆变化和不可逆变化

影响地表水资源衰减的各项因素中，降水主要受气候变化影响，其客观规律存在周期性波动，海河流域从 20 世纪 90 年代以来降水量显著减少，但 2012 年以来流域降水量回升，根据多个气候模式预测，未来海河流域降水量将持续回升，故我们将降水因素视为可逆变化。除降水因素外，地下水位也存在波动性，随着流域内地下水超采综合治理，从采补平衡到逐步回升，未来地下水位将有明显的上升，因此，地下水位也属于可逆变化。而植被变化、农田耕作和城镇化等因素一般认为不会逆向发展，未来植被盖度、有效灌溉面积和城镇硬化地面大概率只会比现在多，故可视为不可逆变化。在 P3 与 P2 时段的对比中，可逆变化影响为 13.6 亿 m³，占衰减总量的 27%，不可逆变化为 32.2 亿 m³，占衰减总量的 64%。不可逆变化意味着这部分衰减量已成为永久性损失，未来也不会恢复，如果这些因素持续发展，未来流域水资源量可能进一步衰减。

第二部分

海河流域山区植被−土壤水分运移机理与规律

第10章 太行山区岩土二元介质水分运移机制

10.1 岩土二元介质降水–径流–入渗关系

降水是流域水资源的主要来源，对流域内降水的变化特征分析是研究后续水文过程中水资源再分配利用的基础。全球气候变化背景下水文过程的研究表明，在21世纪末，全球气温将持续升高，热浪、强降水事件的发生频率将增加，降水分布状况将呈现"干者愈干，湿者愈湿"趋势。太行山区小流域处于我国半干旱区域，开展降水变化特征分析对未来干旱气候条件下制定水资源管理策略有重要参考意义。

流域单元尺度内降水产流程度的加剧和减弱，就短时间尺度而言，气候变化的影响是有限的，人类活动造成的土地利用变化是影响流域产流的主要原因。申震洲等（2006）分析了天然降水条件下，不同下垫面坡面径流小区的径流量、产沙量、入渗率数据，结果表明，在相同降水强度条件下，裸地小区的径流量最大，为荒草地的6倍，为灌木地的2.4倍，裸地的径流量远大于有林草覆被小区。张升堂等（2004）对比分析了黄土高原水土保持对流域降水径流的影响，结果表明，水土保持综合治理可以明显改变中雨、大雨级的降水产流量，削弱降水–径流型的流域间水分大循环，强化以降水入渗–蒸发型的流域内水分小循环，工程治理措施对径流的拦蓄作用大于植树种草生物治理措施，林草拦蓄降水径流作用具有滞后性。Kang（2001）在流域实验点研究了从裸土到不同植被覆盖及耕作方式下各种坡度、坡长上的降水径流及其土壤侵蚀情况。Sauer（2002）通过径流小区，利用水量平衡方法分析了坡地单元的地表特征、暴雨特性等因素与产流的相互关系。Basic（2001）分析了不同耕作方式下的径流及土壤流失。王兴中（1997）对人工防护林的水文效益进行了评估分析。焦菊英等（1999）利用径流小区对水平梯田的减水减沙效益进行了分析。Tan（2002）分析了耕作对土壤蒸发及地表径流的影响。这些研究不同程度揭示了各种人类活动对降水径流的影响。

10.1.1 坡面径流小区径流量的观测

为了探讨坡面降水径流关系，在自然坡地上选择具有代表性的典型样地，布设两组径流小区，其中一组的大小为 5m×3m，另一组的大小为 20m×5m，两组径流小区均设为有林与无林两种下垫面情况，坡度均为 25°。小区径流量的测定采用自行设计的斜拉翻斗式自记流量测定仪完成（图 10-1）。该流量测定仪主要由流量传感器、脉冲发生器和计数器三部分构成。其中，流量传感器主要由对称式翻斗室、漏斗式承接口、可调减震螺栓、转轴支架和底座等几部分组成，其特征在于被测水流通过漏斗式承接口进入其中一个翻斗室，当达到一定量时，由于整体合力矩方向的突然变化，流量传感器便会自动翻转，使另一翻斗室来承接被测水流，从而保证了水流的连续性。脉冲发生器主要由尼龙绳和固定滑轮组构成，其特征在于尼龙绳的一端固定在计数器的拉杆上，而另一端分为两组，绕过固定滑轮组后，分别固定在翻斗室两端、偏上的某个部位。计数器为一种机械拉动自动进位递加计数器，计数范围 0 ~ 99 999，拉杆角度可以任意调整，拉杆每拉动一次，计数部分跳动一下，逢十进位，掀动回零掀手数字全部复零，该计数器能受较强震动而不影响计数正确。

图 10-1　斜拉翻斗式自记流量测定仪效果图

10.1.2　不同降水条件的地表径流系数

地表径流系数的计算公式如下：

$$\lambda = \beta \frac{R}{P \times s \times \cos\alpha} = \beta \frac{n \times c}{P \times s \times \cos\alpha} \tag{10-1}$$

式中，λ 为地表径流系数（%）；R 为径流总量（mL）；P 为降水量（mm）；n 为翻转次数（次）；c 为翻斗室的单位容积（mL/次）；s 为径流小区的面积（cm^2）；β 为量纲换算系数（1000）；α 为地表坡度（25°）。

首先，将 2007 ~ 2010 年所观测的 18 次降水过程的径流结果分别代入式（10-1），可计算出不同径流小区在每次降水过程中的地表径流系数（表 10-1），其计算结果见表 10-1。在相同降水条件下，有林地与无林地的地表径流系数具有显著差别，无林地的地表径流系数基本为有林地的 3~5 倍。其次，坡面降水、径流特性在不同空间尺度上存在较大差异。再次，最大地表径流系数只有 11.66%，这说明在太行山花岗片麻岩区降水到达地面后，以垂向入渗为主，这就决定了坡地岩土特性的空间变异性对降水入渗及岩土水分再分布将产生重要影响。

表 10-1　各种径流小区地表径流系数的测定结果

序号	降水历时/h	降水量/mm	平均降水强度/（mm/h）	最大降水强度/（mm/h）	地表径流系数/%			
					3m×5m		5m×20m	
					有林	无林	有林	无林
1	25	28.75	1.15	7.5	0	1.23	0	0.15
2	12	16	1.33	4.5	0	0	0	0
3	14	11.75	0.84	4.5	0	0	0	0
4	5	16.5	3.3	25.5	0	1.69	0	0.18
5	5	7.25	1.45	6	0	0	0	0
6	22	60	2.73	13.5	0.87	4.36	0.02	0.33
7	0.5	11.25	22.5	30	0	1.52	0	0.17
8	44	35.3	0.8	10.5	0	1.76	0	0.19
9	3.4	10.75	3.14	58.5	0	1.67	0	0.18
10	31	170.25	5.5	27	1.89	6.85	0.13	0.53
11	8.5	13.5	1.59	36	0	0	0	0
12	21	63	2.95	129	1.84	8.96	0.08	0.48
13	1.33	32.75	24.6	105	2.93	10.01	0.10	0.51
14	20.5	75.3	3.68	66	4.46	11.66	0.09	0.49
15	38	80.5	2.11	36	1.47	6.31	0.09	0.47
16	6.9	19.8	2.86	34.5	2.12	9.49	0.04	0.28
17	11.57	29.4	2.54	19.5	1.84	6.26	0.04	0.31
18	8.59	12.2	1.42	15	0	0	0	0

注：最大降水强度是根据实际 10min 的降水量计算得到。

10.2　不同土地利用类型岩土入渗特性

10.2.1　测定装置及方法

采用自行设计的恒压双环入渗仪（一种便携式土壤恒压入渗仪，专利号

ZL200920103433.4)，在牛家庄流域内按照土地利用方式和地形地貌进行多点岩土入渗速率的实测研究。具体步骤：第一，固定恒压双环入渗仪的双环及供水装置，并通过导管将两部分连接起来；第二，使供水箱的阀门处于关闭状态，向供水箱内灌水，利用笔记本电脑，通过 USB 通信连接器（BASE-U-4）及相应软件，启动 HOBO 水位温度自动记录仪，并将其放入供水箱的底部，同时，启动另一只 HOBO 水位温度自动记录仪，并将其放在附近，用于同步测定大气压的动态变化；第三，用一块塑料布铺垫在内环的底部及四周，向内环里加水至浮球阀被顶起；第四，向外环里加水，打开供水箱的阀门，并立即将塑料布抽出，入渗实验开始，记录开始时间。

10.2.2　河谷冲积层的入渗特性

根据河滩冲积物的颗粒级配曲线（图 10-2），可以求得河滩冲积物的不均匀系数 Cu 为 23.96，说明土样中包含的粒径级数较多，粗细粒径之间的差别较大，颗粒级配曲线的曲率系数 Cc 为 0.335，级配不良。根据河滩冲积物的入渗过程曲线（图 10-3），可以看出初始入渗速率为 16.5mm/min 左右，稳定入渗速率为 7.8mm/min 左右，30min 内的累计入渗量为 342mm。

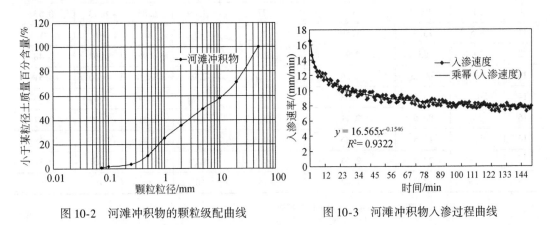

图 10-2　河滩冲积物的颗粒级配曲线　　　　图 10-3　河滩冲积物入渗过程曲线

10.2.3　台地（梯田）的入渗特性

根据台地土壤的颗粒级配曲线（图 10-4），可以求得台地土壤的不均匀系数 Cu 为 8.21，说明土样中包含的粒径级数较多，粗细粒径之间的差别较大，颗粒级配曲线的曲率系数 Cc 为 0.81，级配不良。根据台地土壤的入渗过程曲线（图 10-5），可以看出初始入渗速率为 4.5mm/min 左右，稳定入渗速率为 0.65mm/min 左右，30min 内的累计入渗量为 74.7mm。

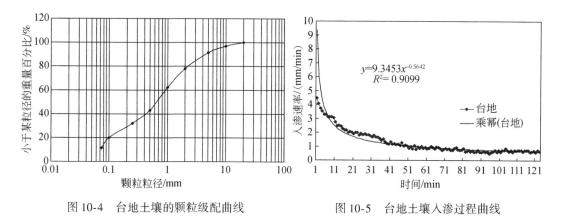

图 10-4 台地土壤的颗粒级配曲线 　　　　图 10-5 台地土壤入渗过程曲线

10.2.4　自然坡地的入渗特性

根据自然坡地全风化岩土的颗粒级配曲线（图 10-6），可以求得全风化岩土的不均匀系数 Cu 为 7.54，说明土样中包含的粒径级数较多，粗细粒径之间的差别较大，颗粒级配曲线的曲率系数 Cc 为 1.02，级配良好。根据自然坡地入渗过程曲线（图 10-7），可以看出初始入渗速率为 37.5mm/min 左右，稳定入渗速率为 8.8mm/min 左右，30min 内的累计入渗量为 610.4mm。

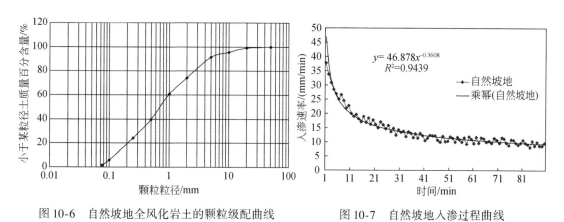

图 10-6 自然坡地全风化岩土的颗粒级配曲线 　　　图 10-7 自然坡地入渗过程曲线

上述结果进一步证实自然坡地具有较强的入渗能力，同时也说明台地在增加土壤入渗能力方面具有较大的潜力。

10.3 不同下垫面对降水–径流–入渗关系的影响

本节基于蒸渗仪，通过人工模拟降水，利用时域反射仪（time-domain reflectometer，TDR）与翻斗式自记流量测定仪，研究了不同下垫面条件对降水–径流–入渗关系的影响，并对水量转化的特征进行了分析。

10.3.1 材料与方法

1）试验设备与装置

本试验所采用的设备共包括水平式和倾斜式蒸渗仪各一组，每组均由三个蒸渗仪构成。其中，水平式蒸渗仪的尺寸为260cm（长）×150cm（宽）×120cm（高）；倾斜式蒸渗仪的尺寸为300cm（长）×150cm（宽）×120cm（高），坡度为30°。在每个蒸渗仪中，分三个不同深度（30cm、60cm、100cm）埋设有双针式TDR水分传感器（CS615），具体情况如图10-8和图10-9所示。

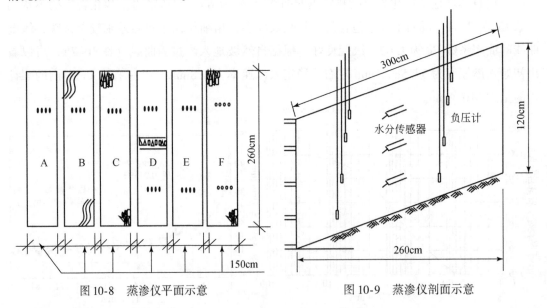

图10-8　蒸渗仪平面示意　　　　　　图10-9　蒸渗仪剖面示意

2）试验设计

水平式蒸渗仪的表面设有两种不同的处理及一个对照，即表面铺设小石子（C）、表面铺设玉米秸秆（B）、保持原状（A）；而倾斜式蒸渗仪的表面也设两种不同的处理及一个对照，分别为表面铺设小石子（F），在蒸渗仪的纵向中央部位布设宽15cm、深50cm的下渗墙（D），保持原状（E），具体如图10-8和图10-9所示。

供试介质为褐土，土壤容重为 $1.56 g/cm^3$，密度为 $2.67 g/cm^3$，饱和含水率为 46%，具体见表 10-2。

表 10-2　蒸渗仪下垫面及土壤物理参数

蒸渗仪代号	蒸渗仪形式	覆盖处理	土壤物理参数		
			容重/（g/cm^3）	密度/（g/cm^3）	饱和含水率/%
A	水平	裸地	1.56	2.67	46
B	水平	秸秆	1.56	2.67	46
C	水平	小石子	1.56	2.67	46
D	倾斜	下渗墙	1.56	2.67	46
E	倾斜	裸地	1.56	2.67	46
F	倾斜	小石子	1.56	2.67	46

3）观测内容与方法

人工模拟降水装置采用日本产喷雾式软管，水源利用高水位池自压供水，水头压力控制在 30m，降水强度为 30mm/h，降水持续时间为 3h，从 14:00 开始到 17:00 结束。观测项目主要有土壤水分，地表产流量及过程，壤中流、地下径流量及过程和土壤水势。其中，降水强度的监测采用美国产翻斗式自记数字雨量计（精度 0.245mm）和 HOBO 型事件记录仪完成，土壤水分的监测采用双针式 TDR 水分传感器（CS615）和 CR10X 型数据采集器完成，土壤水势的监测采用水银柱负压计完成，地表径流与地下径流的监测采用翻斗式自记流量测定仪完成。

10.3.2　土壤水分对覆盖与坡度的响应

根据不同下垫面条件下土壤水分变化的过程曲线（图 10-10）可以看出，首先在相同覆盖条件下，水平式蒸渗仪的土壤水分变化较倾斜式蒸渗仪的土壤水分变化要剧烈，这主要是由于坡度有利于地表径流的产生，地表径流的产生在一定程度上抑制了坡地土壤水分的变化。其次在 6 种处理中浅层的土壤水分变异不大，只是覆盖处理的土壤水分在达到最大值后有较为明显的下降趋势，而裸地处理的土壤水分在达到最大值后长时间保持较高的状态；而深层的土壤水分变异较大，在同一坡度下，经过地表覆盖处理的土壤水分变化较裸地剧烈，并可观测到土壤水分变化的滞后现象，尤其是用小石子覆盖处理的土壤水分变化的滞后现象十分显著。从倾斜式蒸渗仪看，裸地的土壤水分变化仅在 30cm 以上的地方观测到，而在其以下深度的地方自始至终没有发生变化，这意味着降水几乎没有渗入地下，一部分作为地表径流流出蒸渗仪，另一部分则主要储存在坡地表层 30cm 的范围内。经过小石子处理的倾斜式蒸渗仪的土壤水分变化显著，说明雨水下渗在一定程度上抑制了地表产流的发生。再次在设有下渗墙的倾斜式蒸渗仪中，上下两个 30cm 处的土壤水分变化基本上没有差异，但上下两个 60cm 处的土壤水分变化存在较大差异，其中上部只是在降水结束一段时间后才有缓慢地上升，而下部在降水过程的中期就开始有急剧上升，这说明在下渗墙以上部分出现的地表径流通过下渗墙入渗到了地下；另外，上部 100cm 处的土壤水分在降水过程中也有一定程度的上升，这在无下渗墙条件下是不可能的，因为 60cm 处的土壤水分在这一时刻之前并没有增加，这说明下渗墙的设置不仅对下部的深层土壤水分产生了影响，同时对上部的深层土壤水分也产生了一定影响，由此可见，在裸地上建造下渗墙能够促进雨水的下渗，同时可以达到最大限度地减少地表土壤侵蚀的效果。

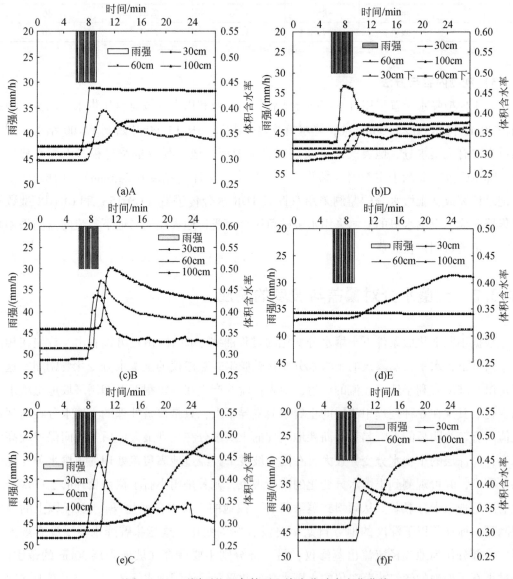

图 10-10　不同下垫面条件下土壤水分动态变化曲线

10.3.3 不同下垫面条件下地下径流过程的变异特征

在地下径流过程对下垫面的响应关系如图 10-11 所示。首先地下径流过程对坡度具有显著响应，在水平式蒸渗仪中，地下径流的过程线基本呈正态分布，而在倾斜式蒸渗仪中，地下径流的过程线呈正偏态分布。在相同覆盖条件下，倾斜式蒸渗仪的地下径流相对于水平式蒸渗仪而言，明显缩短了对降水的响应时间，同时延长了地下径流的总时间。以裸地为例，在水平式蒸渗仪中，地下径流在降水开始后 5h 左右有响应，在 71h 后达到峰值，地下径流总时间在 161h 左右，而在倾斜式蒸渗仪中，地下径流在降水开始后 1h 左右有响应，在 55h 左右后达到峰值，地下径流总时间在 211h 左右。

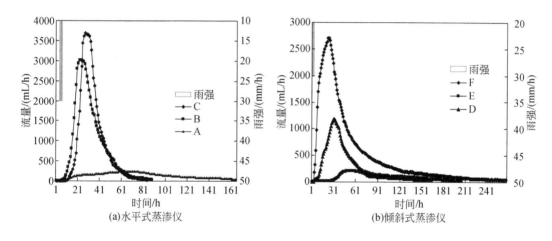

(a)水平式蒸渗仪　　　　　　　　　　　(b)倾斜式蒸渗仪

图 10-11　地下径流对覆盖及坡度的响应关系曲线

其次地下径流对覆盖也具有显著响应，在相同坡度下覆盖处理明显加大了地下径流的流量峰值与总径流量，同时在倾斜式蒸渗仪中还明显延长了地下径流总时间。其中在水平式蒸渗仪中，经秸秆覆盖的地下径流的最大峰值流量与总径流量分别达到了 3000mL/h 和 73.70L，经石子覆盖的地下径流的最大峰值流量与总径流量分别达到了 3600mL/h 和 72L，而裸地处理的地下径流的最大峰值流量与总径流量分别只有 230mL/h 和 21.6L；在倾斜式蒸渗仪中，经小石子处理的地下径流的最大峰值流量与总径流量分别达到了 2700mL/h 和 131L，而裸地处理的地下径流的最大峰值流量与总径流量分别只有 210mL/h 和 13L。最后综合覆盖及坡度对地下径流的影响，可以看出坡地上覆盖小石子在 6 种处理中最有利于降水向地下径流的转化。

10.3.4 不同下垫面条件下水量转化的变异特征

第一，在降水-地表径流转化方面，坡度具有明显增加地表径流的作用（表10-3），而覆盖对地表径流的影响只体现在倾斜式蒸渗仪中，覆盖与对照相比地表径流减少了5.72个百分点，另外，下渗墙处理对减小地表径流的效果也相当明显。

表 10-3 不同下垫面条件下水量转化的变异特征

蒸渗仪代号	蒸渗仪形式	覆盖条件	降水量/mm	地表径流		地下径流		总径流量		土壤水/mm
				径流深/mm	径流系数/%	径流深/mm	径流系数/%	径流深/mm	径流系数/%	
A	水平	裸地	90	0	0	5.5	6.11	5.5	6.11	84.5
B	水平	秸秆	90	0	0	18.4	20.44	18.4	20.44	71.6
C	水平	小石子	90	0	0	18.9	21	18.9	21	71.1
D	倾斜	下渗墙	90	13.8	15.33	12.7	14.11	26.5	29.44	63.5
E	倾斜	裸地	90	22.9	25.44	3.3	3.67	26.2	29.11	63.8
F	倾斜	小石子	90	17.7	19.67	33.7	37.44	51.4	57.11	38.6

第二，在降水-土壤水转化方面，裸地处理条件下土壤水（0~120cm）的转化效率虽然最高，但土壤水分主要积聚在土壤的表层，因此土壤水的有效性并不大，同时也不利于土壤水分的合理利用；小石子处理条件下土壤水（0~120cm）的转化效率虽然最小，但土壤水分主要通过深层渗漏以地下渗流的形式流出蒸渗仪，这说明降水能够顺利地到达土壤的深层部位，因此土壤水的有效性较大，同时也有利于土壤水分的保护与利用。

第三，在降水-地下渗流转化方面，地下渗流对坡度的响应不明显，但对覆盖的响应较为显著，在水平式蒸渗仪中，秸秆覆盖与小石子覆盖对增加地下渗流的效果均较为显著，比对照分别增加了将近15个百分点；在倾斜式蒸渗仪中，小石子覆盖对增加地下渗流的效果最为显著，其次是下渗墙，两者地下渗流系数比对照分别增加33.77个百分点和10.44个百分点。

第四，在降水-总径流转化方面，首先，坡度有利于总径流的产生，在相同覆盖条件下倾斜式蒸渗仪的径流系数比水平式蒸渗仪的径流系数高出25个百分点；其次，覆盖处理对增加总径流量也具有重要作用，其中在水平式蒸渗仪中，秸秆覆盖与小石子覆盖的效果基本相同，径流系数高出对照近15个百分点，在倾斜式蒸渗仪中，小石子覆盖的效果最为显著，高出对照近30个百分点。另外，由表10-3可以看出，在水平式蒸渗仪中，总径流量全部由地下渗流构成，不会对土壤造成侵蚀；在倾斜式蒸渗仪中，裸地处理条件下，总径流量基本全由地表径流构成，而小石子处理条件下，地下渗流占 2/3 左右。

10.4 岩土二元介质坡地岩土水分动态及时空变异特征

裂隙岩体渗流（裂隙水）作为山区地下水的主要类型之一，由苏联著名的水文地质学家 Ф. П. Саваренский 在 1935 年就明确提出，但是由于裂隙介质含水层自身蓄水构造的复杂性、多变性等多方面的原因，供水能力一般较差，在传统的水资源开发利用形式下难以作为集中供水的水源地，同时对裂隙水补、径、排运动过程及动力学特性等方面的研究相对孔隙水和岩溶水而言，也处于比较薄弱的环节。近年来，随着全球性水资源短缺局势的不断发展和节水技术、理论的不断成熟与完善，以及城市供水源不断上移、外扩，开发、利用风化裂隙岩体中的裂隙水资源已经受到山区人们的普遍关注；同时，植被的根系，特别是乔木的根系主要分布在风化岩体的裂隙中，其蒸腾耗水主要依靠裂隙水的补给，因此，研究裂隙岩体渗流的动态变化及影响因素，可以进一步明晰饱和、非饱和裂隙岩体渗流的运动规律及岩土水分的有效性，从而充分发挥风化裂隙水在生产、生活及生态用水中的积极作用。

10.4.1 不同时刻坡地岩土水分的垂向特征

图 10-12 给出了坡地岩土水分在 2004 年不同时刻的垂向特征。从图 10-12 可以看出，在雨季来临前（1~180 天），由于强烈的土壤蒸发，坡地岩土水分剖面基本呈直线形状，并随岩土埋深的增加而增大；在雨季到来后（210~270 天），由于降水的作用，坡地岩土水分均有不同程度的增加，但埋深 50cm 处的岩土水分增量较大，并始终处于最高的状态，特别是在降水过程中（225 天）含水率达到了 60% 以上的过饱和状态，并形成了暂时饱和区；当雨季过后（270~360 天），坡地岩土水分开始回落，但埋深 50cm 处的岩土水分在较长时间内处于最高的状态。另外，对比 2004 年初与年末的坡地岩土水分，可以看出深层的岩土水分存在较大差距，年末明显低于年初。出现这种现象的原因主要是降水，2003 年、2004 年两年的年降水量基本相同，但年内分配却存在较大差距，2003 年最大的一场次降水过程发生在 10 月中旬，而 2004 年 10 月以后基本上未再发生降水，因此，秋季发生强降水过程有利于为来年植被的生长提供良好的水分条件。

10.4.2 坡地暂时饱和区的形成机理

通过上述坡地岩土水分空间变异性的分析发现，坡地埋深 50cm 处的年平均单位体积

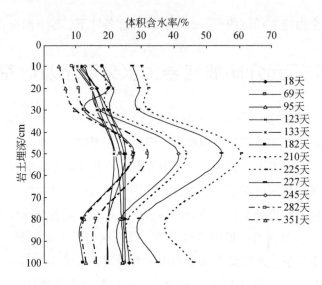

图 10-12　不同时刻坡地岩土水分的垂向特征

含水率及月平均单位体积含水率在坡地表层 0 ~ 100cm 范围内均是最高的，特别是在丰水年及雨季；同时在坡地 50cm 埋深处存在暂时饱和区，该暂时饱和区的水分状态在强降水过程中可以达到饱和或过饱和状态。下面从坡地水文地质结构特性与强降水过程对暂时饱和区的形成机理进行探讨。

1. 坡地水文地质结构特性为暂时饱和区的形成提供了地质条件

岩土水分特征曲线受质地、结构等多种因素的影响，因此，可以根据坡地岩土水分特征曲线来分析坡地的结构特征。为了进一步探讨坡地的水文地质结构特征，对坡地不同深度的岩土水分及岩土水吸力进行了测定，并利用 SPSS 统计软件对两者进行了回归拟合分析，结果如表 10-4 所示，从判定系数（R^2）与 99% 概率 $F_{0.01}$ 检验来看，回归方程均较为显著。根据表 10-4 的回归方程，绘制出了坡地不同深度的岩土水分特征曲线，如图 10-13 所示。

表10-4　不同深度岩土水分及水吸力关系的回归拟合分析表

埋深/cm	回归方程	R^2	样本个数	$F_{计}$	$F_{0.01}$
10	$S = 124\ 712\theta^2 - 38\ 231\theta + 2955$	0.9809	56	918.80	0
20	$S = 17\ 625\theta^2 - 13\ 333\theta + 2473.1$	0.9777	57	901.51	0
30	$S = 26\ 810\theta^2 - 15\ 363\theta + 2238.3$	0.9742	53	922.38	0
50	$S = 49\ 221\theta^2 - 30\ 755\theta + 4837.4$	0.9862	43	784.36	0
80	$S = 65\ 042\theta^2 - 40\ 147\theta + 6210.3$	0.9767	45	685.90	0
100	$S = 43\ 984\theta^2 - 28\ 612\theta + 4675.2$	0.9864	55	1145.98	0

注：θ 代表体积含水率，S 代表岩土水吸力。

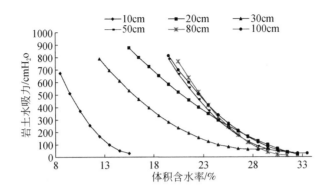

图 10-13　坡地不同深度岩土水分特征曲线

从图 10-13 可以看出，坡地不同深度的岩土水分特征曲线存在很大的差异。假如坡地岩土为单一、均匀介质，即坡地岩土的质地与结构相同，则不同深度的岩土水分特征曲线应重合为同一条曲线，而事实却呈现出多条的态势，这说明坡地岩土并非单一、均匀介质，而是由不同质地、不同结构的复杂介质构成。其中，50cm、80cm 及 100cm 埋深处的水分特征曲线基本上是重合的，这说明 50～100cm 的岩土其质地与结构特性基本是一致的；而 10cm、20cm、30cm 3 个浅埋深处的水分特征曲线却分异性较大，且随深度呈非一致性变化。以岩土水吸力在 500cmH$_2$O 时为例，此时埋深 10cm、20cm、30cm、50cm、80cm、100cm 处的体积含水率依次为 9%、20.2%、15.3%、21.5%、22.2%、22%。其中，20cm 埋深处的体积含水率均高于 10cm 和 30cm 埋深处。在同一岩土水吸力条件下，造成不同深度处岩土体积含水率不同的主要影响因素有岩土介质的质地和结构，这里 20cm 埋深处的土壤体积含水率偏高，主要是由于该层土壤的结构较其上、下层土壤均密实。从图 10-13 还可以得出，坡地各层岩土的干容重（γ）的大小关系，仍以岩土水吸力在 500cmH$_2$O 时为例，即有 $\gamma_{80cm} > \gamma_{100cm} > \gamma_{50cm} > \gamma_{20cm} > \gamma_{30cm} > \gamma_{10cm}$，此结果与表 10-3 中实测的各层岩土的干容重的大小关系是基本相同的。

2. 强降水过程为暂时饱和区的形成提供了水文条件

坡地岩土水分对降水具有显著响应，特别是在强降水条件下。为了探讨降水入渗与岩土水分再分布特征，根据实测降水资料和岩土水分资料绘制出了坡地岩土水分对不同降水过程的响应关系曲线。

图 10-14 给出了 2004 年 4 月下旬至 5 月初发生的三次降水过程曲线。第一次降水过程的时间为 4 月 25 日 12：00～26 日 1：20，历时 13h，降水量为 26.75mm，平均降水强度为 2mm/h，最大雨强为 6mm/h；第二次降水时间为 4 月 29 日 16：40～30 日 5：20，历时 13h，降水量为 18.25mm，平均降水强度为 1.4mm/h，最大雨强为 3.75mm/h；第三次降水时间

为 5 月 2 日 11:20 ~ 3 日 0:20，历时 13h，降水量为 11mm，平均降水强度为 0.85mm/h，最大雨强为 3mm/h。三次降水过程合计降水量为 56mm，平均三次降水过程均开始于白天，停止于夜间。根据降水强度分级标准可知，三次降水均为中到大雨。

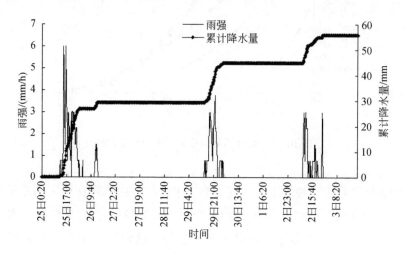

图 10-14　2004 年 4 月下旬至 5 月初降水过程曲线

图 10-15 给出了 2004 年 4 月 25 日 ~ 5 月 2 日坡地 10 ~ 80cm 处的岩土水分变化过程。从图 10-15（a）可以看出，坡地 10cm、20cm、30cm 处的岩土水分变化对三次降水过程均具有明显的响应，并且响应随深度的增加而滞后和变缓；10cm 处岩土水分在降水结束后存在明显的下降趋势，而 20cm 和 30cm 处的岩土水分下降趋势不明显，特别是 30cm 处。从图 10-15（b）可以看出，80cm 处的岩土水分变化对三次降水过程没有响应，并且还有略微下降的趋势，50cm 处的岩土水分在三次降水过程中虽有增加，但不是很明显。

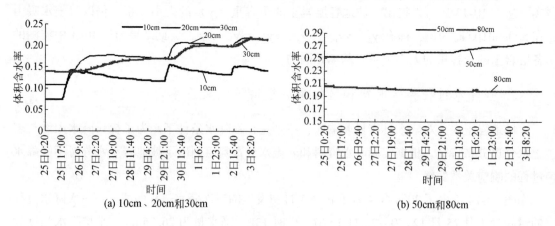

图 10-15　坡地岩土水分变化曲线

10.4.3 裂隙网络优先流的形成机制

前面对坡地岩土水分的时空变异性及暂时饱和区的形成机理进行了定性分析，为了进一步说明坡地表层非饱和裂隙岩体渗流的运动特征，在此假设坡地表层为均匀介质，并根据等效连续介质模型，进行了降水过程中以及降水过程前后一定时段内不同时刻的坡地岩土（0~100cm）水分增量的分析与计算。选取从降水前（2004 年 8 月 8 日 00:20）到降水后（2004 年 8 月 18 日 00:20）为分析计算时段，分析该时间段内小流域坡地 100cm 范围内，不同时刻的岩土层水分增量情况。

计算公式如下：

$$W_{增,t} = \alpha \times \sum_{i=1}^{5} \left[(Q_{t,i} - Q_{1,i}) \times h_i \right] \tag{10-2}$$

式中，$W_{增,t}$ 表示降水过程中以及降水结束后，坡地 100cm 范围内不同时刻 t 的岩土水分增量（mm）；$Q_{t,i}$ 表示降水过程中以及降水结束后，坡地 100cm 范围内不同时刻 t 各层的体积含水率（%）；$Q_{1,i}$ 表示降水前（2004 年 8 月 8 日 0:20），坡地 100cm 范围内各层的体积含水率（%）；h_i 为分层计算岩土层的厚度（cm）；α 为单位换算系数（0.1）。

在式（10-2）中，根据 TDR 探头的具体埋设位置，h_i 分别为 15cm、10cm、15cm、25cm、25cm、10cm，这样式（10-2）中只有 $Q_{1,i}$、$Q_{t,i}$ 为未知数，因此，只要通过 TDR 测得坡地 100cm 范围内不同时刻 t 各层的体积含水率，便可求得坡地 100cm 范围内不同时刻 t 的岩土水分增量。

图 10-16 给出了根据式（10-2）计算出的不同时刻坡地岩土（100cm 范围内）的水分增量变化曲线。某一时刻的水分增量在此定义为，该时刻岩土（100cm 范围内）水分含量与 2004 年 8 月 8 日 00:20 的岩土（100cm）水分含量之差。从图 10-16 可以看出，在整个降水过程中，坡地岩土的水分增量共出现三次峰值，最大一次达到了 168.6mm，出现在 8 月 11 日 13:20，此时正是第二次主要降水过程的结束时刻，累计降水量为 110mm，水分增量明显大于累计降水量。这种现象的出现说明上述有关太行山坡地为均匀介质的假设是不正确的，降水入渗过程也不是均匀的；同时，也证明了太行山坡地介质的非均匀性和空间变异性，以及裂隙岩体渗流"优先流"的存在。出现这种现象的原因主要有三点：

第一，由于"岩土二元结构体"坡地介质的非均匀性和空间变异性，TDR 所测得的结果为某一点的体积含水率，不能代表一层（20cm）的体积含水率。

第二，降水入渗水量首先集中在 TDR 附近，要想达到每层内（20cm）岩土水分的均一化，还需要一定的时间和过程。

第三，在坡地降水入渗过程中，100cm 以下的岩土水分向上运移，补给 100cm 范围内的岩土。太行山坡地被一层"上覆土壤、下伏岩石"的"岩土二元结构体"所覆盖，其中裂隙岩体层中存在着各种各样的裂隙面，在降水入渗过程中水分并非均匀下渗，而主要是通过裂隙面来进行的，在此过程中，岩块也不断地吸收裂隙中的水分。因此，在存在"优先流"的非饱和裂隙岩体渗流的计算中等效连续介质模型是不合理的，应充分考虑岩块与裂隙网络的不同，并分别计算岩块和裂隙网络中的水分变化。此外，四次主要降水过程在坡地岩土水分变化过程中均有明显的响应，其中在第一次降水过程结束后，岩土水分增量未出现下降，而其他三次均出现明显的下降趋势。

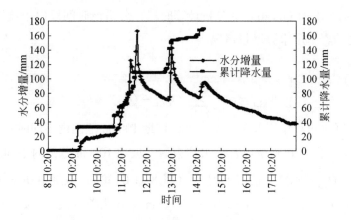

图 10-16　不同时刻坡地岩土水分增量变化曲线

10.5　裂隙岩体渗流动态及对生态系统的响应关系

10.5.1　裂隙岩体渗流的动态变化过程

图 10-17 给出了 2009 年全年的裂隙岩体渗流的动态变化过程曲线，数据的时间步长为 20min。从图 10-17 可以看出，渗流的变化过程并非一条完整的线，而是在一定时间段内形成一个区间，具体情况如下，1 月 1 日（1 天）～4 月 11 日（101 天），渗流的变化较为平稳，变幅也较小，渗流的变化可以看成是一条线；4 月 12 日（102 天）～8 月 21 日（233 天），渗流的变化开始明显增大，变幅也较大，主要表现为渗流的下降，部分时间渗流甚至为 0，渗流的变化已经不是一条线，而是一个区间；8 月 22 日（234 天）～10 月 28 日（301 天），渗流的变化属于强烈变化期，主要表现为渗流的先上升后下降，最大值达到了 1444.5mL/min；10 月 29 日（302 天）～11 月 23 日（327 天），渗流属于缓慢上升期，渗流流量从 615mL/min 上升到 800mL/min，并且变幅较小，渗流的变化基本上又恢复

成一条线；11 月 24 日（328 天）～12 月 31 日（365 天），渗流的变化较为平稳，变幅也较小，基本上也是一条线。

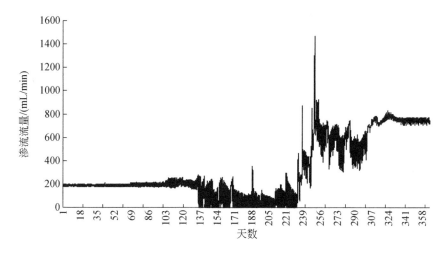

图 10-17　2009 年裂隙岩体渗流的动态变化过程曲线

根据上述分析，从渗流变幅角度看，2009 年渗流全年的变化可分为三个阶段：第一阶段（1 月 1 日～4 月 11 日）平稳期；第二阶段（4 月 12 日～10 月 28 日）巨变期；第三阶段（10 月 29 日～12 月 31 日）平稳期。这与流域植被的生长季节及非生长季节的划分基本是一致的，这说明渗流的变化与流域植被的生长情况关系密切。

图 10-18 给出了 2010 年全年裂隙岩体渗流的动态变化过程曲线，数据的时间步长同样为 20min。从图 10-18 可以看出，渗流的变化过程并非一条完整的线，而是在一定时间段

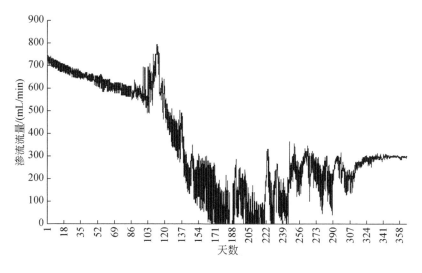

图 10-18　2010 年裂隙岩体渗流的动态变化过程曲线

内形成一个区间，具体情况如下，1月1日（1天）～4月7日（97天），渗流过程呈平稳下降趋势，同时变幅也较小，渗流的变化过程可以看成是一条线；4月8日（98天）～4月23日（113天），渗流过程出现了急剧上升的变化趋势，4月24日（114天）～11月8日（312天），渗流的变化过程主要表现为先下降后上升，其中6月18日（169天）～8月27日（329天）的部分时间段内渗流甚至为0，渗流的变化已经不是一条线，而是一个区间；11月9日（313天）～12月31日，渗流的变化过程呈缓慢上升的趋势，并最终基本稳定在300mL/min。

根据上述分析，从渗流变幅角度看，2010年渗流全年的变化过程也可分为三个阶段：第一阶段（1月1日～4月7日）平稳期；第二阶段（4月8日～11月8日）巨变期；第三阶段（11月9日～12月31日）平稳期。这与流域植被的生长季节及非生长季节的划分基本是一致的，这说明渗流的变化与流域植被的生长情况关系密切。同时，2010年4月8日（98天）～4月23日（113天）渗流过程所出现的急剧上升的变化趋势，是个例，还是普遍存在？原因何在？该问题的出现应该与2010年3月岩土水分的上升有关，其根本原因应该还是发生在2009年11月11～12日的那场65mm的降雪过程，降雪融水入渗到岩土层后，由于气温与地温均较低，水分运动黏滞系数较大，而渗透系数较小，最终造成2009年12月～2010年2月岩土水分运动基本停止，岩土水分被滞留在岩土层中，到2010年2月底3月初时，随着气温与地温的不断升高，岩土水分运动开始变得活跃，从而导致岩土水分含量及裂隙岩体渗流在随后的一段时间内出现急剧上升的变化趋势。

对比2009年与2010年两年的渗流变化过程曲线，两年的相同之处在于：第一，渗流变幅的变化情况基本上是一致的，从4月10日前后开始增大，到11月1日前后又开始减小；第二，在5月下旬至8月下旬的部分时间段内渗流流量有探底的现象，不过每次探底的连续时间一般不超过10h。两年的不同之处在于：渗流的流量在年际间同样存在较大差异，首先，2009年渗流的瞬时最大流量达到1444.5mL/min，出现在雨季，而2010年渗流的瞬时最大流量还不到800mL/min，出现在非雨季节；其次，2009年渗流从200mL/min左右开始到750mL/min左右结束，而2010年渗流从750mL/min左右开始到300mL/min左右结束。

图10-19给出了流域植被生长季节（2010年6月3～4日）连续2天的裂隙岩体渗流的动态变化过程曲线。从图10-19可以看出，渗流的日变化过程明显，渗流的最大值出现在6:20前后，而最小值出现在16:40前后，6:20～16:40渗流整体呈下降趋势，而16:40至次日6:20渗流整体呈上升趋势。

图10-20给出了流域植被非生长季节（2010年11月22～23日）连续2天的裂隙岩体渗流的动态变化过程曲线。从图10-20可以看出，渗流的日变化过程也较为明显，但是变幅要远远小于生长季节渗流的日变化过程，渗流的最大值出现在12:30～13:30，最小值出现在2:30前后，2:30～12:30渗流整体呈上升趋势，而13:30至次日2:20渗流整体呈

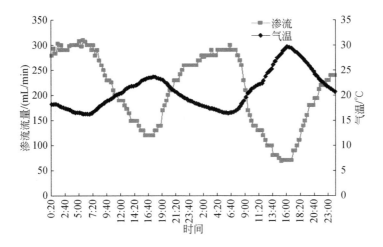

图 10-19　生长季节渗流日变化过程曲线（2010 年 6 月 3 ~ 4 日）

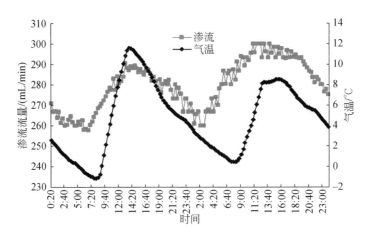

图 10-20　非生长季节渗流的日变化过程曲线（2010 年 11 月 22 ~ 23 日）

下降趋势。

图 10-21 给出了流域季相交替期（2010 年 4 月 5 ~ 15 日）连续 10 天的裂隙岩体渗流的动态变化过程曲线。从图 10-21 可以看出，渗流的日变化过程不明显，而且较为杂乱。分析其原因主要是，在季相交替期，植被的蒸散作用较弱，且忽高忽低，很不稳定，从而造成植被与气候对渗流的影响相互消长，植被生长季节开始的进程较慢。

图 10-22 给出了流域季相交替期（2010 年 11 月 7 ~ 14 日）连续 8 天的裂隙岩体渗流的动态变化过程曲线。从图 10-22 可以看出，渗流的日变化过程较为明显，其中 11 月 7 ~ 9 日，渗流过程整体随温度异步变化，11 月 9 ~ 14 日，渗流过程整体随气温同步变化。这说明在 11 月 10 日前后，流域植被蒸散发作用基本停止，与植被生长季节开始相比，植被生长季节结束的进程相对较快。

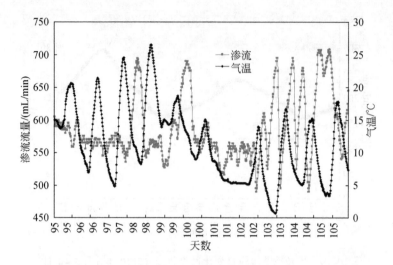

图 10-21　季相交替期（生长季节开始）渗流的动态过程曲线（2010 年 4 月 5 ~ 15 日）

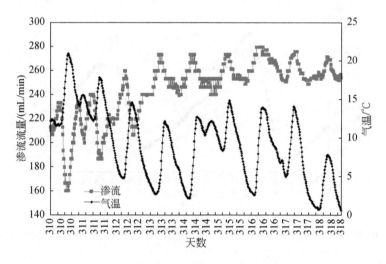

图 10-22　季相交替期（生长季节结束）渗流的动态过程曲线（2010 年 11 月 7 ~ 14 日）

10.5.2　裂隙岩体渗流对气温的响应关系特征

图 10-23 给出了 2009 年裂隙岩体渗流对气温的响应关系曲线。从图 10-23 可以看出，气温的变化曲线呈倒 "V" 形，准确地说不是一条曲线，而是一个曲面（区间），最高值出现在 6 月 29 日 ~ 7 月 4 日（180 ~ 185 天），达到了 42℃左右。渗流与气温两者整体呈负相关关系，气温偏低时，渗流偏大，气温偏高时，渗流偏小。在生长季节，气温的下降与渗流的上升，两者对应关系也较为明显。2009 年的年积温为 4776.58℃，年平均气温为 13.09℃。

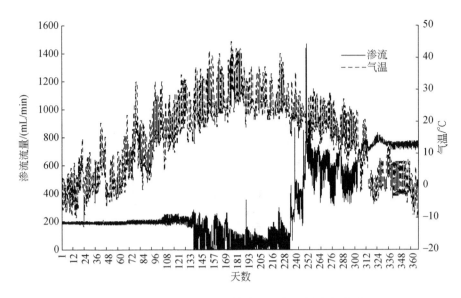

图 10-23　2009 年裂隙岩体渗流对气温的响应关系

图 10-24 给出了流域 2010 年裂隙岩体渗流对气温的响应关系曲线。从图 10-24 可以看出，气温的变化曲线呈倒 "V" 形，准确地说不是一条曲线，而是一个曲面（区间），最高值出现在 6 月 27～28 日（178～179 天），达到了 41℃ 左右。渗流与气温两者整体呈负相关关系，气温偏低时，渗流偏大，气温偏高时，渗流偏小。在生长季节，气温的下降与渗流的上升，两者对应关系也较为明显。2010 年的年积温为 4534.67℃，年平均气温为 12.42℃。

10.5.3　裂隙岩体渗流对植被蒸散的响应

1. 刺槐树干液流日变化

图 10-25 给出了 2010 年 7 月 11～14 日连续 4 天刺槐树干液流日变化过程曲线。从图 10-25 可以看出，刺槐树干液流通量密度的日变化过程呈单峰曲线，液流达到最大峰值后，仍有小幅度的波动，并不是很稳定。树干液流每天在 7:00～8:00 开始上升，11:00～14:00 达到最大值，其中 11 日最大值到达时间为 11:10，最大值为 0.0529mL/（cm² · min）；7 月 12 日最大值到达时间为 12:30，最大值为 0.0487mL/（cm² · min）；7 月 13 日最大值到达时间为 13:40，最大值为 0.0591mL/（cm² · min）；14 日最大值到达时间为 13:10，最大值为 0.0522mL/（cm² · min）；22:00 前后迅速下降到最低值，夜间几乎没有液流活动。7 月 11～14 日，每日平均树干液流通量密度分别为 0.0208mL/（cm² · min）、

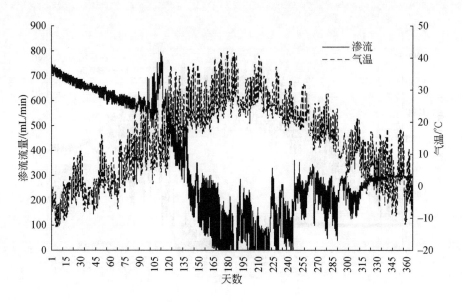

图 10-24　2010 年裂隙岩体渗流对气温的响应关系

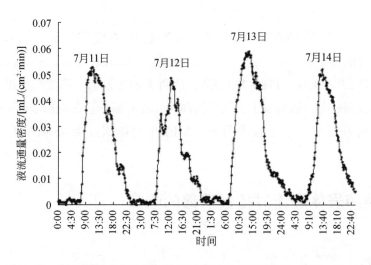

图 10-25　刺槐树干液流通量密度日变化过程（2010 年 7 月 11～14 日）

0.0154mL/（cm² · min）、0.0237mL/（cm² · min）、0.0178mL/（cm² · min）、4 日平均树干液流通量密度为 0.0194mL/（cm² · min）。

2. 刺槐树干液流对气温的响应

图 10-26 给出了树干液流通量密度与气温日变化过程曲线。从图 10-26 可以看出，随着空气温度的升高，树干液流通量密度也逐渐变大，两者呈正相关关系，但是相对于空气温度的变化而言，树干液流的启动时间有一定程度的延迟，延迟时间在 1h 左右。树干液

流通量密度的最大峰值出现在空气温度最大值之前。

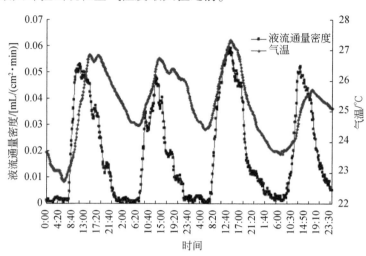

图 10-26 刺槐树干液流对气温的响应关系

3. 裂隙岩体渗流对树干液流的响应

图 10-27 给出了 2010 年 7 月 11～14 日裂隙岩体渗流与树干液流日变化过程曲线。从图 10-27 可以看出，两者整体呈负相关关系，6∶00～7∶00 裂隙岩体渗流开始下降，而树干液流开始上升；7∶00～21∶00 裂隙岩体渗流始终为下降，但是下降的速度呈先快后慢的变化趋势，而树干液流呈先上升后下降的变化趋势。21∶00 至次日 6∶00 裂隙岩体渗流呈不断上升趋势，而树干液流基本没有什么变化。

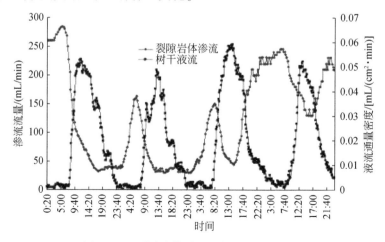

图 10-27 裂隙岩体渗流对树干液流的响应

10.6 本章小结

本章基于坡面径流小区研究了天然降水条件下降水径流关系，采用自行设计的恒压双环入渗仪研究了典型流域不同土地利用类型岩土入渗特性，基于非称重式蒸渗仪研究了不同下垫面条件对降水-径流-入渗关系的影响，并对水量转化特征进行了分析，基于大型渗透仪研究了岩土二元介质水量转化关系特征，并对岩土二元介质的渗透特性参数进行了测定。

坡面径流小区降水径流关系的研究结果表明，在相同降水条件下，有林地与无林地的径流系数具有显著差别，无林地的地表径流系数基本为有林地的 3~5 倍；坡面降雨、径流特性在不同空间尺度上存在较大差异；实测最大地表径流系数只有 11.66%，这说明降水到达地面后，水分以垂向入渗为主。不同土地利用类型岩土入渗特性的差异显著，其中在稳定入渗速率方面，自然坡地最大（8.8mm/min），其次为河谷冲积层（7.8mm/min），台地（梯田）的稳定入渗速率最小，只有 0.65mm/min。不同下垫面条件对降水-径流-入渗关系影响的研究结果表明，地表覆盖秸秆与小石子有助于土壤水分向深层运移，促进降水-土壤水的转化，提高降水-地下渗流的转化效率。在水平地上进行覆盖处理有助于降水资源的就地利用，而在"上覆土壤、下伏岩石"为结构特征的太行山区坡地上进行小石子覆盖，则有助于坡地岩土界面渗流的产生，从而提高山地降水资源的异地利用率。太行山片麻岩区坡地土壤层与岩体层的结合部位在雨季存在暂时饱和区，岩土二元结构的地质结构特性为暂时饱和区的形成提供了地质条件，强降水过程为暂时饱和区的形成提供了水文条件，暂时饱和区的形成为土壤孔隙水向岩体裂隙水的转化提供了有利条件。降水入渗主要通过裂隙面进行，同时岩块也不断吸收裂隙中的水分，岩块的吸水导致裂隙中水分变化幅度增大，起涨和回落时间变短，以多孔介质为基础的等效连续介质模型不适用裂隙岩体，垂向优先流和侧向优先流相互作用，促进岩土水分快速下渗。生长季节，植被蒸散作用占主导地位，渗流表现出"白天减小、夜间增大"的变化形式；非生长季节，气候变化占主导地位，随气温同步变化。

第 11 章　山区土壤斥水性试验与模拟

11.1　土石山区土壤斥水性影响因素及空间分布

土壤斥水性不仅受季节、耕作制度、灌溉方式、土壤结构和质地、水质等多种因素影响，还受植被类型的影响。本章选取疏林地、有林地、灌木林、果园、旱地、高低覆盖度草地、中低覆盖度草地、低覆盖度草地、滩地 9 种主要植被类型作为研究对象，以土壤有机质含量、pH、质量分形维数、土壤颗粒比表面积为影响因素，开展室内和室外研究。通过野外调研，摸清流域斥水性空间分布规律，并绘制斥水性空间分布图。通过室内研究，分析不同植被斥水性的主要影响因素。

11.1.1　采样方案及测量方法

1. 采样方案

根据 2016 年 7 月妫水河流域卫星遥感资料，通过 ArcGIS 软件获取妫水河流域主要植被类型信息，选取疏林地、有林地、灌木林、果园、旱地、高覆盖度草地、中覆盖度草地、低覆盖度草地、滩地 9 种主要植被类型作为采样对象。采样日期为 2016 年 7 月中旬，在水平方向上按照对角线取样法布点，采样间距 2.5m，取样点 25 个，取表层 0～10cm 土壤装入密封袋。在垂直方向上按照边长 5m 的等边三角布点，分别将 3 个点的表层（0～10cm）、中层（10～20cm）、深层（20～30cm）的土壤混合作为其在垂直方向上的样本；在水平方向上以小尺度 2.5m 间距按照 S 线取样法布点，有效样本总计 385 个。土地利用类型选择面积较大的 9 种典型植被，然后根据不同土地利用类型，进行采样点的布设，布设时充分考虑各种土地利用类型的空间变异性，坚持南北东西兼顾，山坡山脚兼顾的布设原则，采样点地理位置及布设情况如图 11-1 所示。

由表 11-1 可知，研究区有机质（OC）含量最大值为 51.98g/kg（有林地），最小值为 14.62g/kg（滩地），平均值为 28.01g/kg；总氮（TN）含量最大值为 2.08g/kg（有林地），最小值为 0.47g/kg（滩地），平均值为 1.29g/kg；总磷（TP）含量最大值为 0.27g/

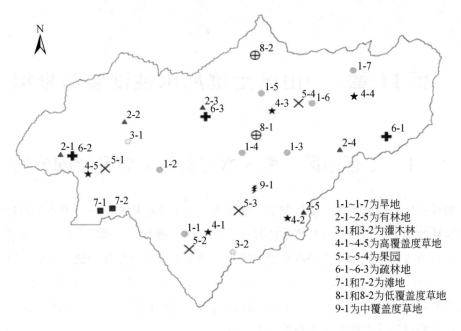

N

8-2

1-7

1-5
2-3
6-3
4-3 5-4 1-6 4-4
2-2
3-1
8-1
2-1 6-2 1-4 1-3 2-4
4-5 5-1 1-2
6-1
9-1
7-1 7-2 5-3
2-5
4-2
1-1 4-1
5-2
3-2

1-1~1-7为旱地
2-1~2-5为有林地
3-1和3-2为灌木林
4-1~4-5为高覆盖度草地
5-1~5-4为果园
6-1~6-3为疏林地
7-1和7-2为滩地
8-1和8-2为低覆盖度草地
9-1为中覆盖度草地

图 11-1　采样点布设方案

kg（疏林地），最小值为 0.07g/kg（果园），平均值为 0.15g/kg；电导率（ED）最大值为 0.15μS/cm（有林地），最小值为 0.10μS/cm（灌木林），平均值为 0.12μS/cm；pH 最大值为 8.56（果园），最小值为 7.98（高覆盖度草地），平均值为 8.38，研究区总体上偏碱性；土壤颗粒比表面积（SSA）最大值为 1.53m²/kg（有林地），最小值为 0.64m²/kg（果园），平均值为 1.03m²/kg；质量分形维数（MFD）最大值为 2.90（有林地），最小值为 2.73（滩地），平均值为 2.83；土壤容重（SBD）最大值为 1.66g/cm³（低覆盖度草地），最小值为 1.24g/cm³（有林地），平均值为 1.42g/cm³。

表 11-1　研究区土壤理化性质

植被类型	OC/(g/kg)	TN/(g/kg)	TP/(g/kg)	ED/(μS/cm)	pH	SSA/(m²/kg)	MFD	SBD/(g/cm³)
有林地	51.98	2.08	0.19	0.15	8.47	1.53	2.90	1.24
灌木林	38.82	1.92	0.18	0.10	8.08	0.54	2.86	1.38
疏林地	37.60	1.88	0.27	0.12	8.45	1.49	2.83	1.44
果园	30.14	1.30	0.07	0.13	8.56	0.64	2.79	1.46
高覆盖度草地	23.55	1.17	0.17	0.12	7.98	1.10	2.80	1.30
旱地	21.43	1.09	0.16	0.10	8.43	1.06	2.82	1.36

续表

植被类型	OC/（g/kg）	TN/（g/kg）	TP/（g/kg）	ED/（μS/cm）	pH	SSA/（m²/kg）	MFD	SBD/（g/cm³）
中覆盖度草地	18.59	0.89	0.13	0.11	8.44	0.89	2.85	1.58
低覆盖度草地	15.32	0.77	0.11	0.12	8.44	0.96	2.85	1.66
滩地	14.62	0.47	0.09	0.12	8.53	1.05	2.73	1.40

研究区 pH 差异较大的原因，一是研究区域面积较大，土地利用类型较多。不同植被类型土壤成土母质不同，如有林地、疏林地等，其表层土壤腐殖质含量较高，而高、中、低覆盖度草地一般位于山前过渡带，其土壤质地为细沙和泥土的混合物水冲刷所形成的沙土混合土壤以及粗砂为主的土壤，而旱地、果园等地由于人为耕作，表层土壤较为均匀，主要为粉壤土，而妫水河两岸的土壤为河水冲洗所形成的细沙。二是研究区土壤质地均质性较差，土壤理化性质空间变异性较大。例如，在八达岭国家森林公园、玉渡山风景区、松山森林景区采样，对一个小山包从上到下分别取样，对于山前过渡带草地，山区雨水冲刷在山前淤积所形成的土壤分层较为严重，同一植被（草地）有的为砂石混合物，有的为沙土混合物，有的则为颗粒较小的土壤，妫水河这种特殊的地理结构导致土壤理化性质具有较大的空间变异性，进而导致土壤 pH 相差较大。

2. 测量方法及设备

试验分析在中国水利水电科学研究院延庆试验基地开展。土壤斥水性采用滴水穿透时间法测定（图 11-2），滴定溶液为纯净水，采用标准滴定管（0.48mL/滴），每一样本滴定 7 次，取其平均值作为样本滴水穿透时间。土壤 pH 测定按照 5∶1 水土比配置土壤溶液，然后采用电位法进行测量。OC 采用重铬酸钾–硫酸氧化法进行测量。TN 采用凯氏定氮法测定，TN 采用钼锑抗比色法测定。EC 和 pH 的测定首先按照 5∶1 水土比配置浸提液，然后分别采用 DDS307 电导率仪和 MIK–PH6.0 PH 进行测量。SSA 采用马尔文 2000 激光粒度仪湿法进行直接测量。MFD 的测量首先根据马尔文 2000 激光粒度仪获得的土壤粒径分布，然后根据泰勒（Tyler）公式计算。

11.1.2 土壤斥水性影响因素

将处理好的土壤过 2mm 筛子，按照 1.4g/cm³ 容重填入直径 5cm、高 3cm 的铝盒，然后采用滴水穿透时间（WDPT）法对其进行测定。

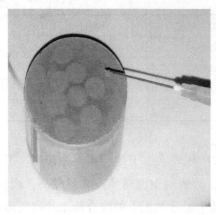

图 11-2　滴水穿透法测量土壤斥水性

1. WDPT 与温度关系

由于温度对土壤潜在斥水性有影响，对土壤样本分两种处理：一是将采集的样放在恒温烘箱 65℃ 加热 12h；二是将采集的样本室内自然风干 2 天，两种方法所得土壤 WDPT 见表 11-2。

表 11-2　不同植被类型土壤斥水性　　　　　　　　（单位：s）

植被类型	冠层高度/m	65℃加热12h				室内自然风干2天			
		最大值	最小值	平均值	等级	最大值	最小值	平均值	等级
有林地	>15	15.563	0.348	5.679	轻微	661.250	189.216	327.440	强烈
灌木林	7~10	18.255	1.456	5.425	轻微	178.840	21.720	69.544	强烈
疏林地	3~5	2.355	0.746	1.104	无	23.780	13.220	17.587	轻微
果园	2~3	1.231	0.363	0.868	亲水	22.600	3.940	9.110	轻微
高覆盖度草地	<2	1.846	0.436	0.845	亲水	6.040	1.840	3.777	无
旱地	2~2.3	1.193	0.354	0.725	亲水	1.030	0.485	0.803	亲水
中覆盖度草地	<0.5	2.124	0.295	0.722	亲水	1.640	0.542	0.720	亲水
低覆盖度草地	<0.5	1.553	0.351	0.696	亲水	0.890	0.323	0.691	亲水
滩地	<0.2	1.068	0.366	0.596	亲水	1.750	0.406	0.664	亲水

由表 11-2 可知，对于有林地、灌木林、疏林地、果园以及高覆盖度草地，两种处理方法所得土壤斥水性差异较大，加热后的土壤样本只有有林地和灌木林表现出轻微斥水

性，其他植被类型无斥水性或亲水性，65℃加热后的土壤 WDPT 较自然风干条件下的 WDPT 小。对于旱地、中覆盖度草地、低覆盖度草地以及滩地，两种处理方法所得 WDPT 相差较小，这表明温度对具有潜在斥水性的土壤有影响，而对于亲水性土壤影响不大。温度对斥水性有影响的原因，一方面温度会影响土壤颗粒表面亲水功能团的排列方向，面向土壤颗粒表面定向排列的亲水基在受热情况下杂乱地排列，致使亲水基和憎水基均匀分布，导致土壤斥水性消失；另一方面温度影响土壤含水率分布，而土壤斥水性对含水率的响应关系呈单峰曲线，当土壤含水率在 0 到峰值之间时，土壤斥水性随着含水率的增大呈增加趋势，在峰值时土壤斥水性达到最大值。本研究室内自然风干的土壤具有较高的含水率（6% ~ 12%），而 65℃加热 12h 后的土壤含水率较低（0 ~ 2%），因而在 0 到峰值含水率（10% ~ 20%）加热处理后的土壤具有较小的斥水性。

2. WDPT 与有机质含量关系

室内自然风干 2 天后，4 种斥水性较大的植被类型土壤有机质含量与 WDPT 关系如图 11-3 所示，有机质含量与 WDPT 相关系数见表 11-3。

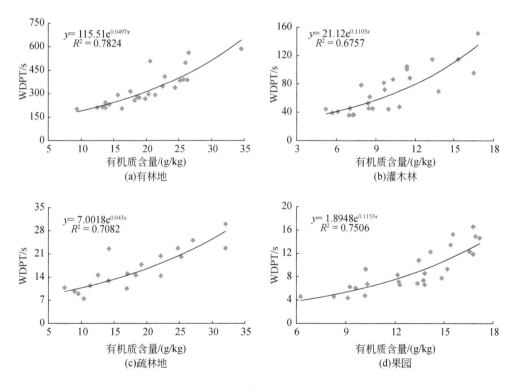

图 11-3　室内自然风干 2 天条件下 WDPT 与有机质含量关系

表 11-3　室内自然风干条件下 WDPT 与各影响因素相关性分析

植被类型	OC	pH	MFD	SSA
有林地	0.7824	0.5505	0.6371	0.6513
灌木林	0.6757	0.6053	0.5813	0.5935
疏林地	0.7082	0.6687	0.5953	0.7491
果园	0.7506	0.7386	0.6243	0.7271
平均值	0.7292	0.6408	0.6095	0.6803

由图 11-3 可知,室内自然风干 2 天条件下,土壤斥水性由大到小依次为有林地、疏林地、灌木林、果园。4 种斥水性较大的植被土壤有机质含量与 WDPT 均呈正相关性。这是由于土壤有机质中的脂肪族烃和两性分子影响土壤颗粒表面张力对水分子的吸附。两性分子的亲水功能团相对于粒子表面的方向控制土壤的湿润特性,土壤有机质含量对斥水性的影响,主要依靠于土壤有机碳与矿物基质的比例。当土壤有机碳比例较低时,亲水功能团是朝向矿物质表面的,疏水基朝外,导致斥水性。当土壤有机碳比例较高时,土壤有机质分子被强迫成一个直立方向,所以亲水基朝外一般会导致较高的可湿性。与前人研究结果不同,本研究结果表明斥水性与有机质含量符合幂函数关系,这是由于单独和总体有机碳含量对斥水性的影响还不明确,土壤斥水性的大小不仅与土壤有机质含量有关,还与土壤团聚体的稳定性以及土壤质地密切相关,不翻耕的土地因表层土壤有机质含量增加,从而使土壤斥水性增加。

3. WDPT 与 pH 关系

室内自然风干 2 天后,4 种斥水性较大的植被类型土壤 pH 与 WDPT 关系如图 11-4 所示,pH 与 WDPT 相关系数见表 11-3。

由图 11-4 可知,室内自然风干 2 天条件下,土壤斥水性由大到小依次为有林地、疏林地、灌木林、果园。4 种斥水性较大的植被土壤 WDPT 与 pH 均呈负相关性。这是由于:①土壤 pH 与有机质含量呈显著负相关性,土壤 pH 越大有机质含量越少,因而斥水性越

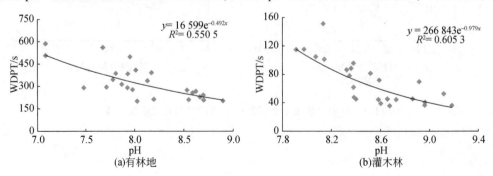

(a)有林地　　　(b)灌木林

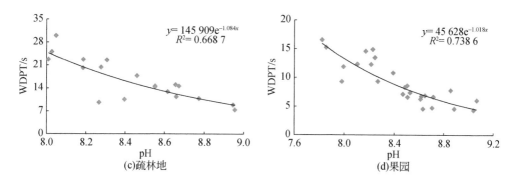

图 11-4　室内自然风干 2 天条件下 WDPT 与 pH 关系

小；②在一定范围内，pH 越大水分扩散率越大，水分在土壤中扩散越快，相应的斥水性也越小；③土壤 pH 与胡敏酸含量呈显著负相关关系，pH 越大疏水性的胡敏酸含量越少，相应的斥水性也越小。另外，土壤斥水性还与土壤的 pH 和离子强度有关，土壤斥水性的特性部分是由不同厚度的水膜影响的，水膜的厚度是决定含水率的主要原因，当达到一固定含水率后，土壤表层特性的渐变是可湿性变化的原因。这些表层的特性主要控制土壤有机质中有极性功能团的方向，随着土壤颗粒表面水分的散失，土壤颗粒水膜破坏，促使部分不可逆的构成变化或缩合反应如酯化作用，构成变化将会导致 pH 变化，因此土壤有机质组成的改变使附加酸或基本的溶解物发生改变，在斥水性的土样和可湿性的土样中变得比较相似，更进一步，可以假设分离羧基和酚的质子化作用的功能团促使斥水性增加。郭丽俊等（2011）通过对新疆盐渍化土壤斥水性研究表明，土壤斥水性和 pH 符合正态分布。

4. WDPT 与质量分形维数关系

土壤质量分形维数是土壤最基本的物理性质之一，土壤颗粒分形维数不仅能够定量表征不同粒径土壤颗粒在土壤中的分布信息，还能反映质地的均一程度以及土壤的通透性、土壤结构、土壤属性和肥力、土壤退化程度等。土壤粒径分布分形维数可以作为判断土壤质地差异的重要指标，其计算公式如下：

$$\frac{M(r < \overline{R}_i)}{M_T} = \left(\frac{\overline{R}_i}{R_{max}}\right)^{3-D} \tag{11-1}$$

式中，M 为粒径 r 小于 $\overline{R}_i$ 的土壤累积质量；M_T 为所有粒径总质量；$\overline{R}_i$ 为第 i 级土壤粒径的平均值；R_{max} 为土壤最大粒径；D 为质量分形维数，$0 < D < 3$。

室内自然风干 2 天后，4 种斥水性较大的植被类型土壤质量分形维数与 WDPT 关系如图 11-5 所示，质量分形维数与 WDPT 相关系数见表 11-3。

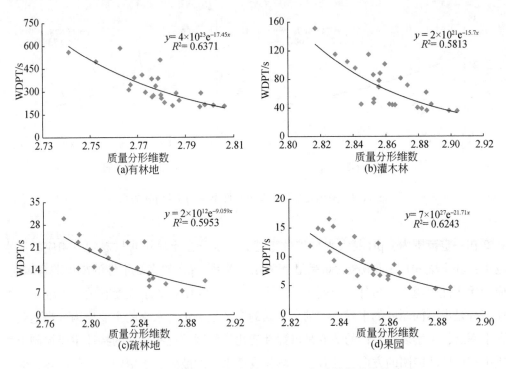

图 11-5　室内自然风干 2 天条件下 WDPT 与质量分形维数关系

由图 11-5 可知，室内自然风干 2 天条件下，土壤斥水性由大到小依次为有林地、疏林地、灌木林、果园。4 种斥水性较大的植被土壤质量分形维数与 WDPT 均呈负相关性。这是由于土壤质量分形维数与 WDPT 呈负相关性，质量分形维数越大，土壤中小于 0.002mm 粒径的土壤颗粒占比越大，对土壤水分具有较强吸力的小粒径颗粒也越多，因而土壤斥水性相对越小。但是也有研究表明，高岭石团聚体中黏土含量高（质量分形维数越大）的样品中斥水性较高，这说明黏土矿物质也是一个影响斥水性非常重要的因素，它决定着斥水性的变化范围。Ward（1993）在研究附加机理解释黏土矿物质对斥水性本质的影响时发现，土壤斥水性与矿物质对水的吸引力有关，吸引水能力的不同是影响黏土矿物质减少土壤斥水性的一个主要因素。蒙脱石加入砂质土中后，土壤倾向于聚集，絮凝和分散依靠于晶体结构和黏土矿物质晶体化学性质，高黏土矿物质表面倾向絮凝，而黏土矿物质较低的砂质土表面保持分散，絮凝倾向于增加阳离子，减小了土壤溶解浓度，因此，加入黏土矿物质可以显著地影响土壤的化学性质，减缓其斥水性。

5. WDPT 与比表面积关系

土壤颗粒的比表面积与粒径成反比，粒径越小，比表面积越大，土壤颗粒的分散程度越高，比表面积的大小对物质颗粒的热学性质、吸附能力、化学稳定性等均有明显的影响，通常用土壤颗粒的比表面积来说明土壤颗粒的分散程度。室内自然风干 2 天后，4 种斥水性较大的植被类型土壤颗粒比表面积与 WDPT 关系如图 11-6 所示，比表面积与 WDPT 相关系数见表 11-3。

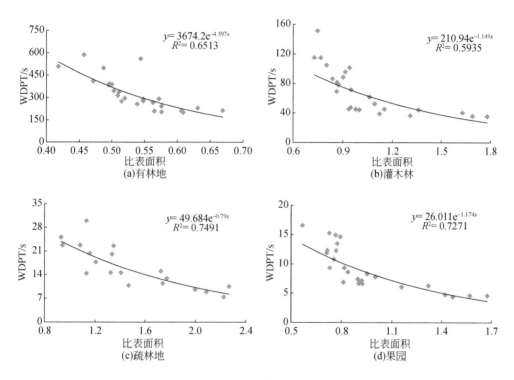

图 11-6 室内自然风干 2 天条件下 WDPT 与比表面积关系

由图 11-6 可知，室内自然风干 2 天条件下，土壤斥水性由大到小依次为有林地、疏林地、灌木林、果园。4 种斥水性较大的植被土壤颗粒比表面积与 WDPT 均呈负相关性。这是由于土壤颗粒比表面积越大，土壤对水分的吸附能力越大，相对的土壤斥水性也越大。有林地、疏林地、灌木林、果园由于土壤腐殖质含量较高，土壤团聚体较为发育，土壤颗粒平均粒径较大，而旱地、滩地等腐殖质含量较小的土壤，团聚体平均粒径较小，相应的土壤颗粒比表面积较大，土壤颗粒表面张力对水分的吸附能力也越强，因而土壤斥水性较弱，表现出一定程度的亲水性。

以上分析了有机质含量、pH、质量分形维数以及比表面积与斥水性的相关性，忽略了植被类型对斥水性的影响，下面将 9 种植被类型土壤作为一个整体分析 4 种因素与土壤斥水性关系，385 个样本的 WDPT 与 4 种因素的关系如图 11-7 所示。

由图 11-7 可知，将 9 种植被类型作为一个整体，土壤斥水性也与有机质含量呈正相关性，与 pH、质量分形维数、比表面积呈负相关性。所不同的是，作为整体分析，土壤

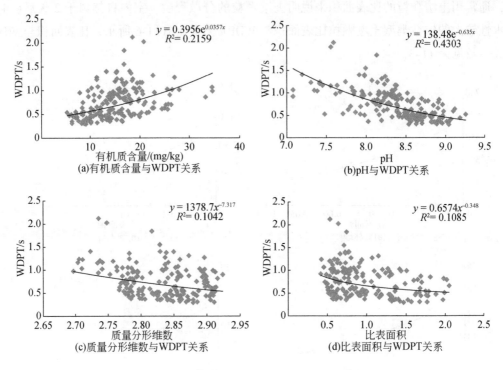

图 11-7　9 种植被作为整体 WDPT 与各影响因素关系

WDPT 与 4 种因素相关性较差。4 种因素与 WDPT 的决定系数 R^2 的大小顺序依次为 pH>有机质含量>比表面积>质量分形维数。4 种影响因素的决定系数 R^2 最大值仅为 0.4303，最小值为 0.1042，其相关性较差，这是由于不同植被类型斥水性主要影响因素不同，因而会出现相同斥水性同一影响因素下，其影响因素数值相差较大，因而相关性较差。

由表 11-3 可知，有机质含量与 WDPT 的决定系数最小值为 0.6757，最大值为 0.7824；pH 与 WDPT 的决定系数最小值为 0.5505，最大值为 0.7386；质量分形维数与 WDPT 的决定系数最小值为 0.5813，最大值为 0.6371；比表面积与 WDPT 的决定系数最小值为 0.5935，最大值为 0.7491，各独立植被类型条件下 WDPT 与各影响因素相关性要比区域整体条件下相关性高。

11.1.3　土壤斥水性空间分布规律

土壤斥水性在空间上的分布存在明显的变异性，随土层深度的变化，土壤斥水性的强度和持续时间也呈现显著差异性。在同一种植被类型下，即使在很小的试验面积内，土壤斥水性持续时间及强度都不是某一固定值，而是呈现出显著的空间变异性。

1) 斥水性水平分布

采用 ArcGIS 软件绘制对土壤样本 2 种不同处理方法所测的表层 WDPT 空间分布图，WDPT 在全流域分布如图 11-8 所示。

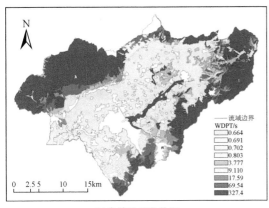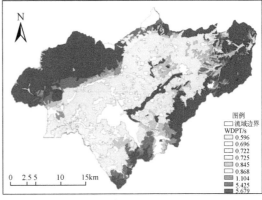

(a)自然风干条件下　　　　　　　　(b)60℃加热条件下

图 11-8　土壤斥水性空间分布示意

从图 11-8 可以看出，无论是自然风干还是 65℃ 加热处理，土壤斥水性在空间上均表现为流域西北部、东北部以及东南部山区的有林地和灌木林具有强烈的斥水性，南部山前的疏林地以及果园具有轻微的斥水性，山前及山谷高、中覆盖度草地无斥水性，中部盆地旱地、妫水河两岸滩地及中、低覆盖度草地为主的区域土壤为亲水性。WDPT 大小依次为有林地>灌木林>疏林地>果园>高覆盖度草地>旱地>中、低覆盖度草地>滩地。土壤斥水性整体上表现为植被冠层越高斥水性越大的规律。原因是有林地、灌木林、疏林地等区域植被多为 30～50 年的自然林，植株较为高大，人为干扰较少，植被冠层越高林木密度越大，枝叶所形成的土壤腐殖质含量较高，腐殖质含量较高相应的土壤有机质含量也较多，因而斥水性较大，而旱地、草地等植被由于季节性翻耕、收割秸秆以及使用化学肥料，腐殖质在土壤中的量及形态发生变化，而处于妫水河两岸的滩地，周边植被所形成的腐殖质易被河水淋洗，因而其腐殖质含量也较少，相应的土壤斥水性也较小。

2) 斥水性垂直分布

对土壤样本 2 种不同处理方法所测的不同深度（表层 0～10cm，中层 10～20cm，深层 20～30cm）土壤 WDPT 垂直分布如图 11-9 所示，实测值见表 11-4。

由图 11-9 和表 11-4 可知，对于斥水性比较大的几种植被类型（林地、疏林地、灌木林、果园等），WDPT 在垂直方向上表现为表层最大、中层次之、深层最小的分布特点。这是由于表层土壤残枝败叶等形成的腐殖质含量较高，相应的有机质含量较多，有机质中斥水性羟基功能团较多，因而表层斥水性较大，而土层越深腐殖质含量越少，因而斥水性也越小。而对于斥水性较小的其他植被，整体上表层 WDPT 较大，而中层和深层没有明显的变化趋势。

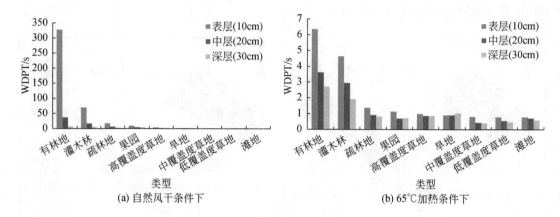

图 11-9　土壤斥水性垂直方向分布

表 11-4　不同植被类型土壤斥水性垂直方向分布　　　　　（单位：s）

植被类型	65℃加热 12h			室内自然风干 2 天		
	表层	中层	深层	表层	中层	深层
有林地	6.352	3.616	2.698	327.440	36.465	6.578
灌木林	4.633	2.944	1.909	69.544	16.674	5.347
疏林地	1.368	0.906	0.801	17.587	6.658	2.674
果园	1.121	0.686	0.709	9.110	4.573	4.045
高覆盖度草地	0.979	0.855	0.825	3.777	1.453	1.684
旱地	0.898	0.898	1.016	0.862	0.823	0.786
中覆盖度草地	0.81	0.436	0.401	0.720	0.662	0.653
低覆盖度草地	0.772	0.551	0.456	0.691	0.765	0.348
滩地	0.787	0.722	0.588	0.664	0.567	0.673

综上，在同一种植被类型下，土壤斥水性持续时间及强度都不是某一固定值，而是呈现出显著的空间变异性，且斥水性土壤的分布多呈现不连续性。不同土地利用方式和植被类型下，土壤斥水性强度亦呈现出显著的差异。

11.2　斥水性土壤入渗机理

土壤斥水性对水分入渗过程会产生显著的影响，如降低入渗率、促进指状流形成并加速土壤侵蚀等。土壤质地、初始含水率以及斥水剂浓度都会对土壤斥水性产生影响，进而影响水分在土壤中的分布。本章以亲水性和斥水性土壤为研究对象，分析不同土质对水分入渗过程的影响，并采用 Kostiakov、Fourier 级数、Gaussian 函数、Gamma 函数以及 Beta 函数等数学方法对累计入渗量、入渗率与入渗历时间的关系进行拟合，分析不同入渗公式对斥水性土壤的适应性。

11.2.1 试验材料及测试系统

1. 试验材料

试验土样分为两种：妫水河流域平原区未受人类活动干扰的表层以下 1m 的亲水性土壤和山区表层腐殖质含量较高的斥水性土壤，如图 11-10 所示，试验土壤颗粒粒径分布以及各项理化指标见表 11-5 和表 11-6。试验土样经风干、碾压后过 2mm 筛，亲水性和斥水性土壤分别按照 1.35g/cm³ 和 0.874g/cm³ 容重均匀装入 3 个直径 15cm、高 100cm 的圆柱形有机玻璃土柱。亲水性土壤初始含水率 θ 分别为 4%、8% 和 12%；斥水性土壤初始含水率 θ 分别为 4.7%、6.2% 和 9.5%。为了减少土壤空气阻力对水分入渗过程的影响，土柱一侧每间隔 5cm 开有直径 1cm 的小孔，用于土壤排气。供水装置采用高 50cm、直径 10cm 的圆柱形马氏瓶供水，试验装置如图 11-11 所示。

(a)亲水性土壤   (b)斥水性土壤

图 11-10 试验土样

表 11-5 试验土壤粒径组成 （单位:%）

土壤类型	0~0.001 mm	0.001~0.002mm	0.002~0.005mm	0.005~0.01mm	0.01~0.05 mm	0.05~0.1 mm	0.1~0.5 mm	0.5~2mm
斥水性土壤	0.50	1.83	1.71	3.26	28.24	35	28.32	1.64
亲水性土壤	6.80	10.47	7	8.95	45.54	20.54	6.86	0.64

表 11-6　试验土壤理化性质

土壤类型	OC/（g/kg）	TN/（g/kg）	TP/（g/kg）	ED/（uS/cm）	pH	SSA/（m²/kg）	MFD
斥水性土壤	51.982	2.076	0.190	0.151	8.473	1.534	2.902
亲水性土壤	9.584	0.824	0.063	0.121	7.834	1.163	2.762

2. 测试系统

土壤水分入渗过程自动测量系统由马氏瓶、有机玻璃土柱、升降机、MEACON 轮辐式压力传感器（量程 100kg，测量精度为 1g）、数据采集–传输系统（由 RX9600 无纸记录仪、MIK-BSQD 多路信号放大器组成）、电脑等设备组成；测量系统的电磁阀门安装在马氏瓶底部进气口，电脑根据设定的试验开始和结束时间向电磁阀门发送指令，以此实现试验的自动开始和停止；重力传感器通过线缆连接到各自的数据采集器上，数据采集器另一端与数据记录仪相连，数据记录仪将数据采集器采集的电压信号然后转换成需要测量的水分重量，然后通过无线网络的形式发送到电脑或手机用户，最终实现水分入渗过程的自动记录和数据传输。数据采集系统如图 11-11 所示。

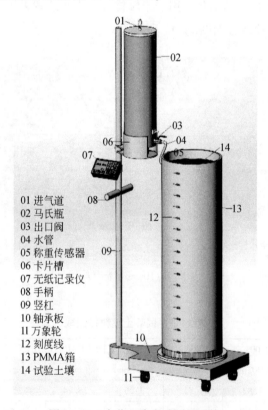

01 进气道
02 马氏瓶
03 出口阀
04 水管
05 称重传感器
06 卡片槽
07 无纸记录仪
08 手柄
09 竖杠
10 轴承板
11 万象轮
12 刻度线
13 PMMA箱
14 试验土壤

图 11-11　水分入渗自动测量系统

11.2.2 水分入渗模型

土壤入渗过程受到土壤容重、土壤初始含水量、土壤颗粒大小、土壤质地和土壤结构等各种因素的影响。传统认为土壤水分入渗过程分为三个阶段，即分子力占据主导作用的渗润阶段，土壤颗粒吸附着土壤水分，并形成薄膜水；受毛细管力和重力共同作用的渗漏阶段；水分充满所有土壤孔隙达到饱和后，在重力作用下的稳定渗透阶段。目前常用的入渗模型有 Horton、Kostiakov 和 Philip 模型，Kostiakov 和 Horton 模型属于概念性入渗模型，没有明确物理基础，Philip 模型属于具有明确物理意义的入渗模型。对于亲水性土壤，常用的水分入渗模型有 Horton 和 Kostiakov 模型，两者没有明确物理基础，为此 Philip 提出了具有明确物理意义的入渗模型。

1. KF 及其分段函数入渗模型

$$i(t) = ant^{n-1} \tag{11-2}$$

Kostiakov 分段函数模型（piecewise Kostiakov function，PKF）如下：

$$i(t) = \begin{cases} a_f n_f t^{n_f-1}, 0 < t < t_p \\ a_b n_b t^{n_b-1}, t \geqslant t_p \end{cases} \tag{11-3}$$

式中，t 为入渗时间（min）；$i(t)$ 为 t 时刻为入渗率（cm/min）；a，n 为经验常数，无物理意义，其值取决于土壤及入渗初始条件；t_p 为入渗率出现拐点的时刻（min）；a_f 和 n_f 分别为拐点前的入渗率系数；a_b 和 n_b 分别为拐点后的入渗率系数。

2. FSF 级数入渗模型

$$i(t) = a_0 + \sum_{i=1}^{n} (a_i \sin(t \cdot \omega) + b_i \cos(t \cdot \omega)) \tag{11-4}$$

式中，t 为入渗时间（min）；$i(t)$ 为 t 时刻入渗率（cm/min）；a_i 和 b_i 分别为 Fourier 级数各级正、余弦函数系数；a_0 为常数；ω 为角频率。

3. GF 函数入渗模型

$$i(t) = k \cdot \exp\left(-\left(\frac{t - t_p}{\delta}\right)^2\right) + \psi \tag{11-5}$$

Gaussian 分段函数模型（piecewise Gaussian function，PGF）如下：

$$i(t) = \begin{cases} k_{\text{f}} \cdot \exp\left(-\left(\dfrac{t - t_{\text{p}}}{\delta_{\text{f}}} \right)^2 \right) + \psi_{\text{f}}, 0 < t < t_{\text{p}} \\ k_{\text{b}} \cdot \exp\left(-\left(\dfrac{t - t_{\text{p}}}{\delta_{\text{b}}} \right)^2 \right) + \psi_{\text{b}}, t \geq t_{\text{p}} \end{cases} \tag{11-6}$$

式中，t 为入渗时间（min）；$i(t)$ 为 t 时刻入渗率（cm/min）；k、t_{p} 和 δ 分别为高斯函数系数、时间平均数和标准差；ψ 为常数；k_{f}、t_{p}、δ_{f} 和 ψ_{f} 分别为拐点前高斯函数参数；k_{b}、t_{b}、δ_{b} 和 ψ_{b} 分别为拐点后高斯函数参数。

4. Gamma 函数入渗模型

Gamma 函数（Gamma function，GMF）是由著名数学家欧拉 1729 年最先用含参变量的广义积分定义的特殊函数，Gamma 函数的一般式如下：

$$f(t \mid s) = \begin{cases} \dfrac{t^{s-1} \, \text{e}^{-t}}{\Gamma(s)}, t \geq 0 \\ 0, t < 0 \end{cases} \tag{11-7}$$

令 $t = \mu x$，得到如下 Gamma 分布密度函数：

$$f(t \mid s, \mu) = \begin{cases} \dfrac{\mu^s t^{s-1} \, \text{e}^{-\mu t}}{\Gamma(s)}, t \geq 0 \\ 0, t < 0 \end{cases} \tag{11-8}$$

式中，$f(t \mid s, \mu)$ 为概率密度函数（probability density function，PDF）；s 为形状参数，控制曲线的幅度（$s \leq 1$ 时，$f(t \mid s, \mu)$ 为递减函数；$s > 1$ 时，$f(t \mid s, \mu)$ 为单峰函数）；μ 为尺度参数，控制曲线的宽度。

由于斥水性土壤入渗率在入渗初期有一个逐渐减小的变化过程，之后为一先增大后减小的单峰曲线，即入渗率从开始至单峰曲线峰值区间为一 U 形曲线，为了反映这一变化过程，根据绝对值函数性质，修改得到如下入渗率计算公式。

$$i(t) = \eta \frac{\mu^s \, |t - t_0|^{s-1}}{\Gamma(s)} \, \text{e}^{-\mu \, |t - t_0|} + \sigma \tag{11-9}$$

式中，t 为入渗时间（min）；$i(t)$ 为 t 时刻入渗率（cm/min）；t_0 为入渗率在 U 形曲线区间谷底位置所对应的时间（min）；η 为模型系数；σ 为常数。

5. Beta 函数入渗模型

Beta 函数（Beta function，BF）是指一组定义在（0，1）区间的连续概率分布，随机变量 x 服从参数为 p，q 的贝塔分布，当参数 $0 < p < 1$，$0 < q < 1$ 时，PDF 为 U 形曲线；当 $0 < p \leq 1$ 且 $q > 1$ 时，PDF 为单调递减曲线；当 $0 < q \leq 1$ 且 $p > 1$ 时，PDF 为单调递增曲线；当 $p > q > 1$ 时，PDF 为左偏态分布曲线；当 $1 < p < q$ 时，PDF 为右偏态分布曲线；

当 $p = q > 1$ 时，PDF 为正态分布曲线。BF 一般形式如下：

$$B(p,q) = \int_0^{+\infty} \frac{x^{p-1}}{(1+x)^{p+q}} dx \tag{11-10}$$

将式（11-10）积分拆成 $[0,1]$ 和 $[1,\infty)$ 两段，得如下 $[0,1]$ 和 $[1,+\infty)$ 分段积分函数：

$$B(p,q) = \int_0^1 \frac{x^{p-1}}{(1+x)^{p+q}} dx + \int_1^{+\infty} \frac{x^{p-1}}{(1+x)^{p+q}} dx \tag{11-11}$$

将式（11-11）$[1,\infty)$ 区间积分作变换 $x = 1/\mu$，仍把 t 写成 x，则式（11-11）转化为式（11-12）$[0,1]$ 区间积分。

$$B(p,q) = \int_0^1 x^{p-1} (1-x)^{q-1} dx \tag{11-12}$$

由式（11-12）可知，当 $P > 0$，$q > 0$ 时，可得

$$\frac{\Gamma(p)}{t^p} = \frac{P^s \int_0^{+\infty} y^{s-1} e^{-py} dy}{t^p} = \int_0^{+\infty} y^{p-1} e^{-ty} dy \tag{11-13}$$

进一步可得

$$\Gamma(p)\Gamma(q) = \int_0^{+\infty} x^{p-1} e^{-t} dx \int_0^{+\infty} y^{q-1} e^{-y} dy \tag{11-14}$$

令 $x = ty$，将 ty 代入式（11-14）则有

$$\Gamma(p)\Gamma(q) = \int_0^{+\infty} (ty)^{p-1} e^{-ty} t dy \int_0^{+\infty} y^{q-1} e^{-y} dy = \int_0^{+\infty} t^{p-1} dt \int_0^{+\infty} y^{p+q-1} e^{-y(1+t)} dy$$

$$= \int_0^{+\infty} \frac{t^{p-1}}{(1+t)^{p+q}} dt = \int_0^{+\infty} (1+t) y^{p+q-1} e^{-y(1+t)} d(1+t)y = B(p,q)\Gamma(q+q) \tag{11-15}$$

由式（11-15）可知：

$$B(p,q) = \frac{\Gamma(p)\Gamma(q)}{\Gamma(q+q)} \tag{11-16}$$

式（11-16）概率密度函数为

$$f(t \mid p,q) = B(p,q) t^{p-1} (1-t)^{q-1} = \frac{\Gamma(p)\Gamma(q)}{\Gamma(q+q)} t^{p-1} (1-t)^{q-1} \tag{11-17}$$

对式（11-17）赋予系数项和常数项，将其作为斥水性土壤水分入渗率计算公式：

$$i(t) = \mu \frac{\Gamma(p)\Gamma(q)}{\Gamma(q+q)} t^{p-1} (1-t)^{q-1} + \varphi \tag{11-18}$$

Beta 函数概率分布密度取值范围为 $[0,1]$，然而一般水分入渗时间较长（$t > 1$），

因此需要对入渗时间 t 进行归一化处理，令 $t_s = t/t_e$，归一化后的斥水性土壤水分入渗率计算公式如下：

$$i(t_s) = \mu \frac{\Gamma(p)\Gamma(q)}{\Gamma(q+q)} t_s^{p-1}(1-t_s)^{q-1} + \varphi \tag{11-19}$$

归一化后的 Beta 分段函数（piecewise Beta function，PGF）如下：

$$i(t_s) = \begin{cases} \mu_f \dfrac{\Gamma(p_f)\Gamma(q_f)}{\Gamma(p_f+q_f)} t_s^{p_f-1}(1-t_s)^{q_f-1} + \varphi_f, & 0 < t < t_p \\[3mm] \mu_b \dfrac{\Gamma(p_b)\Gamma(q_b)}{\Gamma(p_b+q_b)} t_s^{p_b-1}(1-t_s)^{q_b-1} + \varphi_b, & t \geq t_p \end{cases} \tag{11-20}$$

式中，t 为入渗时间（min）；t_s 为归一化时间；$i(t_s)$ 为归一化时间 t_s 时刻的入渗率（cm/min）；p、q 分别为形状参数和尺度参数；μ 为模型系数；φ 为常数。μ_f、p_f、q_f 和 φ_f 分别为拐点前模型参数；μ_b、p_b、q_b 和 φ_b 分别为拐点后的模型参数。

11.2.3 结果与分析

1) 累计入渗量、入渗率与时间关系

亲水性、斥水性土壤累计入渗量与时间关系如图 11-12 所示，入渗率与时间关系如图 11-13 所示。

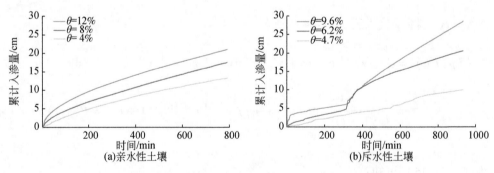

图 11-12 亲水性和斥水性土壤累计入渗量与时间关系

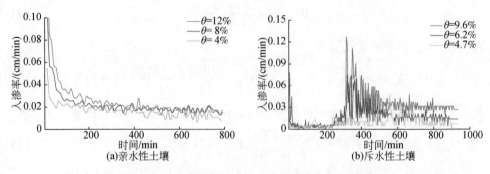

图 11-13 亲水性和斥水性土壤入渗率与时间关系

由图 11-12 可知，无论是亲水性土壤还是斥水性土壤，均表现出土壤初始含水率越大，相同入渗时间累计入渗量也越大；由图 11-13 可知，两种土壤整体上均呈现土壤初始含水率越大，相同入渗时间累计入渗量也越大。所不同的是，亲水性土壤累计入渗量与时间呈单调递增关系，入渗率与时间呈单调递减关系。而由图 11-12（b）可知，斥水性土壤在入渗一定时间后水分入渗突然加快，累计入渗量出现拐点，且土壤初始含水率越大这种加快的趋势越明显，整体上含水率越大（$\theta = 6.2\%$ 和 $\theta = 9.5\%$）拐点出现的时间越早（约 310min），而含水率越小（$\theta = 4.7\%$）拐点出现的时间越滞后（约 568min）。由图 11-13（b）可知，斥水性土壤入渗一段时间后入渗率均出现突变现象。在入渗初期（0 ~ 20min），入渗率较大且逐渐减小，之后呈先增大后减小的单峰变化曲线。当 $\theta = 4.7\%$ 时，入渗率在 580min 左右达到最大，且入渗率增大和减小过程较为缓慢；当 $\theta = 6.5\%$ 和 $\theta = 9.6\%$ 时，入渗率在 300min 左右达到最大，峰值以后的入渗率大于峰值以前的入渗率，入渗率波峰较窄，入渗率达到最大值的过程较为剧烈，而在峰值以后衰减过程较为缓慢，即入渗率呈现左边陡峭右边平缓的非对称单峰曲线。

图 11-12 和图 11-13 说明土壤初始含水率越大累计入渗量和入渗率越大，这与传统认为初始含水率越大、基质吸力越小，入渗率越小的认识相矛盾。首先，这是由于土壤水力特性的变化本质上是土壤颗粒间液桥毛细力（基质吸力和表面张力）的变化，当土壤颗粒间距一定时，液桥的毛细力随液桥体积增大呈递增趋势。土壤初始含水率越大，液桥体积也相对越大，因而其毛细力也越大，故相同入渗时间水分入渗也越快，累计入渗量也越大。其次，土壤团聚体的快速湿润会产生致使团聚体破碎的崩解力，土壤含水率越低，团聚体崩解对透水孔隙结构的堵塞和挤压越强，渗透能力降低幅度越大。土壤初始含水率越大，团聚体破碎程度越小，水稳性团聚体平均质量直径越大，土壤团聚体越多、越大，水分入渗也越快。最后，水分在入渗过程中，土壤孔隙需要部分水分填充，初始含水率越小，土壤孔隙所需填充水分越多，土壤达到饱和状态需要的时间越长，相反含水率越高，水分入渗越快，累计入渗量越大。

综上，亲水性和斥水性土壤水分入渗相同点是土壤初始含水率越大，相同入渗时间累计入渗量、入渗率也越大。不同点是亲水性土壤累计入渗量随时间呈单调递增关系，入渗率呈单调递减关系；斥水性土壤由于斥水性的消失累计入渗量出现拐点，入渗率呈先增大后减小的单峰曲线。

2）相关性分析

对亲水性土壤入渗率进行拟合，五种模型入渗率拟合公式、R^2 以及 RMSE 见表 11-7，实测值与计算值如图 11-14 所示。对斥水性土壤入渗率进行拟合，五种模型入渗率拟合公式、R^2 以及 RMSE 见表 11-8 和表 11-9，实测值与计算值如图 11-15 和图 11-16 所示。

表 11-7　亲水性土壤入渗率采用 KF、GF、FSF、GMF 和 BF 拟合结果

入渗模型	$\theta/\%$	拟合公式	R^2	RMSE
KF	4	$i(t) = 0.080\,4t^{-0.280\,5}$	0.928 1	0.006 39
	8	$i(t) = 0.212\,1t^{-0.414\,9}$	0.924 6	0.012 53
	12	$i(t) = 0.592\,0t^{-0.584\,3}$	0.940 8	0.022 36
GF	4	$i(t) = 0.069\,5 \cdot \exp\left(-\left(\dfrac{t+864}{1\,027}\right)^2\right) + 0.006\,5$	0.825 1	0.007 00
	8	$i(t) = 0.306\,9 \cdot \exp\left(-\left(\dfrac{t+817}{1\,510}\right)^2\right) + 0.008\,7$	0.769 4	0.012 73
	12	$i(t) = 0.044\,4 \cdot \exp\left(-\left(\dfrac{t+737}{1\,138}\right)^2\right) + 0.009\,1$	0.767 2	0.023 45
FSF	4	$i(t) = 283\,900.000 - 104.2\sin(5.708 \times 10^{-7} \cdot t) + 283\,900\cos(5.708 \times 10^{-7} \cdot t)$	0.800 2	0.006 31
	8	$i(t) = 172\,100.035 - 78.57\sin(7.888 \times 10^{-7} \cdot t) + 172\,100\cos(7.888 \times 10^{-7} \cdot t)$	0.678 3	0.010 05
	12	$i(t) = 313\,600.570 - 159.2\sin(9.103 \times 10^{-7} \cdot t) + 313\,600\cos(9.103 \times 10^{-7} \cdot t)$	0.663 5	0.018 98
GMF	4	$i(t) = 7\dfrac{100^{0.5}t^{-0.5}}{\Gamma(0.5)}e^{-100t} + 0.001\,65$	0.891 2	0.007 28
	8	$i(t) = 8\dfrac{107^{0.5}t^{-0.5}}{\Gamma(0.5)}e^{-107t} + 0.001\,95$	0.962 0	0.014 18
	12	$i(t) = 9\dfrac{126^{0.5}t^{-0.5}}{\Gamma(0.5)}e^{-126t} + 0.002\,19$	0.952 6	0.022 34
BF	4	$i(t) = 0.184\,2\dfrac{\Gamma(0.35)\Gamma(1.2)}{\Gamma(1.55)}\left(\dfrac{t}{800}\right)^{-0.65}\left(1-\dfrac{t}{800}\right)^{0.2} + 0.010\,7$	0.917 6	0.007 12
	8	$i(t) = 0.322\,7\dfrac{\Gamma(0.45)\Gamma(1.2)}{\Gamma(1.65)}\left(\dfrac{t}{800}\right)^{-0.55}\left(1-\dfrac{t}{800}\right)^{0.2} + 0.005\,3$	0.963 7	0.017 11
	12	$i(t) = 0.479\,6\dfrac{\Gamma(0.55)\Gamma(1.2)}{\Gamma(1.75)}\left(\dfrac{t}{800}\right)^{-0.45}\left(1-\dfrac{t}{800}\right)^{0.2} + 0.001\,2$	0.958 0	0.024 86

表 11-8　斥水性土壤入渗率采用 GF、GMF 和 FSF 模型拟合结果

入渗模型	$\theta/\%$	拟合公式	R^2	RMSE
GF	4.7	$i(t) = 0.047\,5 \cdot \exp\left(-\left(\dfrac{t-581}{127}\right)^2\right) + 0.004\,7$	0.552 3	0.011 40
	6.2	$i(t) = 0.071\,5 \cdot \exp\left(-\left(\dfrac{t-352}{117}\right)^2\right) + 0.096\,3$	0.610 2	0.017 58
	9.6	$i(t) = 0.140\,8 \cdot \exp\left(-\left(\dfrac{t-326}{92}\right)^2\right) + 0.023\,6$	0.466 3	0.026 51
GMF	4.7	$i(t) = 12.5\dfrac{34^{12}\mid t-180\mid^{11}}{\Gamma(12)}e^{-34\mid t-180\mid} + 0.003\,95$	0.678 2	0.006 35
	6.2	$i(t) = 17.2\dfrac{40^{6.7}\mid t-113\mid^{5.7}}{\Gamma(6.7)}e^{-40\mid t-113\mid} + 0.009\,41$	0.713 1	0.005 42
	9.6	$i(t) = 27.1\dfrac{38^{7}\mid t-125\mid^{6}}{\Gamma(7)}e^{-38\mid t-125\mid} + 0.018\,85$	0.733 4	0.004 53

续表

入渗模型	θ/%	拟合公式	R^2	RMSE
FSF	4.7	$i(t) = 0.008\ 3 + 0.000\ 4 \cdot \sin(0.005\ 9 \cdot t) - 0.004\ 9 \cdot \sin(0.005\ 9 \cdot t)$ $- 0.000\ 3 \cdot \sin(0.0059 \cdot t) - 0.001\ 1 \cdot \sin(0.005\ 9 \cdot t)$ $- 0.002\ 5 \cdot \cos(0.005\ 9 \cdot t) + 0.002\ 1 \cdot \cos(0.005\ 9 \cdot t)$ $- 0.003\ 1 \cdot \cos(0.005\ 9 \cdot t) + 0.000\ 9 \cdot \cos(0.005\ 9 \cdot t)$	0.624 6	0.009 74
	6.2	$i(t) = 0.021\ 2 + 0.012\ 1 \cdot \sin(0.008\ 4 \cdot t) - 0.015\ 5 \cdot \sin(0.008\ 4 \cdot t)$ $- 0.006\ 4 \cdot \sin(0.008\ 4 \cdot t) + 0.003\ 5 \cdot \sin(0.008\ 4 \cdot t)$ $- 0.003\ 7 \cdot \cos(0.008\ 4 \cdot t) + 0.006\ 3 \cdot \cos(0.008\ 4 \cdot t)$ $- 0.004\ 9 \cdot \cos(0.008\ 4 \cdot t) - 0.002\ 9 \cdot \cos(0.008\ 4 \cdot t)$	0.761 2	0.014 75
	9.6	$i(t) = 0.026\ 4 + 0.004\ 0 \cdot \sin(0.006\ 5 \cdot t) + 0.005\ 6 \cdot \sin(0.006\ 5 \cdot t)$ $- 0.012\ 8 \cdot \sin(0.006\ 5 \cdot t) - 0.003\ 6 \cdot \sin(0.006\ 5 \cdot t)$ $- 0.007\ 7 \cdot \cos(0.006\ 5 \cdot t) + 0.001\ 3 \cdot \cos(0.006\ 5 \cdot t)$ $- 0.012\ 8 \cdot \cos(0.006\ 5 \cdot t) - 0.001\ 1 \cdot \cos(0.006\ 5 \cdot t)$	0.677 2	0.022 19

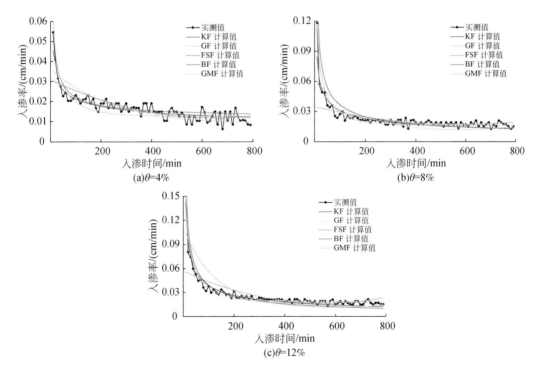

图 11-14 亲水性土壤入渗率采用 KF、GF、FSF、GMF 和 BF 函数拟合所得实测值与计算值

表 11-9 斥水性土壤入渗率采用 PKF，PGF 和 PBF 模型拟合结果

入渗模型	$\theta/\%$	拟合公式 $0 < t < t_{\mathrm{p}}$	拟合公式 $t \geqslant t_{\mathrm{p}}$	R^2	RMSE
PKF	4.7	$i(t)=0.047\,95t^{-0.227\,8}$	$i(t)=0.000\,59t^{-0.987\,2}$	0.458 2	0.007 40
	6.2	$i(t)=0.001\,22t^{-0.897\,0}$	$i(t)=0.001\,03t^{-0.986\,7}$	0.778 9	0.014 19
	9.6	$i(t)=0.005\,88t^{-0.910\,9}$	$i(t)=0.001\,96t^{-0.985\,5}$	0.742 4	0.023 69
PGF	4.7	$i(t)=0.047\,5\cdot\exp\left(-\left(\dfrac{t+581}{127}\right)^2\right)+0.005\,2$	$i(t)=0.047\,5\cdot\exp\left(-\left(\dfrac{t+581}{127}\right)^2\right)+0.005\,2$	0.536 1	0.010 79
	6.2	$i(t)=0.073\,6\cdot\exp\left(-\left(\dfrac{t+332}{47}\right)^2\right)+0.004\,8$	$i(t)=0.063\,5\exp\left(-\left(\dfrac{t+332}{117}\right)^2\right)+0.014\,9$	0.764 4	0.016 97
	9.6	$i(t)=0.131\,7\cdot\exp\left(-\left(\dfrac{t+326}{60}\right)^2\right)+0.005\,7$	$i(t)=0.124\cdot\exp\left(-\left(\dfrac{t+326}{90}\right)^2\right)+0.028\,7$	0.517 1	0.027 80
PBF	4.7	$i(t)=0.006\,2\dfrac{\Gamma(27)\Gamma(18)}{\Gamma(45)}\left(\dfrac{t}{934}\right)^{26}\left(1-\dfrac{t}{934}\right)^{17}+0.004\,7$	$i(t)=0.006\,2\dfrac{\Gamma(27)\Gamma(18)}{\Gamma(45)}\left(\dfrac{t}{934}\right)^{26}\left(1-\dfrac{t}{934}\right)^{17}+0.004\,7$	0.609 4	0.010 34
	6.2	$i(t)=0.009\,6\dfrac{\Gamma(0.4)\Gamma(0.15)}{\Gamma(0.55)}\left(\dfrac{t}{934}\right)^{-0.6}\left(1-\dfrac{t}{934}\right)^{-0.85}+0.001\,7$	$i(t)=0.012\,6\dfrac{\Gamma(0.45)\Gamma(1.5)}{\Gamma(1.95)}\left(\dfrac{t}{934}\right)^{-0.55}\left(1-\dfrac{t}{934}\right)^{0.5}+0.011\,4$	0.746 2	0.015 31
	9.6	$i(t)=0.024\,1\dfrac{\Gamma(0.5)\Gamma(0.35)}{\Gamma(0.85)}\left(\dfrac{t}{934}\right)^{-0.5}\left(1-\dfrac{t}{934}\right)^{-0.65}+0.002\,1$	$i(t)=0.013\,9\dfrac{\Gamma(0.5)\Gamma(4)}{\Gamma(4.5)}\left(\dfrac{t}{934}\right)^{-0.5}\left(1-\dfrac{t}{934}\right)^{3}+0.028\,4$	0.616 3	0.026 52

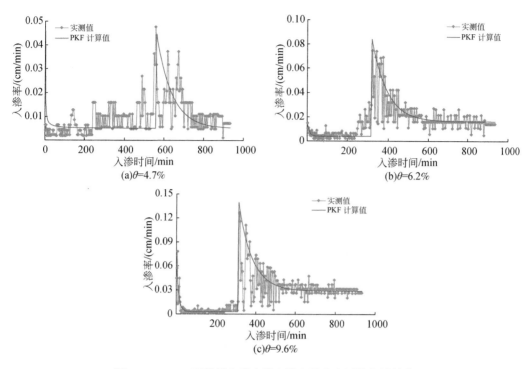

图 11-15 PKF 函数拟合斥水性土壤入渗率实测值与计算值

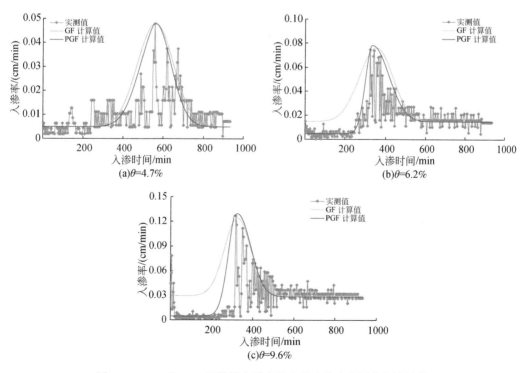

图 11-16 GF 和 PGF 函数拟合斥水性土壤入渗率实测值与计算值

由表 11-7 可知，对于亲水性土壤，五种模型所得 3 个含水率的入渗率 R^2 的平均值大小顺序依次为 BF（0.9464）、GMF（0.9353）、KF（0.9312）、GF（0.7872）和 FSF（0.7140）；3 个含水率的入渗率 RMSE 的平均值由小到大顺序依次为 FSF（0.0118）、KF（0.0138）、GF（0.0144）、GMF（0.0146）和 BF（0.0164）。从上述数据可知，对于亲水性土壤，GMF、KF 和 GF 入渗模型具有相对较好的计算精度，而 GF 和 FSF 模型计算精度则较差。由表 11-8 和表 11-9 可知，对于斥水性土壤，五种模型所得 3 个含水率的入渗率 R^2 的平均值大小顺序依次为 GMF（0.7802）、FSF（0.6877）、PKF（0.6598）、PBF（0.6573）、PGF（0.6059）和 GF（0.5429）；3 个含水率的入渗率 RMSE 的平均值由小到大顺序依次为 GMF（0.0054）、PKF（0.0151）、FSF（0.0156）、PBF（0.0174）、GF（0.0185）和 PGF（0.0185）。从上述数据综合分析可知，对于斥水性土壤，GMF 和 PKF 入渗模型具有较好的计算精度，PBF 和 FSF 模型具有相对较好的计算精度，而 PGF 和 GF 模型拟合精度则较差。

从图 11-15 可以看出，采用 Kostiakov 分段函数拟合，入渗率在拐点同时存在一个最大值和最小值，且入渗率在拐点出现突变几乎是瞬时完成的，这与试验观测不一致。事实上，由于土壤斥水性大小受含水率影响，土壤含水率达到斥水性消失的临界值是一个缓慢的变化过程，在此过程中湿润锋以上含水率逐渐增大，土壤斥水性逐渐减小，入渗率呈逐渐增大变化趋势。Kostiakov 分段函数能够描述水分从开始入渗至出现拐点时刻的入渗率，但难以反映拐点前入渗率逐渐增大过程。从图 11-16 可以看出，采用一阶 Gaussian 函数拟合，入渗率呈先增大后减小的变化规律，整体上符合斥水性土壤水分入渗过程。但是由于一阶 Gaussian 函数为以拐点对称的图形，对称轴左右两侧相同距离位置的入渗率相等，这与实测拐点后大于拐点前的入渗率观测结果不符。而采用 Gaussian 分段函数拟合，入渗率呈先增大后减小的变化规律，入渗率实测值与计算值吻合较好。尤其对于 $\theta = 6.5\%$ 和 $\theta = 9.6\%$ 的土壤，模型能够较好地反映拐点前入渗率增大以及拐点后入渗率逐渐减小的变化过程，同时也能体现由于土壤斥水性消失拐点后入渗率大于拐点前入渗率的试验现象。但是，无论是 Gaussian 函数还是 Gaussian 分段函数均不能模拟入渗率在开始时刻逐渐减小的变化过程。从图 11-17 可以看出，采用四阶 Fourier 级数拟合，3 个含水率下的入渗率均有多个峰值，在斥水性消失时刻有一个最大值，整体上也呈先增大后减小的变化趋势，这与斥水性消失后入渗率逐渐减小的理论不符。从图 11-18 可以看出，采用 Gamma 概率密度函数拟合，模型不仅能够反映斥水性土壤入渗率在初始时刻的逐渐减小变化过程，也能够反映之后的单峰曲线变化现象，但是难以反映拐点后入渗率大于拐点前入渗率这一现象。从图 11-19 可以看出，Beta 分段概率密度函数不仅能够反映斥水性土壤入渗率在初始时刻的逐渐减小变化过程，也能够反映之后的单峰曲线变化现象，同时也能够反映拐点后入渗率大于拐点前入渗率这一现象。

综上，Gaussian 函数入渗模型解决了 Philip 模型、Kostiakov 模型、Horton 模型入渗率在拐点不连续（拐点处同时存在一个最大值和最小值）的问题，但是不能反映斥水性土壤在入渗初期入渗率逐渐减小的问题。Beta 分段函数入渗模型解决了 Gaussian 及其分段函数模型难以反映斥水性土壤初始时刻入渗率逐渐减小的变化过程，但是模型仍然为分段函数、计算较为复杂。Gamma 函数水分入渗模型不仅解决了 Philip、Kostiakov、Horton 模型入渗率在拐点不连续（拐点处同时存在一个最大值和最小值）的问题，也解决了 Beta、Gaussian 函数需要分段组合的问题。

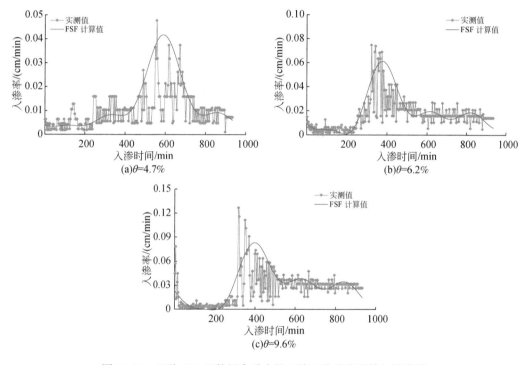

图 11-17　四阶 FSF 函数拟合斥水性土壤入渗率实测值与计算值

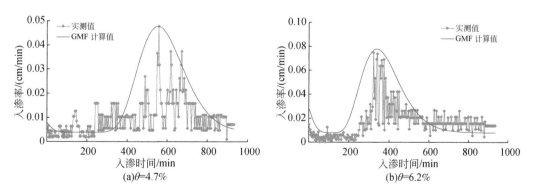

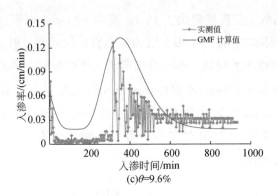

图 11-18　GMF 函数拟合斥水性土壤入渗率实测值与计算值

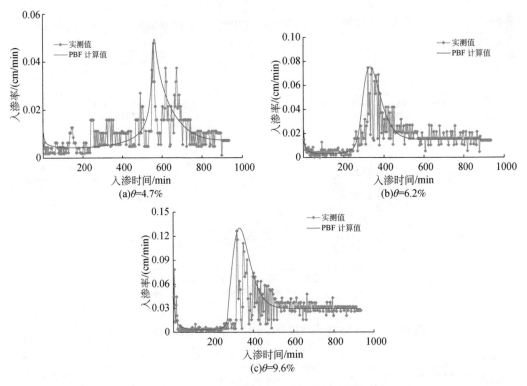

图 11-19　PBF 函数拟合斥水性土壤入渗率实测值与计算值

3）五阶段入渗过程

亲水性土壤水分三阶段入渗过程，即①渗润阶段，水分受分子力作用呈土粒吸附的薄膜水，直至土壤含水量大于最大分子持水量为止，此时下渗强度较大；②渗漏阶段，水分受毛管力和重力作用，不断填充毛管孔隙，直至达到饱和含水量为止，本阶段入渗强度逐渐减小；③渗透阶段，毛管力消失，水在重力作用下向下渗透，土壤含水量不再增加，入渗水流呈饱和稳定流，入渗强度最小。由图 11-15 可知，对于斥水性土壤，我们将整个入渗过程可以分为五阶段（图 11-20）：第 Ⅰ 阶段，水分第一次快速入渗阶段（图 11-20，Ⅰ），由于表层土壤气阻较小，水分在最初的十几分钟入渗快，此时入渗率在开始时刻有一个较大值 i_{start}。第 Ⅱ 阶段，入渗率第一次逐渐减小的入渗阶段（图 11-20，Ⅱ），随着水入渗持续的进入土壤，深层土壤由于气体排出较慢气阻较大，以及随着水分一起运动的小颗粒在土壤中形成的致密层引起的水分运动所依赖的大孔隙减小，水分入渗速率逐渐减小，此时入渗率在谷底有一个最小值 i_{bottom}。第 Ⅲ 阶段，入渗率再次加快的阶段，随着水分的进一步持续入渗，当含水率超过斥水性消失临界值时，土壤斥水性逐渐减小，入渗率逐渐增大（图 11-20，Ⅲ），直至斥水性完全消失入渗率达到最大，此时在拐点有一个全过程最大入渗率 i_{peak}。第 Ⅳ 阶段，入渗率再次逐渐减小阶段（图 11-20，Ⅳ），这是由于随着湿润锋的不断下移，重力势和压力势水势梯度逐渐减小，进而导致入渗率也随之减小。第 Ⅴ 阶段，稳定入渗阶段（图 11-20，Ⅴ），当土壤形成稳定致密层后，土壤入渗主要受孔隙率影响，此时入渗率逐渐减小到稳定入渗 i_{stable}，但是总体上比第 Ⅰ 阶段入渗率快。忽略初始阶段的快速入渗，斥水性土壤入渗率整体上呈先增大后减小的单峰曲线变化规律。

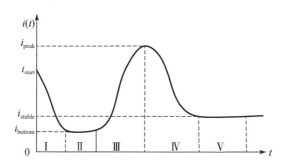

图 11-20　斥水性土壤五阶段入渗过程

4）单峰曲线原因

诸多研究表明，土壤斥水性的存在并非减少水分的入渗，入渗率也并非呈单调减小的变化趋势，本研究也再次证明斥水性土壤在一定条件和时间段内入渗率会增大。忽略第 Ⅰ 阶段的入渗过程，斥水性土壤入渗率整体为单峰曲线，这可能是由于：①斥水性消失。土壤斥水性与土壤含水量呈正态分布关系，随着水分的不断入渗，湿润锋以上湿润体含水率逐渐增大，当含水率大于斥水性最大值所对应的临界含水率时，随着土壤含水率的逐渐增大，斥水性逐渐减小，入渗率则逐渐增大。②土壤体积膨胀。随着水分入渗上壤体积膨胀（图 11-21，非饱和情况下体积膨胀了 4.5%，饱和情况下体积膨胀了 17.5%），体积膨胀导致孔隙率增大，尤其大孔隙增多促使饱和层土壤中的自由水沿着通气孔隙快速下渗。③植物根系生长。入渗结束后土壤表面有 0~0.5cm 高的嫩芽萌发，土壤内部有大量 0~

10cm 不等的白色根系生长（图 11-22）。腐殖质土壤生物活性较强，随着水分进入土壤中，植物种子遇水后生物活性被激活，一方面毛细根细胞生长加速了土壤颗粒对水分的吸收；另一方面土壤中一些封闭的孔隙被毛细根连通，水分沿着毛细根以优先流的形式加速入渗。④土壤温度升高。随着水分的进入，土壤中的腐殖质在微生物的作用下进一步分解，并伴随着能量的释放，土壤湿润体部分比干燥部分温度高 1.2 ~ 3.4℃（图 11-23）。土壤温度的升高导致水的黏滞系数减小，水分在土壤中的运移扩散阻力减小，进而导致入渗加快。

(a) 初始　　　　　　　(b) 中期　　　　　　　(c) 后期　　　　　　　(d) 对比

图 11-21　斥水性土壤入渗过程体积膨胀

(a) 种子发芽　　　　　　　(b) 根系发育　　　　　　　(c) 幼苗

图 11-22　斥水性土壤入渗过根系生长

虽然湿润锋以上湿润体随着含水率的增大斥水性逐渐消失，但是湿润锋以下土壤仍相对干燥，土壤仍具有斥水性。随着入渗的持续，这种湿润峰以上斥水性消失、土壤孔隙率增大共同作用下水分入渗加快的作用大于湿润峰以下土壤斥水性对水分入渗的阻碍作用，

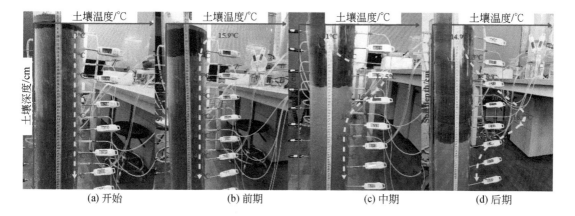

(a) 开始　　　　　(b) 前期　　　　　(c) 中期　　　　　(d) 后期

图 11-23　斥水性土壤入渗过程温度升高

拐点以后水分仍以较快的速率入渗，因此斥水性土壤入渗率呈单峰曲线，且峰值后的入渗率大于峰值前的入渗率。累计入渗量和入渗率的突变是土壤物理、化学、生物因素共同作用的结果。

5）模型应用

对于斥水性土壤，假如第 Ⅰ 阶段（图 11-20，Ⅰ）持续时间较短，忽略这一过程，且拐点前的稳定入渗阶段（图 11-20，Ⅱ）与拐点后的稳定入渗阶段（图 11-20，Ⅴ）入渗率近乎相等。此时入渗率类似对称的钟形曲线，因此，可以采用 Gaussian 函数模型进行拟合。如果考虑初始时刻的逐渐减小过程，且当拐点前的稳定入渗阶段（图 11-20，Ⅱ）与拐点后的稳定入渗阶段（图 11-20，Ⅴ）入渗率近乎相等，此时可以采用 Gamma 概率密度函数对这一过程进行拟合。当 Beta 分段函数被应用于斥水性土壤，水分入渗过程可以被划分为不同阶段组合的三种模式。模式一，由图 11-20 第 Ⅰ 和第 Ⅱ 阶段组成的水分入渗单调减小过程，此时 Beta 函数参数取值范围为 $0 < p \leqslant 1$ 且 $q > 1$；由图 11-20 第 Ⅲ、第 Ⅳ 和第 Ⅴ 阶段组成的右偏态入渗过程，此时 Beta 函数参数取值范围为 $1 < q < p$。模式二，由图 11-20 第 Ⅰ、第 Ⅱ 和第 Ⅲ 阶段组成的 U 形曲线水分入渗过程，此时 Beta 函数参数取值范围为 $0 < p < 1$ 且 $0 < q < 1$。当初始时刻的入渗率大于拐点时刻的入渗率，即 $i_{start} > i_{peak}$ 时，$0 < p < q < 1$，反之，当初始时刻的入渗率小于拐点时刻的入渗率，即 $i_{start} < i_{peak}$ 时，$0 < q < p < 1$。由图 11-20 第 Ⅳ 和第 Ⅴ 阶段组成的水分入渗单调减小过程，此时 $0 < p \leqslant 1$ 且 $q > 1$。模式三，忽略第 Ⅰ 阶段，由图 11-20 第 Ⅱ、第 Ⅲ、第 Ⅳ 和第 Ⅴ 阶段组成的左偏态入渗过程，此时参数取值范围为 $p > q > 1$，由图 11-20 第 Ⅱ、第 Ⅲ、第 Ⅳ 和第 Ⅴ 阶段组成的右偏态入渗过程，此时参数取值范围为 $1 < p < q$。

6）传统入渗模型与 Gamma、Beta 函数模型关系

在讨论传统水分入渗模型与 Gamma、Beta 函数入渗模型的关系前，先介绍 Horton 和 Philip 入渗模型。

Horton 入渗模型：

$$i(t) = (i_0 - i_c) \, e^{-\beta t} + i_c \tag{11-21}$$

式中，t 为入渗时间（min）；$i(t)$ 为入渗率（cm/min）；i_0、i_c 和 β 为经验参数，当 $t \to 0$ 时，$i(t) \to i_0$ 为初始入渗率；当 $t \to \infty$ 时，$i(t) \to i_c$ 为稳定入渗率。

Philip 入渗模型：

$$i(t) = 0.5S \, t^{-0.5} + A \tag{11-22}$$

式中，t 为入渗时间（min）；$i(t)$ 为入渗率（cm/min）；S 为吸渗率（cm/min$^{0.5}$）；A 为稳定入渗率（cm/min）。

对于 Gamma 函数，令 $t_0 = 0$，$s = 1$，则式（11-9）水分入渗模型可退化为

$$i(t) = \eta \frac{\mu}{\Gamma(s)} e^{-\mu t} + \sigma \tag{11-23}$$

根据 Gamma 函数性质可知，当 $s = 1$，$\Gamma(1) = 1$ 时，式（11-23）可进一步退化为

$$i(t) = \eta \mu e^{-\mu t} + \sigma \tag{11-24}$$

对比 Horton 模型式（11-21）和式（11-24），可以发现两者在形式上具有相似性，式（11-24）中的系数 $\eta \mu$ 相当于 Horton 模型中的系数 $i_0 - i_c$，μ 相当于 Horton 模型中的常数 β，σ 相当于 Horton 模型中的常数 i_c。当 $t > 0$ 时，式（11-24）为单调减函数，此时该模型可应用于亲水性土壤水分入渗过程。

对于 Gamma 函数，令 $t_0 = 0$，$\mu = 1$，则式（11-9）水分入渗模型可退化为

$$i(t) = \eta \frac{t^{s-1}}{\Gamma(s)} e^{-t} + \sigma \tag{11-25}$$

进行数值模拟，结果表明，当 $s > 4.907$ 时，单调减函数，此时模型可应用于亲水性土壤水分入渗过程；当 $0 < s < 4.907$ 时，单峰曲线函数，此时模型可应用于斥水性土壤水分入渗过程。

对于式（11-19）Beta 函数入渗模型，令 $P = 1$，根据 Gamma 函数性质 $\Gamma(1) = 1$，则式（11-19）可改写为

$$i(t) = \mu \frac{\Gamma(q)}{\Gamma(1+q)} (1 - t_S)^{q-1} + \varphi \tag{11-26}$$

又由于 $\Gamma(1+q) = q\Gamma(q)$，可进一步改写为

$$i(t) = \frac{\mu}{q} (1 - t_S)^{q-1} + \varphi \tag{11-27}$$

对式（11-27）分析可知，当 $q > 1$ 时，式（11-27）为单调增函数；当 $0 < q < 1$ 时，式（11-27）为单调减函数。

对式（11-19），令 $q = 1$，$\Gamma(1) = 1$，$(1 - t_S)^{q-1} = 1$，则式（11-19）可改写为

$$i(t) = \mu \frac{\Gamma(p)}{\Gamma(p+1)} t_S^{p-1} + \varphi \tag{11-28}$$

又由于 $\Gamma(1+q) = q\Gamma(q)$，式（11-28）可进一步改写为

$$i(t) = \frac{\mu}{p} t^{p-1} + \varphi \tag{11-29}$$

对比式（11-2）Kostiakov 模型和式（11-29），可以发现两者在形式上具有相似性，式（11-29）中的系数 μ/p 相当于 Kostiakov 模型中的系数 an，p 相当于 Kostiakov 模型中的 n。当 0<p<1 时，式（11-29）为单调减函数，此时该模型可应用于亲水性土壤水分入渗过程；当 p>1 时，式（11-29）为单调增函数；当 $p=1$ 时，式（11-29）为常数 φ。当 $p=0.5$，式（11-29）可改写为

$$i(t) = 2\mu t^{-0.5} + \varphi \tag{11-30}$$

对比 Philip 模型和式（11-30），可以发现两者在形式上具有相似性。式（11-30）中的系数 2μ 相当于 Philip 模型中的系数 $0.5S$，即 $S=4\mu$。此时式（11-30）为单调减函数，可应用于亲水性土壤水分入渗过程。

11.3 斥水性土壤降水产流水文过程

在大孔隙分布较少、植被及枯落物覆盖度低、地表糙率小的研究区域，土壤斥水性对产流的影响较为明显。作为土壤性质的一个方面，土壤斥水性不仅会增加局部产流和加剧土壤侵蚀，同时会对水文过程产生显著的影响，如降低入渗率，增加坡面流量，促进指状流形成并加速土壤侵蚀等。本节以亲水性和斥水性土壤为研究对象，通过室内人工降雨大厅，模拟不同降水强度、土壤质地对降水产流过程的影响。

11.3.1 试验设备

试验在中国水利水电科学研究院延庆试验基地水资源与水土保持工程技术综合试验大厅，降雨系统为西安清远公司生产的 QYJY-503 系列人工模拟降雨模拟系统，降雨大厅有效降雨高度为 12m，降雨系统为垂直下喷式喷头模拟自然降雨；控制系统采用自动闭环控制技术，以终端实际降雨参数调节控制整个降雨过程，并可实时在线显示模拟降雨的动态变化及曲线。系统降雨均匀度>85%，雨强变化范围为 10～200mm/h；雨滴直径变化范围为 0.5～4.3mm，降雨器喷头所产生雨滴近似天然降雨。试验钢槽规格为 295cm（长）×75cm（宽）×50m（高），钢槽底部铺一层 5cm 细沙以保证良好的透水性，细沙上面装填 40cm 土壤，土壤表层至钢槽顶部 5cm 深度为积水区域，钢槽后端有两根立柱，立柱每隔 5cm 开孔，填好土后通过滑轮将钢槽一端升起，然后将一根钢管水平插入两根立柱圆孔，最后落下钢槽，这样通过调节钢管插入立柱圆孔的位置，便可实现不同坡度条件下降雨试验。根据试验目的填土 40cm，钢槽一端上下各有一出水口，用于地表径流和壤中流产流，

两个出水口下方为 MEACON 轮辐式拉压力 100kg 重力传感器（测量精度为 2g），传感器上部分别放置水桶，传感器根据设定的采样间隔（5s、10s、20s、30s）自动记录水桶的质量变化。试验钢槽如图 11-24 所示，试验测试系统由降雨控制系统、试验钢槽、数据采集系统三部分组成，试验设备如图 11-25 所示，人工降雨试验数据采集、传输系统如图 11-26 所示，控制系统软件界面如图 11-27 所示。

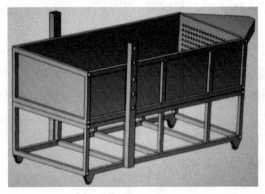 

图 11-24　填土钢槽示意　　　　　　　图 11-25　人工模拟降雨产流试验设备

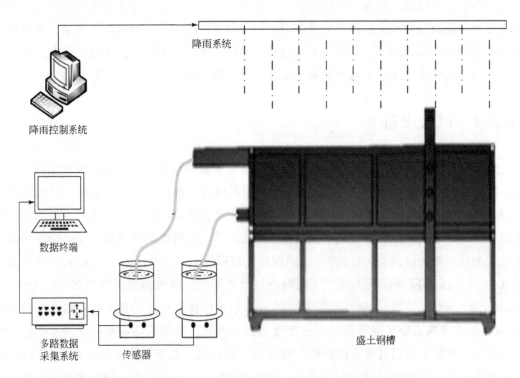

图 11-26　人工模拟降雨产流数据采集系统

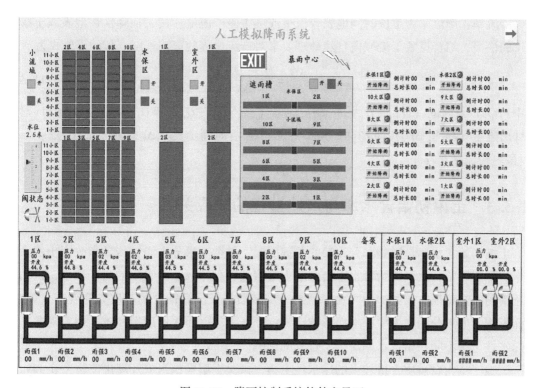

图 11-27　降雨控制系统软件主界面

11.3.2　产流数学模型

产流计算是水文模拟的关键环节之一，受气候因素（如雨强、历时）和下垫面因素（如土壤、植被、坡度等）影响。根据坡面产流的宏观概念又分为超渗产流、蓄满产流以及超渗与蓄满混合模式。在一定的空间尺度上，产流是一个复杂的过程，如何定量化研究下垫面（土壤质地、土壤初始含水率）、土壤斥水性（斥水剂浓度）、雨强等因素对产流过程（地表径流、壤中流）的影响是水文研究的一个热点。常用于评价产流过程水量分配的指标有径流系数，本章除采用径流系数作为评价水量分配指标外，同时引入产流率作为评价产流快慢的一个指标。

径流系数：径流系数是一定汇水面积内总径流量（mm）与降水量（mm）的比值，是任意时段内的径流深度与造成该时段径流所对应的降水深度的比值。径流系数说明在降水量中有多少水变成了径流，它综合反映了流域内自然地理要素对径流的影响，其计算公式为

$$\eta = \frac{Q_{\text{suf}}}{P} \tag{11-31}$$

式中，η 为径流系数；Q_{suf} 为地表径流（mm）；P 为降水强度（mm）。

产流率：产流率为单位时间地表径流量或壤中流产流量。其表征降水在地表或土壤中产流的快慢，综合反映了流域内自然地理要素对产流过程的影响程度，其计算公式为

$$i_t = \frac{\Delta Q}{\Delta t} = \frac{Q_t - Q_{t-\Delta t}}{\Delta t} \qquad (11-32)$$

式中，t 为产流时间（min）；i_t 为 t 时刻产流率（cm/min）；$Q_{t-\Delta t}$ 和 Q_t 分别为 $t-\Delta t$ 和 t 时刻累计出流量（cm）；Δt 为时间步长（min），本节所有时间步长取 $\Delta t = 2\text{min}$；ΔQ 为 $t-\Delta t$ 和 t 时段内径流量（cm）。

11.3.3　土壤初始含水率与产流过程的响应关系

土壤初始含水率是影响水分入渗的关键因素，是影响水分入渗、传导和改变土壤入渗速率的重要因子，土壤初始含水率会影响土壤溶液和胶体颗粒上吸附的离子数量，进而影响土壤的入渗特征；土壤初始含水率会对土壤基质势及湿润锋处的基质势梯度产生影响，从而影响土壤水分的入渗率，进而影响产流特征。本节以斥水性腐殖质土为研究对象，分析斥水性土壤不同初始含水率对产流过程的影响。

试验土壤为腐殖质含量较大的斥水性土壤，试验土壤颗粒组成及理化性质见表 11-10，土壤容重设置为 $\gamma = 1.05\text{g/cm}^3$，钢槽坡度 $I = 0°$，雨强 $P = 40\text{mm/h}$。将试验土样分层均匀夯实填入 4 个钢槽，4 个钢槽土壤初始含水率 θ 分别为 5%、20%、28%、33%、35%，当所有钢槽底部都有壤中流产生时降水停止，不同土壤初始含水率降水产流试验如图 11-28 所示。

表 11-10　试验土壤粒径分布及理化性质

粒径分布	0~0.002mm	0.002~0.005mm	0.005~0.01mm	0.01~0.05mm	0.05~0.1mm	0.1~0.5mm	0.5~2mm
	2.33%	1.71%	3.26%	28.24%	35%	28.32%	1.14%
理化性质	OC/(g/kg)	TN/(g/kg)	TP/(g/kg)	ED/(uS/cm)	pH	SSA/(m²/kg)	MFD
	51.982	2.076	0.190	0.151	8.473	1.534	2.902

1. 土壤初始含水率对累计出流量的影响

斥水性土壤 5 种含水率条件下，降水期间地表径流累计出流量和壤中流累计产流量如图 11-29（a）和图 11-29（b）所示，降水结束后壤中流累计出流量 Q_{suf} 如图 11-29（c）所示。地表径流产流时间 T_{suf} 及壤中流开始产流时间 T_{sub} 见表 11-11。对降水期间地表径流累计出流量采用幂函数拟合，对壤中流累计出流量采用线性函数拟合，拟合公式及相关性分析见表 11-12。对降水结束后壤中流累计出流量采用指数函数拟合，拟合公式及相关性分析见表 11-13。

图 11-28　斥水性土壤不同初始含水率降水产流试验

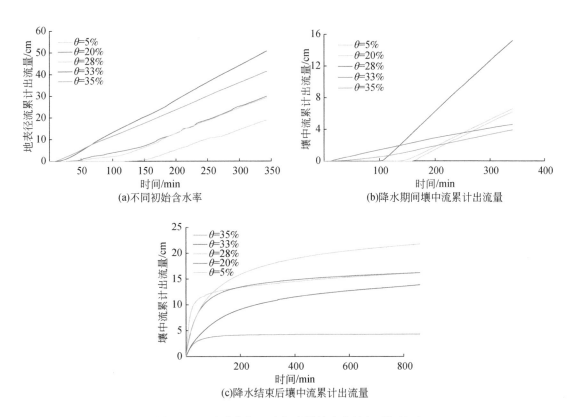

(a)不同初始含水率

(b)降水期间壤中流累计出流量

(c)降水结束后壤中流累计出流量

图 11-29　降水期间地表径流累计出流量与时间关系

表 11-11   不同土壤初始含水率地表径流及壤中流开始产流时间

时间	5%	20%	28%	33%	35%
$T_{\text{suf}}/\min$	112	35	23	12	7
$T_{\text{sub}}/\min$	163	106	97	39	16

表 11-12   壤中流累计出流量拟合公式

含水率/%	地表径流			壤中流		
	拟合公式	R^2	RMSE	拟合公式	R^2	RMSE
5	$Q_{\text{suf}} = 110.2t^{0.0334} - 115.9$	0.9923	0.3742	$Q_{\text{sub}} = 0.0341t - 5.335$	0.9989	0.0639
20	$Q_{\text{suf}} = 31.71 - 37.9t^{-0.1349}$	0.9845	0.3309	$Q_{\text{sub}} = 0.0317t - 4.327$	0.9887	0.2287
28	$Q_{\text{suf}} = 24.41 - 26.22t^{-0.1668}$	0.9852	0.2389	$Q_{\text{sub}} = 0.0651t - 6.794$	0.9998	0.0592
33	$Q_{\text{suf}} = 11.94t^{0.1342} - 15.38$	0.9907	0.2993	$Q_{\text{sub}} = 0.0132t + 0.242$	0.9975	0.0443
35	$Q_{\text{suf}} = 5.135 - 7.955t^{-0.3714}$	0.9367	0.1453	$Q_{\text{sub}} = 0.0145t - 0.968$	0.9999	0.0114

表 11-13   降水结束后壤中流拟合公式

含水率/%	拟合公式	R^2	RMSE
5	$Q_{\text{sub}} = 14.89e^{0.06079t} - 0.006323e^{-4.359t}$	0.9954	0.1814
20	$Q_{\text{sub}} = 19.32e^{0.07973t} - 0.142521e^{-2.682t}$	0.9965	0.2517
28	$Q_{\text{sub}} = 14.47e^{0.07984t} - 3.959 \times 10^{-8}e^{-11.23t}$	0.9833	0.2566
33	$Q_{\text{sub}} = 12.07e^{0.08591t} - 0.308628e^{-1.996t}$	0.9894	0.0843
35	$Q_{\text{sub}} = 4.283e^{0.01773t} - 4.153 \times 10^{-5}e^{-6.601t}$	0.9947	0.1427

由图 11-29（a）可知，对于斥水性土壤，整体上土壤初始含水率越大，相同降水时间地表径流累计出流量越大，地表开始产流时间越早（表 11-11），且土壤含水率越大累计出流量越接近线性增长（$\theta = 33\%$ 和 $\theta = 35\%$），含水率较小时（$\theta = 5\%$、$\theta = 20\%$、$\theta = 28\%$），累计出流量有一个缓慢的增长过程。一方面，这是由于土壤初始含水率越大湿润锋与土壤表面土水势梯度越小，含水率较大的土壤对水分的吸力小于含水率较小的土壤，也就是说在某一范围内（$\theta > 20\%$）含水率越大土壤入渗率越小，雨量在地表的分量也越多；另一方面，土壤初始含水率越大土壤达到饱和含水量所需时间越短，即土壤蓄满产流时间越早，因此相同降水时间地表径流累计出流量越大。

由图 11-29（b）可知，土壤初始含水率越大，壤中流产流时间越早（表 11-11），不同于地表径流含水率越大累计出流量越大，且壤中流有一个缓慢的增长过程。对于壤中流，所有含水率情况下壤中流累计出流量几乎都是线性增长。土壤含水率 $\theta = 33\%$ 和 $\theta = 35\%$ 时，降水开始后不久壤中流和地表径流几乎同时发生，且两者对时间的斜率几乎平行；同样 $\theta = 5\%$ 和 $\theta = 20\%$ 的壤中流累计出流量对时间的斜率也几乎平行，而 $\theta = 28\%$ 的斜率最大。总之，在降水期内壤中流累计出流量对时间的斜率由大到小对应的含水率依次为 $\theta = 28\%$、$\theta = 33\%$ 和 $\theta = 35\%$、$\theta = 5\%$ 和 $\theta = 20\%$。

土壤初始含水量越大壤中流产流时间越早的原因：首先，土壤初始含水量越大越接近饱和含水量，降水后土壤很快饱和，超过田间土壤持水量的自由水分在重力作用下迅速向下运动到钢槽底部产生壤中流；其次，由于试验土壤腐殖质含量较高，土壤装填容重较小、土壤孔隙率较大，土壤中可导水的活性孔隙及大孔隙较多，因此壤中流产流较快。

降水期间壤中流累计出流量对时间的斜率由大到小对应的含水率依次为 $\theta = 28\%$、$\theta = 33\%$ 和 $\theta = 35\%$、$\theta = 5\%$ 和 $\theta = 20\%$。这可能是由于含水率 $\theta = 28\%$ 时大于土壤斥水性消失的临界值，土壤斥水性消失而入渗率较大，且由于再次装填的土壤水分运动的大孔隙较多，产流率最大；而 $\theta = 33\%$ 和 $\theta = 35\%$ 时，壤中流产流率最小，这可能是由于 $\theta = 33\%$ 和 $\theta = 35\%$ 的土壤为上一次降水之后放置 7 天的土壤，钢槽土壤没有挖出重填，经过一次降水之后钢槽内部土壤结构发生变化，如土壤收缩孔隙率变小、小颗粒在下层形成致密层等，因此壤中流产流率最小；而 $\theta = 5\%$ 和 $\theta = 20\%$ 时的土壤既具有斥水性，同时由于重新装填又具有大孔隙，产流率介于两者之间。

由图 11-29（c）可知，降水结束后壤中流累计出流量增加幅度逐渐减小，壤中流累计出流量与土壤初始含水率大小没有明显的变化规律。降水结束后壤中流累计出流量不仅受土壤自由液面与钢槽出水口的水头差影响，也受钢槽底部沙层透水性的影响，虽然 5 组试验土壤质地相同，但有的土壤属于再次装填，有的则属于上次试验重复利用，导致土壤结构发生变化，因此降水结束后壤中流产流率较为复杂，但 5 组试验产流数学模型整体上满足幂函数关系。

2. 土壤初始含水率对产流率的影响

斥水性土壤 5 种含水率条件下，降水期间地表径流产流率实测值及高斯函数拟合值如图 11-30 所示，拟合公式见表 11-14；壤中流产流率实测值及 6 次高斯函数拟合值如图 11-31 所示，拟合公式见表 11-15；降水结束后壤中流产流率实测值及幂函数拟合值如图 11-32 所示，拟合公式见表 11-16；地表径流系数实测值及高斯函数拟合值如图 11-33 所示，拟合公式见表 11-17。

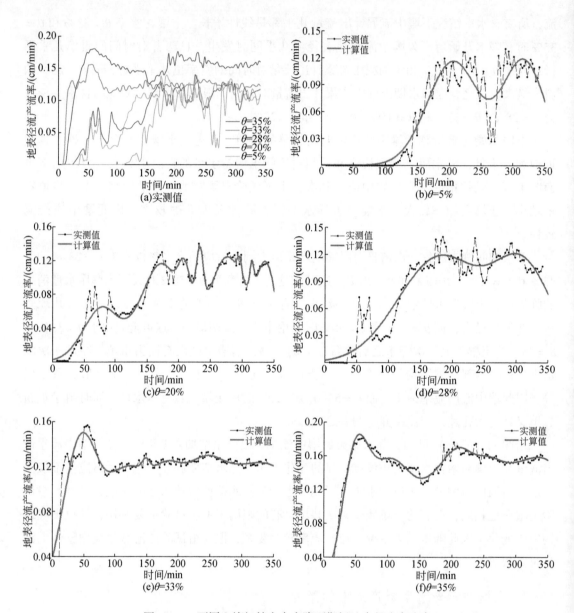

图 11-30　不同土壤初始含水率降雨期间地表径流产流率

表 11-14　地表径流产流率高斯函数拟合

含水率/%	拟合公式	R^2	RMSE
5	$i(t) = 0.1161\exp\left(-\left(\dfrac{t-316.7}{44.08}\right)^2\right)+0.1157\exp\left(-\left(\dfrac{t-205.2}{56.9}\right)^2\right)$	0.9072	0.0154

续表

含水率/%	拟合公式	R^2	RMSE
20	$i(t) = 0.0366\exp\left(-\left(\dfrac{t-167.7}{13.84}\right)^2\right)+0.1156\exp\left(-\left(\dfrac{t-272.2}{200.9}\right)^2\right)$	0.8412	0.0157
28	$i(t) = 0.1175\exp\left(-\left(\dfrac{t-179.5}{91.79}\right)^2\right)+0.1034\exp\left(-\left(\dfrac{t-311.3}{65.78}\right)^2\right)$	0.8969	0.0141
33	$i(t) = 0.134\exp\left(-\left(\dfrac{t-61.82}{43.77}\right)^2\right)+0.124\exp\left(-\left(\dfrac{t-177.7}{115}\right)^2\right)+0.174\exp\left(-\left(\dfrac{t-422.9}{189}\right)^2\right)$	0.9275	0.0125
35	$i(t) = 0.094\exp\left(-\left(\dfrac{t-42.86}{35.46}\right)^2\right)+0.127\exp\left(-\left(\dfrac{t-285.3}{184.5}\right)^2\right)+0.062\exp\left(-\left(\dfrac{t-113.2}{82.57}\right)^2\right)$	0.9428	0.0101

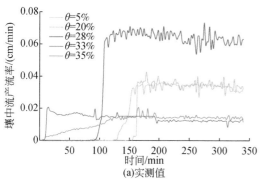

(a)实测值

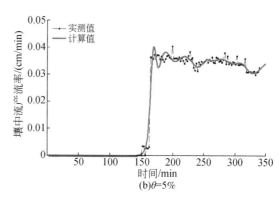

(b)$\theta=5\%$

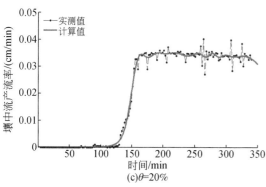

(c)$\theta=20\%$

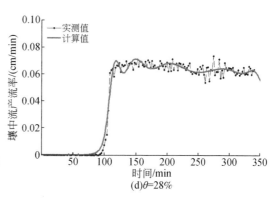

(d)$\theta=28\%$

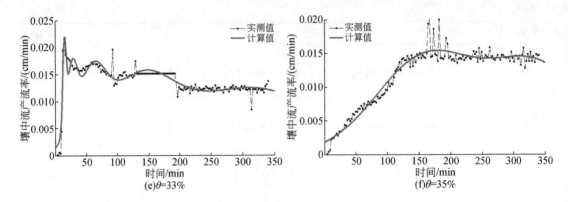

图 11-31　不同土壤初始含水率降水期间壤中流产流率

表 11-15　壤中流产流率 6 次高斯函数拟合

参数		5%	20%	28%	33%	35%
α	α_1	0.025 12	0.014 41	0.021 17	0.049 77	-9.717×10^{-5}
	α_2	0.025 82	0.011 47	0.032 18	0.044 25	-0.001 34
	α_3	0.023 31	-0.000 55	0.009 55	0.065 43	-0.000 12
	α_4	0.024 67	0.010 71	0.030 84	0	0.012 55
	α_5	0.028 81	0.011 98	0.025 85	0	0.015 88
	α_6	0.002 281	0.012 45	0.012 14	0	-0.002 09
β	β_1	182.4	15.04	246.4	172.8	162.3
	β_2	210.6	57.51	306.9	123.6	184.9
	β_3	261.4	127	187.9	296.5	257.2
	β_4	168.2	26.59	162.4	312.7	376.8
	β_5	339.3	133.8	205.7	367.6	180
	β_6	254.4	314.8	348.9	306	213.9
δ	δ_1	15.83	3.947	35.25	52.45	1.406
	δ_2	27.94	32.24	55.01	20.4	2.513
	δ_3	48.49	0.732 8	13.71	111.1	14.61
	δ_4	6.017	11.75	19.97	0.093	114.2
	δ_5	74.89	78.32	28.64	1.501	125.3
	δ_6	10.85	160.5	24.03	2.22×10^{-14}	32.14
R^2		0.988 5	0.897 5	0.990 5	0.967 3	0.948 7
RMSE		0.001 97	0.001 15	0.001 69	0.005 64	0.001 04

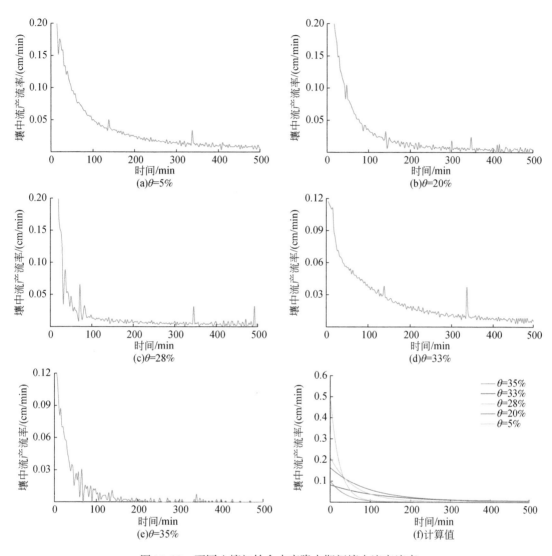

图 11-32　不同土壤初始含水率降水期间壤中流产流率

表 11-16　地表径流产流率幂函数拟合

含水率/%	拟合公式	R^2	RMSE
5	$i(t) = 0.7347t^{-0.3996} - 0.05973$	0.9814	0.006723
20	$i(t) = 0.9833t^{-0.5272} - 0.04205$	0.9661	0.009893
28	$i(t) = 3.3142t^{-0.9324} - 0.01518$	0.9126	0.002496
33	$i(t) = 0.3124t^{-0.1807} - 0.09866$	0.9732	0.0038371
35	$i(t) = 0.4218t^{-0.6115} - 0.01273$	0.9299	0.005319

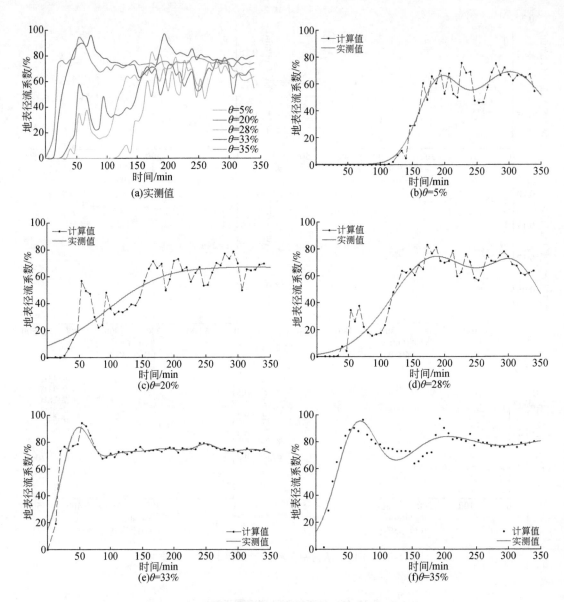

图 11-33　不同土壤初始含水率径流系数高斯函数拟合

表 11-17　径流系数高斯函数拟合

含水率/%	拟合公式	R^2	RMSE
5	$\eta = 50.72\exp\left(-\left(\dfrac{t-188.6}{44.08}\right)^2\right)+68.75\exp\left(-\left(\dfrac{t-302.2}{89.01}\right)^2\right)$	0.9531	6.924
20	$\eta = 62.20\exp\left(-\left(\dfrac{t-371.7}{179.7}\right)^2\right)+40.41\exp\left(-\left(\dfrac{t-166.1}{129.8}\right)^2\right)$	0.7745	9.359

续表

含水率/%	拟合公式	R^2	RMSE
28	$\eta = 73.25\exp\left(-\left(\dfrac{t-183.5}{92.82}\right)^2\right) + 60.31\exp\left(-\left(\dfrac{t-314.2}{63.82}\right)^2\right)$	0.9131	8.315
33	$\eta = 63.99\exp\left(-\left(\dfrac{t-176}{105.1}\right)^2\right) + 72.01\exp\left(-\left(\dfrac{t-62.72}{42.94}\right)^2\right) + 79.83\exp\left(-\left(\dfrac{t-386.2}{166.1}\right)^2\right)$	0.8763	7.043
35	$\eta = 61.49\exp\left(-\left(\dfrac{t-45.0}{33.53}\right)^2\right) + 76.8\exp\left(-\left(\dfrac{t-285.1}{165.4}\right)^2\right) + 43.17\exp\left(-\left(\dfrac{t-117.1}{78.29}\right)^2\right)$	0.8056	6.627

由图 11-30（a）可知，整体上土壤初始含水率越大，相同降水时间地表径流产流率也越大，一方面，这是由于土壤初始含水率越大，湿润锋与土壤表面的水势梯度越小，水分在土壤中的入渗速率越小，相同雨强条件下降水量在地表的分量越大，因而产流率也越大；另一方面，$\theta=33\%$ 和 $\theta=35\%$ 钢槽为上一次试验结束后含水率降低后的再次利用，土壤表面由于降水水滴击打具有较厚的致密层，土壤入渗率较小，同时土壤表面较为光滑水流阻力较小，因此产流率较大；而对于含水率 $\theta=5\%$、$\theta=20\%$ 和 $\theta=28\%$ 的土壤，由于为重新装填土壤，表面较为粗糙，水流阻力较大。另外，由于土壤腐殖质含量较高，在水滴的击打作用下，土壤密度较小的悬浮物漂浮在土壤表面，增大了水流的摩擦阻力，这种悬浮物也会堵塞钢槽表层出水口的过滤沙层，使产流率较小。由图 11-30（b）可知，$\theta=5\%$ 时产流率在 250~280min 明显减小，这可能是由于此时土壤斥水性消失，土壤入渗率增大（详见 11.3.4 节），进入土壤中的水量增多，地表产流率减小。由图 11-30（c）和（d）可知，$\theta=20\%$ 和 $\theta=28\%$ 的土壤地表产流率整体上呈逐渐增大的变化趋势，这是由于含水率在一定范围内，随着降水的持续影响，表层土壤结皮以及内部致密层形成，土壤入渗率逐渐减小，因此雨量在地表的分量逐渐增大，即产流率逐渐增大。由图 11-30（e）和（f）可知，$\theta=33\%$ 和 $\theta=35\%$ 的土壤地表产流率在降水开始不久后很快达到最大，之后逐渐减小并趋于稳定。开始阶段产流率较大这是由于土壤表层较为光滑且有致密层，因而产流率较大；之后逐渐降低并趋于稳定，这是由于 $\theta=33\%$ 和 $\theta=35\%$ 时接近饱和含水率。降水一段时间后土壤达到饱和，表层与底部沙层水分传输通道连通，土壤入渗率增大，土壤中稳定的水分自由液面形成（土壤表面即为自由液面），因此入渗率逐渐减小并趋于稳定。

对比图 11-30（b）~（f）发现，含水率较小的产流率极不稳定、标准差较大（表 11-14），而含水率较大的产流率较为稳定、标准差较小。这说明含水率较大的土壤内部结构形变较小、土壤入渗率较为稳定；而含水率较小的斥水性土壤，由于水的作用土壤内部发生着一系列生化反应（根毛的生长、种子发芽、热量的释放导致土壤温度升高），且土壤结构会发生重组，这些因素共同作用导致土壤入渗率极不稳定，因此投射在地表产流率也不稳定。

由表 11-14 可知，产流率实测值与计算值的相关系数最大值、最小值、平均值分别为

0.9428、0.8969 和 0.9031，均方根误差最大值、最小值、平均值分别为 0.0157、0.0101和 0.0136，相关系数较高、误差较小。这说明采用高斯函数对产流率拟合具有较高的精度。

由图 11-31（a）可知，除 $\theta = 35\%$ 外，降水期间其他 4 种含水率下壤中流产流率整体上变化不大，产流率从大到小可分为 3 个层次：$\theta = 28\%$ 时最大，平均为 0.0654cm/min；$\theta = 5\%$ 和 $\theta = 20\%$ 居中，平均为 0.0325cm/min；$\theta = 33\%$ 和 $\theta = 35\%$ 最小，平均为 0.0137cm/min。与其他含水率条件下的壤中流产流率不同，$\theta = 35\%$ 时产流率在 0~150min 内有一个缓慢的增长过程，对比图 11-30（f），$\theta = 35\%$ 时地表径流产流率在 0~150min 内则有一个逐渐减小的变化过程。同前面对图 11-30（f）的分析，由于 $\theta = 35\%$ 时的土壤表面具有较厚的结皮，降水开始阶段土壤入渗率较小，随着降水的持续土壤逐渐达到饱和，表层与底部沙层水分传输通道连通，通过土壤到达钢槽底部沙层的水量逐渐增多，由于水量在沙层有一个蓄积的过程，在此过程中一边蓄积一边产流，直至沙层完全饱和壤中流达到最大，壤中流有一个缓慢增长过程。

由图 11-32（a）~（e）可知，降水结束后，5 种含水率条件下壤中流产流率呈逐渐减小的变化趋势，这也是由降水停止后土壤中自由液面得不到补给，自由液面与钢槽出水口水头差逐渐减小所致。由图 11-32（f）可知，退水过程中含水率对壤中流没有明显的影响，这是由于降水结束后所有钢槽都达到饱和，此时的产流率取决于各钢槽饱和后的土壤结构和含沙层的透水性。

由表 11-16 可知，降水结束后壤中流产流率实测值与计算值相关系数最大值、最小值及平均值分别为 0.9814、0.9126 和 0.9526；均方根误差最大值、最小值及平均值分别为 0.009 893、0.002 496、0.005 654，实测值与计算值相关系数较大、误差较小，这说明采用幂函数对降水结束后产流率进行拟合具有较高的精度。

3. 土壤初始含水率对径流系数的影响

不同土壤初始含水率条件下，径流系数随时间变化过程如图 11-33 所示，采用函数对径流系数进行拟合，拟合公式及实测值与计算值相关系数 R^2、均方根误差见表 11-17。

由图 11-33（a）可知，整体上土壤初始含水率越大径流系数也越大，这是由于土壤初始含水率越大，湿润锋与土壤表面的水势梯度（土水势）越小，含水率较大的土壤对水分的吸力小于含水率较小的土壤，因此在雨强大于土壤水分入渗能力的情况下，含水率越大的土壤其产流越早，地表径流也越大。同时由图 11-33（a）也可以看出，地表径流整体上随着降水的持续呈现逐渐增大的变化趋势，直至土壤完全饱和后径流系数达到稳定。这是由于降水刚一开始土壤含水率相对较小，土壤入渗率较大，单位时间进入土壤的水分较多，在雨强不变的条件下留在地表的雨量就较少，因而起始阶段径流系数较小。随着水分不断进入，土壤入渗率逐渐减小，单位时间进入土壤中的水分较少，在雨强不变的条件下相应的雨量在地表的分量较大，因而径流系数也较大。图 11-33 （a）也反映出不同土壤初始含水率，地表径流稳定产流（径流系数达到最大）所需时间也不同。含水率越小地表径流达到稳定产流时间越长（ $5\% < \theta < 28\%$），而含水率越高达到稳定径流系数时间越短（ $\theta = 33\%$ 和 $\theta = 35\%$）。这是由于土壤初始含水率越高土壤颗粒表面膜状水分子层越厚，土壤对颗粒对进入土壤孔隙的水分的吸力越小，水分在土壤中扩散的自由能越大，因而水分入渗越快，且土壤初始含水率越大土壤达到饱和含水率所需时间越短，因而地表径流达到稳定产流所需时间越短。

由表 11-17 可知，径流系数实测值与计算值相关系数的最大值、最小值及平均值分别为 0.9531、0.7745 和 0.8645；均方根误差最大值、最小值及平均值分别为 9.359、6.627、7.654，虽然实测值与计算值相关系数不是特别好、误差也较大，但与其他函数相比，高斯函数能较好地描述径流系数的变化趋势。

11.3.4　土壤质地与产流过程的响应关系

试验土壤为斥水性较大、腐殖质含量较高的黑土和亲水性壤土按照不同比例混合，试验土壤颗粒组成见表 11-18，混合后装入 4 个钢槽，4 种土壤初始含水率 $\theta = 0.086 \mathrm{cm}^3/\mathrm{cm}^3$，容重 $\gamma = 1.3 \mathrm{g/cm}^3$，坡度 $I = 0$，降雨强度 $P = 50 \mathrm{mm/h}$。将斥水性较大的腐殖质土与无斥水性的粉壤土按照 $M_{\text{亲水性}}/M_{\text{斥水性}} = 0:1、1:4、1:3、1:1$ 质量比分层均匀夯实填入 4 个钢槽，当所有钢槽底部都有壤中流产生时降水停止，4 种质地土壤降水产流试验如图 11-34 所示。为了分析降水强度对斥水性与亲水性土壤产流过程的影响，增加 $P = 20 \mathrm{mm}$对照组试验。土壤斥水性大小依次为 Soil 1#>Soil 2#>Soil 3#>Soil 4#。

表 11-18　土壤粒径分布　　　　　　　　　　（单位：%）

土壤质地	0～0.2μm	0.2～0.5μm	0.5～1μm	1～5μm	5～10μm	10～50μm	50～100μm	100～300μm
Soil 1#	0	0.61	3.05	17.97	16.91	51.13	10.22	0.11
Soil 2#	0	0.49	2.43	14.20	13.79	50.06	17.54	1.49
Soil 3#	0	0.49	2.40	13.55	12.90	48.39	20.17	2.10
Soil 4#	0	0.42	2.08	12.60	12.17	46.39	23.15	3.19

由图 11-34 （b）可知，对于斥水性较大的腐殖质黑土，降水开始不久地表很快积水，待降水 60min 左右地表积水逐渐消失，土壤微微膨胀，如图 11-34 （c）所示。降水 90min后由于剧烈膨胀，土壤表面高出钢槽上边沿，这说明腐殖质含量较高的斥水性土壤具有膨胀性。由图 11-34 （d）可知，土壤斥水性越大，壤中流水质颜色越深，这是由于斥水性

图 11-34 不同质地土壤降水产流试验

(a) 降水前斥水性土壤（左图）与亲水性土壤表面；(b) 降水 10min 后斥水性土壤（左图）与亲水性土壤表面；(c) 斥水性土壤体积膨胀过程；(d) 不同斥水性壤中流水质，从左至右依次为无斥水性、中度斥水性、强斥水性土壤壤中流

较大的土壤中腐殖质含量越高，腐殖质分解后所产生的带有色素的有机盐及无机盐越多，因而颜色也越深。

1. 土壤质地对累计出流量的影响

1）雨强 $P = 50\text{mm/h}$

4 种质地土壤降水期间地表径流累计出流量如图 11-35（a）所示，降水期间壤中流累计出流量如图 11-35（b）所示，降水结束后壤中流累计出流量如图 11-35（c）所示，降水期间及降水结束后壤中流累计出流量如图 11-35（d）所示。地表径流产流时间 T_{suf} 及壤中流开始产流时间 T_{sub} 见表 11-19。对降水期间地表径流、壤中流累计出流量采用二次高斯函数拟合，拟合公式及相关性分析见表 11-20；对降水结束后壤中流累计出流量采用二次指数函数拟合，拟合公式及相关性分析见表 11-21；对降水期间及降水结束后壤中流累计出流量采用误差函数拟合，拟合公式及相关性分析见表 11-22，实测值与计算值如图 11-36 所示。

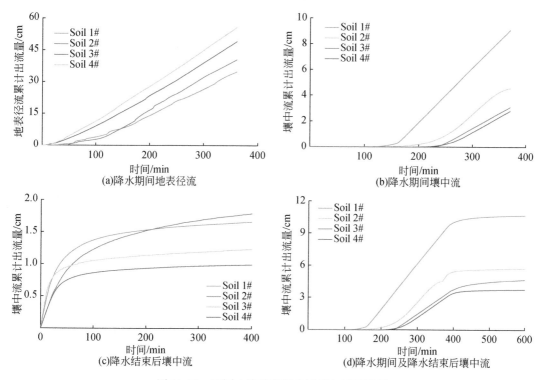

图 11-35　不同土壤质累积出流量与时间关系

表 11-19　不同土壤质地地表径流及壤中流开始产流时间 （单位：min）

时间	Soil 1#	Soil 2#	Soil 3#	Soil 4#
T_{suf}	21	35	23	12
T_{sub}	163	106	97	39

表 11-20　降水期间地表径流、壤中流二次高斯函数拟合

类型	土壤质地	拟合公式	R^2	RMSE
地表径流	Soil 1#	$Q_{suf}=42.18\exp\left(-\left(\dfrac{t-452.6}{170.2}\right)^2\right)+10.43\exp\left(-\left(\dfrac{t-234.7}{123.7}\right)^2\right)$	0.9992	0.3138
	Soil 2#	$Q_{suf}=39.44\exp\left(-\left(\dfrac{t-394.9}{117.5}\right)^2\right)+16.34\exp\left(-\left(\dfrac{t-238.3}{104.5}\right)^2\right)$	0.9997	0.2329
	Soil 3#	$Q_{suf}=50.68\exp\left(-\left(\dfrac{t-400.9}{176}\right)^2\right)+10.20\exp\left(-\left(\dfrac{t-177.3}{107.4}\right)^2\right)$	0.9994	0.3805
	Soil 4#	$Q_{suf}=56.71\exp\left(-\left(\dfrac{t-394.6}{174.7}\right)^2\right)+12.55\exp\left(-\left(\dfrac{t-172.8}{105.1}\right)^2\right)$	0.9991	0.5067
壤中流	Soil 1#	$Q_{sub}=8.964\exp\left(-\left(\dfrac{t-382.1}{108.5}\right)^2\right)+2.115\exp\left(-\left(\dfrac{t-246.7}{64.47}\right)^2\right)$	0.9993	0.0805
	Soil 2#	$Q_{sub}=4.6\exp\left(-\left(\dfrac{t-376.4}{100}\right)^2\right)-4.6\times10^{-6}\exp\left(-\left(\dfrac{t-370}{11.99}\right)^2\right)$	0.9996	0.0683
	Soil 3#	$Q_{sub}=3.098\exp\left(-\left(\dfrac{t-380.4}{69.58}\right)^2\right)+0.681\exp\left(-\left(\dfrac{t-294.3}{41.52}\right)^2\right)$	0.9995	0.0214
	Soil 4#	$Q_{sub}=3.149\exp\left(-\left(\dfrac{t-404.9}{73.76}\right)^2\right)+0.8059\exp\left(-\left(\dfrac{t-316}{55.3}\right)^2\right)$	0.9991	0.0407

表 11-21　降水结束后壤中流二次指数函数拟合

土壤质地	拟合公式	R^2	RMSE
Soil 1#	$Q_{sub}=1.382\exp^{0.0004945t}-1.337\exp^{-0.03144t}$	0.9972	0.0162
Soil 2#	$Q_{sub}=1.311\exp^{0.0008143t}-1.299\exp^{-0.01993t}$	0.9989	0.0129
Soil 3#	$Q_{sub}=1.003\exp^{0.0005587t}-0.9762\exp^{-0.06074t}$	0.9929	0.0151
Soil 4#	$Q_{sub}=0.8612\exp^{0.0003961t}-0.8963\exp^{-0.03872t}$	0.9976	0.0172

表 11-22　降水期间及降水结束后壤中流误差函数拟合

土壤质地	拟合公式	R^2	RMSE
Soil 1#	$Q_{sub}=5.098-\sqrt{\pi}\cdot0.04964\cdot\dfrac{\mathrm{erf}\left[(274.3-t)\cdot\sqrt{1/127.3^2}\right]}{2\cdot\sqrt{1/127.3^2}}$	0.9987	0.14943
Soil 2#	$Q_{sub}=2.846-\sqrt{\pi}\cdot0.03796\cdot\dfrac{\mathrm{erf}\left[(308.5-t)\cdot\sqrt{1/84.59^2}\right]}{2\cdot\sqrt{1/84.59^2}}$	0.9997	0.04567
Soil 3#	$Q_{sub}=2.156-\sqrt{\pi}\cdot0.02572\cdot\dfrac{\mathrm{erf}\left[(329.6-t)\cdot\sqrt{1/106.4^2}\right]}{2\cdot\sqrt{1/106.4^2}}$	0.9986	0.06638
Soil 4#	$Q_{sub}=1.849-\sqrt{\pi}\cdot0.02694\cdot\dfrac{\mathrm{erf}\left[(328.4-t)\cdot\sqrt{1/79.75^2}\right]}{2\cdot\sqrt{1/79.75^2}}$	0.9996	0.03062

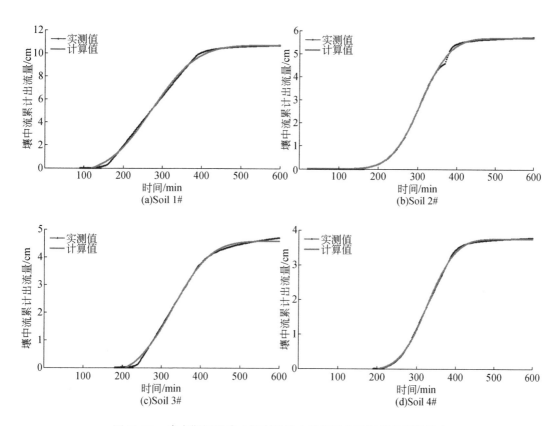

图 11-36　降水期间及降水结束后壤中流累计出流量误差函数拟合

理论上斥水性越大土壤入渗率越小，从地表分流的雨量应该越多，即累计出流量应该越大。而由图 11-35（a）可知，在 $P=50\text{mm/h}$ 条件下，整体上斥水性越大相同降水历时地表径流累积出流量越小，且 Q_{suf} 随时间呈现逐渐增大的变化趋势，地表产流时间没有明显的变化规律，在 12～35min 相继产流（表 11-19），这一结论与理论值相矛盾。实质上这是由土壤结构对水分入渗作用大于土壤理化性质对入渗率的影响所致。土壤斥水性越大的土壤腐殖质含量越高，土壤团聚体越大，大的团聚体使土壤具有较高的孔隙率，大的团聚体之间会形成较大的土壤孔隙，这种较大的土壤孔隙为水分在土壤中运移提供了有利的水分传输通道；而斥水性土壤颗粒胶体表面向外的憎水基只是阻碍土壤表面张力对水分的吸收，并不阻碍水分在大孔隙中的运动，因此虽然土壤斥水性越大，但是入渗率并不一定越小。在降水起始阶段，由于土壤颗粒胶体表面向外憎水基的存在，土壤团聚体表面憎水基会形成一层水膜，阻止水分进入土壤颗粒内部，此时由于水分入渗较慢，降水在土壤表面很快产生积水层；随着降水的持续，土壤表面积水层逐渐加厚，此时水分在压力势作用下克服憎水基对水分入渗的阻碍，并沿着大孔隙以优先流的形式快速入渗。土壤斥水性越大（腐殖质含量越高），土壤中大孔隙越多，即毛管当量孔径越大，水分入渗率也越大，单位时间进入土壤的水量也越多，因此在雨强不变的情况下通过地表分流的雨量就越少，地表累积出流量也越小。一方面，随着降水的持续，土壤表面积水厚度逐渐增加，凸凹不平的土壤表面被积水填平，雨水在土壤表面的横向流速增加，使得单位时间地表产流率增大；另一方面，土壤吸水后上层土壤质量增加，原来的土壤大孔隙被压缩变小，同时由于小颗粒悬浮物随着水分运动，逐渐堵塞下层土壤孔隙，土壤致密层开始发育导致土壤入渗率逐渐减小，因此在雨强不变的条件下，通过地表分流的雨量逐渐增大，地表径流累计出流量随时间呈增大的变化趋势。

由图 11-35（b）可知，土壤斥水性越大，相同降水时间壤中流累计出流量越大，Q_{sub} 随时间呈现逐渐增大的变化趋势，壤中流产流时间越早。这也是由于土壤斥水性越大的土壤腐殖质含量越高，土壤团聚体越大土壤中水分传输的大孔隙越多，因而土壤入渗率也越大，单位时间进入土壤中的水分也越多，水分到达钢槽底部以及土壤含水率超过田间持水率开始产流的时间越早，相应的壤中流累计出流量也越大。由图 11-35（c）可知，整体上土壤斥水性越大，降水结束后相同时间壤中流累计出流量越大（Soil 2#在 230min 超过 Soil 1#），在降水结束后很短的时间段内（60min），壤中流增加较快，随后增加幅度逐渐减小。在非饱和情况下，土壤斥水性不同，其入渗率也不相同，然而当土壤饱和后土壤斥水性消失时，影响水分下渗的主要因素是土壤结构（土壤孔隙率）。由于土壤斥水性越大的土壤孔隙率也越大，土壤完全饱和后所储存的自由水也越多，而土壤斥水性越小的土壤腐殖质含量越少，土壤孔隙率越小，完全饱和后所储存的自由水也越少，且土壤颗粒较小使水分处于悬着毛管水的作用力较强。因而在降水结束后，腐殖质含量高、孔隙大（斥水性大）的土壤退水过程较快，故降水结束后的壤中流累计出流量也较大。由图 11-35（d）可知，土壤斥水性越大，降水期间及降水结束后，相同时间壤中流累计出流量也越大，原因同上。

由表 11-20 可知，在 $P=50\text{mm/h}$ 条件下，采用二次高斯函数所得地表径流累计出流量实测值与计算值的相关系数最大值、最小值、平均值分别为 0.9997、0.9991 和 0.9994，均方根误差最大值、最小值、平均值分别为 0.5067、0.2329 和 0.3585；降水期间壤中流累计出流量实测值与计算值的相关系数最大值、最小值、平均值分别为 0.9996、0.9991 和 0.9994，均方根误差最大值、最小值、平均值分别为 0.0805、0.0214 和 0.0527，实测值与计算值相关系数较高、误差较小，这说明采用二次高斯函数对地表径流、降水期间壤中流累计出流量拟合具有较高的精度。表 11-21 中，采用二次指数函数所得降水结束后壤中流累计出流量实测值与计算值的相关系数最大值、最小值、平均值分别为 0.9989、0.9929 和 0.9967，均方根误差最大值、最小值、平均值分别为 0.0172、0.0129 和 0.0154，实测值与计算值相关系数较高、误差较小，这说明采用二次指数函数对降水结束后壤中流累计出流量拟合具有较高的精度。表 11-22 中，采用误差函数所得降水期间及降水结束后壤中流累计出流量实测值与计算值的相关系数最大值、最小值、平均值分别为 0.9997、0.9986 和 0.9992，均方根误差最大值、最小值、平均值分别为 0.149 43、0.030 62 和 0.073 03，实测值与计算值相关系数较高、误差较小，这说明采用误差函数对降水期间及降水结束后壤中流累计出流量拟合具有较高的精度。

2）$P = 20 \text{mm/h}$

$P = 20 \text{mm/h}$ 时，两种质地（斥水性与亲水性）土壤粒径级配见表 11-18（Soil 4#和 Soil 1#），降水期间地表径流累计出流量 Q_{suf} 如图 11-37（a）所示，降水结束后壤中流累计出流量 Q_{sub} 如图 11-37（b）所示，降水期间及降水结束后壤中流累计出流量 Q_{sub} 如图 11-37（c）所示。两种质土壤地表径流产流时间 T_{suf} 分别为 13min 和 125min；壤中流开始产流时间 T_{sub} 分别为 128min 和 195min。对降水期间地表径流累计出流量采用误差函数拟合，对降水结束后壤中流累计出流量采用二次指数函数拟合，对降水期间及降水结束后壤中流累计出流量采用误差函数拟合，拟合公式及相关性分析见表 11-23。误差函数地表径流累计出流量实测值与计算值如图 11-38（a）所示；降水期间及降水结束后壤中流累计出流量误差函数拟合实测值与计算值如图 11-38（b）所示。

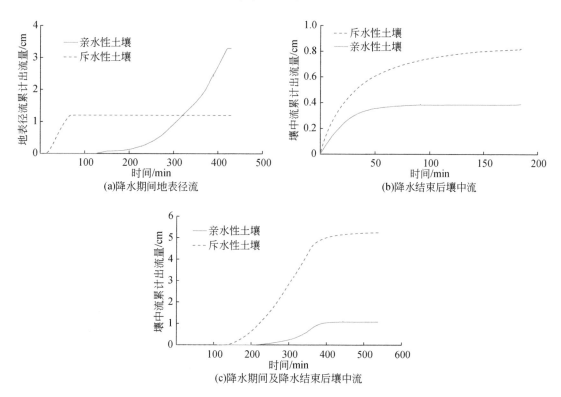

图 11-37　$P = 20 \text{mm/h}$ 时累计出流量与时间关系

表 11-23　$P=20\text{mm/h}$ 时累计出流量公式（误差函数、二次指数函数）拟合

产流类型	土壤质地	拟合公式	R^2	RMSE
降水期间 地表径流	亲水性土壤	$Q_{\text{sub}} = 3.927 - \sqrt{\pi} \cdot 0.025\,87 \cdot \dfrac{\text{erf}\left[(448 - t) \cdot \sqrt{1/171.8^2}\,\right]}{2 \cdot \sqrt{1/171.8^2}}$	0.995 9	0.033 65
	斥水性土壤	$Q_{\text{sub}} = 0.583 - \sqrt{\pi} \cdot 0.031\,4 \cdot \dfrac{\text{erf}\left[(38.92 - t) \cdot \sqrt{1/22.26^2}\,\right]}{2 \cdot \sqrt{1/22.26^2}}$	0.999 3	0.008 05
降水结束 后壤中流	亲水性土壤	$Q_{\text{sub}} = 0.395\,4 \cdot \exp^{-0.000\,165\,5 \cdot t} - 0.413\,4 \cdot \exp^{-0.047\,29 \cdot t}$	0.998 7	0.003 06
	斥水性土壤	$Q_{\text{sub}} = 0.703\,5 \cdot \exp^{0.000\,881\,7 \cdot t} - 0.672\,2 \cdot \exp^{-0.034\,19 \cdot t}$	0.999 4	0.004 71
降水期间及 结束后壤中流	亲水性土壤	$Q_{\text{sub}} = 2.632 - \sqrt{\pi} \cdot 0.029\,23 \cdot \dfrac{\text{erf}\left[(289.1 - t) \cdot \sqrt{1/102^2}\,\right]}{2 \cdot \sqrt{1/102^2}}$	0.998 8	0.067 84
	斥水性土壤	$Q_{\text{sub}} = 0.559\,1 - \sqrt{\pi} \cdot 0.009\,79 \cdot \dfrac{\text{erf}\left[(338 - t) \cdot \sqrt{1/62.22^2}\,\right]}{2 \cdot \sqrt{1/62.22^2}}$	0.996 7	0.026 81

由图 11-37（a）可知，在 $P=20\text{mm/h}$ 条件下，对于斥水性土壤，地表径流产流时间较早（13min）左右，且由于雨强较小，在降水 75min 后地表径流消失，累计出流量对时间的斜率较大，近似线性；而对于亲水性土壤，地表径流产流时间较晚（125min 左右），累计出流量对时间的斜率呈逐渐增大的变化趋势，即地表径流产流率呈增大的变化趋势。之所以斥水性土壤地表径流会消失，是因为在雨强较小的情况下，在降水开始阶段，土壤存在憎水基，水分入渗较慢，此时土壤入渗率小于降水强度，土壤很快超渗产流，随着降水的持续，土壤表层积水厚度增加（入渗水头增大），水分在重力作用下克服憎水基对水分入渗的阻碍，水分入渗通道打开，并沿着大孔隙以优先流的形式迅速向下运动；同时由于上层土壤含水率增大，土壤斥水性逐渐较小，土壤水分入渗率增大，当入渗率大于降水强度时，此时不再有地表径流产生。而对于亲水性土壤，由于土壤腐殖质含量较少（斥水性较小）、土壤黏粒含量较高（土壤颗粒比表面积较大）、土壤颗粒表面张力较大、土壤毛细管当量孔径较小，在起始阶段土壤入渗能力较强，此时（0～125min）降水强度小于土壤入渗能力，因此无地表径流产生。随着降水的持续，致密的土壤表面结皮逐渐形成，以及土壤悬浮物对毛细管的堵塞等，土壤入渗率减小，当入渗率小于降水强度时（$t>$125min），地表开始积水、开始超渗产流。由于入渗率的持续减小，通过地表分流的雨量也逐渐增多，累计入渗量对时间的斜率也呈逐渐增大的变化趋势。

由图 11-37（b）可知，降水结束后，相同产流时间斥水性土壤壤中流累计出流量大于亲水性土壤。这是由于斥水性越大的土壤孔隙率也越大，土壤完全饱和后所储存的自由水也越多，同时由于毛细管当量孔径越大，降水结束后土壤毛细管作用力对水分的束缚作用越小，因此退水过程越快，壤中流累计出流量越大；而亲水性土壤由于黏粒含量较高、孔隙率较小，完全饱和后所储存的自由水也越少，且由于土壤颗粒较小，降水结束后水分处于土壤悬着毛管水的土壤毛细管作用力对水分的束缚作用也越大，因而退水过程较慢，

壤中流累计出流量也较小。由图 11-37（c）可知，斥水性土壤降水期间及降水结束后相同时间壤中流累计出流量也比亲水性土壤大，原因同上。由图 11-38 可知，在 $P=20$mm/h 条件下，地表径流累计出流量、降水期间及降水结束后壤中流累计出流量采用误差函数拟合，实测值与计算值吻合较好。

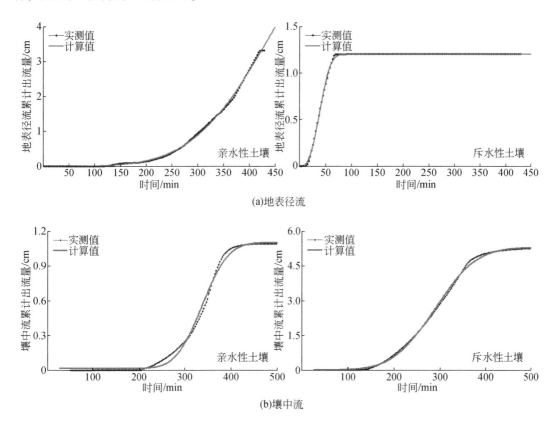

图 11-38　$P=20$mm/h 时地表径流和壤中流累计出流量误差函数拟合

　　由表 11-23 可知，在 $P=20$mm/h 条件下，采用误差函数拟合所得地表径流累计出流量实测值与计算值的相关系数、均方根误差平均值分别为 0.9976 和 0.020 85；采用二次指数函数拟合所得降水结束后壤中流累计出流量实测值与计算值的相关系数、均方根误差平均值分别为 0.9991 和 0.0038 85；采用误差函数拟合所得降水期间及结束后壤中流累计出流量实测值与计算值的相关系数、均方根误差平均值分别为 0.9978 和 0.047 325。累计实测值与计算值相关系数较高、误差较小，这说明采用高斯函数、二次指数函数地表径流以及壤中流累计出流量拟合具有较高的计算精度。

2. 土壤质地对产流率的影响

1）雨强 $P=50\text{mm/h}$

$P=50\text{mm/h}$ 时，4 种土壤质地降水期间地表径流、壤中流产流率如图 11-39（a）和（b）所示，降水结束后、降水期间及降水结束后壤中流产流率如图 11-39（c）和（d）所示。采用误差函数对地表径流产流率进行拟合，拟合公式及相关性分析见表 11-24，产流率实测值与计算值如图 11-40 所示。分别采用高斯函数和二次指数函数对降水期间及降水结束后、降水结束后壤中流产流率进行拟合，拟合公式及相关性分析见表 11-25，壤中流计算值如图 11-41（a）和（b）所示。以 Soil 1#为例，分别采用一、三、五、七阶高斯函数对降水期间及降水结束后的壤中流产流率进行拟合，不同级数产流率实测值与计算值如图 11-42 所示。

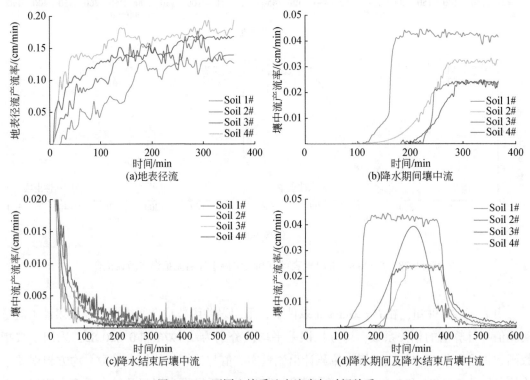

图 11-39　不同土壤质地产流率与时间关系

表 11-24　降水期间地表径流产流率误差函数公式拟合

土壤质地	拟合公式	R^2	RMSE
Soil 1#	$i(t) = 0.057\,59 - \sqrt{\pi} \cdot 0.000\,658\,3 \cdot \dfrac{\text{erf}\left[(98.5-t)\cdot\sqrt{1/128.3^2}\right]}{2\cdot\sqrt{1/133.2^2}}$	0.944 6	0.009 98

土壤质地	拟合公式	R^2	RMSE
Soil 2#	$i(t) = 0.051\,14 - \sqrt{\pi} \cdot 0.000\,965\,9 \cdot \dfrac{\mathrm{erf}\left[(34.1 - t) \cdot \sqrt{1/110.2^2}\right]}{2 \cdot \sqrt{1/110.2^2}}$	0.892 9	0.011 62
Soil 3#	$i(t) = 0.060\,37 - \sqrt{\pi} \cdot 0.000\,747\,7 \cdot \dfrac{\mathrm{erf}\left[(2.31 - t) \cdot \sqrt{1/149.7^2}\right]}{2 \cdot \sqrt{1/149.7^2}}$	0.905 4	0.008 56
Soil 4#	$i(t) = 0.073\,36 - \sqrt{\pi} \cdot 0.001\,035 \cdot \dfrac{\mathrm{erf}\left[(0.853\,4 - t) \cdot \sqrt{1/108.1^2}\right]}{2 \cdot \sqrt{1/108.1^2}}$	0.826 8	0.010 56

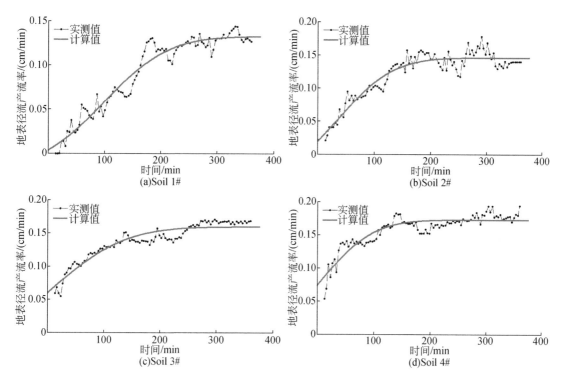

图 11-40　降水期间地表径流产流率误差函数拟合

表 11-25　降水期间及降水结束后产流率高斯函数、指数函数公式拟合

产流类型	土壤质地	拟合公式	R^2	RMSE
降水结束后	Soil 1#	$i(t) = 0.027\,1 \exp^{-0.022\,82t} + 0.002\,22 \exp^{-0.001\,77t}$	0.965 2	0.000 92
	Soil 2#	$i(t) = 0.051\,1 \exp^{-0.042\,14t} + 0.003\,04 \exp^{-0.005\,15t}$	0.988 3	0.007 50
	Soil 3#	$i(t) = 0.075\,4 \exp^{-0.073\,51t} + 0.001\,27 \exp^{-0.002\,82t}$	0.964 1	0.001 31
	Soil 4#	$i(t) = 0.032\,3 \exp^{-0.034\,97t} + 0.000\,358 \exp^{-0.001\,61t}$	0.977 2	0.000 68

续表

产流类型	土壤质地	拟合公式	R^2	RMSE
降水期间及 降水结束后	Soil 1#	$i(t) = 0.049\,63\exp\left(-\left(\dfrac{t-278.8}{125.9}\right)^2\right)$	0.954 6	0.008 98
	Soil 2#	$i(t) = 0.039\,06\exp\left(-\left(\dfrac{t-299.6}{69.88}\right)^2\right)$	0.912 9	0.015 29
	Soil 3#	$i(t) = 0.026\,71\exp\left(-\left(\dfrac{t-331.1}{97.4}\right)^2\right)$	0.935 4	0.008 48
	Soil 4#	$i(t) = 0.026\,87\exp\left(-\left(\dfrac{t-330.8}{80.02}\right)^2\right)$	0.868 5	0.011 74

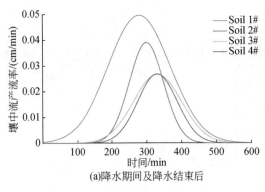
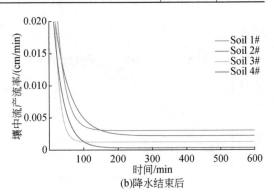

(a)降水期间及降水结束后   (b)降水结束后

图 11-41　壤中流产流率计算值

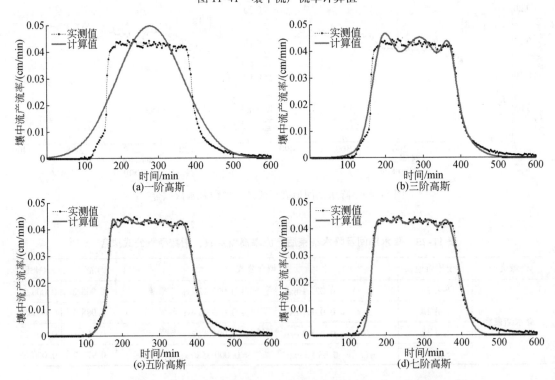

图 11-42　降水期间及降水结束后壤中流产流率高斯函数拟合（以 Soil 1#为例）

而由图 11-39（a）可知，在 $P=50\text{mm/h}$ 条件下，整体上斥水性越大相同降水历时地表径流产流率越小，且产流率随时间呈现逐渐增大的变化趋势，斥水性越大的土壤（Soil 1# 和 Soil 2#）产流率波动性越大。这是由土壤结构对水分入渗作用大于土壤颗粒表面憎水基对入渗率的影响所致，斥水性越大的土壤腐殖质含量越高，土壤团聚体越大，土壤孔隙率越高且大孔隙越多，这种大孔隙为水分在土壤中运移提供了有利的水分传输通道，抵消了憎水基对水分入渗的阻碍，整体上表现为斥水性越大土壤入渗率也越大，相应的通过地表径流分流的降水量就越小，因而斥水性越大相同雨强下地表产流率也越小。壤中流的波动性增大变化规律也说明了土壤入渗率的非单调性减小的变化规律。土壤斥水性越大产流率波动性越大，这可能是由于土壤中的非规则大孔隙形成的优先流，以及随含水率增大的斥水性非单调性减小，导致入渗率非规则性增大。由图 11-39（b）可知，土壤斥水性越大，降水期间壤中流产流率也越大，且产流时间也越早。同前面分析一样，这是由于斥水性越大的土壤腐殖质含量越高，土壤团聚体越大，土壤中水分传输的大孔隙也越多，土壤入渗率也越大，单位时间进入土壤中的水分也越多，水分到达钢槽底部以及土壤含水率超过田间持水率开始产流的时间越早，相应的壤中流产流率也越大。由图 11-39（b）也可以发现，Soil 1# 和 Soil 3# 在很短的时间就达到稳定产流率（产流率最大值），而 Soil 2# 和 Soil 4# 产流率则有一个由小到大缓慢的增长过程。这可能是由于 Soil 1# 和 Soil 3# 含水率超过斥水性最大值所对应的临界含水率后斥水性迅速消失，即土壤入渗率增大，因而产流率也快速达到最大产流率，而对于 Soil 2# 和 Soil 4#，当土壤含水率超过斥水性最大值所对应的临界含水率后斥水性并不马上消失，而是有一个逐渐减小的变化过程，即土壤入渗率有一个逐渐增大的变化过程，因而壤中流产流率有一个由小到大缓慢的增长过程。也有可能是 Soil 1# 和 Soil 3# 钢槽底部砂层由于前一次降水试验储存了较多的水量，当上层土壤饱和后，底部砂层土壤得到补给后能够快速产流并达到稳定产流率；而 Soil 2# 和 Soil 4# 钢槽底部砂层储存水量较少，砂层上部土壤饱和后水分进入砂层使砂层土壤完全饱和达到稳定出流时间较长，因而壤中流产流率有一个由小到大缓慢的增长过程。

由图 11-39（c）可知，土壤斥水性越大，降水结束后壤中流产流率也越大，且产流率随时间逐渐减小。这是由于斥水性越大的土壤孔隙率也越大，因而土壤完全饱和后所储存的自由水也越多，而斥水性越小的土壤腐殖质含量越少，土壤孔隙率越小，完全饱和后所储存的自由水也越少，且由于土壤颗粒较小，水分处于悬着毛管水的作用力较强，因而在降水结束后腐殖质含量高、孔隙大（斥水性大）的土壤退水过程较快，故降水结束后的壤中流产流率也较大。降水停止后由于没有地表水的补给，土壤中自由液面逐渐下降，自由液面与钢槽底部出水口的水头差（水势梯度）也随之减小，因而产流率也随之减小。由图 11-40（d）可知，土壤斥水性越大降水期间及降水结束后相同时间壤中流产流率也越大，且壤中流稳定产流持续的时间越长，整个壤中流产流率呈现先增大然后稳定最后逐渐减小的变化规律。这正好对应了土壤入渗率由于斥水性消失入渗率逐渐增大、土壤饱和后继续以饱和导水率稳定入渗、降水结束后土壤自由液面逐渐下降入渗率逐渐减小的三个变化阶段。

由图11-40可知，采用误差函数对地表径流产流率拟合，实测值与计算值吻合较好，计算值所得产流率呈先逐渐增大然后趋于稳定的变化规律。由图11-41（a）可知，采用高斯函数所得降水期间及降水结束后壤中流产流率呈正态分布规律，土壤斥水性越大，峰值对应的时间也越小、产流率峰值越大、产流率分布越广，这与实测含水率斥水性越大，产流时间越早、产流率越大、稳定产流时间越长相吻合。由图11-41（b）可知，采用二次指数函数对降水结束后壤中流拟合，与实测土壤斥水性越大，稳定产流后产流率也越大结论相吻合。由图11-42可知，采用高斯函数对降水期间及降水结束后壤中流拟合，高斯函数级数越多，实测值与计算值吻合也越好，但相应的函数复杂度也越高，参数也越多。

由表11-24可知，在 $P = 50\text{mm/h}$ 条件下，采用误差函数所得地表径流产流率实测值与计算值的相关系数最大值、最小值、平均值分别为0.9446、0.8268和0.8924，均方根误差最大值、最小值、平均值分别为0.011 62、0.008 56和0.010 18；采用二次指数函数对降水结束后壤中流产流率进行拟合，所得产流率实测值与计算值的相关系数最大值、最小值、平均值分别为0.9883、0.9641和0.9737，均方根误差最大值、最小值、平均值分别为0.007 50、0.000 92和0.002 603；采用高斯函数对降水期间及降水结束后产流率进行拟合，所得产流率实测值与计算值的相关系数最大值、最小值、平均值分别为0.9546、0.8685和0.9179，均方根误差最大值、最小值、平均值分别为0.015 29、0.008 48和0.011 12。整体上实测值与计算值相关系数较高、误差较小，这说明分别采用误差函数、二次指数函数、高斯函数对地表径流产流率、降水期间壤中流产流率、降水期间及降水结束后壤中流产流率拟合都有较高的精度。

2）雨强 $P = 20\text{mm/h}$

$P = 20\text{mm/h}$ 时，两种质地土壤降水期间地表径流产流率实测值与计算值如图11-43所

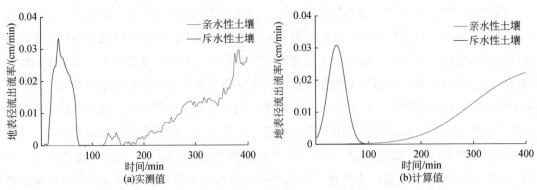

图11-43　地表径流产流率实测值和计算值

示；降水结束后壤中流产流率实测值计算值如图 11-44 所示；降水期间及降水结束后壤中流实测值计算值如图 11-45 所示，拟合公式及相关性分析见表 11-26。

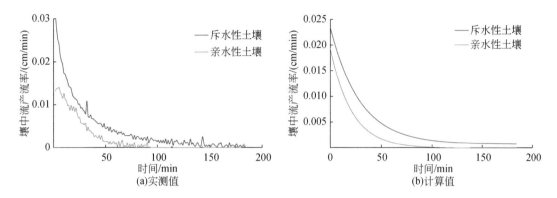

图 11-44　降水结束后壤中流产流率实测值和计算值

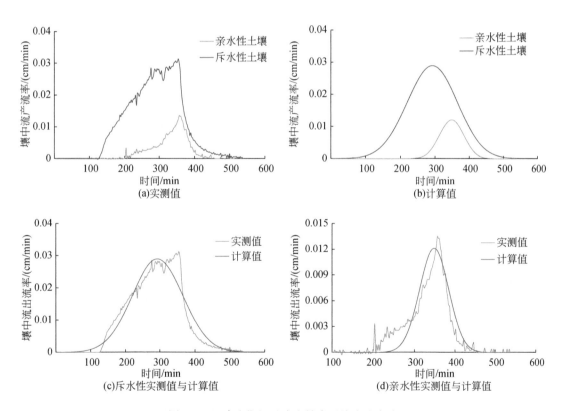

图 11-45　降水期间及降水结束后壤中流产流

表 11-26　产流率误差函数、高斯函数、二次指数函数公式拟合

产流类型	土壤质地	拟合公式	R^2	RMSE
降水期间 地表径流	亲水性	$i(t) = 0.012\,34 - \sqrt{\pi} \cdot 0.000\,122\,4 \cdot \dfrac{\mathrm{erf}\left[(296.4 - t) \cdot \sqrt{1/112.4^2}\,\right]}{2 \cdot \sqrt{1/112.4^2}}$	0.856 5	0.003 401
	斥水性	$i(t) = 0.030\,83\exp\left(-\left(\dfrac{t - 40.35}{23.06}\right)^2\right)$	0.962 4	0.001 507
降水结束 后壤中流	亲水性	$i(t) = 0.019\,28\exp^{-0.118\,1t} + 0.015\,53\exp^{-0.022\,92t}$	0.993 6	0.000 474
	斥水性	$i(t) = 0.036\,88\exp^{-0.030\,38t} - 0.020\,16\exp^{-0.024\,33t}$	0.980 3	0.000 520
降水期间及 降水结束后 壤中流	亲水性	$i(t) = 0.011\,14\exp\left(-\left(\dfrac{t - 349.1}{47.74}\right)^2\right)$	0.904 9	0.001 024
	斥水性	$i(t) = 0.028\,98\exp\left(-\left(\dfrac{t - 292.9}{103.4}\right)^2\right)$	0.935 9	0.002 733

由图 11-43（a）可知，在 $P = 20\mathrm{mm/h}$ 条件下，对于斥水性土壤，地表径流产流率呈先增大后减小的变化趋势，产流率呈一单峰曲线且产流持续时间较短，在 70min 之后产流率为 0。这是由于斥水性土壤在降水开始阶段土壤入渗率较小，且入渗率小于降水强度，土壤表面超渗产流。降水 13min 后在土壤表面形成积水，原来粗糙的土壤表面开始变得光滑，地表径流产流加快，因此产流率也逐渐增大。而随着降水的持续，土壤表面积水厚度（压力势）增加，同时由于土壤斥水性消失（土壤基质势减小、吸力增大），土壤水分入渗加快。在 35min 左右土壤入渗率开始大于降水强度，地表径流逐渐减小，因此产流率也逐渐减小，在 70min 左右地表径流完全停止，产流率为 0。而对于亲水性土壤，在 0～120min 产流率为 0，120min 之后产流率呈逐渐增大的变化趋势。这是由于亲水性土壤具有黏粒含量较高（非饱和情况下土壤吸力较大），土壤团聚体较小（土壤颗粒比表面积较大），土壤细小毛细管较为发育等特性，在降水开始阶段土壤水分入渗率较大，此时入渗率大于降水强度，因此无地表径流产生，产流率为 0；随着降水的持续，土壤悬浮物会随着水分入渗逐渐堵塞较小的毛细管，在土壤下层形成致密层进而导致土壤入渗率逐渐减小。当土壤入渗率小于降水强度时（120min），地表开始超渗产流，由于入渗率逐渐减小，产流率随时间呈逐渐增大的变化趋势。

由图 11-44（a）可知，在 $P = 20\mathrm{mm/h}$ 条件下，降水结束后斥水性土壤壤中流产流率大于亲水性土壤，且产流率随时间呈逐渐减小的变化趋势。这是由于斥水性土壤腐殖质含量较高，土壤中大孔隙较多、孔隙率较大，当土壤完全饱和后所储存的自由水也较多，由于毛细管当量孔径较大、降水结束后水分处于悬着毛管水的作用力较强，退水过程较快。而亲水性土壤由于土壤黏粒含量较高，大孔隙较少、孔隙率较小，土壤完全饱和后所储存的自由水也较少，且由于毛细管当量孔径较小，水分处于悬着毛管水的作用力较强，退水过程较慢，故降水结束后斥水性土壤壤中流产流率大于亲水性土壤。降水停止后由于没有地表水的补给，土壤中自由液面逐渐下降，自由液面与钢槽底部出水口的水头差（水势梯度）也随之减小，因而产流率也随之减小。由图 11-45（a）可知，斥水性土壤与亲水性土壤壤中流完整产流过程产流率均呈先增大后减小的单峰曲线，相同时间斥水性土壤产流率比亲水性土壤大，完整产流过程产流率由 0 增至最大过程历时较长，而从最大减至 0 则历时较短。这对应了土壤入渗率由于斥水性消失入渗率逐渐增大、土壤饱和后继续以饱和导水率稳定入渗、降水结束后土壤自由液面逐渐下降入渗率逐渐减小的三个变化阶段。

由图 11-43（b）可知，采用误差函数对亲水性土壤地表径流产流率拟合，采用高斯函数对斥水性土壤地表径流产流率拟合，所得计算值与实测值变化趋势一致，能够较好地反映地表径流产流率变化过程。由图 11-44（b）可知，采用二次指数函数拟合，能够较好地模拟降水结束后壤中流退水过程产流率随时间变化的过程。由图 11-45（b）～（d）可知，采用高斯函数能够较好地模拟降水期间及降水结束后壤中流产流率变化过程，且实测值与计算值吻合较好。

由表 11-26 可知，在 $P=20\text{mm/h}$ 条件下，采用误差函数、高斯函数拟合所得亲水性土壤与斥水性土壤地表径流产流率实测值与计算值的相关系数、均方根误差平均值分别为 0.9095 和 0.002 45；采用二次指数函数拟合所得降水结束后壤中流产流率实测值与计算值的相关系数、均方根误差平均值分别为 0.9870 和 0.004 97；采用高斯函数拟合所得降水期间及降水结束后壤中流产流率实测值与计算值的相关系数、均方根误差平均值分别为 0.9204 和 0.001 88。产流率测值与计算值相关系数较高、误差较小，这说明采用高斯函数、二次指数函数对地表径流以及壤中流产流率拟合具有较高的计算精度。

3. 土壤质地对径流系数的影响

不同土质条件下（图 11-46），$P=50\text{mm/h}$ 时径流系数实测值随时间变化如图 11-47（a）所示，误差函数计算值如图 11-47（b）所示；$P=20\text{mm/h}$ 时径流系数实测值随时间变化如图 11-48（a）所示，误差函数计算值如图 11-48（b）所示。高斯函数及误差函数拟合公式及实测值与计算值相关系数 R^2、均方根误差 RMSE 见表 11-27。

由图 11-47（a）可知，在 $P=50\text{mm/h}$ 条件下，整体上斥水性越大，相同降水时间径流系数也越小，径流系数随时间呈逐渐增大的变化趋势，这一结论与斥水性越大入渗率越小，径流系数越大结论相矛盾。这是由土壤结构对水分入渗作用大于土壤理化性质对入渗率的影响所致，斥水性越大的土壤腐殖质含量越高，土壤孔隙率越高，且大孔隙越多，水分入渗也越快。在降水起始阶段，由于土壤颗粒胶体表面向外憎水基的存在，土壤入渗率较小，快速在土壤表面形成积水；当土壤表面形成积水后，水分在重力作用下克服憎水基对水分入渗的阻碍，并沿着大孔隙以优先流的形式迅速向下入渗。土壤斥水性越大（腐殖质含量越高），土壤大孔隙越多，单位时间进入土壤的水量也越多，在雨强相同的条件下，

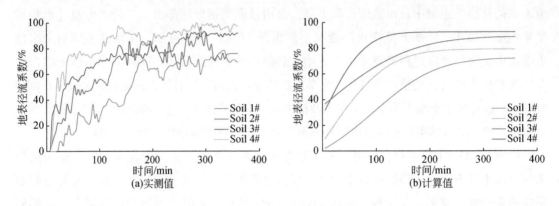

图 11-46　不同土质径流系数实测值和计算值

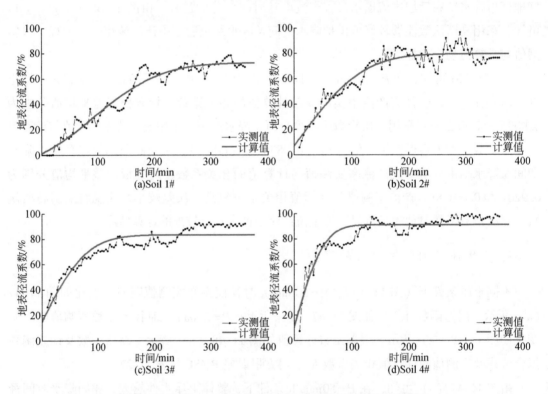

图 11-47　$P=50\mathrm{mm/h}$ 条件下不同土质径流系数误差函数拟合

留在地表的雨量越少，因而径流系数也越小。随着降水的持续，由于表层土壤结皮、内部致密层的形成等，土壤入渗率减小，单位时间进入土壤中的水分越少，在雨强不变的条件下，相应的留在地表的雨量越多，因而径流系数随时间呈增大的变化趋势。

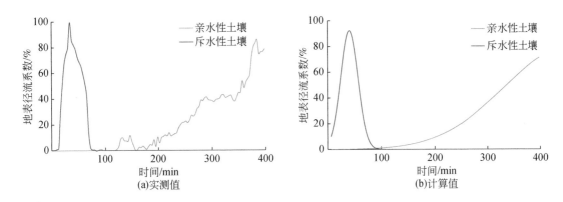

图 11-48　$P=20\text{mm/h}$ 条件下不同土质径流系数随时间变化

表 11-27　不同雨强降水期间及降水结束后壤中流误差函数、高斯函数拟合

雨强/(mm/h)	土壤质地	拟合公式	R^2	RMSE
50	Soil 1#	$\eta = 29.84 - \sqrt{\pi} \cdot 0.3605 \cdot \dfrac{\text{erf}\left[(93.66-t)\cdot\sqrt{1/133.2^2}\right]}{2\cdot\sqrt{1/133.2^2}}$	0.9469	5.428
	Soil 2#	$\eta = 11.25 - \sqrt{\pi} \cdot 0.6165 \cdot \dfrac{\text{erf}\left[(7.829-t)\cdot\sqrt{1/124.7^2}\right]}{2\cdot\sqrt{1/124.7^2}}$	0.9011	6.357
	Soil 3#	$\eta = 32.33 - \sqrt{\pi} \cdot 0.4128 \cdot \dfrac{\text{erf}\left[(1.663-t)\cdot\sqrt{1/150.3^2}\right]}{2\cdot\sqrt{1/150.3^2}}$	0.9043	4.941
	Soil 4#	$\eta = 32.31 - \sqrt{\pi} \cdot 0.8222 \cdot \dfrac{\text{erf}\left[(0.024-t)\cdot\sqrt{1/82.89^2}\right]}{2\cdot\sqrt{1/82.89^2}}$	0.8981	6.335
20	亲水性土壤	$\eta = 78.09\exp\left(-\left(\dfrac{t-449.3}{171.2}\right)^2\right)$	0.9216	7.557
	斥水性土壤	$\eta = 92.47\exp\left(-\left(\dfrac{t-40.81}{23.01}\right)^2\right)$	0.9623	4.563

　　由图 11-48（a）可知，在 $P=20\text{mm/h}$ 条件下，对于斥水性土壤，由于其斥水性较大、土壤入渗率较小，此时土壤入渗率小于降水强度，土壤开始超渗产流。降水 13min 后在土壤表面形成积水，原来粗糙的土壤表面开始变得光滑，由于土壤表面糙率逐渐减小，地表径流产流加快，因此产流率也逐渐增大。而随着降水的持续，土壤表面积水厚度（压力势）增加，同时由于土壤斥水性消失（土壤基质势减小、吸力增大），在这两种土水势共同作用下，土壤入渗率增大、水分入渗加快。在 35min 左右土壤入渗率开始大于降水强度，地表径流逐渐减小，因此径流系数也逐渐减小，在 70min 左右产流完全停止。对于亲水性土壤，在 $0\sim120\text{min}$ 径流系数为 0，120min 之后径流系数整体上呈逐渐增大的变化趋势。不同于斥水性土壤，亲水性土壤由于黏粒含量较高（非饱和情况下土壤吸力较大），土壤团聚体较小（土壤颗粒比表面积较大），土壤细小毛细管较为发育等，在降水开始阶段土壤水分入渗率较大，此时入渗大于降水强度，无地表径流产生，径流系数为 0。由

于亲水性毛细管当量孔径较小，随着水分入渗一起向下迁移的土壤悬浮物会堵塞毛细管，在土壤下层形成致密层，随着降水的持续，致密层逐渐加厚，土壤入渗率逐渐减小。当土壤入渗率小于降水强度时（120min），开始超渗产流，由于入渗率逐渐减小，径流系数随时间呈现逐渐增大的变化趋势。

由图 11-47（b）可知，在 $P=50\text{mm/h}$ 条件下，径流系数采用误差函数拟合，实测值与计算值吻合较好，径流系数呈先增大后稳定的变化趋势，这与土壤入渗率逐渐减小之后趋于稳定入渗的变化规律相呼应。由图 11-48（b）可知，在 $P=20\text{mm/h}$ 条件下，径流系数采用高斯函数拟合，实测值与计算值吻合较好，在雨强小于土壤入渗能力情况下，这与斥水性土壤由于斥水性消失入渗率逐渐增大，亲水性土壤入渗率逐渐减小的变化规律相呼应。

由表 11-27 可知，在 $P=50\text{mm/h}$ 条件下，采用误差函数拟合所得径流系数实测值与计算值的相关系数最大值、最小值、平均值分别为 0.9469、0.8981 和 0.9126，均方根误差最大值、最小值、平均值分别为 6.357、4.941 和 5.765，实测值与计算值相关系数较高、误差较小，这说明采用误差函数对径流系数拟合具有较高的精度。在 $P=20\text{mm/h}$ 条件下，采用高斯函数拟合所得径流系数实测值与计算值的相关系数、均方根误差平均值分别为 0.942 和 6.060，实测值与计算值相关系数较高、误差较小，这说明采用高斯函数对径流系数拟合具有较高的精度。

综上，土壤斥水性越大并非会导致土壤入渗率减小，土壤结构（孔隙率、黏粒含量）、土壤质地、降水结皮、土壤致密层等共同影响水分在土壤中的入渗，土壤斥水性只是影响颗粒表面对水分的吸附能力，而土壤孔隙则是影响水分运移的主要通道。因此，虽然斥水性较大，土壤颗粒表面对水分的吸力较小，但是由于斥水性土壤腐殖质含量较高，土壤团聚体较大，土壤具有孔隙率较高、大孔隙较多、容重较小等特点，在入渗一段时间后反而入渗率会增大。

11.4 本章小结

（1）在自然风干条件下，土壤 WDPT 与有机质含量呈正相关性，与 pH、质量分形维数、比表面积呈负相关性。对比土壤样本的不同处理方式发现，65℃加热 12h 后，除了有林地 WDPT 平均值大于 5s 外，其他植被类型土壤 WDPT 平均值均小于 5s，可以认为没有斥水性。温度对 WDPT 的影响实质上是含水率对 WDPT 影响的间接体现，温度影响含水率的有无，而有机质含量、pH、质量分形维数、比表面积等影响斥水性的大小。

（2）Gamma、Beta 函数入渗模型不仅可以用于斥水性土壤单峰曲线水分入渗过程，当模型参数取特征值时也可用于模拟亲水性土壤水分入渗单调减小变化过程，可以说 Horton

模型是 Gamma 函数模型的特例，Kostiakov 和 Philip 模型是 Beta 函数模型的特例。

（3）对于斥水性土壤，整体上土壤初始含水率越大，相同降水时间地表径流累计出流量越大，地表径流、壤中流产流时间越早，且土壤含水率越大，累计出流量越接近线性增长，含水率较小时，累计出流量有一个缓慢的增长过程。土壤初始含水率越大，壤中流累计出流量几乎都是线性增长。降水结束后，壤中流累计出流量增加幅度逐渐减小，壤中流累计出流量与土壤初始含水率大小没有明显的变化规律。

（4）在 $P=50\text{mm/h}$ 条件下，整体上斥水性越大，相同降水历时地表径流累计出流量越小，且随时间呈现逐渐增大的变化趋势，地表产流时间没有明显的变化规律。土壤斥水性越大，相同降水时间壤中流累计出流量越大，随时间呈现逐渐增大的变化趋势，壤中流产流时间越早。整体上土壤斥水性越大，降水结束后相同时间壤中流累计出流量越大，降水期间及降水结束后相同时间壤中流累计出流量也越大。在 $P=20\text{mm/h}$ 条件下，对于斥水性土壤，地表径流产流时间较早，且由于雨强较小，在降水 75min 后地表径流消失，累计出流量对时间的斜率较大，近似线性；而对于亲水性土壤，地表径流产流时间较晚，地表径流产流率呈增大的变化趋势。降水结束后相同产流时间斥水性土壤壤中流累计出流量大于亲水性土壤。降水期间及降水结束后相同时间斥水性土壤壤中流累计出流量比亲水性土壤大。

第三部分

海河流域平原区土壤水与地下水演变机理与规律

第12章 深厚包气带土壤水分运移试验研究

土壤水作为地表水和地下水联系的中间枢纽，同时还对产流、入渗、土壤蒸发、作物根系吸水等水文过程均起着重要的控制作用。海河流域山前平原区是我国重要的粮食产区，大规模的开采地下水已经造成区域地下水位持续下降、包气带增厚，该地区已成为典型的地下水位深埋区。在地下水大埋深、土壤深厚包气带条件下，降水、灌溉等水分在土壤中的运移规律及其对地下水的补给规律急需深入研究。本章介绍本研究团队和栾城站合作开展的深厚包气带土壤水分运移与入渗补给大田试验，通过试验观测数据解析深厚包气带的土壤水分运动规律。

12.1 试 验 概 况

试验为大田试验，自2011年4月开始进行逐日观测。土壤水监测点选取了农民自主耕作及灌溉的农田，这样可以最大限度地反映研究区实际耕作与灌溉情况。试验内容包括代表点土壤水分监测、研究区灌溉水量监测、潜水埋深监测及气象要素观测。

12.1.1 试验地点

试验布置在栾城站（图12-1）。该试验站位于河北省石家庄市栾城区聂家庄乡，经纬度为114°40′E，37°50′N，海拔为52～54m。栾城站地处太行山前平原，海拔较低，地势平坦，地形坡降1‰～2‰，土壤类型以潮褐土为主。该地区为暖温带半湿润季风气候，是华北平原干旱气候的中心区域。近20年（1995～2015年）年平均降水量仅为457mm，年平均气温为12.7℃，其降水多集中在每年的6～9月，形成夏季暖湿、冬季干冷的气候特征。太行山山前平原区多为洪冲积扇，有部分属冲洪积平原，南部河南省境内有部分剥蚀山地、台地。栾城站所在的水文地质单元，可分为滹沱河冲洪积扇亚区（栾城大部）及槐沙河冲洪积扇亚区（栾城西南），研究区所在的栾城站位于前一个亚区。滹沱河冲洪积扇亚区可分为4个含水岩组。第Ⅰ含水组岩底板埋深12～20m，已被完全开发。目前的主要开采段位于第Ⅱ含水组，底板埋深60～120m。该含水组可视为潜水含水层，但与第Ⅰ含水组存在水力联系，因而有弱承压性质。

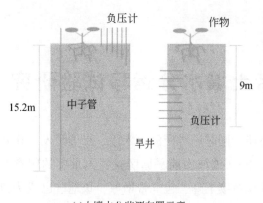

(a)土壤水分监测布置示意　　　　　　　　　(b)土壤水分监测系统布置现场

图 12-1　试验布置

太行山前平原区为华北高产农业区，是我国黄淮海农产品主产区的重要组成部分。自20 世纪 60 年代以来，我国由于人口增长带来粮食需求持续增长，华北平原作为我国粮食主产区之一，大规模开采地下水维持高速发展的农业生产，在为国家粮食安全作出巨大贡献的同时，带来了华北平原地下水资源的过度消耗，导致华北平原，尤其是山前平原区地下水位持续下降，形成大面积的地下水大埋深区，2005 年华北平原浅层地下水埋深大于10m 的地区面积已达 44.4%，埋深大于 20m 的面积占 20.6%（费宇红等，2009），2005 年之后地下水埋深仍在持续下降。栾城站可代表华北平原典型地下水大埋深地区，作物种植以冬小麦-夏玉米轮作为主，靠降水和井灌满足作物需水。1980~2008 年，栾城站地下水位年均下降 0.85m（张瑞钢，2012），到 2019 年，栾城站地下水埋深约 45m，几乎观测不到地表径流的产生。

12.1.2　土壤水分监测

研究区的土地利用类型以农田为主，且作物以冬小麦-夏玉米轮作为主，因此，土壤水分监测选择一块冬小麦-夏玉米轮作的田块。为监测到厚包气带尽可能深的土壤水分，试验利用田间的一口废弃枯井。这口枯井本身也是当地地下水位显著下降的一个见证。该井在数十年前是可以发挥供水功能的，而今因地下水位的大幅下降已经完全干枯。如图12-1（b）所示，在不同深度安装张力计测量土壤负压，并采用中子管测量土壤含水率。张力计在 0~2m 深的土层内每隔 20cm 布置一个，在 2~9m 深的土层内每隔 1m 布置一个；通过从地面垂直打洞并安装金属管的方式在不同深度观测中子数，0~1m 每 10cm 布置一个点，1~15m 每 1m 布置一个点。

根系层土壤类型以砂壤土及粉质黏壤土为主，在 1.9m 深度以下有较厚的黏壤土层，4~9m 多为砂壤土及砂土。在试验点以南约 200m 处栾城站另一位置打土钻，不同深度的土壤物理性质跟观测点有一定差别（如不同位置黏壤土层厚度有差别）。可见，土壤物理性质存在一定的空间变异性，但也存在一些较为相似的地方。这应该是由当地的地貌为冲洪积平原，不同时期不同冲积物累积所致。

12.1.3　潜水埋深监测

对试验站附近的五个地下水埋深监测井的日潜水水位埋深监测：研究区内的水位监测井（旱井及站东），以及研究区四个方位的粮站监测井（西北方位）、张村监测井（东北方位）、站内大院监测井（西南方位）及范台监测井（东南方位）。

12.1.4　灌溉水量监测

农田灌溉井取水灌溉是自然水循环过程以外人类活动对水循环过程的直接干预，对区域水循环有着重要影响。灌溉取水是地下水的重要排泄方式，同时灌溉也是土壤根系层重要的水分补给来源，直接关系到作物腾发量，间接影响潜在补给量。相关研究表明，潜在补给（根系层深层渗漏）对灌溉量十分敏感（Min et al.，2015）。对于这一重要的水循环过程，研究人员或进行田间控制实验并依据推荐灌溉制度来进行灌溉及记录，或直接根据推荐灌溉制度进行表征。现实中，农民的灌溉可能并不完全根据推荐灌溉制度进行，而是根据其经验进行，具有较强的主观性。

因此，在本次大田试验中，团队对研究区内的灌溉井进行了长期的跟踪调查，以尽可能准确地估算农民在实际农业生产中进行的井灌量。试验团队调查确定各灌溉井控制的田块范围。在此基础上调查了农户在 2010 年 11 月~2011 年 9 月作物生育期内的灌水次数，并通过记录灌溉井的电表读数确定灌溉用电，根据能量守恒原理和地下水埋深估算用电量的取水当量，从而估算出这一时期内实际灌溉量。再者，团队 2011 年在研究区开展监测试验后在灌溉井安装流量计对一些井的灌溉量进行了记录（后来因仪器受损坏等原因没有延续下去）。这些记录虽然不是试验期完整的灌溉记录，但较客观地反映了农户的真实灌溉习惯，对我们理解冬小麦的实际灌溉情况提供了重要信息。此外，开展土壤水分监测后，根据枯井的土壤负压监测数据也可以反映灌溉次数，估算灌溉量，如在没有降水记录的日子里，根系层内的土壤负压出现显著变化，表现出入渗过程，可说明当日有一定强度的灌溉发生。本次研究灌溉水量数据主要综合以上途径确定。

12.1.5 气象观测

栾城站在本研究区往南约 60m 处有一个气象站，长期观测栾城站气象动态，记录包括降水、日最高气温、日最低气温、风速、日照时数等气象资料，还有涡度相关系统测量的蒸散发（ET）。本研究中用到的气象数据由栾城站提供。

12.2 地下水大埋深区土壤水分分布特征

12.2.1 土壤水观测结果

在土壤水监测点监测得到的 2012 年与 2013 年 4 月 1 日~9 月 30 日的不同深度的土壤含水率及土壤负压的日监测结果如图 12-2 所示。整体而言，土壤含水率和土壤负压变化趋势较为一致，说明了观测数据的有效性。图 12-2 中 20cm、40cm、100cm、400cm、500cm、700cm 等深度的土壤含水率和土壤负压的变化趋势尤为吻合。在部分深度，如 3m，土壤负压变化趋势明显，也与 4m 深度土壤负压的显著变化相一致，但土壤含水率的记录结果并未展现较一致的突变趋势，可能是中子管测量过程或是中子数标定不够准确。此外，土壤负压数据较土壤含水率数据变化更为明显，并且相邻深度的土壤负压监测值变化态势存在较好的相似性。这说明土壤负压监测结果更为可靠，也对土壤干湿变化有更好的指示意义。

2012 年和 2013 年的土壤含水率及土壤负压监测数据的年内分布表现出较好的规律性。作物根系层（0~2m），尤其是根系层上层（0~1m），土壤水分变化剧烈，表现出对气象条件的及时响应。2~4m 深度的包气带在雨季 7~8 月依然会出现显著的土壤负压变化；5m 深度以下土壤含水率及土壤负压相对稳定，土壤负压年内有单一峰值，且幅度较小。

2012 年和 2013 年（4~9 月）的土壤含水率及土壤负压监测数据见表 12-1 及表 12-2。同一深度土壤含水率及土壤负压两年的均值存在极高的相似性，其方差和变异系数也存在一定的相似性，如 100cm 处 2012 年土壤含水率均值 0.298 同 2013 年均值 0.294 就极为接近，两年内土壤含水率方差 0.022 和 0.027，以及变异系数 0.076 和 0.087 也相差不大。

从土壤含水率及土壤负压月统计数据来看，各土层主要在 5 月达到最干燥的状态；4m 及其以上土层在 8 月处于最湿润状态，7~9m 土层在 9 月处于最湿润状态。这与当地的降水年内分布十分吻合。降水主要分布在 6~9 月，5 月因长久没有有效降水，土壤水分难以得到补充，而同时以作物蒸散发及入渗等方式排泄。而 8 月往往是一年之中降水最丰富的

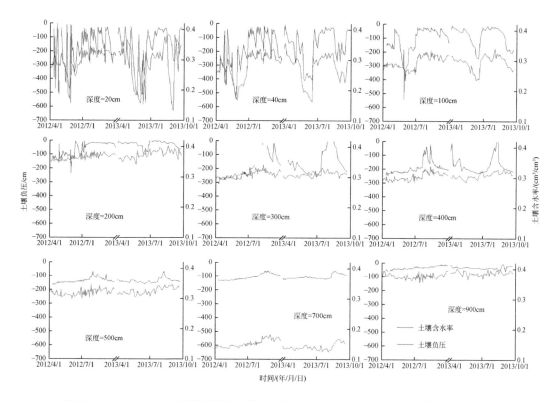

图 12-2　2012～2013 年不同深度土壤含水率（红线）及土壤负压（蓝线）监测结果

月份，因此 0～5m 土层在 8 月最为湿润，5m 以下多在 9 月最为湿润，这反映了厚包气带对入渗过程的迟滞，且包气带深层土壤含水率变幅极小，如 9m 土层，2012 年 4～9 月，月均值在 0.376～0.384，2013 年 4～9 月，月均值在 0.387～0.392。

表 12-1　土壤水监测点 2012 年和 2013 年土壤含水率及土壤负压统计指标对比

深度	年份	土壤含水率			土壤负压/cm		
		均值	方差	变异系数	均值	方差	变异系数
20cm	2012	0.306	0.028	0.090	−179.3	78.7	0.814
	2013	0.303	0.066	0.210	−194.9	188.9	0.969
100cm	2012	0.298	0.022	0.076	−105.2	100	0.950
	2013	0.294	0.027	0.087	−85.6	74.3	0.868
200cm	2012	0.367	0.009	0.025	−58	51.9	0.895
	2013	0.377	0.014	0.038	−26.8	30.4	1.135

续表

深度	年份	土壤含水率			土壤负压/cm		
		均值	方差	变异系数	均值	方差	变异系数
400cm	2012	0.307	0.013	0.045	−182.7	49.2	0.269
	2013	0.316	0.011	0.033	−168.1	66.2	0.394
700cm	2012	0.153	0.012	0.077	−101.9	22.1	0.217
	2013	0.142	0.012	0.080	−100.9	16	0.158
900cm	2012	0.379	0.008	0.020	−25.2	12.9	0.513
	2013	0.39	0.008	0.021	−24.7	11	0.447

表 12-2　各深度土壤含水率 4～9 月月均值

深度	年份	土壤含水率					
		4 月	5 月	6 月	7 月	8 月	9 月
20cm	2012	0.291	**0.274**	0.287	0.322	0.324	**0.325**
	2013	0.33	**0.223**	0.259	0.314	**0.358**	0.332
100cm	2012	0.285	**0.282**	0.264	0.314	**0.318**	0.308
	2013	0.305	**0.286**	0.279	0.311	**0.317**	0.277
200cm	2012	**0.357**	0.358	0.365	0.371	**0.373**	0.373
	2013	**0.362**	0.365	0.369	**0.386**	0.384	0.384
400cm	2012	**0.294**	0.296	0.297	0.31	**0.322**	0.314
	2013	0.304	**0.299**	0.303	0.311	**0.322**	0.317
500cm	2012	**0.317**	0.312	0.316	0.321	**0.326**	**0.326**
	2013	0.317	**0.319**	0.318	0.327	**0.338**	0.337
700cm	2012	**0.141**	0.142	0.146	0.153	0.165	**0.171**
	2013	0.138	**0.136**	0.139	0.134	0.142	**0.161**
900cm	2012	0.383	**0.376**	0.375	0.377	0.381	**0.384**
	2013	0.395	**0.387**	0.388	0.388	0.392	**0.392**

注：表中黑色加粗的数据为月均值的极值。

　　这种规律性是由于 2012 年和 2013 年土壤水监测点所在田块的作物种植情况一致，土壤水分情况由气象因素和灌溉共同决定，而这两者在 2012 年和 2013 年也存在较大的相似性。此外，土壤含水率的均值在不同深度随机分布，如 7m 深度处土壤含水率均值明显低于其他深度，是由于该深度所在土层为砂土。但其方差及变异系数整体上随深度增加而呈下降趋势，如 20cm 处负压的变异系数 0.814～0.969 明显高于 200cm 处负压变异系数。这两项指标随深度的变化趋势说明上层土壤受地表入渗、蒸发及作物根系吸水等影响变化较为剧烈，而下部土壤水分保持在相对平稳的状态。

12.2.2 零通量面

1）零通量面概念

零通量面指的是某特定时间点土壤中水分通量为零的界面（张惠昌，1988）。土壤水分由于土壤水势梯度的存在而不断重分布。由于蒸发等的驱动，表层土壤水分常常向上运动，水势梯度向上；而下层土壤水分则在重力势的主导下向下运动，水势梯度向下。那么总会存在某个深度，其土壤水势梯度为 0。在不考虑压力势和温度势的情况下，基质势和重力势均衡的那个深度所在界面即为当前时刻土壤零通量面。因此，零通量面位置可通过式（12-1）确定：

$$\frac{d(h+z)}{dz} = 0 \tag{12-1}$$

式中，h 为土壤负压（cm）；z 为重力势，以地表为参照面，重力势为负值，其绝对值等于土层深度（cm）。

零通量面以上部分土壤水分向上运动通过地表蒸发或者被植被根系吸收而通过作物蒸腾方式进入大气，零通量面以下部分土壤水分以入渗的方式进入更深层土壤或者地下水。零通量面因为这一重要特点，往往被作为分析土壤水分排泄项中蒸发和入渗划分的重要根据。由于土壤水分存在不断的重分布过程，零通量面位置往往会不断变化，所以利用零通量面来估算蒸发及入渗划分的公式常会考虑时段初和时段末零通量面位置的变化，可用数学公式表示为

$$\mathrm{ET} = R + \int_0^{z_0(t_1)} \theta(t_1)\,\mathrm{d}z - \int_0^{z_0(t_2)} \theta(t_2)\,\mathrm{d}z + \frac{1}{2}\int_{z_0(t_1)}^{z_0(t_2)} \left[\theta(t_1) + \theta(t_2)\right]\mathrm{d}z \tag{12-2}$$

$$D = \int_{z_0(t_1)}^{Z} \theta(t_1)\,\mathrm{d}z - \int_{z_0(t_2)}^{Z} \theta(t_2)\,\mathrm{d}z - \frac{1}{2}\int_{z_0(t_1)}^{z_0(t_2)} \left[\theta(t_1) + \theta(t_2)\right]\mathrm{d}z \tag{12-3}$$

式中，ET、R 及 D 分别代表蒸腾、降水、深层渗漏；$\theta(t_1)$ 和 $\theta(t_2)$ 分别代表时段初和时段末土层的平均体积含水率；$z_0(t_1)$、$z_0(t_2)$ 分别代表该时段起始时间、终止时间最深零通量面所在位置。

基于该公式，可利用土壤水分监测数据计算出较小时间尺度的蒸发及入渗量。即使不进行具体计算，通过零通量面位置的判断，也可对土壤水分排泄中蒸发和入渗的占比有一个大致的认识。

2）农田土壤零通量面

图 12-3 给出了 2012 年 5 月一次灌溉后土壤零通量面和 2013 年 8 月一次降水后的土壤

零通量面的变化过程。

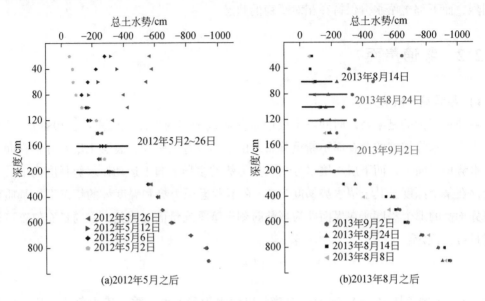

图 12-3　小麦及玉米生育期零通量面位置
纵坐标中，2m 以上及以下部分采用不同比例尺

2012 年 5 月 2～26 日，土壤最深零通量面居于 180cm 深度上下（180cm 处总土水势高于其上的 160cm 处和其下的 200cm 处）。此外，也有其他零通量面从 5 月 6 日的 80cm 处向下发展到 5 月 26 日的 140cm 处。以 0～200cm 土层作为根系层，有零通量面保持在 180cm 处上下，意味着 160cm 以上的土层中土壤水分均以蒸发的形式消耗，仅 160～200cm 土层有部分土壤水分以入渗的形式消耗。

2013 年 8 月 8 日～9 月 2 日，土壤最深零通量面有一个明显的下移过程，8 月 14 日最深零通量面出现在 60～80cm，这意味着 80～200cm 的土壤水分的消耗是由入渗引起的；8 月 24 日土壤最深零通量面出现在 100～140cm，这意味着 140cm 以下的土壤水分消耗是由入渗引起的；9 月 2 日土壤最深零通量面出现在 160～200cm。此时，仅 160～200cm 部分土壤水分通过入渗消耗，160cm 以上的土壤水分消耗完全用于土壤蒸发及作物蒸腾。

注意到 5 月和 8 月分别是小麦和玉米作物大量耗水的时期：5 月是小麦的孕穗期及灌浆期，8 月中上旬是玉米抽雄吐丝期，8 月下旬玉米进入吐丝期。从以上分析可以看出，小麦在其主要生育期可利用至少 160cm 深度土层的水分，且根系层底部深层渗漏极少；玉米生育期内大量水分通过深层渗漏损失，成为地下水潜在补给量。另外，5 月 2～26 日，除 5 月 12 日有少量水分输入（13mm 降水）外，无有效水分输入，而到 26 日，根系层已较为干燥，表土（0～40cm）土层土壤负压低于–500cm（土壤负压绝对值超过 500cm），而最深零通量面依然在 200cm 以上，也就是说根系层依然没有利用到 2m 以下厚包气带的水分。

12.2.3　根系层土壤水分利用

根系层深层土壤储水能够保障作物在表层土壤干燥时继续为作物根系提供水分。据相关研究，华北平原地区小麦根系最深可达 2m 左右，因此将 2m 深度作为根系层的底部。一般而言，灌溉的计划湿润层在 40~80cm。但实际上，从零通量面的深度在 2m 以上来看，作物根系层没有利用到其下厚包气带的水分，但作物根系层深层（1m 以下）在保障作物根系吸水方面发挥了重要作用。

以 2012 年 5 月 2~29 日土壤不同深度的墒情变化（图 12-4）为例，这期间没有大的降水或灌溉发生，根系层处于不断干燥的过程。5 月 2~6 日，80cm 以上的土壤负压发生了显著变化，80~120cm 的土壤负压有较小变化，而 120cm 以下土壤负压几乎不变。5 月 16 日之后，表层土壤较为干燥，60~140cm 深度土壤水分变化较快，5 月 26~29 日，80~140cm 土壤水分迅速干燥（29 日表层土壤部分深度较 26 日湿润，应该是 28 日的小量降水引起的）。

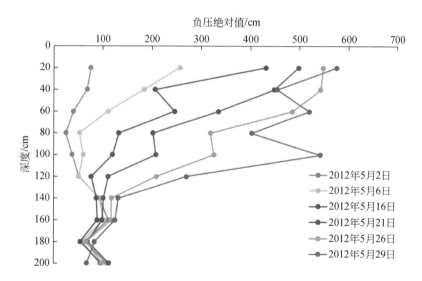

图 12-4　2012 年 5 月根系层不同深度土壤负压变化过程

深层土壤在后期迅速干燥应该有两种原因，一种就是在表层土壤逐渐干燥后，深层土壤由于相对湿润形成向上的水势差，水分向上流动，这也可以通过零通量面的位置变化看出。另一种就是作物根系吸水机制，即根系吸水胁迫补偿现象。

当土壤较为干燥时，根系吸水会受到限制，这称为水分胁迫现象，但植物的根系也有其适应机制，就是根系吸水胁迫补偿（Lai and Katul，2000）。当浅层根系吸水受到水分胁迫时，其较深层的根系会应激式加强吸水，一定程度上补偿浅层根系亏缺的吸水量。这也是后期深层土壤迅速干燥的一个原因。特别是在后期，0.8m深度土壤负压高于1.0m处，所以0.8m处水分通量应该不是向上的，那么0.8m以下土壤水分的显著消耗应该主要是由作物根系吸水补偿作用所致。Shao等（2009）研究也表明，冬小麦根系吸水常常先吸收上层土壤的水分，逐步向根系层深层利用。当表层土壤得到降水或灌溉的补给时，根系又主要从表层土壤吸收水分。这正是作物根系水分胁迫补偿的表现。这一特征对作物根系吸水的模拟有较大影响，在相关模拟研究中尚未引起足够关注。

12.2.4 深层包气带水分分布

多数研究关注到1～2m深的作物根系层，对2m以下的厚包气带土壤水分分布规律缺乏实测资料。这不仅影响了我们对厚包气带的土壤水文过程的理解，也会使得根系层底部与根系层以下包气带之间的水分交互关系存疑。图12-5给出了10～1500cm不同深度土壤含水率在2012年5月和2013年8月的变化过程。显然，在2m以上，土壤含水率变化相对剧烈。在2m以下，土壤含水率相对稳定，且不同深度之间的土壤含水率看似呈无规律分布状态。

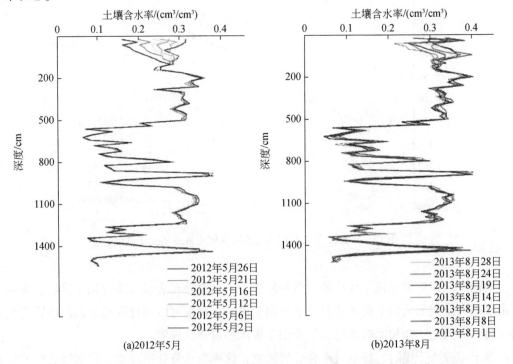

图 12-5　2012 年 5 月及 2013 年 8 月不同深度（0～15m）土壤含水率变化过程

图 12-6 给出了 0 ~ 9m 深度的土水势分布（含土壤负压及重力势，重力势以地表为 0，其下为负值）。图 12-6（a）为 2012 年 5 月不同日期各深度土水势分布，5 月 2 ~ 26 日，根系层土水势变化剧烈，逐步干燥化。而 2m 以下包气带土水势则变动很小，且上层土壤的土水势高于下层土壤。图 12-6（b）为 2013 年 8 月不同日期各深度土水势分布，8 月 8 ~ 28 日，2m 深度以上土层依然是不断干燥的趋势，2 ~ 6m 土层的土水势也有一定幅度的下降，但变幅显然低于 2m 以上土水势的变幅。而 6 ~ 9m 则正好相反。在 2m 以下，也是上层土壤土水势高于下层土壤土水势。8 月在 2 ~ 6m 出现的干燥化趋势和 6 ~ 9m 的湿润化过程反映的正是一波入渗过程，应该是 7 月的密集降水引起的。

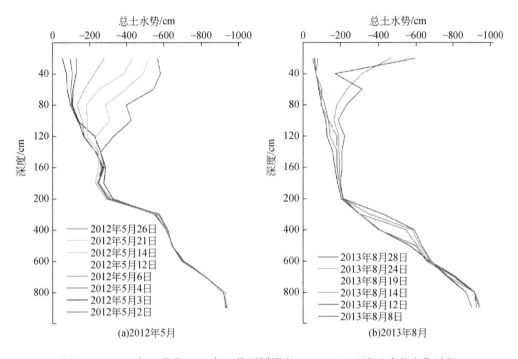

图 12-6　2012 年 5 月及 2013 年 8 月不同深度（0 ~ 9m）土壤土水势变化过程

2m 以上和 2m 以下纵坐标为不同比例尺显示

图 12-6 说明根系层以下的土壤水分分布由土水势决定，而图 12-5 所呈现的不同深度的土壤含水率的差异性来自土壤物理性质。厚包气带的土水势的分布则取决于其接收了来自根系层的深层渗漏量。5 月降水极少，根系层较为干燥；其下厚包气带则处于一种"稳态"，其不同深度呈现的水势差维持相应的水势梯度，使得各层的水分通量维持在一个极低的值。由于 7 月及 8 月的有效降水，一定数量的深层渗漏进入根系层以下，打破这种稳态，由上及下促使厚包气带各深度土水势发生一定幅度的变化，形成与入渗通量相匹配的水势梯度。而这个土水势重分布的过程则又与各深度土层的物理性质（主要是土壤水分特

征曲线）关系密切。

12.3 本章小结

本章介绍了团队与栾城站合作开展的大田试验的主要内容，并对观测到的土壤水分数据（土壤体积含水率和负压）进行了统计分析，检验了数据的合理性。在此基础上，分析了典型大埋深区农田的零通量面位置、根系层土壤水分利用规律及根系层以下厚包气带的土壤水分分布特征。

土壤含水率及土壤负压在年内分布有一定规律。试验点土壤类型以壤土和砂壤土为主，根系层（0~2m），尤其是根系层上层（0~1m），表现出对气象条件的及时响应；根系层下层（1~2m）土壤水在上层土壤干燥后耗散加快。2~4m深度的包气带在雨季7~8月依然会出现显著的土壤负压变化；5m以下土壤含水率及土壤负压相对稳定，土壤负压年内有单一峰值，且幅度较小。根系层及2~5m深度的包气带在8月最为湿润，6~9m深度的包气带在9月最为湿润，反映了包气带对入渗过程的迟滞。在冬小麦及夏玉米生长期内，最深零通量面均在2m以上，其中在5月下旬，最深零通量面在1.8~2m；2013年8月的零通量面变化过程表明根系层深层渗漏主要发生在玉米生育期。最深零通量面位置表明根系层基本得不到其下厚包气带的水分补给。1~2m深度土层土壤含水率变化趋势及零通量面位置变化过程表明当表层土壤干燥时，作物根系对根系层深层土壤水分利用有所加强。根系层以下的厚包气带土壤含水率及土壤负压随深度增加变幅显著减小。包气带不同深度的总土水势呈逐层递减趋势；土壤含水率分布受土水势分布的制约，也受各层岩性的影响。这些认识也为后面构建准确刻画根系层及其下深层包气带水文过程的土壤水动力学模型奠定了基础。

第 13 章 深厚包气带土壤水分运移模拟与入渗衰减机理

由于长期超采地下水，海河平原形成大面积地下水大埋深区。大埋深区的地表水地下水交互受地下水灌溉及厚包气带入渗过程影响明显，水循环以垂向的土壤水文过程为主导。本章基于深厚包气带土壤水分运移试验，以土壤水文过程为核心，构建反映海河平原区水分利用特征的根系层及深厚包气带一体化的土壤水分动力学模型，开展深厚包气带水分运移过程模拟，系统解析地下水大埋深区垂向水分通量特征及变化规律。

13.1 一维土壤水动力学模型构建

由于大田条件下土壤是自然分层的，不同土层土壤性质不一，含水率存在明显差异，但不同土层交界面上的土水势是连续的，所以本模型的控制方程采用以土壤负压 h 为变量的 Richard 方程。

以 z 轴铅直朝下，数学模型可以表示为

$$\begin{cases} C(h)\dfrac{\partial h}{\partial t} = \dfrac{\partial}{\partial z}\left[K(h)\dfrac{\partial h}{\partial z}\right] - \dfrac{\partial K(h)}{\partial z} - S \\ h(0,z) = h_0(z), t=0, z \geq 0 \\ -K(h)\dfrac{\partial h}{\partial z} + K(h) = -\varepsilon(t), t>0, z=0 \\ h(t,z_0) = h_{z_{\max}}(t), t>0, z_0 = z_{\max} \end{cases} \tag{13-1}$$

式中，C（h）为土壤负压为 h 时的容水度；K（h）为相应导水度，上边界通量的强度为 ε（t）（cm/min）；S 为源汇项，代表不同空间节点处的根系吸水强度，同时为空间位置节点和负压 h 的函数；z 为空间节点深度；t 代表时间。

13.1.1 边界条件

上边界条件采用第二类边界条件（Neumann 条件），即给定通量边界，通量即表土蒸发或者是降水/灌溉量；下边界条件采用第一类边界条件（Dirichlet 条件），即给定水头边界，以 9m 处实测负压作为下边界。

模型的上边界通量分入渗情况（降水或灌溉）和蒸发情况两类。入渗情况相对较为简单，直接给出降水强度或者灌溉强度（由日尺度数据确定）；但表土蒸发量并不完全取决于气象条件，还要根据表土湿润情况决定，所以要通过试算决定最终蒸发通量。

模拟区为农田，通过 FAO 推荐的公式计算作物潜在蒸腾量 ET_p：

$$ET_p = ET_0 \times K_c \tag{13-2}$$

式中，K_c 代表作物系数，基于相关研究取初值，最后在模型率定时适当调整。

采用 Penman-Monteith 公式计算参考作物蒸腾量（也称参照作物需水量）ET_0：

$$ET_0 = \frac{0.408\Delta(R_n - G) + \gamma \dfrac{900}{T+273} u_2(e_s - e_a)}{\Delta + \gamma(1 + 0.34u_2)} \tag{13-3}$$

式中，R_n 为净辐射 $[MJ/(m \cdot d)]$；Δ 为饱和水汽压曲线斜率（mm/d）；G 为土壤热通量 $[MJ/(m \cdot d)]$；γ 为干湿表常数（$kPa/℃$）；u_2 为地面以上 2m 处风速；e_s 和 e_a 为饱和水汽压和实际水汽压（kPa）；T 为气温（$℃$）。由于栾城站实际水汽压缺测，采用相对湿度估算实际水汽压：$e_a = e_s(RH_{mean})/100$，其中 RH_{mean} 为相对湿度。

再通过式（13-4）划分潜在棵间蒸发量（土壤蒸发）（E_p）和潜在作物蒸腾量（ET_p）。

$$E_p = ET_p e^{-kLAI} \tag{13-4}$$

式中，e 为自然幂指数的底；k 为反射率，取 0.23；LAI 为叶面积指数。

实际棵间蒸发（E）在此基础上考虑表土含水率情况：

$$E = \begin{cases} E_p, & \theta > \theta_f \\ E_p \times \dfrac{\theta}{\theta_f}, & \theta_c < \theta < \theta_f \\ c \times E_p, & \theta < \theta_c \end{cases} \tag{13-5}$$

式中，θ、θ_f、θ_c 分别代表表层土壤实时含水率、表层土壤田间持水量及毛管断裂持水量，本研究参考相关文献，田间持水量取饱和含水率的 80%，毛管断裂持水量取田间持水量的 65%。c 可视为一接近于 0 的常数，此处取 0.01。此外，当个别日期表层土壤极其干燥时（模型中取 $h < -3000cm$），为保障模型正常计算，令表土蒸发为 0。

13.1.2 源汇项

源汇项为作物（植被）根系吸水，由作物蒸腾能力和根系层土壤墒情共同决定。作物蒸腾能力 T_p 由潜在蒸腾量扣除潜在表土蒸发能力得到。

$$T_p = ET_p - E_p \tag{13-6}$$

在第 12 章中已经分析了根系层深层土壤水在表层土壤干燥时对作物根系吸水的保障

作用。在考虑根系层土壤墒情对作物根系吸水的影响时，将我们在试验中观察到的土壤水分胁迫及水分胁迫补偿现象纳入汇项的处理中，以更为准确地模拟根系吸水这一重要水分运移过程。各空间节点根系吸水模拟函数采用文献推荐函数。最后根系层各空间节点的实际根系数量之和为实际作物蒸腾量。

$$S_{i,j} = \begin{cases} \dfrac{\alpha_{i,j}{}^2 F_{i,j}^{\lambda} T_{\mathrm{p}}(j)}{\Delta z_i \displaystyle\sum_{i=1}^{m} \alpha_{i,j} F_{i,j}^{\lambda}}, & z_{i,j} \leqslant L_{\mathrm{r}}(D) \\[4mm] 0, & z_{i,j} > L_{\mathrm{r}}(D) \end{cases} \tag{13-7}$$

式中，$T_{\mathrm{p}}(j)$ 代表该时段潜在蒸腾量；$L_{\mathrm{r}}(D)$ 代表当日作物根系长度；$F_{i,j}$ 代表 j 时段 i 节点分配到的潜在蒸腾量的比例，根据作物根系密度分布的规律，将潜在蒸腾量分配给不同深度的根系层，根系层分为 $0 \sim 0.2L_{\mathrm{r}}(D)$、$0.2L_{\mathrm{r}}(D) \sim 0.5L_{\mathrm{r}}(D)$、$0.5L_{\mathrm{r}}(D) \sim 0.8L_{\mathrm{r}}(D)$、$0.8L_{\mathrm{r}}(D) \sim L_{\mathrm{r}}(D)$ 四层，各层分配比例根据作物而定，在模拟率定参数时可适当调整，各层内空间节点均匀分配，小麦各层比例为 35%、40%、20%、5%，玉米各层比例为 50%、30%、18%、2%；λ 为胁迫补偿系数，表征部分土层水分胁迫情况下湿润土层对总的根系吸水的补偿能力，在率定过程中进行一定调节，取 0.4。

此处需说明的是，这个函数在被提出来时被直接用来描述整个根系层的水分胁迫补偿，即只要表层土壤缺水，整个根系层不缺水的部分均参与到补偿之中。在相关试验研究中，作物根系对根系层土壤水分的利用有逐层向下的趋势。这一点在第 12 章中有叙述。因此，本模型中设置分层补偿，在模型调试的过程中，也可见分层补偿更能拟合观测数据。所谓分层补偿，是指在第二层还湿润时，仅第二层参与根系吸水补偿，第三层和第四层不参与；当第二层干燥到某临界值时，第三层也参与根系吸水补偿中。$\alpha_{i,j}$ 代表 j 时段 i 节点的水分胁迫程度，水分胁迫函数 $\alpha_{i,j}$ 采用相关文献推荐函数，见式（13-8）：

$$\alpha_{i,j} = \begin{cases} 0, & h_i^j < h_1 \\[2mm] 1 - \left[\dfrac{h_i^j - h_2}{h_1 - h_2}\right]^a, & h_1 < h_i^j < h_2 \\[2mm] 1, & h_2 < h_i^j \end{cases} \tag{13-8}$$

式中，h_i^j 为 j 时段 i 节点的土壤负压；$\alpha_{i,j}$ 为相应的水分胁迫程度；a 为胁迫系数，取 0.12；h_1、h_2 分别是土壤基质势临界值（cm）。

根据栾城站多年平均结果，冬小麦不同时间最大根深如式（13-9）所示：

$$L_{\mathrm{r}} = \begin{cases} D, & 越冬前 \\ 50 + 0.348(D-50), & 越冬期 \\ 90 + 1.5(D-170), & 越冬后 \end{cases} \tag{13-9}$$

式中，D 为生长天数；L_{r} 为该时间最大根深，即作物有效根层深度。根据式（13-9）可确定生长期的前 50 天为越冬前，50~170 天为越冬期，170 天以后为越冬后。

采用距石家庄较近临西试验站资料求得夏玉米最大根深，其表达式为

$$L_r = 150(1 - e^{-8.66\frac{D}{M}}) \tag{13-10}$$

式中，M 为夏玉米整个生育期长度，约 103 天。

13.1.3　参数关系

模型两大主要参数，即导水度及容水度，与土壤负压之间存在直接关系，同时土壤负压和土壤含水率之间存在直接转换关系。考虑到大田试验下土层分层多，各土层参数差异大，造成计算非线性程度极高，为保障计算的流畅，采用改进版 van Genuchten 模型来描述土壤含水率及土壤水吸力之间的关系。该改进版 van Genuchten 模型对土壤水分近饱和区的 h-θ、K-h 之间的函数关系进行了线性化处理，有利于减少土壤水分近饱和区迭代计算的非线性程度。模型中不考虑土壤吸水和脱水过程的滞后效应，也不考虑温度变化对土壤水分特征曲线的影响。

1）h-θ 关系

h-θ 关系可描述如下：

$$\theta(h) = \begin{cases} \theta_r + \dfrac{\theta_m - \theta_r}{[1 + (ah)^n]^m}, & h < h_s \\ \theta_s, & h \geq h_s \end{cases} \tag{13-11}$$

相应地，则可推导出：

$$h(\theta) = \begin{cases} \dfrac{1}{a}\left[\left(\dfrac{\theta - \theta_r}{\theta_m - \theta_r}\right)^{\frac{-1}{m}} - 1\right]^{\frac{1}{n}}, & \theta < \theta_s \\ 0, & \theta = \theta_s \end{cases} \tag{13-12}$$

2）$C(h)$

$C(h)$ 为中间参数，表示不同土壤深度的含水率，由 $C(h)$ 的物理意义可得 $C(h) = -\dfrac{\partial \theta}{\partial h}$，则

$$C(h) = \begin{cases} amn(q_s - q_r)a^n[1 + (ah)^n]^{-m-1}h^{n-1}, & h < h_s \\ 0, & h \geq h_s \end{cases} \tag{13-13}$$

3）$K(h)$

$$K(h) = \begin{cases} K_s K_r(h), & h \leq h_k \\ K_k + \dfrac{(h - h_k)(K_s - K_k)}{h_s - h_k}, & h_k < h < h_s \\ K_s, & h > h_s \end{cases} \tag{13-14}$$

其中，

$$K_r = \frac{K_k}{K_s}\left(\frac{S_e}{S_{ek}}\right)\left[\frac{F(\theta_r)-F(\theta)}{F(\theta_r)-F(\theta_{kr})}\right]^2 \tag{13-15}$$

$$F(\theta) = \left[1-\left(\frac{\theta-\theta_a}{\theta_m-\theta_a}\right)^{\frac{1}{m}}\right]^m \tag{13-16}$$

$$S_{ek} = \frac{\theta_k-\theta_r}{\theta_s-\theta_r} \tag{13-17}$$

式中，θ_s、θ_r、a、m、n、K_s 为 VG 模型的核心参数；θ_s 为土壤饱和体积含水率；θ_r 为残余含水率；K_s 为饱和导水度；a 为进气值负压倒数；n 及 $m=1-\dfrac{1}{n}$ 均为土壤水分特征曲线的形状参数；而 θ_m、θ_k、h_s 及 h_k 等参数为配合使用的辅助性参数，为的是减少土壤负压关系曲线在近饱和区的非线性程度。

13.1.4 模型求解

模型采用预报校正迭代求解的思路。通过预设参数，使模型中的容水度、导水度等参数有具体数值。以负压为变量，对模型的控制方程及边界条件采用有限差分方法进行离散，离散后得到的线性方程组转换成对三角方程组，采用追赶法求解。求得的结果进行迭代误差检验。当连续两次迭代计算的结果在可接受误差范围内时，计算结果即为下一时刻的土壤水分状态。在 Visual Studio 2010 中通过 Fortran 语言编写模型，实现该计算过程。由于土壤水动力学计算所涉及变量及方程的核心参数之间存在高度非线性关系，土壤水动力学模型的求解常常易出现不收敛的情况，特别是边界有强的水分输入（如强降水、灌溉等）情况下。为保障模型运算顺畅，采用较小的时间步长，即 2min。

空间步长采用变步长处理，在保证根系层土壤水精确模拟的前提下减少空间步数，提高模拟效率。根系层土壤水分变动剧烈，宜采用较小的空间步长，而其下厚包气带土壤水分分布相对稳定，可采用大空间步长模拟。基于此认识，对 0 ~ 280cm 土层采用 2cm 空间步长，280 ~ 900cm 土层采用 10cm 空间步长。

1）分层土壤交界处参数

对于层状土壤，由于土壤是非均质的，需要分层设定参数。对于在土壤分层界面处的节点 i，其上下土层交界面上及其两侧参数计算公式如下：

$$\begin{cases} C_i = \dfrac{1}{2}\left(C_1(h_i)+C_2(h_i)\right) \\ K_{i-\frac{1}{2}} = \sqrt{K_1(h_i)\cdot K_1(h_{i-1})} \\ K_{i+\frac{1}{2}} = \sqrt{K_2(h_i)\cdot K_2(h_{i+1})} \end{cases} \tag{13-18}$$

式中，i 为界面上的节点；K_1、C_1 和 K_2、C_2 分别为上下两层土壤的导水系数和容水度。

2）空间节点之间参数

对于两个空间步长之间的水力传导度 K 的确定问题，有多种处理方法，相关检验表明几何平均法所得到的加权误差最小（郝振纯，2010）。因此，采用几何平均法对两空间节点之间土壤水分运动参数进行取值。非饱和导水度表达式如式（13-19）所示：

$$\begin{cases} K_{i-\frac{1}{2}}^{j+1} = \sqrt{K_i^{j+1} \cdot K_{i-1}^{j+1}} \\ K_{i+\frac{1}{2}}^{j+1} = \sqrt{K_i^{j+1} \cdot K_{i+1}^{j+1}} \end{cases} \tag{13-19}$$

3）时段参数

在差分离散中，与对两空间节点之间的参数取两节点的几何平均值不同，对时段参数常常采取"取一头"的办法，如隐式差分格式，取 $j+1$ 时间节点的参数（如 K^{j+1}）代表时间节点 j 时段（j 至 $j+1$ 之间）的对应参数；类似地，中心差分格式中，取 $j+\frac{1}{2}$ 时间节点的参数表征时间节点 j 所代表时段（$j-\frac{1}{2}$ 至 $j+\frac{1}{2}$ 之间）的参数值。在模型运算中，当土壤水分状态相对稳定时，时段末参数 K^{j+1} 及时段初参数 K^j 相差不大，取时段末参数代表整个时段对计算并无影响。当水分变动剧烈时，非饱和导水度在水分变动较大时往往存在数量级的差异，如时段初参数数量级为 10^{-4}，时段有强降水发生，土壤湿润后导水度迅速加大，时段末参数数量级可能为 10^{-2}。如果在求取本时段的非饱和导水度时，不基于时段某一头的时间节点的负压值求取，而基于两者的算术平均值求取（如在隐式差分中采用 $K_i^{j+\frac{1}{2}} = K\left(\frac{h_i^j + h_i^{j+1}}{2}\right)$），最终求得的非饱和导水度的数量级可能为 10^{-3}。这样在预报校正迭代试算中本时段参数较前一时段的参数只改变一个数量级，而不是两个。在模型调试中，也证明相对采用时段初或时段末参数代表本时段参数，采用时段初和时段末的参数几何平均值能减少同样时间步长计算情况下因试算在某两种终了状态之间跳跃陷入死循环的情况。

13.2 不同水文年型土壤水循环通量

在第 12 章中介绍了 2012 年及 2013 年作物生长期典型灌溉农田的水循环通量模拟结果，这两年均为丰水年。为更全面地探究在不同水文年型条件下各水循环通量，尤其是潜在入渗量（根系层深层渗漏）的变化特点，本节将根据作物生长期的降水量来设置当年灌溉制度，模拟相应年份典型农田区（冬小麦-夏玉米轮作区）水循环通量。

13.2.1　降水及灌溉年际变化

2001～2015 年，降水量在 299～577mm，变幅达 278mm，多年平均值为 461mm（图 13-1）。15 年中，2001 年、2002 年、2005 年、2007 年、2010 年、2011 年及 2014 年的降水量低于均值，其他 8 年高于均值。较为丰水的年份有 2003 年、2008 年、2012 年，较为枯水的年份有 2001 年、2010 年、2014 年。

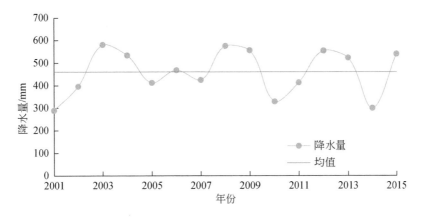

图 13-1　栾城站 2001～2015 年降水量

在方案中，灌溉量本身对蒸散发及深层渗漏等有较大的影响，同时灌溉量在不同的年份会存在较大差异。为反映降水年际变化对灌溉的影响，本研究根据作物生长期的降水量来拟定当年的灌溉制度。灌溉制度的设计参考文献，具体方案见表 13-1。年灌溉量在 280～490mm，多年平均灌溉量为 392mm。

表 13-1　冬小麦及夏玉米灌溉制度模拟

冬小麦					夏玉米			
生育期	越冬前	拔节	孕穗扬花	灌浆	生育期	播种	拔节	抽雄吐丝
灌溉时段	10 月上旬	4 月上旬	5 月上旬	5 月下旬	灌溉时段	6 月中旬	7 月中旬	8 月上旬
湿润 （$P_1 \geqslant 100$mm）	√	√	√		湿润 （$P_2 \geqslant 402$mm）	√		
一般	√	√	√	√	一般	√		√
干旱 （$P_1 \leqslant 54$mm）	√	√	√	√	干旱 （$P_2 \leqslant 282$mm）	√	√	√

注：P_1 代表 1～5 月的降水量，P_1 有 25% 可能性超过 100mm，75% 可能性超过 54mm；P_2 代表 6～9 月的降水量，P_2 有 25% 可能性超过 402mm，75% 可能性超过 282mm。√代表一次 70mm 的灌溉。

13.2.2 年通量分析

多年模拟时，对 6m 深度应用单位水势梯度的下边界条件。模拟中上边界条件所涉及的相关参数，如作物系数、叶面积指数等采用第 12 章已经率定验证完成的参数。在多年连续模拟中，这些参数依然假设不变。按照以上边界条件处理进行 2001～2015 年的 0～6m 深度土壤的垂向水循环通量数值试验。

多年模拟结果的年通量值见表 13-2。不同年份各水循环通量差别较大。年蒸散发量在618～767mm，多年平均值为 711mm。其中表土蒸发量在 215～275mm，多年平均值为246；作物蒸腾量在 403～508mm，多年平均值为 465mm。

表 13-2　不同年份水循环通量模拟结果

年份		P/mm	I/mm	E/mm	T/mm	ET/mm	DP(2m)/mm	ΔS/mm	入渗系数
丰水年	2003	581.3	350	215	403	618	289	24.3	0.310
	2008	576.8	280	261	474	735	128	−6.2	0.149
	2009	557.3	350	263	469	732	142	33.3	0.157
	2012	555.4	350	275	492	767	163	−24.6	0.180
	2015	541.35	350	243	487	730	129	32.35	0.145
	2004	534.6	350	258	481	739	195	−49.4	0.220
平水年	2013	524	350	260	478	738	154	−18	0.176
	2006	468.7	420	261	473	734	140	14.7	0.158
	2007	425.7	420	238	443	681	167	−2.3	0.197
	2011	414.9	420	240	452	692	109	33.9	0.131
	2005	413.1	420	246	454	700	129	4.1	0.155
	2002	397.1	420	236	455	691	129	−2.9	0.158
枯水年	2010	330.1	420	231	463	694	86	−29.9	0.115
	2014	300.89	490	241	508	749	38	3.89	0.048
	2001	289.8	490	224	448	672	109	−1.2	0.140
平均		461	392	246	465	711	140	1	0.165
丰水年平均		558	338	253	468	720	174	1	0.194
平水年平均		441	408	247	459	706	138	5	0.163
枯水年平均		307	467	232	473	705	78	−9	0.101

注：P、I、E、T、ET、DP、ΔS 分别代表降水量、灌溉量、表土蒸发量、作物蒸腾量、蒸散发量根系层深层渗漏量及根系层储水量增量。入渗系数指深层渗漏量占水分输入（含降水和灌溉）的比例。本研究后面该字符不再标注。根据 15 年降水划分丰平枯，临界降水量分别为 528mm 和 386mm。

根系层各年年末储水量增量不大，在−49.4～33.3mm。这里需要说明的是，这是比较每年的年末的储水量较年初的变化值。每年的 10～12 月，冬小麦还处于越冬期，蒸散发不大，且冬季降水少，包气带有充足的时间实现土壤水分重分布，所以根系层的储水量会在每年的年末（次年的年初）实现一个相对较为稳定的状态。但实际上根系层储水量在年内的变化是很大的，这在第 12 章的模拟结果中可以反映。

根系层深层渗漏量在 38～289mm，多年平均值为 140mm（图 13-2）。而深层渗漏量占降水量和灌溉量之和的 0.048～0.31，多年平均值为 0.165。深层渗漏量及其占降水量和灌溉量之和的比值跟当年降水量直接相关。总的来说，深层渗漏量随降水量增加而增加，入渗系数随降水量增加而增大。

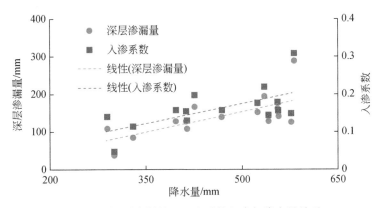

图 13-2　深层渗漏量、入渗系数与当年降水量关系

本次数值模拟结果可与相关的数值模拟或实验研究相印证。卢小慧等（2007）基于 EARTH 模型得到栾城地下水垂向补给量（2003 年 1 月～2005 年 8 月）占降水量和灌溉量的 19.9%，达 182.6mm。Wang 等（2008）基于溴离子示踪试验得到栾城（2003 年 8 月～2005 年 9 月）的入渗补给系数为 0.22。谭秀翠等（2013）基于溴离子示踪研究（2010～2011 年）得到华北平原山前冲积平原和中部平原的评价入渗补给量为 126.1mm，平均补给系数（入渗量占总水分输入比例）为 0.1852，且有灌溉区入渗补给系数达 0.2271，明显高于无灌溉区的平均入渗补给系数（约 0.1356）。这些结果与本次数值模拟试验中相应年份的结果较为接近，这对本次数值试验研究是很好的印证。此外，本研究基于大田试验率定了数值模型，进行了不同水文年型的长期模拟，较好地揭示了栾城这一山前冲积平原典型区入渗补给的年际变异规律。

13.2.3　年内通量变化分析

图 13-3 为平水年（2006 年）、丰水年（2003 年）及枯水年（2001 年）的日通量变化

过程。从图 13-3 中可以看出，无论是平水年、丰水年，还是枯水年，各项通量的年内分布是存在明显的季节特征的。降水的分布主要集中在 6~9 月，冬小麦的生长期获得降水补给极少，主要依赖灌溉补给根系层水分。4 月至 6 月上旬是蒸散发量最大的时段。深层渗漏主要发生在 7~9 月。冬小麦生育期内根系层深层渗漏（DP）极小。

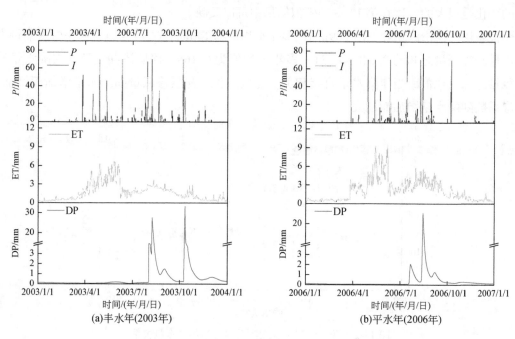

(a)丰水年(2003年)　　(b)平水年(2006年)

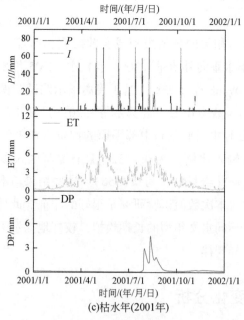

(c)枯水年(2001年)

图 13-3　不同典型年水循环通量日过程解析

各年 7 月初的根系层土壤墒情较为接近，2001 年、2003 年、2006 年 7 月 1 日的根系层储水量分别为 572mm、566mm、586mm，较为接近。这主要是因为冬小麦在灌浆期及成熟期将根系层土壤水分消耗到一个较低的水平，在冬小麦收割前后，即 6 月上旬，会有一次灌溉，而 6 月的降水还不是很集中，夏玉米仍未进入生长旺盛的时期，气象条件的差异不足以使每年 6 月的 ET 出现太大的差异。因此根系层在每年 6 月会有充足的时间实现其水分的重分布，达到一个相对较为稳定的状态。

各年深层渗漏的差别主要来自 7~10 月的降水差异，这个差异体现在两个方面：一方面是暴雨的强度和次数。2001 年、2003 年和 2006 年这一时段暴雨次数相当，但雨强有所差别。2001 年 7~10 月较强的降水有两次，一次是 7 月 27 日，有 58.5mm 降水，另一次是 8 月 17~19 日，连续三日降水达 42.6mm。2003 年 7 月 31 日和 8 月 1 日共发生了 98.1mm 降水，另外在 10 月 9~12 日连续发生了 84.7mm 降水，且发生在冬小麦播种期灌溉之后。2006 年 7 月 14~16 日发生了 93.1mm 降水，8 月 14 日发生了 77.5mm 降水。显然 2003 年的暴雨强度最大，且有一次暴雨在 10 月上旬和中旬交接之际，此时冬小麦刚播种，根系还没发育。2m 土层的持水能力与根系层充分发育时期相差较大，所以强降水可大量透过根系层，转化为深层渗漏。

另一方面是这一时段总的降水量，其与这一时段的蒸散强度共同决定根系层的储水量。深层渗漏主要发生在 7~9 月；而在 4 月及 5 月，即使有相当于暴雨的灌溉量作用于根系层，也难以发生深层渗漏。这是由根系层储水量的差别所致。而每年的 7~9 月，降水及灌溉的差异会引起这一时段的根系层储水量的年际差异。当同等强度的暴雨发生时，根系层可拦蓄的水量就相应会有差别。

13.2.4 不同水文年型对比

不同水文年型的水分通量存在较为明显的差异。对比丰水年、平水年及枯水年各自的平均情况（表 13-2），降水量和灌溉量差别较为明显，但由于两者的互补性，总的水分输入差别缩小。

表土蒸发按丰水年、平水年、枯水年依次减小，枯水年平均表土蒸发较丰水年少20mm。而作物蒸腾量则存在不同趋势，丰水年、平水年及枯水年各自的均值分别为468mm、459mm 及 473mm，枯水年的作物蒸腾量反而最大，应该是由灌溉保障所致。深层渗漏量在丰水年最大，枯水年最小，其在丰水年、平水年及枯水年的平均值分别为174mm、138mm 和 79mm。相应的，入渗系数分别为 19.4%、16.3% 和 10.1%。

在本研究的数值试验中，灌溉量的设置与年降水及其月分布密切相关，灌溉量年际变化的随机性等因素难以体现。本研究根据当年已经发生的降水量来估算当年实际灌溉量，能反映农民对降水量丰枯变化作出的响应。实际上，即使是同样的降水年型，灌溉的年际差异也可能很明显。有时农民会因为作物在关键蓄水期没有有效降水而进行灌溉，可能灌溉后不久又发生强降水，这往往导致大量深层渗漏发生。正如我们在大田试验及基于大田试验进行的数值模拟中所发现的那样，2012 年和 2013 年的降水量变化不大，而灌溉量存在明显差别。这类随机因素在此次数值试验中难以反映出来。

需要指出的是，根系层深层渗漏不仅与降水和灌溉有关，也与蒸散发有关。以 2003 年和 2008 年为例，这两年均为丰水年，降水量较为接近，灌溉量虽然差 70mm，但深层渗漏量却相差 161mm，主要来自蒸散发的差距，2003 年的蒸散发近 619mm，而 2008 年的蒸散发达 735mm。两年的降水和灌溉较为接近，但潜在蒸散发的差距导致了蒸散发最终的差距。

13.3 最小灌溉条件下土壤水分和入渗通量模拟

海河流域水资源短缺，改变传统灌溉方式，探索更为节水的灌溉模式是必由之路。Zhang 等（2006）提出了一种水分利用效率最高的最小灌溉模式，本研究基于年灌水总量控制的思路设定最小灌溉方案，通过数值试验研究实施此类强化节水灌溉措施对蒸散量和入渗量等带来的变化。边界条件处理等同 13.2 节。

13.3.1 最小灌溉条件下灌溉制度

本研究针对节水力度最大的最小灌溉（the minimum irrigation）模式进行。仅在小麦播种前和玉米刚播种之后进行灌溉，灌溉使得 0.8 ~ 1m 的根系层土壤达到田间持水量，之后不再灌溉。如果采用此类灌溉模式，典型的冬小麦–夏玉米轮作区的年灌溉量可控制在 200mm 左右，相比目前充分灌溉模式下年均近 400mm 的灌溉量将大大减少地下水开采量，同时会带来一定程度减产。

本研究中基于年灌水总量控制的思路来设定最小灌溉方案（表 13-3）。一季冬小麦总灌水量控制在 120mm，一季夏玉米总灌水量控制在 100mm。S1 为典型的最小灌溉模式，在作物播种前后一次灌溉到根系层。后两种方案将总灌水量分两次或者三次灌溉，分配到作物的播种期、拔节期及孕穗期。设定这两个方案的主要考量是作物产量，在这两个生育期对水分比较敏感。本次数值试验模拟水平年为 2001 ~ 2015 年的对照组，采用 13.2 节模拟的灌溉制度方案。

表 13-3　非充分灌溉方案拟定 　　　　　　　（单位：mm）

灌溉方案	冬小麦			夏玉米		
	播种	拔节	孕穗	播种	拔节	孕穗
方案一（S1）	120			100		
方案二（S2）	50	70		40		60
方案三（S3）	40	40	40	40	30	30

13.3.2　年通量变化

表 13-4 给出了方案一（S1）模拟结果。多年平均表土蒸发量（E）为 229.2mm，多年平均蒸腾量（T）为 327.9mm，多年平均深层渗漏量（DP）为 123.4mm。与参考方案模拟结果相比，灌溉减少影响最大的是作物蒸腾量，由 465mm 减少到了 328mm，减少了 29.5%，而深层渗漏较原来的 140mm 仅下降了 16.6mm，减少 11.9%；表土蒸发减少了 16.8mm，减少 6.8%。总 ET 为参考方案下的 78.4%。

表 13-4　方案一通量模拟结果 　　　　　　　（单位：mm）

年份	P	I	E	T	$E+T$	DP	ΔS
2001	290	220	194.2	287.7	481.9	32.3	−4.2
2002	397	220	227.0	324.9	551.9	59.9	5.2
2003	581	220	208.9	327.4	536.3	247.5	17.2
2004	535	220	252.5	344.5	597.0	196.2	−38.2
2005	413	220	227.5	315.7	543.2	102.4	−12.6
2006	469	220	247.0	326.8	573.8	92.7	22.5
2007	426	220	221.4	338.1	559.5	92.9	−6.4
2008	577	220	248.5	379.8	628.3	177.3	−8.6
2009	557	220	247.1	316.6	563.7	180.2	33.1
2010	330	220	209.4	298.8	508.2	74.8	−33.0
2011	415	220	218.4	297.4	515.8	81.5	37.7
2012	555	220	261.3	339.1	600.4	200.6	−26.0
2013	524	220	247.0	325.3	572.3	183.6	−11.9
2014	301	220	197.7	310.3	508.0	22.4	−9.4
2015	541	220	230.2	386.8	617.0	106.0	38.0
均值	460.7	220.0	229.2	327.9	557.2	123.4	0.2

表 13-5 给出了方案二（S2）模拟结果。多年平均表土蒸发量为 215.2mm，多年平均

作物蒸腾量为386.1mm，多年平均深层渗漏量为79.2mm。尽管和参考方案比，作物蒸腾量依然下降了17.0%，但下降幅度较方案一的下降幅度小，作物蒸腾量较方案一高了58.2mm。与此同时，表土蒸发量和深层渗漏量则出现了更为显著的下降。表土蒸发量在方案一的基础上减少了14mm，深层渗漏量在方案一的基础上下降了44.2mm。总ET为参考方案下的84.6%。

表13-5　方案二通量模拟结果　　　　　　　　　　　（单位：mm）

年份	P	I	E	T	ET	DP	ΔS
2001	290	220	180.3	358.4	538.7	18.8	−47.5
2002	397	220	203.9	372.3	576.2	29.1	11.8
2003	581	220	197.3	371.2	568.5	176.9	55.5
2004	535	220	236.3	411.5	647.8	169.3	−62.1
2005	413	220	210.9	366.8	577.7	48.8	6.5
2006	469	220	227.6	390.6	618.2	62.7	8.1
2007	426	220	213.7	398.4	612.1	30.8	3.1
2008	577	220	246.0	445.0	691.0	106.2	−0.3
2009	557	220	233.9	380.7	614.6	130.9	31.5
2010	330	220	199.3	361.6	560.9	27.2	−38.2
2011	415	220	209.8	351.9	561.7	30.1	43.3
2012	555	220	248.5	404.9	653.4	150.6	−29.0
2013	524	220	232.4	386.8	619.2	143.2	−18.4
2014	301	220	178.0	369.0	547.0	5.1	−31.1
2015	541	220	209.9	422.8	632.7	58.1	70.2
均值	460.7	220.0	215.2	386.1	601.3	79.2	0.2

表13-6给出了方案三（S3）模拟结果。该方案的通量模拟结果与方案二较为接近。总ET为参考方案下的84.9%。

表13-6　方案三通量模拟结果　　　　　　　　　　　（单位：mm）

年份	P	I	E	T	ET	DP	ΔS
2001	290	220	186.5	357.3	543.8	16.9	−50.7
2002	397	220	210.3	367.8	578.1	25.3	13.6
2003	581	220	199.9	372.8	572.7	173.0	55.3
2004	535	220	237.1	410.1	647.2	170.3	−62.5
2005	413	220	211.0	364.1	575.1	51.2	6.7
2006	469	220	227.7	387.1	614.8	66.4	7.8

年份	P	I	E	T	ET	DP	ΔS
2007	426	220	215.2	397.7	612.9	30.7	2.4
2008	577	220	248.4	446.4	694.8	102.9	−0.7
2009	557	220	238.0	378.1	616.1	130.5	30.4
2010	330	220	204.1	363.8	567.9	23.8	−41.7
2011	415	220	215.8	350.3	566.1	25.6	43.3
2012	555	220	248.5	404.9	653.4	148.7	−27.1
2013	524	220	236.1	382.5	618.5	144.8	−19.3
2014	301	220	185.3	365.9	551.1	4.9	−35.0
2015	541	220	211.0	426.0	637.0	51.2	72.8
平均	460.7	220.0	218.3	385.0	603.3	77.7	−0.3

从以上三个方案的模拟中可以看出，在最小灌溉模式下，总灌水量较参考方案的灌水量减少了44%，而作物蒸腾量减少了17%~29.5%，表土蒸发量减少了6.8%~12.6%，总ET减少了15.1%~21.6%，深层渗漏量减少了12.3%~45%。

13.3.3 日通量变化

对比三种方案下典型平水年（2006年）的根系层日通量变化过程。从图13-4（a）可以看出，S1方案下，在小麦播种前进行一次灌溉，灌溉后根系层底部发生了0~3mm/d的深层渗漏过程；S2［图13-4（b）］和S3［图13-4（c）］方案下，玉米拔节期和抽雄吐丝期的灌溉加强了8月的深层渗漏。但同参照方案下，强降水后深层渗漏强度明显减弱（参照方案下日最大渗漏强度超过20mm/d），这也说明了不同灌溉强度及灌溉时机对根系层底部深层渗漏影响剧烈。

S1方案下，灌溉量减少到220mm，还是有较大的深层渗漏量（123.4mm）。这是因为S1方案采用的一次性灌溉的时间均在作物播种前后，此时根系层实际上尚无作物根系发育，高强度（90~120mm）的灌溉容易使土壤迅速湿润，引发深层渗漏［图13-4（a）］。当作物有一定的根系深度时，作物蒸腾会在灌溉水量向下运动的过程中消耗掉一部分水量，同时因为根系吸水这一"蒸腾拉力"，会减缓水分向下运动的水势梯度。当然，这也与根系层的土壤物理性质有较大关系，根系层偏黏性的土壤容易存蓄更多的灌溉水分。因此，一方面要意识到播种时一次性强灌溉可能存在的问题，另一方面应客观对待三种方案下深层渗漏的差异。

最小灌溉制度对冬小麦的ET影响较大，在4~5月（小麦的拔节、孕穗期），在S1方

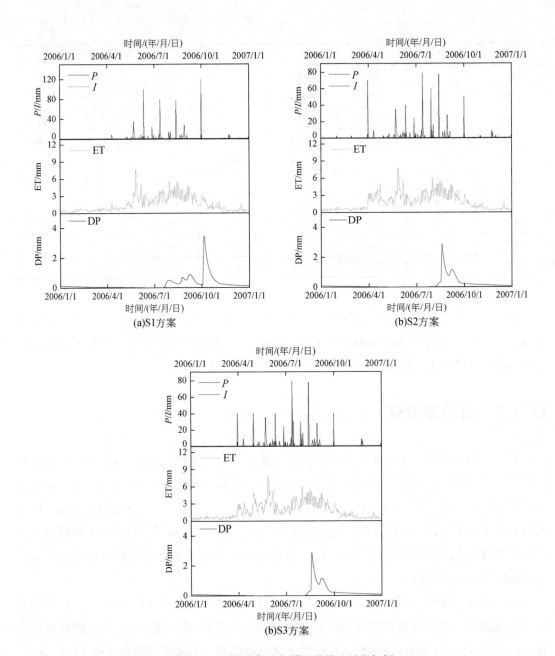

图 13-4　不同方案下水循环通量日过程解析

案下，ET 处于较低水平。4~5 月的 ET 仅 93mm。小麦拔节期及孕穗期的灌溉则有利于增加生育期的蒸散量，4~5 月的 ET 分别达 162mm 和 156mm。而参照方案中，同期 ET 达 228mm，可见最小灌溉制度对小麦主生育期的 ET 影响较大。

实行最小灌溉制度对夏玉米的 ET 影响相对较小，如 2006 年 7~8 月（玉米主要生长期），在 S1 方案下，ET 达 194mm（其中 $E=76$mm，$T=118$mm）；在 S2 方案下，ET 达 192mm（其中 $E=74$mm，$T=118$mm）；在 S3 方案下，ET 达 191mm（其中 $E=74$mm，$T=117$mm）；参照方案同期的 ET 为 197mm（其中 $E=79$mm，$T=118$mm）。

13.4 本 章 小 结

本章采用数值模拟方法，系统解析了深厚包气带土壤水分动态特征，提出了不同降水和灌溉水分条件下入渗补给规律，回答了真实压采量重大实践问题。构建了根系层和深厚包气带一体化模拟的土壤水动力学模型，模拟了大埋深地区典型灌溉农田根系层土壤水运动特征、零通量面位置、根系层与深层包气带之间的水力联系以及深厚包气带水分变化特征，揭示了典型灌溉农田区域潜在入渗补给量、年内分布规律与年际变异性。结果表明，多年平均状态下，栾城试验站小麦玉米试验区田间蒸散发量为 711mm，深层渗漏量为 140mm，深层渗漏量占降水量和灌溉量的 0.165。入渗补给系数年际差异较大，丰水年入渗补给系数为 0.194，枯水年为 0.101。揭示了节水灌溉真实地下水减采量，发现如果将地下水年均灌溉量从现状 392mm 减少到 220mm，蒸散发量将减少 15.1%～21.6%，深层渗漏量减少 12.3%～45%，而真实地下水减采量仅为 107～153mm，系统回答了节水灌溉条件下地下水真实减采量。

第14章 海河流域平原区深厚包气带对地下水补给衰减影响

海河流域平原地下水超采问题是开采量超过地下水补给量，以及过量开采深层承压水的结果。开采条件下地下水补给量的影响机制以及深层承压水的演化模式是影响海河流域平原地下水可持续利用的重要因素。本章采用土壤水分平衡模型、非饱和带及饱和带水流模拟计算方法，模拟地下水位动态变化条件下深厚包气带土壤水和地下水之间动态转变过程，分析整个海河流域平原区地下水位下降引起包气带增厚对地下水补给的影响。

14.1 海河流域平原地下水补给研究现状

前人研究认为海河流域平原降水入渗补给占到地下水自然补给量的70%~80%。海河流域平原地下水资源评价工作中通常采用渗透系数方法估算地下水补给量，入渗系数一般采用均衡试验得到，主要受土壤岩性控制，与降水量无关。计算得到的区域地下水补给量范围较大，为70~180mm/a。该方法是对地下水补给过程的高度简化，相当于地下水补给和降水量或灌溉量之间是一种线性关系，然而实际的补给系数受土壤特性、植被、包气带厚度和气象条件等多种因素控制，且所有这些控制因素都是随时间和空间变化的。

应用环境同位素方法，土壤水均衡、非饱和带数值模拟方法可以估算小尺度地下水补给量。这些小尺度地下水补给量估算结果在量级上基本一致（100mm/a），这些计算结果仅能代表研究场地一定范围内特征地下水补给模式（降水入渗补给或灌溉回归补给），并与所采用的补给方法有关。海河流域平原缺乏对集中式补给的定量研究，但这些补给仅限于局部地区。鉴于此，本研究进行了潜水面的地下水补给量估算。

影响海河流域平原地下水补给的一个关键问题是非饱和带厚度的增大。海河流域平原长期大量开采地下水造成包气带厚度从20世纪70年代的2~15m增大到现在的8~30m甚至局部地区达到30~56m。忽略非饱和带中的水流过程，以及非饱和带厚度对地下水补给的影响，特别是对地下水污染的评估和地下水保护策略的制定都是不可取的。虽然已有研究利用土壤含水量和土水势观测评估非饱和带厚度对入渗过程的影响，但很少涉及非饱和带对区域地下水补给的影响研究。另一个关键问题是如何将局部地下水补给估算结果和模型参数提升到区域尺度，即水资源方案制定层面必须考虑的尺度范围。一般来说，包括非饱和带厚度和渗透系数、降水模型、灌溉类型及模式、土地利用以及蒸散发在内等大量数据是提升补给量计算尺度的必要条件。然而，考虑到海河流域平原的空间尺度及现有数据和研究成果，利用局部地下水补给量估算区域地下水补给量显然是不现实的。虽然最近有研究利用数据融合技术耦合模型计算结果和环境同位素信息计算结果来估算区域地下水分布，但现阶段来说对区域研究计算量仍很大。本次研究中采用的方法对区域地下水补给估算是适用的，并能够考虑控制地下水补给过程的一些关键因素。

14.2 非饱和带–饱和带地下水流数值模型

本研究耦合土壤水均衡模型与 MODFLOW 的 UZF 程序包，建立区域地下水流数值模型，模型能够模拟非饱和带水流过程并估算地下水补给量。该方法能够利用多种有效方法估算区域陆面蒸散发，并且适用于区域尺度的模型校正和应用。

14.2.1 土壤水均衡模型

当没有明显地表径流时，某特定时段内根植层的土壤水均衡可表示为

$$R_p = P + I_r - \mathrm{ET}_a - \Delta\theta \tag{14-1}$$

式中，R_p 为根植层底部地下水渗出量，或潜在地下水补给；P 为降水量；I_r 为灌溉量；ET_a 为实际蒸发量；$\Delta\theta$ 为土壤水储量变化量。

14.2.2 非饱和带水流模型

描述均质非饱和带中垂向一维水流过程的理查德方程可表示为

$$\frac{\partial\theta}{\partial t} = \frac{\partial}{\partial z}\left[K(\theta)\frac{\partial h}{\partial z} - K(\theta)\right] - S \tag{14-2}$$

式中，θ 为土壤体积含水量；S 为单位长度的蒸散量；$K(\theta)$ 为渗透系数函数，与含水量有关；z 为垂向上高程；t 为时间。

MODFLOW 的 UZF 程序包对式（14-2）进行了简化，去掉了扩散项，假设垂向上的地下水流动仅有重力驱动。UZF 中的控制方程表示为

$$\frac{\partial\theta}{\partial t} + \frac{\partial K(\theta)}{\partial z} + S = 0 \tag{14-3}$$

一般来说，基于理查德方程的非饱和带水流模型需要较细的网格剖分，因此对于计算时段较长的模型来说，要求较高的计算能力。再者，建立非饱和带渗透系数与土壤含水量关系函数的参数在区域范围内不能直接获得。对于区域尺度上的非饱和带水流模拟，能够

获得控制方程的闭合形式解，并保证数值计算的稳定性，因此更有利于大空间和长时间尺度的模型建立。鉴于此，UZF 采用运动波近似表达均质非饱和带中的一维理查德方程，这种描述方程更适用于大空间尺度模型。

Brooks-Corey 模型用来描述非饱和带渗透系数和土壤含水量之间的关系：

$$K(\theta) = K_S \left(\frac{\theta - \theta_r}{\theta_s - \theta_r} \right)^{\varepsilon} \tag{14-4}$$

式中，K_S 为饱和渗透系数；θ_r 为残余含水量；θ_s 为饱和含水量；ε 为 Brooks-Corey 常数。

本次研究的主要目的是估计区域地下水补给，此过程中将非饱和带在垂向上假设成均质条件一般认为是合理的。UZF 的主要输入参数包括入渗强度（FINF）、垂向渗透系数（VKS）、饱和含水量（THTS）和 Brooks-Corey 常数（EPS）（表 14-1）。上述土壤水均衡计算得到的正值 R_p 作为入渗量输入，而负值 R_p 表示水分从根植层下部非饱和带向根植层运动，作为蒸散发输入模型。

表 14-1　文中模型参数符号含义

名称	程序包	参数含义
VKS	UZF	土壤饱和渗透系数
EPS	UZF	Brooks-Corey 常数
FINF	UZF	入渗强度
THTS	UZF	饱和土壤水含量
THTI	UZF	初始土壤水含量
Sy	LPF	给水度

蒸发量采用 CRAE 模型计算的实际蒸发量。土壤质地（包括砂土、壤土和黏土含量）及土壤容重从中国 1:100 万土壤数据库获得（图 14-1）。该数据库为分辨率 1km 的栅格结构，按照模型网格内主要质地类型提升到模型适用 2km 网格。van Genuchten 模型（van Genuchten，1980）中的七个土壤水力参数利用 Schaap 等（2001）基于美国土壤数据开发的土壤转换函数计算得到。θ_s 和 K_S 对应于 UZF 中的 VKS 和 THTS。Brooks-Corey 常数根据 Morel-Seytoux 等（1996）导出公式计算：

$$\varepsilon = 1 + 2/(1 - 1/n) \tag{14-5}$$

土壤含水量数据从中国农业气象数据库获得，该数据库在海河流域平原范围内包括 104 个观测站，观测数据为 10cm、20cm 和 50cm 处的土壤重量含水量。每月 8 日、18 日和 28 日进行观测。数据为相对含水量（土壤含水量与田间持水量之比），利用土壤容重和田间持水量数据将相对重量含水量转换为体积含水量后输入模型（图 14-2）。

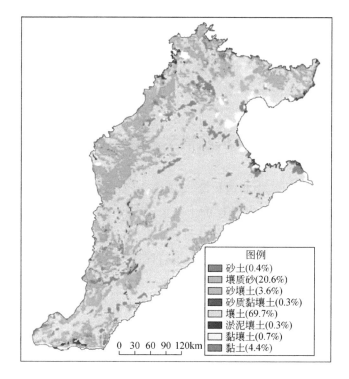

图 14-1　海河流域平原土壤质地类型分布

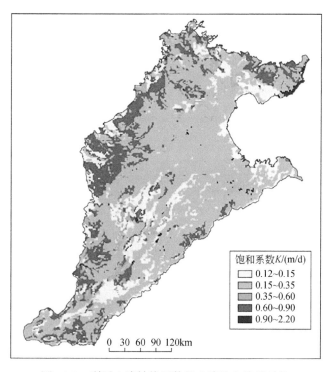

图 14-2　利用土壤转换函数的土壤饱和渗透系数

海河流域平原没有详细精确灌溉量分布可供利用，冬小麦–夏玉米轮作灌溉需水量约为4200m³/(hm²·a)。冬小麦一般灌溉4次或5次，夏玉米一般灌溉3次或4次。模型将灌溉处理成7次，每年3~7月各一次，9月和10月各一次，不区分作物类型，每次灌溉量为60mm。

14.2.3 非饱和带–饱和带水流模型耦合

根据上述讨论，本次研究中非饱和带–饱和带耦合水流模型实际上可认为是一个三层模型（图14-3）。第一层模型为根植层的土壤水均衡模型，该模型将土壤水储量和蒸散发从降水量中扣除，剩余量作为根植层底界和下部非饱和带的水分交换量；第二层模型为非饱和带水流数值模型，根植层底界渗出水分通过该模型传输到下部饱和带地下水；第三层模型为饱和带水流模型。

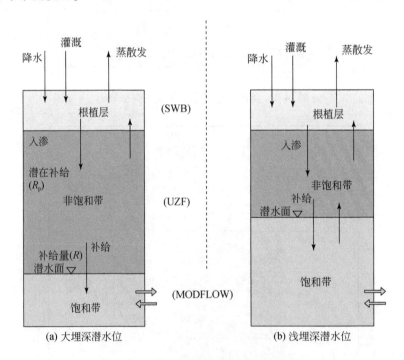

图14-3 地下水补给模拟计算三层模型

模型每月作为1个应力期。模型网格剖分与区域地下水模型一致。模型初始条件采用区域非稳定水流模型计算得到的1992年底的水位分布。非稳定流模型中开采量为年地下水总开采量，因耦合模型认为农业灌溉开采量占总开采的70%，并平均分配到3~7月、9月及10月。其余30%开采量作为工业开采量和生活开采量平均分配到各月。地下水开采的空间分布与非稳定流模型一致，而灌溉量均匀分布输入模型。

非饱和带水流过程模拟中，初始含水量的确定通常采用非饱和带稳定流模拟，或者反复运行模型较长时间获得。然而，由于海河流域平原地下水已经处于超采状态，不可能建立现状开采条件下的稳定流模型。本次研究中，采用 0.2 为模型初始含水量，从 1960 年开始，运行模型至 1992 年，得到的含水量分布作为研究模拟期的初始含水量。因为开采初期海河流域平原地下水埋深范围为 1~2m，1960~1992 年模拟期间由初始含水量带来的计算误差将会很快被修正。

14.2.4 模拟与观测地下水位对比

利用 105 眼观测井处共 13 900 个观测点的观测水位与计算水位对比（图 14-4）。两者间 RMSE 约为 10m，考虑到模拟时段内的地下水动态变化范围 （-18.2~92.5m），拟合精度是可以接受的。模拟时段内海河流域平原平均降水量约为 520mm，对于此类干旱地区，117mm/a 的净地下水补给量对于通常认识来说是过高的。前人一般认为海河流域平原降水入渗形成的地下水补给占降水量的 1%~20%，这说明部分地下水补给量应该来自灌溉回归补给。地下水开采量（约 160mm/a）与地下水净补给之差约为 40mm/a，面积加权平均给水度按 0.075 计算，平均潜水位下降速度为 0.5m/a，与水位观测结果一致。

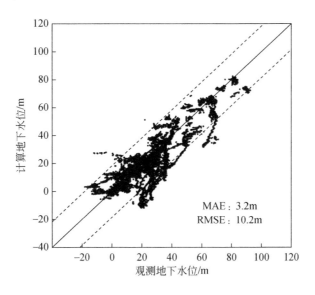

图 14-4 非饱和带-饱和带耦合模型浅层计算地下水位与观测地下水位对比

14.3　区域地下水补给量空间分布及动态变化

海河流域平原范围内计算地下水补给量在 0~260mm/a 的面积占整个平原面积的 90%。计算年平均地下水补给量为 153mm，占年降水量和灌溉水的 18%。地下水补给的时空分布与降水量、灌溉量和蒸散量的时空分布高度相关，较强地下水补给发生在 7~9 月（图 14-5）。初始含水量、降水、灌溉和蒸散发对地下水补给有显著的季节效应。春季虽然降水量较大而且是主要灌溉时期，但春季蒸发量也较大，最终产生的地下水补给量比冬季反而要小。年均地下水补给量在山前平原地区较高，为 0~360mm/a，占年降水量和灌溉量的 44%（图 14-6）。地下水补给量低于平原均值的地区约占平原面积的 60%，大部分位于中部平原和滨海平原区。因此，山前平原相对较高的地下水补给使整个平原地下水补给的平均值较中东部平原的真实值偏高。计算结果显示，地下水补给量的空间分布模式与前人研究成果是一致的。年均净补给量（补给量与地下水蒸发量之差，地下水蒸发截止深度按 4m 计算）为 117mm。

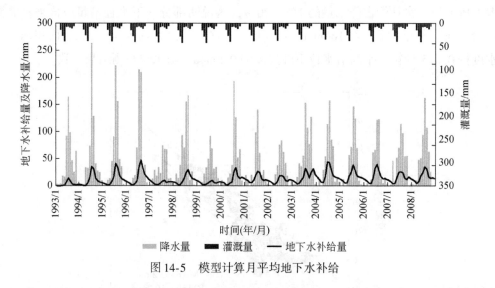

图 14-5　模型计算月平均地下水补给

土壤质地类型是影响地下水补给量的主要因素，粗粒径土壤地区的地下水补给量明显高于其他地区（图 14-7）：壤砂土分布地区的地下水补给量为 9~360mm/a（占年降水量和灌溉量之和的 1%~43%）；壤土分布地区地下水补给量为 1~270mm/a（占年降水量和灌溉量之和的 0.1%~32%）。由于降水量和灌溉量的空间分布不均，计算地下水补给量壤砂土和壤土分布区之间都存在重叠。同一土壤质地分布地区内的地下水补给的分布离散范围都大于不同质地之间的离散范围，说明虽然土壤质地是影响地下水补给量的重要因素，却不是造成地下水补给空间变异性的控制因素。

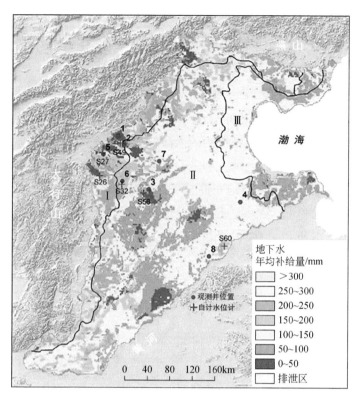

图 14-6　年均地下水补给量空间分布

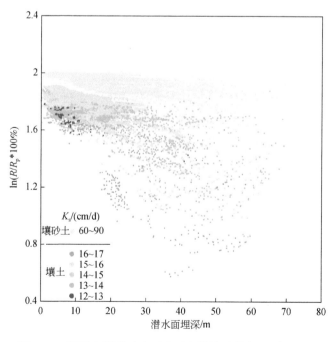

图 14-7　不同土壤质地地区地下水补给随潜水面埋深变化

14.4　包气带增厚对地下水补给影响

地下水入渗补给系数（R_c）定义为计算地下水入渗补给同当年降水量与灌溉量加和之比（$R_c = R/(P+I)$），用来定量描述补给量与非饱和带厚度变化的相关关系。从各土壤质地类型分布地区不同非饱和带增厚范围内的入渗补给系数变化可以看出（图 14-8），非饱和带增厚对地下水补给的影响应与非饱和带的渗透性有关。对于壤砂土地区，非饱和带厚度小于 30m 时，入渗补给系数随非饱和带增厚而逐渐减小，但减小幅度明显小于壤土。主要原因是对于深部非饱和带，含水量主要与质地类型有关，壤砂土一般含水量较小，非饱和带储量变化对地下水补给（最终达到潜水位的入渗量）影响不大。对于壤土，入渗补给系数随非饱和带厚度的增加而减小。

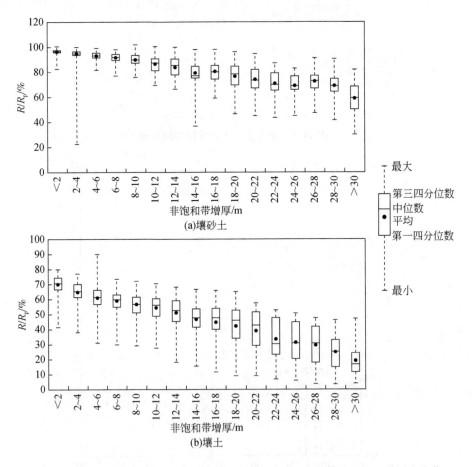

图 14-8　不同土壤质地类型（壤砂土、壤土）地区入渗系数随非饱和带厚度变化

从模型中选取分别位于山前平原和中部平原的四个模型单元，涵盖了海河流域主要土壤质地类型，山前平原的三个模型单元均为大厚度（>20m）非饱和带，分别统计其地下水补给量随时间变化。模拟期间，山前平原三个观测点非饱和厚度从约20m增厚至近60m（图14-9），中部平原观测点非饱和带厚度变化范围为10~15m（图14-10）。非饱和厚度对地下水补给量在时间域内的分布和大小都有显著影响。大厚度非饱和带（地下水埋深大）不但使地下水补给到达时间发生滞后，并对其时间域内分布造成平滑现象。由于流经非饱和带时部分水分转换成非饱和水分储量（土壤含水量增大），最终到达潜水面的地下水补给量也相应有所减少。然而，降水量和灌溉量变化造成的非饱和带储量变化要大于包气带增厚造成的储量变化，对于三个大厚度包气带模型单元，1996年降水量增大造成的非饱和带储量增加量占到了整个模拟期间非饱和带储量增加量的30%~80%。

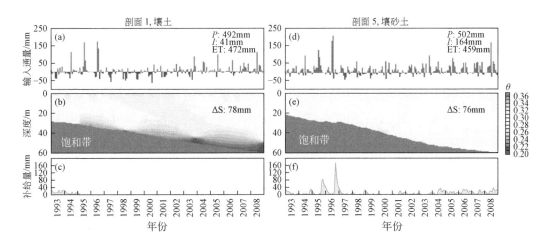

图 14-9　月平均地下水补给和入渗量随时间变化（山前平原观测点）

（a）~（c）山前平原观测点，壤土；（d）~（f）山前平原观测点，壤砂土。非饱和带厚度最大60m

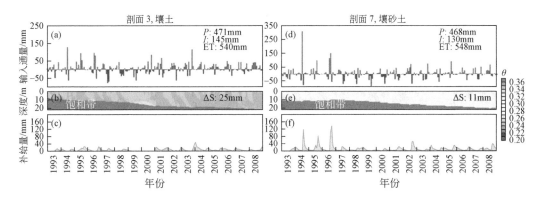

图 14-10　计算月平均地下水补给和入渗量随时间变化（中部平原观测点）

（a）~（c）中部平原观测点，壤土；（d）~（f）中部平原观测点，壤砂土。非饱和带厚度变化范围为10~15m

对于大厚度包气带，当包气带上部入渗水量没有剧烈变化时，地下水补给量可以认为是一定值：2004~2008 年，山前平原壤砂土模型单元年地下水补给量稳定在 260~300mm，均值约为 280mm。此时，非饱和带内土壤水储变量可以忽略不计，地下水补给量可以用根植层土壤水均衡计算得到的潜在地下水补给表示，该结果与前人的试验研究一致。总之，对于大厚度包气带地区，当非饱和带的质地结构和含水量饱和情况不明时，直接利用土壤水均衡计算的地下水入渗量作为地下水补给量将会与实际情况产生较大偏差，非饱和带储量变化也是不容忽视的重要因素。

对土壤水、非饱和带和地下水储量变化进行对比表明（图 14-11），模拟时段内土壤水储量处于长期动态平衡状态，非饱和带储量呈增加趋势，包气带（非饱和带）储量和饱和带储量呈负相关，地下水灌溉将地下水储量部分转变成非饱和带储量，平原区非饱和带储量每年增加 14mm（纯水高度），占地下水储量减少量的 30%，说明地下水位下降条件下非饱和带储量成为水量平衡的关键量。

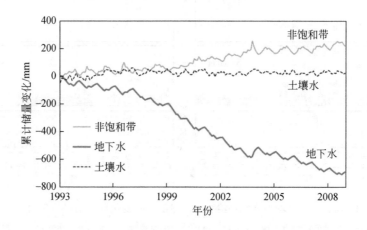

图 14-11　土壤水、非饱和带和地下水储量变化

14.5　地下水补给排泄模式及受地形和含水层结构影响

根据地下水流动系统理论，受控于地形的天然地下水位分布会影响盆地尺度的地下水径流格局。对比交替上凸-上凹坡剖面研究及后续的案例研究（Gleeson and Manning，2008；Goderniaux et al.，2013），发现海河流域平原地形坡度与平原各地不同的沉积环境有关，从山前地带到中部平原呈低起伏上凹地形。太行山前地带的坡度变化在 2‰~1‰，但在冲积平原和沿海平原则低于 0.5‰。这种地形坡度的变化导致洪积扇-冲积平原的边缘出现坡度转折线（或边界线），走向大致是南西-北东。这种地形格局在沉积物来自相邻

山区的沿海冲洪积平原很常见。这种上凹地形的地下水位通常使坡度更低地区地下水径流出现上升分量并形成宽阔的溢出带。数值模拟研究表明，在这种地形格局里，地下水排泄在坡度转折线内达到顶点并向最低的地形排泄点减少（对于海河流域平原地下水而言，天然条件下排泄基准点为渤海湾）。

通过模型上边界的模拟稳定流，表明边界线附近有一条狭窄的流量较大的地下水排泄带（100~200mm/a），以及一条位于中部和沿海平原的宽阔的低排泄区（≤50mm/a）（图14-12）。坡度转折线附近≥50mm/a的排泄区的排泄量占陆上排泄总量的86%。在历史上，华北平原的所有大型古湖泊群均沿洪积扇边缘分布。因此，在宽阔的排泄带区内，地下水通过河流、湖泊和蒸腾作用离开含水层。应注意的是，本研究模拟出的这条宽阔分散的排泄带在很大程度上与大规模农业生产及土地整治以前（20世纪60年代以前）已经发生的严重土壤盐渍化的地带重合。华北平原分布着众多小洼地，洼地的土壤含盐量通常较高，表明这些洼地同时还是局地地下水的排泄区。但在模型上边界赋值时，采用的地下水位是根据地下水位等值线图确定的，一些局部区域地下水排泄量并非完全被核验过，应利用更详细的局地信息重建空间分辨率更高的地下水位分布和水流模式模拟。

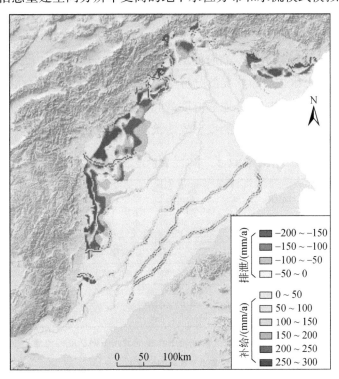

图 14-12　通过上边界的地下水补给–排泄稳态分布

线条代表河流

排泄带格局还与岩性和渗透性的非均质性有关。山前地区的补给量更高，是因为粗粒构成的含水层具有更高的渗透率且受连续弱透水层的影响较小。而冲积平原的沉积物更细小、透水性也更差，降低了流速，必然导致部分水量因蒸腾作用向上传导及向上越流进入河流而损失。用均匀渗透系数代替基于地质证据的非均质渗透系数时，水量高补给和高排泄区均消失了。这说明当岩性和渗透性发生变化时，会对地下水循环造成很大影响。

盆地尺度的模型表明，含水层中的不连续低渗透性夹层导致的水力非均质和各向异性特性突出，通常可对地下水径流造成很大影响（Michael and Voss，2009），而且很难降低这种影响。较低的各向异性特性会造成更多的局部水流单元，而更高的各向异性特性一般产生区域性的径流。低各向异性特定深度内存在较大的垂直流量，说明与高各向异性特性方案相比，其水流路径更深。第四纪含水层底部存在与深层地下水排放量（submerged groundwater discharge，SGD）相当的流量，表明流经新近纪含水层的水量不应忽略，尽管其流速较低。

模拟的水流路径（$K_h/K_v = 10\,000$）显示区域性水流路径从山前地带开始，流动时间一般≥200 000 年（表 14-2）。流动路径在山前和中部平原或长或短地叠加，表明这一地区有不同规模的地下水流动系统。地下水运移时间≤50 000 年的路径，大致对应地形边界线附近包括补给带至主要排泄带的地区。中部和沿海平原的水流路径距离更短、时间更长，说明次级地形（地形低洼处、高阶河道）可能导致一些局部地下水流动，但通常停滞程度更高。现有的地下水位分布状况的分辨率较低，因此这些可能存在的局部流动系统仍需要详细研究。平原小洼地的局部地形坡度最高可达 5‰，比区域性坡度大 10 倍。因此，理论上这样的小洼地可在一定深度的稳态流动状态下，构成局部水流系统的排泄区。

表 14-2　不同方案的地下水通量

模拟方案	K_h/K_v	补给率/（mm/a）	海底地下水排泄量/%	Flux100/%	FluxQbot/%
低向异性	1 000	57	2	22	2
基础方案	10 000	32	2	11	1
高向异性	100 000	19	2	3	0
低海平面	10 000	13	6	11	1
均质渗透性	10 000	14	4	8	2

注：补给率是陆上部分的平均值，通量率（海底地下水排泄量和不同深度的流量）以补给率的百分数表示。Flux100 和 FluxQbot 分别表示 100m 深度和第四纪含水层底部的通量率。

地下水流速同样清楚地表明，山前地带和沧县隆起以西挟带了大部分流量的水流，是主要的活动地下水流系统。在山前地带，大部分补给地下水侧向移动至通常 500m 以内的深度。相对快的流动时间归因于≥4.0m/a 的高流速（达西流速除以孔隙度）。东部的岩性转变为更细小的沉积物，渗透性逐渐下降，地下水流速也随之大幅下降。地下水通过微弱的垂直上升流排泄到地表。边界上的稳定同位素组成发生了突然变化，证实从冀中拗陷到沧县隆起和黄骅拗陷的径流量是很有限的。在中部和沿海平原深度 500m 以下的含水层中，地下水流速一般 <0.4m/a，因此深度 ≥500m 的含水层深部的流动大幅下降，表明这一地区地下水的排泄量有限。

　　地下水流速的变化也可用于解释地下水同位素年代的分布特征。中部和沿海平原的低水平流速在放射性碳测年最大时段（~30 000 年）内只产生了数公里的移动。相距数百公里的两点的年龄差别必定很复杂，因为地下水会有局部补给、垂直流动并且在三维空间上沿不同路径发生大范围的混合。因此，可以理解在中部和沿海平原随着距离的增加放射性碳年龄并未表现出明显变老的趋势。此外，由于流速太小（活塞流模型并不适用），将地下水的对流年龄与同位素年龄进行对比是没有意义的。因此，整个盆地的主要格局是地下水年龄随深度增加而增加，这种情况在同位素数据中很常见。华北平原同位素数据显示，在冀中拗陷的深部上新近纪沉积物中出现了较年轻的地下水年代（即仍含有可测量到的放射性碳）。这一情况有两种解释：一种是以前以传统方法获得的 ^{14}C 数据可能存在污染；另一种是山前地带下面可能存在相对较快的垂直流动，或是存在从山区至新近纪含水层的深层循环。

14.6　气候变化对地下水补给影响及深层承压水补给年代

14.6.1　浅层地下水补给与 ENSO 相关关系

　　厄尔尼诺（El Niño）现象是影响全球和我国降水的重要气候事件，东太平洋大范围的海水温度升高，改变了传统的赤道洋流和东南信风，使全球大气环流模式发生变化，其中最直接的现象是赤道西太平洋与印度洋之间海平面气压呈反相关关系，即南方涛动（Southern Oscillation，SO）现象，厄尔尼诺和南方涛动两者合称为厄尔尼诺-南方涛动（ENSO）系统，存在 2~7 年周期。

　　利用海河流域平原山前至滨海代表性气象站降水数据和地下水位监测井水位多年长期变化数据，采用奇异谱分析（SSA）方法进行非线性趋势和周期组分分解后，采用最大熵谱（MEM）方法对地下水位中的 ENSO 信号进行识别，发现无论是浅层地下水还是深层地下水都存在显著的 ENSO 周期（2~7 年）变化信号，地下水补给过程中存在明显的 ENSO 影响周期（图 14-13）。

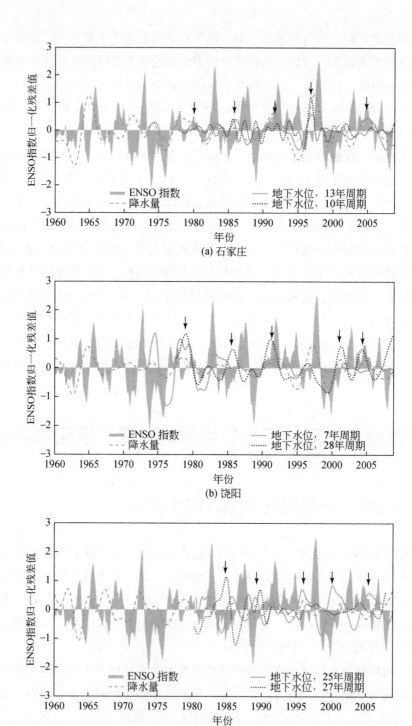

图 14-13　海河流域平原地下水补给过程中的 ENSO 周期

14.6.2　深层承压水的补给年代

采用地下水年龄模拟技术对海河流域平原含水层中的地下水年龄分布进行模拟计算，评估地下水系统需要多长时间从晚更新世的稳态过渡到现代大规模地下水开采之前水力条件下的新稳定状态。将稳定流模型（Cao et al.，2013）的有限差分网格的底部向下延伸了1000m，将新近纪上部含水层纳入模型域，沿海边界向海推进100km，处理为无水流边界。模型包括大型常流河，但不包括已干涸的大河。根据 Goode 创立的质量守恒方法模拟地下水年龄。综合分散、扩散和整个流动距离内的混合效应获得的地下水平均年龄，可能是更为可靠的确定年龄空间分布的方法，而不是采用对流年龄或示踪剂多点测量获得的年龄，因为后两者暗含着活塞式流动的假设（Cornaton and Perrochet，2006）。采用 MT3DMS 程序在稳态模式下模拟受控于对流和弥散作用的地下水年龄分布。当浮力效应和黏性变化较小时，可用相同的代码模拟热传输。

在以前的水流模型中（Cao et al.，2013），校准后都采用了 10 000 的均匀各向异性比（水平和垂直方向上的渗透系数比值，K_h/K_v），并将其作为基准模拟（表 14-3）。此外，还考虑了两个量级为 1000 和 100 000 的含水层异向性方案。为将弥散度纳入传输模拟，通常要求网格尺寸很细小，而网格尺寸又取决于所模拟范围的大小，与其他水力参数相比又难以掌控，因此将真实弥散度纳入区域模型是不现实的（Sanford，2011）。因此，根据区域传输建模中常用的数值（Schwartz et al.，2010），并结合本研究采用的网格尺寸，采用纵向弥散度（1000m）。横向弥散度（α_T）为纵向弥散度（α_L）的 1/10。考虑到与盆地总厚度相比，模型域的厚度相当小，统一采用 25% 的有效孔隙度，且不考虑随深度递减的趋势。

表 14-3　基准情形模拟中的沉积单元的水文地质参数

含水层	物质类型	渗透系数/(m/d)	孔隙率	K_h/K_v	热导率/[W/(m·K)]
Q4-Q3	砂质土壤	3 ~200	0.25	10 000	1.0
Q2-Q1	砂质土壤	5 ~60	0.25	10 000	1.0
新近纪	砂岩	1.8	0.25	10 000	1.5

稳态水质量守恒方程：

$$\nabla \cdot (K \nabla h) + q_s = 0 \tag{14-6}$$

热能量守恒方程：

$$[\theta \rho_w C_w + (1-\theta)\rho_s C_s] \partial T/\partial t = \nabla \cdot (\lambda \nabla T) - \rho_w C_w q \nabla T - q_s T_s \tag{14-7}$$

溶质质量守恒方程：

$$\partial C/\partial t = \nabla \cdot (D \nabla C) - \nabla \cdot (qC/\theta) + R \tag{14-8}$$

式中，h 是水头；K 是渗透系数张量；q_s 是每个单位体积水流汇/源比的体积通量；q 是 Darcy 通量；θ 是孔隙率；T 是温度；ρ_w、ρ_s 分别是水和固体的密度；C_w、C_s 分别是水和固体的特定热容量；λ 是热导率张量；T_s 是源温度；C 是地下水年龄；D 是水动力扩散张量；R 是地下水年龄的源项，等于 1（水变老的速率）。

顶部边界被定义为特定的水头边界，根据实测的陆区水位高度和海区（渤海湾）的流体压力设定，常用于盆地范围的地下水流和溶质迁移（Michael and Voss，2009；Gupta et al.，2015）。利用 1959 年数百口水井水位测量结果绘制的水位图，了解开发前（在从承压含水层大规模抽取地下水之前）的水位情况。顶部边界的温度被设定为 15 ℃ 的常数值（288K）。当假设只有年轻的地下水进入含水层并忽略非饱和流造成的延迟时，顶部边界的地下水年龄被确定为零。至于边界条件，水流模型中的无流动边界在年龄迁移模型中被设定为无"年龄–质量"边界。另外，流出边界设定为被对流（但并不是弥散流）挟带的"年龄–质量"可自由离开模型域。根据盆地内分布式热流的平均值，将 54.4mW/m² 的均匀热通量应用于下边界。

地形起伏和盆地尺度的含水层变异性是控制区域地下水的流动格局的重要因素。但是，地下水不可能完全用稳态水流路径和现代地下水位状况来描绘。由于并不存在完全不透水的沉积物，流场模式取决于研究所选择的时间尺度。换言之，需要将流动系统从平衡态转换为一种新的准稳态，而所需的转换时间是评估地下水流动系统时的关键（Rousseau-Gueutin et al.，2013；Currell et al.，2016）。

模拟获得的年龄格局清晰地反映出大规模开采前的流动系统。浅层地下水年龄年轻，深度越大年龄越老。冀中拗陷第四纪含水层的年龄通常 ≤10 000 年，与放射性碳测得的年龄近似。冀中拗陷的运移年龄和模拟年龄之间未发现明显差别，说明很可能属于活塞流。因此，在合适的水力参数下，可获得一致的模拟年龄和同位素年龄。然而，在中部和沿海平原排泄的部分地下水（即在坡度转折线处的区域排泄以外）流经弱透水的新近纪含水层，使地下水驻留时间快速增加。水流路径和垂直流速分布表明，冀中拗陷和沧县隆起之间的地下水年龄大幅增加。沧县隆起以东中部平原和沿海平原的地下水年龄随深度呈指数型，年轻地下水接近地表，年龄随深度的增加而增长。黄骅和济阳拗陷中，地下水模拟年龄比放射碳法测得的地下水年龄老得多。拗陷内地下水对流年龄逐步老于模拟年龄，黄骅和济阳拗陷浅部的运移年龄最高可达 200 000 年。这些年龄估算更为接近先前报道的 [36]Cl 和 [4]H 年龄。

含水层最深处的地下水最大模拟年龄约是 100 万年，与更新世沉积物的沉积时间尺度相仿。由于难以有效地限定孔隙度、地下水混合及弥散作用或弱透水性地层的水流（Bethke and Johnson，2008；Sanford，2011），难以用模型模拟年龄、描述地下水年龄分布的实际情况。但是，中部和沿海平原地区的驻留时间非常长，表明最深处的地下水有可能从更新世形成时就保存了下来，并未被后来流入的水完全取代。深层水可能垂向上升流动并与较年轻浅层地下水混合，可能会导致浅含水层中出现很老的年龄。

不同环境示踪技术测量到的地下水年龄存在差异，原因可能是各种示踪测年方法的适用时间范围各不相同，也可能是由于水样的组成很复杂。示踪测年和模拟年龄之间的差异表明，在当前地形和现代水利条件下，地下水流系统从未恢复到平衡状态。现在人们大量抽取地下水，对水流系统造成了重大影响，也使示踪数据的解读变得更为复杂。模拟预测显示，承压含水层达到准平衡态的时间估计需要长达100万年，表明含水层还远未达到稳定状态。与以前的概念模型不同的是，我们的概念模型对源于山前地带的水流的模拟，发现中部和沿海平原深层地下水的更新能力似乎很有限。这进一步证明大规模开采盆地深层承压含水层是不可持续的。

冀中拗陷与盆地其他地区之间的稳定同位素组成及深层地下水年龄有很大区别，表明这部分的水力联系有限。区域尺度的水力连续性表明盆地内各区域的地下水联系取决于给定的时间段。最大模拟地下水年龄（100万年）说明深层地下水可能是滞流的，但是由于没有区域连续的、较厚的弱含水层，并不能断定深层地下水在所研究的时间段内是完全被隔绝的。但根据我们的模拟，可以推断在万年或更短些的时间尺度内，地下水系统的一部分（位于中部和沿海平原深层以下的滞留层）受到流入山前地带地下水的影响很小。这一地区应该仅与由地形-水力条件产生的活跃地下水系统有部分联系。活跃地下水系统与"滞流地下水"之间的界面应该是由长期非稳定流状态和/或水动力弥散混合形成的一片分布广阔的过渡带。

稳态流中地下水补给与排泄带是各自独立的区域，但考虑到气候对动态水力条件的影响，在地形变化较小的平原地带情况可能更为复杂。补给区和排泄区（主要通过蒸腾作用）实际上可能是空间重合的，但随季节交替。虽然山前地带是接收地下水最多的主补给带，但在年际气候周期内，没有证据证明中部和沿海平原是净排泄带。因此，如果忽视具小洼地的小流域及动态顶边界条件造成的水流向深部扩散，就可能高估特定深度的地下水年龄，因此有必要开展地下水位高空间分辨率条件下的非稳定流模拟。

14.7　地下水储量和水位变化滞后关系

海河流域平原长期超采造成了严重的地面沉降。高度非均质含水层体系和不均匀的地下水开采导致地面沉降的空间差异较大。在地层发生压缩条件下，地下水储量和地下水位变化间的时间关系是准确认识地下水储量和水位变化规律的重要内容。

利用SSA将地下水储量（GWS）变化和水位（WL）变化时间序列分解为长期趋势、

周期分量和高频噪声（图14-14）。趋势和周期性组分通常采用最小二乘拟合趋势项和谐波相，采用恒定振幅和相位。然而，这些季节性信号可能具有随时间变化的幅度和相位。此外，表示趋势的一阶/二阶多项式函数不能有效地捕捉非线性趋势。SSA是一种非参数方法，它不需要影响时间序列动力重构的先验知识，通过这种方法获得的趋势不一定是线性的。将SSA-MEM工具包应用于月数据时间序列中，提取趋势项和主导周期成分。SSA是主成分分析的一种改进形式，它将原始水文时间序列分解为时间主成分（PCs）（Ghil et al.，2002）。由于PCs不包含时间序列的相位信息，利用PCs与经验正交函数

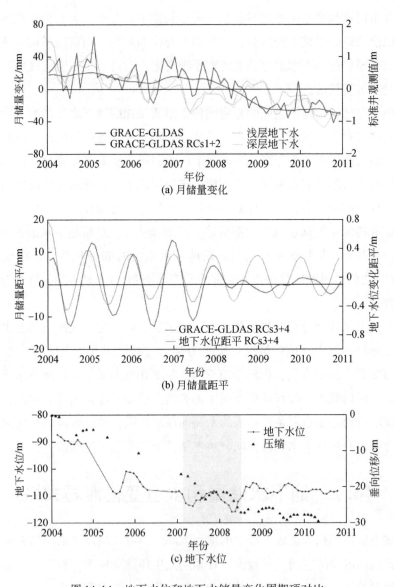

(a) 月储量变化

(b) 月储量距平

(c) 地下水位

图 14-14　地下水位和地下水储量变化周期项对比

（empirical orthogonal functions，EOFs）的线性组合重建振荡模态和噪声，得到重构分量（RCs）（Ghil et al., 2002）。由于各个 RCs 之和等于原始时间序列，在重构过程中不会丢失任何信息。

首先研究了空间平均的 GWS 和 WL 距平序列，前 8 个重构分量（约占总方差的 90%）是 GRACE 推导的 GWS 时间序列中的重要项。前两个低频 RCs 之和（RCs1+2）为非线性趋势分量。GWS 的非线性趋势代表了与气候变化相关的储量变化以及长期人类活动（如长期过度开采）的影响。年周期变化信号的和（RCs3+4）可以用季节抽水引起的地下水储量变化来解释。其余的 RCs 是包含半年变化的高频信号。

从各时间序列中减去用 SSA 确定的非线性趋势；然后用谐波分析方法对周期分量和半年周期分量进行相位确定。采用正弦模型拟合各去趋后的时间序列：

$$\Delta h(t) = a + A_1 \cos\left(\frac{2\pi}{T_1} t - \frac{\pi\varphi_1}{180}\right) + A_2 \cos\left(\frac{2\pi}{T_2} t - \frac{\pi\varphi_2}{180}\right) \tag{14-9}$$

式中，$\Delta h(t)$ 为拟合时间序列；t 为时间（以月为单位）；a 为模型因噪声引起的恒定位移；A_1、T_1、φ_1 为年周期谐波项的幅值、周期（以月为单位）和相位（以度为单位）；A_2、T_2、φ_2 为半年周期项。

2004～2007 年 GWS 和浅、深 WL 时间序列的周期性年际分量具有较小的相位偏移（图 14-15）。2008～2010 年的周期分量没有很好地确定，振幅有明显的下降。观测到的含水层系统压实和地下水位时间序列在沉降区也显示出相位偏移。地面沉降的明显回弹表明，这种相位偏移很可能与黏土层的无延迟压实有关。海河流域平原第四系含水层厚度为 300～500m，黏土层厚度在 0～300m，沉降区大于 50m。黏土夹层大部分厚度为 5～20m，根据弱透水层骨架的储水率（10^{-5}～10^{-3} m^{-1}）和渗透系数（10^{-7}～10^{-5} m/d）计算黏土夹层的时间常数，为几天（几乎没有延迟）至 3000 年左右。延迟和非延迟压缩的共同作用以及大范围的时间常数将使 GWS 和 WL 的相位关系非常复杂。

由 GWS 和 WL 相位得到的相位差具有显著的局部特征，如果不考虑超前或滞后，年周期分量的相位差为 12°～116°，半年周期的相位差为 1°～170°。冬小麦的主要灌溉是"春灌"，一般从 3 月中旬开始，到 5 月结束。主开采周期的长度表明，相位差在 90°（3个月）左右可能是合理的。GWS 和 WL 年际分量中显示出近相位（相位偏移约 10°）的两个网格点位于天津和沧州附近的滨海平原，位于厚细粒沉积物下。天津地面沉降开始于 20 世纪 20 年代，地面沉降率自 90 年代由于地下水限采已开始下降。与天津和沧州相比，德州和衡水显示 270°（相当于 90°领先或落后）的相位差和更大的振幅，可能与相对较薄的黏土厚度和较小的压实时间常数有关。这些观测结果也与数值试验结果相吻合，在含延迟弱透水层的含水层压实初期，可以发现较大的相位偏移。Huang 等（2015）对海河流域平原的每个子区域使用单一因子来校正偏置误差，认为时间序列对泄漏误差的校正更为可

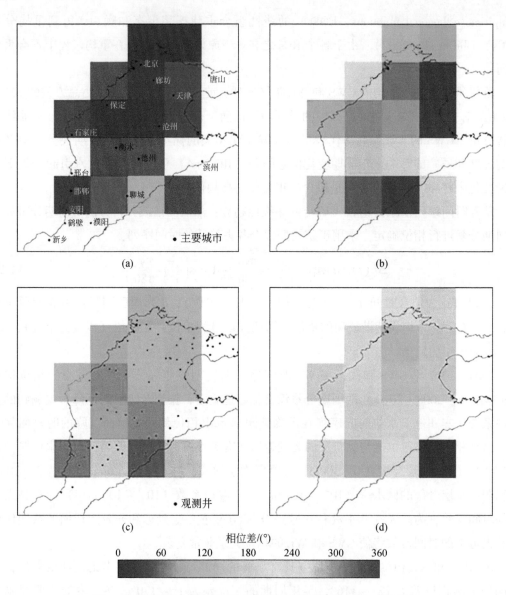

图 14-15　海河流域平原地下水位变化和储量间相位差空间分布

行。根据这种思路，由于含水层的非均质性和人类活动的差异性，GWS 和 WL 之间存在着空间变化的相位关系，这对于改进 GRACE 数据处理和拓展其应用具有一定的价值。

14.8　本 章 小 结

本章采用土壤水分平衡模型、非饱和带及饱和带水流模拟计算方法，模拟了地下水位动态变化条件下非饱和带水和地下水之间的动态转变过程，分析了地下水位下降引起的非饱和带增厚对地下水补给的影响，针对深层承压水的补给时代，利用盆地尺度地下水流、地下水年龄和地热数值模拟手段，深入研究了海河流域平原深层地下水的演变时间尺度和流动模式，主要结果及认识如下：

（1）海河流域平原地下水灌溉对非饱和带和地下水储量间的分配造成重要影响，地下水储量经灌溉转变称为非饱和带储量，从而减少了地下水补给量，在研究时段内，潜水位下降超过 30m 的壤土地区，补给量减少高达 70%，平原区非饱和带储量每年增加 14mm（纯水高度），占地下水储量减少量的 30%。

（2）海河流域平原深层承压水年龄达 100 万年时间尺度，在末次冰期甚至更早的地质年代补给进入含水层的地下水尚未被新补给的地下水完全置换，东部和滨海平原深层地下水应属流速极小的地下水滞留带，海河流域平原深层地下水远未达到受现今地形和水动力条件下控制的新的平衡状态，对深层地下水资源的科学利用应考虑其跨越地质时代的演化模式。

（3）采用奇异谱方法和谐波分析方法对海河流域平原地下水位进行了非线性趋势和周期信号分析，无论是浅层地下水还是深层地下水都存在显著的 ENSO 周期（2~7 年）变化信号，地下水补给存在明显的 ENSO 影响周期。

（4）海河流域平原地下水储量变化与地下水位变化存在滞后关系，主要受弱透水层释水压缩的延迟时间影响，除受黏土层储水参数和厚度的影响外，还与弱透水层的压缩历史有关。地面沉降发生较早的沧州、天津地区滞后关系不明显，而在衡水地区出现明显的滞后现象。

第15章 地面沉降影响深层地下水储量变化模拟与衰减评价

海河流域深层地下水（承压水）超采和城镇建设引发严重的地面沉降，而深层地下水开采很大部分来自弱透水层压缩释水，为不可恢复的非弹性变形，是地下水资源储量的永久性损失，直接威胁到区域用水安全和重大工程设施安全。地面沉降导致土壤孔隙度减小，渗透系数和释水系数等水循环参数随之减小。因此，厘清含水层系统压缩释水过程中相关参数与给水能力变化，查明海河平原深层地下水储量损失，对科学管理、开发与保护地下水资源意义重大。本研究基于太沙基有效应力原理，以含水层压缩过程中的物理机制为依据，采用数学手段构建深层含水层系统水循环参数变化的一维非线性压缩释水模型，探究深层含水层系统压缩释水过程中含水层参数和储量变化情况。

15.1 承压含水层系统压缩释水模型

15.1.1 基本定义与物理机制

1. 基本定义

含水层系统是指隔水层或弱透水层圈闭的、具有统一水力联系的含水岩系，也是地下水赋存的介质场。含水层系统中的岩层根据渗透性强弱和透水能力大小划分为含水层、隔水层、弱透水层。其中含水层是指能够透过并给出相当数量水的岩层，是饱和水的透水层，构成含水层的 3 个条件分别是有储存水的空间、有隔水岩石在周围、水的来源充足，主要含有重力水，含水层又分为承压含水层和潜水含水层；隔水层是指不能透过和给出水或者透过和给出水非常少的岩层，主要含有结合水；弱透水层是指透水性差，但存在水头差时可通过越流交换较大水量的岩层。

含水层系统中关键的含水层参数包括孔隙比、释水系数、渗透系数等，其中释水系数也可称为储水系数，是指单位面积的含水层系统每下降（或增加）单位承压水位时，所能提供的（或储存的）地下水体积，用来表示含水层系统的给水能力（或储水能力），一般通过抽水试验确定。由于弱透水层的释水过程主要是非弹性形变，其释水系数为非弹性释水系数，而承压含水层的释水过程主要是弹性形变，其释水系数为弹性释水系数。

2. 基本原理

1）太沙基有效应力原理

太沙基于 1936 年提出的有效应力原理解释了土体受力变形的过程。饱和土体的上覆岩土体、地表建筑物、大气压力等荷载形成的外力即总应力主要由以下两部分承担：一部分作用于固体颗粒构成的骨架，通过固体颗粒之间的接触面传递，称为有效应力；另一部分作用于土体孔隙中的水，称为孔隙水压力。有效应力原理可用以下等式表示，即

$$\sigma = \sigma' + \mu \qquad (15\text{-}1)$$

式中，σ 为作用于饱和土体任一平面的总应力；σ' 为由颗粒骨架承担的有效应力；μ 为由孔隙水承担的孔隙水压力。

2）含水层系统压缩释水

含水层的压缩释水过程是饱和含水层中骨架所受有效应力变化的过程，有效应力的增加来源于两部分：①当深层地下水开采发生后，承压水头开始下降，孔隙水压力减小，即孔隙水所能分担的应力减小，这部分应力将转移到土体骨架，使有效应力增加，从而压缩多孔介质，引起含水层压缩释水，地面发生沉降；②随着城镇建筑物的扩张，作用于含水层系统的上覆荷载即总应力不断增加，致使土体骨架承受的有效应力增加。因此有效应力的变化 $\Delta\sigma'$ 即为孔隙水压力的变化与上覆荷载应力变化之和，即

$$\sigma' = \sigma - \mu \qquad (15\text{-}2)$$

$$\Delta\sigma' = r_w \Delta h + \Delta\sigma \qquad (15\text{-}3)$$

式中，r_w 为水的容重（kN/m³）；Δh 为承压水头变化（m）；$\Delta\sigma$ 为上覆荷载应力变化。

含水层系统发生的先期固结应力（preconsolidation stress）指土体在自然地质历史过程中曾承受过的最大固结压力。土体承受的有效应力超过先期固结应力的前后，其压缩指数和释水率等大小差别很大，当有效应力小于先期固结应力时，土体的固结度高，压缩性很小；当有效应力大于先期固结应力时，土体开始经历再压缩，其压缩性变大。综上所述，当土体承受的有效应力大于先期固结应力时，有效应力增加会使土体发生塑性形变，反之则发生弹性形变。

弱透水层的主要构成为黏土，压缩性较大，当作用在弱透水层的有效应力增大时，弱透水层主要发生塑性变形且变形较大。承压含水层的主要构成为砂土，压缩性较小，其形变主要为弹性压缩且较小，当有效应力减小为初始值时，该形变能够恢复。而当作用含水层系统的有效应力发生相同变化时，弱透水层的弹性压缩变形和承压含水层的非弹性压缩变形相比非常小，可忽略不计，因此含水层系统的压缩释水主要由弱透水层的非弹性压缩

释水和承压含水层的弹性释水构成。

这里假设深层地下水含水层系统始终为饱和系统，并且不考虑岩土固体部分和水本身的压缩，土层的压缩变形全为多孔介质孔隙度的减小，带来的直接影响是土层厚度、释水系数和渗透系数等含水层参数的变化。

15.1.2 概念模型

含水层系统的地质构造十分复杂，各种岩性的土层交错分布，为了便于研究含水层系统压缩释水过程中水循环参数以及给水能力的变化过程，本研究将复杂的地层结构概化为一个多层含水层系统（图 15-1），并对地面沉降概念模型作如下假设：①承压含水层系统始终为饱和系统；②承压含水层地下水开采量主要由承压含水层弹性释水、弱透水层非弹性释水以及潜水含水层向承压含水层的越流补给量构成，不考虑承压含水层的侧向渗流；③潜水含水层潜水位保持不变；④土层的形变为均匀形变；⑤不考虑弱透水层压缩变形的时间滞后性。

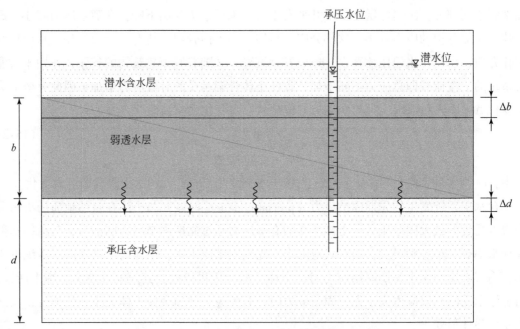

图 15-1　多层含水层系统压缩释水概念模型示意

b 为弱透水层厚度（m）；Δb 为弱透水层厚度改变量（m）；d 为承压含水层厚度（m）；

Δd 为承压含水层厚度改变量（m）。

15.1.3 数值模型

深层地下水的开采量主要由以下几部分构成：承压含水层的弹性压缩释水量、弱透水层的非弹性压缩释水量、潜水层越流补给量、侧向补给量。承压含水层系统的压缩释水量是深层地下水开采量的主要来源，为本次研究的主要内容，由承压含水层的弹性压缩释水量、弱透水层的非弹性压缩释水量两部分构成，即

$$Q_z = Q_e + Q_v \tag{15-4}$$

式中，Q_z 为地下水压缩释水量模数（单位面积压缩释水量）（m）；Q_v 为弱透水层的非弹性压缩释水量模数（m）；Q_e 为承压含水层的弹性压缩释水模数（m）。

1）承压含水层的弹性压缩释水量

承压含水层的弹性压缩释水量伴随承压水头的下降产生，根据承压含水层的弹性释水系数可计算出弹性压缩释水量：

$$Q_e = S_{ke} \times \Delta h \tag{15-5}$$

式中，S_{ke} 为弹性释水系数；Δh 为承压水头下降量（m）。

弹性释水系数是表示承压含水层释水能力的参数，与土体的弹性释水率和厚度有关，土体越厚，其弹性释水系数越大。

$$S_{ke} = S_{ske} \times d \tag{15-6}$$

式中，S_{ske} 为弹性释水率；d 为承压含水层厚度。

随着有效应力的变化，假设弹性释水率的变化滞后于土层的压缩变形，含水层的压缩量可根据式（15-7）进行计算：

$$\Delta d = \frac{S_{ske} \times d_0}{r_w} \Delta \sigma' \tag{15-7}$$

式中，Δd 为承压含水层厚度变化（m）；d_0 为初始承压含水层厚度（m）；$\Delta \sigma'$ 为有效应力的变化。

而承压含水层的弹性释水率与土体骨架的压缩指数、有效应力、孔隙比等相关，前人根据试验模拟曲线得到弹性释水率的经验计算公式，具体如下：

$$S_{ske} = \frac{0.434 C_r r_w}{\sigma'(1+e)} \tag{15-8}$$

式中，C_r 为弹性压缩指数；r_w 为水的容重（kN/m³）；e 为孔隙比，这里为承压含水层中砂土的孔隙比。

承压含水层孔隙比的变化与厚度的变化成正比，可表示为

$$\Delta e = (1 + e_0) \times \frac{\Delta d}{d_0} \tag{15-9}$$

式中，Δe 为孔隙比变化；e_0 为初始孔隙比。

在深层地下水开采过程中，承压水位不断下降，有效应力增大，承压含水层孔隙被压缩，以上参数包括弹性释水系数、弹性释水率、承压含水层厚度、孔隙比不断减小。虽然所有参数的变化是一个同步的过程，为了便于计算，可认为含水层厚度的变化最先发生，然后是孔隙比的变化，再是弹性释水率、弹性释水系数。

2）弱透水层的非弹性压缩释水量

弱透水层的非弹性压缩释水量的计算原理与承压含水层的弹性压缩释水量基本一致，只在参数的选取上有区别，具体如下：

$$Q_v = S_{kv} \times \Delta h \tag{15-10}$$

$$S_{kv} = S_{skv} \times b \tag{15-11}$$

$$S_{skv} = \frac{0.434 C_c r_w}{\sigma'(1+e')} \tag{15-12}$$

$$\Delta b = \frac{S_{skv} \times b_0}{r_w} \Delta \sigma' \tag{15-13}$$

$$\Delta e' = (1+e'_0) \times \frac{\Delta b}{b_0} \tag{15-14}$$

式中，S_{kv} 为黏土层的非弹性释水系数；S_{skv} 为非弹性储水率；b 为弱透水层厚度（m）；C_c 为非弹性压缩指数；e' 为黏土的孔隙比；Δb 为弱透水层厚度变化（m）；$\Delta e'$ 为弱透水层黏土的孔隙比变化。

3）潜水层越流补给量

本次研究也对越流补给量的变化进行了一些探索性研究，设潜水层的水资源补给充足，潜水位保持稳定状态，随着承压水位不断下降，潜水与承压水水头差越来越大，越流开始发生。

来自浅层的越流补给量与弱透水层的渗透能力、厚度、越流时间、潜水与承压水水头差等相关，可根据式（15-15）计算得到：

$$Q_y = K\Delta t \frac{H_u - H_c}{b} \tag{15-15}$$

式中，K 为渗透系数；Δt 为越流时间（天）；H_u 为潜水位（m）；H_c 为承压水位（m）。

弱透水层发生压缩变形后，渗透系数随孔隙比的减小而减小，根据前人研究经验，渗透系数与孔隙比的经验公式如下：

$$K = C\frac{e'^n}{1+e'} \tag{15-16}$$

式中，C 为与土体渗透系数相关的常数；n 为经验指数的参数，一般取 5；e' 为孔隙比，表示弱透水层的黏土的孔隙比。

15.1.4 模型输入

1. 研究区范围与研究阶段

本次研究范围为海河平原区存在深层水的区域（图 15-2）。该区域堆积了巨厚的、不同成因类型的第四系松散堆积物，在研究区北部和西部山前地带，以孔隙潜水含水层为主，主要接受大气降水和山区侧向径流补给。研究区中部和东部浅层为孔隙潜水层，但含水量较小，且南部地带广泛分布为苦咸水，中、东部深层分布为孔隙承压含水层，主要接受上部越流补给和山前地带侧向径流补给。因此，研究区北部和西部山前地带主要开采浅层地下水，中、东部沿海地区以开采深层地下水为主。

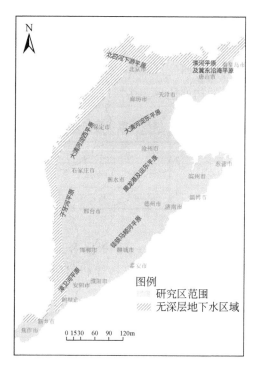

图 15-2　研究区范围

1970 年以前，研究区深层地下水开采量很小；1970～1980 年，随着平原区地表水资源量的减少和耗水量的增加，深层地下水开采量逐渐增加，该阶段深层地下水多年平均开采量为 15 亿 m³/a；进入 1980 年以后，深层地下水开采从过去集中在城市区拓展到城镇和农村，地下水开采量显著增加，1980～2000 年多年平均超采量为 30 亿 m³/a，2000～2016 年为 49.2 亿 m³/a。显然，1980～2016 年是研究区深层地下水开采最为严重的阶段，也是深层地下水压缩释水量最多的阶段,确定本次研究时间范围为1980~2016年。

2. 网格划分与运算

根据构建的承压含水层系统水循环参数变化的一维非线性压缩释水模型,为了对整个研究区进行更为准确的计算,将整个研究区划分为2km×2km的网格,共26 868个,对每个网格进行单独的模拟计算。

模型采用循环迭代法进行计算,输入初始参数计算后会得到新的参数,然后作为下一次运算的初始参数参与计算,如此循环往复直至运算结束。借助Python软件对整个模拟计算过程进行编程运算。本次研究确定15天为一个周期进行循环迭代,将1980~2016年海河流域的压缩释水过程划分为864个过程。

3. 参数确定

模型计算需要的参数分为两种(表15-1):一种是固定不变的参数;另一种是迭代变化的参数。所有参数的选取均结合研究区实际情况和经验值进行设置,孔隙比由于缺乏空间分布资料,暂将整个研究区的初始值确定为唯一。

表15-1　模型计算所需部分参数

固定参数			变化参数及其初始值	
C_r	C_c	$r_w/(kN/m^3)$	e_0（砂土）	e'_0（黏土）
0.05	0.3	9.8	0.6	1.3

承压含水层与弱透水层厚度的空间分布分别根据第三和第四含水组的砂土和黏土的累计厚度确定,数据来源为《华北平原地下水可持续利用图集》提供的30条华北平原横纵分布的水文地质剖面图(图15-3)。

4. 控制变量

1980~2016年承压水位和上覆荷载变化作为控制变量输入模型,为了便于计算,对上述两个控制变量进行匀速处理。1980年的承压水位和上覆荷载作为起始条件输入模型,2016年的承压水位和上覆荷载作为模型计算终止条件。

1) 承压水位变化

1980年承压水位来自《华北平原地下水可持续利用图集》,2016年承压水位由《中国地质环境监测年鉴》发布的2016年海河流域深层地下水位观测井监测数据插值得到(图15-4)。

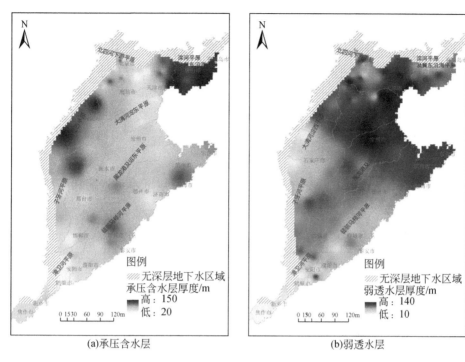

(a)承压含水层   (b)弱透水层

图 15-3 承压含水层初始厚度（b_0）和弱透水层初始厚度（d_0）

资料来源:《华北平原地下水可持续利用图集》

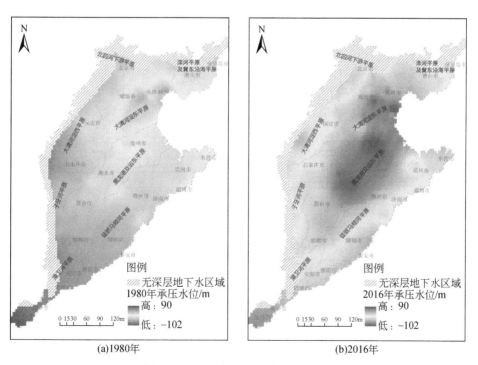

(a)1980年   (b)2016年

图 15-4 1980 年和 2016 年承压水位

2）上覆荷载变化

承压含水层系统承受的上覆荷载由以下两部分构成：第一和第二含水组土体骨架和含水量的重量σ_1、地表建筑物等其他荷载的重量σ_2，根据式（15-17）计算。

$$\sigma = \sigma_1 + \sigma_2 \tag{15-17}$$

为了便于计算，暂不考虑来自第一和第二含水组荷载的变化，其空间分布根据式（15-18）计算：

$$\sigma_1 = L \times \rho \times S \tag{15-18}$$

式中，L为第一和第二含水组厚度（m），由《华北平原地下水可持续利用图集》给出的第一和第二含水组底板高程数字化得到，如图15-5所示；ρ为土壤天然密度，取经验值为1.8g/cm³；S为面积。

图15-5　第一和第二含水组厚度

地表上覆荷载由于缺少详细的资料，本研究根据土地利用变化进行估算。地表荷载的变化主要由城市建筑物的扩张造成，1980~2016年研究区地表荷载的时空变化主要由以下几方面造成：不同城市发展不均衡造成的城市建筑物密度的不同，为空间上差异；2016年与1980年城镇面积的扩张，为时间上差异；建筑物高度造成单位面积地表荷载应力的不同，同样属于时间上差异。综上，根据式（15-19）确定研究区地表荷载应力σ_2：

$$\sigma_2 = n \times M \times \Delta\sigma \tag{15-19}$$

式中，n为荷载系数，根据各个城市GDP排名确定，如图15-6所示；M为城镇面积，由土地利用类型确定，1980 年和 2016 年城镇面积如图 15-7 所示；$\Delta\sigma$ 为单位面积上覆荷载。

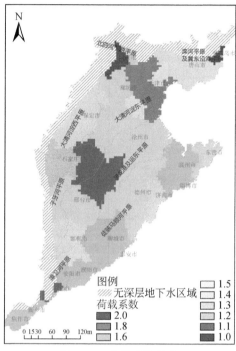

图 15-6　荷载系数分布

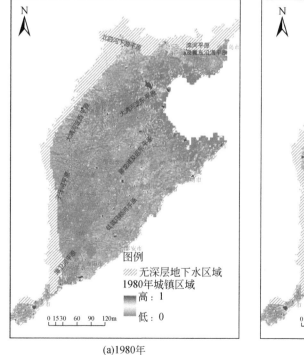

(a)1980年

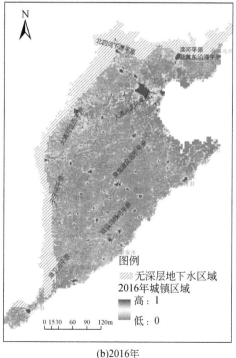

(b)2016年

图 15-7　1980 年和 2016 年单位网格上城镇面积所占比例

根据经验和文献，1980年和2016年单位面积上覆荷载分别取600kPa和800kPa，经计算，1980年和2016年承压含水层系统上覆荷载如图15-8所示。

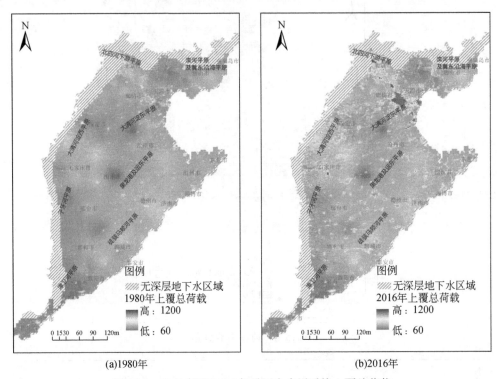

(a)1980年　　　　　　　　　　　　　　　　(b)2016年

图15-8　1980年和2016年承压含水层系统上覆总荷载

15.2　沧州沉降中心含水层参数和压缩释水量变化

将典型沉降区沧州沉降中心概化为一个点进行模拟，探究深层地下水含水层参数与压缩释水量随着承压水位下降的变化过程。

15.2.1　沧州沉降中心概况

根据2015年沧州的累计沉降量可知，沧州西部沉降发展较东部严重，目前，沧州市区是整个沧州地区的沉降中心，其分布与沧州深层地下水位漏斗相吻合，是地面沉降最为严重的地区，也是深层地下水超采最严重的地区，整个沉降中心面积3.14km²，累计沉降量均大于2000mm，累计沉降体积达0.07亿m³，约占沧州地区总沉降体积的0.07%。

沧州漏斗中心（即市中心）地面沉降发展过程如图15-9所示，目前最大累计沉降量已达2600mm以上。1986~2001年，市中心沉降发展较快，累计沉降量从744mm增长到

2236mm，平均沉降速率达 99.5mm/a。近年来，随着地下水开采限制，沧州市沉降速率得以减缓但仍在持续发生，2001～2015 年，最大累计沉降量从 2236mm 增长到 2600mm，平均沉降速率为 26mm/a，沉降速率减小了 74%，2015 年以后，由于严格的地下水资源管理，沉降中心的发展逐渐趋于稳定。

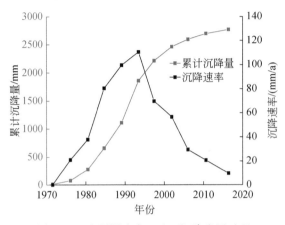

图 15-9　沧州漏斗中心地面沉降发展过程

　　沧州地下水漏斗从 20 世纪 50 年代开始发展，但地下水观测从 70 年代才开始，沧州市中心的深层地下水位（承压水头）变化经历了以下几个阶段（图 15-10）：①1971～1981 年的迅速下降阶段，深层地下水埋深从 1971 年的 22.47m 增长为 1981 年的 74.48m，深层地下水位下降了 52.01m，平均每年约下降 5.2m；②1981～2001 年为稳定下降阶段，2001 年深层地下水埋深为 99.98m，深层地下水位平均每年下降 1.275m；③2001～2010 年为水位稳定恢复阶段，2002 年深层地下水埋深达到最大 108m，之后地下水位开始缓慢回升，2008 年的深层地下水埋深已经恢复到 87m，并在继续回升。将先于观测资料的最初深层地下水埋深确定为 10m，最大的地下水埋深为 2002 年的 108m，沧州市中心累计深层地下水位下降近 100m。

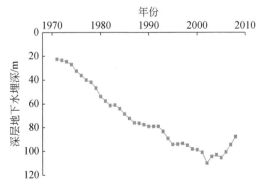

图 15-10　沧州市主城区漏斗中心深层地下水埋深

　　为了探究持续的承压水头下降对含水层系统的影响，沧州沉降中心的模拟将累计承压水头的下降幅度增大到200m，将地下水位的计算变化步长 Δh 定为0.1m，对应时间 Δt 为13天。

15.2.2　承压含水层系统压缩变形量变化

　　图15-11表示的是随承压水头逐渐减小，弱透水层和承压含水层的压缩变形情况。当承压水头的下降速率保持不变时，含水层系统逐渐被压缩，但变形的速率逐渐减小，当承压水头下降100m时，含水层系统压缩5.5m，压缩了3.2%，当承压水头继续下降100m时，含水层系统继续压缩2.7m，压缩量为前一阶段的一半。但弱透水层的压缩变形量明显大于承压含水层，承压水头下降100m时，弱透水层的变形量为4.1m，承压含水层为1.4m，弱透水层和承压含水层分别压缩了5.5%和1.4%；当承压水头累计下降达到200m时，弱透水层的变形量为6.2m，承压含水层为1.98m，弱透水层的变形量是承压含水层的3.1倍。

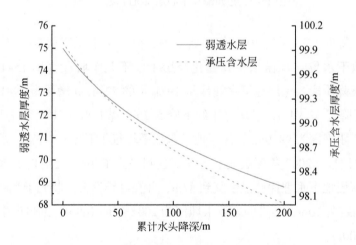

图15-11　弱透水层和承压含层的压缩变形量

　　基于上述分析，发现深层地下水开采造成的地面沉降主要是由弱透水层的压缩变形造成，且这部分的压缩变形为不可恢复的非弹性压缩，其造成的地面沉降是一种永久性地质灾害。而承压含水层的压缩变形随季节性水头的回升会回弹，为可恢复的弹性压缩，这部分可恢复的沉降量仅占总沉降量的25%。随着承压水头下降，弱透水层和承压含水层的变形速率逐渐减小，因模拟过程中设置为匀速水头下降，压缩曲线圆滑，实际变形速率与储水系统的动态变化有关，但不可否认的是，随着水头的逐渐下降，含水层系统压缩释出的是弱透水层内地质历史时间尺度上形成的地下水，对于深层地下水资源同样是一种永久性损害，下面将进一步进行分析。

15.2.3 承压含水层系统水循环参数变化

承压水头下降后，承压含水层系统压缩变形，土体骨架孔隙比减小，承压含水层系统中相关水循环参数随承压水头的下降不断变化。

图15-12表示的是随着承压水头下降，承压含水层系统孔隙比的变化规律。孔隙比的变化规律与含水层压缩变形的规律基本相同，都是逐渐减小且减小的速度逐渐减缓。其中，承压水头累计下降100m时，承压含水层孔隙比减小了3.5%，弱透水层减小了9.8%；承压水头累计下降200m时，承压含水层孔隙比减小了5.3%，弱透水层减小了14.6%，弱透水层孔隙比减小的幅度约是承压含水层的2.8倍。弱透水层的压缩变形大于承压含水层，所以孔隙比减小的幅度也是以弱透水层为主。

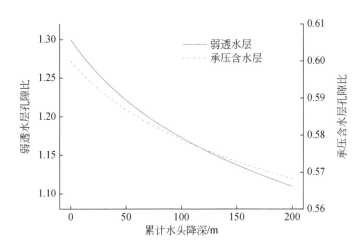

图15-12 弱透水层和承压含水层的孔隙比变化

含水层系统的关键水循环参数释水系数随有效应力、孔隙比、土层厚度的减小也逐渐减小，弱透水层的非弹性释水系数和承压含水层的弹性释水系数随水头下降的变化规律如图15-13所示，两者都逐渐减小，且减小的速度越来越慢。从图15-13中可以看出，在地下水位下降初期，释水系数减小得非常明显，当承压水头累计降深超过70m后，变化开始缓慢并逐渐趋于稳定。当承压水头累计下降100m时，弹性、非弹性释水系数都减小了约62%；当承压水头累计下降200m时，弹性、非弹性释水系数都减小了约77%。承压水头下降200m为极端情况，因此含水层系统释水系数最严重可减小为初始时期的20%~40%。

含水层系统压缩过程，释水系数呈显著减小趋势，因此在地面沉降地区用固定不变的水循环参数进行相关的地下水资源量计算会产生较大误差，难以作出客观的地下水资源评

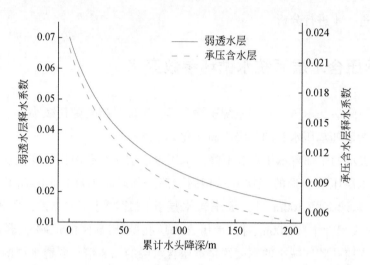

图 15-13　弱透水层和承压含水层释水系数的变化

价。同时，释水系数是表征含水层系统给水能力的参数，随着地下水位不断下降，整个含水层系统给水能力受到严重威胁，做一个极端假设，当继续对深层地下水进行开采时，承压水头持续下降，土层继续压缩，释水系数不断减小，最终可能导致土层压缩到极限，不再有非弹性压缩释水。

15.2.4　含水层系统可开采量及构成变化

含水层系统释水系数的减小会影响含水层系统可开采量的变化，下面分别从单位水头降深和累计水头降深的可开采量变化进行分析。

1. 单位水头降深

本节模拟计算的承压水头变化步长为 0.1m，单位水头降深下的可开采量变化指承压水头每下降 0.1m 时，含水层系统可开采的地下水资源量变化。图 15-14 表示的是承压含水层的弹性压缩释水量、弱透水层的非弹性压缩释水量、潜水越流补给量以及总开采量在单位水头降深下的大小变化和各部分开采量占总开采量比例的变化，同时也反映了随着承压水位下降，含水层系统给水能力变化情况。

随着承压水头下降，弹性压缩释水量和非弹性压缩释水量逐渐减小，初期变幅很大后期逐渐趋于稳定，而越流补给量逐渐增大并趋于稳定，总开采量初期减小幅度很大后期有微小增加。当水头累计下降100m时，单位水头降深下可开采的弹性压缩释水量、非弹性压缩释水量均减少62%，越流量增加将近3倍，总可开采量仅减少24%；当水头累计下

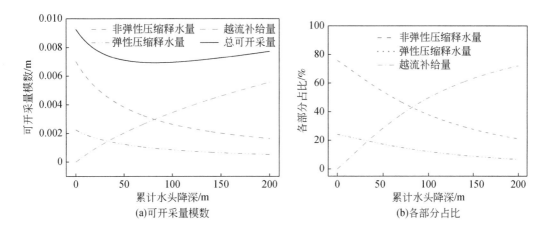

图 15-14　单位水头降深下可开采量变化及各部分构成占比变化

降 200m 时，单位水头降深可开采的弹性压缩释水量、非弹性压缩释水量减少 77%，越流量增加 5 倍多，总可开采量较水头下降 100m 时还略有回升。

弹性压缩释水量、非弹性压缩释水量和越流补给量占总开采量的比例也在不断变化。承压水头不断下降，弹性压缩释水量、非弹性压缩释水量占总开采量的比例不断减小，累计水头降深达到 100m 时，弹性压缩释水量占比由开采初期的 24.2% 下降到 12%，非弹性压缩释水量占比则由 75.7% 下降到 38%，均下降了将近一半，而越流补给量占比增加，从原来的接近 0 增长到 50%。

随着土层的压缩变形，弹性压缩释水量和非弹性压缩释水量大幅度减小并且减小的速度越来越慢，这与弹性、非弹性释水系数的变化规律相吻合，都反映了弱透水层和承压含水层给水能力随着承压水位下降在逐渐变小。而越流补给量却随着水位下降呈明显增长趋势，这与弱透水层渗透系数变化规律相反，这是因为渗透系数虽然在逐渐减小，但潜水层与承压含水层之间的水头差却在不断增大，越流补给量呈缓慢增长趋势。由于弱透水层、承压含水层给水能力在逐渐减小且后期减小的速度越来越缓慢并且趋于稳定，潜水越流补给量在不断增加且后期增幅较小，所以整个含水层系统深层地下水给水能力逐渐减小，前期减小速度较快，后期逐渐趋于稳定。

2. 累计水头降深

对累计可开采量的变化进行分析（图 15-15），累计水头下降 60m 以前，累计非弹性压缩释水量>累计弹性压缩释水量>越流补给量；累计水头下降 60m 以后，累计非弹性压缩释水量仍是最大的可开采量，但累计越流补给量逐渐大于弹性压缩释水量并渐渐赶超累计非弹性压缩释水量。随着承压地下水位下降，弹性压缩释水量、非弹性压缩释水量占累计开采量的比例逐渐减小，而越流补给量占比逐渐增大，当水头累计下降100m时，累计非弹性压缩释水量约占总开采量的55.9%，累计弹性压缩释水量约占17.9%，越流补给量约占26.2%。

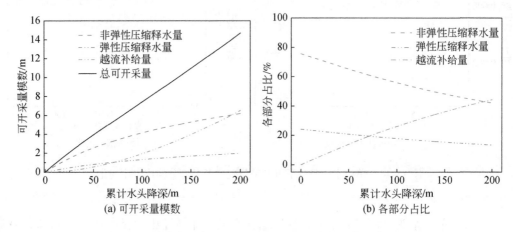

图15-15　累计水头降深下可开采量变化及各部分构成占比变化

根据以上对开采量变化分析，结果发现以下规律：①单位水头降深下的总可开采量表示了含水层系统的给水能力，随着承压水头的下降，含水层系统的给水能力逐渐减小。②含水层系统的压缩释水量是总开采量的主要构成，尤其是来自弱透水层的非弹性压缩释水量是深层地下水开采量的最重要来源。③含水层系统的压缩释水量逐渐减小，其中非弹性压缩释水量的减少不可恢复，累计的非弹性压缩释水量是地下水资源量的永久性损失。④随着潜水位与承压水位的水头差增大，潜水越流补给量逐渐增大，缓解了含水层系统给水能力的降低。

15.3　海河平原区深层地下水含水层参数变化

在15.2节中，通过对典型沉降区沧州沉降中心压缩释水过程进行一维模拟，我们已经发现了含水层系统的压缩变形量、孔隙比、释水系数等在地面沉降过程中随承压水头的变化规律，本节我们将对整个研究区1980~2016年含水层参数变化的模拟结果进行分析。

15.3.1　承压含水层系统压缩变形量

1980~2016年承压含水层的压缩变形量如图15-16（a）所示。从空间分布来看，沧州—衡水—邢台—德州一带的压缩变形量最为严重，主要分布在海河平原区的中部地区，唐山的压缩变形量也较为严重。衡水承压含水层变形量最为严重，最严重地区变形量可达 1.9m，整个地区的压缩变形量平均值为 0.686m。承压含水层的压缩变形量为弹性，若未来承压水位因补给充足得到恢复，该部分的压缩变形量可恢复。1980~2016 年弱透水层的压缩变形量如图 15-16（b）所示。从空间分布来看，与承压含水层较为相似，沧州—衡水—邢台—德州一带的压缩变形量最为严重，主要分布在海河平原区的中部地区。与承压含水层不同的是，唐山弱透水层压缩变形较轻，而天津、邯郸弱透水层的压缩变形很严重（这两个地区承压含水层变形量较小）。压缩变形中心与承压含水层略有差别，沧州弱透水层变形量最为严重，最严重地区变形量可达 1.6m，整个地区的压缩变形量平均值为 0.612m。值得注意的是，弱透水层的压缩变形量为非弹性，即使未来承压水位因补给充足得到恢复，该部分的压缩变形量也不可恢复，是对地层结构的永久损害。

1980~2016 年整个深层地下水含水层系统压缩变形量如图 15-16（c）所示。从空间分布来看，与承压含水层、弱透水层的分布较为相似，沧州—衡水—邢台—德州一带的压缩变形量最为严重，主要分布在海河平原区的中部地区。沧州市总压缩变形量最为严重，最严重地区变形量可达 3.2m，整个地区的压缩变形量平均值为 1.3m。承压含水层的压缩变形量占总变形量的 52.9%，其余均为不可恢复的弱透水层压缩变形量。

含水层系统压缩变形量分布与承压水位差的分布表现为较好的一致性，压缩变形量较为突出的斑点则与城市建筑分布表现较好耦合性，承压水位的下降和上覆荷载的增加是含水层系统压缩变形即地面沉降的主要原因。同时，水文地质构造也对地面沉降的发生有一定影响，在弱透水层较厚的地区，如天津市，尽管承压水位差不大，但其弱透水层的压缩变形仍然很严重。地面沉降的防治需要严格控制当地地下水位的开采和限制城市建筑物的增加，尤其在黏土分布较厚的区域，如天津市、邯郸市等地。

15.3.2　承压含水层系统释水系数变化

地面沉降过程中含水层参数变化的核心参数是释水系数，主要受孔隙比、含水层厚度、有效应力等因素影响，释水系数在地面沉降的发展过程中动态变化且减小的幅度很大。对于地下水资源量的计算，使用固定不变的释水系数会造成很大误差，对地下水资源量的评价不客观，容易忽略地下水资源亏空量非常严重的事实。对沉降漏斗区开展地质调查，确定新的地质参数，并用动态发展的计算方法准确评价当前地下水资源量迫在眉睫。承压含水层系统释水系数主要指承压含水层的弹性释水系数和弱透水层的非弹性释水系数。

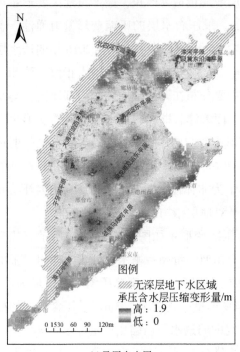

(a)承压含水层

(b)弱透水层

(c)总形变量

图 15-16　研究区 1980～2016 年压缩变形量分布

1. 弹性释水系数

1980～2016 年承压含水层弹性释水系数的减小量分布如图 15-17（a）所示。从空间分布来看,海河中部平原区沧州—衡水一带的弹性释水系数减小较明显,海河平原外围区域基本无显著变化。沧州和衡水市中心弹性释水系数减小量最大,弹性释水系数最大减小量可达 0.014,整个地区弹性释水系数平均减小量为 0.0026。释水系数的变化与承压含水层弹性压缩变形量一样具有不可恢复性,若未来承压水位因补给充足得到恢复,该部分的压缩变形量可恢复。

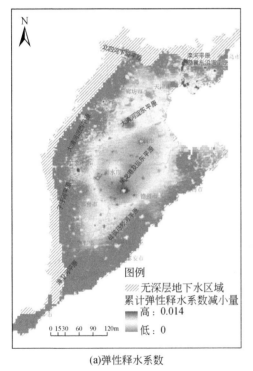 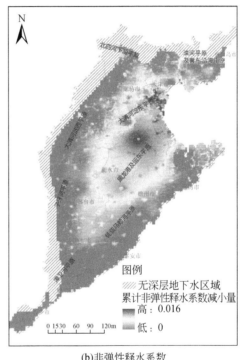

(a)弹性释水系数　　　　　　　　　　　(b)非弹性释水系数

图 15-17　压缩释水系数减小量分布

2. 非弹性释水系数

1980～2016 年弱透水层非弹性释水系数的减小量分布如图 15-17（b）所示。从空间分布来看,非弹性释水系数的减小分布与弹性释水系数有较明显的差别,沧州—天津一带的非弹性释水系数减小较剧烈,而衡水一带非弹性释水系数的变化不如弹性释水系数变化的明显。沧州市中心非弹性释水系数减小量最大,最大减小量可达 0.016,整个地区非弹性释水系数平均减小量为 0.0036。与弱透水层非弹性压缩变形量一致,非弹性释水的减小具有不可恢复性，即使未来承压水位因补给充足得到恢复，该部分释水系数的损失也不可恢复，对地下水资源的损害是永久的。

3. 释水系数变化对深层地下水给水能力的影响

释水系数是表征含水层系统给水能力的参数，释水系数的减小意味着含水层系统给水能力的降低，其中非弹性释水系数的减小不可恢复，对含水层系统造成的影响为深层地下水给水能力的永久性减小。摸清海河平原深层地下水给水能力变化的现状对研究区地下水资源管理意义重大。

以弱透水层为例，深层地下水给水能力永久性减小主要为弱透水层非弹性压缩释水能力的变化，弱透水层非弹性压缩释水量的变化可通过式（15-20）计算：

$$\Delta Q = \Delta S_{kv} \times S \times \Delta h \tag{15-20}$$

式中，ΔQ 为弱透水层压缩释水量变化（m^3）；ΔS_{kv} 为非弹性释水系数变化；S 为区域面积（m^2）；Δh 为承压水头的变化（m）。

整个地区弹性释水系数平均减小量为 0.0026，非弹性释水系数平均减小量为 0.0036，可以估算出当承压水头下降单位水头 1m 时，弹性压缩释水量减少 2.83 亿 m^3，非弹性压缩释水量减少 3.92 亿 m^3，即较开采深层地下水的初期，现阶段海河平原区平均承压水位每下降 1m，可开采的深层地下水资源量损失了 6.75 亿 m^3。更为严重的是，由于弱透水层压缩变形的不可恢复性，未来即使地下水位恢复到初始条件，3.92 亿 m^3 这部分损失量不可恢复，意味着同样水位下降条件下，深层地下水给水能力的永久性降低。

15.4　海河平原区深层地下水储量变化

在 15.2 节中，通过对典型沉降区沧州沉降中心压缩释水过程进行一维模拟，我们已经发现了承压含水层系统的弹性、非弹性压缩释水量在地面沉降过程中随承压水头的变化规律，本节我们将对整个研究区 1980～2016 年累计弹性、非弹性压缩释水量的模拟结果进行分析，并分析其对地下水储量变化的影响。

15.4.1　海河平原区累计弹性、非弹性压缩释水量

1. 1980～2016 年累计弹性压缩释水量

1980～2016 年海河平原区单位面积上累计弹性压缩释水量的分布如图 15-18（a）所示。从空间分布来看，海河中部平原区沧州—衡水—邢台一带累计弹性压缩释水量最大，

唐山市累计弹性压缩释水量也较大，北京—天津及海河平原东南边界区域累计弹性压缩释水量较小。衡水市累计弹性压缩释水量最大，单位面积累计弹性压缩释水量高达 1.08m。

2. 1980～2016 年累计非弹性压缩释水量

1980～2016 年海河平原区单位面积上累计非弹性压缩释水量的分布如图 15-18（b）所示。从空间分布来看，累计非弹性压缩释水量与弹性压缩释水量的分布有很多不同，沧州—衡水—邢台—邯郸一带累计非弹性压缩释水量较大，天津累计非弹性压缩释水量也较大，而弹性压缩释水量较大的唐山累计非弹性压缩释水量较小，同时山前地带及海河平原东南边界区域累计非弹性压缩释水量较小。衡水累计弹性压缩释水量最大，单位面积累计非弹性压缩释水量高达 1.26m。

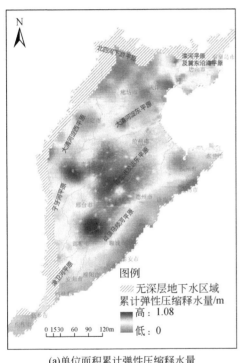

(a)单位面积累计弹性压缩释水量

(b)单位面积累计非弹性压缩释水量分布

图 15-18　海河平原累计压缩释水量空间分布

15.4.2　海河平原区地下水储量变化

深层地下水资源被分为可更新地下水资源和不可更新地下水资源，可更新地下水资源指的是含水层系统能够从降水得到补充的资源量，不可更新地下水资源则指的是得不到补给或者补给可以忽略的资源量。由于承压含水层的压缩变形为弹性可恢复，弹性压缩释水量可得到补给恢复，而弱透水层压缩变形为非弹性不可恢复，非弹性压缩释水量不能得到补给恢复，因此承压含水层的弹性压缩释水量为可更新地下水储量，弱透水层非弹性压缩释水量为不可更新地下水储量。

1980~2016 年海河平原区累计弹性压缩释水量为 412.2 亿 m^3，累计非弹性压缩释水量为 557.5 亿 m^3，共造成海河平原区深层地下水储量减少 969.7 亿 m^3。根据深层地下水资源属性，占比 42.5% 地下水储量损失量为可恢复的储量损失，而占比 57.5% 地下水储量损失量为不可恢复的储量损失。未来即使对地下水进行补给使承压水头恢复，含水层系统储存的水资源量却不能完全恢复。同时，非弹性压缩释水量也是地下水储存空间的永久性减小，显著降低含水层系统调蓄能力，影响海河流域地下水应急供水和安全保障能力。

15.5 本章小结

海河流域深层地下水持续超采及城镇扩张建设引发严重的地面沉降问题，对地下水循环产生严重影响，伴随地面沉降发生的含水层参数以及深层地下水储量变化一直是该领域研究难点。本研究基于太沙基有效应力原理和含水层系统压缩释水原理，采用数学手段构建了深层地下水含水层系统释水系数变化的非线性压缩释水模型，弥补了现有室内岩土压缩实验在实际应用的局限性。将海河平原存在深层水区域划分为 26 868 个 2km×2km 网格，对每个网格进行单独模拟计算，模拟 1980~2016 年，随着承压水头不断下降及上覆荷载不断增加，地面沉降发生后引起的深层地下水含水层参数和储量变化规律，分析对地下水资源可持续利用的影响。结果显示，整个海河平原区不可恢复的非弹性释水系数减小 0~0.015，平均为 0.0036，造成平均承压水位下降 1m 时，可开采的深层地下水量永久性减少 3.92 亿 m^3，即给水能力永久性减少；海河平原累计非弹性压缩释水量为 557.5 亿 m^3，不仅是地下水储存资源量的永久性损失，也是地下水储水能力的降低。

第四部分

海河流域水循环模拟与水资源演变预测

第16章 海河流域分布式水循环模型构建

海河流域是我国乃至全球人类活动对水循环扰动强度最大、水资源承载压力最大、水资源安全保障难度最大的地区。通过模型工具客观模拟海河流域水循环过程是深刻认识流域水资源演变过程及其对人类活动响应的重要手段。本章以京津冀及海河流域为研究区，依托团队开发的 WACM 水循环模型平台，利用研究区的 DEM、河网水系、气象、土地利用类型、土壤类型、水文地质参数等自然要素信息，以及行政区划、灌区分布、社会经济用水量、水库闸坝等社会要素信息，按照山区平原区、行政分区、子流域分区等不同属性确定空间计算单元，构建海河流域分布式水循环模型，并通过逐月水面蒸发、地表径流、地下水埋深等完成模型率定和验证，为定量化模拟分析海河水资源演变提供技术工具。

16.1 WACM 简介

WACM 是由中国水利水电科学研究院水资源研究所裴源生、赵勇领衔的研究团队历经十余年自主开发而成的一套分布式水循环与水资源配置模型系统（裴源生等，2006；赵勇，2006；赵勇等，2007a，2007b，2007c，2011，2017；翟家齐，2012；刘文琨，2014；翟家齐等，2020）。该模型系统以流域或区域强人类活动影响为重点，基于广义水资源理论对流域或区域水的分配、循环转化过程及其伴生的物质（C、N）、能量变化过程进行全过程精细化模拟仿真，可为水资源配置、自然–人工复合水循环模拟、物质循环模拟、气候变化与人类活动影响等提供模拟分析的手段。在 WACM 应用过程中，研究团队不断结合研究区实际与特殊需求，不断改进模拟技术，拓展和更新模型功能，2005 年以来相继开发出 WACM1.0、WACM2.0、WACM3.0 和 WACM4.0 四个版本，在宁夏引黄灌区、河套引黄灌区、河北石津灌区等典型灌区，海河流域、渭河流域、三江源区、淮河流域等流域尺度，以及京津冀地区、呼和浩特等区域尺度得到应用。本次研究重点介绍模型整体框架及人工控制的水循环过程模拟，其中自然水循环的基本原理及模拟计算公式可参阅相关文献。

16.1.1 模型框架

WACM 的研发一直坚持模块化构建思路，可根据研究需要来新增功能性模块。通过将水循环的自然过程及人工过程分解成相对独立的子过程，然后将每个子过程进行独立的模块化开发，模型主程序按照计算流程调用实现各模块之间的耦合交互。WACM 整体框架如图 16-1 所示。其中，自然–人工复合水循环模拟模块是 WACM 的核心，水资源分配、水环境模拟、植被生长模拟、土壤侵蚀、碳循环模拟等其他过程的模拟均是以水循环过程为基础展开的。

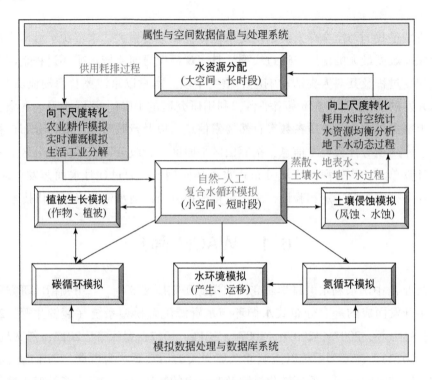

图 16-1 WACM 框架

16.1.2 时间尺度

模拟时间尺度分多个层次，如输入数据的时间尺度、模拟单元的时间尺度、模型参数的时间尺度、输出结果的时间尺度等，在同一个模型中并非要求所有层次的时间尺度完全一致，而是根据模拟研究目的、数据资料情况等综合确定。通常，以模拟单元过程的时间尺度作为主要参考指标，水循环模型多以日作为最小模拟时间步长，配置模型多以月或年作为计算时间步长。模型的时间离散概化如图 16-2 所示。

由于自然水文过程的周期性以及社会经济用水的年、月特征，在时间序列上通常采用年、月、日多层嵌套循环的方式实现多过程、全环节的模拟。例如，在多年流域水循环模

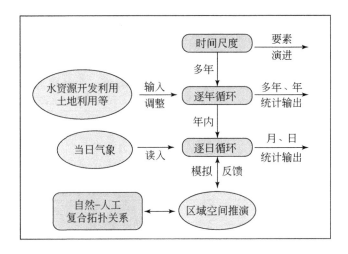

图 16-2　模型不同尺度的时间离散示意

拟中，为便于反映模型各类参数和输入数据在年际的变化，模型选择逐年循环作为第一个循环层次，这种处理方式的好处是，一方面可以将水资源配置、水资源开发利用、土地利用等在规划以及实际工程中的年际改变和调整及时地反馈到模型模拟中去；另一方面便于模型逐年数据的统计和输出，在模型率定时可方便地从宏观上把握模拟结果的合理性，根据实际应用需求添加针对不同水循环问题的代码，按需输出年统计数据。在逐年循环层次下，还需完成逐日循环层次的模拟，即通过当日气象、水资源开发利用等数据，完成每日水循环过程，然后对流域日过程进行统计、输出及传递给下一个模拟日。在水循环模拟中，日尺度模拟还需要依据流域水循环空间推演顺序，结合计算单元之间的自然–人工拓扑关系进行。

16.1.3　空间拓扑关系

模拟要素间的拓扑关系在本质上反映了水分循环的路径、通道以及运动的规律，在地表水文过程模拟中比较常见的如基于树形或数字规则的流域河道编码方法（李铁键等，2006；罗翔宇等，2006）。此类方法的优点是能够系统描述和表征自然水系特征，且便于数字化提取和运算，但对于加入大量人工水系、渠系的情况则难以处理，在表征能力方面也存在较大困难。为解决这一问题，本模型在吸收上述方法优点的基础上，建立了一种基于命令配置表的模型结构，并将自然–人工复合拓扑关系融入其中，使得流域拓扑关系不是通过单纯的数字编码体现，而是通过合理安排模型适时调用各种命令的形式来实现其对模拟计算顺序的控制。

从天然水循环过程来看，地表水流在流域尺度上的运动可概化为一个从单元到河网的过程，如图 16-3 所示。首先是由天然降水而引起的坡面产流与汇流过程，然后是水流进入河道后的河网汇流过程，与坡面产流与汇流过程相关的是各水循环计算单元，而河道汇流过程的载体是河网，因此可以将水流在流域的循环看成一个从单元到河网的汇集过程。

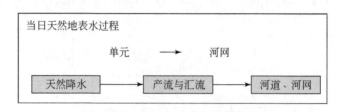

图 16-3　天然地表水运动过程概化

与天然水循环过程不同的是，自然–人工复合的水系统最大的特点是其水流路径已经不是自然的"单元–水网"汇流过程，而是在人工作用下增加了"取水—输水—用水—耗水—排水"一系列过程，并与自然水循环过程叠加，形成了"单元—水网—单元—水网"转化过程。其中，人工直接作用的部分可分为三个阶段（图 16-4）：第一个阶段是人工取水过程，可概化为水流从河网到单元的过程，即通过各类水利工程由河网引水，输送至用水单元，相当于一个由点/线到面的耗散过程；对地下水取水，实际也是一种从点或者单元到单元的过程，可概化为从井网到单元的过程。简言之，人工取水过程就是水流从水网到单元的耗散过程。第二个阶段是用水耗水过程，该过程在水循环计算单元内完成。第三个阶段是人工排水过程，人工排水过程与天然排水过程类似，且相互交织，无论是天然降水产流、灌溉排水还是生活工业污水排泄，其在排放通道上都会或多或少地受到人工渠系的影响，三者采用同一个通道也较为常见。因此，人工排水过程就是一个从单元到水网的汇合过程。

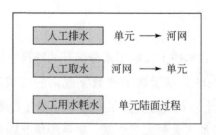

图 16-4　人工取用水过程概化

综上，可以将水资源开发利用条件下的流域水循环的空间过程概化成两个部分：一是由天然径流与人工排水共同驱动的水循环单元到水网的过程；二是由人工取水过程驱动的水网到单元的过程,如图 16-5 所示,而且形成一个时间离散意义上的锁链,即一个从单元到水网再到单元再到水网的无限循环过程。在日尺度模拟计算时,则是逐段完成循环过程的模拟计算。在进行水资源配置计算时,从逐日人工取水开始,首先根据现有资料或水资源配置模型的水量分配要求,将水量通过各类型计算推演分配到各水循环计算单元,然后开始进行水循环单元的陆面过程模拟,最后完成水循环单元在天然降水和人工用水条件下的流域排水过程,即一个从"水网—单元—水网"的模型模拟空间概化思路。

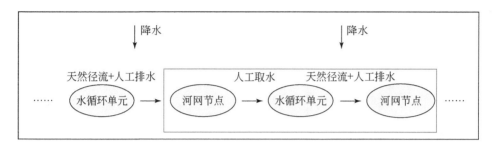

图 16-5 自然–人工复合水循环概化示意

16.1.4 人工影响的水循环关键过程模拟

1. 农田引–灌–排水过程模拟

1) 引水过程

农田灌溉引水根据水源及引水方式分为三种:地表渠系引水、井灌区提水和井渠混合引水。

地表渠系引水。地表渠系引水过程首先根据灌区渠系分布确定各级渠系及其引水节点,自干渠引水口向分干渠、支渠、斗渠、农渠等逐级向下分配,直至各个引水灌溉单元,其过程如图 16-6 所示。渠系引水过程计算按照水量平衡法逐级渠段进行计算,下面以一个干、支、斗、农四级渠系系统为例进行具体介绍。

在上述所示四级引水渠系中,任意一级渠段的水量平衡项包括从上一级渠段引入水量、向下一级渠系流出水量、蒸发损耗量、渗漏损耗量及其他引水项等(图 16-7),根据水量平衡原理,任意渠段 k 的水量平衡方程如下:

$$\Delta W_k = Q_{\text{in}_{k+1}} + P_k - \text{ET}_k - Q_{g_k} - Q_{\text{use}_k} - Q_{L_k} - Q_{\text{out}_{k-1}} \tag{16-1}$$

式中,ΔW_k 为 k 级渠系在计算时段内的渠道水分蓄变量(m^3);$Q_{\text{in}_{k+1}}$ 为本模拟计算时段从 $k+1$ 级渠系引入的水量(m^3);P_k、ET_k、Q_{g_k} 分别为本时段的降水量、蒸发量和渠道渗漏量（m³）；Q_{use_k}为本时段用水户直接从k级渠系取水量（m³）；Q_{L_k}通过k级渠系直接补给河湖湿地的水量（m³）；$Q_{out_{k-1}}$为本时段k级渠系向$k-1$级渠系的输水量（m³）。

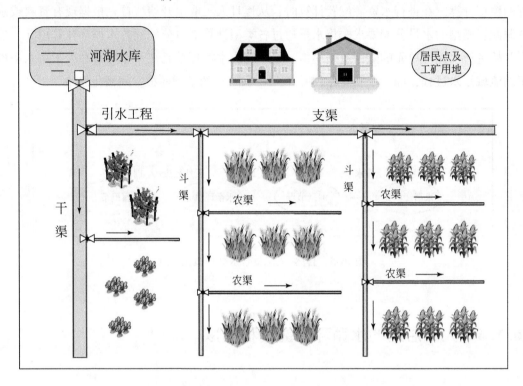

图 16-6 地表渠系引水过程示意

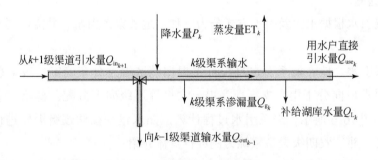

图 16-7 地表输水渠系水平衡项

井灌区提水。在地下抽水井灌区，采用从井点到灌溉单元的方式，在实际应用中根据数据资料情况可选择两种方法来处理抽水井点：一种是将井灌区的所有抽水井点或井群，结合水文地质条件，进行打包概化，集中到数量有限的几口集中开采井节点上，并保持地下水开采总量一致；另一种是根据实际开采井地理位置、抽水特征参数及开采量监测信息进行展布，适用于监测资料翔实的区域。

确定井的信息后，然后根据模拟计算单元的空间和时间尺度对地下水抽水信息进行空间和时间的展布，从而确定每个计算单元在计算时段内的开采量信息。本研究中采用克里金插值方法，获取各计算单元的实时地下水开采量，必要时可详细区分潜水或承压水。克里金插值法是一种被广泛应用的统计格网化方法，在地下水埋深的分布中经常用到，其优点是能够首先考虑插值要素在空间位置上的变异分布信息，确定对水循环单元本时段井灌水量有影响的距离范围，然后用此范围内的灌溉井（群）来估计水循环单元的灌水量，此方法在数学上对井灌水量提供了一种最佳线性无偏估计的方法，能在水循环单元资料有限的前提下，最大程度地减少估计值与实际各单元水量在分配上的误差，如图 16-8 所示。

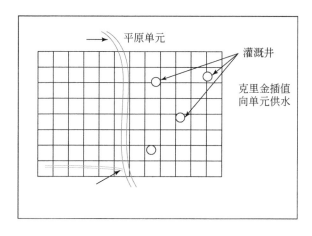

图 16-8　井灌区提水过程及分配计算示意

井渠混合引水。在地表渠系引水与地下水开采混合灌溉农田，若无特殊要求，则按照先使用地表水后使用地下水的顺序进行灌溉，具体过程计算可参考地表渠灌与地下水开采灌溉农田的计算方法，需要注意灌水量的分配与渠系输水损失计算。

2）灌溉过程

农田灌溉过程受气象条件、作物生长需水状态、土壤墒情、可供灌溉水量、灌溉制度等多种因素的综合影响。当日灌溉水量模拟计算的关键问题是确定单元每一种作物的当日灌溉需水量和当日可供灌溉水量。其中，当日灌溉需水量计算需要确定作物类型，当前所处的生育阶段、轮作情况、灌溉轮次及日数、灌溉制度或计算需水量等；当日可供灌溉水量计算则需要根据水源类型（当地地表水、当地地下水、外调水、再生水等）、可供水量、输水距离等。动态灌溉过程的模拟实现简单地说就是所有计算单元在每个计算时段的适配问题，这里面由于轮作与生育期差异，作物种类是动态变化的；由于气象、土壤墒情、地下水埋深的动态变化，需水量过程也是动态变化的；由于不同单元对同一水源的竞争性、灌溉条件的更替演化，可供水量也是实时动态变化的。

为实现上述动态过程的模拟，在灌溉需水量计算层面，模型详细考虑了作物轮作以及复种对农田作物灌溉的影响。总体模拟思路是将作物分为可轮作类与不可轮作类，可轮作类按照其编号信息及一定的规则进行实时土地计算类型的轮换计算，包括土壤含水量的交接、作物各类参数交接（如叶面积指数等）、灌溉制度交接等。作物高度、叶面积指数、根深等各类作物参数可由植物生长模块提供。

在可供灌溉水量计算层面，还需要在数据层面考虑尺度转换问题，这是由于实践应用中往往无法获取精细的日取水过程资料及空间分布信息，通常为月尺度或旬尺度，空间上到干渠或分干渠层面，因此在模型构建上考虑构建一个"虚拟水库"，通过水库的储水、放水过程，将"虚拟水库"中的水量作为可灌水量的上限，结合灌溉保证率，利用水量调配利用系数控制每日的可灌水量。对于有多个供给水源的情况，若无特殊要求，则按照外调水、当地地表水、浅层地下水、深层地下水的次序依次供给，直至满足灌溉需求；若水源全部用完还不能满足灌溉需求，则对不满足单元进行标记，在下一日灌溉时优先灌溉这些单元；若此灌溉轮次结束，还是不能满足灌溉需要，说明灌溉水源短缺严重，则以实际已供灌溉水量作为其实际灌溉水量。农田动态灌溉过程计算示意如图16-9所示。

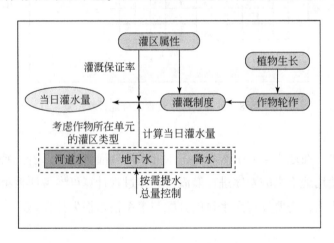

图16-9　农田动态灌水过程计算流程

3）排水过程

排水过程是灌区水流汇集的过程，类似于流域汇流过程，不同的是灌区排水主要依赖人工修建的排水沟及抽水泵站来实现水流汇集并排出灌区（图16-10）。大型灌区的排水过程对流域或区域的产汇流过程具有显著的影响，因而如何将灌区多级排水沟汇流过程进行从物理到数学过程的概化是模拟的关键。在地下水埋深较浅的灌区，灌溉渗漏补给地下再以地下水自然排泄是排水沟水流汇集的重要途径，对此类情况需要根据模拟的农沟、斗沟、支沟等各级排水沟底部高程与地下水埋深进行比较，以此判别地下水与排水沟之间的补排关系，再根据达西定律及河道汇流方程逐级演算汇流过程。在构建模型时，通常在每个灌区子流域内均设置一条唯一的排水干沟，该子流域内属于灌区的单元格按照一定的方式坡面汇流到排水干沟，再通过排水干沟汇到子流域的主河道，而子流域内不属于灌区的单元格，按照天然的方式直接汇到子流域的主河道。这样在主河道的模拟上需要增加一个排水节点，模拟该断面的水量过程。

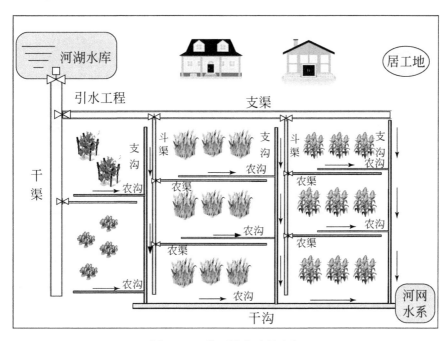

图 16-10　灌区排水过程示意

为合理简化运算过程，提高运算效率，模型将排水干沟的水量演算过程按照一维运动波方法计算（具体方法同河道汇流），其他低级别的排水沟（支沟、斗沟、田间排水毛沟等）则按照水量平衡方程进行计算。

排水系统水量平衡计算关系为

$$Q_{P+1} = Q_P + P + Q_{ZP} + Q_{PH} + Q_P + Q_{TP} - E_W \tag{16-2}$$

式中，Q_{P+1} 为进入本时段末的干沟水量；Q_P 为本时段初进入该沟段的干沟水量；Q_{ZP} 为本时段支沟汇入水量；P 为本时段排水干沟上降水量；E_W 为本时段水面蒸发量；Q_{PH} 为本时段地下水排水量（当地下水位高于排水沟水位时，为正值，否则，排水沟反向补给地下水，为负值）；Q_P 为引水渠道直接退入水量；Q_{TP} 为本时段田间地表水排水量。

排出地下水是排水沟的重要作用之一，能有效防止农田渍害等对农作物的影响。排水沟的径流水深和农田地下水位的关系直接决定了地下水的排泄量。在径流深的计算上，模型采用明渠均匀流的谢才公式：

$$d = \beta Q^v \tag{16-3}$$

式中，d 为径流深度；β 为径流系数；Q 为净流量；v 为径流指数。

由式（16-3）与地下水排水的经验公式可得地下水的排泄流量，如式（16-4）所示：

$$Q_{PH} = T(H_g - D + d) \tag{16-4}$$

式中，Q_{PH} 为本时段地下水排水量；H_g 为计算单元内的地下水埋深；D 为计算单元内排水沟的底部深度；d 为径流深度；T 为计算单元内地下水向排水沟的排水系数。

2. 城镇工业与生活耗用水过程模拟

在微观层面，城镇工业与生活用水系统及过程十分细致和复杂，本研究从流域/区域层面对其主要过程进行简化，将土地利用中居工地面积作为其空间分布载体，将工业生活的取水、用水、耗水及排水概化为单元节点，并与河湖、地下水过程建立取水、排水时空联系，建立和计算工业取、用、耗、排通量，如图16-11所示。

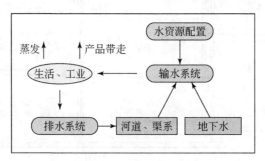

图 16-11　工业生活用水计算概化

其中，取水量根据社会经济用水数据输入或根据水资源配置模块获取。耗水量和排放量按照式（16-5）和式（16-6）计算。

耗水量：

$$Q_D = \sum_{i=1}^{2} \lambda_i \cdot Q_{oi} \tag{16-5}$$

式中，Q_D 为农村与城镇工业、生活耗水量；数字 1、2 分别表示工业、生活；λ_i 为工业、生活的耗水率；Q_{oi} 为农村与城镇工业、生活用水量。

排放量：

$$Q_W = \sum_{i=1}^{2} (1 - \lambda_i) \cdot Q_{oi} \tag{16-6}$$

式中，Q_W 为废污水排放量。

3. 水利工程人工调蓄过程模拟

本模型模拟水利工程调蓄的思路是将各类水利工程概化为流域计算河网上的节点，按照一定的调蓄规则和要求，结合上游来水与取水过程来计算节点水库的水量动态变化。由于模型对于计算河网的设置是动态的，这些水利工程的节点可以位于子流域唯一主河道的任意位置，但考虑模型计算速度需求，设置单条主河道上最大节点不超过十个。这样各类水利工程相当于将子流域主河道分成了更多小段，通过计算节点水流的入流项、出流项以及原有主河道的上游来水信息采用运动波方程进行分析演算，如图 16-12 所示。

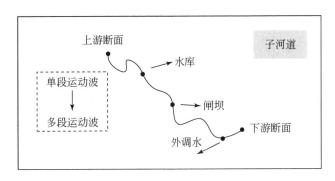

图 16-12　水利工程节点概化示意

由于所有水库的实时调度资料很难全部掌握，本模型对模拟期内的中小水库按照一般调度规则进行节点流量演算，对有资料的大型水库按照调度过程进行模拟计算。闸坝的调度过程，如一些河道节制闸，其运行具有较大的人为干预性，一般依照可查询资料进行模拟演算，若无资料则按照阈值排水量进行开闸放水，并通过水文站径流观测资料进行校验。对可能出现的跨流域调水情况，模型设计原则是：调水工程若为流域内调水则应在河网增加一个调水节点和一个被调水节点，若为流域外调水则根据工程是调出还是调入决定在河网上增加一个调水节点或一个被调水节点，通过调水工程的规划设计或实际调水过程来进行调水工程节点的河道演算。

根据水库防洪、供水的需要（暂不考虑发电需水），将模拟时段分成汛期、汛期末和非汛期三类。对模拟期内的水库调度规则进行适度的简化，简化后的水库汛期、汛期末、非汛期的一般调度规则方程如下所示。

1）汛期

$$\begin{cases} Q_{\text{out}} = 0, & V_{\text{store}} \leq V_{\text{dead}} \\ Q_{\text{out}} = f_{X1}(Q), & V_{\text{dead}} < V_{\text{store}} \leq V_{\text{Lowflood}} \\ Q_{\text{out}} = f_{X2}(Q), & V_{\text{Lowflood}} < V_{\text{store}} \leq V_{\text{normal}} \\ Q_{\text{out}} = f_{X3}(Q), & V_{\text{normal}} < V_{\text{store}} < V_{\text{Highflood}} \\ Q_{\text{out}} = Q_{\text{max}}, & V_{\text{store}} \geq V_{\text{Highflood}} \end{cases} \qquad (16\text{-}7)$$

式中，Q_{out} 为本时段水库出流流量（m^3/s）；V_{dead} 为水库的死库容（m^3）；V_{store} 为当本时段

末水库的蓄水量（m^3）；V_{normal} 为水库的库容（m^3）；$V_{Lowflood}$ 为水库汛限的库容（m^3）；$V_{Highflood}$ 为水库的防洪库容（m^3）；Q_{max} 为水库的最大下泄能力（m^3/s）；$f_{X1}(Q)$、$f_{X2}(Q)$ 与 $f_{X3}(Q)$ 分别为汛期各种条件下（由后缀不等式控制）水库调度流量的下泄过程（m^3/s）。

2）汛期末

$$\begin{cases} Q_{out}=0, & V_{store} \leqslant V_{dead} \\ Q_{out}=f_{XE1}(Q), & V_{dead}<V_{store} \leqslant V_{Lowflood} \\ Q_{out}=f_{XE2}(Q), & V_{normal}<V_{store}<V_{Highflood} \\ Q_{out}=Q_{max}, & V_{store} \geqslant V_{Highflood} \end{cases} \tag{16-8}$$

式中，$f_{XE1}(Q)$ 与 $f_{XE2}(Q)$ 分别为汛期末各种条件下（由后缀不等式控制）水库调度流量的下泄过程（m^3/s）。

3）非汛期

$$\begin{cases} Q_{out}=0, & V_{store} \leqslant V_{dead} \\ Q_{out}=f_{NX}(Q), & V_{dead}<V_{store}<V_{Highflood} \\ Q_{out}=Q_{max}, & V_{store} \geqslant V_{Highflood} \end{cases} \tag{16-9}$$

式中，$f_{NX}(Q)$ 为非汛期各种条件下（由后缀不等式控制）水库调度流量的下泄过程（m^3/s）。

16.2 模型输入数据及前期处理

本次研究区域为海河流域及京津冀地区，构建研究区 WACM 所需要的基础数据，包括研究区的 DEM 信息、土地利用类型及其分布信息、土壤空间分布及土壤属性数据库信息、气象站点的空间分布及实测日气象资料、流域控制站点的流量资料、地下水监测资料、灌区引排水监测资料、社会经济用水统计资料等，见表 16-1。

表 16-1 WACM 主要输入数据信息

数据项	数据内容	备注
空间数据	DEM	2009 年
	土地利用图	2001 年/2005 年/2010 年/2016 年
	植被覆盖图	2001 年/2005 年/2010 年/2016 年
	河网水系图	—
	土壤分布图	2000 年
水文地质数据	地下水井站分布、水文地质参数	2001 年以来，逐月
气象数据	降水、温度、净辐射	2001 年以来，逐日

续表

数据项	数据内容	备注
水文数据	主要水文控制站点的流量过程信息	2001年以来，逐月
社会经济数据	农业、工业、生活和生态用水量等信息	逐年

16.2.1 DEM 信息

研究采用的 DEM 数据是来自美国国家航空航天局（National Aeronautics and Space Administration，NASA）于2009年发布的全球数据，数据采样的精度为30m，海拔精度为7～14m。利用 ArcGIS 软件中投影变换、重分类以及边界裁切等处理得到研究区 DEM 信息，如图16-13所示。

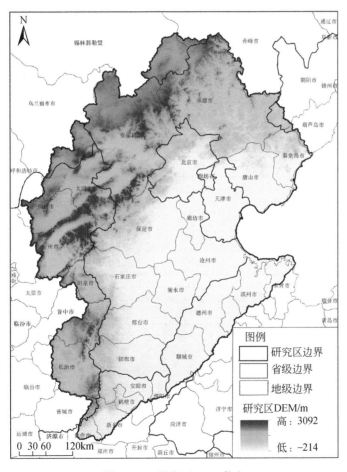

图 16-13　研究区 DEM 信息

16.2.2　土地利用信息

土地利用信息采用中国科学院发布的土地利用空间分布数据，分辨率1km。按照6类一级土地利用类型对研究区的土地利用分布进行统计分析，结果见表16-2及图16-14。根据统计结果，耕地面积最大，近年来有所减少，面积占比维持在51.2%~52.2%；其次为草地，面积占比维持在18.9%~19.1%；林地基本保持不变，面积占比约为18.6%；受区内城镇化快速发展驱动，居民点及工矿用地简称（居工地）面积增加显著，面积占比从2001年的6.5%增加至2016年的7.9%；水域、未利用地整体上变化不大，面积占比分别维持在2.2%左右、1.2%左右。

表 16-2　不同时期研究区土地利用类型及面积统计

土地类型		2001 年	2006 年	2011 年	2016 年
耕地	面积/万 km²	17.52	17.37	17.27	17.20
	占比/%	52.2	51.8	51.5	51.2
林地	面积/万 km²	6.24	6.24	6.25	6.24
	占比/%	18.6	18.6	18.6	18.6
草地	面积/万 km²	6.42	6.38	6.39	6.35
	占比/%	19.1	19.0	19.0	18.9
居工地	面积/万 km²	2.17	2.40	2.51	2.64
	占比/%	6.5	7.1	7.5	7.9
水域	面积/万 km²	0.76	0.75	0.74	0.74
	占比/%	2.3	2.2	2.2	2.2
未利用地	面积/万 km²	0.45	0.42	0.40	0.39
	占比/%	1.3	1.3	1.2	1.2

16.2.3　土壤分布信息

土壤空间分布数据采用中国科学院南京土壤研究所公布的中国土壤资源库。根据统计，研究区主要土壤类型为潮土（28.1%）、褐土（21.3%）、棕壤土（6.9%）、栗褐土（4.8%）、栗钙土（4.7%）、黄绵土（4.0%）和粗骨土（2.8%），空间分布如图16-15所示。

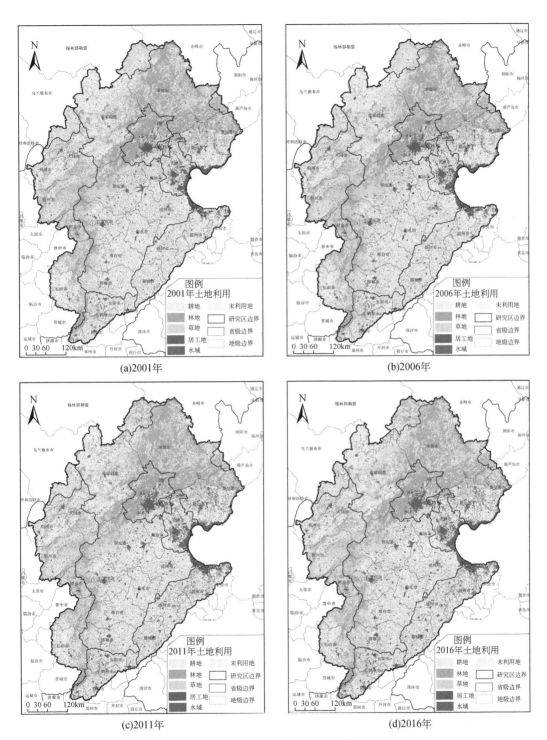

(a)2001年   (b)2006年

(c)2011年   (d)2016年

图 16-14 研究区土地利用分布信息

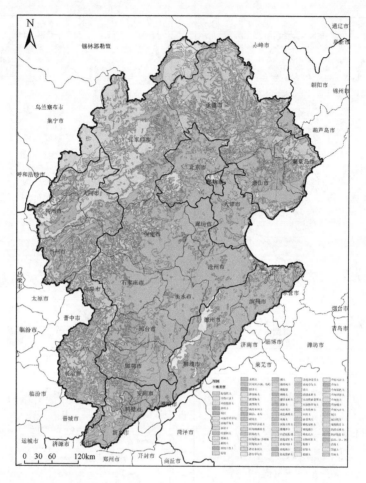

图 16-15　研究区土壤类型空间分布信息

16.2.4　水文地质参数

1）地下水观测井

地下水观测数据采用研究区内 333 眼潜水井、149 眼承压水井的历史地下水位观测数据，并将其作为地下水位分布的基础信息，观测井空间分布如图 16-16 所示。

2）地下水初始水位

以 2001 年 1 月地下水流场作为模拟计算的初始流场。根据潜水、承压水的初始水位等值线图及其地下水流场可以看出（图 16-17），浅层地下水自西部、西南向东北流动，地下水漏斗区集中在保定、廊坊、沧州；承压水的流场则出现显著差异，地下水呈现自两

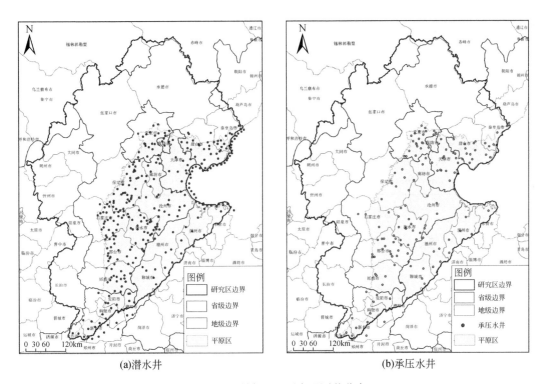

(a)潜水井 　　　　　　　　　　　　(b)承压水井

图 16-16　研究区地下水观测井分布

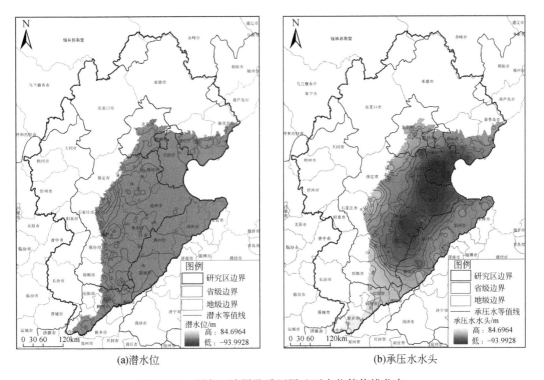

(a)潜水位 　　　　　　　　　　　　(b)承压水水头

图 16-17　研究区浅层及承压层地下水位等值线分布

侧向中间漏斗区汇集的趋势,地下水漏斗分布于平原中部的衡水、沧州等地,漏斗中心区最大埋深超过100m,地下水超采十分严重。

3) 水文地质参数分布

给水度、渗透系数是地下水模拟计算的关键水文地质参数。结合海河流域水文地质调查成果,根据水文地质分布特点对浅层地下水和深层承压水关键参数进行分区,研究区潜水含水层划分为29个水文地质分区,承压含水层划分为6个水文地质分区,按照分区确定其渗透系数、给水度等参数取值,参数空间分布见图16-18及表16-3、表16-4。

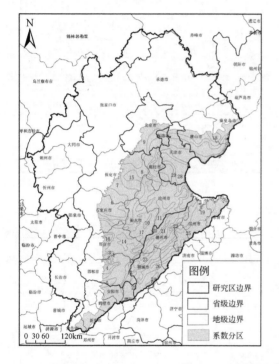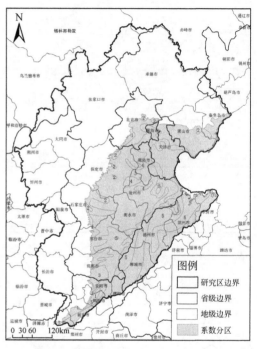

图 16-18 研究区水文地质参数分区

表 16-3 研究区潜水含水层参数分区

分区	渗透系数/(m/d)	给水度	导水能力/(m²/d)
1	37	0.103	300～500
2	89	0.118	1000～2000
3	56	0.118	500～1000
4	23	0.118	<300
5	88	0.105	1000～2000
6	200	0.132	>5000
7	160	0.124	3000～5000

续表

分区	渗透系数/(m/d)	给水度	导水能力/(m²/d)
8	100	0.105	2000～3000
9	130	0.124	3000～5000
10	80	0.083	1000～2000
11	75	0.083	1000～2000
12	35	0.054	300～500
13	30	0.054	300～500
14	28	0.054	300～500
15	90	0.083	1000～2000
16	20	0.118	<300
17	70	0.063	500～1000
18	230	0.132	>5000
19	40	0.043	300～500
20	33	0.054	300～500
21	70	0.076	1000～2000
22	92	0.076	1000～2000
23	85	0.076	1000～2000
24	76	0.083	1000～2000
25	60	0.054	500～1000
26	88	0.076	1000～2000
27	42	0.054	300～500
28	35	0.043	<300
29	40	0.043	300～500

表 16-4　研究区承压含水层参数分区

分区	渗透系数/(m/d)	储水系数	导水能力/(m²/d)
1	25	0.000 94	100
2	120	0.000 94	2 500
3	80	0.000 25	1 800
4	60	0.001 8	1 200
5	35	0.001 4	600
6	20	0.001 6	300

16.2.5 河网水系信息

海河流域是渤海湾西部主要河流水系的集合，包括海河、滦河和徒骇马颊河三个自然河流水系，以及一批小的、人工改造形成的河道或排水沟道，如海河北系的蓟运河、潮白新河，海河南系的子牙新河、北排河、南排河等。

本次模型所需研究区河网水系包括自然水系和主要人工河网水系。首先，通过 DEM 数据进行计算提取，识别建立河道的长度、流向、河道纵比降及不同河道之间的拓扑关系；其次，通过已知的主干河网地图，进行河网数字化，利用数字化的河网对前一步提取的河网水系数据信息进行校正，确定最终的河网水系及河道数据信息。按照上述步骤，提取建立了研究区的五级河网水系，确定了936条主要河流（图16-19），并作为模型子流域单元划分的基本依据。

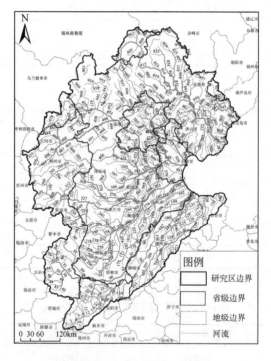

图16-19 研究区河网水系分布

16.2.6 气象观测数据

气象观测数据是驱动模型的关键基础数据之一。本研究采用的气象数据资料来源于中国气象局公开的国家站点长系列观测数据以及收集的地方气象站点数据资料，共有气象站点 289 个，气象站点分布情况如图 16-20 所示。气象要素包括降水、最高气温、最低气温、平均气温、日照时数、相对湿度、地表风速等，时间序列为 2001～2016 年日尺度信息，气象信息空间展布采用泰森多边形方法。

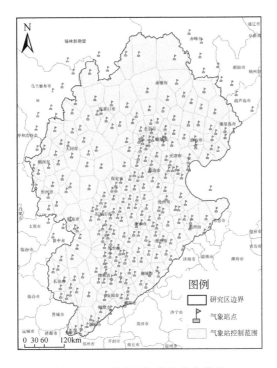

图 16-20　研究区气象站分布信息

16.2.7　行政区域信息

研究区范围涉及北京、天津、河北、山东、河南、山西、内蒙古、辽宁共 8 个省（自治区、直辖市），涵盖 36 个地市、323 个区县。考虑到山区与平原区在用水结构、种植结构等方面的差异，同时便于与子流域单元相结合，将涉及山区和平原区的区县单元进行分割，共得到 381 个分区单元，作为社会经济等人类活动信息的计算口径之一，详见图 16-21。

16.2.8　主要灌区信息

海河平原区作为我国重要的粮食生产基地，分布着众多的农业灌区。据统计，研究区内共有大中型灌区 101 个（图 16-22），如河北石津灌区、山东位山灌区、河北滦河下游

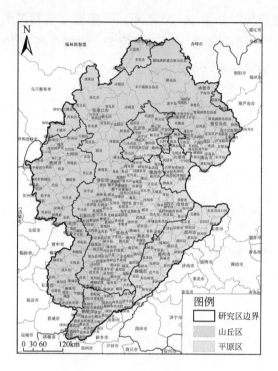

图 16-21　研究区县级行政单元区划

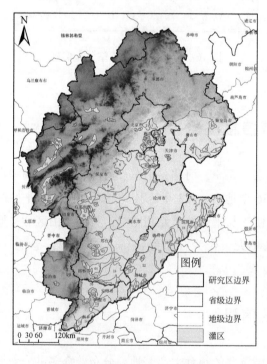

图 16-22　研究区灌区分布情况

灌区等，主要分布在海河平原及山区的盆地中，根据水源及引水类型可分为渠灌区、井灌区和井渠结合灌区。

16.2.9 社会经济用水信息

根据研究区省级及地市水资源公报、统计年鉴等数据资料，整理得到 2001～2016 年海河流域供用水量，详见表 16-5。2001～2016 年，研究区多年平均供用水量为 376.41 亿 m³，整体呈逐年递减的趋势，其中 2002 年供用水量最大，达到 399.8 亿 m³，2016 年供用水量最小，为 363.1 亿 m³。

表 16-5　2001～2016 年海河流域供用水量　　　　（单位：亿 m³）

年份	供水量					用水量				
	地表水	地下水	其他水源	跨流域调水	合计	农业	工业	生活	生态	合计
2001	84.2	267.9	1.3	38.6	392.0	278.0	62.3	51.7	0	392.0
2002	81.6	270.1	1.7	46.4	399.8	286.5	61.8	51.5	0	399.8
2003	77.5	261.4	2.0	36.1	377.0	261.9	59.7	53.5	1.9	377.0
2004	76.2	247.0	2.5	42.3	368.0	256.1	56.6	52.5	2.8	368.0
2005	86.1	252.9	4.2	37.3	380.5	263.8	56.7	55.5	4.5	380.5
2006	87.9	251.8	6.9	46.3	392.9	274.8	56.8	56.6	4.7	392.9
2007	85.8	250.1	5.8	42.8	384.5	269.4	52.1	56.3	6.7	384.5
2008	79.9	240.5	9.7	43.3	373.4	255.8	51.3	57.1	9.2	373.4
2009	82.3	235.8	8.6	43.3	370.0	253.3	49.2	57.8	9.7	370.0
2010	76.6	236.9	10.3	46.1	369.9	247.6	51.7	59.0	11.6	369.9
2011	83.4	234.7	12.0	39.5	369.6	239.1	55.1	62.7	12.7	369.6
2012	86.1	231.8	13.7	40.3	371.9	239.4	55.2	617.1	14.2	371.9
2013	89.7	224.6	16.4	40.2	370.9	236.2	55.5	64.2	15.0	370.9
2014	90.7	219.7	17.8	42.3	370.5	233.4	54.0	65.5	17.6	370.5
2015	85.5	208.1	19.1	55.8	368.5	230.4	49.3	66.8	22.0	368.5
2016	82.6	195.0	21.5	64.0	363.1	220.2	48.0	68.9	26.0	363.1

在供水量方面，地下水年均供水量为 239.3 亿 m³，占比 63.57%；地表水年均供水量为 83.5 亿 m³，占比 22.18%；跨流域调水年均供水量 44 亿 m³，占比 11.70%；其他水源年均供水量为 9.6 亿 m³，占比 2.55%，详见图 16-23。其中，地下水供水量逐年递减，2016 年较 2001 年减少了 72.9 亿 m³，跨流域调水及其他水源逐年递增，2016 年较 2001 年分别增加了 25.4 亿 m³、20.2 亿 m³，地表水供水量整体略有增加。

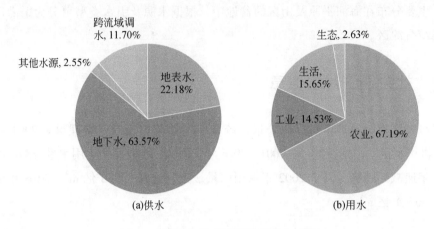

图 16-23　研究区多年平均供用水结构

在用水量方面，农业年均用水量 252.9 亿 m³，占比 67.19%；工业年均用水量54.7 亿 m³，占比 14.53%；生活年均用水量 58.9 亿 m³，占比 15.65%；生态年均用水量 9.9 亿 m³，占比 2.63%，详见图 16-23。其中，农业、工业用水量逐年递减，2016 年较 2001 年分别减少了 57.8 亿 m³、14.3 亿 m³，生活、生态用水量逐年递增，2016 年较 2001 年分别增加了 17.2 亿 m³、26.0 亿 m³。

16.3　计算单元离散

16.3.1　山区与平原区单元

根据 DEM 数据并结合区域地形特征，将研究区划分为平原区和山区两大类型，其中平原区面积 13.09 万 km²，山区面积 20.47 万 km²。在水循环模拟中，主要是对地下水运动过程模拟部分，按照平原区、山区分类采用不同的方法进行模拟计算。

16.3.2　子流域单元

子流域单元是自然水循环要素及变化过程的空间载体，反映了水分在空间上的基本分布规律。基于 DEM 数据和河网水系分布，按照设定的集水面积阈值识别确定子流域的边界，同时建立子流域单元与河道之间的一一对应关系。按照上述方法，研究区划分为 963 个子流域单元（图 6-24），构建子流域单元与水资源二级、三级等各级分区之间的空间拓扑关系，建立子流域单元的面积、坡度、坡向等基本参数信息库。

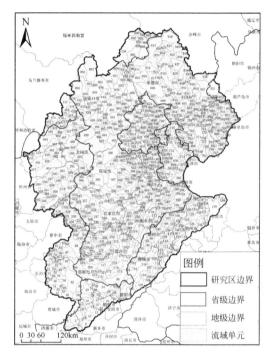

图 16-24　研究区子流域单元

16.3.3　计算网格单元

地下水数值计算通常采用规则网格单元，因此本研究根据地下水模拟计算需要对研究区进行规则单元网格离散，单元空间尺度为 2km×2km。经边界修正核准，将研究区共划分为 83 923 个（图 16-25），其中平原区网格单元 32 693 个，山区网格单元 51 230 个。

此网格单元是模拟计算的关键空间单元，是构建单元属性数据库的空间依据，在模型拓扑关系构建中具有两方面重要作用。一是向上兼容其他属性的空间单元，建立不同属性功能之间的对应关系，如前面提到的山区与平原区单元、子流域单元、行政区单元、灌区单元等，可以明确单元的地理、行政、河流、渠道、土壤、水文地质参数等多维属性；二是向下进一步细分单元内下垫面类型、作物分布等情况，本研究考虑了林地、草地、耕地、居工地、水域、未利用地六大类下垫面，在此基础上对耕地进一步细分为引水渠道、农田、排水渠道，其中农田作物则考虑了小麦、玉米、大豆、薯类、稻谷、油料、棉花、谷子、蔬菜、药材、瓜果、花卉、高粱、甜菜、烟叶、麻类、饲料共 17 种作物，作为农田水循环过程模拟的基础要素信息。

图 16-25 研究区计算网格单元

16.4 模型率定与验证

16.4.1 评判标准

模型结构及参数确定后，需要利用历史数据资料对模型进行参数校准和验证。一般选用相对误差 R_e、相关系数 R^2 以及纳什效率系数 NSE 三项指标来对模型的模拟精度进行评判。相对误差 R_e 计算公式为

$$R_e = \frac{Q_{\text{sim},i} - Q_{\text{obs},i}}{Q_{\text{obs},i}} \times 100\% \tag{16-10}$$

式中，R_e 为相对误差；$Q_{\text{sim},i}$ 为模拟值；$Q_{\text{obs},i}$ 为实际观测值。$R_e > 0$ 时，表明模拟值较大；$R_e < 0$ 时，表明模拟值较小；$R_e = 0$ 时，表明模拟值实际观测值相等。

相关系数 R^2 体现了模型模拟值与实际观测值的相关程度，R^2 越靠近 1 表明相关性越好，R^2 越靠近 0 表明相关性越差。R^2 计算公式为

$$R^2 = \frac{\left[\sum\limits_{i=1}^{n}(Q_{\mathrm{sim},i} - \overline{Q}_{\mathrm{sim}})(Q_{\mathrm{obs},i} - \overline{Q}_{\mathrm{obs}})\right]^2}{\sum\limits_{i=1}^{n}(Q_{\mathrm{sim},i} - \overline{Q}_{\mathrm{sim}})^2 \sum\limits_{i=1}^{n}(Q_{\mathrm{obs},i} - \overline{Q}_{\mathrm{obs}})^2} \qquad (16\text{-}11)$$

式中，$\overline{Q}_{\mathrm{sim}}$ 表示模型模拟值；$\overline{Q}_{\mathrm{obs}}$ 表示实际观测值；n 表示次数。

纳什效率系数与相关系数类似，值越靠近 1 表明模拟结果越好，越靠近 0 表明模拟结果越差，其计算公式为

$$\mathrm{ENS} = 1 - \frac{\sum\limits_{i=1}^{n}(Q_{\mathrm{obs},i} - \overline{Q}_{\mathrm{sim},i})^2}{\sum\limits_{i=1}^{n}(Q_{\mathrm{obs},i} - \overline{Q}_{\mathrm{obs}})^2} \qquad (16\text{-}12)$$

通过实测数据资料对模型参数进行率定验证是利用模型研究水循环过程的关键必备环节。结合研究区实测资料情况，对水循环过程中的蒸发、径流和地下水过程进行参数率定验证，率定期为 2001 ~ 2010 年，验证期为 2011 ~ 2016 年。其中，水面蒸发采用研究区40 个国家气象站点监测数据进行验证；在地下水埋深方面，空间上的地下水埋深等值线图与基于实测资料绘制的地下水埋深等值线图进行对比，在点尺度的埋深变化过程则与潜水观测井数据进行对比；在径流过程方面，主要选取山区 10 个代表性水文站 2001 ~ 2016 年逐月径流过程进行模型参数率定和验证。

16.4.2 水面蒸发过程验证

水面蒸发验证通过国家气象站点的观测水面蒸发数据与模型模拟计算结果对比分析进行评判，部分验证结果如图 16-26 所示。其中，纳什效率系数在 0.60 ~ 0.86，相关系数在 0.82 ~ 0.93，最大相对误差为 6.75%，绝大多数站点的纳什效率系数在 0.7 以上，相关系数在 0.6 以上，相对误差在 5% 以内，模拟结果满足精度要求。

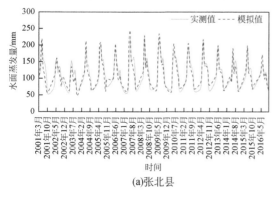

(a)张北县

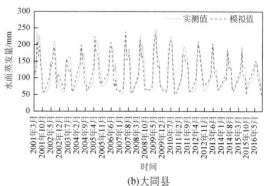

(b)大同县

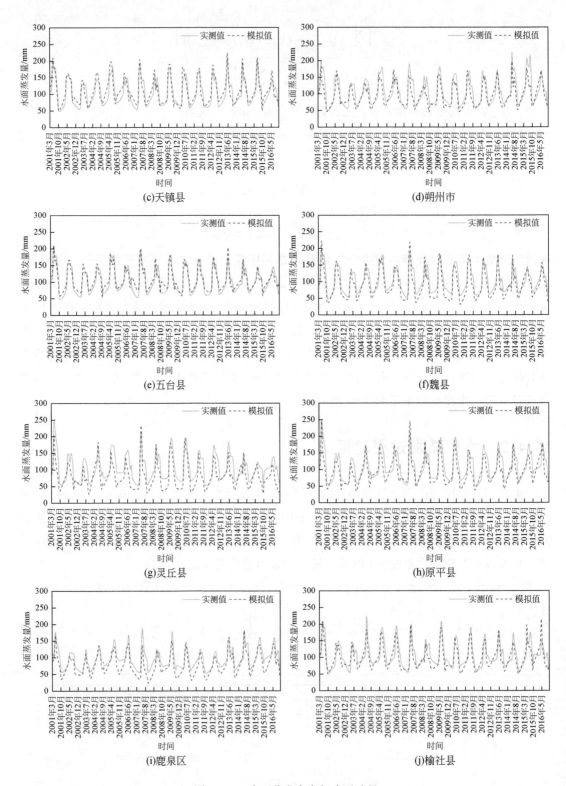

图 16-26　水面蒸发率定与验证过程

16.4.3 地表径流过程验证

由于平原区河道受断流、人工取水、补水等影响太大，地表径流过程验证重点选取山区主要河流关键水文站，采用逐月实测径流数据进行对比验证，包括王快水库、观台、侯壁、黄鹤庄水库、滦县、密云水库、南庄、三道河子、石匣里、元村集共 10 个水文站，水文站点基本信息及验证关键指标见表 16-6 和图 16-27。结果表明，模拟值与实测值的相关系数介于 0.71 ~ 0.89，纳什效率系数介于 0.77 ~ 0.88，平均相对误差在 ±5% 以内，仅元村集误差较大，达到 −17.10%，总体看，模拟结果满足精度要求。

表 16-6 水文站点基本信息

监测点位置	所在流域	流域面积/km²	相关系数	纳什效率系数	平均相对误差/%
王快水库	沙河	3 770	0.83	0.8	−2.88
观台	漳河	17 553	0.73	0.82	−2.68
侯壁	浊漳河	11 020	0.77	0.79	−3.03
黄鹤庄水库	滹沱河	23 272	0.8	0.83	−2.24
滦县	滦河	44 100	0.71	0.78	0.20
密云水库	潮白河	15 788	0.73	0.88	0.47
南庄	滹沱河	11 936	0.83	0.87	−1.25
三道河子	滦河	12 355	0.78	0.78	−2.18
石匣里	滦河	23 506	0.89	0.88	−1.97
元村集	卫河	14 286	0.75	0.77	−17.10

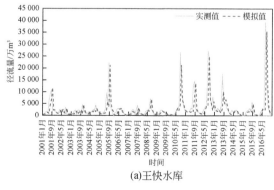

(a)王快水库

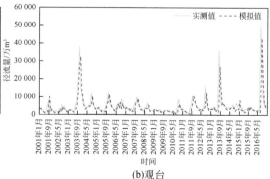

(b)观台

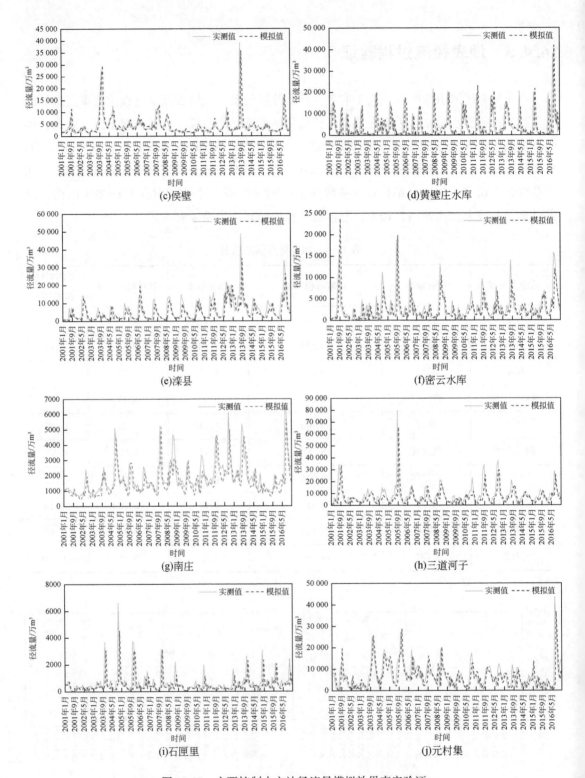

图 16-27　主要控制水文站径流量模拟效果率定验证

16.4.4 地下水埋深

地下水埋深模拟效果验证通过点、面结合的方式。在模拟值的空间分布上，选取 2001 年 3 月、2006 年 6 月、2011 年 9 月以及 2016 年 12 月四个典型年份下不同月份的埋深等值线分布进行对比验证，如图 16-28 所示。其中，蓝色实线代表实测值，红色虚线代

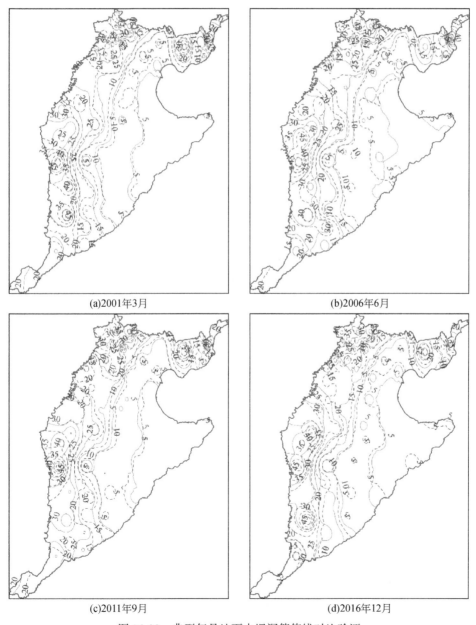

(a)2001年3月   (b)2006年6月

(c)2011年9月   (d)2016年12月

图 16-28　典型年月地下水埋深等值线对比验证

表模拟值，模拟结果与实测结果在空间趋势及分布上总体保持一致，对石家庄、衡水等超采地区地下水漏斗也能够较好地描述。

此外，为验证地下水模拟在时间序列上的可靠性，选取研究区部分潜水观测井进行单井点长系列对比验证，时间序列为 2001~2016 年逐月地下水埋深，结果见表 16-7 和图 16-29。模拟结果显示，10 眼潜水观测井的模拟值与实测值相关系数介于 0.43~0.88，纳什效率系数介于 0.03~0.75，最大相对误差为 6.96%，模拟结果基本满足精度要求。

表 16-7　地下水井点基本信息

监测点位置	经度/(°E)	纬度/(°N)	相关系数	纳什效率系数	平均相对误差/%
北京市昌平区沙河 102 队	116.25	40.12	0.71	0.47	6.96
北京市朝阳区八里桥村	116.62	39.91	0.67	0.39	−1.29
天津市蓟州区东二营镇	117.30	39.94	0.66	0.40	−0.84
河北省深泽县赵八乡	115.16	38.19	0.43	0.09	−0.85
河北省滦南县青坨营镇	118.48	39.53	0.78	0.49	0.55
河北省容城县城关谷庄	115.85	39.05	0.87	0.75	−0.08
河北省雄县龙湾乡	116.17	38.96	0.58	0.12	−0.85
河北省衡水市桃城区赵圈镇	115.68	38.81	0.88	0.75	−1.32
河北省丰润区任各庄	115.93	37.65	0.43	0.03	−0.37
河北省景县野林庄乡	116.18	37.57	0.77	0.42	5.70

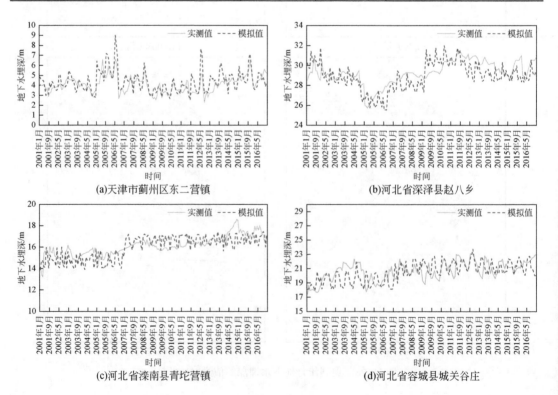

(a)天津市蓟州区东二营镇　　(b)河北省深泽县赵八乡

(c)河北省滦南县青坨营镇　　(d)河北省容城县城关谷庄

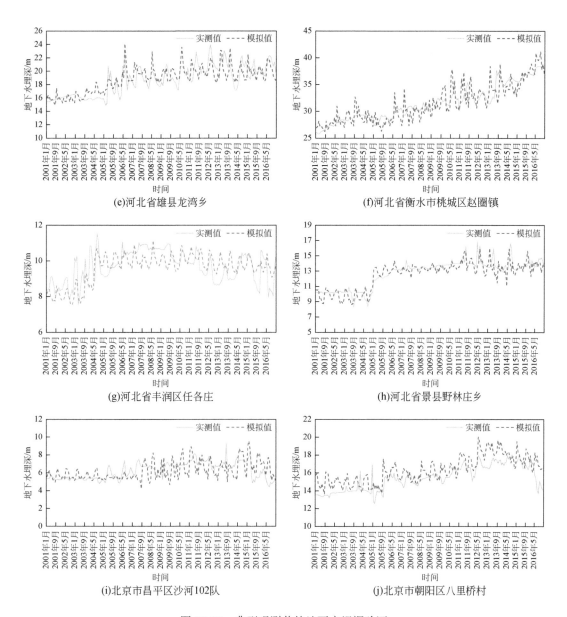

图 16-29　典型观测井的地下水埋深验证

16.5　本 章 小 结

本章基于分布式水循环模型 WACM，以人类活动影响强烈的海河流域和京津冀地区为研究区域，按照子流域、行政区、地下水等多维属性，将研究区划分为 936 个流域单元、381 个行政区单元和 83 923 个 2km×2km 尺度的计算网格单元，建立了依托计算单元的土地利用、作物、土壤、水文地质参数、气象、用水等各类信息数据库及其拓扑关系，以2001～2016年作为模拟计算序列，其中2001～2010年作为率定期，2011～2016年作为验证期，选用相对误差 R_e、相关系数 R^2 以及纳什效率系数 NSE 三个参数来对模型的模拟精度进行评判。结果显示，水面蒸发的相关系数介于0.82～0.93，纳什效率系数介于0.60～0.86，最大相对误差为6.75%；地下水埋深的相关系数介于0.43～0.88，纳什效率系数介于0.03～0.75，最大相对误差为6.96%，地下水等值线流场与实测等值线图基本相符；径流过程的相关系数介于0.71～0.89，纳什效率系数介于0.77～0.88，相对误差总体控制在±5%以内，满足精度要求，可为精细模拟研究区水循环演变与水资源量评价提供技术支撑。

第 17 章 海河流域水资源量评价

水资源量评价是水资源评价工作的基础性任务，重点是全面评估流域或区域内水资源量的数量及其时空分布特征，为水资源合理开发利用与保护提供科学依据。我国现有的水资源量的评价主要是沿用全国第一次水资源评价、第二次水资源评价所采用的方法，其中地表水资源量评价主要是在实测河川径流量基础上，基于"监测统计—还原—还现"思路将人工取用水量进行还原计算，地下水资源量则是针对山区、平原区特点分别采用排泄法、补给法进行评价。随着人类活动影响的日渐强烈，人工取用水还原占比成为主导，现有水资源评价方法面临着一系列适应性问题，本研究基于水循环全过程，在现有评价方法基础上，利用分布式水循环模型精细化、动态评估不同时空单元水资源量动态变化，形成一套基于"物理机制–数值模拟"的水资源评价方法，形成了海河流域 1956~2016 年水资源量评价成果，为流域水资源演变、水资源安全保障等提供了基础依据。

17.1 现有水资源量评价方法

17.1.1 地表水资源量

根据《水资源评价导则》(SL/T 238—1999)，地表水资源量是指河流、湖泊、冰川等地表水体的动态水量，用河川径流量表示。为了消除人工取用水直接或间接对地表水资源量评价结果的影响，通常采用"监测统计—还原—还现"思路，结合一致性分析来对地表水资源量进行综合评价。

1）河川径流量还原计算

在实测河川径流量基础上，考虑农业灌溉、工业与生活用水等人工取用水量进行还原计算，得到天然河川径流量，计算如下：

$$W_{天然} = W_{实测} + W_{农灌} + W_{工业} + W_{生活} \pm W_{引水} \pm W_{分洪} \pm \Delta W_{库蓄} \tag{17-1}$$

式中，$W_{天然}$ 表示还原以后的天然径流量；$W_{实测}$ 表示各水文站点实测的径流量；$W_{农灌}$ 表示农田灌溉；$W_{工业}$ 表示工业用水量；$W_{生活}$ 表示生活用水量；$W_{引水}$ 表示跨流域调水量；$W_{分洪}$ 表示河道分洪决口水量；$\Delta W_{库蓄}$ 表示水库蓄变量。

2）河川径流量一致性分析与还现修正

除了人工取用水直接影响河川径流量外，流域下垫面变化也是影响河川径流量的重要因素，为使其能够反映流域下垫面特征以及保持一致性，需要对还原的河川径流量进行一致性分析，如果一致性发生改变，就需要对该河川径流数据进行还现修正，计算步骤如下。

（1）通过对单站进行还原计算，绘制多年平均降水量和径流深相关关系图，对其一致性进行分析，若发生改变，则找出突变点。

（2）根据降水量–径流深曲线突变点，将长系列划分为前后两个时段，并绘制降水和径流的关系拟合曲线图。

（3）选出某一年的降水量，分别在两条拟合曲线上查找出相同降水条件下对应的不同径流深数值，采用以下公式对修正系数和衰减率进行计算：

$$\alpha = \frac{(R_1 - R_2)}{R_1} \times 100\% \tag{17-2}$$

$$\beta = \frac{R_2}{R_1} \tag{17-3}$$

（4）通过查找不同降水条件下的 α 和 β 值，绘制降水量和修正系数的关系图，作为对还原以后的天然河川径流量进行修正的前提。

（5）选取一致性发生改变年份的降水量和修正系数，选用天然河川径流量与 β 的乘积作为修正后的地表水资源量。

17.1.2 地下水资源量

根据《水资源评价导则》（SL/T 238—1999），地下水资源量是指与大气降水、地表水体有直接补给或排泄关系的动态地下水量。由于山区和平原区地下水赋存条件的差异及调查信息的获取难度问题，通常采用不同的计算方法，其中平原区采用补给法进行地下水资源量评价，山区则采用排泄法进行地下水资源量评价。

1）平原区地下水资源量

平原区地下水资源量采用补给量法计算，地下水各项补给量之和为总补给量，总补给量扣除井灌回归补给量后为地下水资源量。与此同时，计算地下水各排泄量，并进行地下水均衡分析校核验证评价结果可靠性。

地下水各项补给量计算公式如下：

$$W_{补给} = W_{降水} + W_{侧向} + W_{地表} + W_{其他} + W_{井灌} \tag{17-4}$$

式中，$W_{补给}$ 表示地下水总补给量；$W_{降水}$ 表示降水入渗补给量；$W_{侧向}$ 表示山前侧向补给量；$W_{地表}$ 表示河湖等地表水体对地下水的补给量；$W_{其他}$ 表示其他补给量；$W_{井灌}$ 表示井灌回归补给量。

地下水各排泄量计算公式如下：

$$Q_{排泄} = Q_{潜水} + Q_{河道排泄} + Q_{侧向} + Q_{湖库} + Q_{其他} + Q_{开采} \qquad (17\text{-}5)$$

式中，$Q_{排泄}$ 为地下水总排泄量；$Q_{潜水}$ 为潜水蒸发量；$Q_{河道排泄}$ 为地下水排泄至河道水量；$Q_{侧向}$ 为侧向流出量；$Q_{湖库}$ 为地下水排泄至湖泊水库水量；$Q_{其他}$ 为地下水经其他途径的排泄量，包括矿坑排水量、基坑降水排水量等；$Q_{开采}$ 为地下水实际开采量。

$$\Delta W = \frac{10^2 \times (h_2 - h_1) \times \mu \times F}{T} \qquad (17\text{-}6)$$

式中，ΔW 为评价时段内地下水平均蓄变量；h_1、h_2 为两个时段的平均地下水位；μ 为地下水含水层的给水度；F 为评价区域面积；T 为评价年数。

考虑计算误差后，水均衡公式为

$$X = W_{补给} - Q_{排泄} - \Delta W \qquad (17\text{-}7)$$

$$\delta = \frac{X}{W_{补给}} \qquad (17\text{-}8)$$

式中，X 为绝对均衡差；$W_{补给}$ 为总补给量；$Q_{排泄}$ 为总排泄量；ΔW 为地下水平均蓄变量；δ 为相对均衡差，只有 $|\delta| \leq 15\%$ 才认为计算结果满足要求，否则需要重新对补给量和排泄量进行核查，直至满足要求为止。

2）山区地下水资源量

由于山区水文地质条件更为复杂，其补给量计算难度大、精度低，在评价时通常采用排泄法对其地下水资源量进行核算。各排泄项主要包括地下水开采量、山前侧向排泄量、泉水出露水量、潜水蒸发量和河川基流量等。

$$Q_{山区} = Q_{河川基流} + Q_{山前排泄} + Q_{泉水出露} + Q_{开采} + Q_{潜水} \qquad (17\text{-}9)$$

式中，$Q_{山区}$ 为山区地下水资源量；$Q_{河川基流}$ 为河川基流量；$Q_{山前排泄}$ 为山前侧向排泄量；$Q_{泉水出露}$ 为山区泉水出露水量；$Q_{开采}$ 为地下水开采量；$Q_{潜水}$ 为潜水蒸发量。

3）流域地下水资源量

流域地下水资源量为上述方法评价得到的平原区和山区地下水资源量之和，再扣除重复计算量得到，即

$$Q_{地下水} = Q_{平原区} + Q_{山区} - Q_{重复} \qquad (17\text{-}10)$$

$$Q_{重复} = Q_{侧补} + Q_{基补} \qquad (17\text{-}11)$$

式中，$Q_{地下水}$ 为流域地下水资源量；$Q_{平原区}$ 为流域内平原区的地下水资源量；$Q_{山区}$ 为流域内山区的地下水资源量；$Q_{重复}$ 为流域平原区与山区之间多年平均地下水重复计算量；$Q_{侧补}$ 为平原区多年平均山前侧向补给量；$Q_{基补}$ 为河川基流在平原区形成的补给量。

17.1.3　水资源总量

流域或区域水资源总量为评价区内的地表水资源量与地下水资源量之和，再扣除两者之间的重复计算量得到，即

$$W_{总} = W_{地表} + W_{地下} - W_{重复} \qquad (17\text{-}12)$$

式中，$W_{总}$ 表示水资源总量；$W_{地表}$ 表示地表水资源量；$W_{地下}$ 表示地下水资源量；$W_{重复}$ 表示地表水与地下水重复计算量。

17.1.4　现有评价面临的问题

现有水资源评价方法实际上隐含三个基本条件，即气候条件较为稳定，人类活动强度较小，下垫面变化不大。满足上述条件情况下，采用该方法能够在空间上摸清水资源的时空分布特征，为流域和区域水资源开发利用提供科学依据，在我国水资源评价工作中具有里程碑意义。但随着经济社会的快速发展、人口数量增加，城镇化进程进入快车道，水资源开发利用强度不断加剧，人工取水—用水—耗水—排水等社会用水行为形成了新的水资源分布格局，土地开发、水土保持等活动又显著改变了水文循环的下垫面条件，水资源的形成、转化以及空间分布均发生了明显改变，全区气候变化及极端降水等呈增加态势，现有评价方法在水资源管理实践中面临适用性、数据精度及科学性等方面的问题或挑战，主要包括以下四个方面。

1）监测统计过程存在的问题

水文站直接监测的径流数据是进行地表水资源评价的主要依据。由于社会经济用水加剧，在北方流域普遍出现河道断流的现象，实测径流量几乎为零，或者仅有汛期能够短暂监测到河道径流，天然径流过程的再现主要依赖对人工取用水的还原，而分行业人工取用水的监测计量仍是当前水资源管理面临的主要难题，存在监测成本高、覆盖面不足、数据精度低及数据系列不完整等一系列问题，尤其是农业用水量的监测计量通常是调查估算统计。总的来说，水文水资源数据监测主要面临三方面的不足。

一是径流监测统计仍停留在水文断面层面，其数据代表性及覆盖面远远不能满足管理需求。水文监测主要依赖水文站网，通常只有河道干流出口及关键断面才纳入监测范围，对于支流河道或季节性河道通常没有监测或采用巡测方式，监测的覆盖面还不足，由此产生部分形成的水资源量没有纳入系统监测范畴，如山区的小河流及小型水坝，平原区的坑塘、排水沟道等，小区域内降水形成的水资源短暂或长期储存在这些蓄水空间，在未到达水文监测断面之前就被人工取走利用或入渗补给地下水，按照水资源的定义，这部分水量

实际存在且应当纳入评价范围，但由于监测能力不足未计算在内。

二是对人工取用水监测统计覆盖面不够，且存在行业监测数据壁垒，用水数据精度及质量与精细化管理需求还存在明显差距。目前，不同行业用水数据分别由不同的部门管理，不同区域上也存在显著差异，由此导致监测数据的标准不统一、信息难以有效整合，需要后期大量修正核验，影响数据精度与可靠性。与此同时，数据监测的精细度也有待深入，以农业用水量监测为例，通常基于灌溉定额与灌溉面积进行估算，但是在具体实施中，如何实时监测灌溉面积、准确探究灌溉定额的时空差异等均是面临的技术难题，虽然也有通过遥感等新技术手段尝试破解灌溉面积监测问题，但在精度稳定性与大面积推广上还存在较大问题。政府部门发布的灌溉定额也存在显著的滞后性，对不同作物灌溉定额的时效性、空间变异性等问题考虑不足。

三是对气候变化、土地利用、种植结构及灌溉技术提升等外部因素缺乏系统性的监测分析。例如，气象要素波动对用水的影响，丰水年时降水基本能满足作物生长需求，农业用水量通常会减少，枯水年时降水无法满足作物生长需求，农业灌溉用水量会显著增加。下垫面变化影响也类似，山区持续实施水土保持措施，大幅改善了山区植被生态环境质量，植被覆盖度不断提升，平原区农田种植结构在经济及其他因素驱动下也发生显著变化，导致下垫面条件明显不同以往，而现有监测评价尺度在空间上以流域或区县为主，在时间上多以年尺度进行，数据的时空分辨率较低，对上述因素变化导致的水资源量变化敏感度低，难以实现有效监测。

2）径流还原过程面临的技术挑战

径流还原处理是减少人类取用水对水资源评价结果影响的主要方法。主要面临以下三方面的挑战。

一是还原水量占比过大导致评价结果的可靠性降低。随着人工大量取用地表水与地下水，地表径流锐减甚至断流，地下水漏斗不断扩大，按照现有评价方法，天然水量等于实测水量与还原水量之和，在河道断流区域，就很容易出现还原水量占比不断升高并逐渐超过实测水量的情况，甚至全部为还原水量的极端情景，过高的还原水量占比违背了该方法的默认适用情景，同时在一定程度上又引入了人工取用水监测统计造成的不确定性，影响还原精度，导致计算结果可靠性降低，过大的误差无法满足水资源精确评价的要求。

二是人工取用水对水循环过程的影响考虑不足（图17-1）。现有评价方法根据实测径流量进一步将监测到的人工取用水量进行还原叠加，进而得到天然径流过程。该方法默认水资源的形成、产生以及开发利用是相对独立的，忽略了取用水行为对水循环过程以及水资源量的影响。在天然状况下，流域水资源分别存蓄在河湖和地下含水层中，保持动态平衡关系，而人工取用地表水导致河道径流减少，导致入海水量锐减；人工大量抽取地下水导致地下水位下降，包气带增厚，增加水分在土壤层运动距离，改变了地表水与地下水的转化关系及通量，进而影响水资源量的形成与转化。

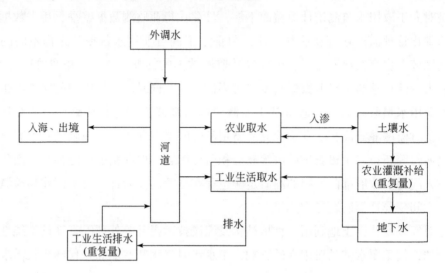

图 17-1　水资源多次循环利用流程

三是高强度的水资源开发利用增加了水资源重复计算量的计算难度。由于水资源调配能力的提升，跨区域、跨流域调水普遍存在，导致水资源在时空上二次分配，新的分配格局则直接影响调出区与受水区的地表水、地下水形成和转化过程，改变下一阶段水资源的分布格局，使水资源量的评价中面临更复杂的重复计算项，增加了评价的难度，给数据的准确性也带来了新的不确定性。例如，外调水源通过本地天然河道或渠道输水，直接增加了河道径流量和渗漏补给地下水量，这部分水量在评价本地水资源时应当扣减，但由于外调水与本地水同步参与循环过程，如何准确辨识也是面临的新难题。此外，农田灌溉、再生水回用、生态补水等都存在类似问题，这些因素均增加了评价的难度，降低了数据的准确性，需要进行全面系统的考虑与突破。

3）还现过程面临的技术挑战

为了修正水资源评价对下垫面等环境因素变化导致的影响，通常需要对评价结果进行还现修正，以保持评价序列的一致性。在实际应用中，还现过程仍然面临以下三方面的挑战。

一是变化环境下降水-径流关系非一致性问题。流域降水-径流关系是地表水资源量评价与修正的重要依据，现有评价方法利用不同时段降水-径流线性拟合值获得修正系数，作为还现调整的依据，但受到监测站网密度及数据资料的限制，在时空精度上难以满足当前水资源评价需求，且对评价人员的经验有较大依赖。另外，在气候变化和人类活动共同影响下，降水-径流关系更加复杂，其非一致性特征更为突出，仅靠经验性的降水-径流修正系数进行水资源评价工作，会导致评价结果与真实结果之间出现较大的偏差，影响评价成果质量及后续水资源管理实践（谢平等，2015）。

二是快速变化的下垫面条件导致现有方法难以实现高精度动态水资源量评价。在有足够资料支撑，对水资源量评价结果时空尺度精度要求不高时，按照现有方法进行评价修正能够满足相关需求。随着经济社会发展对水资源量评价成果的时空精度及动态更新需求的提高，现有修正方法一方面难以实现空间上的精细评价，尤其是对下垫面变化大、水文观测站密度不足的区域，其精度难以达到要求，只能在大尺度空间上将过去下垫面条件下的水资源总量还现到当前下垫面条件下的水资源量，较难进行空间上的细分以及反映不同下垫面变化对水资源量的影响。另一方面在时间上通常按照年度评价，对年内及逐年长系列动态评价传统方法也存在短板。现有评价修正结果更多反映大尺度、年系列平均的概念，对流域内不同分区、水资源量的时间空间差异性精度考虑不足。

三是降水过程的变化对水资源形成的影响考虑不足。现有评价方法通过对比两个系列下相同年降水量条件下径流深的数值，用以确定修正系数，但在水资源量产生过程中，年降水量并非唯一影响径流量的因素，如降水强度、降水历时等都会对流域产汇流过程产生影响，相同下垫面、相同年降水量条件下，由于降水强度、降水历时的不同，其实际产汇流水量存在较大差距。

4) 地下水评价面临的主要问题

地下水源汇项和含水层水文地质参数是地下水资源评价质量的关键。目前，现有方法在应用中主要面临以下两大问题。

一是对地表水与地下水动态转化关系考虑不足。经济社会高强度用水不断改变地表水和地下水的赋存状态及时空分布，导致河道断流、地下水超采等一系列问题，造成地表水与地下水原本具有的水力联系减弱甚至断裂，改变了地表水与地下水之间的转化关系，由原本的地下水自由排泄补给地表水为主开始向地表水渗漏补给地下水为主，且随着地表水与地下水赋存状况动态变化。现有评价方法在进行水资源量评价时，采用地表水–地下水分离评价的方式，通过静态参数及调查数据进行地下水资源量的评价，这种方法在地表水与地下水关系保持稳定水力联系时影响不大，但遇到两者关系不断变化时，尤其是补排关系发生逆转时，则无法纳入评价考量，忽视了两者转化关系带来的影响，导致评价结果误差增大，未能客观反映实际状况。

二是对大埋深条件下的降水入渗补给参数及规律考虑不足。由于地下水超采，平原区地下水埋深出现了大幅度下降，形成了数十米厚的土壤包气带，这种深厚包气带的形成，一方面增加了降水、灌溉等地表水入渗补给地下水的距离及运动时间；另一方面补给的速率也会发生变化，导致形成地下水资源量的本底条件发生改变，当地下水埋深较浅时，实际入渗过程波动频繁并且十分剧烈，入渗的水量均能较快地补给到潜水面；但随着地下水埋深的不断增大，包气带厚度也逐渐增加，入渗水量到达潜水面的路径明显增加，实际的补给过程对于降水而言会出现明显的滞后性，同时由于包气带调蓄库容的增加，第一次降水后形成的湿润锋还未到达潜水面时，第二次降水又会形成新的入渗水量，因此，像 6~9月雨季期间降水所形成的入渗补给会相互叠加，在过程上呈现出稳定的特性。目前这两个方面的机理研究还较为薄弱，水资源评价也没有形成能够较好考虑该问题的计算方法。此外，深厚包气带的形成改变了原有的降水入渗补给平衡，浅埋深时获得的水文地质参数及降水入渗系数等数据的适用性面临实际的进一步检验。

现有评价方法在对入渗量进行计算时，通过年降水量与降水入渗系数的乘积求得，但在实际过程中，影响入渗量的因素众多，如降水特征（降水量、降水强度、降水历时）、土壤特征（土壤前期含水量、包气带厚度、包气带岩性）、地表特征（土地利用类型、植被、地貌类型）以及地下水埋深等，均会导致系数法求得的入渗量与实际入渗量之间出现较大的偏差。随着地下水资源的不断开采，水位不断降低，实际的入渗过程也发生了明显的变化。总体而言，地下水埋深越大，包气带"削峰填谷"的效应越发明显，这种地下水大埋深情况下的滞后效应也是传统评价方法中难以体现的。

17.2 基于"物理机制–数值模拟"的水资源量动态评价方法

为克服传统"监测统计—还原—还现"评价方法的不足，研究提出了基于水循环模型精细模拟水资源形成–转化全过程，修正提出了山区和平原区的地表水、地下水资源评价计算公式，该方法能够定量揭示不同人类活动对水资源形成的作用机制及影响程度，识别影响流域水资源量变化的主要因素及贡献，拓展了流域水资源量评价方法及应用实践（表17-1）。

表17-1 本次评价与传统水资源评价方法比较

区域	传统水资源评价方法	基于"物理机制–数值模拟"的水资源评价方法
地表水	监测统计—还原—还现 $W_{地表}=W_{实测}+W_{农灌}+W_{工业}+W_{生活}±W_{引水}±W_{分洪}±\Delta W_{库蓄}$	数值模拟—监测验证方法 $W_{地表}=W_{降水产流}+W_{河川基流}$
山区地下水	参数方法—排泄量计算 $W_{地下}=W_{河川基流}+W_{山前排泄}+W_{泉水出露}+W_{地下水开采}+W_{潜水蒸发}$	土壤水运动机制—数值模拟—排泄量计算 $W_{地下}=W_{入渗补给}+W_{山前补给}-W_{井灌补给}$
平原区地下水	参数方法—补给量计算 $W_{地下}=W_{降水入渗}+W_{山前补给}+W_{地表补给}+W_{其他}$	土壤水运动机制—数值模拟—补给量计算 $W_{地下}=W_{入渗补给}+W_{山前补给}-W_{井灌补给}$

17.2.1 地表水资源量评价

地表水资源量是指河道、湖泊中的径流量,通常由地表产流和河川基流两部分构成。传统评价方法基于水文断面观测值,再加上统计到的用水还原水量进行计算,其不足在于强人类活动影响下,河道水量大幅减少,还原水量占主要部分,因而存在还原失真、误差大、过程难以描述等问题。基于水循环模型则能够将地表水资源量评价的断面前置,即评价范围从水文站控制断面的实测径流量前移到流域坡面降水产流量以及经过土壤、地下含水层侧渗进入河道的基流量,其优点是由模型直接模拟计算地表水资源量各构成要素序列值,定量反映地表水资源的形成及变化过程。

$$W_s = R_s + R_g \tag{17-13}$$

式中,W_s 为地表水资源量,即狭义的汇流至河湖中的水量;R_s 为流域坡面地表产流量;R_g 为河川基流量。

17.2.2 地下水资源量评价

地下水资源量是指与降水、地表水体有直接水力联系、参与水循环且可以逐年更新的动态水量。其中,山区地下水资源量采用地下水排泄法计算,平原区地下水资源量采用补给法计算。

$$MW_g = MW_{Pg} - W_{Mgout} - MW_{Girrb} \tag{17-14}$$

$$PW_g = PW_{Pg} + W_{Mgin} - PW_{Girrb} \tag{17-15}$$

式中,MW_g、PW_g 为表示山区、平原区的地下水资源量;MW_{Pg}、PW_{Pg} 分别为山区、平原区的降水入渗补给量;W_{Mgin}、W_{Mgout} 分别为山区侧渗补给平原区地下水量、山区侧向排泄水量;MW_{Girrb}、PW_{Girrb} 分别为山区、平原区井灌回归补给地下水量。

17.2.3 水资源总量评价

水资源总量为地表水资源量与地下水资源量之和,再扣除两者之间的重复计算量求得。其中,重复计算量主要包括河川基流量、其他地表水体与地下水之间的补给/排泄量。

$$W = W_s + W_g - W_c \tag{17-16}$$

$$W_c = R_g + R_{sg} \tag{17-17}$$

式中,W 为流域水资源总量;W_s 为地表水资源量;W_g 为地下水资源量;W_c 为地表水与地下水重复计算量;R_{sg} 为其他地表水体与地下水之间的补给/排泄量。

17.3　降水资源量评价

17.3.1　降水资源量时空变化

基于海河流域及其周边的 289 个气象站 1956～2016 年逐日降水数据，采用模型进行空间离散插值并输出降水资源量。按照 1956～1979 年（P1）、1980～2000 年（P2）、2001～2016 年（P3）分段解析降水量时空变化，如图 17-2 所示。海河流域 1956～2016 年平均降水量为 527mm，折算成水量约为 1690 亿 m^3。按时段分，1956～1979 年平均降水量为 564mm，折算水量为 1806 亿 m^3；1980～2000 年平均降水量为 502mm，折算水量为 1610 亿 m^3；2001～2016 年平均降水量为 506mm，折算水量为 1621 亿 m^3。由于流域面积大，地形地貌复杂，海河流域多年平均降水时空差异性显著，在空间上整体呈自东南向西北依次减小的态势，平原区降水量普遍高于山区。其中，流域西北部（张家口、大同地区）年均降水量最小，仅 370mm 左右，流域东北部（唐山、秦皇岛地区）年均降水量最大，达 680mm 以上。另外，忻州东部地区的降水量也较大，年均降水量达到 700mm。

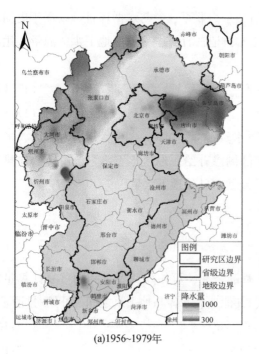

(a)1956～1979年

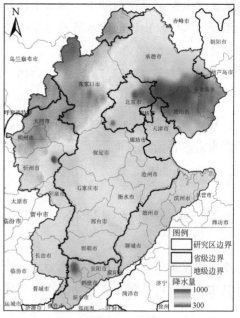

(b)1980～2000年

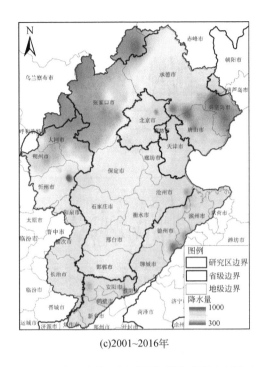

(c)2001~2016年

图 17-2　海河流域不同时段年均降水量空间分布

按照流域三级分区分析其长系列降水量变化规律，如图 17-3 所示。海河流域多年平均降水量为 527.3mm，降水量最多的是 1964 年的 821.0mm，较多年平均值高 55.7%，降水量最少的是 1965 年的 351.3mm，较多年平均值低 33.4%。1956～2016 年，海河流域降水量呈"下降—下降—上升"的变化趋势，其中 P1 时段年降水变化率为 -2.47mm/a，P2 时段年降水变化率为 -0.24mm/a，P3 时段年降水变化率为 6.24mm/a，各三级流域降水量变化情况基本与海河流域保持一致。

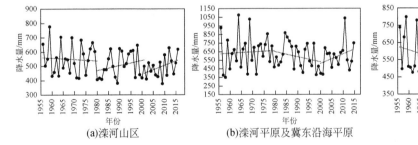

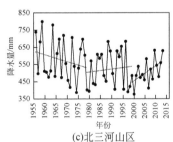

(a)滦河山区　　　　(b)滦河平原及冀东沿海平原　　　　(c)北三河山区

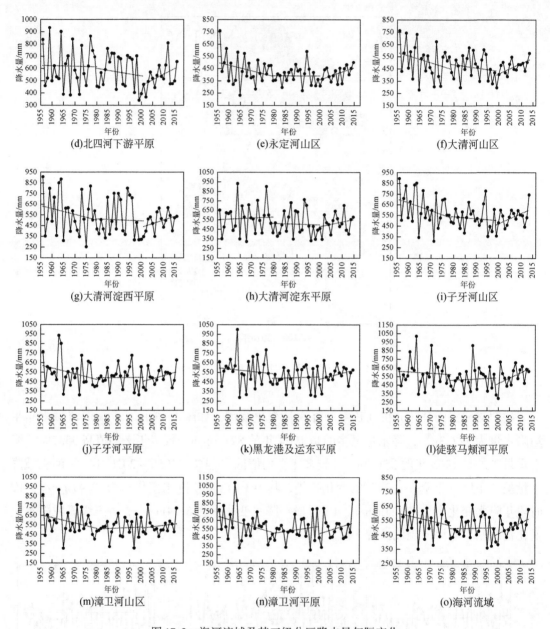

图 17-3　海河流域及其三级分区降水量年际变化

17.3.2　降水频率分析

对流域三级分区 1956~2016 年降水量系列进行频率分析，根据拟合的 P-Ⅲ曲线，得到各三级分区年降水量序列的统计参数（均值、Cv 值、Cs/Cv 值）和不同频率水平

（25%、50%、75%、95%）的年降水量，见表 17-2。可以看出，海河流域 25% 水平年的降水量约为 586.4mm，50% 水平年的降水量约为 519.6mm，75% 水平年的降水量约为 459.8mm，95% 水平年的降水量约为 385.5mm，降水量序列的变差系数 Cv 值大小反映了降水量序列的波动幅度，其中，P1、P2、P3 时段海河流域 Cv 值分别为 0.21、0.17、0.14，Cv 值呈逐渐降低趋势，表明降水年际波动变化逐渐变小且趋于稳定。

表 17-2　海河流域降水量及统计特征

区域		统计年限	年数	多年平均降水量/mm	Cv	Cs/Cv	不同频率降水量/mm			
							25%	50%	75%	95%
滦河及冀东沿海水系	滦河山区	1956～1979 年	24	554.8	0.21	2	621.5	542.5	474.8	395.7
		1980～2000 年	21	506.5	0.18	2	563.5	499.4	441.8	369.7
		2001～2016 年	16	496.7	0.15	2	543.3	490.9	443.8	384.9
		1956～2016 年	61	523.0	0.18	2	578.6	511.6	454.8	390.3
	滦河平原及冀东沿海平源	1956～1979 年	24	651.2	0.31	2	779.3	638.1	508.9	343.0
		1980～2000 年	21	599.3	0.25	2	693.0	587.0	492.9	374.4
		2001～2016 年	16	592.0	0.27	2	681.8	567.0	475.2	379.3
		1956～2016 年	61	617.9	0.28	2	722.2	599.2	493.3	368.6
	小计	1956～1979 年	24	574.4	0.22	2	645.2	559.0	486.9	405.6
		1980～2000 年	21	525.3	0.18	2	584.8	518.4	458.3	382.5
		2001～2016 年	16	516.0	0.17	2	564.8	501.8	451.8	400.2
		1956～2016 年	61	542.2	0.19	2	601.0	527.1	467.0	402.4
海河北系	北三河山区	1956～1979 年	24	584.2	0.25	2	660.3	573.8	496.8	401.7
		1980～2000 年	21	522.7	0.21	2	592.7	516.1	445.5	354.0
		2001～2016 年	16	508.4	0.14	2	553.3	503.4	458.0	400.4
		1956～2016 年	61	543.1	0.20	2	608.1	530.7	464.7	388.1
	北四河下游平原	1956～1979 年	24	625.6	0.29	2	732.1	607.9	499.8	370.8
		1980～2000 年	21	573.0	0.28	2	672.8	559.7	458.8	333.8
		2001～2016 年	16	539.4	0.19	2	591.5	517.8	464.0	415.8
		1956～2016 年	61	584.9	0.26	2	675.0	566.5	474.8	370.0
	永定河山区	1956～1979 年	24	445.9	0.23	2	515.7	433.2	362.4	279.3
		1980～2000 年	21	394.9	0.18	2	440.4	390.9	345.0	285.2
		2001～2016 年	16	408.2	0.16	2	450.1	404.7	362.4	307.0
		1956～2016 年	61	418.4	0.21	2	470.7	408.1	354.9	293.7
	小计	1956～1979 年	24	519.2	0.21	2	594.8	506.4	429.7	338.4
		1980～2000 年	21	465.0	0.19	2	523.8	463.7	404.7	321.9
		2001～2016 年	16	461.5	0.14	2	502.0	456.6	415.7	364.1
		1956～2016 年	61	485.4	0.20	2	542.9	473.7	415.1	348.2

续表

区域		统计年限	年数	多年平均降水量/mm	Cv	Cs/Cv	不同频率降水量/mm			
							25%	50%	75%	95%
海河南系	大清河山区	1956~1979年	24	518.0	0.32	2	612.7	502.6	406.5	291.5
		1980~2000年	21	468.0	0.22	2	537.1	467.3	398.2	299.8
		2001~2016年	16	463.1	0.15	2	507.9	459.6	414.6	355.1
		1956~2016年	61	486.4	0.23	2	558.9	481.4	408.5	311.4
	大清河淀西平原	1956~1979年	24	571.4	0.38	2	697.2	556.8	429.8	269.3
		1980~2000年	21	510.0	0.35	2	606.6	478.2	379.0	280.8
		2001~2016年	16	492.3	0.18	2	548.8	487.0	430.0	356.1
		1956~2016年	61	529.5	0.32	2	626.0	504.4	405.9	300.2
	大清河淀东平原	1956~1979年	24	572.0	0.29	2	671.2	558.2	457.8	334.2
		1980~2000年	21	507.5	0.27	2	582.7	484.2	407.1	329.1
		2001~2016年	16	515.5	0.19	2	581.1	514.7	449.0	355.8
		1956~2016年	61	535.0	0.26	2	618.1	519.1	434.6	336.5
	子牙河山区	1956~1979年	24	617.0	0.23	2	722.2	611.9	506.2	362.0
		1980~2000年	21	528.1	0.20	2	593.3	518.8	452.7	371.6
		2001~2016年	16	530.3	0.16	2	584.8	525.7	470.8	398.8
		1956~2016年	61	563.6	0.23	2	639.9	547.4	469.7	381.8
	子牙河平原	1956~1979年	24	551.5	0.27	2	640.9	526.0	434.4	339.1
		1980~2000年	21	499.2	0.22	2	573.0	498.7	424.9	319.5
		2001~2016年	16	505.2	0.18	2	564.2	501.2	441.9	362.6
		1956~2016年	61	521.3	0.24	2	595.8	506.7	430.9	343.7
	黑龙港及运东平原	1956~1979年	24	571.8	0.28	2	675.4	564.4	460.2	321.8
		1980~2000年	21	499.6	0.24	2	574.5	490.1	414.4	320.0
		2001~2016年	16	525.3	0.18	2	585.7	519.7	458.8	380.0
		1956~2016年	61	534.8	0.24	2	620.6	533.5	447.5	325.9
	漳卫河山区	1956~1979年	24	598.7	0.27	2	687.5	571.2	480.2	388.2
		1980~2000年	21	519.7	0.20	2	585.5	512.7	446.3	361.3
		2001~2016年	16	541.5	0.18	2	579.7	511.9	471.9	448.0
		1956~2016年	61	551.6	0.22	2	622.1	535.2	463.4	384.0
	漳卫河平原	1956~1979年	24	586.4	0.26	2	674.4	565.3	475.4	376.8
		1980~2000年	21	544.5	0.24	2	626.5	534.7	451.8	347.5
		2001~2016年	16	556.9	0.26	2	632.6	528.4	450.4	377.4
		1956~2016年	61	572.1	0.26	2	658.1	551.5	463.9	367.7

区域		统计年限	年数	多年平均降水量/mm	Cv	Cs/Cv	不同频率降水量/mm			
							25%	50%	75%	95%
海河南系	小计	1956~1979 年	24	576.6	0.25	2	667.9	567.0	474.9	357.0
		1980~2000 年	21	509.1	0.18	2	567.5	503.6	444.6	368.3
		2001~2016 年	16	517.1	0.14	2	588.2	515.4	450.3	375.9
		1956~2016 年	61	537.7	0.21	2	607.0	527.1	456.9	372.0
徒骇马颊河水系	徒骇马颊河平原	1956~1979 年	24	606.5	0.29	2	707.6	581.6	478.4	366.0
		1980~2000 年	21	529.2	0.24	2	604.0	513.3	437.2	351.1
		2001~2016 年	16	547.9	0.24	2	634.1	543.7	457.0	338.9
		1956~2016 年	61	561.5	0.25	2	647.5	548.2	461.1	355.4
海河流域		1956~1979 年	24	563.5	0.21	2	640.6	558.8	481.3	377.3
		1980~2000 年	21	502.4	0.17	2	558.5	499.8	443.5	366.4
		2001~2016 年	16	505.6	0.14	2	565.8	506.1	452.7	371.1
		1956~2016 年	61	527.3	0.18	2	586.4	519.6	459.8	385.5

17.4 地表水资源量评价

17.4.1 不同分区地表水资源量及其变化

基于构建的分布式水循环模型，按照现状的下垫面条件、人工取用水强度等进行模拟评价，得到海河流域及二级、三级流域分区 1956~2016 年长系列的地表水资源量，并将该模拟评价结果与海河流域第三次水资源评价结果进行对比，结果如图 17-4 所示。第三次评价成果也是按照现状的下垫面条件及人工用水等进行还原、还现后的结果，与模拟结果具有同等可比性，从流域整体看，模拟评价的 1956~2016 年长系列年平均值与第三次评价结果相当，略小 4.2 亿 m³，其中 P1 时段（1956~1979 年）模拟评价值较第三次评价结果偏小 16.7 亿 m³，主要是本次模拟中详细模拟考虑了 P1 时段地下水位下降影响以及植被覆盖度变化带来的影响；P2 时段（1980~2000 年）模拟评价值较第三次评价结果相当，略大 2.5 亿 m³，主要是该时期下垫面变化和人工用水影响已经导致实测径流量减少、人工用水还原量占比大幅增加，而模型模拟能够更加系统全面考虑其带来的水资源效应；P3 时段（2001~2016 年）模拟评价值较第三次评价结果偏大 5.9 亿 m³，除植被覆盖度和地下水位变化外，该时期城镇居工地面积急速增加更利于地表径流的形成，平原区塘坝则拦蓄了一部分未计入评价口径的水资源量，而外调水增加也影响了本地水资源形成条件，通过模型模拟更加系统全面反映上述要素导致的水资源量变化。综合来看，模拟评价的地表水资源量结果具有较高的可靠性。

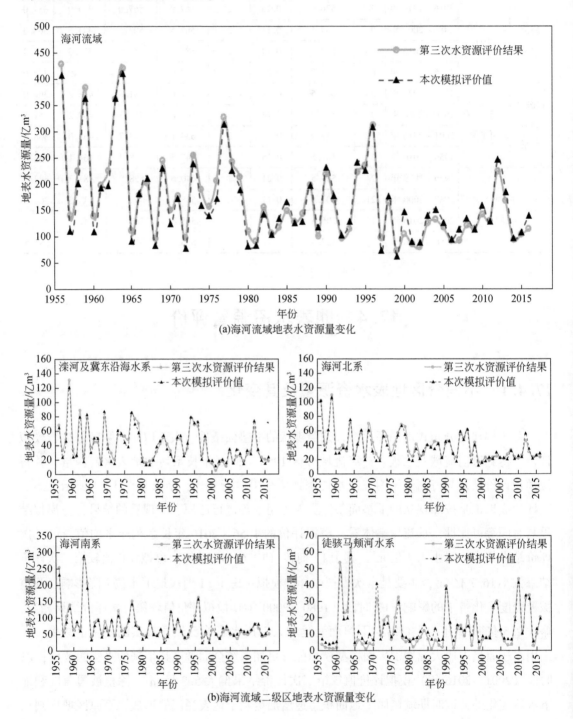

(a)海河流域地表水资源量变化

(b)海河流域二级区地表水资源量变化

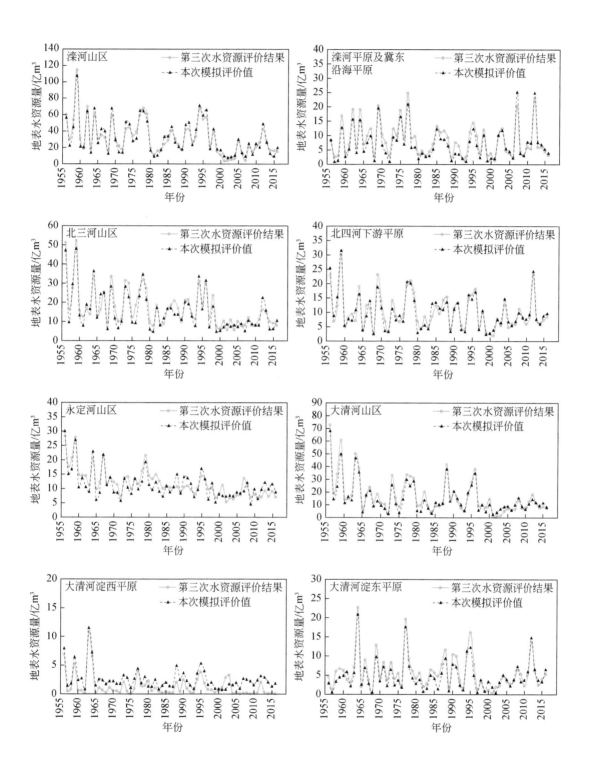

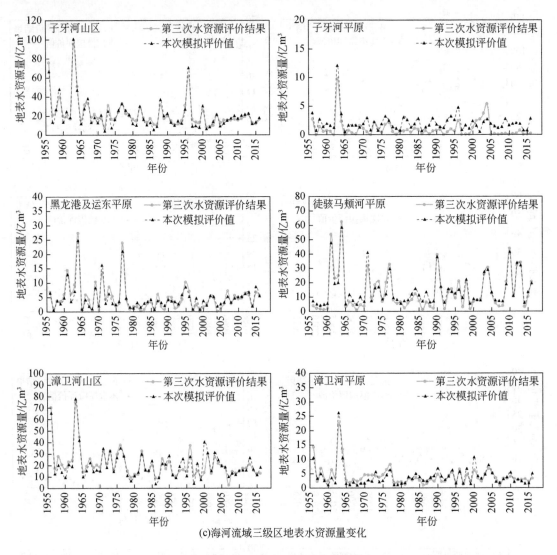

(c)海河流域三级区地表水资源量变化

图 17-4　1956～2016 年海河流域及二级分区、三级分区地表水资源量

　　从模拟评价结果看，1956～2016 年海河流域多年平均地表水资源量为 166.6 亿 m³，最大值为 410.4 亿 m³（1964 年），是多年平均值的 2.46 倍，最小值为 63.2 亿 m³（1999 年），仅为多年平均值的 37.9%，最大值是最小值的 6.49 倍。分阶段看，海河流域整体地表水资源量持续衰减，P1 时段地表水资源量为 207.5 亿 m³，P2 时段地表水资源量为 150.5 亿 m³，较 P1 时段减少 27.5%，P3 时段（2001～2016 年）地表水资源量为 126.6 亿 m³，较 P1 时段减少 39.0%，较 P2 时段减少 15.9%。

　　进一步对模拟评价的地表水资源量结果进行频率分析，其统计特征值及不同水平年份的地表水资源量如表 17-3 所示。1956～2016 年长系列，海河流域平水年（$P=50\%$）的地表水资源量约为 144.1 亿 m³，丰水年（$P=25\%$）的地表水资源量为 201.4 亿 m³，枯水年（$P=75\%$）的地表水资源量为 109.7 亿 m³，特枯年（$P=95\%$）的地表水资源量仅为 81.5 亿 m³。

表 17-3　海河流域地表水资源量及统计特征

区域		统计年限	年数	平均地表水资源量/亿 m³	Cv	Cs/Cv	不同频率年地表水资源量/亿 m³			
							25%	50%	75%	95%
滦河及冀东沿海水系	滦河山区	1956～1979 年	24	42.1	0.55	1.54	64.3	43.0	22.8	14.0
		1980～2000 年	21	32.9	0.55	1.20	47.8	33.3	18.3	10.6
		2001～2016 年	16	16.8	0.61	2.04	23.3	14.7	8.1	6.2
		1956～2016 年	61	32.3	0.66	1.62	47.8	26.8	16.5	7.0
	滦河平原及冀东沿海平原	1956～1979 年	24	8.2	0.71	1.09	12.9	7.0	4.1	0.9
		1980～2000 年	21	5.1	0.70	1.08	8.7	3.9	2.1	1.2
		2001～2016 年	16	7.8	0.81	2.22	10.2	6.5	3.9	2.2
		1956～2016 年	61	7.0	0.78	1.73	9.5	6.1	3.0	1.2
	小计	1956～1979 年	24	50.3	0.54	1.25	70.3	50.1	26.3	15.1
		1980～2000 年	21	38.0	0.53	1.10	53.9	38.6	19.5	13.3
		2001～2016 年	16	24.6	0.55	4.14	30.2	21.2	16.4	13.6
		1956～2016 年	61	39.3	0.61	1.71	54.3	32.7	19.5	13.6
海河北系	北三河山区	1956～1979 年	24	21.0	0.57	1.39	28.5	21.6	10.1	6.7
		1980～2000 年	21	14.2	0.54	1.94	18.1	13.9	7.8	4.9
		2001～2016 年	16	9.4	0.44	5.20	10.7	8.2	7.3	6.2
		1956～2016 年	61	15.6	0.65	2.13	21.6	12.2	8.2	5.3
	北四河下游平原	1956～1979 年	24	11.9	0.61	1.66	16.4	10.8	7.2	3.3
		1980～2000 年	21	8.7	0.58	0.23	13.5	11.0	4.0	2.7
		2001～2016 年	16	8.9	0.52	4.94	9.7	7.7	6.8	5.5
		1956～2016 年	61	10.0	0.61	2.02	13.6	8.8	5.5	3.0
	永定河山区	1956～1979 年	24	13.7	0.45	2.61	16.9	12.6	9.0	6.1
		1980～2000 年	21	10.6	0.28	0.78	13.4	10.9	8.4	6.2
		2001～2016 年	16	8.9	0.22	-0.30	9.9	8.9	7.6	6.5
		1956～2016 年	61	11.4	0.43	4.30	13.5	10.4	8.4	6.1
	小计	1956～1979 年	24	46.6	0.51	2.17	61.3	40.7	29.6	19.2
		1980～2000 年	21	33.5	0.42	0.86	45.6	35.4	20.6	16.2
		2001～2016 年	16	27.2	0.32	7.61	30.4	24.1	22.1	21.3
		1956～2016 年	61	37.0	0.52	3.06	46.4	32.3	22.2	18.3

续表

区域		统计年限	年数	平均地表水资源量/亿 m³	Cv	Cs/Cv	不同频率年地表水资源量/亿 m³			
							25%	50%	75%	95%
海河南系	大清河山区	1956~1979 年	24	21.4	0.73	1.98	29.1	16.8	11.3	4.3
		1980~2000 年	21	13.8	0.68	2.15	20.1	11.4	6.2	4.9
		2001~2016 年	16	8.5	0.41	1.57	10.4	8.2	6.8	3.5
		1956~2016 年	61	15.4	0.81	2.53	20.1	11.3	7.6	3.8
	大清河淀西平原	1956~1979 年	24	3.3	0.75	2.71	3.3	2.5	1.9	1.2
		1980~2000 年	21	2.3	0.57	1.98	3.7	2.1	1.4	1.0
		2001~2016 年	16	1.3	0.36	0.35	1.7	1.3	0.9	0.6
		1956~2016 年	61	2.4	0.80	3.26	2.7	1.8	1.3	0.9
	大清河淀东平原	1956~1979 年	24	5.6	0.86	2.48	7.1	4.4	2.7	0.7
		1980~2000 年	21	4.5	0.76	1.29	7.4	4.0	1.5	0.9
		2001~2016 年	16	4.9	0.65	3.18	6.7	4.0	3.5	2.0
		1956~2016 年	61	5.0	0.79	2.47	6.7	4.0	2.5	0.7
	子牙河山区	1956~1979 年	24	27.6	0.75	2.90	33.0	24.5	13.7	7.6
		1980~2000 年	21	18.7	0.77	3.20	26.8	13.4	10.2	7.8
		2001~2016 年	16	15.1	0.31	-0.63	18.8	16.6	12.3	8.3
		1956~2016 年	61	21.3	0.78	3.51	25.8	17.1	12.1	7.6
	子牙河平原	1956~1979 年	24	2.3	0.98	3.82	2.8	1.7	1.3	0.7
		1980~2000 年	21	2.0	0.49	1.77	2.9	1.9	1.3	0.7
		2001~2016 年	16	1.7	0.40	-0.06	2.2	1.9	1.4	0.8
		1956~2016 年	61	2.1	0.76	5.79	2.6	1.8	1.3	0.7
	黑龙港及运东平原	1956~1979 年	24	6.2	1.01	1.87	7.1	3.9	2.5	1.0
		1980~2000 年	21	3.4	0.54	1.57	4.3	3.5	2.2	0.8
		2001~2016 年	16	4.6	0.40	0.60	5.6	5.2	3.2	2.0
		1956~2016 年	61	4.8	0.90	3.19	5.5	3.8	2.5	0.9
	漳卫河山区	1956~1979 年	24	24.6	0.94	2.01	19.4	9.4	6.9	4.8
		1980~2000 年	21	18.0	0.59	3.76	15.6	11.8	7.0	5.6
		2001~2016 年	16	17.7	0.66	1.13	29.1	13.2	7.7	6.0
		1956~2016 年	61	20.5	0.79	2.27	18.9	11.2	6.9	5.0
	漳卫河平原	1956~1979 年	24	4.3	0.69	2.82	32.8	19.3	14.8	9.6
		1980~2000 年	21	4.0	0.51	0.99	25.9	19.2	11.0	4.4
		2001~2016 年	16	3.6	0.35	1.78	23.2	16.1	14.4	11.9
		1956~2016 年	61	4.0	0.62	3.75	25.9	16.3	13.0	6.6
	小计	1956~1979 年	24	95.3	0.65	2.81	108.0	79.3	50.7	36.5
		1980~2000 年	21	66.7	0.50	2.08	94.8	61.1	43.5	25.9
		2001~2016 年	16	57.4	0.20	1.88	65.1	58.0	49.8	44.0
		1956~2016 年	61	75.5	0.62	4.04	89.4	61.7	47.7	34.6

续表

区域		统计年限	年数	平均地表水资源量/亿 m³	Cv	Cs/Cv	不同频率年地表水资源量/亿 m³			
							25%	50%	75%	95%
徒骇马颊河水系	徒骇马颊河平原	1956~1979 年	24	15.3	0.94	2.01	19.4	9.4	6.9	4.8
		1980~2000 年	21	12.3	0.59	3.76	15.6	11.8	7.0	5.6
		2001~2016 年	16	17.4	0.66	1.13	29.1	13.2	7.7	6.0
		1956~2016 年	61	14.8	0.79	2.27	18.9	11.2	6.9	5.0
海河流域		1956~1979 年	24	207.5	0.47	1.77	238.3	193.3	139.5	82.8
		1980~2000 年	21	150.5	0.41	2.02	197.4	142.6	103.6	73.2
		2001~2016 年	16	126.6	0.31	5.41	144.1	126.1	99.4	85.7
		1956~2016 年	61	166.6	0.49	2.83	201.4	144.1	109.7	81.5

17.4.2 地表径流深与产流系数变化

1) 地表径流深变化

径流深是指在某一时段内通过河流上指定断面的径流总量除以断面以上流域面积,它相当于计算时段内某一过水断面上的径流总量平铺在断面以上流域面积上所得到的水层深度。但随着人类活动对地表下垫面的开发利用,存在部分入河的地表水资源量在未到达监测断面前已经蒸发渗漏损失或被取用,导致实测径流量与地表水资源量差距较大,因此采用评价的地表水资源量计算径流深,计算公式如下:

$$R = \frac{W}{1000 \times F} \tag{17-18}$$

式中,R 表示径流深(mm);W 表示地表水资源量(m³);F 为断面以上的流域面积(km²)。

根据模拟评价结果,计算并绘制海河流域不同时段径流深的空间分布图,如图 17-5 和图 17-6 所示。可以看出,三个时段呈现出较大的差异性,其中以 P1 时段径流深最大,P2 时段次之,P3 时段最小,P1、P2、P3 时段多年平均径流深分别为 64.7mm、46.9mm、39.6mm。其中,P1 时段,徒骇马颊河平原地表径流深最大(约 173mm),其次是大清河山区、滦河山区、北三河山区、子牙河山区(均大于 90mm),子牙河平原、漳卫河平原、大清河淀西平原、黑龙港及运东平原及永定河山区是海河流域地表径流深低值区(16~31mm),山区总体高于平原区,空间差异性显著。P2 时段,地表径流深全线减少,总体分布格局仍与 P1 时段类似。P3 时段,北部滦河山区、北三河山区、大清河山区、子牙河山区地表径流深仍大幅度减少,滦河山区减少幅度最大;徒骇马颊河平原、滦河平原及冀东沿海平原有所增加。

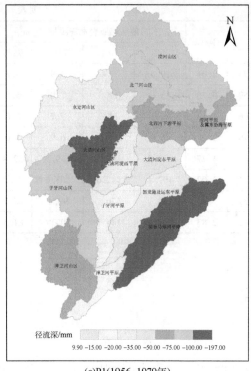

(a)P1(1956~1979年)

(b)P2(1980~2000年)

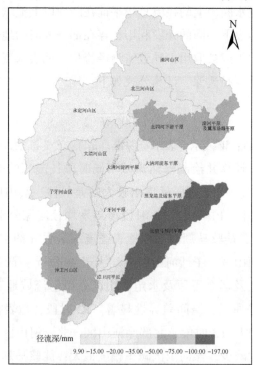

(c)P3(2001~2016年)

图 17-5　海河流域不同时段地表径流深

(a)P2–P1

(b)P3–P2

(c)P3–P1

图 17-6　海河流域不同时段地表径流深差值

2) 地表产流系数变化

为体现不同空间单元的产水特性，选用产流系数来直观反映降水和产流的关系。产流是指降水量扣除植物截留、下渗、填洼与蒸发等损失形成净雨的过程，产流系数则是指降水在下垫面的作用下转化为地表产流量的比例，它能反映降水与地表水资源量关系以及水文要素的空间变异性特征，产流系数计算公式如下：

$$\alpha = \frac{RS}{P} \tag{17-19}$$

式中，α 表示产流系数；RS 表示地表水资源量（mm）；P 表示降水量（mm）。

图 17-7 和图 17-8 为海河流域各分区 P1～P3 时段产流系数及其变化的空间分布。整体来看，三个时段产流系数的空间分布特征较为相似，P1、P2、P3 三个时段海河流域多年平均产流系数分别为 0.115、0.093、0.078，产流系数从 P1 到 P3 时段依次降低，其中 P1 到 P2 时段下降更明显。从空间分布看，P1 时段大清河山区最高（0.211），滦河山区次之（0.176），永定河山区最低（0.07），山区产流系数普遍高于 0.1；平原区产流系数则呈现出南北高、中部低的特征，其中南部的徒骇马颊河平原达到 0.285，北部的滦河平原及冀东沿海平原及北四河下游平原为 0.115，海河南系各平原区产流系数则普遍低于 0.07。P2、P3 时段总体分布特征基本与 P1 时段相似，但产流系数山区及山前平原区减小明显，滨海平原区有所增大。

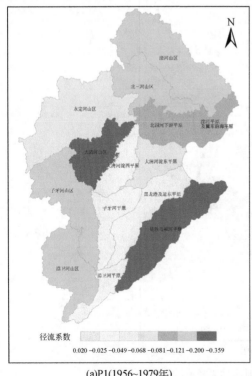

(a)P1(1956~1979年)

(b)P2(1980~2000年)

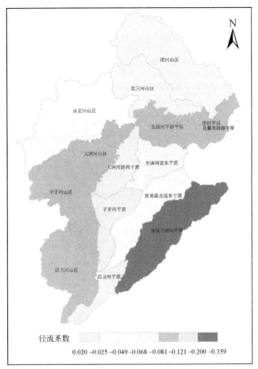

(c)P3(2001~2016年)

图 17-7 海河流域不同时段地表产流系数

(a)P2–P1

(b)P3–P2

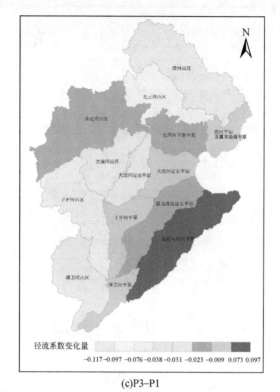

(c)P3-P1

图 17-8　海河流域不同时段地表产流系数变化

17.5　地下水资源量评价

17.5.1　不同分区地下水资源量及其变化

地下水资源量是指储存在饱水带岩土空隙中的重力水，与地表水资源量类似，分别采用排泄法和补给法计算山区和平原区地下水资源量。通过模型模拟评价结果，得到海河流域及各三级流域 1956～2016 年地下水资源量，并与第三次水资源评价结果进行对比验证，结果如图 17-9 所示。从流域整体看，模拟评价的 1956～2016 年长系列年平均地下水资源量较第三次评价结果略小约 10.2 亿 m³，其中 P1 时段模拟评价值较第三次评价结果偏小 10.6 亿 m³，P2 时段模拟评价值偏小 10.0 亿 m³，P3 时段模拟评价值偏小 9.7 亿 m³。综合来看，地下水资源波动幅度显著小于地表水，模拟评价的地下水资源量结果具有较高的可靠性。

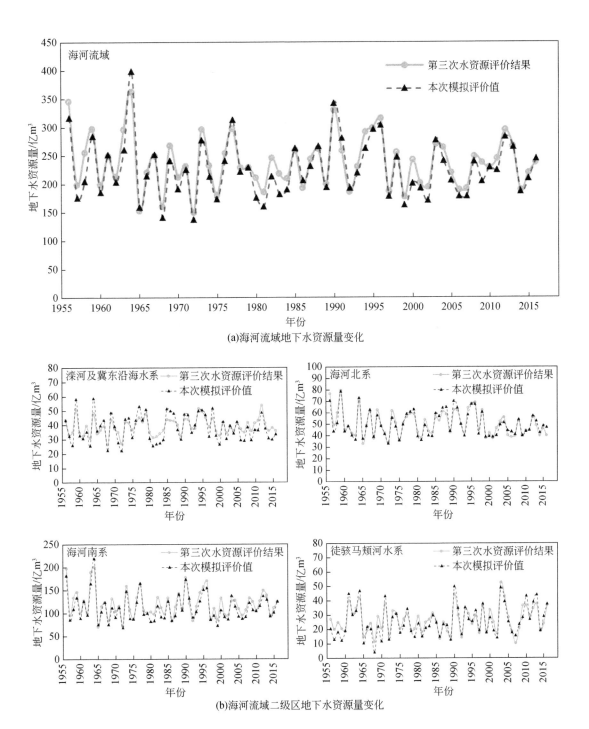

(a)海河流域地下水资源量变化

(b)海河流域二级区地下水资源量变化

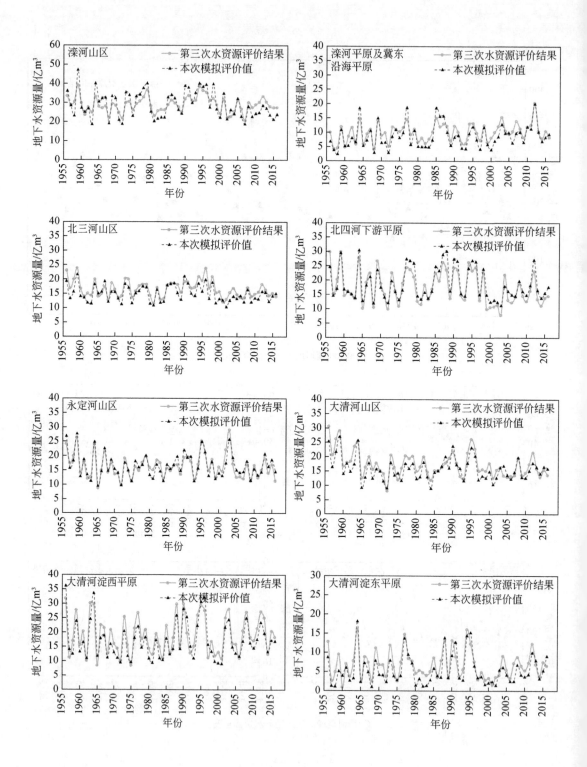

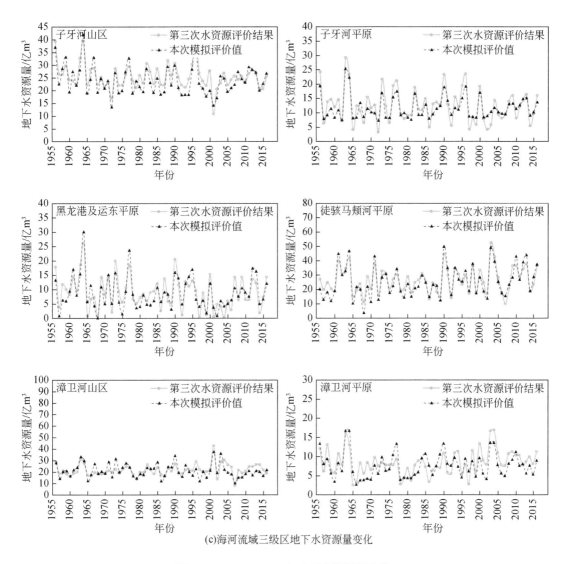

(c)海河流域三级区地下水资源量变化

图 17-9　1956～2016 年地下水资源量变化

从模拟评价结果看，1956～2016 年海河流域多年平均地下水资源量为 227.4 亿 m³，最大值为 399.6 亿 m³（1964 年），是多年平均值的 1.76 倍，最小值为 138.4 亿 m³（1972年），仅为多年平均值的 60.9%，最大值是最小值的 2.89 倍。分阶段看，统一核算标准后的海河流域地下水资源量呈微弱衰减趋势，P1 时段地表水资源量为 230.5 亿 m³，P2 时段地表水资源量为 228.1 亿 m³，较 P1 时段减少 2.4 亿 m³，P3 时段地表水资源量为 221.5 亿 m³，较 P1 时段减少 9.0 亿 m³，较 P2 时段减少 6.6 亿 m³。

进一步对模拟评价的地表水资源量结果进行频率分析，其统计特征值及不同水平年份的地下水资源量见表 17-4。1956～2016 年长系列，海河流域平水年（P=50%）的地下水资源量约为 222.8 亿 m³，丰水年（$P=25\%$）的地下水资源量为 263.4 亿 m³，枯水年（$P=75\%$）的地下水资源量为 190.8 亿 m³，特枯年（$P=95\%$）的地下水资源量为 161.6 亿 m³。

表 17-4 海河流域地下水资源量及统计特征

区域		统计年限	年数	平均地下水资源量/亿 m³	Cv	Cs/Cv	不同频率年地下水资源量/亿 m³			
							25%	50%	75%	95%
滦河及冀东沿海水系	滦河山区	1956~1979 年	24	30.7	0.24	0.43	35.6	32.6	25.3	19.1
		1980~2000 年	21	30.6	0.22	0.36	38.7	32.6	24.6	21.9
		2001~2016 年	16	25.5	0.16	5.96	28.2	24.5	22.9	21.5
		1956~2016 年	61	29.3	0.23	1.77	34.6	28.2	23.4	19.4
	滦河平原	1956~1979 年	24	8.4	0.50	2.19	10.8	7.5	5.6	3.2
		1980~2000 年	21	8.5	0.49	2.21	12.0	7.7	5.2	4.5
		2001~2016 年	16	10.2	0.31	6.30	11.5	10.0	8.6	6.8
		1956~2016 年	61	8.9	0.45	2.20	10.8	8.6	5.7	4.1
	小计	1956~1979 年	24	39.1	0.27	0.69	45.2	40.0	31.6	22.6
		1980~2000 年	21	39.1	0.25	0.20	50.2	40.1	30.3	26.7
		2001~2016 年	16	35.7	0.16	4.77	39.7	36.6	30.6	29.6
		1956~2016 年	61	38.2	0.24	1.39	47.4	36.9	30.6	25.8
海河北系	北三河山区	1956~1979 年	24	15.5	0.18	1.64	17.6	15.7	13.5	11.6
		1980~2000 年	21	15.6	0.20	0.51	18.7	15.9	13.0	11.6
		2001~2016 年	16	13.6	0.11	-0.07	15.1	13.5	12.7	12.1
		1956~2016 年	61	15.1	0.18	2.55	17.3	15.1	12.8	11.6
	北四河下游平原	1956~1979 年	24	19.1	0.29	2.36	24.7	17.3	14.8	12.3
		1980~2000 年	21	20.4	0.29	0.79	26.8	23.5	15.1	13.6
		2001~2016 年	16	16.4	0.22	7.79	18.1	16.3	14.7	12.6
		1956~2016 年	61	18.9	0.29	2.49	24.3	16.7	14.7	12.6
	永定河山区	1956~1979 年	24	16.9	0.28	2.56	18.9	16.1	14.2	9.9
		1980~2000 年	21	16.4	0.22	2.44	19.8	17.0	13.5	11.4
		2001~2016 年	16	16.5	0.21	6.02	18.8	15.6	14.5	13.2
		1956~2016 年	61	16.7	0.25	3.22	18.9	15.9	14.0	11.4
	小计	1956~1979 年	24	51.5	0.24	2.50	61.4	48.9	41.7	36.4
		1980~2000 年	21	52.4	0.22	0.50	65.0	57.5	40.4	39.1
		2001~2016 年	16	46.5	0.12	4.62	51.7	45.1	42.8	40.2
		1956~2016 年	61	50.7	0.22	2.98	59.6	48.9	40.8	37.0

续表

区域		统计年限	年数	平均地下水资源量/亿 m³	Cv	Cs/Cv	不同频率年地下水资源量/亿 m³			
							25%	50%	75%	95%
海河南系	大清河山区	1956~1979 年	24	16.5	0.28	2.88	18.0	16.1	13.7	9.4
		1980~2000 年	21	15.9	0.23	2.47	18.2	16.1	13.2	11.9
		2001~2016 年	16	15.0	0.15	0.74	16.7	15.3	13.1	12.5
		1956~2016 年	61	15.9	0.24	3.67	17.8	15.8	13.1	10.6
	大清河淀西平原	1956~1979 年	24	17.2	0.40	3.56	20.5	16.0	11.9	9.7
		1980~2000 年	21	17.1	0.42	2.10	25.4	15.2	11.1	9.5
		2001~2016 年	16	17.3	0.26	0.90	21.8	17.0	14.6	11.7
		1956~2016 年	61	17.2	0.38	2.81	21.8	16.0	11.9	9.6
	大清河淀东平原	1956~1979 年	24	5.7	0.70	2.30	8.0	4.3	2.9	1.3
		1980~2000 年	21	5.7	0.80	1.53	9.4	3.7	2.9	1.6
		2001~2016 年	16	5.1	0.47	1.43	6.9	4.4	3.4	2.5
		1956~2016 年	61	5.5	0.70	2.05	7.4	4.2	2.9	1.5
	子牙河山区	1956~1979 年	24	25.5	0.26	2.77	28.8	24.7	20.0	19.1
		1980~2000 年	21	23.0	0.22	6.52	28.5	21.6	19.3	18.4
		2001~2016 年	16	23.5	0.17	-3.87	27.2	24.7	21.1	17.2
		1956~2016 年	61	24.1	0.23	3.91	27.6	23.3	19.7	17.9
	子牙河平原	1956~1979 年	24	12.1	0.40	3.53	15.5	10.1	8.5	7.7
		1980~2000 年	21	12.0	0.30	2.70	15.2	11.6	9.0	8.3
		2001~2016 年	16	11.6	0.18	2.07	13.5	11.7	9.9	9.1
		1956~2016 年	61	11.9	0.33	4.24	13.9	10.5	9.0	8.1
	黑龙港及运东平原	1956~1979 年	24	9.7	0.72	1.66	15.3	8.4	5.2	0.9
		1980~2000 年	21	8.3	0.52	1.12	12.1	8.0	4.8	3.2
		2001~2016 年	16	8.1	0.53	1.48	10.5	7.6	5.1	3.8
		1956~2016 年	61	8.8	0.64	2.00	12.1	7.6	5.0	1.6
	漳卫河山区	1956~1979 年	24	22.3	0.48	1.45	31.1	20.6	14.9	10.7
		1980~2000 年	21	21.0	0.34	2.70	33.5	25.0	19.3	15.1
		2001~2016 年	16	20.9	0.37	0.76	39.7	28.7	19.3	15.8
		1956~2016 年	61	21.5	0.41	1.31	33.5	23.8	18.0	12.5
	漳卫河平原	1956~1979 年	24	7.7	0.26	1.08	27.9	21.4	18.2	14.5
		1980~2000 年	21	7.8	0.25	1.97	24.6	21.6	17.3	12.4
		2001~2016 年	16	8.1	0.33	4.66	22.1	19.6	17.5	15.4
		1956~2016 年	61	7.8	0.28	2.74	24.5	20.6	17.3	12.5
	小计	1956~1979 年	24	116.7	0.31	3.83	134.8	110.2	89.7	75.7
		1980~2000 年	21	110.8	0.25	3.25	133.2	107.4	90.6	82.5
		2001~2016 年	16	109.6	0.16	2.30	126.3	107.4	93.8	88.5
		1956~2016 年	61	112.7	0.26	4.73	127.2	107.4	91.9	76.2

区域		统计年限	年数	平均地下水资源量/亿 m³	Cv	Cs/Cv	不同频率年地下水资源量/亿 m³			
							25%	50%	75%	95%
徒骇马颊河水系	徒骇马颊河平原	1956～1979 年	24	23.2	0.48	1.45	31.1	20.6	14.9	10.7
		1980～2000 年	21	25.8	0.34	2.70	33.5	25.0	19.3	15.1
		2001～2016 年	16	29.7	0.37	0.76	39.7	28.7	19.3	15.8
		1956～2016 年	61	25.8	0.41	1.31	33.5	23.8	18.0	12.5
海河流域		1956～1979 年	24	230.5	0.25	3.49	261.3	226.4	192.3	142.4
		1980～2000 年	21	228.1	0.22	2.99	267.4	220.2	190.8	163.3
		2001～2016 年	16	221.5	0.16	2.14	245.5	225.3	193.5	178.9
		1956～2016 年	61	227.4	0.22	3.81	263.4	222.8	190.8	161.6

17.5.2　地下水径流模数及其变化

地下水径流模数也称为地下径流率，指 1km² 含水层分布面积上的地下水径流量，表示一个地区以地下径流形式存在的地下水量的多少。地下水径流模数是一个动态值，与地层岩性、水文地质条件、降水量变化等因素有关。一般按照以下公式计算：

$$M_{年} = \frac{W_{年}}{F \times T} \qquad (17\text{-}20)$$

式中，$M_{年}$ 为年度地下水径流模数 [万 m³/(km²·a)]；$W_{年}$ 为年度地下水资源量（万 m³）；F 为流域单元面积（km²）；T 为时间（a）。

根据地下水资源模拟评价结果，计算并绘制海河流域不同时段地下水径流模数的空间分布及变化，如图 17-10 和图 17-11 所示。可以看出，三个时段地下水径流模数微弱减少，总体变化不大，P1、P2、P3 时段地下水径流模数分别为 7.2 万 m³/(km²·a)、7.1 万 m³/(km²·a)、6.9 万 m³/(km²·a)。空间分布上看，徒骇马颊河平原地下径流模数最大，主要是该地区地下水埋深较浅，大量的引黄灌溉增加了地下水补给量；其次是大清河淀西平原和北四河下游平原、子牙河山区和子牙河平原，漳卫河平原和黑龙港及运东平原地下水径流模数最小。

(a)P1(1956~1979年)

(b)P2(1980~2000年)

(c)P3(2001~2016年)

图 17-10　P1～P3 时段地下水径流模数空间分布

(a)P2–P1

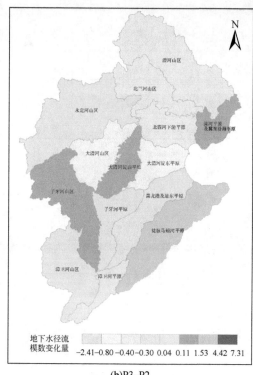

(b)P3–P2

(c)P3–P1

图 17-11　P1～P3 时段地下水径流模数变化量

17.6　水资源总量评价

17.6.1　流域及不同分区水资源总量

通过对地表水和地下水的分析计算，再扣除重复计算量，得到海河流域及各三级流域1956～2016年总水资源量，并将模拟计算结果与第三次评价结果进行对比，如图17-12所示。从流域整体看，模拟评价的1956～2016年长系列年平均水资源总量较第三次评价结果略小约5.0亿 m³，其中P1时段模拟评价值较第三次评价结果偏小15.1亿 m³，P2时段模拟评价值相当，仅略大0.6亿 m³，P3时段模拟评价值略大2.7亿 m³。综合来看，模拟评价的水资源总量结果具有较高的可靠性。

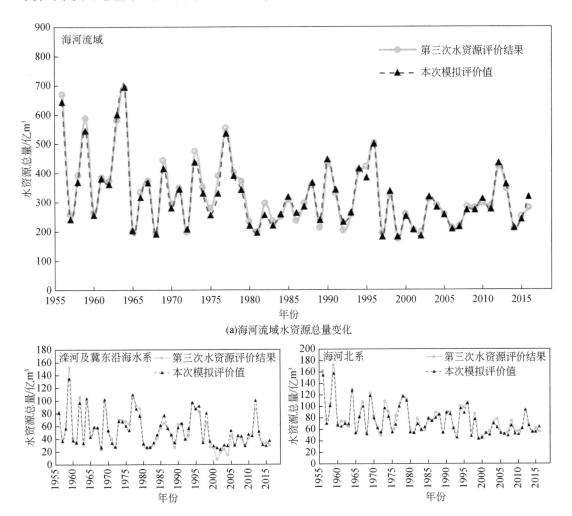

(a)海河流域水资源总量变化

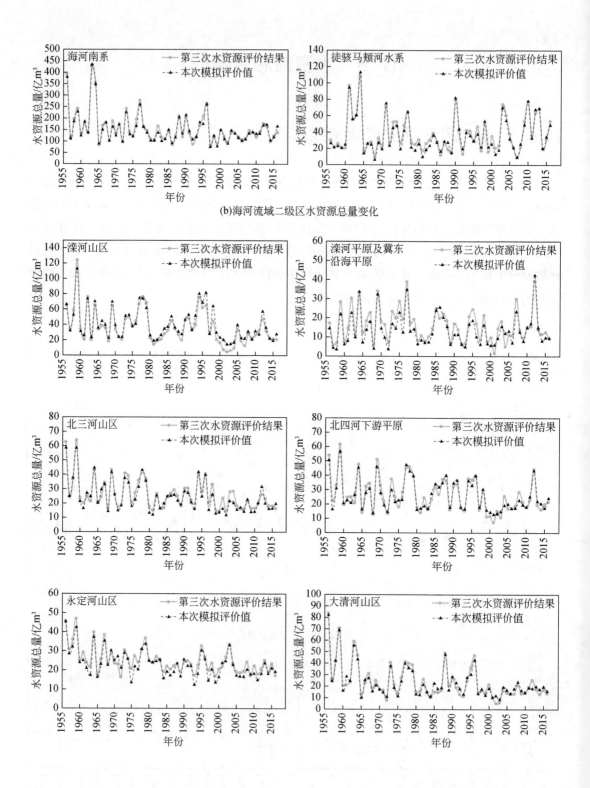

(b)海河流域二级区水资源总量变化

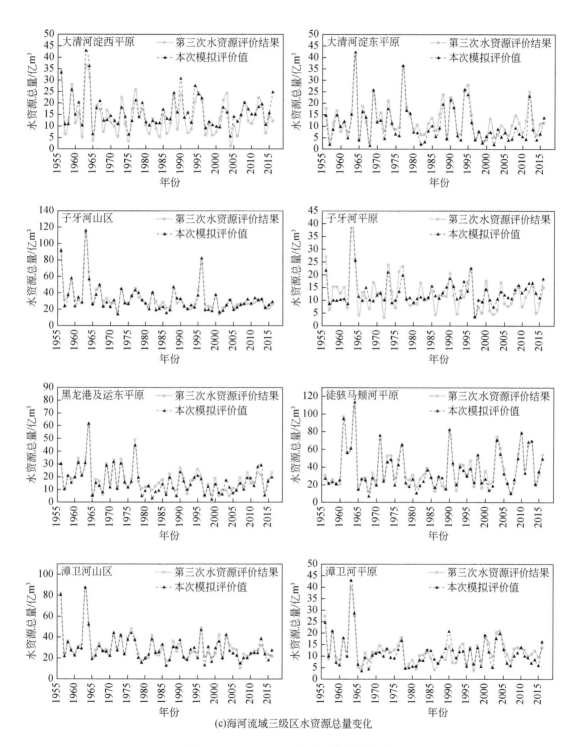

(c)海河流域三级区水资源总量变化

图 17-12　1956~2016 年总水资源量变化

从模拟评价结果看，1956～2016 年海河流域年均水资源总量为 321.8 亿 m³，最大值为 672.5 亿 m³（1964 年），是多年平均值的 2.09 倍，最小值为 182.5 亿 m³（1999 年），仅为多年平均值的 56.7%，最大值是最小值的 3.68 倍。分阶段看，统一核算标准后的海河流域水资源总量呈显著衰减趋势，P1 时段水资源总量为 377.9 亿 m³，P2 时段水资源总量为 293.8 亿 m³，较 P1 时段减少 84.1 亿 m³，P3 时段水资源总量为 274.7 亿 m³，较 P1 时段减少 103.2 亿 m³，较 P2 时段减少 19.1 亿 m³。

17.6.2 不同频率水资源总量变化

根据评价结果，进一步对水资源总量序列进行频率分析，其统计特征值及不同水平年份的水资源总量见表 17-5。1956～2016 年长系列，海河流域平水年（$P=50\%$）的水资源总量约为 310.8 亿 m³，丰水年（$P=25\%$）的水资源总量为 372.2 亿 m³，枯水年（$P=75\%$）的水资源总量为 241.7 亿 m³，特枯年（$P=95\%$）的水资源总量为 197.1 亿 m³。

表 17-5 海河流域水资源总量及统计特征

区域		统计年限	年数	年均水资源总量/亿 m³	Cv	Cs/Cv	不同频率年水资源总量/亿 m³			
							25%	50%	75%	95%
滦河及冀东沿海水系	滦河山区	1956～1979 年	24	50.6	0.45	2.37	70.2	45.2	33.9	24.2
		1980～2000 年	21	41.8	0.44	2.13	53.2	36.7	28.2	20.7
		2001～2016 年	16	27.1	0.40	3.88	32.5	23.4	20.5	15.2
		1956～2016 年	61	41.4	0.51	2.43	53.2	36.3	24.6	19.4
	滦河平原及冀东沿海平原	1956～1979 年	24	16.6	0.60	1.54	24.2	15.6	8.9	4.7
		1980～2000 年	21	12.0	0.52	1.75	16.8	11.3	6.7	6.0
		2001～2016 年	16	14.2	0.60	4.16	15.7	12.9	9.6	7.3
		1956～2016 年	61	14.4	0.60	2.41	17.4	12.9	7.6	5.2
	小计	1956～1979 年	24	67.2	0.45	1.70	90.6	60.8	40.8	29.6
		1980～2000 年	21	53.8	0.41	1.58	77.2	57.1	34.7	28.1
		2001～2016 年	16	41.3	0.43	5.50	47.6	37.9	29.9	26.7
		1956～2016 年	61	55.8	0.48	2.29	69.6	47.6	34.7	28.0

续表

区域		统计年限	年数	年均水资源总量/亿 m³	Cv	Cs/Cv	不同频率年水资源总量/亿 m³			
							25%	50%	75%	95%
海河北系	北三河山区	1956~1979 年	24	32.1	0.38	2.47	40.0	30.1	23.0	17.4
		1980~2000 年	21	22.9	0.34	2.68	26.7	25.3	16.4	13.5
		2001~2016 年	16	18.8	0.24	5.86	20.9	17.6	16.0	14.5
		1956~2016 年	61	25.5	0.43	3.35	30.1	23.0	17.0	13.8
	北四河下游平原	1956~1979 年	24	31.0	0.40	1.72	43.4	28.6	22.3	14.9
		1980~2000 年	21	26.4	0.35	0.32	35.1	30.8	17.3	16.3
		2001~2016 年	16	21.0	0.33	6.82	24.2	20.3	17.4	13.5
		1956~2016 年	61	26.8	0.41	2.33	34.5	24.0	17.6	14.6
	永定河山区	1956~1979 年	24	27.3	0.28	2.15	32.4	26.0	22.1	16.7
		1980~2000 年	21	20.8	0.22	0.34	25.1	22.4	17.0	13.8
		2001~2016 年	16	20.7	0.21	7.48	23.8	19.5	18.2	16.8
		1956~2016 年	61	23.3	0.29	3.76	26.0	22.9	18.3	14.8
	小计	1956~1979 年	24	90.4	0.34	2.79	110.3	82.6	69.2	54.6
		1980~2000 年	21	70.1	0.26	0.75	87.0	75.4	54.8	45.3
		2001~2016 年	16	60.5	0.18	10.16	67.3	56.1	52.7	50.7
		1956~2016 年	61	75.6	0.34	4.19	89.2	69.8	55.3	48.8
海河南系	大清河山区	1956~1979 年	24	32.1	0.55	2.51	40.8	27.0	20.0	11.9
		1980~2000 年	21	21.8	0.44	3.66	28.2	18.9	14.3	13.0
		2001~2016 年	16	17.1	0.22	-2.06	19.9	18.1	15.1	11.1
		1956~2016 年	61	24.6	0.57	3.71	28.9	19.9	15.8	11.9
	大清河淀西平原	1956~1979 年	24	20.4	0.47	2.88	23.9	16.7	14.5	8.8
		1980~2000 年	21	15.8	0.39	3.09	22.5	13.4	11.6	10.0
		2001~2016 年	16	15.6	0.28	-0.85	18.6	15.9	14.2	9.7
		1956~2016 年	61	17.6	0.44	3.75	21.0	15.9	12.5	9.4
	大清河淀东平原	1956~1979 年	24	11.3	0.64	2.37	13.5	11.2	6.3	2.1
		1980~2000 年	21	10.0	0.71	1.54	18.2	7.8	4.7	2.9
		2001~2016 年	16	8.5	0.54	4.13	9.6	7.8	6.6	4.1
		1956~2016 年	61	10.1	0.66	2.22	12.5	8.7	5.6	2.9
	子牙河山区	1956~1979 年	24	41.1	0.54	4.07	45.5	35.0	28.2	25.4
		1980~2000 年	21	29.2	0.50	5.04	37.3	23.9	20.2	18.3
		2001~2016 年	16	26.7	0.20	-1.41	32.1	27.1	22.8	18.8
		1956~2016 年	61	33.2	0.53	5.11	37.3	28.8	22.8	18.3

区域		统计年限	年数	年均水资源总量/亿 m³	Cv	Cs/Cv	不同频率年水资源总量/亿 m³			
							25%	50%	75%	95%
海河南系	子牙河平原	1956~1979年	24	14.3	0.52	4.90	15.6	10.8	10.4	9.0
		1980~2000年	21	12.8	0.30	1.36	15.6	11.8	10.7	9.2
		2001~2016年	16	13.2	0.22	0.53	16.1	13.2	11.1	10.2
		1956~2016年	61	13.5	0.41	6.92	15.6	11.8	10.6	9.0
	黑龙港及运东平原	1956~1979年	24	15.9	0.56	2.95	21.1	15.1	9.5	5.2
		1980~2000年	21	11.7	0.47	0.34	17.5	12.1	8.1	3.4
		2001~2016年	16	12.7	0.43	1.56	16.3	13.1	8.5	6.2
		1956~2016年	61	13.6	0.54	2.97	17.5	12.6	8.3	5.0
	漳卫河山区	1956~1979年	24	34.9	0.64	2.01	54.8	27.6	22.0	15.9
		1980~2000年	21	26.4	0.49	3.82	38.7	28.8	22.8	15.8
		2001~2016年	16	25.9	0.52	0.64	68.6	35.6	22.4	16.9
		1956~2016年	61	29.6	0.58	2.06	50.5	28.8	22.0	15.8
	漳卫河平原	1956~1979年	24	11.9	0.50	3.96	41.9	29.4	24.6	19.9
		1980~2000年	21	10.7	0.32	1.50	31.1	28.3	20.1	13.5
		2001~2016年	16	11.5	0.28	3.79	27.7	24.9	20.5	18.2
		1956~2016年	61	11.4	0.45	5.45	35.5	26.9	21.1	15.7
	小计	1956~1979年	24	181.9	0.46	3.72	216.7	157.5	129.6	100.2
		1980~2000年	21	138.4	0.33	3.22	176.2	136.4	104.2	79.4
		2001~2016年	16	131.2	0.17	1.57	145.6	136.5	113.9	103.9
		1956~2016年	61	153.6	0.42	5.49	170.2	137.7	113.9	93.7
徒骇马颊河水系	徒骇马颊河平原	1956~1979年	24	38.4	0.64	2.01	54.8	27.6	22.0	15.9
		1980~2000年	21	31.5	0.49	3.82	38.7	28.8	22.8	15.8
		2001~2016年	16	41.7	0.52	0.64	68.6	35.6	22.4	16.9
		1956~2016年	61	36.8	0.58	2.06	50.5	28.8	22.0	15.8
海河流域		1956~1979年	24	377.9	0.34	2.42	434.0	360.9	284.0	209.9
		1980~2000年	21	293.8	0.29	2.81	366.6	263.7	231.9	183.6
		2001~2016年	16	274.7	0.22	3.97	318.0	275.9	217.0	209.1
		1956~2016年	61	321.8	0.34	3.70	372.2	310.8	241.7	197.1

17.7 本章小结

本章梳理了现有水资源评价方法及其对还原、还现问题的考虑，详细解析了现有水资源评价方法在新形势下存在的问题和面临的挑战，提出了基于"物理机制–数值模拟"的水资源动态评价方法，并采用该方法对海河流域 1956～2016 年水资源量进行了评价，将模拟评价结果与第三次水资源评价成果进行对比，结果满足精度需求。

（1）降水资源量。海河流域 1956～2016 年平均降水量为 527mm，折算成水量约为 1690 亿 m³。按时段分，P1 时段平均降水量为 564mm，折算成水量为 1806 亿 m³；P2 时段平均降水量为 502mm，折算成水量为 1610 亿 m³；P3 时段平均降水量为 506mm，折算成水量为 1621 亿 m³。空间上呈自东南向西北依次减小的态势，平原区降水量普遍高于山区。

（2）地表水资源量。模拟评价得到海河流域 1956～2016 年平均地表水资源量为 166.6 亿 m³。其中，P1 时段平均为 207.5 亿 m³，P2 时段平均为 150.5 亿 m³，P3 时段平均为 126.6 亿 m³。地表水资源量持续衰减，且在 P1 到 P2 时段衰减最为显著。

（3）地下水资源量。模拟评价得到海河流域 1956～2016 年平均地下水资源量为 227.4 亿 m³。其中，P1 时段平均为 230.5 亿 m³，P2 时段平均为 228.1 亿 m³，P3 时段平均为 221.5 亿 m³。地下水资源量呈微弱衰减趋势，总体变化不大。

（4）水资源总量。模拟评价得到海河流域 1956～2016 年平均水资源总量为 321.8 亿 m³。其中，P1 时段平均为 378 亿 m³，P2 时段平均为 293.8 亿 m³，P3 时段平均为 274.7 亿 m³。水资源总量持续衰减趋势明显，总体趋势与地表水资源衰减较为一致。

|第18章| 强人类活动对海河流域水资源量的影响解析

由于大规模、长期的土地与水资源开发利用，海河流域地表水、土壤水和地下水运动过程均受到强人类活动的持续影响。土地的开发利用（如城镇化、耕地、水土保持等）改变了陆地表面植被类型、分布特征、覆盖率和土壤质地，直接影响控制水循环陆面过程的关键要素。与此同时，水资源开发利用过程中形成引水—输水—用水—耗水—排水等人工循环系统，也在改变着地表径流和地下径流的自然循环路径，形成水循环系统的人工结构体系。水循环系统结构的变化必然影响流域水资源的形成、转化及分布，并反过来影响水资源开发利用及水系统的健康持续。本章重点围绕农业灌溉、地下水埋深变化、土地利用变化、植被覆盖度变化四类典型的人类活动，模拟评估不同措施强度下的水资源演变及分布，为定量解析水资源衰减归因提供参考依据。

18.1 农业灌溉对水资源量的影响

18.1.1 海河流域农业灌溉发展趋势

灌溉面积是反映区域水土资源利用的重要指标，与粮食产量、灌溉水量、地下水开采等因素密切相关。有效灌溉面积是指灌溉工程能够进行正常灌溉的水田和旱地面积之和，是反映区域耕地抗旱能力的一个重要指标。有效灌溉面积占比是指有效灌溉的耕地面积占耕地总面积的比例，是反映区域农田水利建设水平的重要指标。其中，耕地面积和灌溉面积大小在一定程度上直接影响农业用水需求规模，对农业用水管理有重要参考意义。

海河流域平原地区是我国重要的粮棉油生产基地。据统计，海河流域的耕地面积超过1.6亿亩，占全国耕地面积的11%，其中京津冀地区的耕地面积为1.06亿亩。从耕地面积过去40年的变化趋势看（图18-1），京津冀地区的耕地呈持续减少的趋势，由1978年的11 359.6万亩下降至2017年的10 006.1万亩，减少了11.9%。其中，北京市耕地面积下降幅度最大，1978～2017年耕地面积由643.5万亩下降至321万亩，减少了50.1%；天津市耕地面积由704.1万亩下降至557.1万亩，减少了20.9%；河北省由10 012万亩下降至 8851.5 万亩，减少了 11.6%，2009 年小幅回升至 9191.5 万亩，此后逐渐减少至 9128 万亩。

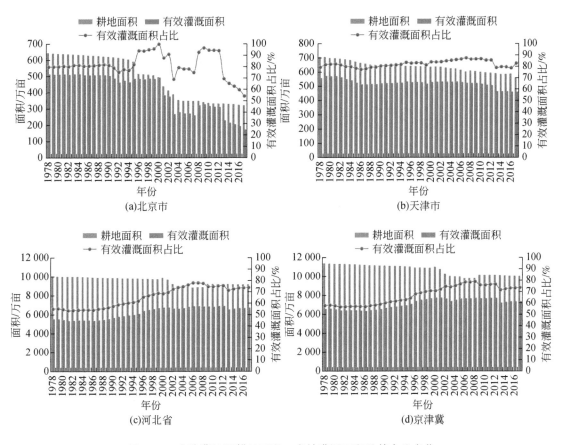

图 18-1　京津冀地区耕地面积、有效灌溉面积及其占比变化

与此同时，海河流域京津冀地区的有效灌溉面积及其占比整体均呈现出上升趋势，有效灌溉面积由 1978 年的 6559.2 万亩增加至 2017 年的 7345.2 万亩，增加了 11.9%，有效灌溉面积占比由 57% 增加至 73%。其中，北京市整体上呈现逐渐减小的趋势，1978 ~ 2017 年有效灌溉面积由 512.6 万亩减少至 173.2 万亩，减少了 66.2%；有效灌溉面积占比由 79% 下降至 53%。天津市有效灌溉面积也表现出逐渐减少的趋势，1978 ~ 2017 年有效灌溉面积由 556.3 万亩下降至 459.9 万亩，减少了 17.3%，但有效灌溉面积占比由 79% 增加至 82%。河北省 1978 ~ 2001 年有效灌溉面积由 5490.3 万亩增加至 6728.1 万亩，增加了 22.5%，2002 ~ 2012 年波动性变化，2012 ~ 2017 年减少到 6712.0 万亩，有效灌溉面积占比由 54% 增加至 74%（图 18-1）。

伴随着耕地面积、有效灌溉面积及用水效率的提升，海河流域京津冀区域的农业用水量整体呈显著下降趋势（图 18-2），农业用水总量从 2000 年的 190 亿 m³ 下降至 2017 年的 142 亿 m³，减少 25%。其中，北京市农业用水总量降幅最为显著，从 2000 年的 16.5 亿 m³ 下降至 2017 年的 5.1 亿 m³，减少 69%；天津市农业用水总量保持相对平稳、略有减少，从 2000 年的 11.9 亿 m³ 下降至 2017 年的 10.7 亿 m³，减少 10%；河北省农业用水总量明显减少，从 2000 年的 161.7 亿 m³ 下降至 2017 年的 126.1 亿 m³，减少 22%。

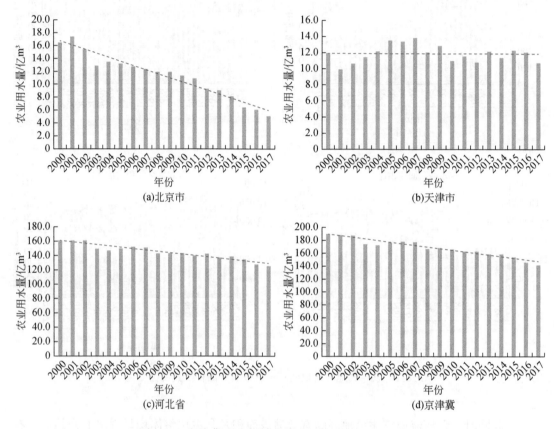

图 18-2　京津冀地区农业用水量变化（2000～2017 年）

18.1.2　不同节水灌溉条件下的流域水资源量变化

1）节水灌溉情景

为定量解析农业灌溉用水变化对流域水资源量的影响，本次研究以 2016 年现状农业用水量为基准（C0），考虑节水 10% 情景（C1）、节水 20% 情景（C2）、节水 50% 情景（C3）及全部采用雨养农业情景（无灌溉，C4）四种不同节水情景方案，模拟不同农业节水灌溉条件下的水循环响应与水资源量变化，对比分析农业灌溉水量变化对海河流域水资源量影响。

2）不同灌溉水量下的水资源量变化分析

表 18-1 为不同节水灌溉情景方案下的水资源量评价结果，对比发现，由于农业灌溉直接改变了土壤含水量分布及其产流入渗过程，对地表及地下水资源量的形成均产生显著影响，具体分析如下。

表 18-1　不同节水灌溉情景下海河流域三级分区水资源量变化 （单位：亿 m³）

区域	水资源量	灌溉水量设置				
		基准情景	C1 情景（节水 10%）	C2 情景（节水 20%）	C3 情景（节水 50%）	C4 情景（雨养）
滦河山区	地表水资源量	32.3	32.0	31.8	31.2	31.2
	地下水资源量	29.3	28.9	28.4	27.0	24.9
	水资源总量	41.4	40.9	40.3	38.9	36.8
滦河平原及冀东沿海平原	地表水资源量	7.0	6.8	6.7	6.4	6.3
	地下水资源量	8.9	8.4	8.0	7.2	6.9
	水资源总量	14.4	13.8	13.3	12.4	12.1
滦河及冀东沿海水系小计	地表水资源量	39.3	38.8	38.5	37.6	37.5
	地下水资源量	38.2	37.3	36.4	34.2	31.8
	水资源总量	55.8	54.7	53.6	51.3	48.9
北三河山区	地表水资源量	15.6	15.5	15.4	15.3	15.1
	地下水资源量	15.1	14.9	14.7	14.2	13.4
	水资源总量	25.5	25.2	25.0	24.5	23.6
北四河下游平原	地表水资源量	10.0	9.8	9.6	9.3	9.0
	地下水资源量	18.9	18.2	17.5	16.4	15.7
	水资源总量	26.8	26.1	25.4	24.2	23.5
永定河山区	地表水资源量	11.4	11.3	11.2	11.0	10.7
	地下水资源量	16.7	16.3	16.0	15.0	13.2
	水资源总量	23.3	22.9	22.6	21.5	19.8
海河北系小计	地表水资源量	37.0	36.6	36.2	35.6	34.8
	地下水资源量	50.7	49.4	48.2	45.6	42.3
	水资源总量	75.6	74.2	73.0	70.2	66.9

区域	水资源量	灌溉水量设置				
		基准情景	C1 情景（节水 10%）	C2 情景（节水 20%）	C3 情景（节水 50%）	C4 情景（雨养）
大清河山区	地表水资源量	15.4	15.1	14.8	13.9	13.4
	地下水资源量	15.9	15.5	15.2	14.0	12.3
	水资源总量	24.6	24.1	23.5	21.9	20.1
大清河淀西平原	地表水资源量	2.4	2.2	2.1	1.8	1.7
	地下水资源量	17.2	15.8	14.7	12.2	11.3
	水资源总量	17.6	16.3	15.1	12.7	11.8
大清河淀东平原	地表水资源量	5.0	5.0	4.9	4.9	4.9
	地下水资源量	5.5	5.1	4.8	4.3	3.8
	水资源总量	10.1	9.7	9.4	8.8	8.3
子牙河山区	地表水资源量	21.3	21.1	20.9	20.6	20.2
	地下水资源量	24.1	23.8	23.5	22.8	21.6
	水资源总量	33.2	32.8	32.5	31.7	30.6
子牙河平原	地表水资源量	2.1	2.1	2.0	1.9	1.9
	地下水资源量	11.9	10.8	9.9	8.5	9.0
	水资源总量	13.5	12.4	11.4	10.0	10.5
黑龙港及运东平原	地表水资源量	4.8	4.8	4.7	4.6	4.5
	地下水资源量	8.8	8.4	7.9	7.0	6.6
	水资源总量	13.6	13.1	12.7	11.8	11.4
漳卫河山区	地表水资源量	20.5	20.5	20.4	20.4	20.3
	地下水资源量	21.5	21.5	21.4	21.3	21.1
	水资源总量	29.6	29.6	29.5	29.4	29.2
漳卫河平原	地表水资源量	4.0	3.8	3.4	2.9	2.7
	地下水资源量	7.8	7.3	6.5	5.2	4.7
	水资源总量	11.4	10.7	9.7	8.4	7.9
海河南系小计	地表水资源量	75.5	74.6	73.2	71.0	69.6
	地下水资源量	112.7	108.2	103.9	95.3	90.4
	水资源总量	153.6	148.7	143.8	134.7	129.8

续表

区域	水资源量	灌溉水量设置				
		基准情景	C1 情景 （节水 10%）	C2 情景 （节水 20%）	C3 情景 （节水 50%）	C4 情景 （雨养）
徒骇马颊 河水系小计	地表水资源量	14.8	14.2	13.3	11.9	11.1
	地下水资源量	25.8	24.2	21.7	17.5	15.5
	水资源总量	36.8	35.2	32.6	28.3	26.4
海河流域合计	地表水资源量	166.6	164.2	161.2	156.1	153.0
	地下水资源量	227.4	219.1	210.2	192.6	180.0
	水资源总量	321.8	312.8	303.0	284.5	272.0

（1）对地表水资源量的影响。C1～C4 情景条件下，1956～2016 年海河流域地表水资源量分别为 164.2 亿 m³、161.2 亿 m³、156.1 亿 m³、153.0 亿 m³，与基准情景相比，分别减少了 2.4 亿 m³、5.4 亿 m³、10.5 亿 m³、13.6 亿 m³。从区域上看（图 18-3），节水对灌溉面积更大、分布更集中的海河南系和徒骇马颊河水系地表水资源量影响更为显著，若全部采用雨养模式，其地表水资源量分别减少 5.9 亿 m³、3.7 亿 m³。分析认为，采取农业节水措施，减少农业灌溉水量会导致土壤含水量降低，土壤水分更多通过蒸发蒸腾消耗，使得降水或灌溉时需要更多的水分来补充土壤水分亏缺，形成地表产流所需降水量更大，是导致地表水资源量减少的主要原因。

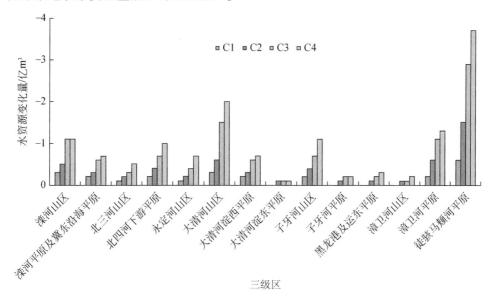

图 18-3　不同节水灌溉情景下海河流域三级分区地表水资源量变化

（2）对地下水资源量的影响。C1~C4 情景条件下，1956~2016 年海河流域地下水资源量分别为 219.1 亿 m³、210.2 亿 m³、192.6 亿 m³、180.0m³，与基准情景相比分别减少了 8.3 亿 m³、17.2 亿 m³、34.8 亿 m³、47.4 亿 m³，可见节水灌溉对地下水资源的影响更大。从区域变化来看（图 18-4），海河南系、徒骇马颊河水系的地下水资源量变化最为显著，若全部采取雨养模式，地下水资源量分别减少 22.3 亿 m³、10.3 亿 m³。

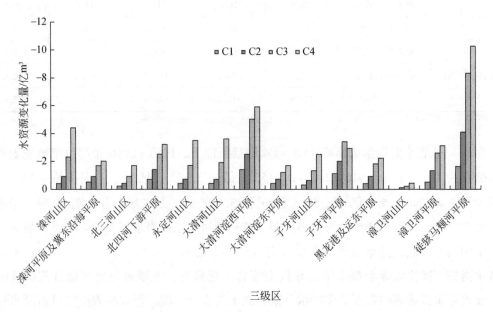

图 18-4　不同节水灌溉情景下海河流域三级分区地下水资源量变化

（3）对总水资源量的影响。C1~C4 情景条件下，1956~2016 年海河流域水资源总量分别为 312.8 亿 m³、303.0 亿 m³、284.5 亿 m³、272.0m³，与基准情景相比分别减少了 9.0 亿 m³、18.8 亿 m³、37.3 亿 m³、49.8 亿 m³。从区域变化来看（图 18-5），仍然是海河南系、徒骇马颊河水系的地下水资源量变化最为显著，若全部采取雨养模式，水资源总量分别减少 23.8 亿 m³、10.4 亿 m³。

（4）对山区、平原区水资源量的影响比较。对比来看（图 18-6），C1~C4 情景条件下，海河流域山区水资源总量分别减少 2.1 亿 m³、4.2 亿 m³、9.7 亿 m³、17.5m³，平原区水资源总量分别减少 6.9 亿 m³、14.6 亿 m³、27.6 亿 m³、32.3 亿 m³，节水灌溉带来的影响主要来自地下水资源量的变化、平原区水资源量的变化。

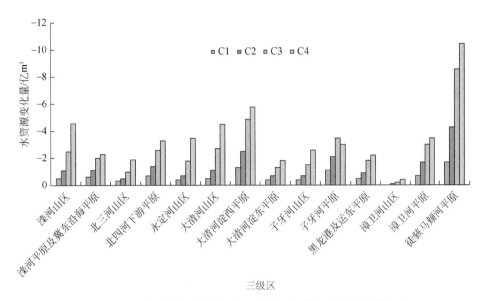

图 18-5　不同节水灌溉情景下海河流域三级分区水资源总量变化

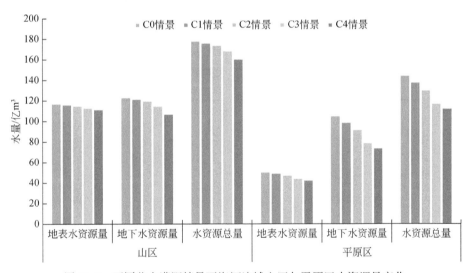

图 18-6　不同节水灌溉情景下海河流域山区与平原区水资源量变化

18.2　地下水埋深变化对水资源量的影响

18.2.1　海河平原区地下水埋深演变过程

过去 60 年，地表水拦蓄、地下水过量开采等人类活动引发海河平原区地下水系统发生了重大的变化,尤其是近 30 年对地下水长期大量开发利用造成严重超采问题。一些地区由于过量开采地下水,地下水流场由天然状态逐渐发展为非稳定状态,形成大面积的地下水降落漏斗。目前,海河平原主要形成浅层地下水位降落漏斗,如天竺通州漏斗(影响范围为朝阳区、通州区等)、高蠡肃漏斗(影响范围为高阳县、肃宁县等)、宁柏隆漏斗(影响范围为宁晋县、柏乡县等)。本研究根据《中国地质环境监测地下水位年鉴》公布的地下水位监测井数据及《华北平原地下水可持续利用图集》等资料绘制了海河平原不同时期的浅层地下水埋深空间分布图(图 18-7),对海河平原区浅层地下水演变过程进行分析。

1960 年以前人类活动干扰较少,海河平原区地下水基本处于天然流场状态,山前平原潜水层地下水埋深为 1~5m,中部平原及滨海平原区大部分地区为 0~1m,天然条件下,地下水流动相对稳定,沿山前平原向东流动;1960~1980 年,随农业、工业级城镇的发展,地下水开采量逐渐增加,局部地区开始集中开采地下水,形成局部地下水位降落漏斗,改变了地下水天然流场状态,由山前平原向滨海排泄的地下水原始流场转变为向漏斗中心汇集;1980~1990 年,区域地下水位快速下降,该阶段人类用水量快速增加,地下水成为工、农、生活用水的主要供给水源,地下水大量开采,水位普遍下降,形成多个地下水位降落漏斗,地下水下降速度可达 1m/a;1990 年以后,由于地下水位下降引发一系列环境地质问题,区域内部分地区开始限制地下水的开采,地下水位下降呈明显减缓趋势,

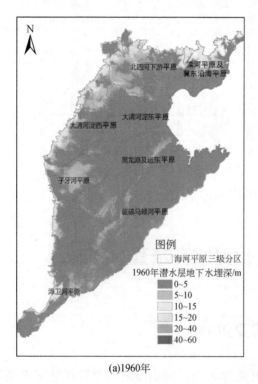

(a)1960年

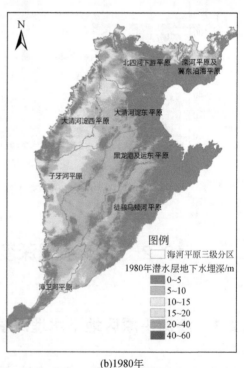

(b)1980年

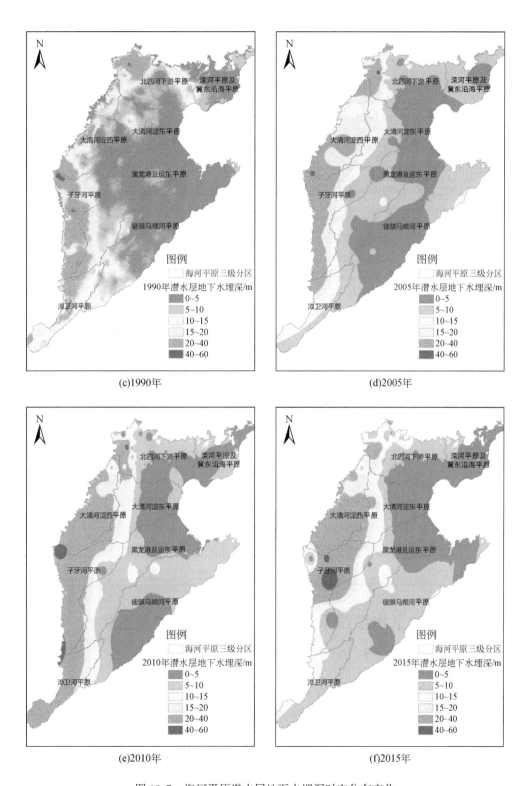

图 18-7　海河平原潜水层地下水埋深时空分布变化

局部地区地下水位有所回升，2010 年以后，整个区域地下水位得到明显回升。从空间来看，山前平原区是浅层地下水主要开采利用区，形成一连串浅层地下水降落漏斗，且逐渐连成一片。

对海河平原区各个三级区的平均潜水层地下水埋深变化进行分析（图18-8）。子牙河平原是地下水埋深增加最为剧烈的区域，2010 年平均地下水埋深高达 26.3m，较 1960 年增加了 23m 左右。大清河淀西平原、漳卫河平原的地下水埋深变化次之，2010 年地下水埋深分别达到峰值 24.1m、24.8m，较 1960 年均增加了 20m 左右。北四河下游平原地下水埋深变化也较大，但 1990 年以后其地下水位开始振荡回升。相比之下，滦河平原及冀东沿海平原、大清河淀东平原、黑龙港及运东平原、徒骇马颊河平原地下水埋深的变化幅度较小，1960 ~ 2015 年平均地下水埋深基本增长 5 ~ 10m。

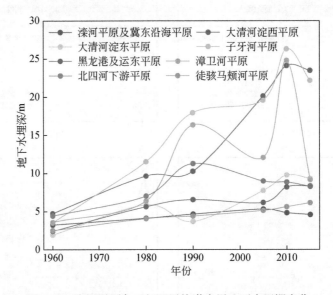

图 18-8　海河平原各三级区平均潜水层地下水埋深变化

18.2.2　不同地下水埋深条件下海河流域水资源量变化

1）不同埋深情景设置

不同的地下水埋深直接影响土壤入渗路径及水分条件。为了定量描述地下水位下降对水资源量衰减的影响，以海河平原区地下水平均埋深为指标，设置地下水埋深为 3m、4m、5m、6m、7m、8m、10m、12m、15m、20m 十种不同情景，采用构建的分布式水循环模型模拟评价不同埋深条件下海河流域地表水资源、地下水资源及水资源总量变化，解析不同地区水资源量对地下水位变化的响应。

2）地下水埋深对流域水资源量的影响

各情景方案下的水资源量评价结果如图 18-9 和表 18-2 所示。可以看出，随着地下水埋深的增加，地表水资源量和地下水资源量均呈减少趋势，地下水资源量变化更为显著，且呈现出明显的两个阶段特征：①第一阶段，地下水埋深从 20 世纪 60 年代初期的 3.6m 左右增大至 20 世纪 80 年代初的 6m 左右，这一阶段地下水埋深增大了 2.4m，但带来的水资源量衰减效应及响应最为明显，水资源总量减少 108.2 亿 m³，其中地表水资源量减少 27.2 亿 m³，地下水资源量减少 96.6 亿 m³。②第二阶段，地下水埋深从 20 世纪 80 年代初的 6m 进一步增大至 2016 年的 15m 左右，地下水埋深增加了 9m，但带来的水资源量衰减效应较上一阶段大幅度减小并趋于稳定，水资源总量减少 16.8 亿 m³，其中地表水资源量减少 3.1 亿 m³，地下水资源量减少 18.1 亿 m³。

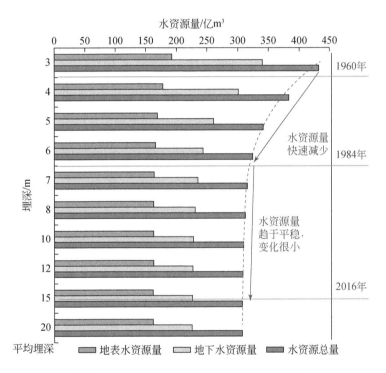

图 18-9　不同埋深下海河流域水资源量变化

从不同区域空间水资源量变化响应看，各分区地表、地下水资源量变化均呈两阶段特征，临界点在 4~6m。其中：①地表水资源量变化如图 18-10 所示，大清河淀东平原在埋深 4m 后变化很小，其他地区基本在 6m 之后保持稳定。分析认为，地下水埋深小时，包气带厚度较小，受地下水潜水蒸发补给，土壤含水量更大，同等降水或灌溉条件下更容易达到产流临界条件，增加地表产流量；当埋深增大达到临界埋深后，潜水蒸发几乎为零，

表 18-2 不同地下水埋深情景下海河流域三级分区水资源量变化 （单位：亿 m³）

区域	水资源量	埋深									
		15m	3m	4m	5m	6m	7m	8m	10m	12m	20m
滦河山区	地表水资源量	32.3	32.3	32.3	32.3	32.3	32.3	32.3	32.3	32.3	32.3
	地下水资源量	29.3	29.3	29.3	29.3	29.3	29.3	29.3	29.3	29.3	29.3
	水资源总量	41.4	41.4	41.4	41.4	41.4	41.4	41.4	41.4	41.4	41.4
滦河平原及冀东沿海平原	地表水资源量	7.0	10.0	7.8	7.1	7.0	7.0	7.0	7.0	7.0	7.0
	地下水资源量	8.9	19.8	14.5	11.0	10.3	9.5	9.2	9.1	9.0	8.9
	水资源总量	14.4	26.9	20.1	16.3	15.6	14.9	14.7	14.6	14.5	14.4
滦河及冀东沿海水系小计	地表水资源量	39.3	42.3	40.1	39.4	39.3	39.3	39.3	39.3	39.3	39.3
	地下水资源量	38.2	49.1	43.8	40.3	39.6	38.8	38.5	38.4	38.3	38.2
	水资源总量	55.8	68.3	61.5	57.7	57.0	56.3	56.1	56.0	55.9	55.8
北三河山区	地表水资源量	15.6	15.6	15.6	15.6	15.6	15.6	15.6	15.6	15.6	15.6
	地下水资源量	15.1	15.1	15.1	15.1	15.1	15.1	15.1	15.1	15.1	15.1
	水资源总量	25.5	25.5	25.5	25.5	25.5	25.5	25.5	25.5	25.5	25.5
北四河下游平原	地表水资源量	10.0	17.8	14.2	11.8	10.7	10.2	10.1	10.0	10.0	9.8
	地下水资源量	18.9	41.0	31.2	22.6	20.1	19.7	19.3	19.1	18.9	18.9
	水资源总量	26.8	50.2	39.2	30.5	27.5	27.3	27.1	26.9	26.8	26.8
永定河山区	地表水资源量	11.4	11.4	11.4	11.4	11.4	11.4	11.4	11.4	11.4	11.4
	地下水资源量	16.7	16.7	16.7	16.7	16.7	16.7	16.7	16.7	16.7	16.7
	水资源总量	23.3	23.3	23.3	23.3	23.3	23.3	23.3	23.3	23.3	23.3
海河北系小计	地表水资源量	37.0	44.8	41.2	38.8	37.7	37.2	37.1	37.0	37.0	36.8
	地下水资源量	50.7	72.8	63.0	54.4	51.9	51.5	51.1	50.9	50.7	50.7
	水资源总量	75.6	99.0	88.0	79.3	76.3	76.1	75.9	75.7	75.6	75.6
大清河山区	地表水资源量	15.4	15.4	15.4	15.4	15.4	15.4	15.4	15.4	15.4	15.4
	地下水资源量	15.9	15.9	15.9	15.9	15.9	15.9	15.9	15.9	15.9	15.9
	水资源总量	24.6	24.6	24.6	24.6	24.6	24.6	24.6	24.6	24.6	24.6
大清河淀西平原	地表水资源量	2.4	4.1	3.1	2.7	2.5	2.4	2.4	2.4	2.4	2.4
	地下水资源量	17.2	29.9	26.4	19.5	18.2	17.6	17.4	17.2	17.2	17.1
	水资源总量	17.6	31.4	26.9	20.0	18.4	17.9	17.8	17.6	17.6	17.5

续表

区域	水资源量	埋深									
		15m	3m	4m	5m	6m	7m	8m	10m	12m	20m
大清河淀东平原	地表水资源量	5.0	6.5	5.1	5.0	5.0	5.0	5.0	5.0	5.0	5.0
	地下水资源量	5.5	21.3	16.8	11.5	8.3	6.7	6.3	5.7	5.6	5.5
	水资源总量	10.1	27.4	21.5	16.1	12.9	11.3	10.9	10.3	10.2	10.1
子牙河山区	地表水资源量	21.3	21.3	21.3	21.3	21.3	21.3	21.3	21.3	21.3	21.3
	地下水资源量	24.1	24.1	24.1	24.1	24.1	24.1	24.1	24.1	24.1	24.1
	水资源总量	33.2	33.2	33.2	33.2	33.2	33.2	33.2	33.2	33.2	33.2
子牙河平原	地表水资源量	2.1	2.4	2.2	2.2	2.1	2.1	2.1	2.1	2.1	2.1
	地下水资源量	11.9	17.6	15.9	13.9	13.0	12.4	12.2	12.0	11.9	11.7
	水资源总量	13.5	19.4	17.4	15.2	14.3	13.9	13.7	13.6	13.5	13.4
黑龙港及运东平原	地表水资源量	4.8	8.5	6.6	5.4	5.0	4.9	4.9	4.9	4.8	4.8
	地下水资源量	8.8	27.6	21.0	15.5	12.8	11.1	10.4	9.3	8.9	8.8
	水资源总量	13.6	33.2	25.9	20.3	17.6	15.9	15.2	14.1	13.7	13.6
漳卫河山区	地表水资源量	20.5	20.5	20.5	20.5	20.5	20.5	20.5	20.5	20.5	20.5
	地下水资源量	21.5	21.5	21.5	21.5	21.5	21.5	21.5	21.5	21.5	21.5
	水资源总量	29.6	29.6	29.6	29.6	29.6	29.6	29.6	29.6	29.6	29.6
漳卫河平原	地表水资源量	4.0	7.6	6.3	5.3	4.9	4.7	4.6	4.5	4.3	4.0
	地下水资源量	7.8	17.1	15.1	12.4	10.1	9.6	9.2	8.7	8.4	7.6
	水资源总量	11.4	21.7	18.7	15.9	13.6	13.1	12.8	12.3	11.9	11.2
海河南系小计	地表水资源量	75.5	86.3	80.5	77.8	76.7	76.3	76.2	76.1	75.8	75.5
	地下水资源量	112.7	175.0	156.7	134.3	123.9	118.9	117.0	114.4	113.5	112.2
	水资源总量	153.6	220.5	197.8	174.9	164.2	159.5	157.8	155.3	154.3	153.2
徒骇马颊河水系小计	地表水资源量	14.8	23.5	20.5	17.6	16.0	15.2	14.9	14.8	14.8	14.8
	地下水资源量	25.8	45.2	39.1	33.6	30.1	27.1	26.0	25.8	25.8	25.7
	水资源总量	36.8	59.0	50.5	44.6	41.1	38.2	37.0	36.8	36.8	36.7
海河流域合计	地表水资源量	166.6	196.9	182.3	173.6	169.7	168.0	167.5	167.2	166.9	166.4
	地下水资源量	227.4	342.1	302.6	262.6	245.5	236.3	232.6	229.5	228.3	226.8
	水资源总量	321.8	446.8	397.8	356.5	338.6	330.1	326.8	323.8	322.6	321.3

蒸发蒸腾量也保持稳定，经过厚包气带调节后，形成稳定的入渗补给通量。②地下水资源量变化如图 18-11 所示，其变化幅度显著大于地表水，变化过程仍呈两阶段特征，分析认

为地下水埋深小时，降水经地表入渗的水量能够较快地补给到潜水面，但地下水埋深大时，由于深厚包气带的调蓄作用，土壤水向下运动补给潜水面的速率越来越小、运动时间大幅增加，加之植被根系的吸附作用，导致入渗的水量还来不及入渗潜水面就被植被吸收用于蒸腾，因此会导致实际补给潜水面的水量减少。③水资源总量变化如图 18-12 所示，其变化特征与地下水资源量变化基本一致，临界埋深在 4~6m。

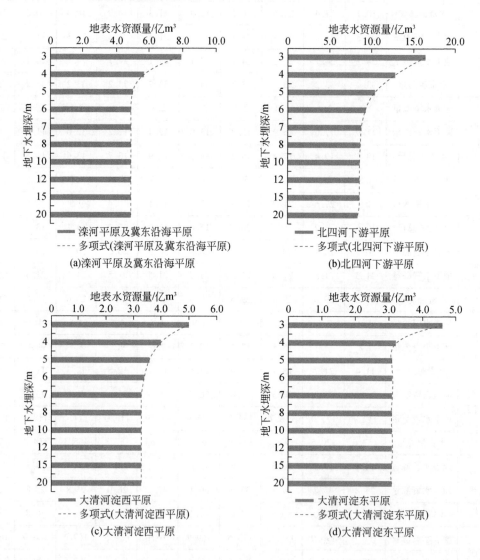

(a)滦河平原及冀东沿海平原

(b)北四河下游平原

(c)大清河淀西平原

(d)大清河淀东平原

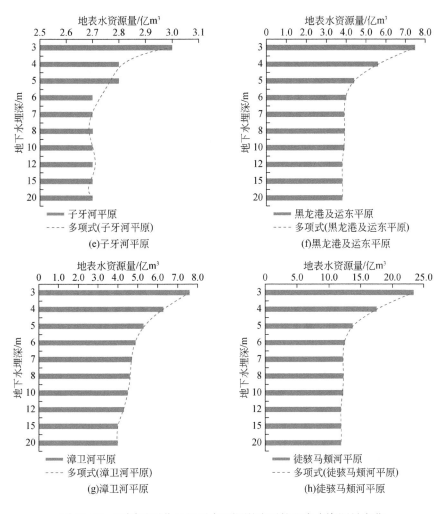

图 18-10　不同平原分区地下水埋深影响下的地表水资源量变化

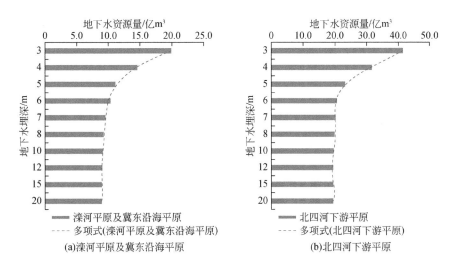

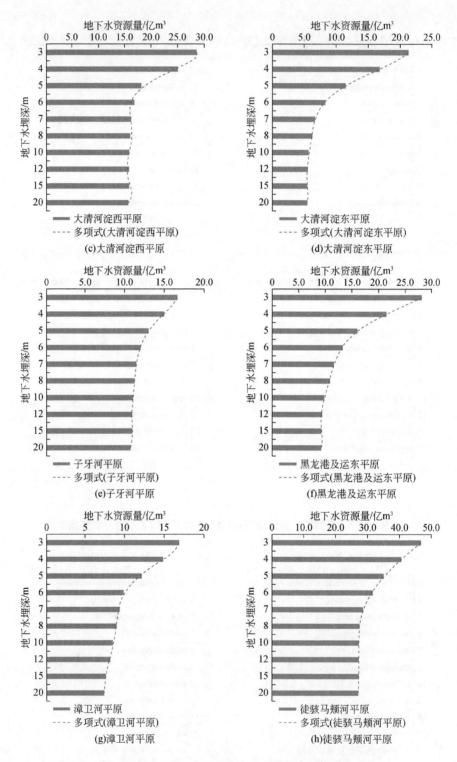

图 18-11 不同平原分区地下水埋深影响下的地下水资源量变化

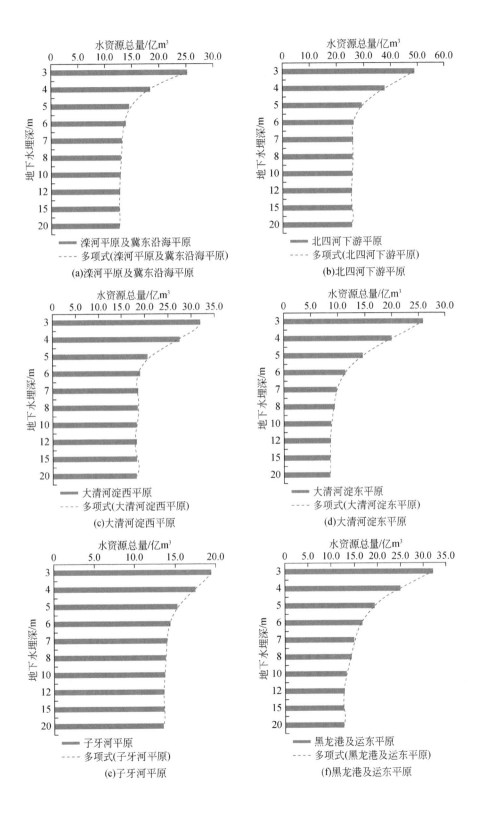

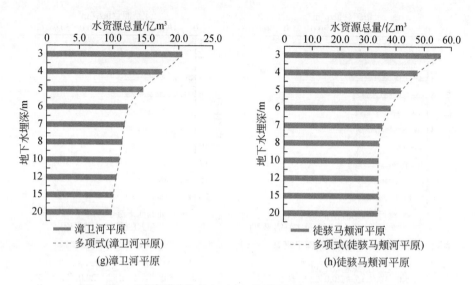

图 18-12　不同平原分区地下水埋深影响下的水资源总量变化

18.3　土地利用变化对水循环速度和水资源量的影响

土地利用类型的变化直接影响流域植被截留量、土壤含水量、实际蒸散发、地下水补给量、产流量等水循环过程，改变了水循环转化速率及水资源的时空分布。例如，在城镇化发展的背景下，城区不透水路面的增多使得入渗补给系数减小，径流系数增大，洪水过程线峰尖陡峭，使得区域的产汇流模式以及水量平衡状态发生变化。

本节通过统计与模拟分析，定量解析土地利用变化对水循环要素变化速率及水资源量的影响。

18.3.1　海河流域土地利用演变趋势

利用土地利用转移矩阵对研究区 2001～2016 年土地利用变化情况进行分析，不仅能反映不同土地利用类型的面积变化量，也可以反映不同类型间的面积转化量，计算公式如下：

$$S_{ij} = \begin{bmatrix} S_{11} & \cdots & S_{1j} \\ \vdots & \ddots & \vdots \\ S_{i1} & \cdots & S_{ij} \end{bmatrix} \tag{18-1}$$

式中，S 为土地利用面积；i 为初期土地覆盖类型；j 为末期土地覆盖类型；1、2、3、4、

5、6 分别为耕地、林地、草地、居工地、水域和未利用地。

图 18-13 展示了 2001～2016 年六种土地利用类型在空间上的变化情况,可以看出,不同土地利用之间的转变情况较为明显。其中耕地主要转变为居工地和草地,面积分别为 3879.53km² 和 592.33km²,居工地的扩张主要集中在北京、天津市区的周边,表明城镇化

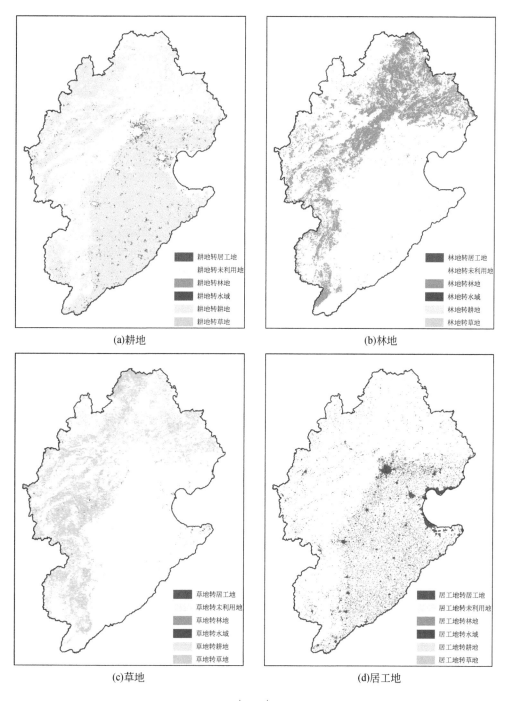

(a)耕地

(b)林地

(c)草地

(d)居工地

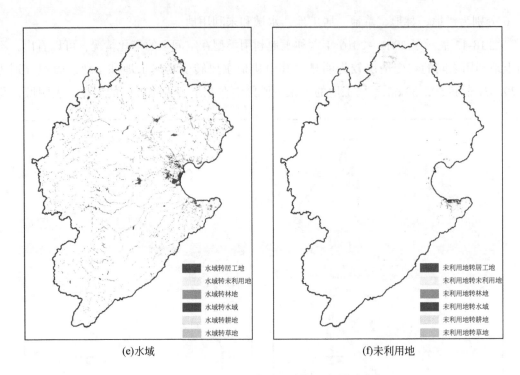

(e)水域   (f)未利用地

图 18-13   2001~2016 年土地利用空间转移分布

进程明显；林地主要转变为耕地和居工地，面积分别为 207.85km² 和 197.34km²；草地主要转变为耕地和居工地，面积分别为 922.45km² 和 335.01km²；居工地主要转变为耕地，面积为 485.66km²；水域主要转变为居工地，面积为 389.01km²；未利用地主要转变为居工地和草地，面积分别为 330.18km² 和 204.45km²。

    表 18-3 为 2001~2016 年土地利用类型转移矩阵，结果表明，相较于 2001 年，2016 年耕地、林地、草地、居工地、水域、未利用地的变化面积分别为 -2989.03km²、41.99km²、-667.31km²、4573.6km²、-287.87km²、-671.38km²，以居工地和耕地面积变化最明显，其中居工地实现正增长，耕地实现负增长。耕地、林地、草地、水域和未利用地转变为居工地的面积分别为 3879.53km²、197.34km²、335.01km²、389.01km²、330.18km²，占比分别为 75.61%、3.85%、6.53%、7.58%、6.43%；耕地转变为林地、草地、居工地、水域和未利用地的面积分别为 364.87km²、592.33km²、3879.53km²、357.58km²、50.15km²，占比分别为 6.96%、11.29%、73.97%、6.82%、0.96%。

表 18-3   2001~2016 年土地利用转移矩阵   （单位：km²）

土地利用类型	草地	耕地	水域	居工地	林地	未利用地
草地	62 678.29	922.45	100.47	335.01	90.90	81.21

续表

土地利用类型	草地	耕地	水域	居工地	林地	未利用地
耕地	592.33	169 736.59	357.58	3 879.53	364.87	50.15
水域	24.68	406.48	6 780.16	389.01	24.07	36.63
居工地	11.95	485.66	41.89	21 209.70	12.35	5.62
林地	29.32	207.85	16.53	197.34	61 930.58	3.97
未利用地	204.45	232.99	76.53	330.18	4.81	3 723.78

18.3.2　土地利用变化对水循环速度的影响

1）水循环速度变化

水循环过程指的是水从地表到大气然后再返回地表的过程，主要由蒸散发、降水、径流几个部分组成，由于受到气候条件和人类活动的影响，水循环过程变化剧烈并且呈现出明显的空间差异性。降水和蒸散发作为水循环的主要源汇项，如果水蒸气均衡在垂向上是一个整体，并且在空间上满足均匀分布，我们可以采用蒸散发量减降水量（$E-P$）的指标 D 来评判水循环速度的变化情况。首先通过判别 $E-P$ 的符号和大小来确定水循环速度的类型（加速或减速）和速率，根据对水循环速度变化（$E-P$）的定义，相应的速率可以计算为 $E-P$ 对于时间 t 的导数：

$$D = \frac{d(E-P)}{dt} = \Delta E - \Delta P \tag{18-2}$$

式中，ΔP 和 ΔE、ΔP 分别表示降水量、蒸散发量的变化量（mm）。

降水和蒸散发作为大尺度水循环的主要源汇项，两者是对立的，因此，矢量形式的 $\boldsymbol{D}$ 也可以用标量形式的 D 表示：

$$D = \Delta E + \Delta P \tag{18-3}$$

式中，ΔP 和 ΔE 代表降水量和蒸散发量随时间的变化情况；D 的正负则表明水循环速度处于加速或减速（mm）。

计算过程中涉及的变量有两个，分别为 P 和 E，两个变量数据中，P 数据来源于 TRMM，分辨率为 $0.25° \times 0.25°$，时间为 2001～2016 年；E 数据来源于 MODIS_ET 数据，分辨率为 500m×500m，时间为 2001～2016 年。为方便分析，对 P 和 E 数据进行重分类，分辨率统一到 $0.25° \times 0.25°$，时间统一到 2001～2016 年。

图 18-14 和图 18-15 为降水和蒸散发多年平均以及变化情况，可以看出，2001～2016 年，研究区降水量以 7.11mm/a 的速率增加，蒸散发量则以 7.77mm/a 的速率增加，导致水循环速度以 14.88mm/a 的速率增加，这与前人在海河流域所进行的研究基本保持一致。

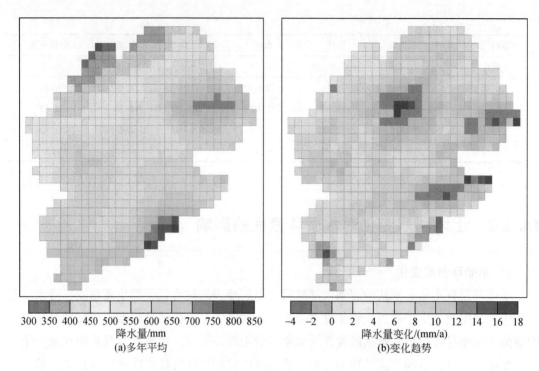

图 18-14　多年平均降水及变化趋势

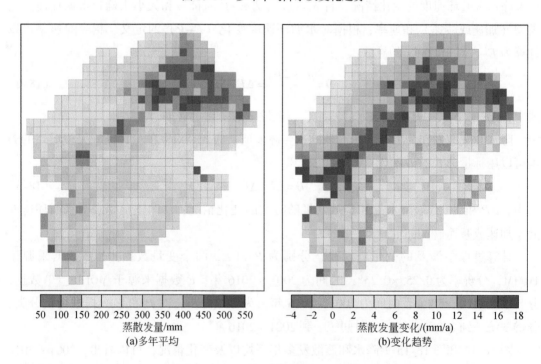

图 18-15　多年平均蒸散发及变化趋势

由于降水和蒸散发的变化，区域水循环速率发生变化的地区占总研究区的100%，足以看出海河流域水循环演变的剧烈程度。

按降水和蒸散发变化趋势在空间上将研究区划分成不同的类型，对降水而言，共有三种类型，分别是增加、不变和减少，相应地用PIN、PNO和PDE表示，同样蒸散发可以用EIN、ENO和EDE表示，结合空间分布，可以将水循环速率变化的类型划分为以下五种：PIN-EDE、PDE-EIN、PIN-ENO、PNO-EIN、PIN-EIN，其类型及水循环速度变化情况如图18-16和表18-4所示。由于此次计算的单元格尺度为0.25°×0.25°，在变化趋势的统计上，将变化幅度小于0.25mm/a的格点默认为未变化区域。就降水而言，研究区97.82%的地区以7.29mm/a的速率增加，其中以北京地区、环渤海地区降水增幅最明显，增幅多达15mm/a以上，1.41%的地区以1.43mm/a的速率减少；就蒸散发而言，研究区95.99%的地区以8.13mm/a的速率增加，其中以浅山区最为明显，增幅多达15mm/a以上，2.93%的地区以1.27mm/a的速率减少，蒸散发和降水的变化趋势在空间上并没有明显的相关性。

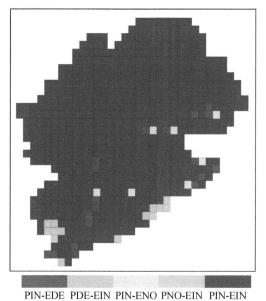
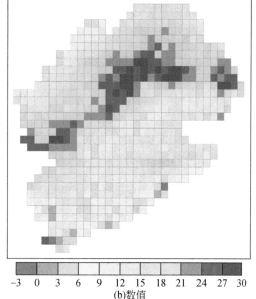

PIN-EDE PDE-EIN PIN-ENO PNO-EIN PIN-EIN
(a)类型

−3　0　3　6　9　12　15　18　21　24　27　30
(b)数值

图18-16　研究区水循环速度变化类型及数值

表18-4　降水蒸发类型与水循环变化速度关系

降水蒸发类型	面积/%	Δ/mm	ΔE/mm	水循环速度变化/mm		
				D_{LA}	D_{non-LA}	贡献
PIN-EIN	93.81	8.34	8.20	16.54	16.67	−0.13

降水蒸发类型	面积/%	Δ/mm	ΔE/mm	水循环速度变化/mm		
				D_{LA}	D_{non-LA}	贡献
PIN-ENO	1.08	9.45	—	9.45	9.39	0.06
PIN-EDE	2.93	7.41	−1.27	6.14	6.25	−0.11
PNO-EIN	0.77	—	4.42	4.42	4.47	−0.05
PDE-EIN	1.41	−1.43	6.02	4.59	5.7	−1.11

2） 土地利用变化对水循环速度变化的影响

虽然气候变化是引起水循环速度发生变化的主要驱动因素，但下垫面变化的贡献也同样不可忽略。因此，采用基于土地利用转移的方法量化下垫面变化对水循环速度的影响。为了分离出下垫面变化对水循环变化的贡献，我们假设研究区气候对同一下垫面的影响是相同的，同时假设土地利用类型未发生变化的地区其水循环速度的结果是由气候等因素导致的，而土地利用变化的地区其水循环速度的结果是由气候和下垫面共同导致的。因此，下垫面不变时的水循环速度变化结果可以作为提取土地利用变化对水循环速度变化贡献的参考，其计算公式为

$$D_* = \frac{\sum_i \sum_j D_{ij}}{N} \tag{18-4}$$

$$\mathrm{CON}_{la} = D_{la} - D_{non-la} \tag{18-5}$$

式中，CON_{la}是土地利用变化对水循环速度的贡献（mm）；D_{ij}是在坐标（i，j）处土地利用变化或未变化条件下的水循环速率变化；N是研究区内的计算像元数目；D_{la}和D_{non-la}是土地利用变化和未变化下的水循环速度的变化情况（mm）。

前期对 2001～2016 年四期的土地利用类型进行了分析，海河流域土地利用类型以耕地为主，占总面积的70%以上，近15年来主要是耕地、林地、草地和城市用地之间的转化，转化面积占总面积的 6.7%，其中转化最大的是耕地向居工地的转化。根据前文分析结果（表18-4），研究区所有地区水循环速度均发生变化，但下垫面变化对水循环速度的影响贡献却有正有负，这表明土地利用变化在水循环中既有加速作用，也有减速作用。

为了确定不同土地利用类型下水循环速度的变化，利用 ArcGIS 软件提取了不同土地类型下的降水和蒸散发，图18-17 为不同土地类型下降水和蒸散发的变化情况。对于降水而言，林地的数值最高，其次是水域，未利用地的数值最低；此外，在2001～2016 年，所有土地利用类型的降水量都呈上升趋势，但其上升速度却不同。耕地（$y = 13.617x + 525.58$，$R^2 = 0.7605$）、林地（$y = 35.547x + 582.9$，$R^2 = 0.8554$）、草地（$y = 24.277x + 544.83$，$R^2 = 0.7576$）、水域（$y = 23.828x + 567.03$，$R^2 = 0.7081$）、居工地（$y = 16.367x +$

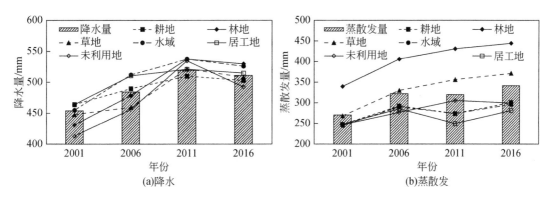

图 18-17　不同土地利用下的降水蒸散变化

543.4，$R^2 = 0.6518$）和未利用地（$y = 31.621x + 552.99$，$R^2 = 0.6236$）分别上升了 7.69%、18.66%、11.86%、13.49%、9.91% 和 16.10%，以林地的增幅最大，这也表明林地能比其他土地利用类型的土地多存蓄 2.22% ~ 10.97% 的降水。对于蒸散发而言，林地的蒸散发最高，与降水相似，其次是草地，居工地的蒸散发最低，说明林地可以减缓蒸散发的减少趋势，而其他土地利用类型则加速了蒸散发的减少趋势。2008 ~ 2017 年，所有土地利用类型的蒸散发都呈上升趋势，但其上升速度却不同。耕地（$y = 14.116x + 243.42$，$R^2 = 0.5986$）、林地（$y = 33.949x + 320.47$，$R^2 = 0.8855$）、草地（$y = 33.545x + 247.65$，$R^2 = 0.9083$）、水域（$y = 13.711x + 242.19$，$R^2 = 0.5968$）、居工地（$y = 6.428x + 250.14$，$R^2 = 0.1702$）和未利用地（$y = 18.664x + 235.54$，$R^2 = 0.8216$）分别上升了 21.48%、30.86%、38.39%、20.87%、13.47% 和 21.33%，虽然林地的蒸散发最大，但草地的增长速度却最快。降水和蒸散发之间的差异可以用两个原因来解释：第一，在高 NDVI 和低地表温度地区，空气比其他地区更潮湿；第二，林地具有更好的蓄水能力，可以在减少径流的同时增加入渗。由于水循环的动态是反映降水量和蒸散发量的综合结果，因此也可以计算出不同土地利用变化之间的差异。

2001 ~ 2016 年，在土地利用变化轨迹中，最明显的变化是向城镇化的转化。为了提取城镇化扩展的贡献，以六种土地覆被无变化模式下的水循环动态为基础进行分析，结果见表 18-5 和表 18-6。就水循环速度变化情况而言，林地的数值最大，水域的数值最小。以下垫面一直为林地区域的水循环速度变化表示自然气候带来的影响，因此下垫面未变化和变化的差异即为土地利用变化的纯贡献。对于不同的城镇化进程轨迹，除少部分城镇化进程外，大部分城镇化进程均减弱了水循环，且越早成为城镇用地，水循环速度就越慢。由于农田、林地、草地等的城镇化扩张，水循环速度分别下降了 1.74、3.64、2.39、-0.03 和 2.21。该值是土地利用变化的纯贡献，它表明城镇化进程可以有效地削弱区域水循环速度。

表 18-5　土地利用类型不变时水循环速度变化情况

编号	变化轨迹	面积/km²	水循环速度变化/(mm/a)
1	C→C→C→C	81 674.45	1.53
2	F→F→F→F	25 061.47	4.54
3	G→G→G→G	22 586.03	4.29
4	U→U→U→U	4 563.74	1.33
5	W→W→W→W	13 291.32	0.33
6	O→O→O→O	1 439.90	2.45

注：C、F、G、U、W、O 分别指耕地、林地、草地、居工地、水域和未利用地，下同。

表 18-6　不同城镇化进程水循环速度变化情况　　　　　（单位：mm/a）

编号	变化轨迹	水循环速度变化	编号	变化轨迹	水循环速度变化
1	C→C→C→U	0.21	9	G→U→U→U	1.17
2	C→C→U→U	−0.19	10	W→W→W→U	1.18
3	C→U→U→U	−0.65	11	W→W→U→U	−0.04
4	F→F→F→U	1.01	12	W→U→U→U	−0.05
5	F→F→F→U	1.41	13	O→O→O→U	1.96
6	F→U→U→U	0.29	14	O→O→U→U	−0.07
7	G→G→G→U	1.96	15	O→U→U→U	−1.16
8	G→G→U→U	2.56			

对于其他非城镇化进程轨迹，图 18-18 中的三元相图显示了不同下垫面情况下水循环速度变化、降水量和蒸散发量之间的相关性。图 18-18 中自上而下表明气候由湿冷变为干热，并且每个数值都按最小值和最大值进行 0~1 的处理。图 18-18 中的点表示三个元素的相对值，可以看出，降水量和水循环速度变化范围大于蒸散发量，且左下角没有散点分布，表明在低降水量和高蒸散发量条件下，水循环速度不会发生变化。随着水循环速度变化由慢变快，蒸散发量显著增加，证实了蒸散发量是水循环的决定性因素。总的来说，土地利用变化既可以加速也可以减缓水循环，其结果取决于土地利用类型的变化。对于不同的下垫面，水循环速度变化的最小值出现在居工地，表明由其他类型土地转变为居工地会削弱区域的水循环，而水循环速度变化的最小值出现在耕地，表明由其他类型土地转变为耕地会加快区域的水循环。

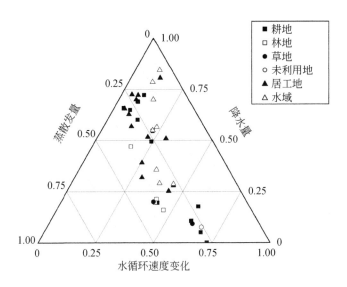

图 18-18　不同土地利用下水循环速度变化三元相图

18.3.3　土地利用变化对水资源量的影响

不同的土地利用类型对产流、入渗过程的影响具有显著的差异，直接影响流域水资源的形成及转化。为定量解析不同土地利用对流域水资源变化的驱动作用及贡献，本次研究通过对比不同历史下垫面条件下的水资源量变化，定量计算下垫面变化对海河流域水资源量的影响。对比方案采用现状下垫面（2016 年）作为基准，以 2000 年、1980 年的土地利用作为历史下垫面情景，模拟分析不同下垫面条件下海河水资源量变化，定量解析下垫面的影响，结果见表 18-7。

表 18-7　不同下垫面情景下海河三级流域分区水资源量　　（单位：亿 m³）

区域	水资源量	情景设置		
		基准情景（2016 年）	L1 情景（2000 年）	L2 情景（1980 年）
滦河山区	地表水资源量	32.3	33.0	32.6
	地下水资源量	29.3	29.8	29.4
	水资源总量	41.4	42.4	42.0
滦河平原及冀东沿海平原	地表水资源量	7.0	7.4	7.3
	地下水资源量	8.9	10.5	10.7
	水资源总量	14.4	16.2	16.3

区域	水资源量	情景设置		
		基准情景（2016 年）	L1 情景（2000 年）	L2 情景（1980 年）
滦河及冀东沿海水系小计	地表水资源量	39.3	40.4	39.9
	地下水资源量	38.2	40.3	40.1
	水资源总量	55.8	58.6	58.3
北三河山区	地表水资源量	15.6	16.1	15.7
	地下水资源量	15.1	15.3	15.4
	水资源总量	25.5	25.9	25.6
北四河下游平原	地表水资源量	10.0	10.3	9.6
	地下水资源量	18.9	22.9	22.1
	水资源总量	26.8	30.2	28.6
永定河山区	地表水资源量	11.4	12.8	12.7
	地下水资源量	16.7	11.8	11.6
	水资源总量	23.3	18.9	18.7
海河北系小计	地表水资源量	37.0	39.2	38.0
	地下水资源量	50.7	50.0	49.1
	水资源总量	75.6	75.0	72.9
大清河山区	地表水资源量	15.4	16.6	16.6
	地下水资源量	15.9	16.2	16.1
	水资源总量	24.6	25.7	25.8
大清河淀西平原	地表水资源量	2.4	2.8	2.4
	地下水资源量	17.2	23.4	23.6
	水资源总量	17.6	23.8	23.7
大清河淀东平原	地表水资源量	5.0	5.0	4.8
	地下水资源量	5.5	7.5	7.6
	水资源总量	10.1	12.2	12.0
子牙河山区	地表水资源量	21.3	23.4	23.4
	地下水资源量	24.1	21.0	21.0
	水资源总量	33.2	30.5	30.5
子牙河平原	地表水资源量	2.1	2.5	2.2
	地下水资源量	11.9	16.7	16.8
	水资源总量	13.5	18.6	18.4
黑龙港及运东平原	地表水资源量	4.8	5.4	4.7
	地下水资源量	8.8	12.2	12.6
	水资源总量	13.6	17.4	17.1

续表

区域	水资源量	情景设置		
		基准情景（2016年）	L1情景（2000年）	L2情景（1980年）
漳卫河山区	地表水资源量	20.5	22.2	22.0
	地下水资源量	21.5	16.3	16.2
	水资源总量	29.6	24.6	24.3
漳卫河平原	地表水资源量	4.0	5.6	5.3
	地下水资源量	7.8	10.5	10.4
	水资源总量	11.4	14.7	14.4
海河南系小计	地表水资源量	75.5	83.5	81.4
	地下水资源量	112.7	123.8	124.3
	水资源总量	153.6	167.5	166.2
徒骇马颊河水系合计	地表水资源量	14.8	19.2	18.7
	地下水资源量	25.8	36.2	37.3
	水资源总量	36.8	48.8	49.0
海河流域合计	地表水资源量	166.6	182.4	178.0
	地下水资源量	227.4	250.3	250.8
	水资源总量	321.8	349.9	346.4

（1）对地表水资源量的影响。1980年、2000年、2016年下垫面条件下，1956～2016年海河流域地表水资源量分别为178.0亿 m^3、182.4亿 m^3、166.6亿 m^3，基准年下垫面（2016年）条件下的地表水资源量较1980年、2000年下垫面条件下的地表水资源量分别减少了11.4亿 m^3 和15.8亿 m^3。分析认为大规模的水土保持工程措施及农田耕作，增加了区域的植被截留以及蒸散发量，是地表产流减少的主要原因；与此同时，城镇化的快速发展，城镇不透水面增加则增加了城市地表产流量。

（2）对地下水资源量的影响。1980年、2000年、2016年下垫面条件下，1956～2016年海河流域地下水资源量分别为250.8亿 m^3、250.3亿 m^3、227.4亿 m^3，基准年下垫面（2016年）条件下的地下水资源量较1980年、2000年下垫面条件下的地下水资源量分别减少了23.4亿 m^3 和22.9亿 m^3。分析认为大规模的农田耕作，客观上增加了土壤拦蓄的水量，但同时也增加了区域的植被蒸腾和土壤蒸发，土壤水分主要通过垂向蒸散发消耗掉，而没有转化为地下水资源，这是海河流域地下水入渗量减少且减少幅度高于地表水资源量的主要原因。

（3）对总水资源量的影响。1980 年、2000 年、2016 年下垫面条件下，1956～2016 年海河流域水资源总量分别为 346.4 亿 m^3、349.9 亿 m^3、321.8 亿 m^3，基准年下垫面（2016 年）条件下的水资源总量较 1980 年、2000 年下垫面条件下的水资源总量分别减少了 24.6 亿 m^3 和 28.1 亿 m^3。

18.4 植被覆盖度变化对水资源量的影响

18.4.1 海河流域陆面植被覆盖度演变趋势

根据遥感解译分析结果，海河流域山区植被覆盖度在过去 20 年呈显著增长趋势，详见图 18-19 和图 18-20。2017～2019 年与 2001～2003 年相比，海河山区植被覆盖度均值整体增加了 0.17。其中，漳卫河山区增幅最为显著，增加了 0.21；大清河山区和子牙河山区次之，均增加了 0.19；滦河山区、永定河山区增幅相对较小，分别增加了 0.14、0.15。

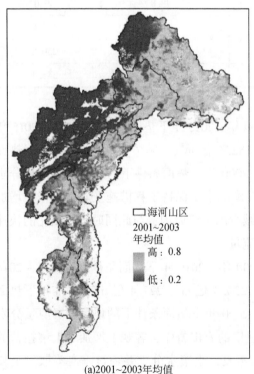

(a)2001~2003年均值

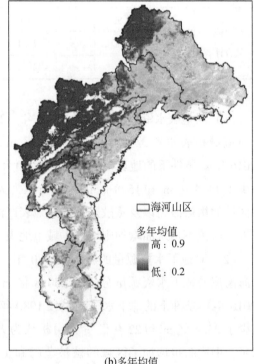

(b)多年均值

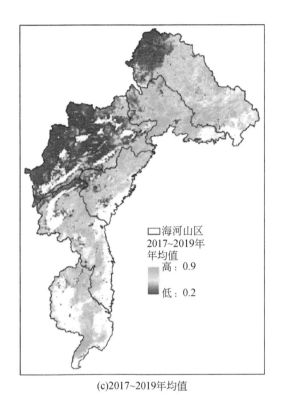

(c)2017~2019年均值

图 18-19　海河流域山区植被覆盖度空间分布

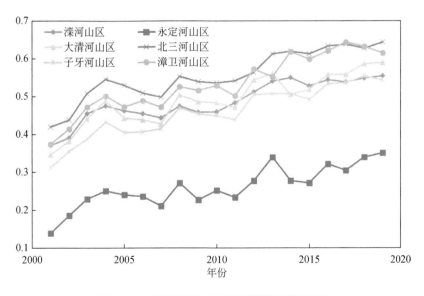

图 18-20　海河流域山区植被覆盖度时间变化

图 18-21 和图 18-22 展示了植被覆盖度年内分布及其变化速率。从年内变化看，植被覆盖度集中在 5~9 月，在 7~8 月达到峰值。各流域分区在年内分布存在一定差异，仅永定河山区植被覆盖度峰值出现在 8 月。从变化速率看，6 月的植被覆盖度增加最为显著，其次是 7 月和 5 月；各分区差异性显著，其中永定河山区 7~8 月增加最为明显，其他地区则是 6 月变化最为显著，滦河山区、大清河山区和北三河山区 5 月增幅仅次于 6 月，子牙河山区和漳卫河山区则是 7 月增幅仅次于 6 月。

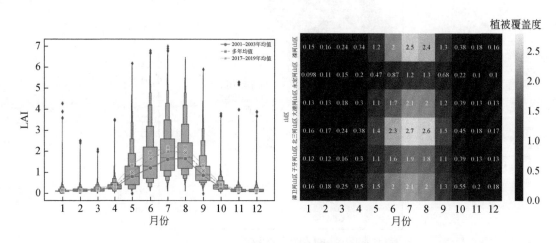

图 18-21 海河流域山区植被覆盖度年内分布

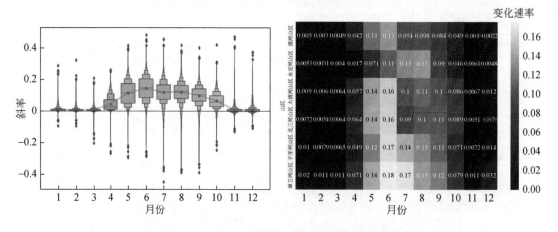

图 18-22 海河流域山区植被覆盖度变化速率年内分布

18.4.2 不同植被覆盖条件下的水资源量变化

随着下垫面植被覆盖度的提升，客观上增加了植被蒸腾消耗的水分，直接影响区域地表产流及入渗过程，导致地表水资源量衰减。为定量解析不同植被覆盖条件下流域水资源变化，以现状下垫面的植被覆盖条件为基准，设置低覆盖度和高覆盖度两种情景，通过模型模拟 1956~2016 年水资源量，对比分析不同植被覆盖条件下海河水资源量变化，定量解析植被覆盖度变化带来的影响。结果见表18-8。

表 18-8 不同植被覆盖条件下海河三级流域分区水资源量 （单位：亿 m³）

区域	水资源量	植被覆盖		
		P0 情景（基准，中覆盖度）	P1 情景（低覆盖度）	P2 情景（高覆盖度）
滦河山区	地表水资源量	32.3	35.8	29.5
	地下水资源量	29.3	32.8	26.6
	水资源总量	41.4	45.0	38.7
滦河平原及冀东沿海平原	地表水资源量	7.0	7.2	6.8
	地下水资源量	8.9	10.4	8.2
	水资源总量	14.4	15.9	13.7
滦河及冀东沿海水系小计	地表水资源量	39.3	43.0	36.3
	地下水资源量	38.2	43.2	34.8
	水资源总量	55.8	60.9	52.4
北三河山区	地表水资源量	15.6	16.8	14.6
	地下水资源量	15.1	16.2	14.2
	水资源总量	25.5	26.7	24.5
北四河下游平原	地表水资源量	10.0	10.8	9.5
	地下水资源量	18.9	21.7	17.6
	水资源总量	26.8	29.6	25.4
永定河山区	地表水资源量	11.4	13.3	10.0
	地下水资源量	16.7	18.5	15.2
	水资源总量	23.3	25.1	21.8
海河北系小计	地表水资源量	37.0	40.9	34.1
	地下水资源量	50.7	56.4	47.0
	水资源总量	75.6	81.4	71.7
大清河山区	地表水资源量	15.4	17.7	13.8
	地下水资源量	15.9	18.1	14.3
	水资源总量	24.6	27.0	23.0
大清河淀西平原	地表水资源量	2.4	2.6	2.3
	地下水资源量	17.2	19.9	16.2
	水资源总量	17.6	20.3	16.6

区域	水资源量	植被覆盖		
		P0 情景（基准，中覆盖度）	P1 情景（低覆盖度）	P2 情景（高覆盖度）
大清河淀东平原	地表水资源量	5.0	5.0	5.0
	地下水资源量	5.5	7.4	4.8
	水资源总量	10.1	12.1	9.4
子牙河山区	地表水资源量	21.3	25.8	18.5
	地下水资源量	24.1	28.4	21.4
	水资源总量	33.2	37.7	30.4
子牙河平原	地表水资源量	2.1	2.2	2.1
	地下水资源量	11.9	14.0	11.7
	水资源总量	13.5	15.6	13.3
黑龙港及运东平原	地表水资源量	4.8	4.9	4.8
	地下水资源量	8.8	11.1	8.0
	水资源总量	13.6	15.8	12.7
漳卫河山区	地表水资源量	20.5	22.4	19.0
	地下水资源量	21.5	23.3	20.0
	水资源总量	29.6	31.5	28.1
漳卫河平原	地表水资源量	4.0	4.5	3.9
	地下水资源量	7.8	9.3	7.3
	水资源总量	11.4	12.8	10.9
海河南系小计	地表水资源量	75.5	85.1	69.4
	地下水资源量	112.7	131.5	103.7
	水资源总量	153.6	172.8	144.4
徒骇马颊河水系小计	地表水资源量	14.8	15.7	14.3
	地下水资源量	25.8	29.0	24.3
	水资源总量	36.8	40.0	35.3
海河流域合计	地表水资源量	166.6	184.7	154.1
	地下水资源量	227.4	260.1	209.8
	水资源总量	321.8	355.1	303.8

（1）对地表水资源量的影响。在低覆盖度 P1 情景、中覆盖度 P0 情景、高覆盖度 P2 情景下，1956~2016 年海河流域地表水资源量分别为 184.7 亿 m³、166.6 亿 m³、154.1 亿 m³，中覆盖度 P0 情景较低覆盖度 P1 减少 18.1 亿 m³，比高覆盖度 P2 情景多 12.5 亿 m³。分析认为，植被覆盖度提高，首先增加了植被截留蒸散发量，其次良好的植被覆盖离不开

水分的支撑，植被蒸腾消耗水量必然显著增加，由此可能导致地表产流减小，进而影响流域水资源量。

（2）对地下水资源量的影响。在低覆盖度 P1 情景、中覆盖度 P0 情景、高覆盖度 P2 情景下，1956~2016 年海河流域地下水资源量分别为 260.1 亿 m^3、227.4 亿 m^3、209.8 亿 m^3，中覆盖度 P0 情景较低覆盖度 P1 情景下的地下水资源量少 32.7 亿 m^3，比高覆盖度 P2 情景多 17.6 亿 m^3。

（3）对总水资源量的影响。在低覆盖度 P1 情景、中覆盖度 P0 情景、高覆盖度 P2 情景下，1956~2016 年海河流域水资源总量分别为 355.1 亿 m^3、321.8 亿 m^3、303.8 亿 m^3，中覆盖度 P0 情景较低覆盖度 P1 情景下的水资源总量少 33.3 亿 m^3，比高覆盖度 P2 情景多 18.0 亿 m^3。

18.5 本 章 小 结

针对影响较为显著的农业灌溉节水、地下水埋深、土地利用变化及植被覆盖度变化因素，本章基于 WACM，分别设置了四种农业灌溉节水情景、十种地下水埋深情景、三种土地利用变化情景和三种植被覆盖情景，模拟分析不同情景条件下的水资源量。结果表明：

（1）农业灌溉方面，模拟了节水 10%、20%、50% 及无灌溉四种情景下的水资源量，对比发现，减少灌溉水量会显著降低土壤含水量，降水后更不容易产流和入渗补给地下水，不同程度的农业节水会导致总水资源量分别减少 9.0 亿 m^3、18.8 亿 m^3、37.3 亿 m^3、49.8 亿 m^3。

（2）地下水埋深方面，模拟了地下水埋深为 3m、4m、5m、6m、7m、8m、10m、12m、15m、20m 十种不同情景下的水资源量变化，对比发现，随着地下水埋深的增加，地表水资源量和地下水资源量均呈减少趋势，地下水资源量变化更为显著，且呈现出明显的两个阶段特征，其中埋深小于 6m 是地下水资源量变化最显著的阶段，埋深从 3.6m 增至 6m，地下水资源量累计减少 96.6 亿 m^3；埋深大于 6m 后，地下水资源量变化呈缓慢减少趋势，总体平稳，埋深从 6m 增至 15m，地下水资源量仅减少 18.1 亿 m^3。

（3）土地利用方面，模拟了 1980 年、2000 年及 2016 年（现状）土地利用情景下的水资源量变化，从流域整体看，由于下垫面中山区水土保持工程措施规模及农田耕作规模更大，而这些变化均能够显著增加植被截留量、蒸散发消耗量及土壤蓄水量，导致地表产流及入渗量减少；城镇化的快速发展是研究区下垫面变化的突出特征之一，其水文效应是减少入渗并增加地表产流量、加速地表水汇流过程，呈现增加地表水资源量的效应，但是从流域下垫面变化规模看，城镇化规模远小于其他下垫面，其带来的水资源增加效应在流域尺度上也被抵消，导致整体仍然呈减水效应，2016 年土地利用情景下的水资源总量较

1980 年和 2000 年土地利用情景下分别减少水资源总量 24.6 亿 m³ 和 28.1 亿 m³。

（4）植被覆盖方面，模拟了低覆盖度、高覆盖度和现状植被覆盖度情景下的水资源量变化，结果表明植被覆盖度的增加会引起植被蒸腾量增加，从而减少流域地表产流及入渗量，呈显著的减水效应，其中低植被覆盖度情景下水资源总量较现状基准增加 33.3 亿 m³，高植被覆盖度情景下水资源总量较现状基准减少 18.0 亿 m³。

第 19 章 | 海河流域水资源演变关键要素预测

海河流域水资源量受区域气候条件、地下水埋深、土地利用格局及植被覆盖质量等因素的影响，这些要素未来的发展演变趋势将直接影响未来水资源量变化。因此，研究预测上述四种关键要素未来可能的变化趋势或情景，然后基于多种要素组合形成预测情景方案集，采用构建的 WACM 模拟预测未来海河流域水资源量演变趋势与变化特征，为流域水资源管理实践提供科技支撑。

19.1　未来气候变化预测

19.1.1　预测方法及数据来源

1. 模式简介与配置

WRF（weather research and forecasting）模式是由美国国家大气研究中心（National Center for Atmospheric Research，NCAR）、美国国家海洋和大气管理局（National Oceanic and Atmospheric Administration，NOAA）的国家环境预报中心（National Center for Environmental Prediction，NCEP）等多家科研机构着手开发的一种中尺度气候模式。

WRF 模式基于 Fortran 语言开发，采用相互独立的模块化程序设计，这种结构不仅有利于并行计算，提高计算效率，还便于耦合新模块，进行二次开发。WRF 模式通过与其他模块耦合，使其具有特定的功能，如耦合大气化学模块的 WRF-Chem 用于模拟预报空气质量，耦合水文模块 WRF-Hydro 用于高分辨率水文气象模拟。研究者也可以根据研究需要对 WRF 模式进行修改或加入新的模块，从而不断改进完善整个 WRF 模式。

WRF 模式的物理过程参数化方案包括微物理过程方案、积云方案、短波辐射方案、长波辐射方案、边界层方案、陆面方案等。所需数据主要包括以下三部分：

一是用于驱动 WRF 模式的再分析数据，再分析资料来源于欧洲中期天气预报中心（European Centre for Medium-Range Weather Forecasts，ECMWF）提供最新一代再分析数据 ERA5，ERA5 在其前身 ERA-Interim 的基础上实现了大幅度升级，ERA5 数据将更多的历史观测数据尤其是卫星数据纳入先进的数据同化和模式系统中，用以提高大气状况估计的准确性，同时首次利用由 10 个成员组成，时间分辨率为 3h，空间分辨率为 62km 的再分析数据集产品评估大气的不确定性。ERA5 大幅度提升了时空分辨率，在水平分辨率上由 ERA-Interim 的 79km 提高到 31km，时间分辨率上由 ERA-Interim 的 6h 提高到 1h。目前 ERA5 数据完成从 1950 年 1 月至今的历史时期数据覆盖，实现滞后 3 个月的再分析数据实时更新。ERA5 提供大量逐小时大气、海浪和地表的估计值，本研究利用 ERA5 气压层数据驱动 WRF，作为模式的初始条件和边界条件，ERA5 提供的数据包括温度、风速、相对湿度等气候要素，时间序列为 2010 年 1 月 ~ 2020 年 12 月逐小时，垂直层从 1hPa 到 1000hPa 共 37 层。

二是 WRF 模式的静态数据，包括土地利用类型、叶面积指数、植被覆盖度数据，模式构建时采用默认的静态数据。

三是用于模式验证的数据，该数据采用国家气象中心提供的地面站点数据，包括逐日降水、温度等气象要素。

本次研究选取的研究区域海河流域其中心坐标是 39°N，116°E，水平分辨率为 10km，网格数为 120×120 个，模式初始条件和侧边界条件为 ECMWF 提供的 ERA5 再分析资料（图 19-1）。模拟时间为 2010 年 1 月 1 日 0 时 ~ 2020 年 12 月 31 日 23 时，每 3h 输出一次模拟结果。其中，2010 年作为预热期，2011 ~ 2020 年作为正式模拟期，用于分析气候模式模拟结果。采用的区域气候模式是 WRF4.2.1 版本。模式试验所采用的各个物理过程方案如下：WSM3 微物理过程方案、Grell-Devenyi 积云方案、RRTM 长波辐射方案、Dudhia 短波辐射方案、YSU 边界层方案、Noah-MP 陆面方案。

2. 模式验证

研究中通过利用相关系数、均方根误差、标准差、误差等统计指标判断海河流域 WRF 模式的适用性，统计方法计算如下。

1）相关系数

$$CC = \frac{\sum_{i=1}^{N} (obs_i - \overline{obs}) \cdot (sim_i - \overline{sim})}{\sqrt{\sum_{i=1}^{N} (obs_i - \overline{obs})^2} \cdot \sqrt{\sum_{i=1}^{N} (sim_i - \overline{sim})^2}} \tag{19-1}$$

式中，CC 为相关系数；N 为月份数量；obs_i 为第 i 个月观测值；$\overline{obs}$ 为所有月份平均值；sim_i 为第 i 个月模拟值；$\overline{sim}$ 为所有月份模拟平均值。

2）均方根误差

$$RMSE = \sqrt{\frac{1}{N} \sum_{i=1}^{N} (sim_i - obs_i)^2} \tag{19-2}$$

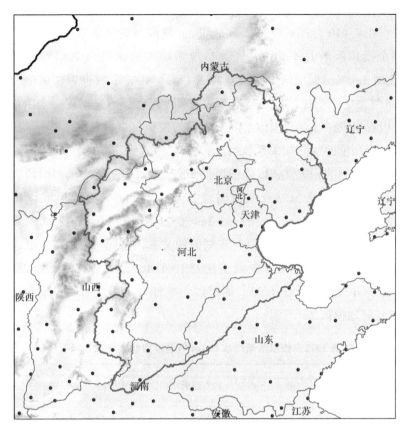

图 19-1　气候模式模拟范围

式中，RSME 为均方根误差。

3）标准差

$$\delta = \sqrt{\frac{1}{N}\sum_{i=1}^{N}\left(y_i - \overline{y}\right)^2} \tag{19-3}$$

式中，y_i 为第 i 个月的值；$\overline{y}$ 为所有月的平均值。

4）误差

$$\mathrm{Re} = \frac{1}{N}\sum_{i=1}^{N}\left(\mathrm{sim}_i - \mathrm{obs}_i\right) \tag{19-4}$$

式中，Re 为模拟误差。

　　利用 139 个国家气象站点观测降水和 2m 气温数据对比模式模拟结果，来评估模式模拟效果。从年际变化和年内变化看，模式模拟区域的降水与气温和观测数据拟合较好（表 19-1 和表 19-2、图 19-2 ～ 图 19-7）。图 19-2 为 2011 ～ 2020 年海河流域年际与年内各月平均 2m 气温观测与模拟变化，从图 19-2 中可以看出，区域模拟 2m 气温较观测偏低，在整个模拟区域内 2m 气温误差为-1.57℃，在海河流域内 2m 气温误差为-1.64℃，主要是在冬季模拟偏低，在 4～10 月模式模拟区域平均 2m 气温与观测结果相差很小。2011～2020年模式模拟整个模拟区域月平均 2m 气温与观测均方根误差为 2.14℃，相关系数达到 0.996，海河流域 2m 气温模拟均方根误差为 2.17℃，相关系数也为 0.996。从空间上看，模式模拟的 2m 气温空间变化与观测基本一致（图 19-4），都是呈现一个由南向北递减相似趋势，也可以看出模拟区域范围内空间上表现为模拟气温偏低，多年平均 2m 气温的空间分布模拟值与观测值的空间相关系数为 0.93。图 19-6 为泰勒图，分析 2m 气温在 139 个气象站点处模拟与观测的相关性，以评估模拟 2m 气温效果，其中模拟时段为 2011～2020年，泰勒图对比了 139 个气象站点在该时段各月平均 2m 气温的模拟值与观测值，从图 19-6 中可以看出，除了一个气象站点处 2m 气温模拟值与观测值相关系数为 0.96 外，其他 138 个气象站点处 2m 气温模拟值与观测值相关系数都超过 0.99，139 个气象站点处 2m 气温模拟值与观测值均一化均方根误差在 1.0～1.4，绝大多数站点处 2m 气温模拟值与观测值均一化均方根误差低于 1.25。通过以上统计指标可以看出，现有参数化方案下WRF 模式能够较好地模拟 2m 气温。

表 19-1　模拟区域降水和 2m 气温模拟效果统计指标

要素	相关系数	偏差	均方根误差	标准差	
				观测	模拟
降水	0.833	6.31%	0.68mm/d	1.53mm/d	2.02mm/d
气温	0.996	-1.57℃	2.14℃/d	10.77℃/d	12.13℃/d

表 19-2　海河流域降水和 2m 气温模拟效果统计指标

要素	相关系数	偏差	均方根误差	标准差	
				观测	模拟
降水	0.846	8.54%	0.74mm/d	1.68mm/d	2.15mm/d
气温	0.996	-1.64℃	2.17℃/d	10.77℃/d	12.13℃/d

模式模拟降水效果较气温要低，但与观测数据拟合较好。图 19-3 为 2011～2020 年海河流域年际与年内各月降水观测与模拟变化，从图 19-3 中可以看出，模式模拟的降水量普遍高于观测值，模拟区域范围内相对误差为 6.31%，海河流域降水模拟相对误差为8.54%，从年内各月模拟效果上看，7 月降水模拟值相对偏大，其他月份降水模拟值与观测值误差较小。2011～2020 年整个模拟区域的月降水模拟均方根误差为 0.68mm/d，相关系数达到 0.833，海河流域的月降水模拟均方根误差为 0.74mm/d，相关系数为 0.846。从空间上看，模式模拟的平均降水量空间变化与观测值基本一致（图 19-5），都呈现一个由

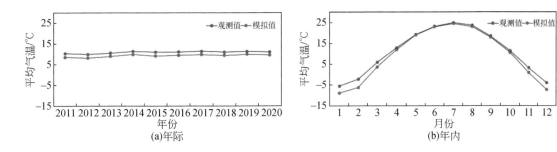

图 19-2   海河流域年际与年内平均气温观测值与模拟值变化

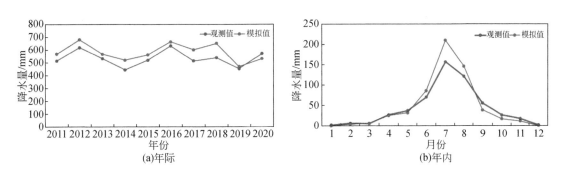

图 19-3   海河流域年际与年内降水观测值与模拟值变化

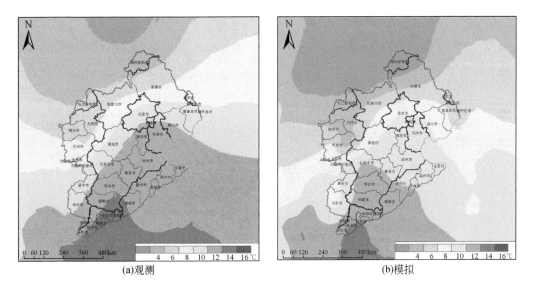

图 19-4   模拟范围 2011～2020 年观测与模拟平均气温空间分布

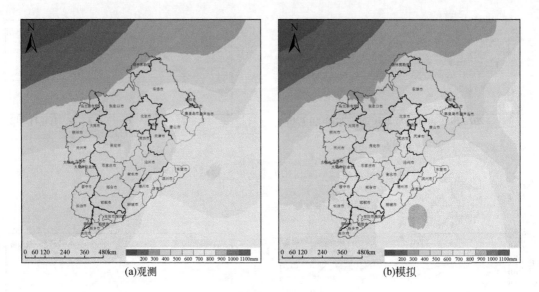

(a)观测 (b)模拟

图 19-5　模拟范围 2011～2020 年观测与模拟平均降水空间分布

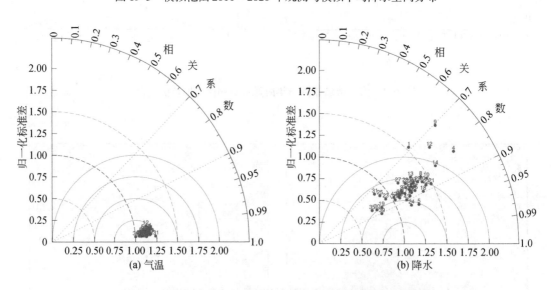

(a)气温 (b)降水

图 19-6　海河流域各站点处降水和气温观测与模拟的泰勒图

东南向西北递减的趋势，不过南部降水模拟偏高，多年平均降水量的空间分布模拟值与观测值的空间相关系数为 0.82。在 139 个气象站点处降水模拟的相关系数都超过 0.67，在绝大多数站点处降水模拟的相关系数在 0.7～0.9，在 103 个气象站点处降水模拟的相关系数超过 0.8，在大多数站点处降水模拟的均一化均方根误差在 0.75～1.50。

　　基于以上统计指标（包括相关系数、均方根误差）以及空间分布对比，表明模拟值与观测值相一致，因此现有参数化方案下 WRF 模式能够较好地模拟当地气候。

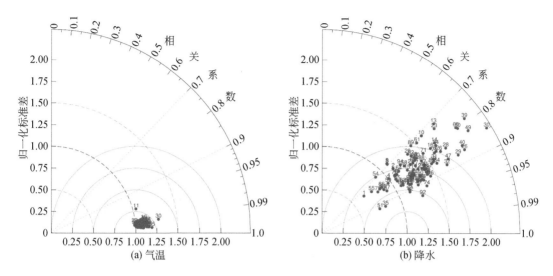

图 19-7　海河流域外其他模拟区域各站点处降水和气温观测与模拟泰勒图

19.1.2　区域大规模农田灌溉的气候效应

1. 灌溉方案设计

本研究的灌溉方案基于《海河流域水资源公报》中灌溉水量数据，在 WRF/Noah-MP 中加入实际灌溉水量，具体如下：首先，确定各个网格灌溉水量。根据《海河流域水资源公报》中各分区灌溉水量，以每个分区中各个网格土地利用为耕地面积占分区内总的耕地面积占比为权重进行分配，得到各个模拟网格的灌溉水量数据。需要说明的是，《海河流域水资源公报》灌溉水量数据统计分区一般以行政区或水资源分区或者两者结合划分区域，以最细划分来统计，《海河流域水资源公报》中灌溉水量数据统计单元为地级市划分水资源三级区。通常以上得到的网格灌溉水量数据以年为时间尺度，因此在此基础上，根据区域主要作物的灌溉制度以及面积，将统计年总水量分配到年内 12 个月上，设定月内每天灌溉水量相同，每天 8 ~ 10 时进行灌溉，灌溉方式为漫灌，灌溉水量以有效降水形式作用于模拟网格单元，网格单元各个时间步长灌溉为月灌溉水量除以该月天数再除以 2h 内总时间步长数。

根据《海河流域水资源公报》统计资料，海河流域 2011 ~ 2020 年平均年灌溉水量为 222.2 亿 m^3，年灌溉水量总体呈现逐年减少趋势，其中 2012 年灌溉水量最大，为 235.65 亿 m^3，2020 年灌溉水量最小，为 199.5 亿 m^3（图 19-8）。从年内来看，海河流域主要灌溉时期为 4 ~ 6 月，3 个月灌溉水总量占全年灌溉水量的 57.46%，其中 5 月占比最大，为 21.55%，其次为 6 月，占比为 18.61%（图 19-9）。

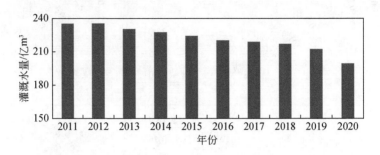

图 19-8　2011～2020 年海河流域各年灌溉水量变化

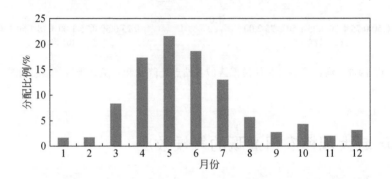

图 19-9　2011～2020 年海河流域各月平均灌溉水量占全年比例

　　从空间上来看，灌溉主要集中在河北省，其次为山东省、河南省。河北省 2011～2020 年平均年灌溉水量为 125.5 亿 m³，占海河流域灌溉水量的 56.5%，而山东省、河南省 2011～2020 年平均年灌溉水量分别为 43.4 亿 m³ 和 21.8 亿 m³，分别占海河流域灌溉水量的 19.5% 和 9.8%。北京市和天津市由于农作物面积少，农业灌溉量小，分别占海河流域灌溉水量的 2.7% 和 4.6%。而河北省灌溉主要集中在保定市和石家庄市，两者 2011～2020 年平均年灌溉水量分别为 21.5 亿 m³ 和 20.8 亿 m³，分别占海河流域灌溉水量的 9.7% 和 9.4%（表 19-3）。

　　图 19-10 为 2011～2020 年海河流域单位面积灌溉水量空间分布情况，其空间展布情况是基于《海河流域水资源公报》各地市三级区灌溉水量与其面积计算得到的。从图 19-10 中可以看出，流域灌溉主要在平原区，山区灌溉水量少，单位面积灌溉水量低于 80mm，且大部分区域单位面积灌溉水量低于 40mm。而在平原区，除沧州市和廊坊市单位面积灌溉水量在 40～80mm 外，其他地区单位面积灌溉水量普遍高于 80mm，其中石家庄市和保定市平原区单位面积灌溉水量最为强烈，在 200～320mm，尤其是石家庄市大多超过 240mm。

表 19-3　2011~2020 年海河流域各地级市年平均灌溉水量统计（单位：亿 m³）

省（自治区、直辖市）		灌溉水量	省（自治区、直辖市）	地级市	灌溉水量	省（自治区、直辖市）	地级市	灌溉水量
北京		6.0		大同	3.5	河南	小计	21.8
天津		10.3		朔州	3.4		济南	3.8
河北	唐山	14.0		忻州	3.9		东营	2.2
	秦皇岛	5.1		太原	0		德州	15.7
	张家口	5.6	山西	阳泉	0.3	山东	聊城	14.1
	承德	4.9		晋中	0.4		滨州	7.6
	廊坊	5.8		长治	2.3		小计	43.4
	保定	21.5		晋城	0		锡林郭勒	0.4
	石家庄	20.8		小计	13.8	内蒙古	乌兰察布	0.8
	沧州	9.4		安阳	6.9		合计	1.2
	衡水	12.7		鹤壁	3.2		朝阳	0.2
	邯郸	13.4	河南	新乡	4.7	辽宁	葫芦岛	0
	邢台	12.3		焦作	3.1		小计	0.2
	小计	125.5		濮阳	3.9	海河流域	合计	222.2

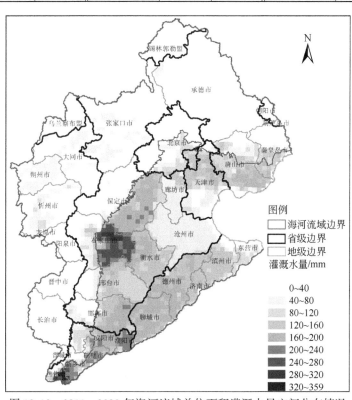

图 19-10　2011~2020 年海河流域单位面积灌溉水量空间分布情况

2. 灌溉对区域潜热和显热的影响

1) 潜热变化

灌溉用水以有效降水形式作用于农田，引起土壤湿度增加，导致蒸发量增大，潜热增加，图 19-11 为海河流域灌溉导致潜热通量年际变化情况。从图 19-11 中可以看出，灌溉导致流域各年潜热通量相差不大，平均潜热通量增加 4.54W/m²，其中，2019 年潜热通量增幅最大，为 4.92W/m²，2016 年潜热通量增幅最小，为 4.26W/m²。图 19-12 为海河流域灌溉导致潜热通量年内变化情况，从图 19-12 中可以看出，海河流域灌溉导致各月潜热都增加，增幅大致呈现单峰型，每年前两个月灌溉量很少，且蒸发小，灌溉引起潜热通量变化量小，进入 3 月，随着太阳辐射增强与气温增加，蒸发增大，加上进入小麦春灌期灌溉量增加，灌溉导致潜热通量增加，到 5 月潜热增加幅度到达峰值，为 13.01W/m²，之后灌溉量减少，灌溉导致潜热通量增幅又开始减少。

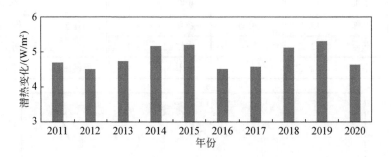

图 19-11　海河流域灌溉导致潜热通量年际变化情况

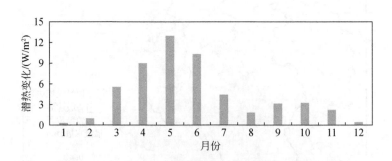

图 19-12　海河流域灌溉导致潜热通量年内变化情况

图 19-13 为海河流域灌溉导致潜热通量空间变化情况，从图 19-13 中可以看出，海河流域灌溉导致潜热通量变化的区域主要在平原区，且呈现增加趋势，山区潜热除了少部分有灌溉区域略有增加外，其他区域几乎没有变化。灌溉导致潜热通量增幅空间分布基本与

单位面积灌溉水量大小空间分布一致，单位面积灌溉水量越大，潜热增幅越大，在灌溉最剧烈的石家庄市平原区潜热增幅最大，增幅大多超过 15W/m²，保定市平原区潜热增幅在 6 ~ 12W/m²。

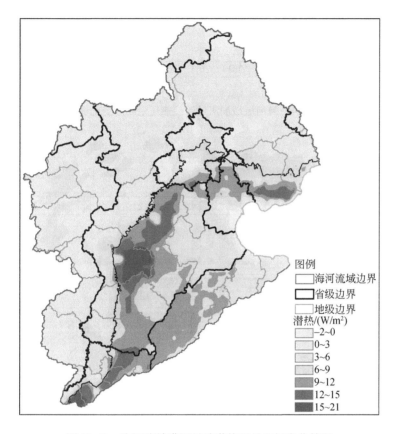

图 19-13   海河流域灌溉导致潜热通量空间变化情况

2）显热变化

蒸发吸热会导致地表温度降低，因而灌溉的冷却效应引起了地面与空气中温度差减小，向上输送的显热减少，又根据地表能量平衡，潜热和显热之和基本等于地表净辐射，且在本研究中灌溉对地表吸收太阳辐射影响很小，因此，显热变化和潜热的年内分布与空间分布基本一致，只是符号相反。图 19-14 为海河流域灌溉导致 2011 ~ 2020 年显热通量年际变化情况，从图 19-14 中可以看出，灌溉导致显热年际变化差别不大，年平均显热减少 3.01W/m²，其中 2015 年显热减少幅度最大，为 3.21W/m²，而 2011 年显热减少幅度最小，为 2.85W/m²。图 19-15 为灌溉导致显热通量年内变化情况，从图 19-15 中可以看出，灌溉导致各月显热减少，显热减少幅度在年内大致呈现 V 形曲线，1 ~ 5 月显热减幅增加，5 月至谷值，为 -8.48W/m²，之后减幅减小，8 ~ 12 月灌溉导致显热通量减幅低于 2.1W/m²。

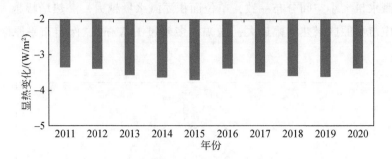

图 19-14　海河流域灌溉导致显热通量年际变化情况

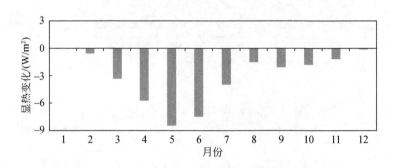

图 19-15　海河流域灌溉导致显热通量年内变化情况

空间上，与潜热通量变化空间分布类似，灌溉导致显热变化主要在平原区，在灌溉剧烈的石家庄平原区一带显热减幅最大，在 $-9\mathrm{W/m^2}$ 以下，山区显热变化量相对较小（图 19-16）。通过对比灌溉导致潜热和显热年内分布和空间分布情况也可以看出，显热通量的减少量小于潜热通量的增加量，主要是灌溉导致蒸发量增加，地表温度降低，向上长波辐射减少，进而地表净辐射增加。

3. 灌溉对区域气温的影响

图 19-17 为海河流域灌溉导致气温年际变化情况，从图 19-17 中可以看出，灌溉导致流域各年平均气温降低，平均气温降低 0.14℃，其中 2017 年灌溉导致平均气温降幅最大，气温降低 0.18℃，而 2019 年气温降幅最小，气温降低 0.06℃。图 19-18 为海河流域灌溉导致气温年内变化情况，从图 19-18 中可以看出，灌溉导致 3~11 月气温降低，而冬季（12 月至次年 2 月）气温增加。3~11 月气温减幅大致呈现 V 形，进入 3 月，随着太阳辐射增强、气温增加以及灌溉水量增加，蒸发量增加，3~5 月气温降幅增大，灌溉导致 5 月气温降低幅度最大，为 0.45℃，6~8 月尽管太阳辐射与气温比 5 月大，但灌溉水量逐月减少，蒸发量减少，灌溉导致气温降幅逐月减小，9~11 月也是受限于灌溉水量少，气温

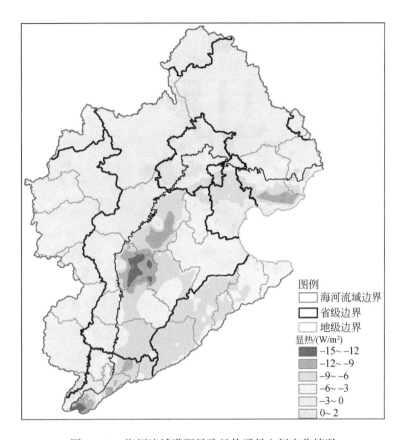

图 19-16　海河流域灌溉导致显热通量空间变化情况

降幅低于 0.21℃。而在冬季（12 月至次年 2 月）气温有所增加，平均增加 0.15℃，这一时期灌溉反而导致气温增加，主要是因为海河流域冬季太阳辐射少且气温低，蒸发量很小，灌溉带来的冷却效应影响几乎为零，而此时灌溉增加了土壤含水量，进而增加了土壤热导率，促使深层土壤的热量向上传导，导致地表气温增加。

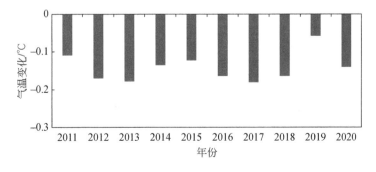

图 19-17　海河流域灌溉导致气温年际变化情况

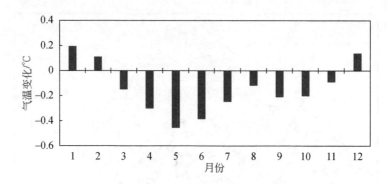

图 19-18　海河流域灌溉导致气温年内变化情况

图 19-19 为海河流域灌溉导致平均气温空间变化情况,从图 19-19 中可以看出,灌溉主要导致海河流域平原区气温降低,而山区除了与平原区交界的浅山区一带气温有所降低外,其他区域气温几乎没有变化。灌溉导致气温降低幅度基本与灌溉水量空间分布一致,区域灌溉水量越大,气温降幅越大,在灌溉最剧烈的石家庄平原区气温降幅也最大,该区域年平均气温降幅超过 0.4℃。灌溉导致保定市平原区气温降低 0.2~0.4℃,导致平原区南部气温也降低 0.2~0.4℃,而沿渤海一带地区气温几乎无变化,沧州西部和廊坊南部气温降低 0.1~0.2℃,这些区域气温降幅等级范围基本与灌溉水量大小等级对应,即局部区域灌溉量越大,气温降低幅度越大。同时也可以看到,与平原区交界的浅山区一带尽管灌溉水量少,平均气温也降低了 0.1~0.2℃,说明灌溉也会导致局部周边气温降低,但范围有限。

综上可以看出,灌溉导致区域气温降低,气温降幅大小与灌溉水量大小有关,区域灌溉水量越大,气温降幅越大,但对周边气温影响有限。图 19-20 为海河流域单位面积灌溉水量与气温降幅线性关系拟合,从图 19-20 中可以看出,气温降幅与单位面积灌溉水量大小有强相关性,相关系数 R^2 达到 0.73,根据拟合曲线,灌溉水量每增加 100mm,年平均气温降低 0.12℃。

4. 灌溉对区域降水的影响

图 19-21 为海河流域灌溉导致降水年际变化情况,从图 19-21 中可以看出,灌溉导致海河流域 2011~2019 年各年降水增加,其中 2017 年降水增加最多,为 15.62mm,2011 年降水增加最少,为 1.21mm,海河流域 2011~2019 年灌溉导致区域内平均年降水增加6.07mm。图 19-22 为海河流域灌溉导致降水年内变化情况,从图 19-22 中可以看出,灌溉导致大部分月份降水有所增加,降水增加主要集中在 5~6 月,而 8 月降水有所减少。5~6 月灌溉水量占全年总灌溉水量的 40.15%,灌溉导致 5 月流域平均降水增加 1.41mm,导

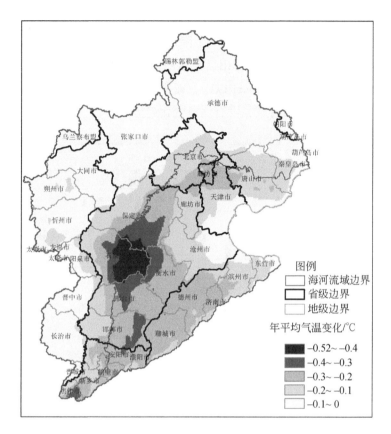

图 19-19 海河流域灌溉导致平均气温空间变化情况

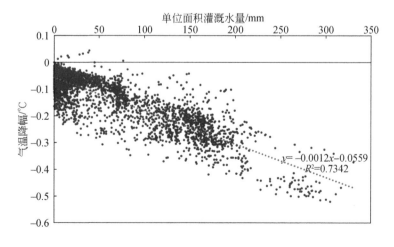

图 19-20 海河流域单位面积灌溉水量与气温降幅线性关系拟合

致 6 月平均降水增加 2.73mm。图 19-23 为海河流域灌溉导致平均年降水空间变化情况，从图 19-23 中可以看出，灌溉导致流域空间上降水变化不一致，降水增加区域主要在浅山区一带，而平原区南部降水减少。西部山区降水增加，增幅在 10 ~ 40mm，北京平原区与山区交界地区降水增加，增幅在 20mm 以上，而平原区南部降水总体呈现减少趋势，在 10 ~ 30mm，北部山区降水有增有减，没有明显变化趋势。

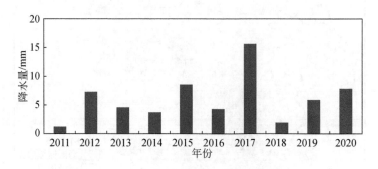

图 19-21 海河流域灌溉导致降水年际变化情况

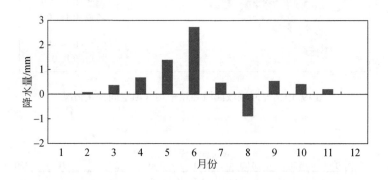

图 19-22 海河流域灌溉导致降水年内变化情况

19.1.3 山区植被恢复的气候效应

近 20 年来，海河流域山区实施规模化和系统化的封山育林、植树造林等水土保持工作，山区植被状况明显改善，植被覆盖度持续增加。基于构建的海河流域气候模式，设置两组试验，模式中山区土地覆被、叶面积指数、植被覆盖度分别采用 2001 年和 2019 年提取的 MODIS 数据，其余设置相同，模拟分析海河流域山区植被变化对气候的影响。

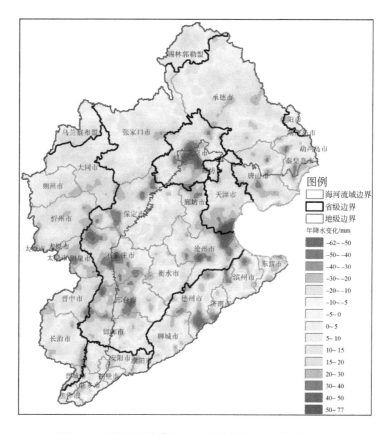

图 19-23　海河流域灌溉导致平均年降水空间变化情况

1. 植被变化对区域气温的影响

海河流域山区植被变化使得区域年平均气温增加 0.02℃。图 19-24 为山区植被变化导致流域年际平均气温变化情况，从图 19-24 中可以看出，山区植被变化对区域各年平均气温影响程度不同，导致大部分年份平均气温增加。山区植被变化导致区域平均气温在 2011 年和 2014 年略有减少，其他年份增加，其中 2015 年气温增幅最大，为 0.05℃，其次为 2012 年，气温增加 0.03℃，而 2013 年、2018 年与 2019 年气温增幅低于 0.01℃。图 19-25 为山区植被变化导致流域年内平均气温变化情况，从图 19-25 中可以看出，山区植被变化导致 5~8 月气温降低，11 月至次年 3 月气温增加，其他月份区域平均气温变化几乎可以忽略。山区植被变化导致区域 5~8 月平均气温降低 0.05℃，6 月气温降幅最大，为 0.09℃，而山区植被变化导致 11 月至次年 3 月平均气温增加 0.08℃，其中 2 月气温增幅最大，为 0.12℃，11 月气温增幅最小，为 0.04℃。

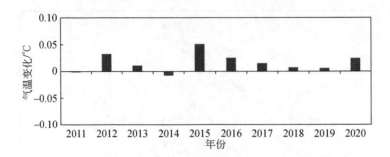

图 19-24　山区植被变化导致流域年际平均气温变化情况

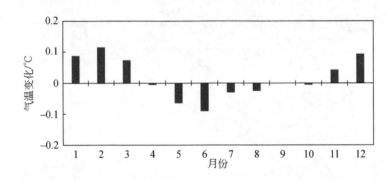

图 19-25　山区植被变化导致流域年内平均气温变化情况

　　图 19-26 为海河流域山区植被变化导致区域年平均气温空间变化情况，从图 19-26 中可以看出，山区植被变化导致山区东北部气温增加、西北部气温降低，南部气温几乎无变化，同时导致平原区个别小区域气温增加而其他区域气温基本无变化。山区植被变化导致山区东北部大部分区域气温增加 0.1～0.2℃，而导致山区西北部温度减小，且幅度更大，减幅主要在 0.2～0.5℃。图 19-27 为海河流域山区植被变化导致区域 5～8 月各月平均气温空间变化情况，从图 19-27 中可以看出，植被变化导致 5～8 月各月气温影响主要在山区东北部和西北部，山区西北部 5～8 月气温都降低，而山区东北部 5～6 月气温变化不大，7～8 月气温增加。山区植被变化导致山区西北部 5～8 月气温降低都超过 0.2℃，其中 6～7 月气温降幅更大，大多超过 0.5℃，8 月气温降幅在 0.4℃以上，5 月气温降幅最小。而在山区东北部植被变化导致该区域 7～8 月气温增加，气温增幅在 0.1～0.3℃，其中 8 月气温降幅更大，7 月气温降幅主要在 0.1～0.2℃，5～6 月植被变化导致该区域气温有增有减，其影响范围在-0.2～0.2℃，综合起来气温变化不大。山区植被变化对平原区气温影响很小，主要影响区域为北京—天津一带以及个别小区域，北京—天津一带 7～8 月气温增加 0.1～0.2℃，个别小区域 5～8 月气温明显增加。

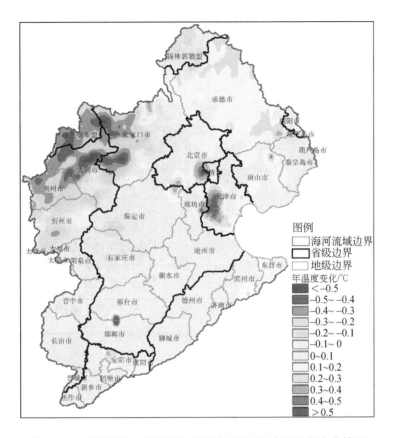

图 19-26　海河流域山区植被变化导致区域平均气温空间变化情况

2. 植被变化对区域降水的影响

图 19-28 为海河流域山区植被变化导致流域年际降水变化情况，从图 19-28 中可以看出，山区植被变化导致流域 2011 ~ 2020 年大多数年份年降水减少，平均年降水减少1.80mm，2014 年、2016 年及 2020 年山区植被变化导致流域降水增加，其他年份降水减少，其中，2014 年降水增幅最大，为 0.87mm；2013 年降水减幅最大，为 5.07mm；2019年降水减幅最小，为 0.76mm。图 19-29 为海河流域山区植被变化导致流域降水年内变化情况，从图 19-29 中可以看出，山区植被变化导致流域 7 ~ 8 月降水减少，而 5 ~ 6 月降水有所增加，其他月份降水变化相对不大。山区植被变化导致流域 7 月降水变化最大，降水减少 1.72mm，其次为 8 月，降水减少 0.48mm。山区植被变化导致流域降水在 5 月和 6 月分别增加 0.17mm 和 0.16mm，而在其他月份降水变化低于 0.03mm。

图 19-30 为海河流域山区植被变化导致区域平均年降水空间变化情况，从图 19-30 中可以看出，年降水空间变化趋势主要呈现山区东北部增加、西北部减少。山区植被变化导

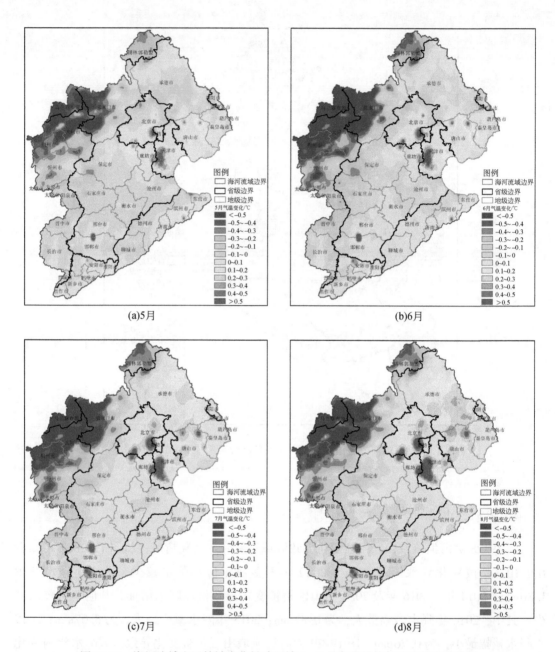

(a)5月   (b)6月

(c)7月   (d)8月

图 19-27　海河流域山区植被变化导致区域 5~8 月各月平均气温空间变化情况

致山区东北部降水增加 10~30mm，导致山区西北部降水减少 0~20mm，流域其他地区降水有增有减，空间变化不均匀，无规律性，变化范围主要在−10~10mm。图 19-31 为海河流域山区植被变化导致区域 5~8 月各月平均降水空间变化情况，从图 19-31 中可以看出，山区植被变化对降水影响主要在 7~8 月山区东北部和西北部，8 月山区东北部降水增加，

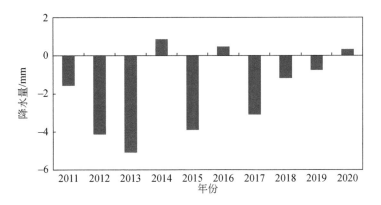

图 19-28　海河流域山区植被变化导致流域降水年际变化情况

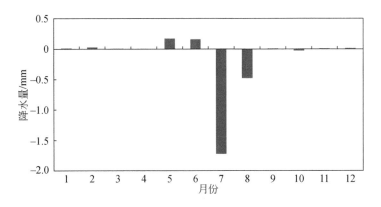

图 19-29　海河流域山区植被变化导致流域降水年内变化情况

而 7～8 月西北部降水减少。山区植被变化对 5 月降水影响很小，空间上降水影响范围在 −5～5mm，6 月对降水影响幅度更大，但空间变化趋势不集中，有增有减，变化范围主要在 −10～10mm。7 月山区植被变化主要导致山区西北部降水减少，减少范围主要在 0～15mm，其他区域无明显规律，在 8 月山区植被变化导致山区东北部降水增加，增加范围主要在 5～20mm，同时也导致山区西北部降水减少，减少范围主要在 0～10mm，其他区域除个别异常值外降水变化规律不明显。

19.1.4　未来气候变化趋势预测

气候系统模式可以模拟大气环流、海面−陆面相互作用关系，在全球气候变化研究领域广泛使用，其主要原理是在研究未来可能发生的气候变化模式时，以温室气体排放作为

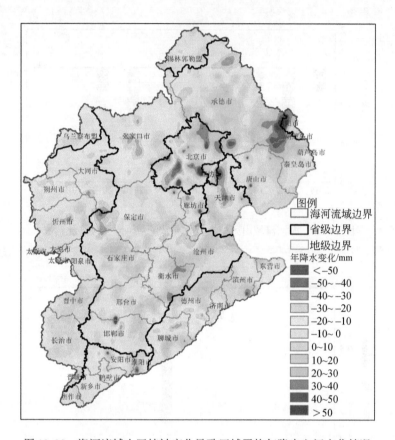

图 19-30 海河流域山区植被变化导致区域平均年降水空间变化情况

目标，讨论在不同排放量情景下的气候变化，是有效预测未来气候变化规律的主要方法之一。降尺度技术将大尺度气候信息转换为小尺度，如将全球尺度气候信息转换为区域尺度信息，实现气候特征的精细化分区，同时提高分辨率，提高预测精度。

根据 2014 年发布的联合国政府间气候变化专门委员会 (Intergovernmental Panel on Climate Change，IPCC) 第五次气候评估 (AR5) 报告，1880～2012 年，全球气温上升了 0.85℃，其中以 21 世纪初期的气温上升最为明显。RCP (representative concentration pathways) 作为 IPCC 对未来温室气体浓度的预测评估，主要包含 RCP2.6、RCP4.5、RCP6.0 和 RCP8.5 四种情景，由低到高分别表示辐射强迫水平从 2.6W/m² 到 8.5W/m² 的低中高排放情景。其中 RCP4.5 代表中低排放情景，要求对现状能源结构进行改进，通过碳捕获、碳储存等手段限制温室气体的排放；RCP8.5 代表高排放情景，是一种最坏情况的假定，假设未来情况下，人口数量持续增长，科技进步水平低，传统能源依赖性高，依然保持高能耗以及高排放的需求。考虑到目前科技进步的水平，以及对于温室气体排放和人口数量等方面的限制，RCP4.5 作为最有可能发生的情景，同时考虑 RCP8.5 作为维持

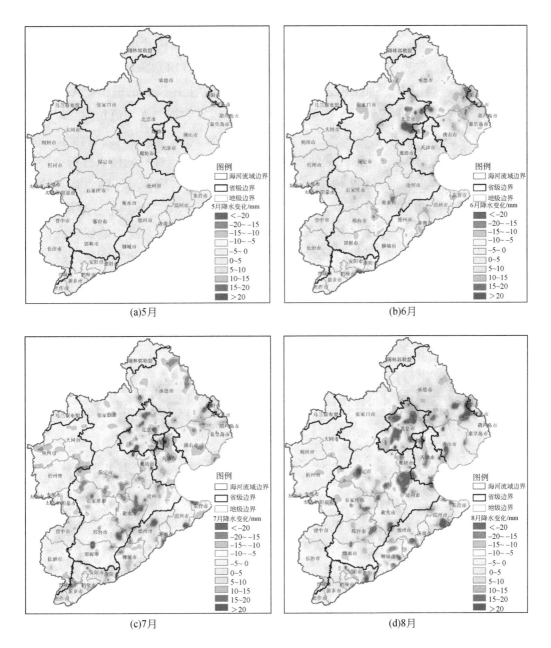

图 19-31　海河流域山区植被变化导致区域 5~8 月各月平均降水空间变化情况

现状速率下的高排放情景，对资源量评价有重要意义。因此，选择 RCP4.5 和 RCP8.5 作为海河流域未来气候情景模式，其他两种气候情景模式不再模拟分析。

基于构建的海河流域气候模式，将 GCMs 输出未来气候作为驱动数据，同时在陆面过程参数化方案 Noah-MP 中考虑未来灌溉、南水北调增加调水、地下水超采综合治理以及植被恢复这些本地人工影响，模拟得到海河流域未来气候。在 ISI-MIP（The Inter-Sectoral Impact Model Intercomparison Project）提供的全球气候模式中，选取对中国区域气候模拟效果较好、预测能力强的 5 套全球气候模式（GFDL-ESM2M、HadGEM2-ES、IPSL-CM5A-LR、MIROC-ESM-CHEM、NorESM1-M），对上述模式的输出结果进行双线性插值和基于概率分布的统计偏差校正，取 5 种气候模式数据的平均值作为气候模式驱动数据。

为了验证所用模式数据在研究区的预测效果，本研究基于提取的模式数据，得到研究区 1961～2000 年月平均降水量、最高气温和最低气温，与同期基于站点观测数据进行对比分析，结果如图 19-32 所示，可以看出，研究区 1961～2000 年月平均降水量、最高气温和最低气温序列与基于站点观测数据值的一致性较高，降水的相关性系数为 0.8507，最高气温与最低气温相关系数都达 0.95 左右，证明了选用气候模式降尺度数据的准确性。

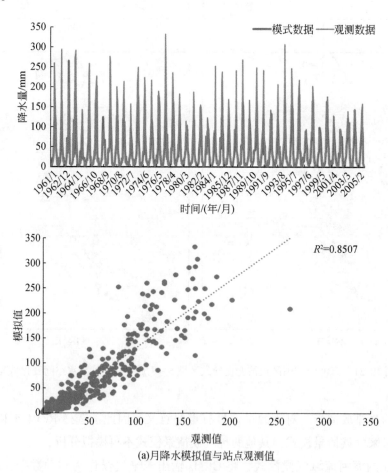

(a)月降水模拟值与站点观测值

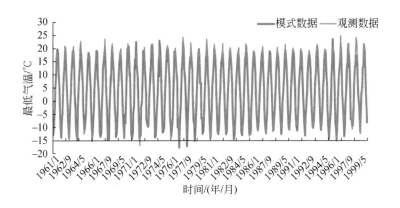

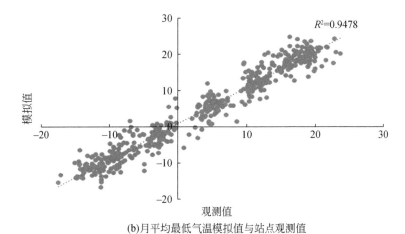

(b)月平均最低气温模拟值与站点观测值

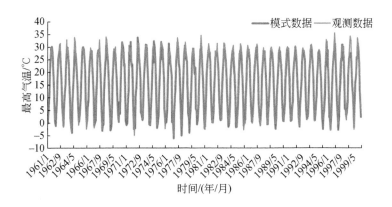

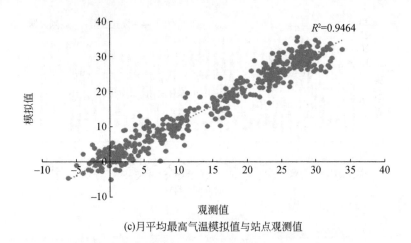

(c)月平均最高气温模拟值与站点观测值

图 19-32　研究区 1961~2000 年模式气象要素模拟值与站点观测值比较

　　为了更好地衔接历史气候演变过程，减小未来气候模式的不确定性对水资源量的影响，本研究采用"历史实测序列+预测增量"的方式确定未来气候变化序列，即在 1956~2016 年实测气象数据序列上添加 RCP4.5 和 RCP8.5 情景预测的降水、气温增量值，得到海河流域未来气候变化序列（图 19-33 和图 19-34），结果如下：

　　（1）降水。以海河流域 1956~2016 年降水序列为基准，流域多年平均降水量为 526mm，RCP4.5 和 RCP8.5 情景下未来降水变化增量分别为 10.9mm、25.4mm，即 RCP4.5 情景下 2020~2050 年流域平均降水量为 533.7mm，变化趋势为 0.21mm/a，RCP8.5 情景下 2020~2050 年流域平均降水量为 548.2mm，变化趋势为 0.48mm/a。

　　（2）气温。根据气候模式预测结果，与历史基准期相比，2020~2080 年，RCP4.5 情景下流域平均气温增幅为 0.86℃，变化趋势为 0.04℃/a，RCP8.5 情景下流域平均气温增幅为 1.17℃，变化趋势为 0.06℃/a。

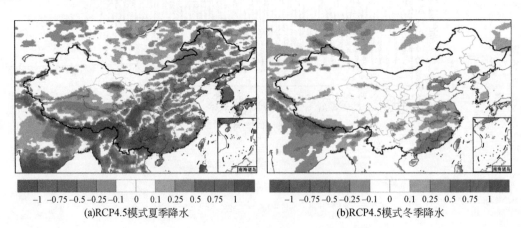

(a)RCP4.5模式夏季降水　　　　　　　　　　(b)RCP4.5模式冬季降水

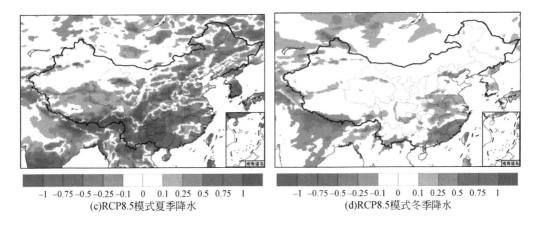

(c)RCP8.5模式夏季降水　　　　　　　　　(d)RCP8.5模式冬季降水

图 19-33　研究区未来降水变化趋势及分布

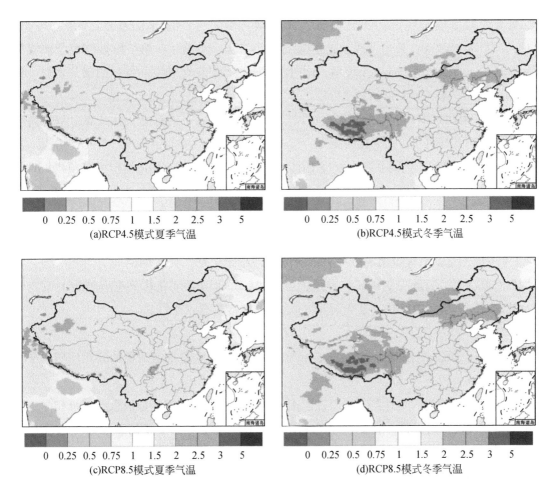

(a)RCP4.5模式夏季气温　　　　　　　　　(b)RCP4.5模式冬季气温

(c)RCP8.5模式夏季气温　　　　　　　　　(d)RCP8.5模式冬季气温

图 19-34　研究区未来气温变化趋势及分布

19.2　土地利用分布预测

19.2.1　土地利用预测模型方法

1）土地利用预测模型

土地利用模拟预测的模型大体上可以分为三类：第一类，通过预测不同类型土地的数量变化来模拟土地利用发展的模型，此类模型在构建过程中主要采用系统动力学法、灰色预测法、人工神经网络（artificial neural network，ANN）法、马尔可夫（Markov）链法等数学方程式，仅描述了土地数量变化过程及其相关性，却难以体现空间分布中的土地信息；第二类，在空间格局中预测土地变化的模型，此类模型的重点是强化土地的空间特征，更直观地呈现研究区内土地特征，如元胞自动机（cellular automata，CA）模型、CLUE-S 模型、GEOMO 模型、IMAGE 模型等；第三类，将第一、第二类模型耦合而成的预测模型，通常耦合两个或三个模型，同时实现土地数量变化和空间特征的预测功能，如ANN-CA 模型、SD-CA-Markov 模型等。

CA 是一种"自下而上"的机制，可以实现复杂计算和平衡计算，在计算过程中高度动态功能增强其时间、空间演化的能力，实现对复杂系统的模拟和预测。而 CA-Markov 模型，综合了 CA 模型在空间系统中实现土地利用的模拟功能和 Markov 模型可以预测长时间序列土地数量变化的优势，这种耦合模型充分利用两种模型的优势，并且相互弥补不足，能够从时间、空间上模拟土地利用。因此本节采用 CA-Markov 进行未来土地利用预测研究。

CA 模型的基本原理遵循离散动力系统原则，系统中每个变量的时间、空间、状态特征均呈离散状态，变量的变化模式有限、可穷尽，并且每种变化模式有着特定的改变规则，其在时间、空间中反映了某个局部特征。CA 模型基本原理如下：

$$S_{t+1} = f(S_t, N) \tag{19-5}$$

式中，S 表示元胞的全部状态集合；t 表示时间；f 表示元胞在某空间中的运算法则；N 表示元胞的邻域。

Markov 模型的目的是预测某一事件发生的概率，应用于空间地理信息系统研究中，以预测无后效性特征的事件。在研究土地利用中发现，土地利用类型的动态演变过程符合 Markov 特征：第一，在某个特定的区域内，不同景观类型的土地之间可能存在相互转化性；第二，不同类型的土地发生转化时，其过程很难全部实现数学关系描述。在 Markov 模型中，不同类型的土地利用在相互转化过程中，面积、数量、比例等参数用于计算状态转移概率，其数学原理如下：

$$S_{t+1} = \boldsymbol{P}_{ij} \times S_t \tag{19-6}$$

其中

$$\boldsymbol{P}_{ij} = \begin{bmatrix} P_{11} & \cdots & P_{1n} \\ \vdots & \ddots & \vdots \\ P_{n1} & \cdots & P_{nn} \end{bmatrix} \tag{19-7}$$

$$0 < \boldsymbol{P}_{ij} < 1 \ \text{且} \ \sum_{i=1}^{n} \boldsymbol{P}_{ij} = 1 \quad (i,j = 1,2,\cdots,n) \tag{19-8}$$

式中，$\boldsymbol{P}_{ij}$ 表示土地利用类型转化概率的矩阵；n 表示土地利用类型。

在 CA-Markov 模型中，元胞是土地利用栅格图中的像元，元胞状态是每个像元所标记的土地利用类型。该耦合模型运算过程在 ArcGIS 软件中完成，ArcGIS 软件中转换面积矩阵工具和条件概率图像工具共同工作，用于确定土地利用栅格图中每个像元的转化过程，从而实现土地利用演变的模拟。

为了更好反映社会经济发展对区域土地利用空间变化的影响，本研究在上述方法基础上进一步考虑土地利用空间规划目标，即依据区域土地空间类型赋予土地利用预测单元一个新的属性信息，在规划中有明确土地属性的单元则优先遵循目标值，不受上述预测模型转化规则影响，构建考虑土地规划发展目标的 CA-Markov 模型，实现对土地规划目标的模拟展现。

2）预测结果校验

采用 Kappa 系数评价检验 CA-Markov 模型模拟土地开发利用演变预测结果。其思路是将模拟年的土地开发利用情况与对应年份实际土地利用进行比较，计算模拟值与实测值的 Kappa 系数，判别模型模拟精度。Kappa 系数的计算原理如下：

$$P_{o} = \frac{n_1}{n}, P_{c} = \frac{1}{N} \tag{19-9}$$

$$\text{Kappa} = \frac{P_{o} - P_{c}}{P_{p} - P_{c}} \tag{19-10}$$

式中，n 为总栅格数；n_1 为正确模拟的栅格数；$N = 6$，为土地类型数。P_i 表示不同状况下正确模拟的栅格比例，即 P_{o}、P_{c}、P_{p} 分别为实际条件下、期望条件下、理想分类条件下正确模拟的栅格比例。

Kappa 系数由 –1 增长至 1 时，表示模拟精度提高，当 Kappa 系数为负值时，表示模拟结果与实际情况一致性程度弱，模拟精度差；Kappa 系数由 0 分别增长至 0.2、0.4、0.6、0.8、1 时，在每增长 0.2 个区间范围内，分别表示模拟结果与实际情况一致性程度微弱、弱、适中、显著、最佳，定义当 Kappa 系数大于 0.4 时，模型模拟结果能够反映实际情况，具有一定可信度。

以 1990 年和 2000 年土地利用现状分别作为转换基础，以 1980～1990 年、1990～2000 年两个时期研究区内土地利用转移面积矩阵作为空间转化规则，同时考虑区域土地利用规划目标、分区及发展潜力因素，利用 CA-Markov 模型分别预测 2000 年和 2010 年研究区土地利用类型，计算 Kappa 指数评估模拟精度。结果表明，两个年份模拟结果精度分别为 0.7572 和 0.8197，实际与预测结果的一致性显著，说明 CA-Markov 模型能够较为准确地模拟研究区内土地利用的演变规律，能够作为未来土地利用预测的工具（图 19-35）。

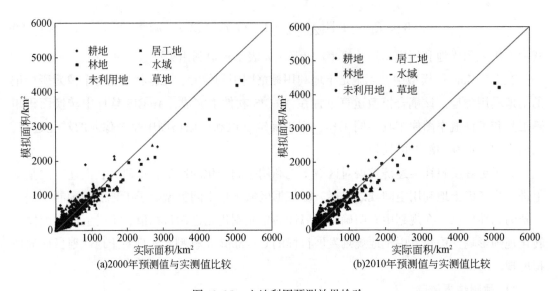

图 19-35　土地利用预测效果检验

19.2.2　未来土地利用分布格局预测

根据 2016 年国土资源部、国家发展和改革委员会联合印发的《京津冀协同发展土地利用总体规划（2015—2020 年)》，着力优化区域空间开发格局，划定了减量优化区、存量挖潜区、增量控制区和适度发展区，明确了各区土地利用原则和利用导向。其中，减量优化区需要通过建设用地"减量瘦身"倒逼城市功能提升，原则上不安排新增建设用地，鼓励将存量建设用地转化为生态用地；存量挖潜区不宜再进行高强度大规模建设，区域建设用地总量基本保持稳定，以存量建设用地结构和布局调整为主；增量控制区不宜进行大规模开发建设，重点保障基础设施和公共服务用地，控制区域新增建设用地；适度发展区是承接北京非首都核心功能和京津产业转移的主要区域，应引导人口产业合理集聚，适度增加区域新增建设用地规模。

根据京津冀各人民政府发布的《北京城市总体规划（2016 年—2035 年)》《天津市国

土空间总体规划（2021—2035年）》《河北省国土空间规划（2021—2035年）》，明确了各省（直辖市）的空间发展导向。北京市未来城乡建设用地规模减小到2860km²左右，2035年减小到2760km²左右，且严守永久基本农田，保护生态涵养区功能；天津市未来主要发展津城和滨城双城多节点，重点建设北中南部生态保护，并在津城、滨城中间地带规划736km²的生态屏障区；河北省未来重点发展沿海、京廊雄保石邯、张京唐秦三带，并促进环京津核心功能区、沿海率先发展区、冀中南拓展区和冀西北生态涵养区四区融合发展。

基于构建的CA-Markov模型，以2010年、2016年为现状空间转变规则，参考不同省（直辖市）发展规划要求和功能分区土地规划目标阈值，预测未来中等城镇化水平情景与高城镇化水平情景的土地利用分布，如图19-36和表19-4所示。

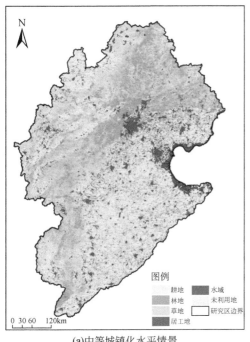

(a)中等城镇化水平情景

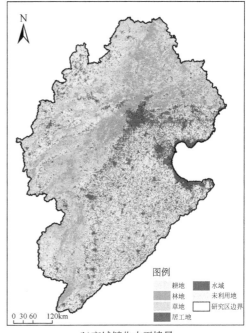

(b)高城镇化水平情景

图 19-36　海河流域未来土地利用预测结果

表 19-4　研究区不同方案下土地利用面积统计　　（单位：万 km²）

土地类型	2016 年	中等城镇化	高城镇化
耕地	16.590	16.456	16.179
林地	6.258	5.982	6.015
草地	6.440	6.051	6.078
水域	0.784	1.094	1.134

土地类型	2016 年	中等城镇化	高城镇化
居工地	3.068	3.620	3.905
未利用地	0.420	0.356	0.248

可以看出，耕地仍然是海河流域占比最多的土地利用类型，但未来仍然处于下降的趋势，高城镇化和中等城镇化下的耕地面积相比 2016 年分别下降了 2.48% 和 0.81%，草地和林地面积相比 2016 年分别下降了 5.62%、6.04% 和 3.88%、4.41%，居工地则呈现显著的增加趋势，比 2016 年分别增加了 27.28% 和 7.99%，水域面积在未来也呈现增加的趋势，比 2016 年分别增加了 44.64% 和 39.54%，未利用地面积则呈现明显的减少趋势，比 2016 年分别减少了 40.95% 和 15.24%。

19.3　植被覆盖度情景预测

19.3.1　区域最优植被覆盖度计算方法

在生态水文过程中，植被和水文过程存在相互作用，一方面植被的变化影响水文循环过程发生，另一方面水文循环也驱动和影响植被的变化。根据 Eagleson 生态水文理论，在特定气候和环境条件下，植被为适应这些条件，会自动调节植被覆盖度以达到对水分条件的适应，从而达到植被和水文的长期均衡稳定状态。Eagleson 建立了随机气象条件驱动的一维土壤水动力学模型，以描述植被和水文之间的相互作用关系，并提出了最优性假设，即一定气候和环境条件下植被所能达到的最优状态。Eagleson 生态水文理论由水量平衡方程（供水方程）和能量平衡方程（需水方程）表征。

1）水量平衡关系建立

假设在降水的间隙，太阳所供给的能量为植被提供动力，并将土壤水分在毛细管上升作用下迁移至地表，形成蒸散发消耗。降水过程近似表述为服从泊松分布的脉冲函数，借助一维土壤动力学方法，建立生长季系列的水量平衡模型，方程如下：

$$\underbrace{Mk_v\beta_v m'_{tb}E_{ps}}_{a}=\underbrace{m_h-\overline{h}_0}_{b}-\underbrace{\frac{\Delta S}{m_v}}_{c}-\underbrace{(1-M)\beta_s m''_{tb}E_{ps}}_{d}-\underbrace{m_h e^{-G-2\sigma^{3/2}}}_{e}$$

$$-\underbrace{\frac{m_t m_h K(1)}{P_t}s_0^c}_{f}+\underbrace{\frac{m_t m_h K(1)}{P_t}\left[1+\frac{3/2}{mc-1}\right]\left[\frac{\psi(1)}{z_w}\right]^{mc}}_{g} \tag{19-11}$$

式中，a 为植被冠层蒸腾量（mm）；b 为冠层截留量（mm）；c 为土壤水蓄变量（mm）；d

为裸土蒸发量（mm）；e 为地表径流量（mm）；f 为深层渗漏量（mm）；g 为毛管上升量（mm）；m_h 为平均降水深（mm）。

参数 a 中，M 为生长季植被覆盖度（无量纲），k_v 为冠层导度（无量纲），E_{ps} 为湿润土壤表面潜在蒸散发速率（mm/d），β_v 为裸土蒸发效率系数（无量纲），m'_{tb} 为平均降水间隙中用于蒸腾的平均时间（d）。

参数 b 中，$\overline{h}_0$ 为冠层降水的截留量（mm），包括植被截留量和裸土截留量，由式（19-12）计算得到：

$$\overline{h}_0 = \begin{cases} (1-M)h_0 + M(1+\eta_0\beta L_t)h_0, & \dfrac{\eta_0\beta L_t h_0}{m_h} < 1 \\[4mm] (1-M)h_0 + Mm_h, & \dfrac{\eta_0\beta L_t h_0}{m_h} \geq 1 \end{cases} \tag{19-12}$$

式中，η_0 为气孔面积与叶面积之比（无量纲）；L_t 为叶面积指数（无量纲）；β 为叶倾角的余弦值（无量纲）；h_0 为平均截留深度（mm）。

参数 c 中，m_v 为降水次数（次），ΔS 为土壤需水变化量（mm），由式（19-13）计算得到：

$$\Delta S = P_d - (1-M_d)E_{pd}m_d - Y_d \tag{19-13}$$

式中，P_d 为非生长季降水（mm）；M_d 为非生长季植被覆盖度（d）；E_{pd} 为非生长季潜在蒸散发（mm/d）；m_d 为非生长季时长（d）；Y_d 为非生长季径流（mm）。

参数 d 中，β_s 为裸土蒸发系数，m''_{tb} 为平均降水间隙中用于裸土蒸发的时间（d），具体计算方法参考 Eagleson（2005）的著作。

参数 e 中，产流方式设为超渗产流，参数 G 和 σ 由式（19-14）和式（19-15）计算得到：

$$G = \omega K(1)\left[\frac{1+s_0^c}{2} - \frac{W}{K(1)}\right] \approx \omega K(1)\frac{1+s_0^c}{2} \tag{19-14}$$

$$\sigma = \left[\frac{5n_e\lambda_0^2 K(1)\psi(1)(1-s_0)^2\varphi(c,s_0)}{6\pi\delta m\kappa_0^2}\right]^{1/3} \tag{19-15}$$

$$\lambda_0 = \frac{m_h}{\sigma_h^2} \tag{19-16}$$

$$\kappa_0 = \lambda_0 m_h \tag{19-17}$$

$$\varphi(c,s_0) = \left[\frac{5}{3} + \frac{1}{2}(c+1)(1-s_0)^{1.425-0.0375(c+1)/2}\right]^{-1} \tag{19-18}$$

式中，ω 为平均降水强度 m_i 的倒数（d/mm）；$K(1)$ 为土壤饱和导水率（mm/d）；s_0 为时空平均土壤含水量（表示土壤含水量与田间持水量比值，无量纲）；c 为土壤透水系数（无量纲）；w 为毛细管上升速率（mm/d）；δ 为平均降水持续时间（d⁻¹）；n_e 为有效土壤孔隙度（无量纲）；λ_0 和 κ_0 为降水泊松分布的尺度参数；m 为土壤孔隙大小分布指数（无量纲）；ψ（1）为土壤饱和基质势（mm）；φ（c，s_0）为土壤吸附扩散度（无量纲）。

参数 f 中，P_t 为生长期平均降水（mm），m_t 为生长期日数（d）。

参数 g 中，z_w 为地下水埋深 z（mm）。

基于水量平衡方程，植被覆盖度和潜在冠层导度可由式（19-19）获得：

$$Mk_v^* = \frac{V_e}{m'_{tb} E_{ps}} \tag{19-19}$$

式中，V_e 为可供植被利用的水分（mm）。

2）潜在冠层导度计算

饱和裸土潜在蒸散发：

$$E_p = \frac{1}{\lambda} \frac{\Delta R_n + \rho c_p D / r_a}{\Delta + \gamma_0} \tag{19-20}$$

冠层潜在蒸腾：

$$E_v = \frac{1}{\lambda} \frac{\Delta R_n + \rho c_p D / r_a}{\Delta + \gamma_0 (1 + r_c / r_a)} \tag{19-21}$$

其中：

$$D = e_s - e_a \tag{19-22}$$

式中，Δ 为饱和水气压曲线斜率（kPa/℃）；R_n 为地表净辐射 [MJ/(m²·d)]；ρ 为空气质量密度（kg/m³）；c_p 为大气的定压比热 [MJ/(kg·℃)]，r_a 为空气动力阻抗（s/m）；r_c 为冠层阻抗（s/m）；γ_0 为地表湿度计常数（kPa/℃，取 0.066）；D 为水气压差（kPa）；e_s 为饱和水气压（kPa）；e_a 为实际水气压（kPa）。

当植被叶片气孔完全张开时，植被达到最大蒸腾量（E_{pv}）。冠层导度用式（19-23）表示：

$$k_v = \frac{E_v}{E_p} = \frac{\Delta + \gamma_0}{\Delta + \gamma_0 (1 + r_c / r_a)} = \frac{1 + \Delta / \gamma_0}{1 + \Delta / \gamma_0 + r_c / r_a} \tag{19-23}$$

式中，k_v 为植被实际冠层导度（无量纲）；E_v 为冠层潜在蒸腾（mm/d）；E_p 为潜在蒸散发（mm/d）；Δ 为饱和水气压曲线斜率（kPa/℃）；r_c / r_a 为阻抗比。

中等覆盖度植被冠层的阻抗比可以通过 $M = 0$ 和 $M = 1$ 对应的阻抗比之间进行线性插值得到。

$$\frac{r_c}{r_a} = (1 - M) \left(\frac{r_c}{r_a} \right)_{M \to 0} + M \left(\frac{r_c}{r_a} \right)_{M \to 1} \tag{19-24}$$

式中，$\left(\dfrac{r_c}{r_a} \right)_{M \to 0}$ 和 $\left(\dfrac{r_c}{r_a} \right)_{M \to 1}$ 分别为 $M = 0$ 和 $M = 1$ 对应的阻抗比，具体计算方法参考 Eagleson（2005）的著作。

3）平衡植被覆盖度

联立水量平衡和潜在冠层导度，分别表示了植被受能量和水分控制的约束条件，将 k_v^*-M 曲线绘制在同一坐标系里，可得到平衡植被覆盖度的交点，如图 19-37 所示。

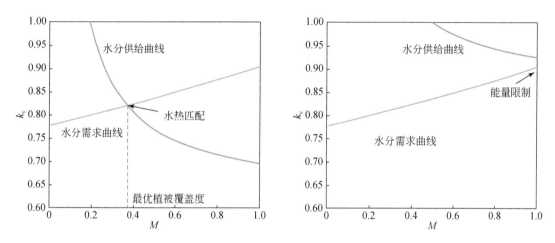

图 19-37　水分供给曲线和水分需求曲线

当 $0<M<1$ 时，曲线相交，即

$$\frac{V_e}{m'_{tb}E_{ps}} < \frac{1+\Delta/\gamma_0}{\Delta/\gamma_0 + \left(\dfrac{r_c}{r_a}\right)_{M\to1}} \tag{19-25}$$

说明主要受水分控制，两条曲线的交点即为平衡植被覆盖度 M^*。

若 M 达到 1 时，曲线仍不相交，即

$$\frac{V_e}{m'_{tb}E_{ps}} \geq \frac{1+\Delta/\gamma_0}{\Delta/\gamma_0 + \left(\dfrac{r_c}{r_a}\right)_{M\to1}} \tag{19-26}$$

说明能量条件是影响植被生长的主要控制和限制因子，水分充足，则最大的平衡植被覆盖度即 $M^* =1$。

4）平衡植被覆盖度和土壤含水量的关系

以上的分析假定土壤含水量（s_0）一定，实际上如果土壤含水量变化，平衡植被覆盖度（M）也会发生变化，即平衡植被覆盖度和土壤含水量存在特定的关系。依据 Eagleson 生态水文原理，土壤含水量会随着平衡植被覆盖度先增大后减小，如图 19-38 所示。依据 Eagleson 的最优性假设，当植被覆盖度达到最优时，平衡土壤水分达到最大值 $s_{0\,max}$，而这不意味着植被覆盖度不能进一步增加。当植被覆盖度进一步增加时，土壤含水量达到临界土壤含水量（s_{0c}，在 Eagleson 生态水文原理中，设定临界限制潜在蒸腾量的临界土壤水势

为 5bar[①]），植被生长仍不存在胁迫，气孔可以完全张开，达到最大潜在蒸腾量，此时的平衡植被覆盖度（M^*）可以认为是极限植被覆盖度。而如果植被覆盖度进一步增加，土壤含水量将会急剧下降，导致土壤干化，而在长期演进中，干化的土壤将会使气孔关闭，限制植被生长，迫使植被覆盖度减小，土壤含水量恢复。此外，在供水充足的情况下，即使植被覆盖度达到最大，土壤含水量也没有下降到临界土壤含水量，则极限植被覆盖度为 1。

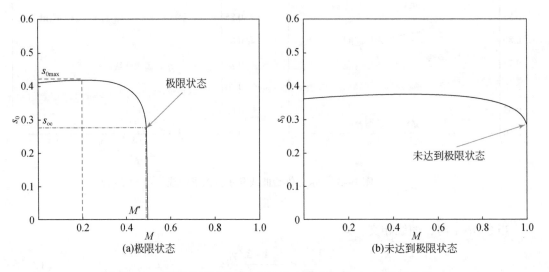

图 19-38　平衡植被覆盖度（M）和土壤含水量（s_0）关系曲线

5）研究数据及参数

Eagleson 生态水文模型所需的主要数据和参数如表 19-5 所示，包括降水参数、植被参数、蒸散发参数和土壤参数。此外本研究的时间尺度为生长季，生长季定义为 4~10 月。

表 19-5　**Eagleson 生态水文模型主要输入数据和参数**

类别	符号	说明
降水	m_v	生长季降水次数/次
	m_h	生长季平均单次降水深/mm
	m_{tb}	生长季平均降水间隔时间/d
	m_{tr}	平均降水持续时间/天
	m_i	平均降水强度/（mm/d）
	P_d	非生长季降水/mm
	P_t	$P_t = m_h \cdot m_v$，生长季降水/mm
	σ_h^2	次雨深 m_h 的方差/mm

① 1bar = 10^5 Pa = 1dN/mm²。

类别	符号	说明
植被	L_t	生长季叶面积指数/无量纲
	η_0	气孔面积与叶面积之比/无量纲
	β	叶倾角的余弦值/无量纲
	m_0	与水平风速相关的叶片剪切应力指数/无量纲，一般取 0.5
	n_s	叶片单元对风产生表面阻力的面数/无量纲，一般取 2
	$\dfrac{h_s}{h}$	h_s/h 为树干分数，即树干的高度和植被单株的高度之比/无量纲
蒸散发	E_{ps}	生长季饱和裸土潜在蒸散发/mm
	E_{pd}	非生长季饱和裸土潜在蒸散发/mm
土壤	c	土壤透水系数/无量纲，$c=(2+3m)/m$
	m	土壤孔隙大小分布指数/无量纲
	d	土壤扩散系数/无量纲，$c=2d-1$
	n_e	有效土壤孔隙度/无量纲，0.45
	$K(1)$	土壤饱和导水率/(mm/d)
	$\Psi(1)$	土壤饱和基质势/mm

降水参数包括生长季降水次数（m_v）、生长季平均单次降水深（m_h）、生长季平均降水间隔时间（m_{tb}）、平均降水持续时间（m_{tr}）、平均降水强度（m_i）、非生长季降水（P_d）、生长季降水（P_t）、次雨深 m_h 的方差（σ_h^2）。定义连续降水深度超过 1mm 时为一次降水事件。

蒸散发参数包括生长季饱和裸土潜在蒸散发和非生长季饱和裸土潜在蒸散发，由平均气温、最高和最低气温、日照时数、平均风速、相对湿度等数据计算。

土壤参数包括土壤透水系数（c）、土壤孔隙大小分布函数（m）、土壤扩散系数（d）、土壤孔隙度（n_e）、土壤饱和基质势 [$\psi(1)$]、土壤饱和导水率 [$K(1)$]。土壤数据来自 FAO 和 IIASA 所构建的 HWSD，并利用 SPAW 软件计算土壤的各个参数。

植被参数包括生长季叶面积指数（L_t）、气孔面积与叶面积之比（η_0）、叶倾角的余弦值（β）、与水平风速相关的叶片剪切应力指数（m_0）、叶片单元对风产生表面阻力的面数（n_s）、树干分数 $\left(\dfrac{h_s}{h}\right)$。其中 L_t 代表单植株的叶面积指数，与遥感获取的叶面积指数有所不同。对于不同植被类型的参数，根据 MODIS 土地覆盖产品（MCD12Q1）分为针叶林、阔叶林、草地、灌丛和农田，植被参数值则根据前人的研究进行赋值（Eagleson，2005；邵薇薇，2009；张树磊，2018；苏同宣，2021）。

19.3.2　未来植被覆盖度情景预测

根据前文所述 Eagleson 生态水文原理，本研究构建了海河流域 Eagleson 生态水文模型。将前面预测的未来气候情景，以及 2019 年土地覆盖数据和 FAO 土壤数据集代入模型中，并依据 Eagleson 最优性假设得到极限状态下植被覆盖度情况，作为海河流域未来气候情景下的最优植被覆盖度情景。

图 19-39 为现状植被覆盖度（2019 年植被覆盖度）和未来最优植被覆盖度情景。总体上，海河流域浅山区和平原区植被覆盖度基本已达到最优状态，未来进一步恢复空间有限，深山区尤其是永定河山区未来有进一步的恢复空间（表 19-6）。

(a)现状植被覆盖度情景　　　　　　　(b)未来最优植被覆盖度情景

图 19-39　海河流域植被覆盖度空间分布

表 19-6　海河流域各三级区未来植被覆盖度情景

三级区	现状植被覆盖度	未来植被覆盖度	差值
滦河平原及冀东沿海平原	0.348	0.372	0.024

续表

三级区	现状植被覆盖度	未来植被覆盖度	差值
大清河淀西平原	0.440	0.478	0.038
大清河淀东平原	0.308	0.338	0.030
子牙河平原	0.441	0.482	0.041
黑龙港及运东平原	0.415	0.459	0.044
漳卫河平原	0.461	0.505	0.044
北四河下游平原	0.381	0.417	0.036
徒骇马颊河平原	0.460	0.514	0.054
滦河山区	0.535	0.615	0.080
永定河山区	0.351	0.482	0.131
大清河山区	0.533	0.607	0.074
北三河山区	0.619	0.652	0.033
子牙河山区	0.459	0.549	0.090
漳卫河山区	0.470	0.533	0.063

19.4 地下水埋深情景预测

19.4.1 健康地下水位阈值确定方法

1. 健康地下水位概念及内涵

对于海河平原这样的强人类活动地区，地下水位恢复和保持目标不仅要考虑自然生态，也要考虑人类活动和社会发展的需求。研究提出了健康地下水位的概念，以健康地下水位作为未来地下水修复的方案框架。健康地下水位指在保障生态健康的基础上，最大限度支持当地社会经济发展的地下水位，是以保障生态健康为导向，以地下水获得最大补给为基础，以降低对社会经济发展用水影响为要求，由一系列不同类型地下水位服务功能目标构成，并随时空变化的复合型健康水位。具有如下特征：①受水文地质与地理位置影响，健康地下水位在空间分布上各异；②受年内水文气象变化影响，健康地下水位在年内动态变化，地下水位主要影响土壤积盐过程，旱季蒸发积盐、雨季淋溶脱盐，以及旱季雨季地表水体维持对地下水位的需求不同；③健康地下水位具有叠加效应，同一地区可能面临多类型生态环境功能需求；④健康地下水位并不是一个特定值，而是具有上下限的水位范围。

随着地下水位不断下降，可能造成以下不利影响：①地下水到地表水补给减少，补给方向发生反转，严重情况下地表水和地下水相互联系被完全中断，地表水体在旱季难以维持其生态基流量而发生断流（Fan，2015）；②补给入渗系数随地下水埋深先增大后减小，地下水埋深增大形成的深厚包气带造成地下水补给显著减小（Cao et al.，2016）；③地下水下降造成滨海地区地下水动力条件发生改变，破坏地下水淡水与海水之间的动态平衡，导致海水沿含水层向内陆扩散，海水入侵风险增大；④地下水埋深的增加对地表植被造成影响，一方面会造成部分完全依赖地下水生长的天然植被消失，另一方面会造成种植作物灌溉需水量增加（马玉蕾等，2013）。

但随着地下水位下降，也会带来一些有利影响：①地下水埋深是影响土壤水盐运动的重要影响因素，地下水埋深的增大对土壤盐渍化的防范是有利的（管孝艳等，2012）。②地下水潜水蒸发量随地下水埋深增大逐渐减小直至稳定，适当的地下水位下降会降低地下水排泄量，增加有效补给量。③海河平原是北京、天津、石家庄等重要城市群所在地，城市地下建筑物众多，浅层地下水位适度下降对于满足城市建筑物抗浮设防水位要求、保证地下建筑物安全有利。④对于山前平原，适当的地下水位下降一方面可以改变侧向径流补给条件，增加地下水补给量；另一方面可以腾空地下水库容，增加含水层调蓄能力，减少雨洪灾害。

基于上述分析，本研究将健康地下水位分为以下两种类型：第一类为下限地下水位，包括维持地表水体健康补给地下水位、遏制海水入侵地下水位、植被健康地下水位；第二类为上限地下水位，包括控制盐渍化地下水位、城镇建筑物安全地下水位、地下含水层调蓄水位。地下水最大补给能力水位既属于下限地下水位，也属于上限地下水位（图19-40）。

2. 七大功能健康地下水位临界阈值

1）控制盐渍化地下水位

土地盐渍化是土壤层中可溶盐含量增高成为盐渍土地的过程，控制盐渍化地下水位是指旱季防止土壤表层积盐量危害作物生长的最高地下水位，表层积盐量不能超过作物耐盐度临界值（张长春等，2003）。通过对海河平原区1980年、1990年、2000年、2005年、2010年、2018年共6期土地利用类型（提取盐碱地分布）、地下水矿化度、土壤质地、地下水埋深空间分布数据进行统计分析发现：①土壤质地是发生盐渍化的先决条件，1980~

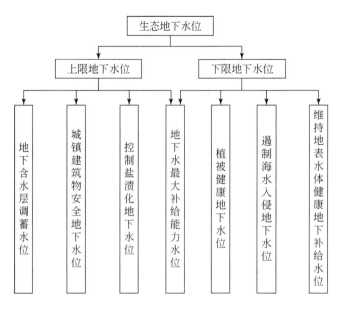

图 19-40　健康地下水位功能分类

2018 年海河平原区土壤质地构成比例和发生盐渍化区域土壤质地构成比例如图 19-41（a）所示，整个海河平原区的壤土、黏壤土、黏土占比均小于盐渍化区域，而砂土占比远大于盐渍化区域。其中整个海河平原区壤土占比为 73%，而盐渍化区域壤土占比为 86%，增加了 13 个百分点，显然，壤土发生盐渍化的风险最高，其次依次是黏壤土、黏土和砂土。②地下水矿化度是影响盐渍化的重要因素，1980～2018 年海河平原区浅层地下水不同矿化度占比和发生盐渍化区域矿化度占比如图 19-41（b）所示，发生盐渍化区域地下水矿化度>3g/L 的比例远大于全区域。地下水矿化度越高，发生盐渍化的风险越高，当地下水矿化度>3g/L 时，发生盐渍化的风险显著升高，当地下水矿化度<2g/L 时，发生盐渍化的风险较低。③地下水埋深是发生盐渍化的决定条件，1980～2018 年发生盐渍化区域地下水埋深分布情况如图 19-41（c）所示，发生盐渍化区域地下水埋深主要为 0～6m。地下水埋深越浅，发生盐渍化的风险越大，据统计，海河平原 83% 的盐渍化区域地下水埋深小于 4m。

确定控制盐渍化地下水位需要综合考虑研究区土壤质地、地下水矿化度等条件，当土壤质地、地下水矿化度相对不变时，可通过控制地下水位防止盐渍化发生。基于上述土壤盐渍化与土壤质地、地下水矿化度、地下水埋深的统计分析结果，结合《华北平原土壤》（中国科学院土壤及水土保持研究所，1961）依据实验观测数据和经验理论提出的防止土壤盐渍化地下水临界深度研究成果，确定海河平原区不同土壤质地和水质条件下防止土壤盐渍化的临界埋深（表 19-7），浅层地下水矿化度<1g/L 的区域可认为无盐渍化风险。

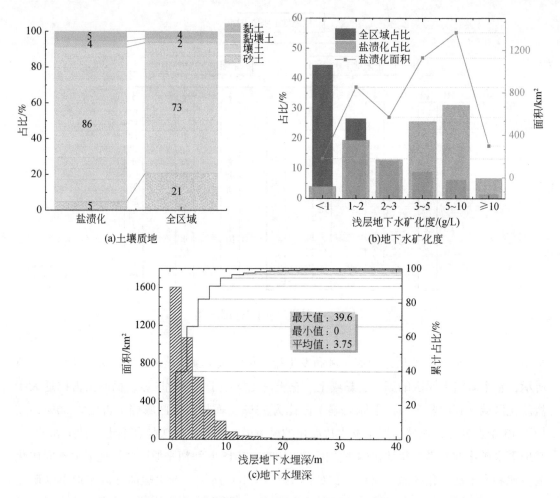

图 19-41　1980～2018 年土壤盐渍化与土壤质地、地下水矿化度、地下水埋深统计关系

表 19-7　防止土壤盐渍化的地下水临界埋深

地下水矿化度/(g/L)	砂土/m	壤土/m	黏壤土/m	黏土/m
1～3	1～1.2	1.8～2.1	1.5～1.8	1～1.2
3～5	1～1.2	2.1～2.3	1.8～2	1～1.2
5～8	1.2～1.4	2.3～2.6	2.1～2.2	1.2～1.4
≥8	1.2～1.4	2.6～2.8	2.2～2.4	1.2～1.4

2）地下水最大补给能力水位

地下水补给过程不仅是表征地表–地下水循环过程是否健康的重要指标，也是实现

地下水资源属性的重要基础。降水入渗补给是地下水补给量主要来源，以德州站1963～1965 年不同埋深降水入渗补给量与潜水蒸发量的变化（肖丽英，2004）为例，绘制降水入渗补给量、潜水蒸发量随潜水埋深变化的关系曲线，如图 19-42 所示：①降水入渗补给量随潜水埋深先增大后减小，潜水蒸发量随潜水埋深增大而快速减小；②两条曲线的差值为有效降水入渗补给量，两条曲线的第一个交点为补给–蒸发均衡点，在该点之前，潜水蒸发量大于入渗补给量为负均衡，在该点之后，入渗补给量大于潜水蒸发量为正均衡；③在正均衡阶段，存在一处两条曲线差值最大的潜水埋深，即获得最大有效补给量的潜水埋深。

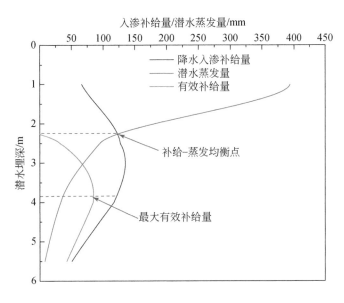

图 19-42　德州站入渗–蒸发–埋深曲线

降水、包气带岩性、地下水埋深、下垫面等是影响地下水补给过程的重要因素，对特定区域，降水、下垫面、包气带岩性是相对不变的，地下水埋深变化是影响地下水补给量的关键因素。当其他因素相对不变时，必然存在一个能使地下水获得最大有效补给量的水位，但不同区域由于包气带岩性等区别，其获得最大有效补给量的地下水位不同，确定海河平原区不同类型土壤质地可获得最大有效补给量的地下水埋深见表 19-8。

表 **19-8**　**不同土壤类型地下水最大有效补给量的地下水埋深**　　（单位：m）

类型	砂土	壤土	黏土
地下水埋深	2～3	3～4	4～6

3）维持地表水体健康补给地下水位

河流生态基流量指维系和保护河流最基本生态功能不被破坏，必须在河道内保持的最小水量（郑爱勤，2013），对于支撑水体中水生生物生存、繁衍、生物群落等功能，以及维持区域水系连通性有重要意义。按照地表–地下水补排关系，对于存在地表径流的区域，地下水位的生态目标应是维持地下水与地表水健康的水力联系，保障河道中地表径流量不低于河流生态基流量（尤其是旱季），对应的地下水位即为维持地表水体健康补给地下水位。

如图 19-43 所示，维持地表水体健康补给地下水位与河流生态基流量水位一致。河流基流水位不仅与河流生态基流量相关，还与河流断面、地形地势等因素相关，在空间上具有较大差异性。本研究通过水文控制站点的生态基流深，估算无径流–水位监测数据的河流断面的地表水体健康补给地下水位：

$$H_{水体} = \frac{(H_{上站基} - L_{上站基}) + (H_{下站基} - L_{下站基})}{2} + L_{基} \tag{19-27}$$

式中，$H_{水体}$ 为维持地表水体健康补给地下水位；$H_{上站基}$ 和 $H_{下站基}$ 分别为上游和下游的水文控制站点的生态基流水位；$L_{上站基}$ 和 $L_{下站基}$ 分别为上游和下游的水文控制站点的河底高程；$L_{基}$ 为所求断面的河底高程。其中水文控制站点河流生态基流量采用 Tenant 法来估算，该方法认为河道流量的最低下限为多年平均径流量的 10%，若径流量低于 10%，则河流生态健康将迅速恶化。$H_{站基}$ 则根据各个水文控制站点径流–水位曲线确定。

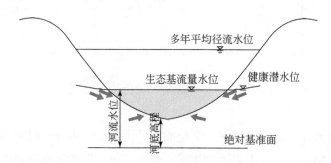

图 19-43　维持地表水体健康补给地下水位

本研究主要考虑海河平原四级及以上河流，且沿河流两岸建立 5km 缓冲带为维持地表水体健康水位补充区。经计算发现，海河平原区维持地表水体健康地下水埋深由山前平原向东部逐渐减小，山前平原主要集中在 8～15m，中部平原主要集中在 5～10m，滨海平原主要集中在 3～8m。

4）城镇建筑物安全地下水位

对于城市区域，地下水位波动变化造成的最大威胁是影响建筑物基础安全设防和防渗。未来南水北调通水以及城市限采等措施实施后，海河平原区城市地下水位可能会得到一定程度的回升，必然影响城镇地下建筑物安全，具体表现在：浸没在地下水位线下的承载土层，将失去由毛细管应力或弱结合水所形成的表观凝聚力，使承载力降低；同时，由于水的浮力作用，降低了地基的承载力。因此，城市区域地下水位的控制应该考虑建筑物的设防和防渗标准。

通过调查不同城市规模地下建筑物的密度、深度、重要度，将海河平原区主要城市区划分为不同等级，并根据现有建筑物地基深度调查，确定满足建筑物安全地下水位：Ⅰ类城市，主要包括北京、石家庄、雄安新区等大型城市市区，参考 3 层地下建筑物高度，确定建筑物安全地下水位为 8～10m；Ⅱ类城市，主要包括保定、沧州、衡水等地级市区，参考 2 层地下建筑物高度，确定建筑物安全地下水位为 6～8m；Ⅲ类城市，主要包括一些县级城市区，参考 1 层地下建筑物高度，确定建筑物安全地下水位为 4～5m；天津等沿海城市，需综合考虑海水入侵风险和城市建筑物安全要求，确定建筑物安全地下水位为 4～6m，见表 19-9。

表 19-9 京津冀平原区不同城镇等级及城镇建筑物安全地下水位

城市等级	城市范围	城镇建筑物安全地下水位
Ⅰ类城市	北京、石家庄、雄安新区等大型城市市区	8～10m
Ⅱ类城市	保定、沧州、衡水等地级市区	6～8m
Ⅲ类城市	县级城市区	4～5m
天津等沿海城市		4～6m

5）遏制海水入侵地下水位

海水入侵是指地下水动力条件发生改变，使淡水与海水之间的平衡状态遭受破坏，引起海水沿含水层向陆地方向侵入，淡水资源遭到破坏的过程和现象（张怡辉等，2015）。其中，淡水资源超量开采，地下水位持续大幅度下降是海水入侵的主要原因。海水入侵主要特征是地下水中 Cl^- 浓度升高，可把 Cl^- 浓度作为衡量海水入侵的标志性指标。参考我国《生活饮用水卫生标准》《农田灌溉水质标准》等相关规定，可确定海水入侵标准 Cl^- 浓度为 200～300mg/L。

在海水入侵地区，可通过分析 Cl^- 浓度与地下水位之间的关系来推求海水入侵的程度。北方典型沿海城市——大连市和烟台市多年平均地下水位（埋深）与 Cl^- 浓度关系如图 19-44 所示，根据以上沿海地区城市多年的生产实践，滨海区漏斗中心水位高程一般在 1～3m 便能防止海水入侵。

此外，吉本（Gyben）和赫尔兹伯格（Herzberg）提出的咸淡水稳定界面的静水压力

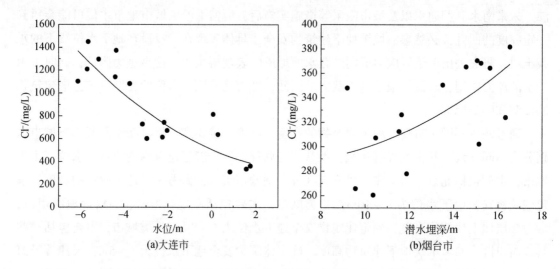

图 19-44　滨海地区的多年平均地下水位（埋深）与 Cl^- 浓度关系曲线

平衡模式可简化为

$$h_s = 40h_f \qquad (19-28)$$

式中，h_s 为潜水含水层厚度；h_f 为稳定界面潜水位。

当 $h_s \leqslant 40\,h_f$，即 $h_f \geqslant \dfrac{h_s}{40}$ 时，淡水压力大于海水压力，此时不会发生海水入侵。因此遏制海水入侵的临界潜水位为 $\dfrac{h_s}{40}$，滨海区沿海地带潜水含水层厚度基本不超过 100m，若能保证潜水位大于 2.5m，则基本不会发生海水入侵。

6）植被健康地下水位

土壤含盐量会影响和危害植物的生长发育过程，严重情况甚至会造成植被死亡。除土壤含盐量外，地下水位还通过影响土壤含水量进而影响植被生长。海河平原区植被分为天然植被和人工作物，对于天然植被，其对地下水位的依赖程度大致可以分为以下四种类型：①植物根系较浅，地下水位较深，其生长发育完全依赖于降水，与地下水位高低无关；②植物根系较深，季节性降水变化较大，植物生长发育同时依赖于降水和地下水，具有季节性；③植物根系较深，地下水位较浅，植物生长发育长期依赖于地下水；④地下水位很浅，植被依赖地下水生存，但容易发生积水渍害风险（图 19-45）。

对于人工种植作物，地下水位对其影响分为以下两种：①旱地，除降水量等其他因素外，地下水位通过影响土壤含水量进而影响作物耗水量，相对来说，地下水位越高，对作物生长越有益；②水浇地，地下水位会直接影响灌溉用水量，地下水位越高，作物对灌溉水量的需求越小，这对于减少地下水开采有利。

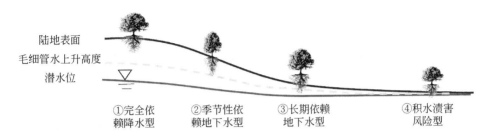

图 19-45 植被–地下水位依赖关系

与干旱区不同，海河平原区植被对地下水埋深依赖程度较低，其中天然植被分布较少且降水形成的土壤水足以支撑大多数植被生长，农作物则主要依赖降水和灌溉，但适宜的地下水埋深对于植被物种多样性和降低灌溉需水量是有利的。综上分析，在避免土壤盐渍化和其他健康地下水位的限制下，植被健康地下水位确定原则为尽可能高，因此植被健康地下水位可等同于避免盐渍化地下水位。

7）地下含水层调蓄水位

太行山山前倾斜平原在洪积扇上部，粗大的颗粒直接出露地表，或仅覆盖薄土层，十分有利于吸收降水及山区汇流的地表水，同时山前平原冲洪积扇区还具有较丰富、可利用的地下调蓄空间资源，是调节丰枯变化、促进丰枯平衡的有效途径之一，同时也是预防洪水灾害的重要途径。研究依据科学技术部项目"太行山前平原南水北调地下调蓄潜力研究"成果，划定山前砂砾平原为地下含水层调蓄区域，并确定地下含水层调蓄水位为 $10 \sim 20\mathrm{m}$。

3. 兼顾多功能属性的分布式健康地下水位

海河平原区生态环境问题复杂多变，空间变异性强，地下水相关的生态问题相互叠加。为满足地下水多种功能要求，本研究建立了区域尺度上兼顾地下水多功能属性的空间分布式健康地下水位确定方法，主要通过以下步骤实现。

（1）对研究区进行网格划分。本研究将海河平原划分为 2km×2km 的网格，大约有 26 624 个，并将其作为基本计算单元。

（2）确定每个单元的七个功能地下水位，无需考虑的功能地下水位设置为空值。

（3）健康地下水位上限值主要由控制盐渍化地下水位、城镇建筑物安全地下水位、地下含水层调蓄水位、地下水最大补给能力水位确定。因此，单元健康地下水位上限埋深由式（19-29）确定：

$$D_{上} = \mathrm{Max}\left(D_{盐}, D_{城}, D_{调蓄}, D_{补给}\right) \tag{19-29}$$

式中，$D_上$为健康地下水位上限埋深；$D_盐$为控制盐渍化地下水埋深；$D_城$为城镇建筑物安全地下水埋深；$D_{调蓄}$为地下含水层调蓄地下水埋深；$D_{补给}$为地下水最大补给能力埋深。

（4）健康地下水位下限值主要由维持地表水体健康补给地下水位、遏制海水入侵地下水位、地下水最大补给能力水位、植被健康地下水位等确定。单纯由以上几种功能地下水位确定健康地下水位下限可能造成下限埋深高于上限埋深，如城市－河流叠加区，根据维持地表水体健康补给地下水位确定的下限埋深一般高于 $D_城$，显然不合理。因此，单元健康地下水位下限埋深由式（19-30）确定：

$$D_下 = \begin{cases} Min(D_{水体}, D_海, D_{补给}, D_{植被}) & Min(D_{水体}, D_海, D_{补给}, D_{植被}) > Max(D_盐, D_城, D_{调蓄}, D_{补给}) \\ Max(D_盐, D_城, D_{调蓄}, D_{补给}) & Min(D_{水体}, D_海, D_{补给}, D_{植被}) < Max(D_盐, D_城, D_{调蓄}, D_{补给}) \end{cases}$$

$$(19-30)$$

式中，$D_下$为健康地下水位下限埋深；$D_{水体}$为维持地表水体健康补给埋深；$D_海$为遏制海水入侵地下水埋深；$D_{植被}$为植被健康地下水埋深。

（5）若步骤（3）和（4）每个单元赋值的健康地下水埋深缺乏连接性，不符合地下水位分布连续的客观规律，则需对步骤（3）和（4）得到的栅格数据进行重新采样和插值。

19.4.2 未来地下水位恢复情景预测

1. 海河平原区健康地下水位阈值

海河平原区健康地下水位上限埋深空间分布如图 19-46（a）所示，从东部沿海向内陆地区，埋深逐渐增大，东部沿海地区上限埋深为 2m 左右，中部平原上限埋深以 3m 左右为主，城市区上限埋深为 6~8m，山前地区上限埋深为 8~10m。海河平原区健康地下水位下限埋深空间分布如图 19-46（b）所示，东部沿海地区主要生态问题为海水入侵，其下限埋深为 0~2m，中部平原大部分下限埋深为 3~5m，城市区下限埋深为 8~10m，山前地区下限埋深为 10~20m。

2. 海河平原区地下水位情景

过去 60 年，海河平原区地下水埋深持续增大。1960 年以前，人类活动干扰强度较弱，海河平原区地下水基本处于天然流场状态，山前平原潜水埋深为 1~5m，中部平原及滨海平原区大部分为 0~1m，天然条件下地下水流动相对稳定，沿山前平原向东流动；1960~1980 年，随农业、工业级城镇的发展，地下水开采量逐渐增加，局部地区开始集中开采地下水，形成局部地下水位降落漏斗，改变了地下水天然流场状态，由山

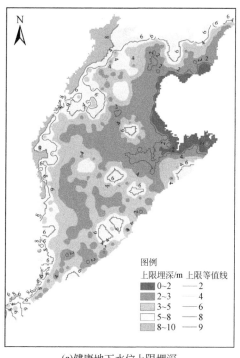

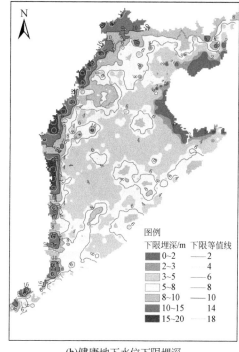

(a)健康地下水位上限埋深　　　　　　　　(b)健康地下水位下限埋深

图 19-46　京津冀平原区健康地下水位上限和下限埋深

前平原向滨海排泄的地下水原始流场转变为向漏斗中心汇集；1980～1990 年，区域地下水位快速下降，该阶段人类用水量快速增加，地下水成为工、农、生活用水的主要供给水源，地下水大量开采，水位普遍下降，形成多个地下水位降落漏斗，地下水下降速度可达 1m/a；1990 年以后，地下水位下降引发一系列环境地质问题，区域内部分地区开始限制地下水的开采，地下水位下降呈明显减缓趋势，局部地区地下水位有所回升；2010 年以后，受区域降水增加及地下水压采、生态补水等措施的大规模实施影响，整个区域地下水位得到明显回升。随着地下水治理修复力度的增大，未来地下水位将进入持续回升阶段。

因此，本次研究基于现状水位、历史水位和健康水位，设置三种地下水埋深恢复情景：①现状情景，以 2016 年地下水埋深及分布为依据（平均埋深 14.8m）；②健康情景，以确定的健康地下水位下限埋深为依据，是一种较为理想的地下水恢复状态；③历史情景，以历史（1960 年左右）平原区地下水埋深作为依据（平均埋深约 3.6m），代表历史高水位情景。其中现状情景及历史情景如图 19-47 所示。

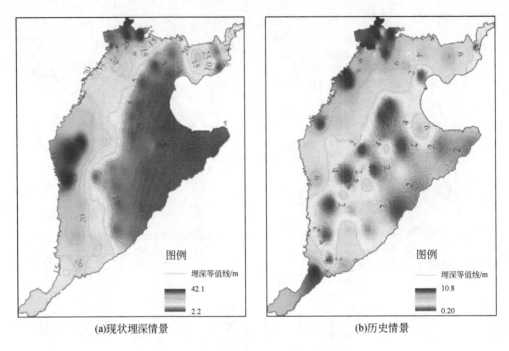

(a)现状埋深情景   (b)历史情景

图 19-47   海河平原区地下水埋深情景

19.5 本章小结

　　本章对影响海河流域水资源演变最为密切的气候、土地利用、植被覆盖度、地下水位四大要素进行了系统的分析和预测，提出了未来可能的演变趋势。

　　（1）未来气候变化预测。对影响海河流域水资源演变最为密切的气候进行了系统的分析和预测，基于构建的区域气候模式 WRF，分别分析区域大规模灌溉与山区植被恢复对海河流域气候的影响，同时，在全球气候变化大背景下，考虑区域未来灌溉、南水北调调水、地下水综合治理以及植被变化的可能情况，预测未来海河流域未来气候。研究认为：①灌溉导致海河流域气温降低，5 月气温降低幅度达到 0.46℃，同时也导致流域年平均降水增加 6.07mm，降水增加主要在 5~6 月，集中在浅山区一带；②山区植被恢复主要导致山区北部增温、西北部降温，同时导致区域年平均降水减少 2.04mm，集中在 7~8 月；③与历史时期相比，RCP4.5 和 RCP8.5 情景下未来降水变化增量分别为 10.9mm、25.4mm，平均温度增幅分别为 0.86℃、1.17℃。

　　（2）未来土地利用分布预测。基于 CA-Markov 模型，以海河流域 2010~2016 年土地利用变化规律为转变规则，参考不同省（直辖市）发展规划要求和功能分区土地规划目标阈值，预测得到未来中等城镇化水平情景与高城镇化水平情景的土地利用分布结果。结果显示，耕地是海河流域占比最多的土地利用类型，但在未来处于下降的趋势，高城镇化和中等城镇化下的耕地面积相比 2016 年分别下降了 2.48% 和 0.81%；草地和林地面积呈现下降趋势，其中草地面积相比 2016 年分别下降了 5.62%、6.04%，林地面积分别下降了 3.88%、4.41%；居工地呈现显著的增加趋势，相比 2016 年分别增加了 27.28% 和 17.99%；水域面积在未来也呈现增加的趋势，相比 2016 年分别增加了 44.64% 和 39.54%，未利用地面积则呈现明显的减少趋势，相比 2016 年分别减少了 40.95% 和 15.24%。

（3）未来最优植被覆盖度情景预测。考虑到植被和水文过程的相互作用，依据水量平衡方程和能量平衡方程，从供水和需水两个层面构建了海河流域 Eagleson 生态水文模型。利用 Eagleson 最优性假设，将未来模拟的气候变化情景代入模型中，得到未来生态平衡下的极限植被覆盖度并作为未来植被恢复的理想情景。

（4）未来地下水健康水位恢复情景预测。本研究基于地下水位的生态环境属性与自然资源属性，建立了适宜海河平原区的健康地下水位概念，确定了研究区浅层地下水位修复目标。按照研究区地下水生态要求，健康地下水位可分为维持地表水体健康补给地下水位、控制盐渍化地下水位等七类，并采用机理研究、统计分析、实践调查、模型运算、规划资料总结等技术手段确定了七大功能健康地下水位临界阈值。建立了区域尺度上兼顾地下水多功能属性的空间分布式健康地下水位确定方法，制作了海河平原区健康地下水位上限和下限埋深空间分布图，作为未来地下水恢复的理想情景。

第20章 海河流域未来水资源演变预测

20.1 未来情景方案集设置

为了定量预测海河流域水资源演变的可能性，以区域气候、土地利用、植被覆盖度、地下水位四大关键要素未来变化为依据进行预测情景设定，其中区域气候方面选取现状、RCP4.5气候情景和RCP8.5气候情景共三种气候场景，下垫面方面选择现状、中等城镇化和高城镇化共三种情景，植被覆盖度方面考虑现状和区域最优植被覆盖度两种情景，地下水位方面考虑现状埋深（14.8m）、1984年埋深（6.5m）和1960年埋深（3.6m）共三种地下水埋深情景。综合各要素组合设置了36种未来情景方案（表20-1），对2050年海河流域水资源量进行模拟预测。

表20-1 未来不同情景方案集设置

方案	区域气候情景			土地利用情景			植被覆盖度情景		地下水埋深情景		
	现状	RCP4.5	RCP8.5	现状	中等城镇	高城镇	现状	区域最优	14.8m	6.5m	3.6m
F0	√			√			√		√		
F1	√				√		√		√		
F2	√					√	√		√		
F3	√			√				√	√		
F4	√					√		√	√		
F5	√				√		√			√	
F6	√				√		√				√
F7	√					√	√			√	
F8	√					√	√				√
F9	√			√				√		√	
F10	√			√				√			√
F11	√					√		√		√	
F12	√					√		√			√

续表

方案	区域气候情景			土地利用情景			植被覆盖度情景		地下水埋深情景		
	现状	RCP4.5	RCP8.5	现状	中等城镇	高城镇	现状	区域最优	14.8m	6.5m	3.6m
F13		√		√			√		√		
F14		√				√	√		√		
F15		√			√			√	√		
F16		√				√		√	√		
F17		√			√		√			√	
F18		√			√		√				√
F19		√				√	√			√	
F20		√				√	√				√
F21		√			√			√		√	
F22		√			√			√			√
F23		√				√		√		√	
F24		√				√		√			√
F25			√	√			√		√		
F26			√			√	√		√		
F27			√		√			√	√		
F28			√			√		√	√		
F29			√		√		√			√	
F30			√		√		√				√
F31			√			√	√			√	
F32			√			√	√				√
F33			√		√			√		√	
F34			√		√			√			√
F35			√			√		√		√	
F36			√			√		√			√

20.2　现状气候条件下海河流域水资源量预测

该系列从气候变化视角，模拟分析进一步考虑地下水埋深、土地利用及植被覆盖度等要素驱动下的海河流域水资源变化，一是回答基于现状气候条件下未来海河流域水资源的衰减极限问题，二是回答未来气候变化条件下海河流域水资源变化的趋势及特点。

20.2.1　气候与地下水埋深维持现状，土地利用与植被变化情景

结果如图20-1和图20-2所示，F1、F2方案反映了土地利用变化带来的影响，在中城镇化模式下（F1）地表水资源量减少3.2亿 m³，地下水资源量减少3.9亿 m³，水资源总量减少1.8亿 m³，其中地表与地下水重复量减少5.3亿 m³；在高城镇化模式下（F2）地表水资源量减少2.6亿 m³，地下水资源量减少4.9亿 m³，水资源总量减少0.9亿 m³，其中地表与地下水重复量减少6.6亿 m³。说明土地利用的变化在加剧水资源量衰减的同时，还显著弱化了地表水与地下水的交换通量。F3、F4方案则是在土地利用变化的基础上进一步叠加植被覆盖度增加带来的影响，对比土地利用变化，植被覆盖度增加加剧流域水资源量衰减，地表水资源量最大衰减16.6亿 m³，地下水资源量最大衰减23.8亿 m³，水资源总量最大衰减21.0亿 m³。

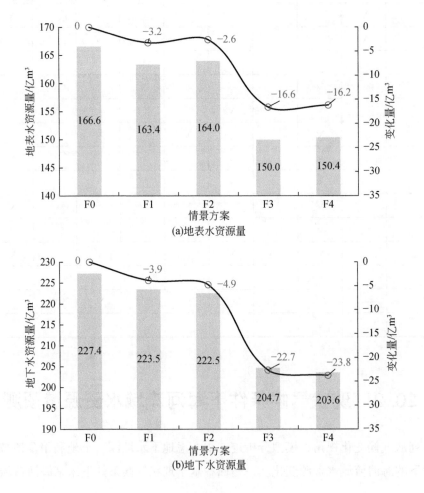

(a)地表水资源量

(b)地下水资源量

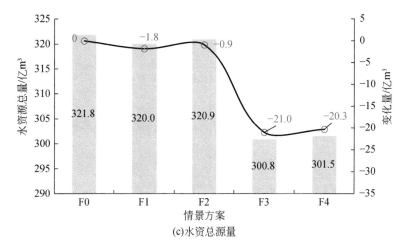

(c)水资总源量

图 20-1　维持现状气候与地下水埋深情景的水资源量预测结果对比

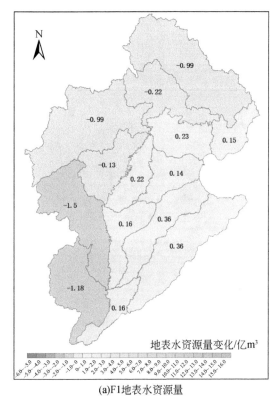

(a)F1地表水资源量

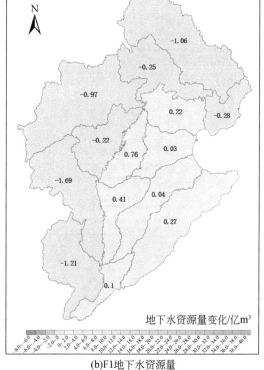

(b)F1地下水资源量

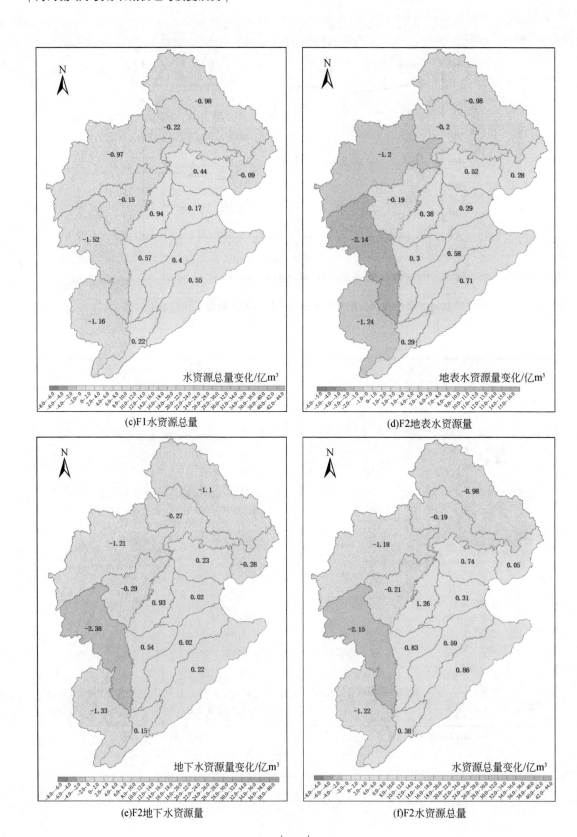

(c)F1水资源总量

(d)F2地表水资源量

(e)F2地下水资源量

(f)F2水资源总量

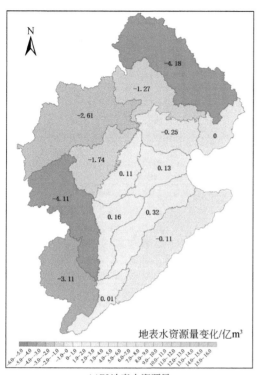

(g)F3地表水资源量

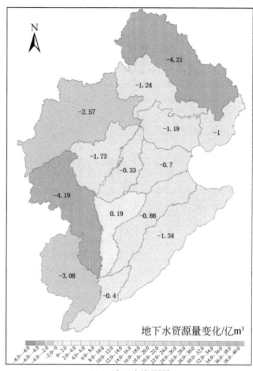

(h)F3地下水资源量

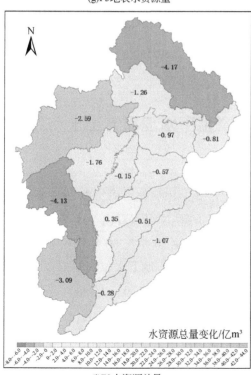

(i)F3水资源总量

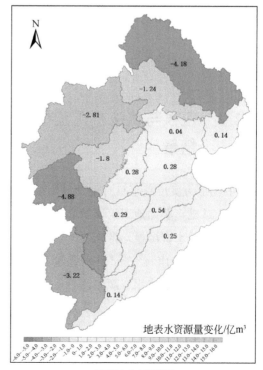

(j)F4地表水资源量

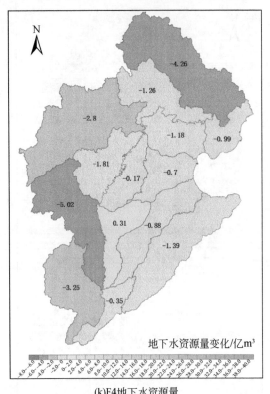

(k)F4地下水资源量

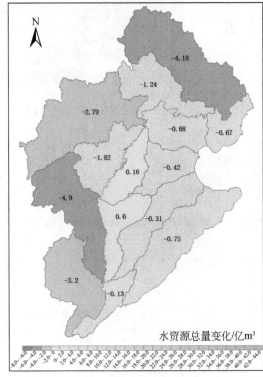

(l)F4水资源总量

图 20-2　维持现状地下水埋深情景的流域分区水资源量空间分布

20.2.2　气候与植被覆盖度维持现状，地下水埋深与土地利用变化情景

F1、F2 方案反映了只有土地利用变化水资源量变化。F5、F6、F7、F8 方案是在土地利用变化基础上叠加地下水保护修复后水位上升带来的影响，可以看出，地下水位上升对地表水、地下水资源量均带来显著影响，若地下水位恢复至 20 世纪 80 年代初水平，则地表水资源量增加 14.4 亿 m³，水资源总量增加 49.0 亿 m³；若地下水位恢复至 20 世纪 60 年代初水平，则地表水资源量增加 25.3 亿 m³，水资源总量增加 136.7 亿 m³，详见图 20-3 和图 20-4。

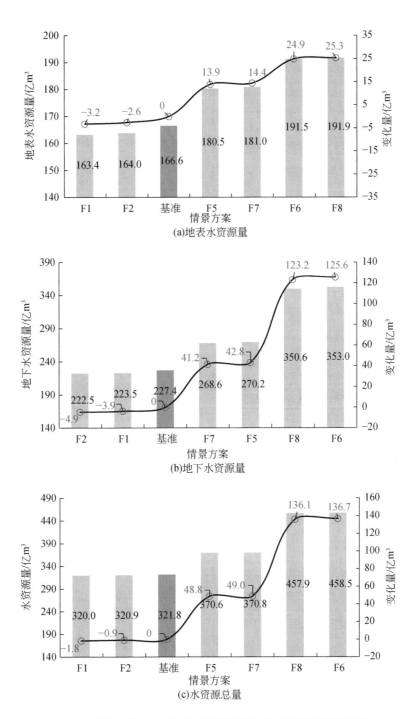

(a)地表水资源量

(b)地下水资源量

(c)水资源总量

图 20-3　维持现状气候与植被覆盖度情景的水资源量预测结果

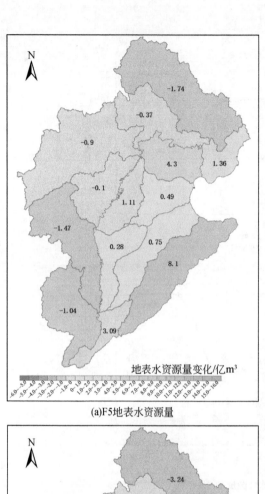

(a)F5地表水资源量

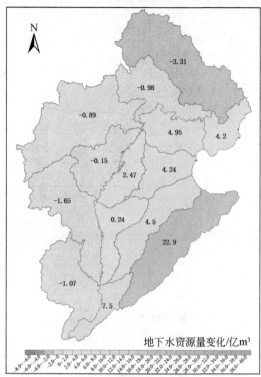

(b)F5地下水资源量

(c)F5水资源总量

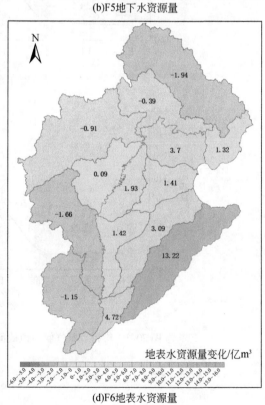

(d)F6地表水资源量

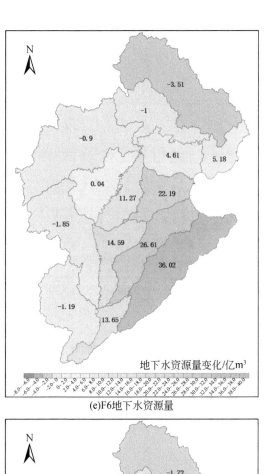

(e)F6地下水资源量

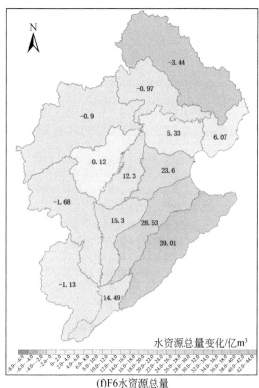

(f)F6水资源总量

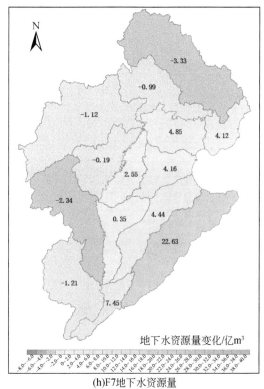

(g)F7地表水资源量

(h)F7地下水资源量

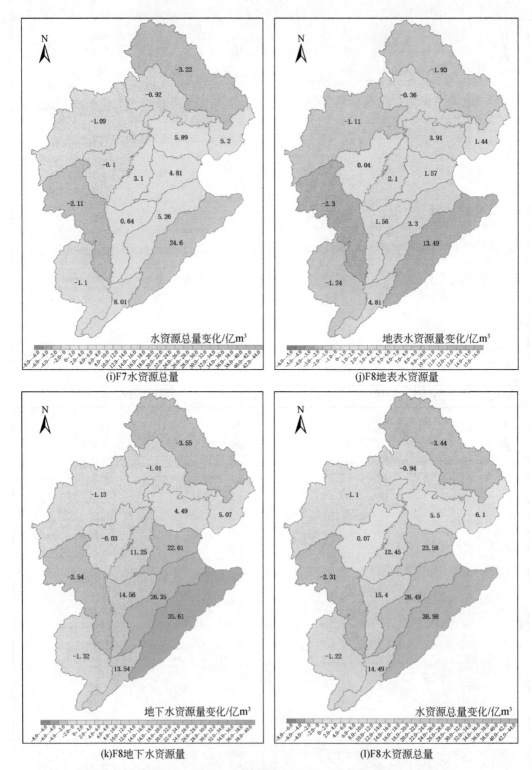

图 20-4　维持现状气候与植被覆盖度情景下流域分区水资源量空间分布

20.2.3 未来气候与土地利用变化，植被覆盖度与地下水埋深维持现状情景

F1、F2 方案反映了只有土地利用变化水资源量变化，F13、F14、F25、F26 方案是在土地利用变化基础上叠加气候变化 RCP4.5、RCP8.5 情景下带来的影响，可以看出，在未来气候变化增雨、增温效应下，流域地表水、地下水资源量均有明显增加，气候变化 RCP4.5 情景下，地表水资源增加 2.7 亿 m³，水资源总量增加 5.0 亿 m³；气候变化 RCP8.5 情景下，地表水资源量增加 14.5 亿 m³，水资源总量增加 21.3 亿 m³，详见图 20-5 和图 20-6。

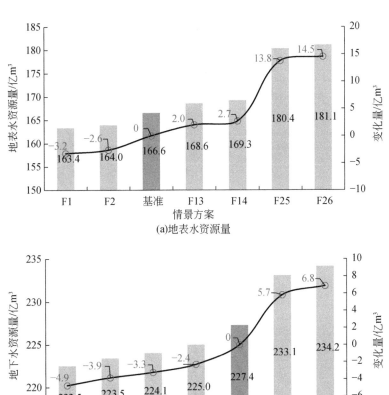

(a) 地表水资源量

(b) 地下水资源量

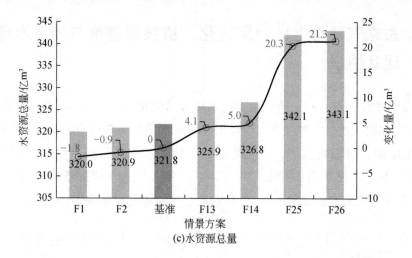

(c)水资源总量

图 20-5　维持现状地下水埋深与植被覆盖度，气候与土地利用变化情景的水资源量预测结果

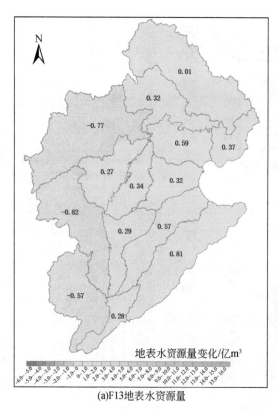

(a)F13地表水资源量

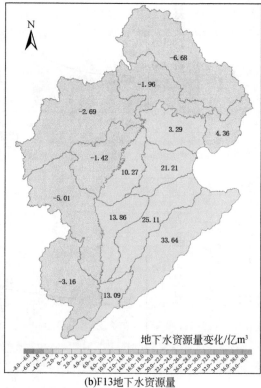

(b)F13地下水资源量

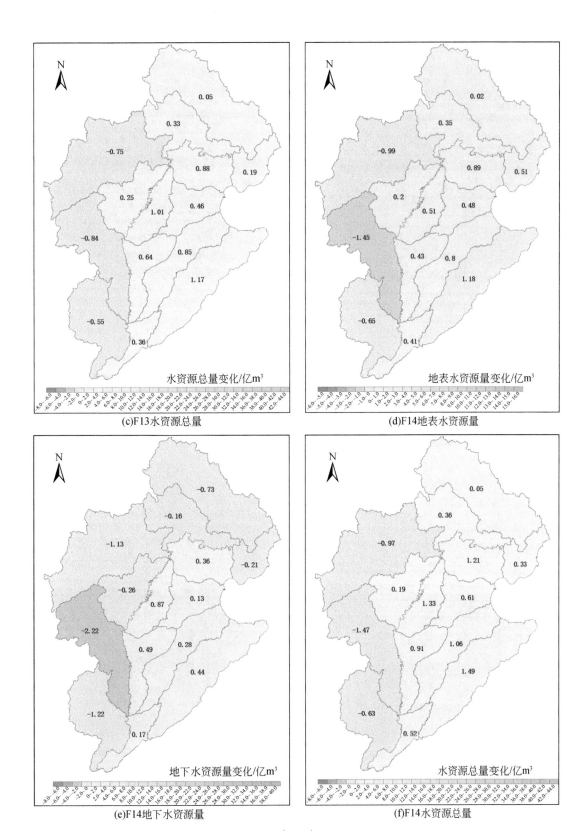

(c)F13水资源总量

(d)F14地表水资源量

(e)F14地下水资源量

(f)F14水资源总量

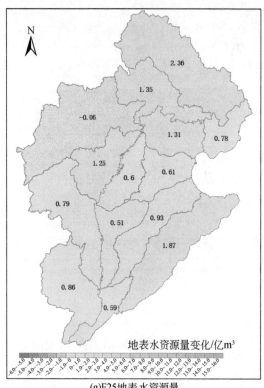

(g)F25地表水资源量

(h)F25地下水资源量

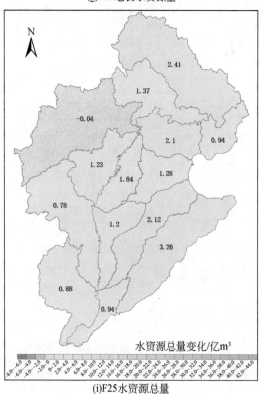

(i)F25水资源总量

(j)F26地表水资源量

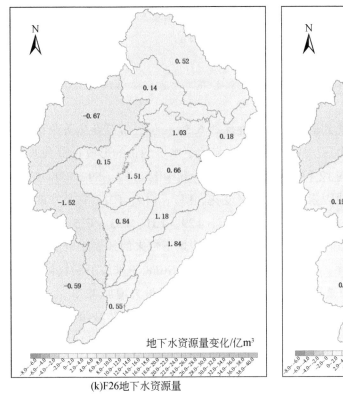

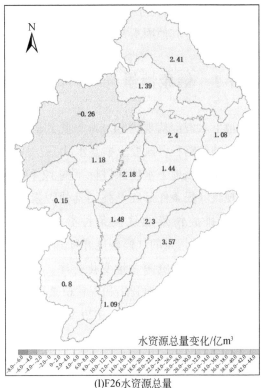

(k)F26地下水资源量　　　　　　　　(l)F26水资源总量

图 20-6　维持现状地下水埋深与植被覆盖度情景下流域分区水资源量空间分布

综上所述，在现状气候条件下，维持地下水位不变，在土地利用、植被恢复等措施影响下，海河流域未来水资源总量最大仍将衰减 21.0 亿 m³，其中地表水资源量最大衰减 16.6 亿 m³，地下水资源量最大衰减 23.8 亿 m³；若大力实施地下水压采修复措施，恢复地下水位至 20 世纪 80 年代、60 年代水平，则水资源总量最大增加 136.7 亿 m³，其中地表水资源量最大增加 25.3 亿 m³，地下水资源量最大增加 125.6 亿 m³。

20.3　不同地下水埋深情景下海河流域水资源量预测

地下水埋深变化是地表水与地下水连通程度的表征之一，直接影响水资源量的形成及评价值。现有的水资源评价工作以"还原-还现"为主，该方法还原-还现的核心点是消除人工取水及下垫面变化造成的影响，对地下水埋深变化产生的水资源量衰减效应考虑不足，尤其是在未来目标水位条件下，水资源量将如何变化？亟待给予定量回答。本次研究对第 19 章所设定的几种地下水埋深情景进行定量化的模拟，即以健康情景（区域平均埋深接近 20 世纪 80 年代初，平均埋深约 6.5m）、历史情景（区域平均埋深相当于 20 世纪

60年代初水平，平均埋深约3.6m）作为地下水埋深条件，研究在气候变化、土地利用、植被覆盖度等其他因素共同作用下的流域水资源量演变趋势。

20.3.1 健康情景

地下水埋深从现状14.8m恢复到健康地下水埋深约6.5m，包气带厚度显著减小，缩短入渗补给路径，改变土壤蓄水状态，从而影响地表与地下水资源量的形成过程及通量。模拟预测了该地下水埋深目标下的12种情景（图20-7），其中F5、F7、F9、F11方案反映了现状气候条件基础上叠加其他因素时水资源量变化，F17、F19、F21、F23方案则是RCP4.5排放情景的气候条件叠加其他因素的影响，F29、F31、F33、F35方案则是RCP8.5排放情景的气候条件叠加其他因素的影响。将各情景下带来的地表水资源量、地下水资源量及水资源总量变化排序，可以看出，F31情景的RCP8.5排放下的气候条件、高城镇化水平的土地利用和现状植被覆盖度条件，地表水资源量最大增加32.3亿m^3；地下水资源量变化略有不同，F29情景的RCP8.5排放下的气候条件、中等城镇化水平的土地利用和现状植被覆盖度条件，最大增加55.4亿m^3；F31情景水资源总量最大增加73.4亿m^3，达到395.2亿m^3。

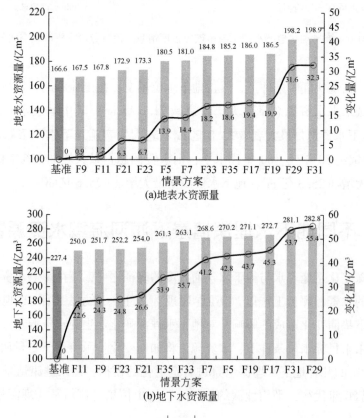

(a)地表水资源量

(b)地下水资源量

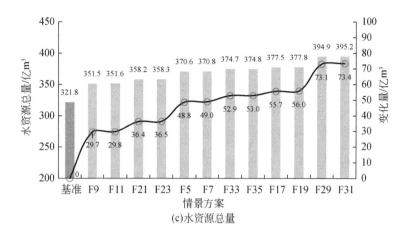

(c)水资源总量

图 20-7　健康情景下海河流域水资源量预测结果

20.3.2　历史情景

地下水埋深进一步恢复到历史情景（相当于 1960 年水平，平均埋深约 3.6m），平原区地下水位升高，在进一步缩短入渗补给路径的同时，也给地下水沿土壤孔隙及植被根系上升提供了基本条件，潜水蒸发量大幅增加，显著改变土壤水势梯度，对地表与地下水资源量的形成、转化过程及通量产生重大影响。模拟预测了该地下水目标下的 12 种情景（图 20-8），类似地，其中 F6、F8、F10、F12 方案反映了现状气候条件基础上叠加其他因素时水资源量变化，F18、F20、F22、F24 方案则是 RCP4.5 排放情景的气候条件叠加其他因素的影响，F30、F32、F34、F36 方案则是 RCP8.5 排放情景的气候条件叠加其他因素的影响。将各情景下带来的地表水资源量、地下水资源量及水资源总量变化排序，可以看出，地表水资源量最大增加 44.1 亿 m³，为 F32 情景的 RCP8.5 排放下的气候条件、高城镇化水平的土地利用和现状植被覆盖度条件；地下水资源量变化更为显著，最大增加140.7 亿 m³，为 F30 情景的 RCP8.5 排放下的气候条件、中等城镇化水平的土地利用和现状植被覆盖度条件；水资源总量最大增加 164.2 亿 m³，达到 486.0 亿 m³，对应 F30 情景。

综上所述，在不同地下水恢复目标下，考虑气候变化、土地利用、植被恢复等措施影响，若恢复至健康情景（相当于 1984 年埋深水平，平均埋深约 6.5m），则海河流域未来水资源总量最大增加 73.4 亿 m³，其中地表水资源量增加 32.3 亿 m³，地下水资源量增加53.7 亿 m³；若恢复至历史情景（相当于 1960 年埋深水平，平均埋深约 3.6m），则海河流域未来水资源总量最大增加 164.2 亿 m³，其中地表水资源量增加 43.5 亿 m³，地下水资源量增加 140.7 亿 m³。

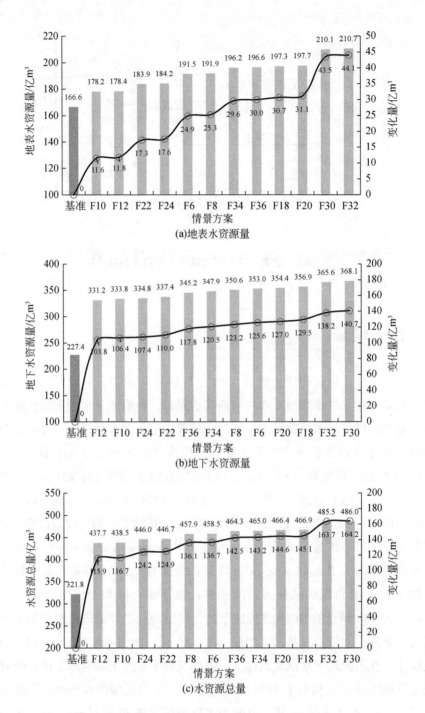

图 20-8　维持 1960 年地下水埋深目标的水资源量预测结果

20.4　未来可能情景研判

基于对未来气候条件及经济社会发展预测，从上述 36 种方案中遴选海河流域未来最可能情景，对比分析衰减极限情景（水资源量仍持续衰减）和最大情景（水资源量增幅最大），综合研判未来海河流域水资源量变化。

20.4.1　最可能情景（F23 情景）

依据对各要素预测研判，考虑未来最可能出现的情景进行组合，F23 方案出现概率最大，该情景方案气候小幅暖湿化（RCP4.5 气候模式情景）、地下水位在持续治理修复后恢复至健康情景（平均地下水埋深约 6.5 m）、土地利用维持高城镇化水平、植被覆盖度达到区域最优。该情景下，海河流域水资源总量为 358.3 亿 m³，与现状基准相比增加 36.5 亿 m³，其中地表水资源量为 173.3 亿 m³，增加 6.7 亿 m³，地下水资源量为 252.2 亿 m³，增加 24.8 亿 m³，详见图 20-9 和图 20-10。

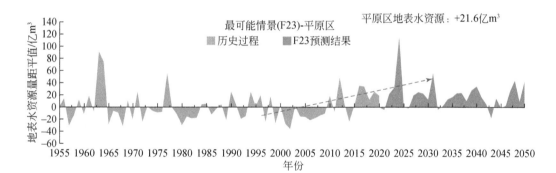

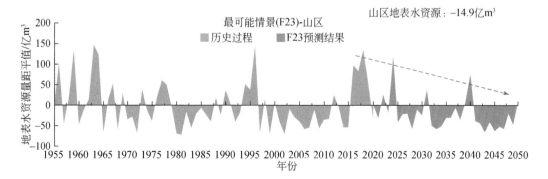

图 20-9　最可能情景（F23）下海河流域未来地表水资源量变化趋势

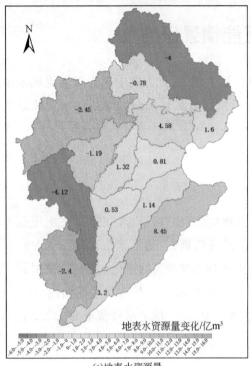

(a)地表水资源量

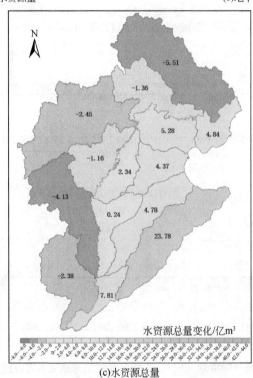

(b)地下水资源量

(c)水资源总量

图 20-10　最可能情景（F23）下海河流域未来水资源量空间变化情况

20.4.2　衰减极限情景（F4 情景）

　　该情景维持现状历史气象和地下水埋深，未来高城镇化发展水平和最优植被覆盖度。结果显示，该情景下海河流域水资源量仍将持续衰减，水资源总量为 301.5 亿 m³，与基准情景相比减少 20.3 亿 m³。其中，地表水资源量为 150.4 亿 m³，减少 16.2 亿 m³；地下水资源量为 203.6 亿 m³，减少 23.8 亿 m³，详见图 20-11 和图 20-12。

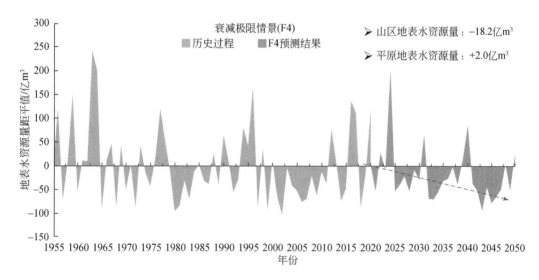

图 20-11　衰减极限情景（F24）下海河流域未来地表水资源量变化趋势

20.4.3　最大恢复情景（F30 情景）

　　该情景方案以 RCP8.5 情景下降水、气温增量为基础，未来采取低城镇化水平模式并维持现状植被覆盖度，地下水恢复至历史情景（约 3.6m）。模拟结果显示，该情景下海河流域水资源总量为 486.0 亿 m³，与基准情景相比，增加 164.2 亿 m³；其中，地表水资源量为 210.1 亿 m³，增加 43.5 亿 m³；地下水资源量为 368.1 亿 m³，增加 140.7 亿 m³，详见图 20-12 和图 20-13、表 20-2。

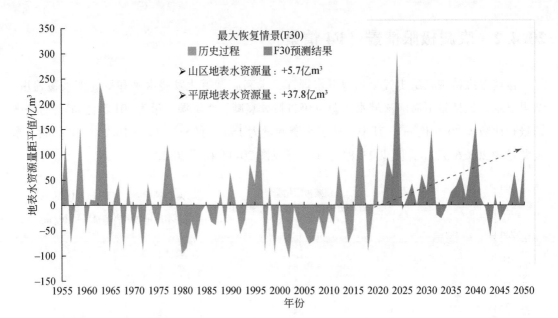

图 20-12　最大恢复情景（F30）下海河流域未来地表水资源量变化趋势

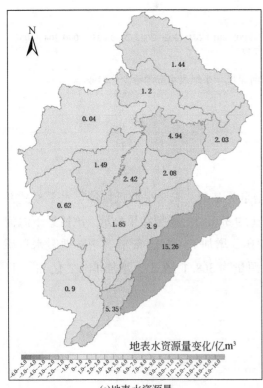

(a)地表水资源量

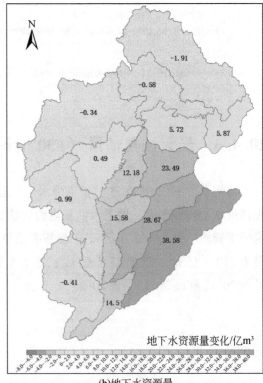

(b)地下水资源量

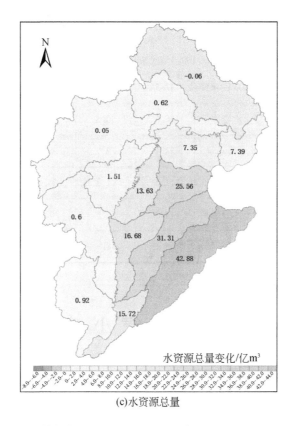

(c)水资源总量

图 20-13   最大恢复情景（F30）下海河流域未来水资源量空间变化情况

表 20-2   三种可能情景下 2050 年海河流域二级区水资源量演变预测

（单位：亿 m³）

方案	水资源量	滦河及冀东沿海水系	海河北系	海河南系	徒骇马颊河水系	海河流域
现状	地表水资源量	39.3	37.0	75.5	14.8	166.6
	地下水资源量	38.2	50.7	112.7	25.8	227.4
	水资源总量	55.8	75.6	153.6	36.8	321.8
衰减极限情景 F4（现状气候与地下水埋深，区域最优植被覆盖度和高城镇化发展水平）	地表水资源量	35.9	31.2	67.8	15.5	150.4
	地下水资源量	34.1	45.9	97.5	26.1	203.6
	水资源总量	54.5	67.0	145.0	35.0	301.5

方案	水资源量	滦河及冀东沿海水系	海河北系	海河南系	徒骇马颊河水系	海河流域
最可能情景 F23 （RCP4.5 气候情景、恢复至健康地下水埋深、区域植被覆盖最优、高城镇化发展水平）	地表水资源量	37.5	36.5	75.4	23.9	173.3
	地下水资源量	36.6	50.6	115.9	49.1	252.2
	水资源总量	58.4	72.9	166.8	60.2	358.3
最大恢复情景 F30 （RCP8.5 气候情景、恢复至历史高水位埋深、现状植被覆盖、中城镇化发展水平）	地表水资源量	43.3	41.3	94.8	30.7	210.1
	地下水资源量	43.3	55.8	202.8	66.2	368.1
	水资源总量	66.1	78.8	261.9	79.2	486.0

20.5 本 章 小 结

考虑区域未来气候变化、地下水位恢复、土地利用变化、植被覆盖度提升四大关键要素未来变化趋势，共组合成 36 种情景方案集。通过系统解析认为：

（1）在现状气候条件下，地表水资源量最大衰减 16.6 亿 m^3，地下水资源量最大衰减 23.8 亿 m^3，水资源总量最大衰减 21.0 亿 m^3；若进一步维持现状植被覆盖度，则地表水资源量最大增加 25.3 亿 m^3，地下水资源量最大增加 125.6 亿 m^3，水资源总量最大增加 136.7 亿 m^3。

（2）不同地下水埋深情景下，若恢复至健康情景（约 6.5m），则地表水资源量最大增加 32.3 亿 m^3，地下水资源量最大增加 55.4 亿 m^3，水资源总量最大增加 73.4 亿 m^3，达到 395.2 亿 m^3；若恢复至历史情景（约 3.6m），则地表水资源量最大增加 44.1 亿 m^3，地下水资源量最大增加 140.7 亿 m^3，水资源总量最大增加 164.2 亿 m^3，达到 486.0 亿 m^3。

（3）未来海河流域水资源量。考虑未来最可能出现的情景，即以 RCP4.5 情景下降水、气温增量为依据，结合高城镇化水平模式、高植被覆盖度、地下水恢复至健康情景（约 6.5m）为基本条件，则海河流域水资源总量为 358.3 亿 m^3，与现状基准年相比增加 36.5 亿 m^3，其中地表水资源量为 173.3 亿 m^3，增加 6.7 亿 m^3，地下水资源量为 252.2 亿 m^3，增加 29.8 亿 m^3。

参 考 文 献

曹国亮. 2013. 华北平原地下水系统变化规律研究. 北京：中国地质大学（北京）.

陈洪松. 2004. 坡面尺度土壤特性的空间变异性. 水土保持通报, 24（6）: 45-48.

陈洪松, 邵明安, 王克林. 2005. 黄土区深层土壤干燥化与土壤水分循环特征. 生态学报, 25（10）: 2491-2498.

陈建生, 杜国平. 1994. 同位素示踪法测定多含水层混合井试验研究. 勘察科学技术, (5): 28-32.

陈建生, 杜国平. 2000. 二维岩体裂隙网络渗流同位素示踪研究. 重庆大学学报, 13: 188-192.

陈建生, 许慧义. 1996. 单孔同位素示踪测试 S-Q 曲线. 勘察科学技术, (6): 12-15.

陈建生, 杜国平, 刘怀成. 1995. 利用天然与人工示踪法探测岩体裂隙渗流构造及渗透性研究. 西北水资源与水工程, 6（4）: 18-25.

陈俊英, 张智韬, 杨飞, 等. 2009. 土壤的斥水性和含水量变化关系的数学模型. 灌溉排水学报, (6): 35-38.

陈俊英, 吴普特, 张智韬, 等. 2012a. 土壤斥水性对含水率的响应模型研究. 农业机械学报, (1): 63-67.

陈俊英, 吴普特, 张智韬, 等. 2012b. 土壤斥水性与有机质质量分数的变化关系研究. 灌溉排水学报, (3): 96-98.

陈玫君. 2019. 基于 Budyko 假设下的黄土高原典型流域径流变化原因辨析. 北京：中国科学院大学（中国科学院教育部水土保持与生态环境研究中心）.

陈民, 冯宇鹏, 冯德光. 2006. 海河流域两次水资源量调查评价对比分析. 海河水利, (5): 4-6.

陈荣波, 束龙仓, 鲁程鹏, 等. 2013. 含水层压密引起其特征参数变化的实验. 吉林大学学报（地球科学版）, 43（6）: 1958-1965.

陈亚宁, 李卫红, 徐海量, 等. 2003. 塔里木河下游地下水位对植被的影响. 地理学报, 58（4）: 542-549.

陈亚宁, 郝兴明, 李卫红, 等. 2008. 干旱区内陆河流域的生态安全与生态需水量研究——兼谈塔里木河生态需水量问题. 地球科学进展, 23（7）: 732-738.

陈仲颐, 周景星, 王洪瑾. 1994. 土力学. 北京：清华大学出版社.

陈宗宇, 齐继祥, 张兆吉, 等. 2010. 北方典型盆地同位素水文地质学方法应用. 北京：科学出版社.

程金花, 张洪江, 史玉虎, 等. 2006. 长江三峡花岗岩区林地优先流影响因子分析. 水土保持学报, 20（5）: 28-33.

程金花, 张洪江, 史玉虎, 等. 2007. 长江三峡花岗岩地区优先流对渗流和地表径流的作用. 水土保持通报, 27（2）: 18-23.

崔豪，肖伟华，周毓彦，等．2019．气候变化与人类活动影响下大清河流域上游河流径流响应研究．南水北调与水利科技，17（4）：54-62．

崔小东．1998．MODFLOW 和 IDP 在天津地面沉降数值计算中的应用与开发．中国地质灾害与防治学报，（2）：124-130．

戴会超，朱岳明，田斌．2006．三峡船闸高边坡降雨入渗的三维数值仿真．岩土力学，（5）：749-753，758．

戴万宏，黄耀，武丽，等．2009．中国地带性土壤有机质含量与酸碱度的关系．土壤学报，（5）：851-860．

邓永锋，刘松玉，章定文，等．2011．几种孔隙比与渗透系数关系的对比．西北地震学报，（S1）：64-66．

杜思思．2011．海河平原地下水与地面沉降模型模拟研究．北京：中国地质大学（北京）．

方崇惠，白宪台，欧光华．1995．流域模型在平原水网湖区研究与应用．人民长江，（10）：13-17．

方涛，柴军瑞，徐文彬．2007．基于二维裂隙网络模拟的岩体渗流数值分析．人民黄河，29（11）：85-87．

费宇红，张兆吉，张凤娥，等．2005．华北平原地下水位动态变化影响因素分析．河海大学学报（自然科学版），33（5）：538-541．

费宇红，苗晋祥，张兆吉，等．2009．华北平原地下水降落漏斗演变及主导因素分析．资源科学，31（3）：394-399．

冯夏清，章光新．2015．基于水文模型的乌裕尔河流域水资源评价．水文，35（2）：49-52．

冯学敏，陈胜宏．2006．含复杂裂隙网络岩体渗流特性研究的复合单元法．岩石力学与工程学报，25（5）：918-924．

傅伯杰，邱扬，王军，等．2002．黄土丘陵小流域土地利用变化对水土流失的影响．地理学报，57（6）：718-721．

葛大庆．2013．区域性地面沉降 InSAR 监测关键技术研究．北京：中国地质大学（北京）．

龚恩磊，王辉，胡传旺，等．2015．酸性溶液对红壤水分入渗特征影响及其模拟研究．水土保持学报，（1）：48-51．

龚元石，廖超子，李保国．1998．土壤含水量和容重的空间变异及分形特征．土壤学报，35（1）：10-15．

管孝艳，王少丽，高占义，等．2012．盐渍化灌区土壤盐分的时空变异特征及其与地下水埋深的关系．生态学报，32（4）：1202-1210．

郭海朋，丁国平，朱菊艳，等．2014．沧州地面沉降区粘土压缩变形和渗透特征研究．武汉理工大学学报，36（5）：111-117．

郭会荣，靳孟贵，王云．2009．基于室内土柱穿透实验的优先流定量评价．地质科技情报，28（6）：101-106．

郭丽俊，李毅，李敏，等．2011．盐渍化农田土壤斥水性与理化性质的空间变异性．土壤学报，48（2）：277-285．

郭生练，熊立华，杨井，等．2000．基于 DEM 的分布式流域水文物理模型．武汉大学学报（工学版），33（6）：1-5．

郭绪磊．2019．基于 SAC 改进模型的岩溶流域降水–径流过程模拟研究．武汉：中国地质大学．

郭永海，沈照理，钟佐，等．1995．从地面沉降论河北平原深层地下水资源属性及合理评价．地球科学，
　（4）：415-420．

郭占荣，曲焕林，崔小东，等．1998．天津市地面沉降数值模拟研究．地球学报，（4）：80-87．

韩冰，叶自桐，周创兵．1999．岩体裂隙饱和/非饱和渗流机理初步研究．水科学进展，10（4）：375-381．

韩冰，叶自桐，周创兵．2000．单裂隙岩体非饱和临界状态渗流特性初步研究．水科学进展，11（1）：
　1-7．

郝兴明，陈亚宁，李卫红，等．2009．胡杨根系水力提升作用的证据及其生态学意义．植物生态学报，33
　（6）：1125-1131．

郝振纯．1992．地表水地下水偶合模型在水资源评价中构应用研究．水文地质工程地质，（6）：18-22．

郝振纯．2010．分布式水文模型理论与方法．北京：科学出版社．

何凡，张洪江，史玉虎，等．2005．长江三峡花岗岩地区降雨因子对优先流的影响．农业工程学报，21
　（3）：75-78．

何建兴．2015．考虑孔隙比和渗透系数随应力变化的深基坑降水开挖分析．南宁：广西大学．

何平，温扬茂，许才军，等．2012．用多时相InSAR技术研究廊坊地区地下水体积变化．武汉大学学报
　（信息科学版），（10）：1181-1185．

何庆成，方志雷，李志明，等．2006．InSAR技术及其在沧州地面沉降监测中的应用．地学前缘，（1）：
　179-184．

何杨，柴军瑞，唐志立，等．2007．三维裂隙网络非稳定渗流数值分析．水动力学研究与进展，22（3）：
　338-344．

何雨江，蔺文静，王贵玲．2013．利用TDR100系统原位监测深厚包气带水热动态．吉林大学学报（地球
　科学版），43（6）：1972-1979．

贺玉龙，杨立中，赵文．2002．岩体温度对地下水性质的影响．辽宁工程技术大学学报，21（5）：
　584-586．

侯蕾．2019．北方水资源短缺流域生态-水文响应机制研究．北京：中国水利水电科学研究院．

胡和平，汤秋鸿，雷志栋，等．2004．干旱区平原绿洲散耗型水文模型——I模型结构．水科学进展，15
　（2）：140-145．

胡金明，邓伟，夏佰成．2005．LASCAM水文模型在流域生态水文过程研究中的应用——模型理论基础．
　地理科学，25（4）：427-433．

胡克林，李保国，林启美，等．1999．农田养分的空间变异性特征．农业工程学报，15（3）：33-38．

胡云进，速宝玉，詹美礼．2000a．裂隙岩体非饱和渗流研究综述．河海大学学报，28（1）：40-46．

胡云进，苏宝玉，仲济刚．2000b．有地表入渗的裂隙岩体渗流数值分析及工程应用．岩石力学与工程学
　报，19（增）：1019-1022．

黄冠华．1999．土壤水力特性空间变异的实验研究进展．水科学进展，10（4）：450-457．

黄明斌，康绍忠．1997．土-根界面行为对单根吸水的影响．水利学报，（7）：31-36．

黄平，赵吉国．1997．流域分布型水文数学模型的研究及应用前景展望．水文，（5）：5-9．

黄莎，付湘，秦嘉楠，等．2019．基于人类活动与气候变化的长江流域水资源压力评价．中国农村水利水

电，（5）：12-16.

黄涛．2002．裂隙岩体渗流-应力-温度耦合作用研究．岩石力学与工程学报，21（1）：77-82.

黄涛，杨立中．1999．工程岩体地下水渗流–应力–温度耦合作用数学模型的研究．西南交通大学学报，34
　　（1）：11-15.

贾宏伟，康绍忠，张富仓．2004．土壤水力学特征参数空间变异的研究方法评述．西北农林科技大学学报
　　（自然科学版），32（4）：97-102.

贾金生，刘昌明．2002．华北平原地下水动态及其对不同开采量响应的计算——以河北省栾城县为例．
　　地理学报，57（2）：201-209.

贾仰文．2003．WEP模型的开发与分布式流域水循环模拟//中国水利学会2003学术年会论文集．

蒋憬．2019．径流还原与一致性修正在水资源评价中的应用研究——以渭河秦安站为例．地下水，41
　　（1）：181-183.

焦菊英，王万中，李靖．1999．黄土丘陵区不同降雨条件下水平梯田的减水减沙效益分析．土壤侵蚀与水
　　土保持学报，5（3）：59-63.

景冰丹，靳根会，闵雷雷，等．2015．太行山前平原典型灌溉农田深层土壤水分动态．农业工程学报，31
　　（19）：128-134.

康绍忠，刘晓明，高新科，等．1992．土壤–植物–大气连续体水分传输的计算机模拟．水利学报，3：
　　1-12.

康绍忠，张书函，张富仓，等．1997．积水入渗条件下土壤水分动态变化的野外观测与分析．水土保持通
　　报，17（1）：8-12.

赖远明，刘松玉，邓学钧，等．2001．寒区大坝温度场和渗流场耦合问题的非线性数值模拟．水利学报，
　　（8）：26-31.

雷慧闽．2011．华北平原大型灌区生态水文机理与模型研究．北京：清华大学．

雷坤超，贾三满，陈蓓蓓，等．2013．基于PS-InSAR技术的廊坊市地面沉降监测研究．遥感技术与应
　　用，（6）：1114-1119.

雷志栋，薛迎洲．1992．地下水位埋深类型与土壤水分动态特征．水利学报，（2）：1-6.

雷志栋，杨诗秀，许志荣，等．1985．土壤特性空间变异性初步研究．水利学报，（9）：10-21.

雷志栋，杨诗秀，谢森传．1988．田间土壤水量平衡与定位通量法的应用．水利学报，（5）：1-7.

雷志栋，胡和平，杨诗秀，等．1999．以土壤水为中心的农区-非农区水均衡模型//中国水利学会一九九
　　九年优秀论文集：47-51.

李德生．2007．山东泰安黄前水库流域主要植被类型的水文特征研究．北京：北京林业大学．

李兰，钟名军．2003．基于GIS的LL—Ⅱ分布式降雨径流模型的结构．水电能源科学，（4）：35-38.

李兰，郭生练，李志永，等．1999．流域水文数学物理耦合模型//中国水利学会一九九九年优秀论文集．

李娜，任理，唐泽军．2013．降雨入渗条件下厚包气带土壤水流通量的模拟与分析．农业工程学报，29
　　（12）：94-100.

李宁，陈波，党发宁．2000．裂隙岩体介质温度、渗流、变形耦合模型与有限元解析．自然科学进展，10
　　（8）：722-728.

李铁键，王光谦，刘家宏．2006．数字流域模型的河网编码方法．水科学进展，(5)：658-664.

李文运，崔亚莉，苏晨，等．2012．天津市地下水流-地面沉降耦合模型．吉林大学学报（地球科学版），(3)：805-813.

李秀彬．1995．全球环境变化研究的核心领域——土地利用/土地覆盖变化国际研究动向．地理学报，51(6)：553-558.

李艳平，李兰，朱灿，等．2006．地表水地下水的交互作用与耦合模拟．长江科学院院报，23(5)：17-20.

李兆峰，戴云峰，周志芳，等．2017．应力历史对弱透水层参数影响试验研究．水文地质工程地质，44(5)：14-19.

梁桂星．2019．基于 SWAT 模型的水资源评价方法研究．北京：中国地质大学（北京）．

林丹，靳孟贵，马斌，等．2014．包气带增厚区土壤水力参数及其对入渗补给的影响．地球科学-中国地质大学学报，(6)：760-768.

刘昌明．1993．自然地理界面过程及水文界面分析//中国科学院地理所．自然地理综合研究——黄秉维学术思想探讨．北京：气象出版社．

刘昌明．1997．土壤–植物–大气系统水分运行的界面过程研究．地理学报，52(4)：366-373.

刘昌明，窦清晨．1992．土壤–植物–大气连续体模型中的蒸散发计算．水科学进展，(4)：255-263.

刘昌明，王中根，郑红星，等．2008．HIMS 系统及其定制模型的开发与应用．中国科学 E 辑：技术科学，38(3)：350-360.

刘昌明，杨胜天，温志群，等．2009．分布式生态水文模型 EcoHAT 系统开发及应用．中国科学，(6)：1112-1121.

刘恒，钟华平，顾颖．2001．西北干旱内陆河区水资源利用与绿洲演变规律研究：以石羊河流域下游民勤盆地为例．水科学进展，12(3)：378-384.

刘继山．1987．单裂隙受正应力作用时的渗透公式．水文地质工程地质，l4(2)：28-32.

刘建国，聂永丰．2001．非饱和土壤水力参数预测的分形模型．水科学进展，12(1)：99-106.

刘君，陈宗宇，张兆吉，等．2009．利用环境示踪剂估算滹沱河冲洪积扇地下水天然补给．地质科技情报，(6)：114-118.

刘浏，徐宗学．2012．太湖流域洪水过程水文-水力学耦合模拟．北京师范大学学报（自然科学版），48(5)：530-536.

刘路广，崔远来．2012．灌区地表水–地下水耦合模型的构建．水利学报，43(7)：826-833.

刘路广，李小梅，崔远来．2009．SWAP 和 SWAT 在柳园口灌区的联合应用．武汉大学学报（工学版），42(5)：626-630.

刘路广，崔远来，冯跃华．2010．基于 SWAP 和 MODFLOW 模型的引黄灌区用水管理策略．农业工程学报，26(4)：9-17.

刘新仁，杨海舰．1989．土壤水动力学在平原水文模拟中的应用．河海大学学报（自然科学版），(4)：12-18.

刘新仁，费永法．1993．汾泉河平原水文综合模型．河海大学学报（自然科学版），(6)：10-16.

刘文琨．2014．水资源开发利用条件下流域水循环模型的研发与应用．北京：中国水利水电科学研究院．

刘文琨，裴源生，赵勇，等．2013．水资源开发利用条件下的流域水循环研究．南水北调与水利科技，11（1）：44-49．

刘新荣，刘立平，姜德义．2000．裂隙岩体非饱和渗流问题研究．矿业安全与环保，27（6）：12-14．

刘亚平，陈川．1996．土壤非饱和带中的优先流．水科学进展，7（1）：85-89．

刘志鹏，邵明安．2010．黄土高原小流域土壤水分及全氮的垂直变异．农业工程学报，26（5）：71-77．

刘宗平，马正耀，李育鸿，等．2009．基于需求考虑的流域尺度水资源评价与综合管理规划系统——石羊河流域 WEAP 模型应用研究．水利水电技术，40（4）：5-9．

卢小慧．2009．应用地表水–地下水耦合模型研究不同尺度的水文响应．武汉：中国地质大学．

卢小慧，靳孟贵，刘延锋．2007．利用 EARTH 模型计算河北栾城地下水垂向补给量．地质科技情报，26（3）：99-103．

陆垂裕，秦大庸，张俊娥，等．2012．面向对象模块化的分布式水文模型 MODCYCLE I：模型原理与开发篇．水利学报，43（10）：1135-1145．

吕军，俞劲炎．1990．水稻土物理性质空间变异性研究．土壤学报，27（1）：8-15．

罗翔宇，贾仰文，王建华，等．2006．基于 DEM 与实测河网的流域编码方法．水科学进展，（2）：259-264．

马斌，梁杏，林丹，等．2014．应用 ^{2}H、^{18}O 同位素示踪华北平原石家庄包气带土壤水入渗补给及年补给量确定．地质科技情报，33（3）：163-168．

马玉蕾，王德，刘俊民，等．2013．地下水与植被关系的研究进展．水资源与水工程学报，24（5）：36-40．

马云飞，罗会斌，宋街明，等．2013．我国部分典型植烟区土壤腐殖质组成特征及其与部分土壤因子的关系．中国烟草学报，（1）：21-25．

莫兴国．1998．土壤–植被–大气系统水分能量传输模拟和验证．气象学报，（3）：323-332．

莫兴国，刘苏峡．1997．麦田能量转化和水分传输特征．地理学报，52（1）：37-44．

莫兴国，刘苏峡，林忠辉．2009．植被界面过程（VIP）生态水文动力学模式研究进展．资源科学，31（2）：352-352．

牛健植，余新晓，赵玉涛，等．2006．贡嘎山暗针叶林土壤优先流形成因素的初步研究．植物生态学报，30（5）：732-742．

牛健植，余新晓，张志强．2007．贡嘎山暗针叶林生态系统基于 KDW 运动–弥散波模型的优先流研究．生态学报，27（9）：3541-3555．

潘成忠，上官周平．2003．黄土半干旱丘陵区陡坡地土壤水分空间变异性研究．农业工程学报，19（6）：5-9．

潘登，任理．2012．分布式水文模型在徒骇马颊河流域灌溉管理中的应用 I：参数率定和模拟验证．中国农业科学，45（3）：471-479．

潘登，任理，刘钰．2012．应用分布式水文模型优化黑龙港及运东平原农田灌溉制度 I：模型参数的率定验证．水利学报，43（6）：717-725．

裴源生，赵勇，陆垂裕．2006．经济生态系统广义水资源合理配置．郑州：黄河水利出版社．

彭焕华．2013．黑河上游典型小流域森林–草地生态系统水文过程研究．兰州：兰州大学．

秦大河．2014．气候变化科学与人类可持续发展．地理科学进展，33（7）：874-883．

邱景唐．1992．山前平原包气带水分运移活塞流的研究．水文地质工程地质，（1）：30-32．

任长江，赵勇，王建华，等．2018．斥水性土壤水分入渗试验和模型．水科学进展，29（6）：839-847．

任理，薛静．2017．内蒙古河套灌区主要作物水分生产力模拟及种植结构区划．北京：中国水利水电出版社．

任立良，刘新仁．2000．基于 DEM 的水文物理过程模拟．地理研究，19（4）：369-376．

芮孝芳．1991．论人类活动对水资源的影响．河海科技进展，11（3）：52-57．

山东省邓集试验站，南京水文水资源研究中心．1988．黄淮海平原地区"三水"转化水文模型．水文，（5）：13-18．

尚星星．2019．气候与土地利用变化对地表径流的影响研究．西安：西北大学．

邵景力，崔亚莉，李慈君．2003．包头市地下水-地表水联合调度多目标管理模型．资源科学，25（4）：49-55．

邵薇薇．2009．中国非湿润地区植被与流域水循环相互作用机理研究．北京：清华大学．

申震洲，刘普灵，谢永生．2006．不同下垫面径流小区土壤水蚀特征试验研究．水土保持通报，26（3）：6-9．

沈彦俊，刘昌明，2011．华北平原典型井灌区农田水循环过程研究回顾．中国生态农业学报，19（5）：1004-1010．

盛金昌，刘继山，赵坚．2006．基于图像数字化技术的裂隙岩体非稳态渗流分析．岩石力学与工程学报，25（7）：1402-1407．

束龙仓，林学钰，廖资生．1998．基岩裂隙水神经网络专家系统实例研究．水科学进展，9（4）：384-388．

宋博．2012．包气带厚度和岩性对地下水入渗补给影响．武汉：武汉大学．

宋献方，王仕琴，肖国强，等．2011．华北平原地下水浅埋区土壤水分动态的时间序列分析．自然资源学报，26（1）：145-155．

宋晓晨，徐卫亚．2004．非饱和带裂隙岩体渗流的特点和概念模型．岩土力学，25（3）：407-411．

宋晓晨，徐卫亚，邵建富．2004．使用离散的气水界面模拟裂隙网络非饱和渗流．岩石力学与工程学报，23（19）：3252-3257．

宋孝玉，李亚娟，蒋俊，等．2008．非饱和土壤水分运动参数空间变异性研究进展与展望，地球科学进展，23（6）：613-618．

苏同宣．2021．黑河上游植被动态对径流变化和生态的影响研究．兰州：兰州大学．

孙鹏森，刘世荣．2003．大尺度生态水文模型的构建及其与 GIS 集成．生态学报，23（10）：2115-2124．

孙仕军，丁跃元，马树文，等．2003．地下水埋深较大条件下井灌区土壤水分动态变化特征．农业工程学报，19（2）：70-74．

谭秀翠，杨金忠，宋雪航，等．2013．华北平原地下水补给量计算分析．水科学进展，24（1）：73-81．

汤秋鸿，田富强，胡和平．2004．干旱区平原绿洲散耗型水文模型——Ⅱ模型应用．水科学进展，15

（2）：146-150.

唐莉华．2001. 分布式小流域产汇流及产输沙模型的研究．北京：清华大学．

田开铭．1986. 裂隙水交叉流的水力特性．地质学报，60（2）：42-48.

万力，曹文炳，胡伏生，等．2005. 生态水文地质学．北京：地质出版社．

王春峰，董新光，王水献，等．2007. 干旱区农田灌溉地下水与土壤水转化及入渗系数计算．地下水，29（3）：102-104.

王发信，宋家常．2001. 五道沟水文模型．水利水电技术，32（10）：60-63.

王根绪，程国栋，沈永平．2002. 干旱区受水资源胁迫的下游绿洲动态变化趋势分析：以黑河流域额济纳绿洲为例．应用生态学报，13（5）：564-568.

王国庆，张建云，管晓祥，等．2020. 中国主要江河径流变化成因定量分析．水科学进展，31（3）：313-323.

王军，傅伯杰，邱扬，等．2000. 黄土丘陵小流域土壤水分的时空变异特征——半变异函数．地理学报，55（4）：428-438.

王丽雪．2017. 第二松花江流域（丰满以下）傍河取水对区域水资源的影响分析．长春：吉林大学．

王茜，沈彦俊，裴宏伟，等．2013. 华北山前平原灌溉农田深层土壤水分动态特征及渗漏量估算．南水北调与水利科技，11（1）：155-160.

王盛萍，张志强，武军，等．2003. 土壤水分运动参数空间异质性：理论分析、取样与影响因素．中国水土保持，1（3）：95-98.

王兴中．1997. 低效防护林改造的水文效益．水土保持通报，17（4）：1-7.

王颖，邓肖灩，徐瑾，等．2018. 强人类活动下京津冀城市群水资源演变的影响因素．中国给水排水，34（23）：75-79.

王媛，速宝玉．2002. 单裂隙面渗流特性及等效水力隙宽．水科学进展，13（1）：61-68.

王中根，朱新军，李尉，等．2011. 海河流域地表水与地下水耦合模拟．地理科学进展，30（11）：1345-1353.

吴俊铭，杨炯湘．2000. 人类活动对淡水资源的影响及防御对策研究．贵州气象，（1）：33-36.

吴擎龙，雷志栋，杨诗秀．1996. 求解 SPAC 系统水热输移的耦合迭代计算方法．水利学报，（2）：1-10.

吴庆华，张薇，蔺文静，等．2014. 人工示踪方法评价地下水入渗补给及其优先流程度——以河北栾城和衡水为例．地球学报，35（4）：495-502.

吴英超，吴敦银，王永文，等．2014. 抚河下游李家渡站径流还原计算分析．南昌工程学院学报，33（3）：14-17.

仵彦卿，张卓元．1995. 岩体水力学导论．成都：西南交通大学出版社．

夏军，王纲胜，吕爱锋，等．2003. 分布式时变增益流域水循环模拟．地理学报，58（5）：789-796.

夏军，刘孟雨，贾绍凤，等．2004. 华北地区水资源及水安全问题的思考与研究．自然资源学报，19（5）：550-560.

肖长来，梁秀娟，王彪．2010. 水文地质学．北京：清华大学出版社．

肖丽英．2004. 海河流域地下水生态环境问题的研究．天津：天津大学．

谢平，张波，陈海健，等．2015．基于极值同频率法的非一致性年径流过程设计方法——以跳跃变异为例．水利学报，46（7）：828-835．

徐旭，黄冠华，屈忠义，等．2011．区域尺度农田水盐动态模拟模型——GSWAP．农业工程学报，27（7）：58-63．

徐宗学，赵捷．2016．生态水文模型开发和应用：回顾与展望．水利学报，（3）：346-354．

许增光，柴军瑞．2007．考虑温度影响的岩体裂隙网络稳定渗流场数值分析．西安石油大学学报，22（2）：169-172．

薛迎洲，高寅堂．1987．潜水深埋时入渗补给的田间试验研究．水利水电技术，（11）：35-39．

薛禹群．2003．我国地面沉降模拟现状及需要解决的问题．水文地质工程地质，（5）：1-5．

薛禹群，谢春红．2007．地下水数值模拟．北京：科学出版社．

杨大文，倪广恒，雷志栋，等．2004．大流域的分布式水文模型及其在黄河流域中的应用// 全国水文学术讨论会．

杨建锋．1999．地下水–土壤水–大气水界面水分转化研究综述．水科学进展，12（2）：183-189．

杨立中，黄涛．2000．初论环境地质中裂隙岩体渗流–应力–温度耦合作用研究．水文地质工程地质，（2）：33-35．

杨伟，赵天宇，杜彦臻，等．2018．基于改进的垂向混合产流模型的水资源评价模型研究及应用．中国农村水利水电，（8）：95-99．

杨鑫光，牛得草，傅华．2008．植物根–土界面水分再分配研究方法与影响因素．生态学杂志，27（10）：1779-178．

杨永辉，渡边正孝，王智平，等．2004．气候变化对太行山土壤水分及植被的影响．地理学报，59（1）：56-63．

姚成．2007．基于栅格的分布式新安江模型构建与分析．南京：河海大学．

叶丽华．2004．平原区"四水"转化模型研究．南京：河海大学．

叶爱中，夏军，王蕊，等．2010．分布式水文模型中地下水建模——海河平原区实例研究// 中国水论坛．哈尔滨：农业、生态水安全及寒区水科学——第八届中国水论坛．

叶淑君，薛禹群．2005．应用沉降和水位数据计算上海地区弱透水层的参数．岩土力学，（2）：256-260．

叶淑君，薛禹群，张云，等．2005．上海区域地面沉降模型中土层变形特征研究．岩土工程学报，（2）：140-147．

俞鑫颖，刘新仁．2002．分布式冰雪融水雨水混合水文模型．河海大学学报（自然科学版），30（5）：23-27．

岳卫峰，杨金忠，朱磊．2009．干旱灌区地表水和地下水联合利用耦合模型研究．北京师范大学学报（自然科学版），45（5）：554-558．

岳卫峰，杨金忠，占车生．2011．引黄灌区水资源联合利用耦合模型．农业工程学报，27（4）：35-40．

曾思栋，夏军，黄会勇，等．2016．分布式水资源配置模型 DTVGM-WEAR 的开发及应用．南水北调与水利科技，14（3）：1-6．

曾宪勤，刘和平，路炳军，等．2008．北京山区土壤粒径分布分形维数特征．山地学报，（1）：65-70．

翟家齐. 2012. 流域水-氮-碳循环系统理论及其应用研究. 北京：中国水利水电科学研究院.

翟家齐，赵勇，王丽珍，等. 2020. 平原区地表水-地下水耦合模拟与水资源配置效应评估. 北京：中国
　　水利水电出版社.

詹美礼，胡云进，速宝玉. 2002. 裂隙概化模型的非饱和渗流试验研究. 水科学进展，13（2）：172-178.

张长春，邵景力，李慈君，等. 2003. 华北平原地下水生态环境水位研究. 吉林大学学报（地球科学版），
　　(3)：323-326.

张法升，刘作新，曲威，等. 2010. 长期耕作条件下小尺度农田土壤有机质空间变异性. 干旱地区农业
　　研究，28（2）：167-171.

张光辉，费宇红，王金哲，等. 2003. 300年以来太行山前平原地下水补给演化特征与趋势. 地球学报，24
　　(3)：261-266.

张光辉，费宇红，申建梅，等. 2007. 降水补给地下水过程中包气带变化对入渗的影响. 水利学报，38
　　(5)：611-617.

张光辉，连英立，刘春华，等. 2011. 华北平原水资源紧缺情势与因源. 地球科学与环境学报，33（2）：
　　172-176.

张惠昌. 1988. 应用"零通量面"方法研究包气带水分的运移规律. 兰州大学学报（自科版），(s1)：
　　127-130.

张建云，刘九夫，金君良，等. 2019. 青藏高原水资源演变与趋势分析. 中国科学院院刊，34（11）：
　　1264-1273.

张仁华. 1996. 实验遥感模型及地面基础. 北京：科学出版社.

张瑞钢. 2012. 海河流域山前平原降水变化特征及地下水动态响应研究——以栾城县为例. 北京：中国
　　科学院研究生院.

张升堂，康绍忠，张楷. 2004. 黄土高原水土保持对流域降雨径流的影响分析. 农业工程学报，20（6）：
　　56-59.

张石春，季志恒，贾茂平，等. 2003. 大埋深条件下水文地质参数分析. 水利规划与设计，(3)：19-23.

张树磊. 2018. 中国典型流域植被水文相互作用机理及变化规律研究. 北京：清华大学.

张蔚榛. 2013. 地下水非稳定流计算和地下水资源评价. 武汉：武汉大学出版社.

张怡辉，王玉广，魏庆菲，等. 2015. 地下水位变化在分析海水入侵中的应用. 海洋环境科学，34（5）：
　　788-791.

张有天，刘中. 1997. 降雨过程裂隙网络饱和非饱和、非恒定渗流分析. 岩石力学与工程学报，16（2）：
　　104-111.

张有天，王镭，陈平. 1991. 有地表入渗的岩体渗流分析. 岩石力学与工程学报，10（2）：103-111.

赵长森，黄领梅，沈冰，等. 2010. 和田绿洲散耗型水文模型（DHMHO）研究与应用. 干旱区资源与环
　　境，24（7）：72-77.

赵国擎，王晓勇. 2011. 基于开发利用指标主成分分析的区域水资源评价模型. 节水灌溉，(12)：59-62.

赵琳琳，王海刚. 2019. 基于MIKE SHE模型的地下水评价. 陕西水利，(5)：38-40.

赵勇. 2006. 广义水资源合理配置研究. 北京：中国水利水电科学研究院.

赵勇，陆垂裕，肖伟华．2007a．广义水资源合理配置研究（Ⅰ）：模型．水利学报，38（2）：43-49．

赵勇，陆垂裕，肖伟华．2007b．广义水资源合理配置研究（Ⅱ）：模型．水利学报，38（2）：163-170．

赵勇，陆垂裕，秦长海，等．2007c．广义水资源合理配置研究（Ⅲ）：应用实例．水利学报，38（3）：274-282．

赵勇，张金萍，裴源生．2007d．宁夏平原区分布式水循环模拟研究．水利学报，38（4）：498-505．

赵勇，裴源生，翟志杰．2009．分布式土壤风蚀模拟与应用研究——以徒骇马颊河流域为例．大连：中国水利学会水资源专业委员会 2009 学术年会．

赵勇，裴源生，翟志杰．2011．分布式土壤风蚀模拟与应用．水利学报，42（5）：554-562．

赵勇，翟家齐，蒋桂芹，等．2017．干旱驱动机制与模拟评估．北京：科学出版社．

郑爱勤．2013．渭河关中段地下水对河流生态基流的保障研究．西安：西安科技大学．

郑德凤，臧正，王平富．2014．改进的突变模型及其在水资源评价中的应用．水利水电科技进展，（4）：46-52．

中国科学院土壤及水土保持研究所．1961．华北平原土壤．北京：科学出版社．

钟华平，刘恒，王义，等．2002．黑河流域下游额济纳绿洲与水资源的关系．水科学进展，13（2）：223-228．

周春华．2007．大埋深条件下降雨入渗补给过程分析．西安：长安大学．

周金玉，张璇，许杨，等．2020．基于 Budyko 假设的滦河流域上游径流变化归因识别．南水北调与水利科技（中英文），18（3）：15-30．

周庆科，金峰，王恩志，等．2003．离散单元法的饱和非饱和渗流模型及其实验验证．水力发电学报，（3）：34-39．

朱奎，夏军，邓群．2007．太行山山地丘陵区雨季土壤水分动态规律研究——以崇陵流域为研究区．水利水电技术，38（10）：6-9．

Abbott M B, Bathurst J C, Cunge J A, et al. 1986. An introduction to the European Hydrologi- cal System-Systeme Hydrologique European, "SHE", 2：Structure of a physically based distributed modeling system. Journal of Hydrology, 87（1-2）：61-77.

Allen M R. 1992. Interactions Between The Atmosphere and Oceans on Time Scales of Weeks to Years. Oxford：University of Oxford.

Allison G, Hughes M. 1983. The use of natural tracers as indicators of soil-water movement in a temperate semi-arid region. Journal of Hydrology, 60（1）：157-173.

Arkley R J. 1981. Soil moisture use by mixed conifer forest in a summer- dry climate. Soil Science Society of America Journal, 45：423-427.

Arnold J G, Williams J R, Maidment D R. 1995. Continuous- time water and sediment- routing model for large basins. Journal of Hydraulic Engineering-ASCE, 121（2）：171-183.

Aston A R. 1979. Rainfall interception by eight small trees. Journal of Hydrology, （79）：90057.

Bai L, Jiang L, Wang H, et al. 2016. Spatiotemporal characterization of land subsidence and uplift (2009−2010) over Wuhan in Central China revealed by TerraSAR-X InSAR analysis. Remote Sensing, 8（4）：350.

Banddurraga T M, Bodvarsson G S. 1998. Calibrating hydrogeologic parameters for the 3-D site-scale unsaturated zone model of Yucca Mountain, Nevada. Journal of Contaminant Hydrology, 38: 25-46.

Barton N, Bandis S, Bakhtar K. 1985. Strength, deformation and conductivity coupling of rock joints. International Journal of Rock Mechanics & Mining Sciences & Geomechanics Abstracts, 22 (3): 121-140.

Basic F. 2001. Runoff and soil loss under different tillage methods on Stagnic Luvisols in Central Croatia. Soil Tillage Research, 52 (3-4): 145-151.

Bell J W, Amelung F, Ferretti A, et al. 2008. Permanent scatterer InSAR reveals seasonal and long-term aquifer-system response to groundwater pumping and artificial recharge. Water Resources Research, 44 (2).

Berardino P, Fornaro G, Lanari R, et al. 2002. A new algorithm for surface deformation monitoring based on small baseline differential SAR interferograms. Geoscience and Remote Sensing, IEEE Transactions on, 40 (11): 2375-2383.

Bethke C M, Johnson T M. 2008. Groundwater age and groundwater age dating. Annual Review of Earth and Planetary Sciences, 36: 121-152.

Beven K J, Kirkby M J. 1979. A physically based, variable contributing area model of basin hydrology / Un modèle à base physique de zone d'appel variable de l'hydrologie du bassin versant. International Association of Scientific Hydrology Bulletin, 24 (1): 43-69.

Beven K, Germann P. 1982. Macropo res and water flow in soils. Water Resources Research, 18: 1311-1325.

Blanco-Canqui H, Lal R. 2009. Extent of soil water repellency under long-term no-till soils. Geoderma, 149 (1-2): 171-180.

Bonmati M, Ceccanti B, Nanniperi P. 1991. Spatial variability of phosphatase, uretease, protease, organic carbon and total nitrogen in soil. Soil Boilogy and Birchemistry, 23: 391-396.

Botros F E, Onsoy Y S, Ginn T R, et al. 2012. Richards equation-Based modeling to estimate flow and nitrate transport in a deep alluvial vadose zone. Vadose Zone Journal, 11 (4): 841-852.

Bouma J. 1991. Influence of soil macroporosity in environ-mental quality. Advanced in Agronomy, 46: 137.

Brusseau M L, Rao P S C. 1990. Modeling solute trans-port in structured soils. Geoderma, 46: 169-192.

Burbey T J. 2006. Three-dimensional deformation and strain induced by municipal pumping, Part 2: Numerical a-nalysis. Journal of Hydrology, 330 (3-4): 422-434.

Cao G L, Zheng C M, Scanlon B R, et al. 2013. Use of flow modeling to assess sustainability of groundwater resources in the North China Plain. Water Resources Research, 49 (1): 159-175.

Cao G, Scanlon B R, Han D, et al. 2016. Impacts of thickening unsaturated zone on groundwater recharge in the North China Plain. Journal of Hydrology, 537 (537): 260-270.

Carvollo H O. 1976. Spatial variability of in situ unsaturated hydraulic conductivity in Maddock sandy loam. Soil Science, 121 (1): 1-8.

Chaussard E, Bürgmann R, Shirzaei M, et al. 2014. Predictability of hydraulic head changes and characterization of aquifer-system and fault properties from InSAR-derived ground deformation. Journal of Geophysical Research: Solid Earth, 119 (8): 6572-6590.

Chaussard E, Milillo P, Bürgmann R, et al. 2017. Remote sensing of ground deformation for monitoring groundwater management practices: Application to the Santa Clara Valley during the 2012 – 2015 California Drought. Journal of Geophysical Research: Solid Earth, 122 (10): 8566-8582.

Chen J, Knight R, Zebker H A, et al. 2016. Confined aquifer head measurements and storage properties in the San Luis Valley, Colorado, from spaceborne InSAR observations. Water Resources Research, 52 (5): 3623-3636.

Chen Q, van Dam T, Sneeuw N, et al. 2013. Singular spectrum analysis for modeling seasonal signals from GPS time series. Journal of Geodynamics, 72: 25-35.

Contreras S, Cantón Y, Solé-Benet A. 2008. Sieving crusts and macrofaunal activity control soil water repellency in semiarid environments: Evidences from SE Spain. Geoderma, 145 (3-4): 252-258.

Cornaton F, Perrochet P. 2006. Groundwater age, life expectancy and transit time distributions in advective—Dispersive systems: 1. Generalized reservoir theory. Advances in Water Resources, 29 (9): 1267-1291.

Currell M, Gleeson T, Dahlhaus P. 2016. A new assessment framework for transience in hydrogeological systems. Groundwater, 54 (1): 4-14.

Czapar G F, Horton R, Fawcett R S. 1989. Herbicide and tracer movement in soil columns containing an artificial macropore. Journal of Environmental Quality, 21: 110-115.

Dahan O, Nativ R, Adar E, et al. 1998. A measurement system to determine water flux and solute transport through fractures in the unsaturated zone. Groundwater, 36 (3): 444-449.

Dahan O, Nativ R, Adar E M, et al. 1999. Field observation of flow in a frature intersecting unsaturated chalk. Water Resources Research, 35 (11): 3315-3326.

Dekker L W, Ritsema C J. 2000. Wetting patterns and moisture variability in water repellent Dutch soils. Journal of Hydrology, 231-232: 148-164.

Diehl D. 2013. ChemInform Abstract: Soil Water Repellency: Dynamics of Heterogeneous Surfaces. Colloids & Surfaces A Physicochemical & Engineering Aspects, 432 (38): 8-18.

Dykhuizen R C. 1987. Transport of solutes through unsaturated fractured media. Water Research, 21 (12): 1531-1539.

Eagleson P S. 2005. Ecohydrology: Darwinian Expression of Vegetation form and Function. Cambridge: Cambridge University Press.

Erban L E, Gorelick S M, Zebker H A, et al. 2013. Release of arsenic to deep groundwater in the Mekong Delta, Vietnam, linked to pumping-induced land subsidence. Proceedings of the National Academy of Sciences, 110 (34): 13751-13756.

Fan Y. 2015. Groundwater in the Earth's critical zone: Relevance to large-scale patterns and processes. Water Resources Research, 51 (5): 3052-3069.

Feng W, Shum C, Zhong M, et al. 2018. Groundwater storage changes in China from satellite gravity: An overview. Remote Sensing, 10 (5): 674.

Feng W, Zhong M, Lemoine J M, et al. 2013. Evaluation of groundwater depletion in North China using the Gravity Recovery and Climate Experiment (GRACE) data and ground-based measurements. Water Resources

Research, 49 (4): 2110-2118.

Ferretti A, Prati C, Rocca F. 2001. Permanent scatterers in SAR interferometry. Geoscience and Remote Sensing, IEEE Transactions, 39 (1): 8-20.

Freeze R A, Harlan R L. 1969. Blueprint for a physically-based, digitally-simulated hydrologic response model. Journal of Hydrology, 9 (3): 237-258.

Gallego F, Gómez J P, Civan F, et al. 2007. Matrix-fracture transfer functions derived from the data of oil recovery, and it's derivative and integral. Journal of Petroleum Science and Engineering, 59: 183-194.

Gash J H C, Lloyd C R, Lachaud G. 1995. Estimating sparse forest rainfall interception with an analytical model. Journal of Hydrology, 170 (1-4): 79-86.

Gerke H H, van Genuchten M T. 1993. A dual-porosity model for simulating the preferential movement of water and solute in structured porous media. Water Resources Research, 29 (2): 305-319.

Ghil M, Allen M R, Dettinger M D, et al. 2002. Advanced spectral methods for climatic time series. Reviews of Geophysics, 40 (1): 1003.

Gleeson T, Manning A H. 2008. Regional groundwater flow in mountainous terrain: Three-dimensional simulations of topographic and hydrogeologic controls. Water Resources Research, 44 (10): W10403.

Goderniaux P, Davy P, Bresciani E, et al. 2013. Partitioning a regional groundwater flow system into shallow local and deep regional flow compartments. Water Resources Research, 49 (4): 2274-2286.

Green W H, Ampt G A. 1911. Studies on soil physics I. The flow of air and water through soils. International Journal of Nonlinear Sciences and Numerical Simulation, 4: 1-24.

Gupta I, Wilson A M, Rostron B J. 2015. Groundwater age, brine migration, and large-scale solute transport in the Alberta Basin, Canada. Geofluids, 15 (4): 608-620.

Harter T, Hopmans J W. 2004. Role of vadose zone flow processes in regional scale hydrology: Review, opportunities and challenges//Feddes R A, de Rooij G H, van Dam J C. Unsaturated zone modeling: Progress, challenges and applications. Dordrecht, Netherlands: Kluwer Academic Publishers.

Hellmers E. 1955. Bacterial leaf spot of African Marigold (Tagetes Erecta) caused by pseudomonas tagetis sp. n. Acta Agriculturae Scandinavica, 5 (1): 185-200.

Hoffmann J, Leake S A, Galloway D L, et al. 2003. MODFLOW-2000 Ground-Water Model—User guide to the subsidence and aquifer-system compaction (SUB) package. https://www.researchgate.net/publication/235010068_MODFLOW-2000_Ground-Water_Model-User_guide_to_the_subsidence_and_aquifer-system_compaction_SUB_package[2022-10-30].

Hooper A, Bekaert D, Spaans K, et al. 2012. Recent advances in SAR interferometry time series analysis for measuring crustal deformation. Tectonophysics, 514: 1-13.

Hooper A. 2008. A multi-temporal InSAR method incorporating both persistent scatterer and small baseline approaches. Geophysical Research Letters, 35 (16): 96-106.

Hoteit H, Firroozabadi A. 2008. An efficient numerical model for in compressible two-phase flow in fractured media. Advances in Water Resources, 31: 891-905.

Huang T M, Pang Z H, Edmunds W M. 2013. Soil profile evolution following land-use Change: Implications for groundwater quantity and quality. Hydrological Processes, 27（8）: 1238-1252.

Huang Z Y, Pan Y, Gong H L, et al. 2015. Sub-regional scale groundwater depletion detected by GRACE for both shallow and deep aquifers in North China Plain. Geophysical Research Letters, 42: 1791-1799.

Hubbert K R, Graham R C, Anderson M A. 2001. Soil and weathered bedrock: components of ajeffrey pine plantation substrate. Soil Science Society of America Journal, 65: 1255-1262.

Huo S, Jin M, Liang X. et al. 2014. Changes of vertical groundwater recharge with increase in thickness of vadose zone simulated by one-dimensional variably saturated flow model. Journal of Earth Science, 25（6）: 1043-1050.

Illman W A, Hughson D L. 2005. Stochastic simulations of steady state unsaturated flow in a three-layer, heterogeneous, dual continuum model of fractured rock. Journal of Hydrology, 307（1-4）: 17-37.

Iroumé A, Huber A, Schulz K. 2005. Summer flows in experimental catchments with different forest covers, Chile. Journal of Hydrology, 300（1-4）: 300-313.

Iwai K. 1976. Foundamental Studies Offluid Through A Single Fracture. Berkely: University of California.

Jia Y, Tamai N. 1998. Integrated Analysis of Water and Heat Balances in Tokyo Metropolis with a Distributed Model. Journal of Japan Society of Hydrology & Water Resources, 11（2）: 150-163.

Jia Y, Wang H, Zhou Z, et al. 2006. Development of the WEP-L distributed hydrological model and dynamic assessment of water resources in the Yellow River Basin. Journal of Hydrology, 331（3-4）: 606-629.

Jing L, Tsang C F, Stephansson O. 1995. DECOVALEX—an international co-operative research project on mathematical models of coupled T H Mprocesses for satfy analysis of adioactive waste repositories. International Journal of Rock Mechanics and Mining Sciences and Geomechanics Abstracts, 32（5）: 399-408.

Jones D P, Graham R C. 1993. Water-holding characteristics of weathered granitic rock in chaparral and forest e-cosystems. Soil Science Society of Ameriety Journal, 57（1）: 256-261.

Kang S Z. 2001. Runoff and sediment loss responses to rainfall and land use in two agriculture catchments on the Loess Plateau of China. Hydrological Processes, 15（6）: 977-988.

Kendy E, Gérard-Marchant P, Walter M T, et al. 2003. A soil-water-balance approach to quantify groundwater recharge from irrigated cropland in the North China Plain. Hydrological Processes, 17（10）: 2011-2031.

Kendy E, Zhang Y, Liu C, et al. 2004. Groundwater recharge from irrigated cropland in the North China Plain: case study of Luancheng County, Hebei Province, 1949−2000. Hydrological Processes, 18（12）: 2289-2302.

Kim J. 2007. Hydraulic conductivity and mechanical stiffness tensors for variably saturated true anisotropic intact rock matrices, joints, joint sets, and jointed rock masses. Geosciences Journal, 11（4）: 387-396.

Kluitenberg G J, Horton R. 1990. Effect of solute appli-cation method on preferential transport of solute in soil. Geoderma, 46: 283-297.

Konikow L F, Neuzil C E. 2007. A method to estimate groundwater depletion from confining layers. Water Resources Research. https://doi.org/10.1029/2006WR005597.

Kung K J S. 1990a. Preferential flow in a sandy vadose zone: 1. Field observation. Geoderma, 46: 51-58.

Kung K J S. 1990b. Preferential flow in a sandy vadose zone: 2. Mechanism and implications. Geoderma, 46: 59-71.

Kurtzman D, Scanlon B R. 2011. Groundwater recharge through vertisols: Irrigated cropland vs. natural land, Israel. Vadose Zone Journal, 10 (2): 662-674.

Kwicklis E M, Healy R W. 1993. Numerical investigation of steady liquid water flow in a variably saturated fracture network. Water Resources Research, 29 (12): 4091-4102.

Lagendijk V, Jansen D, Forkel C, et al. 1998. A new multi-comtinuum model for the simulation of unsaturated flow in fractured permeable systems//Smith J W. After the Rain Has Fallen. Tennessee: Memphis.

Lai C T, Katul G. 2000. The dynamic role of root-water uptake in coupling potential to actual transpiration. Advances in Water Resources, 23 (4): 427-439.

Leake S A, Galloway D L. 2010. Use of the SUB-WT Package for MODFLOW to simulate aquifer-system compaction in Antelope Valley, California, USA. Land Subsidence, Associated Hazards and the Role of Natural Resources Development. Querétaro: IAHS Publ: 61-67.

Leuning R, Kelliher F M, Pury D G G D, et al. 1995. Leaf nitrogen, photosynthesis, conductance and transpiration: scaling from leaves to canopies. Plant Cell & Environment, 18 (10): 1183-1200.

Liang X, Lettenmaier D P, Wood E F, et al. 1994. A simple hydrologically based model of land surface water and energy fluxes for general circulation models. Journal of Geophysical Research Atmospheres, 99 (D7): 14415-14428.

Lin D, Jin M G, Liang X, et al. 2013. Estimating groundwater recharge beneath irrigated farmland using environmental tracers fluoride, chloride and sulfate. Hydrogeology Journal, 21 (7): 1469-1480.

Lin K, Lv F, Chen L, et al. 2014. Xinanjiang model combined with Curve Number to simulate the effect of land use change on environmental flow. Journal of Hydrology, 519: 3142-3152.

Liu H H, Haukwa C B, Ahlers C F, et al. 2003. Modeling flow and transport in unsaturated fractured rock: an evaluation of the continuum approach. Journal of Contaminant Hydrology, 62-63: 173-188.

Louis C. 1974. Rock hydraulics//Muller L, Wien V. Rock Mechanics. New York: Springer.

Lu X H, Jin M G, van Genuchten M T. et al. 2011. Groundwater recharge at five representative sites in the Hebei Plain, China. Ground Water, 49 (2): 286-294.

Maitre D C, Scott D F, Colvin C. 1999. A review of information on interactions between vegetation and groundwater. Water SA, 25 (2): 137-152.

Ma'Shum M, Oades J M, Tate M E. 1989. The use of dispersible clays to reduce water-repellency of sandy soils. Soil Research, 27 (4): 797-806.

McElroy D L, Hubbell J M. 2004. Evaluation of the conceptual flow model for a deep vadose zone system using advanced tensiometers. Vadose Zone Journal, 3 (1): 170-182.

Mckissock I, Gilkes R J, Walker E L. 2002. The reduction of water repellency by added clay is influenced by clay and soil properties. Applied Clay Science, 20 (4-5): 225-241.

Mckissock I, Walker E L, Gilkes R J, et al. 2000. The influence of clay type on reduction of water repellency by applied clays: a review of some West Australian work. Journal of Hydrology, 231（6）: 323-332.

Michael H A, Voss C I. 2009. Controls on groundwater flow in the Bengal Basin of India and Bangladesh: Regional modeling analysis. Hydrogeology Journal, 17（7）: 1561-1577.

Miller M M, Shirzaei M, Argus D. 2017. Aquifer mechanical properties and decelerated compaction in Tucson, Arizona. Journal of Geophysical Research: Solid Earth, 122（10）: 8402-8416.

Min L, Shen Y, Pei H. 2015. Estimating groundwater recharge using deep vadose zone data under typical irrigated cropland in the piedmont region of the North China Plain. Journal of Hydrology, 527（1）: 305-315.

Mo X, Liu S. 2001. Simulating evapotranspiration and photosynthesis of winter wheat over the growing season. Agricultural & Forest Meteorology, 109（3）: 203-222.

Morel-Seytoux H J, Meyer P D, Nachabe M, et al. 1996. Parameter equivalence for the Brooks-Corey and van Genuchten soil characteristics: Preserving the effective capillary drive. Water Resources Research, 32（5）: 1251-1258.

Nativ R, Adar E, Dahan O, et al. 1995. Water recharge and solute transport through the Vadose Zone of Fractured Chalk under desert conditions. Water Resources Research, 31（2）: 253-261.

Neuman S P, Witherspoon P A. 1969. Theory of flow in a confined two aquifer system. Water Resources Research, 5（4）: 803-816.

Newman B D, Wilcox B P, Archer S R. 2006. Eco-hydrology of water-limited environments: A scientific vision. Water Resources Research, 42: 1-15.

Nicholl M J, Wheatcraft S W. 1994. Gravity-driven infiltration instability in initially dry non-horizontal fratures. Water Resources Research, 30（9）: 2533-2546.

Panday S, Huyakorn P S. 2004. A fully coupled physically-based spatially-distributed model for evaluating surface/subsurface flow. Advances in Water Resources, 27（4）: 361-382.

Patterson L A, Lutz B, Doyle M W. 2013. Climate and direct human contributions to changes in mean annual streamflow in the South Atlantic, USA. Water Resources Research, 49（11）: 7278-7291.

Pei H W, Scanlon B R, Shen Y J, et al. 2015. Impacts of varying agricultural intensification on crop yield and groundwater resources: Comparison of the North China Plain and US High Plains. Environmental Research Letters, 10（4）: 044013.

Perkins S P, Sophocleous M. 1999. Development of a comprehensive watershed model applied to study stream yield under drought conditions. Ground Water, 37（3）: 418-426.

Peters R R, Klavetter E A. 1988. A continuum model for water movement in an unsaturated fractured rock mass. Water Resources Research, 24（3）: 416-430.

Philip J R, Vries D A. 1957. Moisture movement in porous materials under temperature gradients. TRANS. AMER. GEOPHYS. UNION, 38（2）: 222-232.

Plaut G, Vautard R. 1994. Spells of low-frequency oscillations and weather regimes in the Northern Hemisphere. Journal of the Atmospheric Sciences, 51（2）: 210-236.

Pruess K. 1998. On water seepage and fast preferential flow in heterogeneous, unsaturated rock fractures. Journal of Contaminant Hydrology, 35: 333-362.

Pruess K, Wang J S, Tsang Y W. 1990. On thermohydrologic conditions near high-level nuclear wastes emplaced in partially saturated fractured tuff: part 2, Effective continuum approximation. Water Resources Research, 26 (6): 1249-1261.

Rangelova E, van der Wal W, Sideris M, et al. 2010. Spatiotemporal analysis of the GRACE-derived mass variations in North America by means of multi-channel singular spectrum analysis. Gravity Geoid and Earth Observation, 135: 539-546.

Rangel-German E R. 2002. Water Infiltration in Fractured Porous Media: In-Situimaging, Analytical Model, and Numerical Study. California: Stanford University.

Rangel-German E R, Kovscek A R. 2006. Time-dependent matrix-fracture shape factors for partially and completely immersed fractures. Journal of Petroleum Science and Engineering, 54: 149-163.

Reimus P W, et al. 2007. Matrix diffusion coefficients in volcanic rocks at the Nevada test site: Influence of matrix porosity, matrix permeability, and fracture coating minerals. Journal of Contaminant Hydrology, 93: 85-95.

Reis J C, Cil M. 2000. Analytical models for capillary imbition: multidimensional matrix blocks. In Situ, 24 (1): 79-106.

Richards L A. 1931. Capillary conduction of liquids through porousmediums. Physics, 1: 318-333.

Rimon Y, Dahan O, Nativ R, et al. 2007. Water percolation through the deep vadose zone and groundwater recharge: Preliminary results based on a new vadose zone monitoring system. Water Resources Research, 43 (5): W05402.

Rousseau-Gueutin P, Love A J, Vasseur G, et al. 2013. Time to reach near-steady state in large aquifers. Water Resources Research, 49 (10): 6893-6908.

Rudolph D L, Frind E O. 1991. Hydraulic response of highly compressible aquitards during consolidation. Water Resources Research, 27 (1): 17-30.

Sakaki T. 2004. The Role of Fracture-Matrix Interaction in Drying of Unsaturated Fractured Rock: Experiments and Modeling. Colorado: University of Colorado.

Samaniego L, Kumar R, Attinger S. 2010. Multiscale parameter regionalization of a grid-based hydrologic model at the mesoscale. Water Resources Research, 46: W05523.

Sanford W. 2011. Calibration of models using groundwater age. Hydrogeology Journal, 19 (1): 13-16.

Sarma P, Aziz K. 2004. New transfer functions for simulation of naturally fractured reservoirs with dual porosity models, SPE 90231. Houston, TX, SEP: The SPE Annual Technical Conference and Exhibition.

Sauer T J. 2002. Seasonal water balance of an Ozark hillslope. Agricultural Water Management, 55 (1): 71-82.

Scanlon B R, Mukherjee A, Gates J. et al. 2010b. Groundwater recharge in natural dune systems and agricultural ecosystems in the Thar Desert region, Rajasthan, India. Hydrogeology Journal, 18 (4): 959-972.

Scanlon B R, Ready R C, Tachovsky J A. 2006. Impact of Land-Use Changes on Water Resources Archived in

Unsaturated Zone Tracer Profiles, Southern High Plains, USA. AGU Fall Meeting Abstracts.

Scanlon B R, Reedy R C, Gates J B. 2010a. Effects of irrigated agroecosystems: 1. Quantity of soil water and groundwater in the southern High Plains, Texas. Water Resources Research, 46 (9): W09537.

Scanlon B, Healy R, Cook P. 2002. Choosing appropriate techniques for quantifying groundwater recharge. Hydrogeology Journal, 10 (1): 18-39.

Schaap M G, Leij F J, van Genuchten M T. 2001. ROSETTA: A computer program for estimating soil hydraulic parameters with hierarchical pedotransfer functions. Journal of Hydrology, 251 (3-4): 163-176.

Schrauf T W. 1986. Laboratory studies of gas flow through natural fracture. Water Resources Research, 22 (7): 1038-1050.

Schwartz F W, Sudicky E A, McLaren R G, et al. 2010. Ambiguous hydraulic heads and ^{14}C activities in transient regional flow. Groundwater, 48 (3): 366-379.

Shao L, Zhang X, Chen S, et al. 2009. Effect of irrigation frequency under limited on root water uptake, yield and water use efficiency of winter wheat. Irrigation & Drainage, 58 (4): 393-405.

Shen Y J, Zhang Y C, Scanlon B R, et al. 2013. Energy/water budgets and productivity of the typical croplands irrigated with groundwater and surface water in the North China Plain. Agricultural Forest Meteorology, 181: 133-142.

Singh R, Kroes J G, Dam J C V, et al. 2006. Distributed ecohydrological modelling to evaluate the performance of irrigation system in Sirsa district, India: I. Current water management and its productivity. Journal of Hydrology, 329 (3-4): 692-713.

Smith R E, Parlange J Y. 1978. A parameter-efficient hydrologic infiltration model. Water Resources Research, 14 (3): 533-538.

Sophocleous M. 2012. On understanding and predicting groundwater response time. Groundwater, 50 (4): 528-540.

Stone E L, Kalisz P J. 1991. On the maximum extent of tree roots. Forest Ecology & Management, 46 (1): 59-102.

Tan C S. 2002. Effect of tillage and water table control on evapotranspiration surface runoff tile drainage and soil water content under maize. Agricultural Water Management, 54 (3): 173-188.

Timms W A, Young R R, Huth N. 2012. Implications of deep drainage through saline clay for groundwater recharge and sustainable cropping in a semi-arid catchment, Australia. Hydrology and Earth System Sciences, 16 (4): 1203-1219.

Turkeltaub T, Dahan O, Kurtzman D. 2014. Investigation of groundwater recharge under agricultural fields using transient deep vadose zone data. Vadose Zone Journal, 13 (4): 963-971.

Turkeltaub T, Kurtzman D, Bel G, et al. 2015a. Examination of groundwater recharge with a calibrated/validated flow model of the deep vadose zone. Journal of Hydrology, 522: 618-627.

Turkeltaub T, Kurtzman D, Russak E E, et al. 2015b. Impact of switching crop type on water and solute fluxes in deep vadose zone. Water Resources Research, 51 (12): 9828-9842.

Turkeltaub T, Kurtzman D, Dahan O. 2016. Real-time monitoring of nitrate transport in the deep vadose zone under a crop field-implications for groundwater protection. Hydrology & Earth System Sciences Discussions, 20: 1-31.

Tyler S W, Wheatcraft S W. 1992. Fractal scaling of soil particle-size distributions: Analysis and limitations. Soil Science Society of America Journal, 56 (2): 362-369.

Täumer K, Stoffregen H, Wessolek G. 2005. Determination of repellency distribution using soil organic matter and water content. Geoderma, 125 (1-2): 107-115.

van Genuchten M T. 1980. A closed-form equation for predicting the hydraulic conductivity of unsaturated soils. Soil Science Society of America Journal, 44 (5): 892-898.

von Hoyningen-Huene J. 1981. Die Interzeption des Niederschlags in landwirtschaftlichen Pflanzenbeständen. Arbeitsbericht Deutscher Verband für Wasserwirtschaft und Kalturbau, DVWK.

von Rohden C, Kreuzer A, Chen Z Y, et al. 2010. Characterizing the recharge regime of the strongly exploited aquifers of the North China Plain by environmental tracers. Water Resources Research, 46: W05511.

Wada Y, van Beek L P H, van Kempen C M, et al. 2010. Global depletion of groundwater resources. Geophysical Research Letters, DOI: 10.1029/2010GL044571.

Wan J, Tokunaga T K, Tsang C F, et al. 1996. Improved glass micromodel methods for studies of flow and transport in fractured porous media. Water Resources Research, 32 (7): 1955-1964.

Wang B, Jin M, Nimmo J R, et al. 2008. Estimating groundwater recharge in Hebei Plain, China under varying land use practices using tritium and bromide tracers. Journal of Hydrology, 356 (1): 209-222.

Wang W, Shao Q, Yang T, et al. 2013. Quantitative assessment of the impact of climate variability and human activities on runoff changes: A case study in four catchments of the Haihe River basin, China. Hydrological Processes, 27 (8): 1158-1174.

Ward P R. 1993. Effect of clay mineralogy and exchangeable cations on water repellency in clay-amended sandy soils. Soil Research, 31 (3): 351-364.

Webster R. 1985. Quantitative spatial analysis of soil in field. Advance in Soil Science, (3): 1-70.

West L J, Truss S W. 2006. Borehole time domain reflectometry in layered sandstone: Impact of measurement technique on vadose zone process identification. Journal of Hydrology, 319 (1-4): 143-162.

Wigmosta M S, Nijssen B, Storck P, et al. 2002. The distributed hydrology soil vegetation model. Hydrological Processes, 22 (21): 4205-4213.

Wu Y S, Pan L, Pruess K, et al. 2004a. Aphysically based approach for modeling multiphase fracture-matrix interaction in fractured porous media. Advances in Water Resources, 27: 875-887.

Wu Y S, Liu H H, Bodvarsson G S. 2004b. A triple-continuum approach for modeling flow and transport processes in fractured rock. Journal of Contaminant Hydrology, 73: 145-179.

Xu X, Yang D, Yang H, et al. 2014. Attribution analysis based on the Budyko hypothesis for detecting the dominant cause of runoff decline in Haihe Basin. Journal of Hydrology, 510: 530-540.

Xue Y, Zhang Y, Ye S, et al. 2005. Land subsidence in China. Environmental Geology, 48 (6): 713-720.

Yang D, Herath S, Musiake K. 1998. Development of a geomorphology- based hydrological model for large catchments. Annual Journal of Hydraulic Engineering, 42: 169-174.

Yang D, Shao W, Yeh J F, et al. 2009. Impact of vegetation coverage on regional water balance in the nonhumid regions of China. Water Resources Research, 45 (7): 507-519.

Zhang X, Pei D, Chen S, et al. 2006. Performance of double-cropped winter wheat-summer maize under minimum irrigation in the North China Plain. Agronomy Journal, 98 (6): 1620-1626.

Zhu C, Lu Y, Shi H, et al. 2017. Spatial and temporal patterns of the inter-annual oscillations of glacier mass over Central Asia inferred from Gravity Recovery and Climate Experiment (GRACE) data. Journal of Arid Land, 9 (1): 87-97.

Zimmerman R W, Hadgu T, Bodvarsson G S, et al. 1996. A new lumped-parameter model for flow in unsaturated dual-porosity media. Advances in Water Resources, 19 (5): 317-327.

Zwieniecki M A, Newton M. 1996. Water- holding characteristics of mate- sedimentary rock in selected forest ecosystems in southwestern region. Soil Science Society of America Journal, 60: 1578-1582.